*Ludwig, Ernst*

# Medizinische Chemie

*Ludwig, Ernst*

**Medizinische Chemie**

*Inktank publishing, 2018*

*www.inktank-publishing.com*

*ISBN/EAN: 9783747781258*

# MEDICINISCHE CHEMIE

IN ANWENDUNG AUF

GERICHTLICHE, SANITÄTSPOLIZEILICHE
UND HYGIENISCHE UNTERSUCHUNGEN SOWIE AUF DIE
PRÜFUNG DER ARZNEIPRÄPARATE.

EIN HANDBUCH

FÜR

ÄRZTE, APOTHEKER, SANITÄTSBEAMTE UND STUDIRENDE

VON

DR. ERNST LUDWIG,
K. K. HOFRATH UND O. Ö. PROFESSOR FÜR ANGEWANDTE MEDICINISCHE CHEMIE
AN DER K. K. UNIVERSITÄT IN WIEN.

*ZWEITE, VIELFACH VERMEHRTE UND VERBESSERTE AUFLAGE.*

*MIT 30 HOLZSCHNITTEN UND EINER FARBENDRUCKTAFEL.*

WIEN UND LEIPZIG
URBAN & SCHWARZENBERG
1895.

# VORWORT
## zur ersten Auflage.

Das vorliegende Buch behandelt jenen Theil der angewandten medicinischen Chemie, welcher bei gerichtlichen, sanitätspolizeilichen und hygienischen Untersuchungen in Anwendung kommt; es ist dazu bestimmt, einerseits dem Lernenden, insbesondere dem Physikats-Candidaten als Lehrbuch, anderseits dem Arzte, dem Apotheker, sowie allen denen, welche bei gerichtlichen Untersuchungen oder im öffentlichen Sanitätsdienste als sachverständige Chemiker thätig sind, als Handbuch zu dienen.

Die rastlose Arbeit zahlreicher Forscher hat uns in den letzten Jahren mit einer überaus grossen Zahl von Untersuchungsmethoden auf dem genannten Gebiete der medicinischen Chemie beschenkt. Es konnte nicht in meiner Absicht liegen, eine vollständige Wiedergabe aller dieser Methoden durchzuführen, weil durch eine solche aus leicht begreiflichen Gründen das Buch seinen Zweck verfehlt hätte; ich habe vielmehr aus dem reichen Schatze nur jene Methoden ausgewählt, welche möglichst leicht ausführbar sind, verlässliche Resultate liefern und welche sich seit einer Reihe von Jahren bewährt haben, u. zw. sowohl in meinem Laboratorium bei den praktischen Uebungen, als auch bei den Untersuchungen, welche ich als Sachverständiger im Auftrage der Behörden auszuführen habe.

Dass ich den ersten Theil des Buches den allgemeinen Methoden der qualitativen Analyse und der Massanalyse gewidmet habe, welche ja die Grundlage der angewandten Chemie bilden, und dass ich diese Methoden ziemlich ausführlich behandelt habe, dürfte denjenigen, welche das Buch benützen werden, willkommen sein. Eigenschaften und Reactionen der bei gerichtlichen Untersuchungen in Betracht kommenden Gifte wurden deshalb möglichst ausführlich und vollständig behandelt, weil nach meinen Erfahrungen die genaue Kenntniss derselben für den Sachverständigen unerlässlich ist.

a*

Die Verlagsbuchhandlung hat bezüglich der Ausstattung des Buches allen meinen Vorschlägen auf das Bereitwilligste entsprochen und mich dadurch verpflichtet, ihr an dieser Stelle meinen besonderen Dank auszusprechen.

Wien, im Juni 1884.

E. Ludwig.

# VORWORT
## zur zweiten Auflage.

Die vorliegende zweite Auflage ist bei unveränderter Anordnung mannigfach erweitert worden. So wurde im I. Capitel noch der Nachweis folgender Körper berücksichtigt: Gold, Lithium, unterschweflige Säure, β-Naphtol, Resorcin, Salol, Ameisensäure, Trichloressigsäure, Chloralhydrat, Paraldehyd, Antifebrin, Antipyrin, Apomorphin, Cocaïn, Codeïn, Homatropin, Hyoscin, Phenacetin, Pilocarpin, Thallin. Im III. Capitel, welches die gerichtlich-chemischen Untersuchungen behandelt, ist die Zerstörung der organischen Substanz durch Kochen mit Salzsäure, die quantitative Abscheidung des Quecksilbers mittelst Zinkstaub und der Nachweis von Cocaïn, Codeïn, Homatropin, Hyoscin und Cantharidin neu aufgenommen. Im IV. Capitel ist die Untersuchung des Wassers, der Milch, des Weins, des Bieres und Branntweines wesentlich erweitert worden; neu aufgenommen ist die Untersuchung der Butter, des Käses und des Honigs. Im V. Capitel sind die österr. Pharmacopöe (ed. VII.) und das Arzneibuch für das Deutsche Reich (III. Ausgabe) gleich berücksichtigt worden.

Alle neu aufgenommenen Methoden wurden bezüglich ihrer Brauchbarkeit sorgfältig geprüft.

Meinen beiden Assistenten, den Herren Dr. A. Smita und Dr. R. Ritter v. Zeynek bin ich für die mir geleistete werthvolle Unterstützung, insbesondere beim Lesen der Correcturbogen, zu besonderem Danke verpflichtet.

Wien, im September 1894.

E. Ludwig.

# INHALT.

## I. Capitel. Qualitative Analyse.

## II. Capitel. Die Massanalyse.

## III. Capitel. Die gerichtlich-chemischen Untersuchungen.

## IV. Capitel. Untersuchungen aus dem Gebiete der Hygiene, Chemie der Nahrungsmittel und Sanitätspolizei.

# I. CAPITEL.

## Qualitative Analyse.

### Einleitung.

Wenn wir die chemische Zusammensetzung einer in der Natur vorkommenden oder einer künstlich dargestellten Substanz kennen lernen wollen, so zerlegen wir dieselbe in ihre chemischen Bestandtheile, wir unterziehen sie der chemischen Analyse. Durch die qualitative Analyse erfahren wir die Art der Bestandtheile, durch die quantitative Analyse aber deren Mengen. So z. B. ergibt die qualitative Analyse einer Messingsorte, dass dieselbe aus Kupfer und Zink besteht und die quantitative Analyse ergibt, dass in 100 Theilen dieser Messingsorte 70 Theile Kupfer und 30 Theile Zink enthalten sind. Aus diesem Beispiele ersehen wir, dass sich durch die Anwendung der qualitativen und quantitativen Analyse die chemische Zusammensetzung eines Körpers vollständig, d. h. in Hinsicht auf die Art und die Mengen seiner Bestandtheile ermitteln lässt.

Es ist klar, dass bei der Untersuchung einer Substanz mit der qualitativen Analyse begonnen wird und dass erst dieser die quantitative folgt. In vielen Fällen genügt zur vollständigen Erkennung der untersuchten Substanz das Ergebniss der qualitativen Analyse allein und es kann dann die quantitative Analyse entfallen. Wenn z. B. in einem rothen pulverförmigen Körper als alleinige Bestandtheile Schwefel und Quecksilber gefunden wurden, so ist dieser Körper dadurch als Zinnober bestimmt und es ist überflüssig, diese Diagnose noch weiter durch das Ergebniss der quantitativen Analyse zu stützen, weil eben nur eine einzige rothe Verbindung des Schwefels mit dem Quecksilber existirt, nämlich der Zinnober.

Die analytischen Methoden, welche alle Elemente, sowie deren natürlich vorkommenden oder künstlich dargestellten Verbindungen vollständig umfassen sollen, müssen begreiflicherweise sehr umfangreich sein; in der That vermag Ein menschlicher Geist dieselben kaum zu bewältigen. Es wäre demnach unzweckmässig, den Unterricht in der analytischen Chemie von Vornherein auf alle Elemente und deren Verbindungen auszudehnen; die Erfahrung hat gelehrt, dass die chemische Analyse am besten an einer kleineren Gruppe von Elementen und Verbindungen erlernt wird, die so ausgewählt ist, dass die wesentlichsten Repräsentanten darin vertreten sind.

Den Zwecken dieses Buches entspricht es, nur solche Körper zu behandeln, mit denen man im täglichen Leben häufig in Berührung kommt, oder welche bei gerichtlichen, sowie sanitätspolizeilichen Untersuchungen eine Rolle spielen können; dagegen werden alle seltenen Stoffe, sowie solche, die nur ein theoretisches oder ein sehr beschränktes Interesse darbieten, zweckmässig unberücksichtigt bleiben.

Auf das Eindringlichste muss betont werden, dass die chemische Untersuchung eines unbekannten Körpers niemals durch empirisches Herumprobiren oder durch systemloses Reagiren vorgenommen werden darf, dieselbe muss vielmehr nach einem systematischen Gange ausgeführt werden, wie ihn die im Verlaufe der Zeit gewonnene Erfahrung vorzeichnet. Jeder erfahrene Analytiker weiss, dass das Abweichen von einem solchen systematischen Gange stets bestraft wird, zum Mindesten durch Zeitverlust, häufig aber, und das ist natürlich viel schlimmer, durch ein unrichtiges Resultat.

## Vorprüfung.

Jede chemische Untersuchung eines unbekannten Körpers soll mit der sogenannten „Vorprüfung" beginnen, auf welche dann erst die eigentliche qualitative Analyse folgt.

Diese Vorprüfung liefert in der Regel wichtige Anhaltspunkte für die Analyse und erleichtert dieselbe dadurch wesentlich; je umfassender sie vorgenommen wird, desto mehr Aufschlüsse gibt sie; indessen wäre es unpraktisch, sie über Gebühr auszudehnen, weil dann zumeist die aufgewendete Zeit und Arbeit durch die erlangten Aufschlüsse nicht genügend gelohnt würde. Die Vorprüfung soll eben die eigentliche Analyse nicht ersetzen, sondern dieselbe nur erleichtern.

Bei der Untersuchung jener Körper, denen wir unser Interesse zuwenden wollen, genügt es, die Vorprüfung etwa in der folgenden Weise vorzunehmen:

Feste Körper, wenn dieselben nicht schon pulverförmig sind, werden vor Allem, je nach ihrer Härte, entweder in einer Achatschale oder in einer Porcellanreibschale zu feinem Pulver zerrieben. Hierauf wird das Verhalten in der Hitze geprüft; zu diesem Zwecke bringt man eine kleine Quantität des gepulverten Körpers (etwa 0·05 bis 0·1 Grm.) in ein aus einer Glasröhre gefertigtes „Kölbchen" von der in Fig. 1 abgebildeten Form, erhitzt mit der Flamme einer Weingeistlampe oder eines Bunsen'schen Gasbrenners und beobachtet die dabei auftretenden Erscheinungen:

***1. Die Substanz bräunt und schwärzt sich (verkohlt),*** gleichzeitig entstehen Dämpfe, welche sich in dem Halse des Kölbchens zu braunen Tropfen (theerartige, brenzliche Destillationsproducte) verdichten. In diesem Falle ist eine organische Substanz zugegen; die Schwärzung rührt von Kohle her, welche sich bei der Zersetzung in der Hitze abscheidet und in Folge mangelhaften Luftzutrittes nicht verbrennen kann. Hat man im Kölbchen Verkohlung beobachtet, so ist sofort ein zweiter Versuch anzustellen und die Substanz bei ungehindertem Luftzutritt zu erhitzen; als Unterlage für den zu erhitzenden Körper wählt man diesmal ein dünnes Porcellanplättchen, einen Porcellantiegel oder ein Platinblech.[1]) Ist das Untersuchungsobject eine rein organische Substanz, wie z. B. Weinsäure, Zucker, Morphin, so tritt am Anfange der Erhitzung Verkohlung ein, die abgeschiedene Kohle verbrennt aber bei fortgesetztem Erhitzen in Folge des reichlichen Luftzutrittes und es bleibt schliesslich kein Rückstand, wenn genügend lang geglüht wurde. War dagegen das Untersuchungsobject die Verbindung einer organischen Substanz mit einem Metall, das bei diesem Versuche sich nicht verflüchtigt, also z. B. das Salz einer organischen Säure, etwa weinsaures Kalium oder milchsaures Eisen, so tritt beim Erhitzen anfangs Verkohlung ein, die ausgeschiedene Kohle verbrennt aber allmälig und es bleibt ein Rückstand (Asche genannt), welcher das Oxyd oder Carbonat des betreffenden Metalles ist; so hinterlässt das milchsaure Eisen beim Glühen an der Luft Eisenoxyd, das weinsaure Kalium aber kohlensaures Kalium als Glührückstand.

Fig. 1.

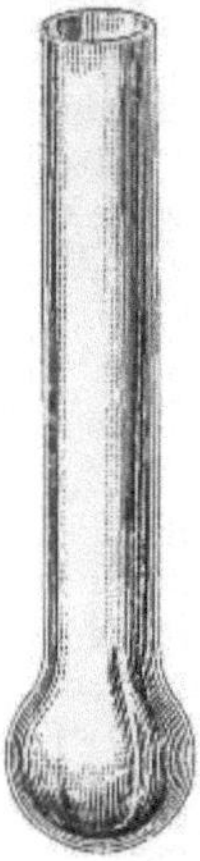

Ergibt die Vorprüfung, dass eine Verbindung einer organischen Säure mit einem Metalle (also ein Salz dieser Säure) vorliegt, wie in den eben angeführten zwei Beispielen, so ist die qualitative Analyse so auszuführen, dass die organische Säure in der unveränderten Substanz, das Metall jedoch in dem Glührückstande aufgesucht wird; das letztere geschieht deshalb, weil viele Reactionen auf die Metalle bei Gegenwart organischer Körper beeinträchtigt werden. Um auf das Beispiel vom weinsauren Kalium zurückzukommen, so würde die Weinsäure in der wässerigen Auflösung dieses Salzes nach den zur Auffindung organischer Säuren geltenden Regeln gesucht werden, während die Prüfung auf das Metall (Kalium) in der Asche zu geschehen hätte.

---

[1]) Als Porcellanplättchen eignen sich für diese Probe am besten die dünnen, henkellosen Deckel der Porcellantiegel. Das Platinblech ist mit Vorsicht anzuwenden, da es bei Anwesenheit eines mit dem Platin sich legirenden Metalles, wie z. B. Blei, durchlöchert wird.

Erfolgt beim Glühversuch im Kölbchen Verkohlung und gleichzeitige Dampfbildung, so ist die Reaction der entweichenden Dämpfe mit Lakmuspapier zu prüfen, indem man abwechselnd schmale Streifen von blauem und rothem Lakmuspapier in den Hals des Kölbchens einführt. Alkalische Reaction deutet auf Ammoniak oder auf eine flüchtige organische Base; saure Reaction kann eintreten, wenn eine vorhandene flüchtige Säure unverändert verdampft oder wenn sich aus dem Untersuchungsobjecte beim Erhitzen ein sauer reagirendes flüchtiges Zersetzungsproduct bildet.

Erfolgt beim Glühversuche im Kölbchen Abscheidung von Kohle nicht, so kann man im Allgemeinen die Gegenwart organischer Substanzen ausschliessen, denn selbst die sogenannten unzersetzt flüchtigen organischen Stoffe werden bei einem solchen Glühversuche zum Theile unter Verkohlung zersetzt, wenn nämlich Theilchen ihrer Dämpfe überhitzte Stellen der Kölbchenwandung berühren.

***2. Die Substanz verflüchtigt sich*** und condensirt sich im Halse des Kölbchens; es entsteht also daselbst ein Sublimat. Diese Erscheinung zeigen manche Ammoniaksalze (z. B. Salmiak, kohlensaures Ammon), Quecksilber und seine Verbindungen (z. B. Calomel, Aetzsublimat, Jodquecksilber, Zinnober), Schwefel, Jod, endlich viele organische Verbindungen, die bei vorsichtigem Erhitzen unzersetzt flüchtig sind, wie z. B. Benzoësäure.

***3. Die Substanz liefert ein farbloses Destillat:*** dasselbe ist entweder Wasser und reagirt dann neutral, oder es besteht aus Wasser und einer flüchtigen Säure, in welchem Falle es sauer reagirt. Ein Destillat kann man erhalten beim Erhitzen von Salzen, welche Krystallwasser enthalten; manche Salze, wie Glaubersalz, liefern reines Wasser als Destillat, andere dagegen, wie Eisenvitriol, Kupfervitriol, Alaun geben beim Erhitzen in Folge einer tiefeingreifenden Zersetzung nebst dem Krystallwasser auch Schwefelsäure ab.

***4. Es erfolgt Gasentwicklung.*** *a)* Das entweichende Gas ist Sauerstoff, es entflammt einen vor die Mündung des Kölbchens gehaltenen glimmenden Holzspahn. Der Sauerstoff kann herrühren von der Zersetzung des Oxydes eines edlen Metalles, wie Quecksilberoxyd, oder eines Superoxydes, wie Mangansuperoxyd, Bleisuperoxyd, endlich von der Zerlegung chlorsaurer, salpetersaurer, chromsaurer Salze.

*b)* Das entweichende Gas ist Kohlensäure, es verlöscht einen brennenden Holzspahn und trübt Kalkwasser. Die Kohlensäure kann sowohl von der Zersetzung kohlensaurer Salze (z. B. kohlensaures Calcium, kohlensaures Magnesium, kohlensaures Zink etc.), als auch von der Zersetzung organischer Verbindungen herrühren; im letzteren Falle wird in der Regel wenigstens schwache Verkohlung zu bemerken sein.

*c)* Das Gas ist Ammoniak. Es riecht eigenthümlich ammoniakalisch, bläut rothes Lakmuspapier und liefert, mit Salzsäuredämpfen in Berührung gebracht, dichte weisse Nebel. Das Ammoniak kann bei der Zersetzung eines Ammoniaksalzes oder einer organischen stickstoffhaltigen Verbindung auftreten.

*d)* Das Gas ist Schwefelwasserstoff. Es besitzt den eigenthümlichen Schwefelwasserstoff-Geruch und schwärzt mit Bleizuckerlösung getränktes Papier. Der Schwefelwasserstoff entsteht beim Erhitzen von manchen Sulfiden.

*e)* Das Gas ist Jod. Dasselbe ist charakterisirt durch seine prächtig violette Färbung, es condensirt sich an den kälteren Stellen des Kölbchens zu einer grauen, krystallinischen, graphitähnlichen Substanz. Joddampf entsteht beim Verdampfen des festen Jod's, aber auch durch Zersetzung mancher Jodverbindungen in der Hitze.

*f)* Das Gas ist Brom. Dasselbe ist leicht zu erkennen an seiner orangegelben Farbe und seinem charakteristischen chlorähnlichen Geruche.

*g)* Das Gas ist Chlor. Die grüngelbe Farbe, der charakteristische Chlorgeruch und die energisch bleichende Wirkung, welche auf feuchtes Lakmuspapier ausgeübt wird, lassen das Chlor leicht erkennen, welches durch die beim Erhitzen erfolgende Zersetzung mancher Chloride, wie Kupferchlorid, Platinchlorid etc. entsteht.

*h)* Das Gas ist salpetrige Säure. Diese ist erkennbar am charakteristischen Geruche und der rothbraunen Farbe; ihr Auftreten ist auf die Zersetzung salpetersaurer und salpetrigsaurer Salze zurückzuführen.

Ist die zu untersuchende Substanz eine Flüssigkeit, so prüft man zunächst die Reaction derselben auf Lakmus, dann den Geruch, durch welchen sich manche flüchtige Körper, wie Alkohol, Aether, Essigäther, Chloroform, Carbolsäure, Essigsäure u. s. w. erkennen lassen, endlich dampft man eine kleine Probe in einem Glas- oder Porcellanschälchen, am besten auf dem Wasserbade, ein. Bleibt nach dem Verdampfen der Flüssigkeit ein fester Rückstand, so liegt eine Lösung vor und es muss nun einerseits der gelöste feste Körper, anderseits das Lösungsmittel separat untersucht werden. Für die Untersuchung des gelösten festen Körpers wird eine entsprechende Menge der zu untersuchenden Flüssigkeit abgedampft, und der feste Abdampfrückstand der Vorprüfung und dann systematisch der qualitativen Analyse unterzogen. Wenn das Lösungsmittel sich nicht schon durch oberflächliche Betrachtung erkennen lässt, so wird dasselbe abdestillirt und das Destillat untersucht.

Es ist sehr zweckmässig, bei der Vorprüfung auch das Verhalten des zu analysirenden Körpers in der Gasflamme oder Löthrohrflamme zu untersuchen. Die darauf bezüglichen Bunsen'schen Flammenreactionen, die Spectralanalyse, sowie die Untersuchung mit dem Löthrohre werden in einem späteren Abschnitte dieses Buches behandelt werden.

## Auflösung fester Körper.

Bei der Analyse „auf nassem Wege" lässt man flüssige Reagentien auf den zu untersuchenden Körper einwirken, daher muss derselbe auch in flüssiger Form verwendet werden, denn nur dann lassen sich die durch die Reagentien hervorgebrachten Erscheinungen, wie z. B. Färbungen, Niederschläge u. s. w., deutlich beobachten. Feste Untersuchungsobjecte müssen daher für die Analyse auf nassem Wege in einem geeigneten Lösungsmittel aufgelöst werden.

Als Lösungsmittel für unorganische Körper kommen zunächst in Betracht: Wasser, Salzsäure, Salpetersäure und Königswasser und man bezeichnet die Körper nach ihrem Verhalten zu diesen Lösungsmitteln als im Wasser lösliche, in Säuren lösliche, in Wasser und Säuren unlösliche. Bezüglich der letzten Gruppe, die in diesem Buche nicht näher in Betracht gezogen wird, sei nur kurz bemerkt, dass durch Behandlung mit Flusssäure und Schwefelsäure oder durch Schmelzen mit kohlensaurem Natrium, mit Aetznatron, mit saurem schwefelsaurem Kalium lösliche Verbindungen dargestellt werden.

Es muss hier daran erinnert werden, dass sich die Vorgänge beim Lösen in Wasser einerseits und in Säuren anderseits wesentlich von einander unterscheiden. Wird ein Körper in Wasser gelöst, so geht er in der Regel chemisch unverändert in die Lösung ein und kann dann beim Verdampfen des Lösungsmittels unverändert wieder erhalten werden: so z. B. hinterlässt eine wässerige Kochsalzlösung beim Verdampfen festes Kochsalz. Anders ist es bei den mit Säuren bereiteten Lösungen der im Wasser unlöslichen Körper. Diese werden zuerst durch die Wirkung der Säure chemisch umgewandelt und erst die nun entstandenen Verbindungen lösen sich auf. Verdampft man eine solche Lösung, so bleibt keineswegs der ursprüngliche Körper zurück, sondern das durch die Einwirkung der Säure aus demselben entstandene Product. Wenn Bleioxyd in Salpetersäure aufgelöst wird, so entsteht salpetersaures Blei und dieses Salz ist in der Lösung enthalten; beim Verdampfen derselben bleibt salpetersaures Blei zurück.

Um das geeignete Lösungsmittel für eine feste Substanz zu finden, wird eine kleine Probe derselben (fein gepulvert) der Reihe nach mit den aufgezählten Flüssigkeiten behandelt; zu diesem Zwecke übergiesst man das zu lösende Pulver in einem Proberöhrchen (Eprouvette) zuerst mit Wasser und erwärmt zum Sieden; löst sich die Substanz im Wasser nicht, so werden in gleicher Weise neue Proben der Reihe nach mit Salzsäure, Salpetersäure, endlich mit Königswasser [1]) behandelt. Ist das geeignete Lösungsmittel gefunden, so löst man 2 bis 3 Grm. des Untersuchungs-Objectes in demselben für die weitere Untersuchung auf.

Wenn man Säuren zum Auflösen nehmen muss, so soll ein grösserer Ueberschuss derselben vermieden werden, denn viele Reactionen werden durch die Gegenwart concentrirter Säuren wesentlich beeinträchtigt. Wurde in concentrirter Salzsäure gelöst, so ist die Lösung

[1]) Königswasser ist eine Mischung von 2—3 Theilen concentrirter Salzsäure mit 1 Theil Salpetersäure. Diese Mischung wird stets unmittelbar vor dem Gebrauche durch Zusammengiessen der beiden Säuren bereitet. Um bei der Anwendung des Königswassers den störenden Einfluss eines grossen Ueberschusses von Salpetersäure zu vermeiden, verfährt man zweckmässig so, dass die zu lösende Substanz zuerst mit Salzsäure allein erwärmt wird, worauf erst tropfenweise Salpetersäure bis zur erfolgten Lösung zugesetzt wird.

vor dem weiteren Gebrauche mit Wasser stark zu verdünnen; wurde in Salpetersäure oder Königswasser gelöst, dann soll der Ueberschuss derselben durch Verdampfen auf dem Wasserbade entfernt und der Abdampfrückstand in Wasser gelöst werden.[1]) Sollte sich bei dieser Auflösung in Wasser eine Trübung oder eine reichliche Ausscheidung eines unlöslichen Körpers ergeben [2]), so kann man durch vorsichtigen tropfenweisen Zusatz des angewendeten Lösungsmittels eine klare Lösung herstellen. Für die Untersuchung auf Metalle ist dies jedoch überflüssig, dazu kann die trübe Flüssigkeit direct verwendet werden, denn jene Verbindungen, welche die Trübung bedingen, werden bei der nachfolgenden Behandlung mit Schwefelwasserstoff zersetzt, auch wenn sie nicht in Lösung sind.

# Systematischer Gang der qualitativen Analyse anorganischer Körper.

## I. Im Wasser lösliche Verbindungen, die nur aus einer Base und einer Säure gebildet sind.

### A. Bestimmung der Base.

Vor Allem ist die Reaction der zu untersuchenden Lösung gegen Lakmuspapier zu prüfen. Bei saurer Reaction kann ohneweiters zu den allgemeinen Gruppenreactionen übergegangen werden, bei neutraler oder alkalischer Reaction ist die Flüssigkeit vorher durch Zusatz einiger Tropfen Salzsäure oder Salpetersäure anzusäuern.

Die Gruppenreactionen müssen in folgender Ordnung angestellt werden:

1. Eine Probe der sauren Lösung wird mit so viel Schwefelwasserstoffwasser versetzt, dass die Flüssigkeit nach dem Umschütteln deutlich darnach riecht. Bringt Schwefelwasserstoff einen gefärbten, flockigen Niederschlag hervor, so ist ein Metall der I. oder der II. Gruppe vorhanden, entsteht dagegen nur eine milchige Trübung, so rührt dieselbe von Schwefel her, der aus dem Schwefelwasserstoff durch die Einwirkung eines oxydirenden Körpers, wie Eisenoxydsalz, Chromsäure [3]), abgeschieden wurde.

---

[1]) Ueberschuss von Salpetersäure oder Königswasser wirken insbesonders störend bei der Anwendung des Schwefelwasserstoffes, weil sie dieses Reagens zersetzen, bevor es auf die gelösten Metallverbindungen einwirkt; man beobachtet dann zuerst die Ausscheidung grosser Schwefelmengen und dann erst die Fällung der Metalle. In solchen Fällen wird unnütz viel Schwefelwasserstoff verschwendet und die weitere Verarbeitung des Metallniederschlages durch den beigemengten Schwefel sehr erschwert.

[2]) Es können sich basische Wismuth- und Antimonverbindungen abscheiden, die im Wasser nicht löslich sind.

[3]) Die mit Salzsäure versetzte Lösung eines Eisenoxydsalzes ist gelb und wird auf Zusatz von Schwefelwasserstoff milchig weiss; die gelbe Lösung der Chromsäure oder eines chromsauren Salzes wird nach Zusatz von Salzsäure und

2. Um zu entscheiden, ob ein durch Schwefelwasserstoff entstandener Niederschlag der I. oder II. Gruppe angehöre, wird mit Ammoniak neutralisirt und dann Schwefelammonium zugesetzt. Löst sich der Niederschlag nicht auf, so gehört er in die I. Gruppe, löst er sich auf, so gehört er in die II. Gruppe.

Bringt Schwefelwasserstoff in der sauren Lösung keinen Niederschlag hervor, so sind Körper der I. und II. Gruppe ausgeschlossen, in diesem Falle wird auf die weiteren Gruppen, wie folgt, geprüft:

3. Man versetzt eine Probe der Lösung mit Chlorammonium, neutralisirt hierauf mit Ammoniak und fügt Schwefelammonium hinzu. Entsteht ein Niederschlag, so rührt derselbe von einem Körper der III. Gruppe her.

Entsteht durch Schwefelammonium kein Niederschlag, so ist die III. Gruppe nicht vertreten und man geht zur Prüfung auf Körper der IV. Gruppe über.

4. Eine Probe der Lösung wird mit Ammoniak bis zur alkalischen Reaction und darauf mit kohlensaurem Ammon versetzt. Ist ein Körper der IV. Gruppe vorhanden, so entsteht ein weisser Niederschlag.

Bringt kohlensaures Ammon keinen Niederschlag hervor, so kann nur die V. Gruppe vertreten sein.

Hat man durch die allgemeinen Reactionen festgestellt, in welche Gruppe das vorhandene Metall (resp. die vorhandene Base) gehört, so schreitet man zu den Specialreactionen.

## *Specielle Reactionen.*

### I. Gruppe.

(Cadmium, Silber, Quecksilber, Blei, Kupfer, Wismuth.)

Ist der durch Schwefelwasserstoff entstandene Niederschlag gelb, so ist derselbe Schwefelcadmium und beweist somit die Gegenwart von Cadmium.

Ist der durch Schwefelwasserstoff erzeugte Niederschlag schwarz oder schwarzbraun, so besteht er aus dem Sulfid eines der folgenden Metalle: Silber, Quecksilber, Kupfer, Blei, Wismuth. Um zu entscheiden, welches von diesen Metallen vorhanden ist, wird eine Probe der ursprünglichen (nicht zu stark verdünnten[1]) Lösung mit Salzsäure versetzt. Erzeugt Salzsäure einen weissen Niederschlag, so ist entweder Silber oder Blei oder Quecksilber-

---

Schwefelwasserstoff auch durch ausgeschiedenen Schwefel getrübt, aber zugleich in Folge der Reduction der Chromsäure zu Chromoxydsalz grün gefärbt. Auf Eisenoxyd prüft man nach den in den Specialreactionen der III. Gruppe Seite 10 angegebenen Regeln; auf Chromsäure wird nach der in dem Absatze über Bestimmung der Säuren Seite 11 gegebenen Vorschrift geprüft.

[1]) Die Lösung soll deshalb nicht zu verdünnt verwendet werden, weil man sonst leicht das Blei übersehen kann; da nämlich das Chlorblei in viel Wasser sich löst, bringt Salzsäure in verdünnten Bleilösungen keinen Niederschlag hervor.

oxydul vorhanden; zur Unterscheidung fügt man dem weissen Niederschlage Ammoniak zu:

Löst sich der Niederschlag im Ammoniak auf, so ist er Chlorsilber und deutet demnach auf Silber.

Wird der Niederschlag auf Zusatz des Ammoniaks schwarz, so ist er Quecksilberchlorür (Calomel) und beweist die Anwesenheit des Quecksilberoxyduls.

Aendert sich das Aussehen des weissen Niederschlages auf Zusatz von Ammoniak nicht, so ist er Chlorblei und rührt somit von Blei her.

Hat Salzsäure in der ursprünglichen Lösung keinen Niederschlag erzeugt, so können vorhanden sein: Kupfer, Wismuth, Quecksilberoxyd.

Wird eine Probe der ursprünglichen Lösung durch Zusatz von Ammoniak dunkelblau gefärbt, so ist Kupfer vorhanden.

Erfolgt diese Reaction mit Ammoniak nicht, so versetzt man eine neue Probe mit Kalilauge:

Ein gelber Niederschlag deutet auf Quecksilberoxyd.

Ein weisser Niederschlag deutet auf Wismuth.

## II. Gruppe.

(Arsen, Antimon, Zinn, Gold.)

Die durch Schwefelwasserstoff erzeugten Sulfide der Metalle aus der II. Gruppe sind so charakteristisch gefärbt, dass deren Färbung allein zur Erkennung ausreicht:

Ein citronengelber Niederschlag rührt her von Arsen.

Ein orangefarbener Niederschlag rührt her von Antimon.

Ein eigelber Niederschlag von Zinnoxyd.

Ein brauner Niederschlag von Zinnoxydul.[1])

Ein braunschwarzer Niederschlag von Gold.[2])

## III. Gruppe.

(Mangan, Aluminium, Zink, Eisen, Kobalt, Nickel, Chrom.)

Ist der durch Schwefelammonium hervorgebrachte Niederschlag fleischfarben, so ist Mangan zugegen.

Ist der Niederschlag schmutziggrün, — Chrom.

Ist der Niederschlag farblos, so kann er von Zink, Aluminium und von Kieselsäure herrühren (welche letztere dann verbunden mit Kalium oder Natrium vorhanden ist). Man unterscheidet, wie folgt:

Entsteht durch vorsichtigen Zusatz von Kalilauge zur Probelösung kein Niederschlag, so ist Kieselsäure zugegen: die

[1]) Das Zinnsulfid und noch mehr das Zinnsulfür ist in Schwefelammonium schwierig löslich, man muss also bei der Prüfung der Sulfid-Niederschläge auf ihre Löslichkeit in Schwefelammonium viel von diesem Reagens anwenden und dasselbe mehrere Minuten einwirken lassen, eventuell gelinde erwärmen.

[2]) Aus der ursprünglichen Lösung des Goldsalzes scheidet Eisenvitriol einen braunen, feinpulverigen Niederschlag von metallischem Gold aus.

überzeugende Reaction wird so ausgeführt, dass man eine neue Probe der Lösung mit Salzsäure ansäuert; je nach der Concentration scheidet sich dann sofort oder beim Eindampfen auf dem Wasserbade die Kieselsäure als farbloser Niederschlag aus.

Erzeugt aber Kalilauge einen Niederschlag, der sich im Ueberschusse derselben wieder löst, so hat man noch zwischen Zink und Aluminium zu unterscheiden und dies geschieht durch Ammoniak. Entsteht nämlich in der ursprünglichen Lösung durch Ammoniak ein farbloser, flockiger Niederschlag, der sich auch in einem grossen Ueberschusse des Ammoniaks nicht auflöst, so ist Aluminium vorhanden.

Entsteht aber auf Zusatz der ersten Tropfen Ammoniak zur ursprünglichen Lösung ein farbloser Niederschlag, der sich bei weiterem Zusatze des Ammoniaks löst, so beweist dies die Gegenwart von Zink.

Ist endlich der durch Schwefelammonium hervorgebrachte Niederschlag schwarz, so hat man zwischen Eisen, Kobalt und Nickel in folgender Weise zu unterscheiden:

Kohlensaures Natrium bringt einen blassgrünen (apfelgrünen) Niederschlag hervor, wenn Nickel vorhanden.

Einen violetten Niederschlag, wenn Kobalt vorhanden.

Einen dunkelgrünen (lauchgrünen) Niederschlag, wenn Eisenoxydul vorhanden.

Einen rothbraunen Niederschlag, wenn Eisenoxyd[1]) vorhanden.

## IV. Gruppe.

(Baryum, Strontium, Calcium.)

Eine Probe der ursprünglichen Lösung wird mit Gypswasser (Auflösung von Gyps in destillirtem Wasser) versetzt; entsteht dadurch kein Niederschlag, so kann nur Calcium vorhanden sein.

Erzeugt dagegen Gypswasser einen Niederschlag, so ist Baryum oder Strontium vorhanden; bei Gegenwart von Baryum entsteht der Niederschlag sofort nach Zusatz des Gypswassers, bei Gegenwart von Strontium entsteht der Niederschlag nicht sofort, sondern erst nach einiger Zeit. Besser unterscheidet man durch Reaction mit Kieselfluorwasserstoffsäure, dieselbe erzeugt nämlich in den Lösungen der Baryumsalze einen farblosen Niederschlag, während die Strontiumlösungen dadurch nicht gefällt werden.

## V. Gruppe.

(Magnesium, Kalium, Natrium, Lithium, Ammonium.)

Eine Probe der ursprünglichen Lösung wird mit Chlorammonium, Ammoniak und phosphorsaurem Natrium versetzt;

---

[1]) Schon bei der Prüfung der ursprünglichen sauren Lösung mit Schwefelwasserstoff wird man durch das Eintreten der milchigen Trübung auf das Eisenoxyd aufmerksam gemacht. Vgl. Seite 7.

entsteht ein farbloser, krystallinischer Niederschlag, so beweist dies die Anwesenheit von Magnesium.

Tritt diese Reaction auf Magnesium nicht ein, so versetzt man eine neue Probe der Lösung auf einem Uhrglase mit Kalilauge; ist Ammoniak zugegen, so gibt sich dasselbe dann durch seinen charakteristischen Geruch, sowie durch dichte weisse Nebel zu erkennen, welche sich bilden, wenn man der auf dem Uhrglase befindlichen alkalischen Flüssigkeit einen mit verdünnter Salzsäure benetzten Glasstab nähert, endlich durch die Blaufärbung von befeuchtetem rothen Lakmuspapier, das man über die Flüssigkeit hält.

Ist auch Ammoniak nicht vorhanden, so wird noch auf Kalium, Lithium und Natrium geprüft, indem man die Lösung selbst, oder, was besser ist, den durch Verdampfen einer kleinen Menge derselben gewonnenen Abdampfrückstand auf dem Oehr eines Platindrahtes in der Flamme des Bunsen'schen Gasbrenners oder in einer Weingeistflamme erhitzt.

Gelbfärbung der Flamme deutet auf Natrium.

Violettfärbung der Flamme deutet auf Kalium.

Carminrothfärbung der Flamme deutet auf Lithium.

## B. Bestimmung der Säuren.

(Kohlensäure, Schwefelwasserstoff, unterschweflige Säure, Kieselsäure, unterchlorige Säure, Chlorsäure, Uebermangansäure, Chromsäure, Schwefelsäure, Phosphorsäure, Borsäure, Chlor, Brom, Jod, Salpetersäure.)

1. Eine Probe der ursprünglichen Lösung wird in einer Eprouvette mit Salzsäure versetzt und erwärmt.

*a*) Es erfolgt Gasentwicklung unter mehr oder weniger lebhaftem Aufbrausen.

Ist das entweichende Gas geruchlos, — Kohlensäure.

Riecht es nach Schwefelwasserstoff, — Schwefelwasserstoff.

Ist das entweichende Gas Chlor, d. h. ist es gelbgrün, riecht es nach Chlor und wirkt es bleichend auf Lakmus- und Indigofarbstoff, so können vorhanden sein: Uebermangansäure, Chromsäure, unterchlorige Säure, Chlorsäure, Salpetersäure.

War die ursprüngliche Lösung dunkelviolettroth und wurde beim Erwärmen mit Salzsäure farblos, — Uebermangansäure.[1])

War die ursprüngliche Lösung gelb oder rothgelb und wurde beim Erwärmen mit Salzsäure grün, — Chromsäure.[2])

---

[1]) Die durch Salzsäure entfärbte und durch Kochen vom Chlor befreite Lösung muss mit Ammoniak und Schwefelammonium den für Mangan charakteristischen fleischfarbenen Niederschlag von Schwefelmangan geben. Ferner sind zur Bestätigung die Flammen-, resp. Löthrohr-Reactionen des Mangans auszuführen.

[2]) Die grüne Lösung gibt auf Zusatz von Ammoniak einen grünen Niederschlag von Chromhydroxyd.

Ist die ursprüngliche Lösung farblos und gibt auf Zusatz von Kalilauge und Manganchlorür oder Mangansulfat einen braunen Niederschlag, — unterchlorige Säure.

Die ursprüngliche farblose Lösung wird mit Kalilauge und Manganchlorür nicht braun, sie hinterlässt beim Verdampfen einen Rückstand, der beim Erhitzen schmilzt und unter Schäumen Sauerstoff abgibt; der Schmelzrückstand enthält ein Chlorid und gibt mit salpetersaurem Silber und Salpetersäure einen weissen, käsigen Niederschlag von Chlorsilber — Chlorsäure. Zeigt der Schmelzrückstand die Reaction mit salpetersaurem Silber nicht, dann ist Salpetersäure vorhanden und man hat nach Seite 13 mit Eisenvitriol auf dieselbe zu prüfen.

*b)* Salzsäure bewirkt die Ausscheidung eines farblosen, gallertartigen Niederschlages; dieser ist Kieselsäure.

*c)* Salzsäure bewirkt nach kurzer Zeit Trübung der Flüssigkeit und Ausscheidung eines sehr fein vertheilten gelben Niederschlages von Schwefel, der sich nur sehr langsam absetzt; gleichzeitig nimmt die Flüssigkeit den Geruch nach schwefliger Säure an — unterschweflige Säure.

2. Bringt Salzsäure kein Aufbrausen und keinen Niederschlag hervor, so versetzt man eine neue Probe der Lösung mit salpetersaurem Baryum. Entsteht durch dieses Reagens ein weisser Niederschlag, so können zugegen sein: Schwefelsäure, Phosphorsäure oder Borsäure.

Löst sich der weisse Niederschlag in Salzsäure nicht auf, so deutet er auf Schwefelsäure; löst er sich hingegen, so ist entweder Phosphorsäure oder Borsäure vorhanden.

Erzeugt in einer neuen Probe der Lösung salpetersaures Silber einen gelben Niederschlag, — Phosphorsäure.

Ist der Silberniederschlag weiss, — Borsäure.

Entsteht durch salpetersaures Baryum ein gelber Niederschlag, so rührt derselbe von Chromsäure her. In diesem Falle ist man schon bei der Prüfung mit Schwefelwasserstoff (vgl. Seite 7) auf dieselbe aufmerksam geworden. Bestätigende Reactionen für die Chromsäure werden am besten auf trockenem Wege vorgenommen (siehe das Capitel über Flammenreactionen und Löthrohr-Analyse).

3. Hat auch salpetersaures Baryum keine Reaction hervorgebracht, so wird die ursprüngliche Lösung mit Salpetersäure und salpetersaurem Silber versetzt. Entsteht ein weisser, käsiger Niederschlag, so kann derselbe Chlorsilber, Bromsilber oder Jodsilber sein.

Ist der Niederschlag weiss und in Ammoniakflüssigkeit leicht löslich, so deutet er auf Chlor.

Ist der Niederschlag gelb, im Ammoniak nur sehr schwer löslich, so deutet er auf Jod. Eine bestätigende Reaction wird in der Weise ausgeführt, dass man die ursprüngliche Lösung mit brauner Salpetersäure versetzt und dann entweder Stärkekleister oder Chloroform hinzufügt; der Stärkekleister wird durch Jod blau, das Chloroform violett gefärbt.

Ist der durch salpetersaures Silber erzeugte Niederschlag gelblichweiss und in Ammoniak schwerer löslich, als das Chlorsilber, so hat man Brom vor sich. Man überzeugt sich von der Anwesenheit des Broms noch dadurch, dass man die ursprüngliche Lösung ansäuert, mit einigen Tropfen verdünnten Chlorwassers versetzt und mit Chloroform schüttelt; das Chloroform färbt sich bei Anwesenheit von Brom gelb.

4. Wenn durch salpetersaures Silber kein Niederschlag entstand, so hat man noch auf Salpetersäure zu prüfen. Zu diesem Behufe wird eine Probe der ursprünglichen Lösung mit dem gleichen Volumen Eisenvitriollösung vermischt, dann giesst man vorsichtig vom Rande der Eprouvette concentrirte Schwefelsäure ein, so dass sich dieselbe unten in der Eprouvette ansammelt. Ist Salpetersäure vorhanden, so tritt an der Stelle, wo sich die concentrirte Schwefelsäure und die Probelösung berühren, Braunfärbung auf.

## II. Im Wasser unlösliche, aber in Säuren lösliche Verbindungen, die nur aus einer Base und einer Säure gebildet sind.

### A. Auffindung der Basen.

So wie bei den in Wasser löslichen Substanzen, wird auch hier zuerst durch die Anwendung der allgemeinen Reagentien festgestellt, in welche Gruppe das vorhandene Metall gehört, und erst dann werden die Specialreactionen der betreffenden Gruppe ausgeführt.

Die Specialreactionen für die I., II., IV. und V. Gruppe werden so vorgenommen, wie dies unter I. für die im Wasser löslichen Substanzen angegeben ist, dagegen tritt in den Specialreactionen für die III. Gruppe eine Aenderung ein. Wenn nämlich eine Verbindung der Phosphorsäure oder Borsäure mit Calcium, Strontium, Baryum oder Magnesium vorliegt, so gibt die saure Lösung beim Versetzen mit Ammoniak einen weissen Niederschlag; man wird daher bei der Gruppenreaction mit Ammoniak und Schwefelammonium einen Niederschlag erhalten. Dieser Niederschlag ist farblos und muss daher vom Zink- und Aluminiumniederschlage unterschieden werden. Dies geschieht auf folgende Weise:

Man versetzt die saure Probelösung mit Weinsäure und hierauf mit einem grossen Ueberschusse von Ammoniak.

1. Entsteht dadurch kein Niederschlag, so können nur Aluminium und Zink vorhanden sein, während Baryum, Strontium, Calcium und Magnesium ausgeschlossen sind. Eine Probe der Lösung wird mit Kalilauge im Ueberschusse versetzt und darauf

in zwei gleiche Theile getheilt; den einen Theil versetzt man mit Chlorammonium, den andern mit Schwefelwasserstoffwasser.

Bringt Chlorammonium einen farblosen, flockigen Niederschlag hervor, so deutet dieser auf Aluminium.

Wenn Schwefelwasserstoff einen weissen Niederschlag erzeugt, so ist Zink zugegen.

2. Entsteht auf Zusatz von Weinsäure und Ammoniak zur sauren Probelösung ein Niederschlag, so liegt eine Verbindung von Baryum, Strontium, Calcium oder Magnesium mit Phosphorsäure oder Borsäure vor.

Die Prüfung auf Phosphorsäure und das damit verbundene Metall der alkalischen Erden geschieht in folgender Weise: Die saure Lösung wird durch tropfenweisen Zusatz von Ammoniak neutralisirt bis zum Entstehen eines Niederschlages; dieser Niederschlag wird dann durch Essigsäure gelöst, worauf man essigsaures Natrium und einige Tropfen Eisenchloridlösung zusetzt. Entsteht dadurch ein weisser flockiger Niederschlag, so ist Phosphorsäure zugegen. Um nun das mit dieser verbundene Metall zu finden, setzt man so viel Eisenchlorid zu, dass die Flüssigkeit blutroth wird, kocht, filtrirt den entstandenen Niederschlag, der die Phosphorsäure enthält, ab, versetzt das Filtrat mit Ammoniak, bis es darnach riecht, um das Eisen zu fällen, filtrirt, wenn sich Eisenoxyd ausgeschieden hat, dasselbe ab, und prüft das nun resultirende Filtrat nach den Specialreactionen auf die Körper der IV. Gruppe und auf Magnesium.

Hat diese Prüfung die Abwesenheit der Phosphorsäure ergeben, so ist auf Borsäure und das mit derselben verbundene Metall der alkalischen Erden zu prüfen. Man taucht in die saure Lösung Curcumapapier ein, Braunfärbung beweist die Gegenwart der Borsäure, man kann sich noch weiter durch die entsprechende Flammenreaction überzeugen. Um das mit der Borsäure verbundene Metall zu finden, wird die ursprüngliche feste Substanz (oder der Abdampfrückstand der sauren Lösung, wenn etwa eine solche vorliegt) mit Wasser und kohlensaurem Natrium versetzt und längere Zeit gekocht; die Borsäure geht als Natriumsalz in Lösung, während sich das betreffende Metall der alkalischen Erden als kohlensaures Salz unlöslich abscheidet. Man sammelt das letztere auf einem Filter, wäscht es mit Wasser gut aus und löst es dann in wenig Salzsäure; in dieser Lösung wird dann das Metall nach den bereits erwähnten Methoden zur Auffindung der Metalle Calcium, Strontium, Baryum, Magnesium gesucht.

## B. Auffindung der Säuren.

Es ist vor Allem daran zu erinnern, dass man selbstverständlich in einer Lösung, die mit Hilfe einer Säure bereitet wurde, auf diese Säure nicht prüft.

Von den Säuren, welche bei den im Wasser löslichen Verbindungen angeführt sind, kommen hier einige, wie Chlorsäure, unterchlorige Säure, Uebermangansäure, nicht in Betracht, weil entweder alle oder doch die gewöhnlich vorkommenden Verbindungen derselben im Wasser löslich sind.

Kohlensäure, Schwefelwasserstoff, Chromsäure und Kieselsäure werden bei der Einwirkung von Salzsäure auf den zu untersuchenden Körper erkannt, die ersteren beiden an dem Aufbrausen, die Chromsäure an der Grünfärbung der gelben oder gelbrothen Lösung beim Kochen mit Salzsäure, die Kieselsäure an der Abscheidung eines gallertartigen Niederschlages (vgl. Prüfung auf Säuren bei I.).

Schwefelsäure wird nachgewiesen, indem man die stark verdünnte saure Lösung mit Chlorbaryum oder salpetersaurem Baryum versetzt; sie gibt damit einen weissen Niederschlag.

Auf Phosphorsäure prüft man mit molybdänsaurem Ammon in folgender Weise: Eine concentrirte Lösung von molybdänsaurem Ammon versetzt man tropfenweise mit Salpetersäure so lange, bis der durch die ersten Tropfen entstandene weisse Niederschlag sich in dem Ueberschusse der Salpetersäure gelöst hat; zu dieser Lösung giesst man nun die saure Probeflüssigkeit und erwärmt gelinde; bei Anwesenheit von Phosphorsäure entsteht eine gelbe Trübung, resp. ein feinkörniger, gelber Niederschlag.

Borsäure wird entweder durch Flammenreaction am Platindrahte (siehe diese) nachgewiesen, oder indem man die zu untersuchende Substanz in einem Porcellanschälchen mit einigen Tropfen concentrirter Schwefelsäure mengt, dieser Mischung dann Weingeist zusetzt und die Flüssigkeit anzündet. Bei Anwesenheit der Borsäure brennt der Weingeist mit grün gesäumter Flamme.

Chlor, Brom, Jod werden in der salpetersauren Lösung durch salpetersaures Silber nachgewiesen, Brom und Jod durch die unter I. B. angegebenen Reactionen (Seite 12) unterschieden.

Salpetersäure kann hier wohl nur in der Form des basisch salpetersauren Wismuth vorkommen, man wird schon bei der Vorprüfung auf dieselbe aufmerksam, indem beim Erhitzen im Kölbchen rothbraune Dämpfe entweichen. Auf nassem Wege würde man die Salpetersäure in diesem basischen Salze folgendermassen nachweisen: Die Substanz wird mit verdünnter Kalilauge gekocht, dadurch entsteht salpetersaures Kalium, das im Wasser löslich ist. Man filtrirt ab und nimmt die Reaction mit Eisenvitriol und Schwefelsäure vor.

## III. In Wasser oder Säuren lösliche Verbindungen, welche aus mehreren Basen und Säuren gebildet sind.

Handelt es sich um die Analyse eines unbekannten Körpers, der mehrere Metalle und mehrere Säuren enthalten kann, so reicht die in I. und II. gegebene Untersuchungsmethode nicht aus, es muss dann vielmehr ein Weg eingeschlagen werden, auf dem man alle Metalle und Säuren nebeneinander auffinden kann. Ein solcher

Weg soll nun in dieser III. Unterabtheilung erörtert werden. Es wird in demselben auch wieder nur auf jene Körper Rücksicht genommen, mit denen man im praktischen Leben häufiger in Berührung kommt, die ein allgemeineres Interesse darbieten, und die bei gerichtlich- oder sanitätspolizeilichen Untersuchungen in Betracht kommen können, dagegen sind alle Körper, die nur sehr selten vorkommen oder ein ganz beschränktes Interesse gewähren, ausgeschlossen.

Auch bei der Analyse solcher zusammengesetzter Körper, wie wir sie nun im Auge haben, gilt das Princip, dass durch allgemeine Gruppenreagentien zuerst eine Eintheilung der Bestandtheile in die entsprechenden Gruppen und dann erst durch Specialreactionen die Auffindung der Bestandtheile jeder Gruppe erfolgt, aber der Vorgang unterscheidet sich doch von jenem, den wir eingehalten haben bei den Substanzen, die nur eine Base und eine Säure enthalten.

Wir haben dort der Reihe nach sowohl die allgemeinen, als die speciellen Reactionen nur so lange angestellt, bis wir ein positives Resultat erhielten, d. h. bis uns eine Gruppe und dann ein bestimmtes Glied dieser Gruppe durch die Reactionen angezeigt wurde. Wir prüften beispielsweise mit Schwefelwasserstoff in saurer Lösung, — kein Niederschlag; weiter mit Schwefelammonium, — schwarzer Niederschlag. Bei den Specialreactionen der III. Gruppe ergab sich mit kohlensaurem Natrium ein hellgrüner Niederschlag. Daraus schlossen wir auf die Gegenwart von Nickel. Wir stellten keine andern Gruppen- und Specialreactionen mehr an. weil wir voraussetzten, dass nur ein Metall vorhanden sei und unsere Untersuchungsmethode darnach eingerichtet hatten.

Das geht natürlich bei Körpern, in denen wir alle Glieder der fünf Gruppen und alle Säuren vermuthen können, nicht mehr an, in diesem Falle muss auf alle Gruppen der Metalle, auf sämmtliche Glieder jeder Gruppe und endlich auf alle Säuren geprüft werden und die dazu verwendete Methode muss so beschaffen sein, dass kein Bestandtheil übersehen oder in seinen Reactionen durch einen andern verdeckt werden kann.

Die allgemein gebräuchliche Methode, für die Untersuchung unorganischer Körper, in denen sämmtliche Metalle und Säuren vorausgesetzt werden, ist bezüglich der Basen so eingerichtet, dass zuerst eine Trennung nach Gruppen und dann eine Specialuntersuchung jeder einzelnen Gruppe auf die vorhandenen Bestandtheile erfolgt. Es sei beispielsweise ein aus Quecksilber, Kupfer, Arsen, Antimon, Eisen, Mangan, Zink und Schwefel bestehendes Untersuchungsobject gegeben. Da wird zuerst durch die allgemeinen Reagentien Quecksilber und Kupfer zusammen abgeschieden, zweitens Arsen und Antimon zusammen, drittens Eisen, Mangan und Zink zusammen, erst dann erfolgt die Aufsuchung der einzelnen Glieder in jeder der drei Gruppen. Auf diese Weise wird die Untersuchung auf Basen in so viele Theile zerlegt, als

Gruppen in dem zu untersuchenden Körper vertreten sind. In unserem obigen Beispiele haben wir also nach der Gruppentrennung drei Untersuchungsobjecte, von denen wir aber wissen, dass in jedem Einzelnen derselben nur bestimmte Körper (nämlich die der betreffenden Gruppe) vorhanden sein können, während die der anderen Gruppen sicher ausgeschlossen sind.

Indem unsere Methode die Trennung der Gruppen zur Basis nimmt, die Specialreactionen so einrichtet, dass in jeder einzelnen Gruppe nur auf deren Glieder Rücksicht genommen wird, also nichts von einer fremden Gruppe als Beimischung brauchen kann, weil dadurch die Reactionen der zu untersuchenden Gruppe gestört werden könnten, wird verlangt, dass diese Trennung der Gruppen eine vollständige sei, d. h. dass jede einzelne Gruppe. frei von den Bestandtheilen der übrigen Gruppen abgeschieden werde. Ein Beispiel wird es klar machen, dass eine solche vollständige Gruppentrennung unerlässlich ist. Wir hätten einen Körper zu analysiren, der Kupfer, Wismuth und Eisen enthält. Nach dem bereits erörterten Principe scheiden wir zuerst aus der sauren Lösung mittelst Schwefelwasserstoff Kupfer und Wismuth als Sulfide zusammen ab und trennen von denselben die Lösung, welche noch Eisen enthält, durch Filtration. Entfernen wir diese Eisenlösung von den beiden Sulfiden nicht vollständig, so verursacht dieselbe bei den Specialreactionen eine bedenkliche Störung. Wird nämlich Kupfersulfid und Wismuthsulfid in Salpetersäure gelöst, so geht auch das beigemengte Eisen in die Lösung. Bei der Specialprüfung auf die Metalle der I. Gruppe wird mit Ammoniak auf Wismuth geprüft, welches als weisses Wismuthhydroxyd gefällt wird: man erwartet also bei Gegenwart von Wismuth einen weissen Niederschlag. Da Eisen in der Lösung ist, wird dasselbe als ein rostfarbener Niederschlag (Eisenoxydhydrat) gefällt, mengt sich dem Wismuthniederschlage bei und man erhält dadurch eine unerwartete, in das Schema nicht passende Erscheinung. Dieses Beispiel lehrt, wie man wird vorgehen müssen, um eine vollständige Trennung der Gruppen zu erzielen. Aus der Lösung des zu untersuchenden Körpers muss durch das erste Gruppenreagens, nämlich durch Schwefelwasserstoff, Alles gefällt werden, was der I. und II. Gruppe angehört, es muss also in die Lösung so lange Schwefelwasserstoff eingeleitet werden, bis derselbe im Ueberschusse vorhanden ist. Dann wird das vom Niederschlage getrennte Filtrat nichts mehr von den Körpern der I. und II. Gruppe enthalten. Um den durch Schwefelwasserstoff erzeugten Niederschlag der I. und II. Gruppe, zwischen dessen Theilchen sich die Lösung der III., IV. und V. Gruppe befindet, von dieser Lösung ganz zu befreien, muss derselbe sorgfältig mit Wasser gewaschen werden.

Es kommt also bei der Trennung der Gruppen Alles darauf an, einerseits durch die Gruppenreagentien die Gruppen vollständig zu fällen und anderseits die einzelnen Gruppenniederschläge durch

Auswaschen mit Wasser vollständig von den anhaftenden Lösungen der noch nicht gefällten Körper zu reinigen.

Die Anwendung der dargelegten Grundsätze geschieht in folgender Weise:

## A. Untersuchung auf Basen.

### *1. Trennung der Gruppen.*

Man prüft die zu untersuchende Lösung mit dem Lakmuspapier und säuert dieselbe, wenn sie nicht schon sauer ist, durch Zusatz von der eben ausreichenden Menge Salzsäure oder Salpetersäure an, wozu in der Regel einige Tropfen genügen. Eine Probe dieser Lösung wird mit viel Schwefelwasserstoffwasser versetzt und umgeschüttelt. Entsteht durch den Schwefelwasserstoff ein gefärbter, flockiger Niederschlag (nicht blos eine milchige Trübung[1]), so ist die erste oder zweite Gruppe oder es sind beide vertreten; entsteht durch Schwefelwasserstoff kein Niederschlag, so fehlen die Körper dieser beiden Gruppen und dann prüft man sofort weiter, ob die Gruppen III, IV und V vorhanden sind.

Hat die Probe mit Schwefelwasserstoff die Anwesenheit der I. oder II. Gruppe ergeben, so leitet man in die ganze Menge der verdünnten, sauren Lösung, die man zur Prüfung auf Basen verwenden will, Schwefelwasserstoffgas ein und prüft von Zeit zu Zeit, ob die Fällung durch dieses Reagens bereits vollendet ist, indem man eine Probe der durch den Niederschlag getrübten Flüssigkeit filtrirt und das klare Filtrat mit Schwefelwasserstoffwasser versetzt. So lange man bei dieser Prüfung in dem Filtrate einen Niederschlag erhält, muss das Einleiten des Schwefelwasserstoffes fortgesetzt werden; erst dann, wenn das Filtrat keinen Niederschlag mehr gibt, ist die Fällung der I. und II. Gruppe beendet.

Man trennt nunmehr den durch Schwefelwasserstoff erzeugten Niederschlag von der Flüssigkeit durch Filtration. Das Filtrat wird zur Untersuchung auf die III., IV. und V. Gruppe reservirt, der Niederschlag aber sofort auf dem Filter gut ausgewaschen. Zum Auswaschen nimmt man in diesem Falle Wasser, dem (um die Oxydation der Schwefelmetalle und somit deren Umwandlung in Sulfate zu verhindern) eine geringe Menge von Schwefelwasserstoffwasser zugesetzt wird.

Von dem ausgewaschenen noch feuchten Niederschlage wird eine kleine Probe in einer Eprouvette mit Schwefelammonium übergossen und gelinde erwärmt.

Löst sich der Niederschlag im Schwefelammonium vollständig auf, so können nur Körper der II. Gruppe vorhanden sein; ist

[1]) Eine milchige Trübung deutet auf ausgeschiedenen Schwefel und kann durch das Vorhandensein von Eisenoxydsalzen, Chromsäure oder anderen, den Schwefelwasserstoff zersetzenden Körpern herrühren.

dies nicht der Fall, so ist zweierlei möglich: entweder hat das Schwefelammonium nichts oder nur einen Theil gelöst. Das bei der Prüfung mit Schwefelammonium ungelöst Bleibende weist jedenfalls auf Körper der I. Gruppe hin, es bleibt aber noch zu untersuchen, ob das Schwefelammonium etwas aufgelöst hat. Zu diesem Zwecke wird die mit Schwefelammonium behandelte Probe auf ein Filter gebracht und das klare Filtrat mit Salzsäure bis zur sauren Reaction versetzt; entsteht dadurch ein gefärbter, flockiger Niederschlag, so ist die II. Gruppe nachgewiesen.[1])

Besteht nach dieser Prüfung der durch Schwefelwasserstoff hervorgebrachte Niederschlag nur aus Körpern der I. Gruppe, so ist er direct nach den Specialreactionen der I. Gruppe zu untersuchen (siehe Seite 20). Besteht er nur aus den Sulfiden der II. Gruppe, so wird er nach den betreffenden Specialreactionen dieser Gruppe weiter untersucht (siehe Seite 22).

Wenn dagegen beide Gruppen nachgewiesen sind, so wird der Niederschlag in einem Becherglase mit Wasser und Schwefelammonium übergossen, dann durch einige Minuten gelinde erwärmt und durch eine Viertelstunde der Einwirkung des Schwefelammoniums überlassen (dabei geht die II. Gruppe in Lösung, die I. Gruppe bleibt ungelöst). Hierauf bringt man den Niederschlag der I. Gruppe auf ein Filter und wäscht ihn mit Wasser, dem einige Tropfen Schwefelammonium zugesetzt werden, gut aus. Der Niederschlag wird nach den Specialreactionen der I. Gruppe, das Filtrat nach jenen der II. Gruppe weiter verarbeitet.

Das nach der Ausfällung und Trennung der I. und II. Gruppe erhaltene Filtrat wird zunächst geprüft, ob es überhaupt noch etwas von der III., IV. und V. Gruppe gelöst enthält, indem man eine Probe auf dem reinen Platinblech verdampft. Bleibt kein Rückstand, so ist auf die letzten drei Gruppen keine Rücksicht zu nehmen, bleibt aber ein Rückstand, so hat man die Flüssigkeit auf diese drei Gruppen weiter zu untersuchen.

Man versetzt zunächst eine Probe dieser Flüssigkeit mit Chlorammonium, neutralisirt dann mit Ammoniak und fügt endlich (ohne Rücksicht darauf zu nehmen, ob Ammoniak einen Niederschlag hervorgebracht hat oder nicht) Schwefelammonium hinzu. Entsteht kein Niederschlag, so ist die III. Gruppe nicht vertreten und man kann sofort zur Prüfung auf die IV. Gruppe übergehen; entsteht jedoch ein Niederschlag, so ist die ganze Flüssigkeit in der angegebenen Weise mit Chlorammonium, Ammoniak und Schwefelammonium zu behandeln, und zwar ist so viel Schwefelammonium zuzusetzen, dass dasselbe im Ueberschusse vorhanden ist, was man daraus erkennt, dass nach dem Absetzen des Niederschlages in der darüberstehenden klaren Flüssigkeit ein Tropfen

[1]) Wenn bei dieser Probe die Flüssigkeit sich nur milchig trübt, so ist die II. Gruppe ausgeschlossen. Diese Trübung rührt von sehr fein vertheiltem Schwefel her, welcher sich bei der Zersetzung des Schwefelammoniums abscheidet.

Schwefelammonium keinen Niederschlag mehr erzeugt. Der durch Schwefelammonium hervorgebrachte Niederschlag wird durch Filtration von der Flüssigkeit getrennt und auf dem Filter mit Wasser, dem einige Tropfen Schwefelammonium zugesetzt werden, gut ausgewaschen; er wird sodann nach den Specialreactionen der III. Gruppe untersucht (siehe Seite 24).

Das Filtrat von dem durch Schwefelammonium gefällten Niederschlage wird zunächst auf dem Platinblech geprüft: bleibt beim Verdampfen und nachherigen Glühen kein Rückstand, so ist nichts von der IV. und V. Gruppe vorhanden; im entgegengesetzten Falle aber ist auf die IV. und V. Gruppe weiter zu untersuchen. Es wird dann, um das überschüssige Schwefelammonium zu zerstören, die Flüssigkeit mit Salzsäure angesäuert, zum Kochen erhitzt und so lange gekocht, bis sie nicht mehr nach Schwefelwasserstoff riecht. In der Regel scheidet sich beim Kochen fein vertheilter Schwefel aus, der von der Zersetzung des Schwefelammoniums herrührt, dieser wird abfiltrirt. Von dem klaren Filtrate neutralisirt man eine Probe mit Ammoniak und versetzt mit kohlensaurem Ammon; entsteht kein Niederschlag, so ist die IV. Gruppe nicht vorhanden und man kann sofort nach den Specialreactionen der V. Gruppe (siehe Seite 30) weiter untersuchen. Wenn aber durch kohlensaures Ammon die Gegenwart der IV. Gruppe erwiesen ist, so wird die gesammte Flüssigkeit mit Ammoniak neutralisirt und mit kohlensaurem Ammon ausgefällt. Der durch Filtration von der Flüssigkeit getrennte und mit Wasser gut gewaschene Niederschlag wird nach den Specialreactionen der IV. Gruppe (siehe Seite 29) untersucht, das Filtrat aber, wenn es beim Verdampfen am Platinblech und Glühen des Abdampfrückstandes einen festen Körper hinterlässt, auf die Körper der V. Gruppe geprüft; wenn es nichts hinterlässt, so kann von den Körpern der V. Gruppe nur Ammoniak anwesend sein, welches in der ursprünglichen Substanz gesucht werden muss.

### *2. Specialreactionen.*

#### I. Gruppe.

(Quecksilber, Silber, Blei, Kupfer, Wismuth, Cadmium.)

Der gut ausgewaschene, noch feuchte Niederschlag wird mit Hilfe eines Glasstabes vom Filter sorgfältig abgelöst und in eine kleine Porcellanschale gebracht; man übergiesst ihn mit Salpetersäure, die mit dem gleichen Volumen Wasser verdünnt ist und erhitzt zum Kochen. Die Schwefelmetalle werden (mit Ausnahme des Schwefelquecksilbers) durch die Salpetersäure in der Kochhitze oxydirt und zum Theil in Sulfate, zum Theil in Nitrate verwandelt. Die Reaction ist als beendet anzusehen, wenn die Entwicklung rothbrauner Dämpfe aufgehört hat.[1])

[1]) Die Erklärung des chemischen Processes siehe Seite 37.

Bei dieser Behandlung mit verdünnter Salpetersäure können sich unlöslich abscheiden: Schwefel (von den zersetzten Metallsulfiden), schwefelsaures Blei und Schwefelquecksilber. Man filtrirt von dem Ungelösten ab, wäscht mit Wasser gut aus und prüft, wie folgt:

1. Eine Probe des Ungelösten wird auf einem Porcellanplättchen stark erhitzt: Schwefel und Schwefelquecksilber verflüchtigen sich; bleibt daher ein Rückstand, so ist derselbe schwefelsaures Blei und deutet demgemäss auf *Blei*.

2. Eine zweite Probe wird mit wasserfreiem kohlensauren Natrium in einer Reibschale innig gemengt und das Gemenge darauf in einem kleinen Glaskölbchen (siehe Fig. 1, Seite 3) erhitzt; zeigen sich in dem Halse des Kölbchens (entweder mit freiem Auge oder mit Hilfe einer Loupe wahrnehmbare) kleine Metalltröpfchen, so ist *Quecksilber* vorhanden.[1])

Die Lösung, welche von dem in der Salpetersäure Ungelösten abfiltrirt ist, wird mit verdünnter Schwefelsäure geprüft: entsteht ein weisser Niederschlag (schwefelsaures Blei), so ist *Blei*[2]) zugegen. In diesem Falle wird durch genügenden Zusatz von verdünnter Schwefelsäure das Blei vollständig ausgefällt und das abgeschiedene schwefelsaure Blei (das man noch mit Hilfe des Löthrohres oder der Flammenreactionen prüfen kann) abfiltrirt.

Das klare Filtrat wird mit Salzsäure geprüft; ein weisser käsiger Niederschlag (Chlorsilber) deutet auf *Silber*.[3]) Bei Anwesenheit von Silber wird dasselbe mit Salzsäure vollständig ausgefällt und abfiltrirt.

Das Filtrat vom Chlorsilber versetzt man mit Ammoniak; wird die Flüssigkeit dunkelblau (von einer Cupri-Ammoniak-Verbindung herrührend), so ist *Kupfer* vorhanden.

Entsteht durch Ammoniak ein weisser Niederschlag (Wismuthhydroxyd), den man auch bei Anwesenheit von Kupfer in der dunkelblauen Flüssigkeit recht gut wahrnehmen kann, so ist *Wismuth*[4]) vorhanden.

Die vom Wismuthniederschlage abfiltrirte Flüssigkeit, oder wenn Wismuth nicht vorhanden, die unfiltrirte mit Ammoniak versetzte Lösung wird noch auf Cadmium geprüft.

---

[1]) Siehe Seite 37.

[2]) Siehe Seite 37.

[3]) Siehe Seite 37.

[4]) Dieser durch Ammoniak entstandene Niederschlag wird zweckmässig noch durch eine der zwei folgenden, bestätigenden Reactionen auf Wismuth geprüft: 1. Eine Probe des gut gewaschenen Niederschlages wird in einer Eprouvette in möglichst wenig Salpetersäure gelöst, hierauf wird ein Tropfen Kochsalzlösung zugesetzt und dann mit viel Wasser verdünnt. Ist Wismuth vorhanden, so tritt eine intensive Trübung (von Wismuthoxychlorid) ein. 2. Eine Probe des Niederschlages löst man in einem Tröpfchen Salpetersäure, setzt einige Krystalle von Zinnchlorür zu und, nachdem sich dieses gelöst hat, Kalilauge in grossem Ueberschuss. Wenn Wismuth zugegen ist, so entsteht ein schwarzer Niederschlag (von Wismuthoxydul).

Ist die Lösung farblos, also kein Kupfer vorhanden, so setzt man Schwefelwasserstoffwasser zu; ein gelber Niederschlag (Schwefelcadmium) deutet auf *Cadmium.*

Ist aber die Lösung kupferhaltig, also dunkelblau, so wird Cyankaliumlösung bis zur Entfärbung und darauf Schwefelwasserstoffwasser zugesetzt. Bei Gegenwart von *Cadmium* entsteht der charakteristische gelbe Niederschlag von Schwefelcadmium.

## II. Gruppe.

(Arsen, Antimon, Zinn.)

Besteht der durch Schwefelwasserstoff gefällte Niederschlag nur aus Schwefelmetallen der II. Gruppe, so ist er nach den Specialreactionen dieser Gruppe zu prüfen; musste aber eine Trennung der I. und II. Gruppe durch Schwefelammonium vorgenommen werden, so gehen die Schwefelmetalle der II. Gruppe zunächst in Lösung, aus der sie durch Ansäuern mit Salzsäure gefällt werden müssen.[1]) Der bei diesem Ansäuern sich ausscheidende Niederschlag ist gut zu waschen und, wie folgt, zu prüfen.

Der Niederschlag wird bei gelinder Wärme getrocknet. Eine Probe des trockenen Niederschlages erhitzt man auf einem Porcellanplättchen zum Glühen; verflüchtigt sich Alles, ohne einen Rückstand zu hinterlassen, so kann nur *Arsen* vorhanden sein, da Schwefelarsen leicht flüchtig ist, während Schwefelantimon und Schwefelzinn sich nicht verflüchtigen. Für das Arsen wird noch die folgende bestätigende Reaction vorgenommen: Eine kleine Menge des trockenen Niederschlages wird mit wasserfreiem kohlensauren Natrium und Cyankalium innig zusammengerieben, diese Mischung sodann in einem Porcellanschälchen über einer kleinen Flamme vorsichtig getrocknet und hierauf in einem Glaskölbchen (siehe Fig. 1, Seite 3) erhitzt.

Es scheidet sich im Halse des Kölbchens ein glänzender Metallspiegel *(Arsenspiegel)* ab.[2])

Ist der Niederschlag der II. Gruppe nicht vollständig flüchtig, so hat man auch auf Antimon und Zinn Rücksicht zu nehmen. Die Trennung von Arsen, Antimon und Zinn führt man am zweckmässigsten in folgender Weise aus:

Der sorgfältig gewaschene und getrocknete Niederschlag wird mit ungefähr seinem doppelten Gewichte von wasserfreiem, kohlensaurem Natrium und ebensoviel salpetersaurem Natrium innig gemengt und dieses Gemenge wird in kleinen Portionen in geschmolzenes salpetersaures Natrium eingetragen, welches in einem Porcellantiegel durch einen Bunsen'schen Brenner oder durch eine Weingeistlampe erhitzt wird. Es wird von dem Gemenge erst dann wieder eine neue Portion eingetragen, wenn

[1]) Siehe Seite 36.
[2]) Siehe Seite 38.

die durch die frühere Portion bewirkte heftige Reaction (Verpuffung und Aufschäumen) vorüber ist. Würde man die zu oxydirenden Sulfide der II. Gruppe zu rasch in den schmelzenden Salpeter eintragen, so könnte die Masse in dem Tiegel überschäumen oder wohl gar herausgeschleudert werden. Hat man Alles eingetragen und ist die Reaction beendet, fliesst also die geschmolzene Masse im Tiegel ruhig, so giesst man dieselbe auf einen reinen Porcellanscherben aus und lässt erkalten. Nach dem Erkalten wird die harte Masse in der Reibschale fein zerrieben und mit Wasser übergossen.[1]) Wenn sich die Schmelze gelöst hat und nur mehr ein feiner, mit dem Pistill unfühlbarer Niederschlag ungelöst ist, bringt man das Ganze auf ein Filter und wäscht, nachdem die Flüssigkeit abgetropft ist, zuerst mit Wasser, dann mit verdünntem Weingeist aus. Das erste Filtrat dient zur Prüfung auf Arsen, der auf dem Filter bleibende Niederschlag zur Prüfung auf Antimon und Zinn.

Die auf Arsen zu prüfende Flüssigkeit[2]) wird mit Salpetersäure angesäuert (wobei unter Aufbrausen Kohlensäure und salpetrige Säure entweichen), erwärmt, bis die Gasentwicklung aufgehört hat, dann mit salpetersaurem Silber versetzt und schliesslich durch vorsichtigen, tropfenweisen Zusatz von Ammoniak neutralisirt. Entsteht ein rothbrauner Niederschlag von arsensaurem Silber, so ist Arsen vorhanden.[3])

Entsteht in der mit Salpetersäure angesäuerten Flüssigkeit beim Zusatze des salpetersauren Silbers eine weisse Trübung oder ein weisser flockiger Niederschlag, so muss filtrirt werden und erst das klare Filtrat ist mit Ammoniak vorsichtig zu neutralisiren. Die erwähnte Trübung, resp. der weisse flockige Niederschlag, rühren von Chlorsilber her, welches aus dem in der Schmelze enthaltenen Chlornatrium entstand; dieses Chlornatrium war entweder in den zur Verpuffung verwendeten Reagentien (Soda,

---

[1]) Durch das Schmelzen der Sulfide der II. Gruppe mit Natronsalpeter und Soda werden die einzelnen Elemente in ihre höchsten Oxydationsstufen übergeführt. Aus dem Schwefel resultirt schwefelsaures Natrium, aus dem Arsen arsensaures Natrium, aus dem Antimon antimonsaures Natrium, endlich aus dem Zinn Zinnoxyd. Der Salpeter, welcher zur Oxydation Sauerstoff hergibt, geht in salpetrigsaures Natrium über. Da arsensaures Natrium im Wasser leicht löslich ist, während antimonsaures Natrium und Zinnoxyd sich in Wasser kaum lösen, so ist die Trennung durch Behandeln mit Wasser möglich.

[2]) Diese Flüssigkeit enthält das Arsen als arsensaures Natrium, sie enthält ferner unverändertes kohlensaures und salpetersaures Natrium, schwefelsaures Natrium, welches aus dem Schwefel der Metallsulfide entstanden ist, endlich salpetrigsaures Natrium, das von dem zur Oxydation verbrauchten Salpeter herrührt. Die Arsensäure soll durch Zusatz von salpetersaurem Silber als rothbrauner Niederschlag (arsensaures Silber) abgeschieden werden; damit nun das kohlensaure und salpetrigsaure Natrium, welche mit Silbernitrat auch (allerdings ungefärbte) Niederschläge liefern, die Reaction nicht stören, zersetzt man sie vor dem Zusatz der Silberlösung durch Salpetersäure, wodurch sie unter Entweichen von Kohlensäure und salpetriger Säure in salpetersaures Natrium übergehen.

[3]) Siehe Seite 38.

Salpeter) enthalten, oder es entstand, wenn der Niederschlag der II. Gruppe nicht sorgfältig ausgewaschen war, aus den in demselben enthaltenen Chloriden.

Der im Wasser unlösliche Theil der Schmelze wird nach dem sorgfältigen Auswaschen sammt dem Filter in einen Porcellantiegel gebracht und in diesem anfangs durch gelindes Erwärmen getrocknet, später bei gesteigerter Hitze so lange geglüht, bis das Filterpapier vollständig eingeäschert ist, also bis der Tiegelinhalt weiss aussieht. Nunmehr bringt man in den Tiegel Cyankalium und erhitzt noch einige Minuten, worauf man den Tiegel erkalten lässt.[1]) Den erkalteten Tiegel füllt man mit Wasser an und rührt in demselben mit einem Glasstabe so lange um, bis die geschmolzene Masse vom Wasser gelöst ist; darauf bleibt der Tiegel ruhig stehen, damit das in Form von kleinen Kügelchen und Flitterchen reducirte Metall sich zu Boden setzen kann. Ist dies geschehen, so giesst man die klare Flüssigkeit ab und wäscht nun einigemale das Metall im Tiegel durch Decantation mit Wasser. Nachdem das letzte Waschwasser aus dem Tiegel entfernt ist, übergiesst man das Metall mit concentrirter Salzsäure und erwärmt gelinde. Löst sich das Metall in der Salzsäure (unter Gasentwicklung) vollständig auf, so kann nur Zinn zugegen sein; dieses löst sich nämlich in der Salzsäure zu Zinnchlorür auf und die Lösung gibt auf Zusatz von viel Quecksilberchlorid einen weissen Niederschlag [2]) (Quecksilberchlorür oder Calomel).

Bleibt beim Erwärmen mit Salzsäure ein Rückstand, so wird die Lösung abgegossen, filtrirt und mit Quecksilberchlorid auf Zinn geprüft, die unlöslichen Metallpartikelchen werden mit Wasser gewaschen, dann mit einigen Tropfen Königswasser übergossen und bis zur vollständigen Lösung erwärmt. Die mit Wasser verdünnte Lösung gibt auf Zusatz von Schwefelwasserstoffwasser den charakteristischen orangefarbenen Niederschlag von Schwefelantimon, wenn Antimon zugegen ist.

## III. Gruppe.[3])

(Eisen, Kobalt, Nickel, Chrom, Aluminium, Mangan, Zink, und wenn Borsäure oder Phosphorsäure zugegen ist, auch Calcium, Strontium, Baryum, Magnesium.)

Der durch Schwefelammonium erzeugte Niederschlag kann ausser den Metallen Eisen, Kobalt, Nickel, Chrom, Aluminium, Mangan und Zink, auch noch die phosphorsauren oder borsauren

---

[1]) Ueber den chemischen Process siehe Seite 38.

[2]) Siehe Seite 38.

[3]) Die Färbung des Niederschlages der III. Gruppe gibt wichtige Anhaltspunkte für dessen weitere Untersuchung: 1. Ist der Niederschlag schwarz, so können alle Metalle dieser Gruppe vorhanden sein. 2. Ist der Niederschlag weiss, so können nur Zink, Aluminium und die Phosphate, resp. Borate, der alkalischen Erden vorhanden sein. 3. Ist der Niederschlag fleischfarben oder grünlich, so kommen noch Chrom und Mangan in Betracht.

Verbindungen des Calciums, Strontiums, Baryums und Magnesiums enthalten, weil diese Verbindungen aus ihren sauren Auflösungen beim Neutralisiren gefällt werden. Sind nun Borsäure oder Phosphorsäure einerseits, Metalle der alkalischen Erden anderseits, in der zu untersuchenden Substanz enthalten, so muss die letztere in einer Säure gelöst werden, und sobald man zur Abscheidung der III. Gruppe gelangt, wo mit Ammoniak neutralisirt werden muss, werden die phosphorsauren und borsauren Verbindungen gefällt.

Der ausgewaschene, noch feuchte Niederschlag wird vom Filter entfernt, in ein Becherglas gebracht und mit verdünnter Salzsäure übergossen, welche man, wenn nicht bald vollständige Lösung erfolgt, etwa $^1/_4$ Stunde einwirken lässt.[1]) Löst sich der Niederschlag in der Salzsäure bis auf etwas fein vertheilten, farblosen Schwefel auf, so sind Kobalt und Nickel ausgeschlossen und die Lösung kann sofort auf die anderen Metalle der III. Gruppe geprüft werden; hinterlässt aber die Salzsäure einen schwarzen Rückstand, so kann Kobalt und Nickel anwesend sein. Dieser Rückstand wird abfiltrirt, mit Wasser auf dem Filter gewaschen und in folgender Weise auf Kobalt und Nickel[2]) geprüft:

Eine kleine Probe des Niederschlages wird in einer klaren, farblosen Boraxperle erhitzt, bis die geschmolzene Perle ein homogenes Aussehen angenommen hat. Ist die erkaltete Perle schön blau gefärbt, so beweist dies die Anwesenheit des Kobalt. Ist die Perle nicht blau, so kann nur Nickel vorhanden sein. In diesem Falle wird der Niederschlag in einigen Tropfen Königswasser gelöst, die Lösung zur Trockene verdampft, der Abdampfrückstand in wenigen Tropfen Wasser gelöst und diese Lösung mit Kalilauge versetzt. Bei Gegenwart von Nickel entsteht ein lichtgrüner (apfelgrüner) Niederschlag (Nickeloxydulhydrat). Ist die Kobaltreaction in der Boraxperle eingetreten, so hat man in dem Reste des Niederschlages noch auf Nickel zu untersuchen; zu diesem Behufe wird der Niederschlag in einigen Tropfen Königswasser gelöst, die Lösung bis auf einen sehr geringen Rest verdampft, dieser in wenigen Tropfen Wasser gelöst, die Lösung mit Kalilauge bis zur neutralen Reaction, sodann mit salpetrigsaurem Kalium und Essigsäure versetzt. Bei Anwesenheit von Kobalt entsteht ein schön gelb gefärbter Niederschlag (salpetrigsaures Kobaltoxydkali). Nach etwa 12 Stunden ist die Abscheidung des Kobalts vollständig erfolgt; nunmehr filtrirt man den gelben Niederschlag ab[3]), prüft im Filtrate durch neuerlichen Zusatz von salpetrigsaurem Kalium und Essigsäure, ob alles Kobalt gefällt ist, und wenn dies der

[1]) Siehe Seite 38.

[2]) Ein Hinweis auf die Anwesenheit des Nickels ist gegeben durch die braune Färbung, welche das Filtrat von dem durch Schwefelammonium erzeugten Niederschlage besitzt. Es löst sich nämlich eine Spur Schwefelnickel in dem Ueberschusse des zugesetzten Schwefelammoniums auf und ertheilt demselben eine intensiv braune Farbe.

[3]) Diesen Niederschlag kann man noch in der Boraxperle prüfen, er muss dieselbe blau färben.

Fall, setzt man zu dem Filtrate Kalilauge, welche bei Gegenwart von Nickel den für dasselbe charakteristischen lichtgrünen Niederschlag erzeugt.[1])

Die vom Schwefelkobalt und Schwefelnickel abfiltrirte Flüssigkeit, oder, wenn Kobalt und Nickel nicht zugegen sind, die salzsaure Lösung des Niederschlages der III. Gruppe wird, je nachdem Phosphorsäure und Borsäure vorhanden sind oder fehlen, nach den unter *a)* und *b)* beschriebenen Methoden untersucht. Um die Arbeit nicht unnütz zu erschweren, ist es daher nöthig, in der durch Schwefelwasserstoff von den Metallen der I. und II. Gruppe befreiten Flüssigkeit vor Allem Borsäure und Phosphorsäure zu suchen (nach den in dem Absatze über die Prüfung auf Säuren Seite 34 gegebenen Vorschriften).

*a) Wenn Phosphorsäure und Borsäure* fehlen wird die Flüssigkeit zum Kochen erhitzt und dann so lange Salpetersäure zugetropft, bis keine vorübergehende Braunfärbung mehr erfolgt, die Flüssigkeit vielmehr rein gelb geworden ist.[2]) Die noch heisse Flüssigkeit wird mit Kalilauge im Ueberschusse versetzt und einige Minuten lang gekocht[3]); hierauf werden Niederschlag und Flüssigkeit durch Filtration von einander getrennt und der Niederschlag mit Wasser gut ausgewaschen.

Der Niederschlag kann Eisen, Mangan und Chrom, das Filtrat Aluminium und Zink enthalten; sie sind, wie folgt, zu prüfen:

Ein Theilchen des Niederschlages löst man in verdünnter Salzsäure und prüft die Hälfte der Lösung mit einem Tropfen von Ferrocyankaliumlösung (gelbes Blutlaugensalz), die andere Hälfte mit Schwefelcyankalium (Rhodankalium). Bei Gegenwart von Eisen erzeugt gelbes Blutlaugensalz einen blauen Niederschlag[4]) (Berlinerblau), Rhodankalium eine rothe Färbung.

Eine zweite Probe des Niederschlages wird mit trockenem kohlensauren Natrium und Natronsalpeter zusammengeschmolzen.

---

[1]) Ein charakteristisches Reagens für Nickel ist das Kaliumsulfocarbonat. Wird dasselbe einer ziemlich concentrirten, mit Ammoniak alkalisch gemachten Nickellösung zugesetzt, so entsteht eine tief braunrothe, im auffallenden Lichte fast schwarz erscheinende Flüssigkeit; sehr verdünnte Nickellösungen werden durch dieses Reagens rosenroth gefärbt. Das Kaliumsulfocarbonat bereitet man in folgender Weise: Von einer 5procentigen Aetzkalilösung wird eine Hälfte mit Schwefelwasserstoff gesättigt, sodann mit der anderen Hälfte vermischt und die ganze Lösung mit $^{1}/_{25}$ Volumen Schwefelkohlenstoff längere Zeit erwärmt. Die wässerige, orangegelb gefärbte Flüssigkeit wird vom ungelösten Schwefelkohlenstoff abgegossen und in gut verschliessbaren Flaschen für den Gebrauch aufbewahrt.

[2]) Die Behandlung mit Salpetersäure bezweckt die Ueberführung des Eisenoxydulsalzes in Eisenoxydsalz.

[3]) Kalilauge fällt aus den Salzen des Chromoxydes bei gewöhnlicher Temperatur Chromhydroxyd, Ueberschuss von Kali löst dieses auf. Kocht man eine solche alkalische Lösung des Chromhydroxydes, so scheidet es sich wieder aus; dadurch ist die Trennung von Zink und Aluminium möglich, deren Hydroxyde sowohl in kalter, als in kochender Kalilauge löslich sind.

[4]) Siehe Seite 39.

Ist die Schmelze citronengelb gefärbt, so ist Chrom vorhanden; die wässrige Auflösung der Schmelze gibt dann nach dem Ansäuern mit Essigsäure auf Zusatz von essigsaurem Blei einen gelben Niederschlag (chromsaures Blei).

Ist die Schmelze blaugrün, so ist Mangan zugegen (die blaugrüne Farbe rührt vom mangansauren Natrium her), möglicherweise auch Chrom. Die Schmelze wird in Wasser gelöst, wenn nöthig filtrirt, mit Essigsäure angesäuert und mit essigsaurem Blei versetzt, entsteht ein gelber Niederschlag, so beweist dieser die Anwesenheit von Chrom. Die von diesem Niederschlage abfiltrirte rothe Flüssigkeit, welche übermangansaures Natrium enthält, wird auf Zusatz von Oxalsäure in der Wärme entfärbt, indem die Uebermangansäure durch die Oxalsäure zu farblosem Manganoxydul reducirt wird.[1])

Das alkalische Filtrat, welches Aluminium und Zink enthalten kann, wird in zwei Theile getheilt. Einen Theil desselben versetzt man mit wenig Schwefelwasserstoffwasser; entsteht ein weisser Niederschlag (Schwefelzink), so ist Zink nachgewiesen.[2]) Den zweiten Theil versetzt man mit Salzsäure bis zur sauren Reaction, sodann mit Ammoniak bis zur alkalischen Reaction und erwärmt zum Kochen. Bei Gegenwart von Aluminium entsteht ein farbloser flockiger Niederschlag[3]) (Aluminiumhydroxyd).

*b) Wenn Phosphorsäure und Borsäure zugegen sind*, wird die Flüssigkeit vor Allem durch Abdampfen auf ein geringes Volumen gebracht. Eine Probe dieser concentrirten Flüssigkeit versetzt man mit einigen Tropfen verdünnter Schwefelsäure; entsteht kein Niederschlag, so sind Baryum und Strontium, sowie grössere Mengen von Calcium ausgeschlossen und man geht zur Prüfung auf Eisen, Mangan etc. über; entsteht aber ein Niederschlag, so ist die ganze Flüssigkeit mit verdünnter Schwefelsäure in kleinen Portionen so lange zu versetzen, bis auf erneuten Zusatz kein Niederschlag mehr entsteht. Dieser Niederschlag wird abfiltrirt, mit weingeisthaltigem Wasser gewaschen und zur Untersuchung auf die Metalle der IV. Gruppe nach der Seite 29 enthaltenen Anmerkung reservirt. Das Filtrat wird bis auf einen kleinen Rest verdampft und dieser mit Salpetersäure behufs Oxydation des Eisenoxyduls gekocht. Eine Probe dieser Flüssigkeit verdünnt man mit Wasser und setzt Ferrocyankalium zu; entsteht ein blauer Niederschlag, so ist Eisen zugegen. Den Rest der Flüssigkeit versetzt man so lange mit Eisenchlorid, bis eine derselben entnommene Probe, auf einem Uhrglase mit Ammoniak versetzt, einen rostfarbenen Niederschlag liefert, dann neutralisirt man die freie Säure durch tropfenweisen Zusatz von Kalilauge (bis eben eine bleibende Trübung sich zeigt), setzt aufgeschlämmtes kohlensaures Baryum im Ueberschusse zu und rührt die Flüssigkeit an-

[1]) Siehe Seite 39.
[2]) Siehe Seite 39.
[3]) Siehe Seite 39.

haltend um. Der auf einem Filter gesammelte Niederschlag wird mit Wasser gut ausgewaschen; er ist auf Aluminium und Chrom zu prüfen, in dem Filtrat können Mangan, Zink, Calcium und Magnesium enthalten sein.[1])

Der Niederschlag wird mit Kalilauge gekocht, die Flüssigkeit von dem Ungelösten abfiltrirt, das Filtrat mit Salzsäure angesäuert, mit Ammoniak alkalisch gemacht und gekocht, ein farbloser, flockiger Niederschlag deutet auf Aluminium.

Das in der Kalilauge Unlösliche wird getrocknet und mit Soda und Salpeter geschmolzen; ist die Schmelze citronengelb, so ist schon dadurch die Gegenwart von Chrom bewiesen. Zur weiteren Ueberzeugung wird die Schmelze in Wasser gelöst, mit Essigsäure angesäuert und mit essigsaurem Blei versetzt; bei Gegenwart von Chrom muss ein gelber Niederschlag entstehen.

Die auf Mangan, Zink, Calcium und Magnesium zu prüfende Flüssigkeit wird mit einigen Tropfen Salzsäure angesäuert und zur Entfernung der gelösten Kohlensäure einige Minuten lang gekocht. Nach dem Erkalten wird Ammoniak und Schwefelammonium zugesetzt: entsteht kein Niederschlag, so fehlen Mangan und Zink und man kann sofort zur Prüfung auf Calcium und Magnesium übergehen. Entsteht aber ein Niederschlag, so ist derselbe abzufiltriren, mit Wasser und etwas Schwefelammonium zu waschen und auf Mangan und Zink zu prüfen, während in dem Filtrate Calcium und Magnesium zu suchen sind. Der Niederschlag wird in Salzsäure gelöst, die Lösung mit Kalilauge bis zur stark alkalischen Reaction versetzt und gekocht; entsteht ein anfangs farbloser, bald sich braun färbender Niederschlag, so beweist dieser die Gegenwart von Mangan.[2]) Die von diesem Manganniederschlage abfiltrirte Flüssigkeit versetzt man mit Schwefelwasserstoffwasser; erzeugt dasselbe einen weissen Niederschlag, so ist Zink zugegen.

Die auf Calcium und Magnesium zu prüfende Flüssigkeit wird zur Entfernung des Chlorbaryums (von der Fällung mit kohlensaurem Baryum herrührend) so lange mit verdünnter Schwefelsäure versetzt, bis durch weiteren Zusatz kein Niederschlag mehr entsteht; der Niederschlag wird abfiltrirt, das Filtrat mit Oxalsäure und Ammoniak versetzt, wodurch vorhandenes Calcium als weisser Niederschlag (oxalsaures Calcium) gefällt wird. Ist durch Oxalsäure kein Niederschlag entstanden, so setzt man phosphorsaures Natrium zu; wenn sich aber oxalsaures Calcium abgeschieden

---

[1]) Durch die Behandlung der neutralisirten Lösung wird, wenn genug Eisenchlorid vorhanden ist, alle Phosphorsäure als phosphorsaures Eisenoxyd gefällt, daher setzt man so viel Eisenchlorid zu, dass dasselbe sicher im Ueberschusse vorhanden ist, was man an dem in einer Probe durch Ammoniak entstehenden rostbraunen Niederschlag erkennt. Kohlensaures Baryum fällt auch Chromoxyd und Aluminiumoxyd, dagegen nicht Mangan, Zink, die Metalle der IV. Gruppe und Magnesium.

[2]) Eine Probe dieses Niederschlages, mit Soda in dem Oehr eines Platindrahtes geschmolzen, muss eine nach dem Erkalten blaugrüne Schmelze liefern.

hat, so muss dieser zuerst abfiltrirt werden und erst das Filtrat ist dann mit phosphorsaurem Natrium zu versetzen. Erzeugt dieses Reagens einen farblosen, krystallinischen Niederschlag, so ist Magnesium vorhanden.

## IV. Gruppe.

Der durch kohlensaures Ammon erzeugte Niederschlag[1]), welcher aus kohlensauren Salzen der Metalle der IV. Gruppe besteht, wird auf dem Filter mit so viel verdünnter Salzsäure übergossen, dass er sich vollständig löst. Eine Probe dieser Lösung versetzt man mit Gypslösung; entsteht dadurch selbst nach einigen Minuten kein Niederschlag, so kann nur Calcium zugegen sein und man hat zur Bestätigung eine neue Probe mit Oxalsäure und Ammoniak zu prüfen, es muss ein weisser Niederschlag von oxalsaurem Calcium entstehen. Entsteht durch Gypslösung sogleich ein Niederschlag, so ist sicher Baryum vorhanden; entsteht der Niederschlag erst nach einiger Zeit, so fehlt Baryum, dagegen ist Strontium vorhanden; natürlich kann in diesen beiden Fällen auch Calcium anwesend sein. Wenn Gypslösung einen Niederschlag hervorgebracht hat, so muss man auf alle drei Metalle der IV. Gruppe in der folgenden Weise prüfen:

*1. Prüfung auf* **Calcium.** Ein Drittel der Lösung des Niederschlages der IV. Gruppe in Salzsäure wird mit einem Ueberschusse von verdünnter Schwefelsäure versetzt, zum Kochen erhitzt und dann bis zum vollständigen Absetzen des Niederschlages (Baryum- und Strontiumsulfat) hingestellt. Hat sich die Flüssigkeit über dem Niederschlage geklärt, so wird sie abfiltrirt und das klare Filtrat mit Oxalsäure und Ammoniak versetzt; ein weisser Niederschlag beweist die Anwesenheit von Calcium.

*2. Prüfung auf* **Baryum** *und* **Strontium.** Der Rest von der Lösung des Niederschlages der IV. Gruppe in Salzsäure wird in einer Porcellanschale zur Trockene verdampft. Der trockene Salzrückstand wird fein zerrieben, in einer Eprouvette mit Weingeist erwärmt. Löst sich im Weingeist Alles, so fehlt Baryum (denn Chlorbaryum ist in Weingeist nicht löslich) und in diesem Falle

---

[1]) Wenn die zu untersuchende Substanz Phosphorsäure und Borsäure enthält, so können in dem Schwefelammoniumniederschlage Phosphate und Borate der Metalle der IV. Gruppe enthalten sein (siehe Seite 24). Aus der Lösung des Schwefelammoniumniederschlages werden in diesem Falle durch Zusatz von Schwefelsäure die Metalle der IV. Gruppe als Sulfate gefällt (siehe Seite 27). Für die weitere Untersuchung müssen diese Sulfate in kohlensaure Salze umgewandelt werden, und dies geschieht, indem man den gut ausgewaschenen Niederschlag in eine Schale bringt, mit einer concentrirten Auflösung von kohlensaurem Natrium übergiesst und die Flüssigkeit eine Stunde lang, unter zeitweiligem Ersatze des verdampften Wassers, kocht. Der Niederschlag wird dann abfiltrirt, mit Wasser gut gewaschen und vereinigt mit dem durch kohlensaures Ammon erhaltenen Niederschlage oder für sich allein nach den Specialreactionen der IV. Gruppe untersucht. Ueber den chemischen Process bei der Umwandlung der Sulfate in Carbonate siehe Seite 40.

prüft man auf Strontium, indem man die weingeistige Lösung in einer Porcellanschale erwärmt, anzündet und fleissig umrührt. Ist die Flamme karminroth, so ist Strontium vorhanden. Hinterlässt Weingeist einen unlöslichen Rückstand (Chlorbaryum), so ist dieser abzufiltriren, das Filtrat in der soeben geschilderten Weise auf Strontium zu prüfen; ferner ist der mit Weingeist gewaschene Rückstand in Wasser zu lösen und die Lösung mit Kieselfluorwasserstoffsäure zu versetzen. Entsteht durch dieses Reagens sogleich oder nach einiger Zeit und nach heftigem Umschütteln der Flüssigkeit ein farbloser, krystallinischer Niederschlag (Kieselfluorbaryum), so ist Baryum zugegen.

Die Untersuchung der Metalle der IV. Gruppe kann sicher und rasch mit Hilfe der Spectralanalyse durchgeführt werden. Es eignet sich für diesen Zweck die salzsaure Lösung des Niederschlages der IV. Gruppe direct, oder, wenn diese Lösung zu verdünnt ist, besser der beim Abdampfen derselben bleibende Rückstand.

## V. Gruppe.

1. *Prüfung auf* **Ammoniak.** Eine Probe von der zu untersuchenden Substanz übergiesst man auf einem Uhrglase mit Kalilauge. Bei Anwesenheit von Ammoniak tritt sofort dessen charakteristischer Geruch auf, es wird ein über die Flüssigkeit gehaltenes rothes Lakmuspapier blau und ein mit verdünnter Salzsäure benetzter Glasstab erzeugt dichte weisse Nebel, wenn man ihn der auf dem Uhrglase befindlichen Flüssigkeit nähert.[1])

2. *Prüfung auf* **Magnesium.** Eine Probe der Lösung wird mit Chlorammonium, Ammoniak und phosphorsaurem Natrium versetzt. Entsteht dabei ein farbloser, krystallinischer Niederschlag (Ammoniummagnesiumphosphat), so rührt derselbe von Magnesium her.

3. *Prüfung auf* **Kalium** *und* **Natrium.** Eine kleine Menge der Flüssigkeit wird in einem Porcellanschälchen zur Trockene verdampft und der Abdampfrückstand dann über freiem Feuer so lange erhitzt, bis keine weissen Dämpfe (Salmiak) entweichen. Nach dem Erkalten des Schälchens giesst man in dasselbe wenige Tropfen Wasser, schwenkt dieselben behufs Lösung der etwa vorhandenen Kalium- und Natriumsalze in der Schale herum und nimmt etwas von dieser Lösung mit dem Oehr eines sorgfältig ausgeglühten Platindrahtes auf, worauf man in der nichtleuchtenden Flamme des Bunsen'schen Gasbrenners prüft. Erscheint die Flamme violett und, durch ein blaues Glas oder durch Indigolösung angesehen, purpurroth, so ist Kalium zugegen. Erscheint die Flamme gelb, so ist Natrium vorhanden, und zwar ist Natrium allein vorhanden, wenn die gelbe Flamme durch das blaue Glas oder

[1]) Es ist selbstverständlich, dass zur Prüfung auf Ammoniak die ursprüngliche Substanz verwendet werden muss, weil ja Ammoniakverbindungen im Laufe der Gruppentrennung in die zu untersuchende Lösung gelangen.

die Indigolösung angesehen, fahl erscheint; ist dagegen die Flamme bei der Beobachtung durch das blaue Glas oder die Indigolösung purpurroth, so sind Kalium und Natrium vorhanden.

## B. Untersuchung auf Säuren.

(Kohlensäure, Schwefelwasserstoff, unterschweflige Säure, unterchlorige Säure, Chlorsäure, Chromsäure, Mangansäure, Uebermangansäure, Schwefelsäure, Chlor, Brom, Jod, Phosphorsäure, Borsäure, Salpetersäure.)

Die Untersuchung auf Säuren bildet in der Regel den letzten Theil einer qualitativen Analyse; sie wird erst nach Beendigung der Vorprüfung und der Untersuchung auf Basen (Metalle) vorgenommen, weil die beiden letzteren sehr wichtige Behelfe liefern und die Untersuchung auf die Säuren wesentlich erleichtern. Die Voruntersuchung wird auf das Vorhandensein mancher Säure aufmerksam machen; aus der Kenntniss der vorhandenen Metalle werden sich bestimmte Schlüsse über die Möglichkeit des Vorhandenseins mancher Säuren ziehen lassen.

So z. B. kann die Voruntersuchung auf die Gegenwart der Chlorsäure, des Jods, der Salpetersäure u. s. w. hinweisen. — Hat die Untersuchung die Anwesenheit von Blei, Baryum oder Strontium ergeben und war das Untersuchungsobject in Wasser oder verdünnter Säure löslich, so wird die Prüfung auf Schwefelsäure überflüssig sein, weil die schwefelsauren Salze der genannten Metalle im Wasser und in verdünnten Säuren unlöslich sind. Wenn das Untersuchungsobject im Wasser löslich ist, diese Lösung neutral reagirt und die Metalle der alkalischen Erden enthält, so wird man weder auf Kohlensäure, noch auf Phosphorsäure prüfen, weil die neutralen Salze, welche aus diesen Säuren und den Metallen der alkalischen Erden bestehen, im Wasser unlöslich sind.

Die zur Bestimmung der Basen mit dem geeigneten Lösungsmittel angefertigte Lösung kann auch zur Prüfung auf einige Säuren verwendet werden, so z. B. kann in der mit Salzsäure bereiteten Lösung anstandslos auf Schwefelsäure und Phosphorsäure reagirt werden, dagegen lässt sich diese Lösung selbstverständlich nicht zur Prüfung auf Chlor benützen. Für gewisse Reactionen müssen aus der Lösung zuerst solche Metalle entfernt werden, welche störend wirken. So z. B. kann in einer Arsensäure enthaltenden Lösung mit Molybdänsäure nicht auf Phosphorsäure und in einer kupferhaltigen Lösung mittelst der Flammenreaction nicht auf Borsäure geprüft werden, weil bei diesen Reactionen Arsensäure und Phosphorsäure einerseits, Borsäure und Kupfer andererseits dieselben Erscheinungen darbieten, daher zu Verwechslungen Veranlassung geben.

Die Untersuchung auf die häufiger vorkommenden, oben aufgezählten Säuren kann nach dem folgenden systematischen Gange vorgenommen werden, unter Berücksichtigung der durch die Voruntersuchung erzielten Hinweise auf eine oder die andere

Säure, ferner unter Berücksichtigung der aufgefundenen Metalle und der Löslichkeitsverhältnisse der Salze dieser Metalle, wodurch manche Reactionen erspart werden können.

---

I. Die zu untersuchende Substanz wird mit verdünnter Salzsäure übergossen.

*a)* Schon bei gewöhnlicher Temperatur erfolgt Gasentwicklung.[1])

1. Ist das Gas farblos und geruchlos — Kohlensäure.[2]) Beim Einleiten des Gases in Kalk- oder Barytwasser entsteht ein weisser Niederschlag (kohlensaures Calcium, resp. Baryum).

2. Riecht das Gas nach Schwefelwasserstoff — Schwefelwasserstoff. Ein mit Bleizuckerlösung getränktes Papier wird von dem Gase gebräunt. Um neben Schwefelwasserstoff auch Kohlensäure nachzuweisen, wird in Kalkwasser eingeleitet; die Anwesenheit des Schwefelwasserstoffes stört die Kohlensäurereaction nicht.

3. Ist das entwickelte Gas Chlor — unterchlorige Säure.[3]) Eine wässerige Lösung der zu untersuchenden Substanz entfärbt Indigolösung und bringt in einer Auflösung von Manganchlorür oder Mangansulfat auf Zusatz von Kalilauge einen braunen Niederschlag (Manganhyperoxyd) hervor.[4])

*b)* Verdünnte Salzsäure bewirkt bei gewöhnlicher Temperatur keine Gasentwicklung, wohl aber Trübung der Flüssigkeit und allmälige Ausscheidung von fein vertheiltem gelben Schwefel, gleichzeitig riecht die Flüssigkeit nach schwefliger Säure — unterschweflige Säure.

*c)* Verdünnte Salzsäure bewirkt bei gewöhnlicher Temperatur weder Gasentwicklung, noch Abscheidung von Schwefel und schwefliger Säure, dann versetzt man eine neue Probe mit concentrirter Salzsäure und erwärmt; erfolgt Entwicklung von Chlor[5]), so muss man auf Mangansäure, Uebermangansäure, Chromsäure und Chlorsäure Rücksicht nehmen.

1. Die zu untersuchende Substanz gibt, mit Wasser behandelt, eine farblose Lösung — Chlorsäure. Man übergiesst auf einem Uhrglase eine kleine Menge der zu untersuchenden festen Substanz, oder des Abdampfrückstandes ihrer wässerigen Lösung mit concentrirter Schwefelsäure; es entwickelt sich ein grüngelbes, nach Chlor riechendes Gas (Unterchlorsäure) und die Schwefelsäure färbt sich braungelb.[6])

[1]) Siehe Seite 40.

[2]) Beim Auflösen von Metallen, z. B. Eisen, entwickelt sich Wasserstoff; derselbe wird daran erkannt, dass er beim Anzünden mit farbloser Flamme brennt.

[3]) Siehe Seite 40.

[4]) Siehe Seite 40.

[5]) Treten neben dem durch den Geruch zu erkennenden Chlor auch rothbraune Dämpfe der niederen Stickstoff-Sauerstoffverbindungen auf, so ist auf Salpetersäure Rücksicht zu nehmen.

[6]) Siehe Seite 41.

2. Die mit Wasser oder verdünnter Salzsäure bereitete Lösung der zu untersuchenden Substanz ist gelb — Chromsäure. Durch andauerndes Kochen der Lösung oder der ursprünglichen festen Substanz mit concentrirter Salzsäure geht die gelbe Farbe der Lösung in Grün über (Chromsäure wird zu Chromoxyd reducirt); rascher erfolgt diese Umwandlung nach Zusatz von wässeriger schwefliger Säure.[1]) In der grünen Lösung erzeugt Ammoniak einen grünen Niederschlag. Neben der Chromsäure kann auch Chlorsäure zugegen sein, es muss also auch auf diese nach dem unter 1. angegebenen Verfahren mit concentrirter Schwefelsäure geprüft werden.

3. Man erhält durch Behandeln der zu untersuchenden Substanz mit Wasser eine dunkelgrüne Lösung — Mangansäure; eine rothviolette Lösung — Uebermangansäure. In beiden Fällen wird die gefärbte Lösung beim Erwärmen mit Salzsäure unter Chlorentwicklung entfärbt[2]) und in der farblosen Flüssigkeit kann Manganoxydul durch Schwefelammonium nachgewiesen werden (fleischfarbener Niederschlag). Wären neben den Mangansäuren auch noch Chromsäure und Chlorsäure vorhanden, so würde nach andauerndem Kochen mit Salzsäure die Flüssigkeit grün bleiben, sodann auf Zusatz von Ammoniak einen grünen Niederschlag geben und die zu untersuchende Substanz würde beim Uebergiessen mit concentrirter Schwefelsäure Unterchlorsäure entwickeln.

*d)* Wenn weder verdünnte, noch concentrirte Salzsäure in der Wärme Gasentwicklung oder Ausscheidung von Schwefel bewirken, so sind die unter I. angeführten Säuren ausgeschlossen.

II. Die zu untersuchende Substanz wird mit verdünnter Salzsäure erwärmt und die erhaltene Lösung wird, wenn sie nicht klar ist, filtrirt; zu dem mit Wasser stark verdünnten klaren Filtrate setzt man Chlorbaryum. Entsteht ein weisser Niederschlag, so ist Schwefelsäure vorhanden.

III. Zur Prüfung auf Chlor, Brom und Jod, resp. deren Wasserstoffsäuren wird, wenn die Substanz im Wasser löslich ist, die mit verdünnter Salpetersäure angesäuerte Lösung verwendet; wenn aber die Substanz im Wasser nicht vollständig löslich ist, so kocht man dieselbe mit verdünnter Salpetersäure (1 conc. Säure auf 9 Wasser), filtrirt die heisse Flüssigkeit und verwendet das Filtrat. Man setzt zu der sauren Lösung salpetersaures Silber. Entsteht ein weisser, käsiger Niederschlag, der sich, nach dem Auswaschen mit Wasser, in Ammoniak leicht und schnell löst, so ist derselbe Chlorsilber und beweist die Anwesenheit von Chlor.

Entsteht durch salpetersaures Silber ein gelblicher Niederschlag, so muss man auf Chlor, Brom und Jod Rücksicht nehmen.

[1]) Siehe Seite 41.
[2]) Siehe Seite 41.

Auf Jod und Brom wird in folgender Weise geprüft. Zu der sauren Lösung setzt man etwas Stärkekleister und, um das Jod frei zu machen, einige Tropfen brauner Salpetersäure oder einer Auflösung von salpetrigsaurem Kalium. Bei Anwesenheit von Jod färbt sich der Stärkekleister blau. Zu der blauen Flüssigkeit setzt man nun tropfenweise so lange Chlorwasser zu, bis die blaue Farbe eben verschwindet (in Folge der Bildung von Chlorjod), sodann etwa 1 Ccm. Chloroform oder Schwefelkohlenstoff und noch einige Tropfen Chlorwasser, worauf man heftig umschüttelt. Bei Anwesenheit von Bromwasserstoff wird durch das Chlor Brom frei gemacht, welches den Schwefelkohlenstoff, sowie das Chloroform gelb färbt.

Eine zweite Probe der sauren Lösung wird zum Nachweise von Chlor neben Brom und Jod mit Kalilauge neutralisirt, dann mit einem Ueberschuss von Essigsäure versetzt und unter Zusatz von Bleihyperoxyd so lange gekocht, bis eine Probe der filtrirten Flüssigkeit farblos erscheint. Erzeugt in dem klaren, farblosen Filtrate salpetersaures Silber einen weissen käsigen Niederschlag, so ist Chlor zugegen. Bei Gegenwart von Essigsäure (und Abwesenheit einer freien Mineralsäure) werden nämlich nur die Bromide und Jodide durch Bleihyperoxyd zerlegt unter Abscheidung von freiem Brom und Jod, welche beide sich beim Kochen mit den Wasserdämpfen verflüchtigen; die Chloride werden unter diesen Umständen nicht zerlegt und können daher mit salpetersaurem Silber erkannt werden.

IV. Zur Prüfung auf Phosphorsäure und Borsäure dient, wenn Metalle der I. und II. Gruppe vorhanden sind, ein Theil des durch Schwefelwasserstoff von diesen Metallen befreiten Filtrates, wenn diese Metalle in dem Untersuchungsobjecte fehlen, die wässerige oder saure Lösung der ursprünglichen Substanz.

Ein Theil der Flüssigkeit wird mit einer Molybdänsäurelösung geprüft, die man erhält, indem man molybdänsaures Ammon so lange mit Salpetersäure versetzt, bis der auf den ersten Säurezusatz entstandene weisse Niederschlag von Molybdänsäure sich wieder gelöst hat. Bei Gegenwart von Phosphorsäure färbt sich die Flüssigkeit intensiv gelb und scheidet nach längerem Stehen oder beim Erwärmen sogleich einen gelben Niederschlag ab. Arsensäure gibt mit Molybdänsäure auch einen gelben, dem Phosphorsäureniederschlage ähnlichen Niederschlag; deshalb muss man sicher sein, dass in der Probelösung Arsensäure nicht enthalten ist; darum wählt man für diese Reaction das Filtrat von dem Niederschlage der I. und II. Gruppe.

Für die Prüfung auf Borsäure wird die Lösung, wenn sie sauer ist, mit Kalilauge neutralisirt und zur Trockene verdampft. Den zerriebenen Abdampfrückstand versetzt man mit concentrirter Schwefelsäure bis zur Consistenz eines dünnen Breies. Von diesem Brei bringt man etwas auf das Oehr eines dünnen Platindrahtes und nähert dieses dem unteren Saume der Flamme eines Bunsenschen Gasbrenners. Bei Gegenwart von Borsäure färbt sich der Flammensaum grün. Wer nicht über Leuchtgaseinrichtung verfügt, kann auch die Flamme einer Spirituslampe benützen oder die Reaction so anstellen, dass er die mit concentrirter Schwefelsäure versetzte Probe mit Weingeist vermischt und die Flüssigkeit anzündet. Bei Gegenwart von Borsäure brennt der Weingeist mit grüner Flamme. Da auch Kupfersalze die Flamme grün färben, so muss man sicher sein, dass die Probelösung frei von Kupferverbindungen ist, darum wählt man am zweckmässigsten das von dem Niederschlage der I. und II. Gruppe befreite Filtrat.

V. Zur Prüfung auf Salpetersäure bereitet man eine wässerige Lösung, indem man die zu untersuchende Substanz mit Wasser kocht und von dem etwa ungelösten abfiltrirt. Hat die Untersuchung auf Basen die Anwesenheit von Quecksilber oder Wismuth ergeben, so wendet man zur Bereitung der Lösung Wasser und einige Tropfen Kalilauge an, welche letztere die im Wasser unlöslichen, basischen Nitrate dieser Metalle zerlegt, wobei lösliches salpetersaures Kalium entsteht. Die erkaltete klare Lösung mischt man in einer Eprouvette mit dem gleichen Volumen Eisenvitriollösung und lässt dann am Rande vorsichtig concentrirte Schwefelsäure zufliessen. Die Schwefelsäure, welche sich vermöge ihres hohen specifischen Gewichtes zu unterst schichtet, zerlegt an der Berührungsstelle die in der wässerigen Lösung enthaltenen salpetersauren Verbindungen, und die frei werdende Salpetersäure wirkt auf den Eisenvitriol. Erfolgt daher eine Braunfärbung an der Berührungsstelle beider Flüssigkeiten, so ist Salpetersäure vorhanden. Ist die Menge der salpetersauren Verbindungen in der Probelösung ziemlich bedeutend, so beobachtet man neben der Braunfärbung des Eisenvitriols auch die Entwicklung von Stickoxydgas, welches an der Luft rothbraun wird.

# Anhang. [1]

## Eintheilung der Metalle in Gruppen (zu Seite 18).

Die hier verwendete Eintheilung der Metalle in Gruppen beruht auf dem Verhalten der Metallverbindungen zu den drei Gruppenreagentien: Schwefelwasserstoff, Schwefelammonium und kohlensaurem Ammon.

Die Metalle der I. und II. Gruppe werden aus den sauren (eine freie Säure im verdünnten Zustande enthaltenden) Lösungen ihrer Verbindungen durch Schwefelwasserstoff gefällt. Der Niederschlag, welcher bei diesem Vorgange sich bildet, ist das Sulfid des betreffenden Metalles; der mit dem Metall verbundene Säurerest wird zur freien Säure regenerirt, die sich dann in der Lösung findet. Die Zersetzungen des

[1]) In diesem Anhange sollen die bei den wichtigsten Reactionen vor sich gehenden chemischen Processe behandelt und erklärt werden.

3*

schwefelsauren Kupfers, resp. des Zinnchlorürs, durch Schwefelwasserstoff werden durch die folgenden Zersetzungsgleichungen ausgedrückt:

$$\underset{\text{schwefels. Kupfer}}{Cu\,SO_4} + \underset{\text{Schwefelwasserstoff}}{H_2\,S} = \underset{\text{Schwefelkupfer}}{Cu\,S} + \underset{\text{Schwefelsäure}}{SO_4\,H_2}$$

$$\underset{\text{Zinnchlorür}}{Sn\,Cl_2} + H_2\,S = \underset{\text{Zinnsulfür}}{Sn\,S} + \underset{\text{Salzsäure}}{2\,Cl\,H}$$

Die Metallsulfide der I. Gruppe sind in Schwefelammonium nicht löslich, die der II. Gruppe dagegen sind löslich. Die Sulfide der Metalle der II. Gruppe sind nämlich (analog ihren Sauerstoffverbindungen) saurer Natur und verbinden sich mit dem basischen Schwefelammonium (ebenso auch mit Schwefelkalium und Schwefelnatrium) zu sogenannten Sulfosalzen, die im Wasser löslich sind. Wenn ich z. B. Schwefelammonium auf dreifach Schwefelantimon einwirken lasse, so löst sich dieses auf, weil das im Wasser lösliche Schwefelantimon-Schwefelammonium entsteht, wie folgende Gleichung lehrt:

$$\underset{\text{Schwefelantimon}}{Sb_2\,S_3} + 3\,S(N\,H_4)_2 = \underset{\text{Schwefelantimon-Schwefelammonium}}{2\,Sb\left\{\begin{matrix} S\,N\,H_4 \\ S\,N\,H_4 \\ S\,N\,H_4 \end{matrix}\right.}$$

Wird die Auflösung eines Sulfides der II. Gruppe in Schwefelammonium, resp. das bei dieser Auflösung entstandene Sulfosalz mit einer Mineralsäure, z. B. Salzsäure, versetzt, so erfolgt Zerlegung; es entsteht das freie Sulfid, ferner Schwefelwasserstoff und Chlorammonium. Z. B. Schwefelantimon-Schwefelammonium wird durch Salzsäure in folgender Weise zersetzt:

$$2\,Sb\left\{\begin{matrix} S\,N\,H_4 \\ S\,N\,H_4 \\ S\,N\,H_4 \end{matrix}\right. + 6\,Cl\,H = Sb_2\,S_3 + 6\,Cl\,N\,H_4 + 3\,H_2\,S.$$

Die Metalle der III. Gruppe werden aus sauren Auflösungen durch Schwefelwasserstoff nicht gefällt, sie werden aber gefällt, wenn Schwefelwasserstoff und ein alkalisch reagirender Körper (Ammoniak, Kaliumhydroxyd etc.) zusammen einwirken, selbstverständlich ebenso durch Schwefelammonium, Schwefelkalium u. s. w. Wir wenden zur Fällung der III. Gruppe regelmässig das Schwefelammonium an. Wenn dieses Reagens auf ein Metallsalz einwirkt, so entsteht das Sulfid des betreffenden Metalles und das entsprechende Ammoniumsalz. Z. B.

$$\underset{\text{Mangansulfat}}{Mn\,S\,O_4} + \underset{\text{Schwefelammonium}}{(N\,H_4)_2\,S} = \underset{\text{Mangansulfür}}{Mn\,S} + \underset{\text{schwefelsaures Ammon}}{(N\,H_4)_2\,S\,O_4}$$

NB. Bei der Abscheidung der III. Gruppe wird die saure Lösung zuerst mit Chlorammonium versetzt, dann mit Ammoniak neutralisirt und hierauf erst mit Schwefelammonium ausgefällt. Der Zusatz von Chlorammonium hat den Zweck, die Fällung des Magnesiums zu hindern und dasselbe bis zur V. Gruppe in Lösung zu erhalten. Die Magnesiumsalze geben auf Zusatz von Ammoniak einen Niederschlag von Magnesiumhydroxyd; dieser Niederschlag bildet sich aber nicht, wenn die Lösung eine genügende Menge von Chlorammonium enthält, denn das Magnesiumhydroxyd ist in einer Lösung von Chlorammonium löslich.

Die Metalle der IV. und V. Gruppe werden weder durch Schwefelwasserstoff in saurer Lösung, noch durch Schwefelammonium gefällt, weil deren Schwefelverbindungen im Wasser löslich sind. Kohlensaures Ammon fällt aus den Salzen der Metalle der IV. Gruppe die im Wasser unlöslichen kohlensauren Salze derselben gemäss der folgenden Gleichung:

$$\underset{\text{Chlorcalcium}}{Ca\,Cl_2} + \underset{\text{kohlens. Ammon}}{(N\,H_4)_2\,C\,O_3} = \underset{\text{Chlorammonium}}{2\,N\,H_4\,Cl} + \underset{\text{kohlens. Calcium.}}{Ca\,C\,O_3}$$

## Chemische Processe bei einigen Specialreactionen.

*Oxydation der Sulfide der I. Gruppe mittelst Salpetersäure* (zu Seite 20). Bei der Einwirkung der Salpetersäure auf die Sulfide der I. Gruppe können zwei verschiedene Processe stattfinden. Ist die Säure sehr concentrirt, so entstehen aus den Sulfiden Sulfate im Sinne der folgenden Gleichung:

$$\underset{\text{Schwefelblei}}{3\,Pb\,S} + \underset{\text{Salpetersäure}}{8\,N\,O_3\,H} = \underset{\text{schwefels. Blei}}{3\,Pb\,S\,O_4} + \underset{\text{Stickoxyd}}{8\,N\,O} + 4\,H_2\,O$$

Bei Anwendung einer etwas verdünnten Säure entstehen aus den Sulfiden unter Abscheidung von Schwefel die entsprechenden salpetersauren Salze:

$$3\,Pb\,S + 8\,N\,O_3\,H = 3\,Pb\,(N\,O_3)_2 + 2\,N\,O + 3\,S + 4\,H_2\,O.$$

In beiden Fällen wird Wasser von der Salpetersäure abgespalten und von dem übrigbleibenden Anhydrid der Salpetersäure ($N_2\,O_5$) tritt dann Sauerstoff aus, welcher oxydirt, während Stickoxyd übrig bleibt, das bei der Berührung mit der atmosphärischen Luft rothbraune Dämpfe (Untersalpetersäure) liefert.

*Abscheidung des metallischen Quecksilbers* (zu Seite 21). Beim Glühen des Schwefelquecksilbers mit kohlensaurem Natrium wird metallisches Quecksilber frei:

$$\underset{\text{Schwefelquecksilber}}{Hg\,S} + \underset{\text{kohlens. Natrium}}{Na_2\,C\,O_3} = \underset{\text{Schwefelnatrium}}{Na_2\,S} + \underset{\text{Kohlensäure}}{C\,O_2} + \underset{\text{Quecksilber}}{Hg} + O$$

*Fällung des Bleis durch Schwefelsäure* (zu Seite 21). Schwefelsäure fällt aus den Lösungen der Bleisalze das unlösliche schwefelsaure Blei:

$$Pb\,(N\,O_3)_2 + S\,O_4\,H_2 = Pb\,S\,O_4 + 2\,N\,O_3\,H$$

*Fällung des Silbers durch Salzsäure* (zu Seite 21). Aus den Lösungen der Silbersalze wird durch Salzsäure Chlorsilber gefällt:

$$\underset{\text{salpeters. Silber}}{Ag\,N\,O_3} + \underset{\text{Salzsäure}}{H\,Cl} = \underset{\text{Chlorsilber}}{Ag\,Cl} + \underset{\text{Salpetersäure}}{H\,N\,O_3}$$

*Fällung des Wismuths als Wismuthoxychlorid* (zu Seite 21). Aus einer Lösung von salpetersaurem Wismuth wird durch Zusatz von Chlornatrium und viel Wasser das unlösliche Wismuthoxychlorid gefällt:

$$\underset{\text{salpeters. Wismuth}}{Bi(NO_3)_3} + \underset{\text{Kochsalz}}{ClNa} + H_2O = \underset{\text{Wismuthoxychlorid}}{BiOCl} + \underset{\text{salpeters. Natrium}}{NaNO_3} + 2NO_3H$$

*Reduction des Wismuthoxydes zu Wismuthoxydul durch Zinnchlorür* (zu Seite 21). Aus den Lösungen der Wismuthoxydsalze wird durch Zinnchlorür bei Gegenwart von freiem Alkali Wismuthoxydul ($Bi_2O_2$) gefällt:

$$2Bi(NO_3)_3 + 8KHO + SnCl_2 = 6KNO_3 + 2KCl + SnO_2 + \\ + Bi_2O_2 + 4H_2O$$

*Abscheidung des Arsens aus dem Schwefelarsen* (zu Seite 23). Durch Erhitzen des Schwefelarsens mit Cyankalium und Soda im Kölbchen erhält man Arsen als Metallspiegel:

$$\underset{\text{Schwefelarsen}}{As_2S_3} + \underset{\text{Soda}}{3Na_2CO_3} + \underset{\text{Cyankalium}}{3KCy} = As_2 + 3Na_2S + 3CO_2 + \underset{\text{cyansaur. Kalium}}{3KCyO}$$

*Reaction auf Arsensäure mit salpetersaurem Silber* (zu Seite 23). Arsensaure Salze der Alkalien (z. B. arsensaures Natrium) werden durch salpetersaures Silber gefällt; es entsteht ein ziegelrother Niederschlag von arsensaurem Silber:

$$\underset{\text{arsens. Natrium}}{AsO_4Na_3} + \underset{\text{salpeters. Silber}}{3AgNO_3} = \underset{\text{arsens. Silber}}{Ag_3AsO_4} + \underset{\text{salpeters. Natrium}}{3NaNO_3}$$

*Reduction der Antimon- und Zinn-Sauerstoffverbindungen durch Cyankalium* (zu Seite 24). Die Oxyde des Antimons und Zinns werden, wie die Oxyde vieler anderer schwerer Metalle, durch Cyankalium in der Glühhitze reducirt, z. B.:

$$\underset{\text{Zinnoxyd}}{SnO_2} + \underset{\text{Cyankalium}}{2CyK} = Sn + \underset{\text{cyans. Kalium}}{2CyOK}$$

*Reaction auf Zinnchlorür mit Quecksilberchlorid* (zu Seite 24). Wenn Quecksilberchlorid und Zinnchlorür in Lösung zusammenkommen, so entsteht, falls Zinnchlorür im Ueberschusse vorhanden ist, ein grauer Niederschlag von metallischem Quecksilber; wenn aber Quecksilberchlorid im Ueberschusse zugegen ist, ein weisser Niederschlag von Quecksilberchlorür (auch Calomel genannt), gemäss den folgenden Gleichungen:

$$\text{I.}\quad \underset{\text{Zinnchlorür}}{SnCl_2} + \underset{\text{Quecksilberchlorid}}{HgCl_2} = \underset{\text{Zinnchlorid}}{SnCl_4} + Hg$$

$$\text{II.}\quad SnCl_2 + 2HgCl_2 = SnCl_4 + \underset{\text{Calomel}}{Hg_2Cl_2}$$

*Lösung des Niederschlages der III. Gruppe in Salzsäure.* Der durch Schwefelammonium erzeugte Niederschlag kann aus Sulfiden,

Hydroxyden, Phosphaten und Boraten bestehen. Die Phosphate und Borate werden beim Behandeln mit Salzsäure theils in lösliche saure Salze verwandelt, theils vollständig zerlegt, in welch letzterem Falle dann das Metallchlorid und die freie Säure in Lösung gehen. Sulfide und Hydroxyde lösen sich in Salzsäure gemäss folgenden Gleichungen:

$$\underset{\text{Schwefeleisen}}{FeS} + 2HCl = H_2S + \underset{\text{Eisenchlorür}}{FeCl_2}$$

$$\underset{\text{Aluminiumhydroxyd}}{Al_2(OH)_6} + 6HCl = \underset{\text{Aluminiumchlorid}}{Al_2Cl_6} + 6H_2O$$

*Oxydation der Eisenoxydulverbindungen durch Salpetersäure* (zu Seite 27). Eisenoxydulsalze werden bei Gegenwart von freier Säure durch Salpetersäure in Eisenoxydsalze verwandelt, die Salpetersäure wird dabei unter Wasserabscheidung bis zu Stickoxyd reducirt; das Stickoxyd geht mit den noch nicht oxydirten Partien des Eisenoxydulsalzes eine braun gefärbte Verbindung ein, die sich in der Siedehitze unter Entweichen des Stickoxydes zersetzt. Die folgende Gleichung erklärt die Ueberführung des Eisenchlorürs in Eisenchlorid mittelst Salpetersäure:

$$6\underset{\text{Eisenchlorür}}{FeCl_2} + 6ClH + 2NO_3H = 3\underset{\text{Eisenchlorid}}{Fe_2Cl_6} + 2\underset{\text{Stickoxyd}}{NO} + 4H_2O$$

*Reaction auf Eisenoxyd mit Ferrocyankalium* (zu Seite 26). Eisenoxydsalze geben mit Ferrocyankalium einen blauen Niederschlag von Berlinerblau:

$$2\underset{\text{Eisenchlorid}}{Fe_2Cl_6} + 3\underset{\text{Ferrocyankalium}}{FeCy_6K_4} = 12KCl + \underset{\text{Berlinerblau}}{Fe_4(FeCy_6)_3}$$

*Reaction auf Uebermangansäure mit Oxalsäure* (zu Seite 27). Uebermangansäure wird in saurer Lösung durch Oxalsäure entfärbt, indem ein ungefärbtes Manganoxydulsalz entsteht:

$$2\underset{\text{übermangans. Kalium}}{KMnO_4} + 3SO_4H_2 + 5\underset{\text{Oxalsäure}}{C_2O_4H_2} = \underset{\text{schwefels. Kalium}}{K_2SO_4} + 2\underset{\text{schwefels. Mangan}}{MnSO_4} + 8H_2O + 10CO_2.$$

*Fällung des Zinks aus der alkalischen Lösung durch Schwefelwasserstoff* (zu Seite 27). Zinkoxyd löst sich sowohl in alkalischen Laugen, als in Ammoniak auf; Schwefelwasserstoff fällt aus diesen Lösungen Schwefelzink, welches weder in Ammoniak, noch alkalischen Laugen sich löst:

$$\underset{\text{Zinkkaliumoxyd}}{Zn(OK)_2} + H_2S = 2KHO + \underset{\text{Schwefelzink}}{ZnS}$$

*Abscheidung des Aluminiums aus der alkalischen Lösung des Aluminiumhydroxydes* (zu Seite 27). Aluminiumhydroxyd löst sich in Kalilauge; wird diese Lösung mit Salzsäure neutralisirt, so entsteht Chlorkalium und Chloraluminium, Ammoniak scheidet aus dem Chloraluminium bei Gegenwart von Wasser, Aluminiumhydroxyd (Thonerdehydrat) ab:

$$1.\ Al_2(OK)_6 + 12\,ClH = Al_2Cl_6 + 6\,H_2O + 6\,KCl$$
Thonerdekali — Aluminiumchlorid

$$2.\ Al_2Cl_6 + 6\,NH_3 + 6\,H_2O = Al_2(OH)_6 + 6\,NH_4Cl.$$
Thonerdehydrat — Salmiak

*Fällung der Eisenoxyd-Chromoxyd- etc. Salze durch kohlensaures Baryum* (zu Seite 27). Die Lösungen der Eisenoxyd-, Chromoxyd-, Aluminiumsalze, sowie der phosphorsauren und borsauren Verbindungen dieser Metalle werden durch kohlensaures Baryum zersetzt, es werden die Hydroxyde, resp. Phosphate und Borate der betreffenden Metalle gefällt, Kohlensäure entweicht und es entsteht das entsprechende Baryumsalz, z. B.:

$$Fe_2Cl_6 + 3\,BaCO_3 + 3\,H_2O = Fe_2(OH)_6 + 3\,BaCl_2 + 3\,CO_2$$
kohlens. Baryum — Eisenhydroxyd — Chlorbaryum

*Ueberführung der Sulfate der alkalischen Erden in Carbonate* (zu Seite 29). Die durch verdünnte Schwefelsäure aus der salzsauren Lösung des Schwefelammoniumniederschlages gefällten Sulfate des Calcium, Strontium, Baryum gehen beim Kochen mit Sodalösung in die entsprechenden Carbonate über:

$$BaSO_4 + Na_2CO_3 = BaCO_3 + Na_2SO_4$$
schwefels. Baryum — Soda — kohlens. Baryum — schwefels. Natrium

*Freimachen des Ammoniaks aus dessen Verbindungen* (zu Seite 30). Wird ein Ammoniumsalz mit einem Alkali, z. B. Kaliumhydroxyd, versetzt, so entwickelt sich schon bei gewöhnlicher Temperatur freies Ammoniak:

$$ClNH_4 + KHO = KCl + H_2O + NH_3$$
Salmiak — Chlorkalium — Ammoniak

*Entwicklung von Kohlensäure und Schwefelwasserstoff aus Carbonaten und Sulfiden durch Salzsäure* (zu Seite 32). Salzsäure treibt aus Carbonaten Kohlensäure aus und entwickelt bei der Einwirkung auf viele Sulfide Schwefelwasserstoff, z. B.:

$$CaCO_3 + 2\,ClH = CaCl_2 + H_2O + CO_2$$
$$CaS + 2\,ClH = CaCl_2 + H_2S.$$

*Unterchlorige Säure entwickelt mit Salzsäure freies Chlor* (zu Seite 32). Unterchlorigsaure Salze, sowie freie unterchlorige Säure werden durch Salzsäure unter Entwicklung von freiem Chlor zersetzt, wie folgt:

$$NaClO + 2\,HCl = NaCl + H_2O + Cl_2$$
unterchlorig. Natrium

*Unterchlorige Säure oxydirt Manganoxydul zu Manganhyperoxyd* (zu Seite 32). Unterchlorigsaure Salze oxydiren Manganoxydul (resp. eine Mischung eines Manganoxydulsalzes mit Kalihydrat) zu Manganhyperoxyd:

$$Mn\,O + Na\,Cl\,O = Na\,Cl + Mn\,O_2$$
Manganoxydul — Manganhyperoxyd

*Chlorsaure Salze liefern beim Uebergiessen mit Schwefelsäure Unterchlorsäure* (zu Seite 32). Wenn chlorsaure Salze mit concentrirter Schwefelsäure bei gewöhnlicher Temperatur übergossen werden, so entwickelt sich Unterchlorsäure. Es entsteht zuerst Chlorsäure im Sinne folgender Gleichung:

$$2\,K\,Cl\,O_3 + S\,O_4\,H_2 = K_2\,S\,O_4 + 2\,Cl\,O_3\,H$$
chlors. Kalium — Kaliumsulfat — Chlorsäure

Die Chlorsäure ist unbeständig und zerlegt sich sofort weiter in Wasser, Ueberchlorsäure und Unterchlorsäure (auch Chlorhyperoxyd genannt). Diese Zersetzung ist in der folgenden Gleichung ausgedrückt:

$$3\,H\,Cl\,O_3 = H\,Cl\,O_4 + 2\,Cl\,O_2 + H_2\,O$$
Ueberchlorsäure — Unterchlorsäure

*Reduction der Chromsäure durch Salzsäure oder schweflige Säure* (zu Seite 33). Chromsäure wird durch Kochen mit Salzsäure unter Chlorentwicklung reducirt und in Chromchlorid verwandelt; leichter erfolgt die Reduction durch schweflige Säure, wobei schwefelsaures Chromoxyd entsteht:

$$2\,Cr\,O_3 + 12\,H\,Cl = Cr_2\,Cl_6 + 6\,Cl + 6\,H_2\,O$$
Chromsäure — Chromchlorid

$$2\,Cr\,O_3 + 3\,S\,O_2 = (S\,O_4)_3\,Cr_2$$
Chromsäure — schweflige Säure — schwefelsaures Chromoxyd.

*Reduction der Mangansäure und Uebermangansäure durch Salzsäure* (zu Seite 33). Mangansäure und Uebermangansäure werden durch Salzsäure reducirt, es entsteht Manganchlorür

$$Mn\,O_4\,H_2 + 6\,H\,Cl = Mn\,Cl_2 + 4\,Cl + 4\,H_2\,O$$
Mangansäure — Manganchlorür

$$2\,Mn\,O_4\,H + 14\,H\,Cl = 2\,Mn\,Cl_2 + 10\,Cl + 8\,H_2\,O$$
Uebermangansäure — Manganchlorür

*Reaction auf Salpetersäure mit Eisenvitriol* (zu Seite 35). Bei der Reaction auf Salpetersäure mit Eisenvitriol und concentrirter Schwefelsäure wird zunächst Salpetersäure frei, z. B.:

$$K\,N\,O_3 + S\,O_4\,H_2 = K\,H\,S\,O_4 + N\,O_3\,H$$
salpeters. Kalium — saures Kaliumsulfat — Salpetersäure

Die freie Salpetersäure oxydirt den Eisenvitriol und wird zu Stickoxyd reducirt, welches mit dem noch unveränderten Eisenvitriol die braun gefärbte Verbindung liefert:

$$6\,Fe\,S\,O_4 + 2\,N\,O_3\,H + 3\,S\,O_4\,H_2 = 4\,H_2\,O + 2\,N\,O + 3\,Fe_2\,(S\,O_4)_3$$
Eisenvitriol — Stickoxyd — schwefelsaures Eisenoxyd

## Nachweis der häufiger vorkommenden organischen Säuren und diesen verwandten Körper.

(Ferrocyanwasserstoff, Ferricyanwasserstoff, Schwefelcyanwasserstoff, Carbolsäure, β-Naphtol, Resorcin, Salicylsäure, Salol, Gerbsäure, Gallussäure, Pyrogallussäure, Ameisensäure, Essigsäure, Trichloressigsäure, Chloralhydrat, Paraldehyd, Bernsteinsäure, Benzoësäure, Santonin, Cyanwasserstoff, Oxalsäure, Weinsäure, Citronensäure, Milchsäure.)

Auf das Vorkommen organischer Säuren in einem Untersuchungsobjecte werden wir schon bei der „Vorprüfung“ aufmerksam, durch welche wir auch sofort ermitteln, ob die Säuren frei oder an Metalle gebunden, als Salze, zugegen sind.

Da die Reactionen auf organische Säuren durch die Anwesenheit von Metallen der alkalischen Erden, sowie von schweren Metallen oft wesentlich beeinträchtigt, ja in manchen Fällen sogar unmöglich gemacht werden, so ist es Regel, dass bei der Untersuchung auf organische Säuren vorerst die Metalle der I, II., III. und IV. Gruppe entfernt werden, wenn die Prüfung auf Basen deren Anwesenheit ergeben hat. Zur Abscheidung der alkalischen Erden wendet man kohlensaures Natrium an; die schweren Metalle können sowohl durch dieses Reagens, als auch durch Schwefelwasserstoff (I. und II. Gruppe) oder durch Schwefelammonium (III. Gruppe) ausgefällt werden.

Die von den gefällten Carbonaten oder Sulfiden abfiltrirten Flüssigkeiten enthalten bei Anwendung von Schwefelwasserstoff die organischen Säuren im freien Zustande, bei Anwendung von kohlensaurem Natrium oder Schwefelammonium dagegen gebunden, u. zw. als Natrium-, resp. Ammoniumsalz. Hat man mit Schwefelwasserstoff oder Schwefelammonium gefällt, so wird deren Ueberschuss durch andauerndes Erwärmen vertrieben, bevor man die Flüssigkeit zu weiteren Reactionen verwendet.

Manche Reactionen auf organische Säuren müssen in saurer Lösung, andere dagegen in neutraler Lösung vorgenommen werden. Die Neutralisation der freien Säuren geschieht durch vorsichtigen Zusatz von Ammoniak, Kali- oder Natronlauge, anderseits wird die organische Säure aus ihren Salzen durch Zusatz einer Mineralsäure freigemacht; dazu muss aber eine Mineralsäure gewählt werden, welche die weiter vorzunehmenden Reactionen nicht stört; man wird also nicht Salzsäure verwenden dürfen, wenn später mit salpetersaurem Silber reagirt werden soll.

Nach ihrem Verhalten zu einigen Reagentien lassen sich die organischen Säuren in Gruppen eintheilen. Die Gruppenreagentien auf die neutralen und sauren Lösungen wendet man zweckmässig in der folgenden Ordnung an:

## I. Gruppe.

(Ferrocyanwasserstoff, Ferricyanwasserstoff, Schwefelcyanwasserstoff, Carbolsäure, $\beta$-Naphtol, Resorcin, Salol, Salicylsäure, Gerbsäure, Gallussäure, Pyrogallussäure, Essigsäure, Bernsteinsäure, Benzoësäure, Santonin.)

### *Gruppenreagens:* ***Eisenchlorid.***

*a) Die Lösung ist mit Salzsäure angesäuert.*

Ferrocyanwasserstoff gibt in salzsaurer Lösung mit Eisenchlorid einen blauen Niederschlag von Berlinerblau. Dieser Niederschlag wird auf Zusatz von Kali- oder Natronlauge (bis zur alkalischen Reaction) zersetzt unter Abscheidung von rostbraunem Eisenoxydhydrat.

In den Lösungen oxydfreier Eisenoxydulsalze erzeugt Ferrocyanwasserstoff, sowie dessen Salze einen weissen Niederschlag, der sich an der Luft allmälig blau färbt.

Ferricyanwasserstoff in salzsaurer Lösung mit Eisenchlorid versetzt, bewirkt eine Braunfärbung der Flüssigkeit, ohne dass ein Niederschlag entsteht.

Eisenoxydulsalze erzeugen in den Lösungen des Ferricyanwasserstoffes einen dunkelbauen Niederschlag von Turnbull's Blau, der wie Berlinerblau durch Kali- oder Natronlauge unter Abscheidung von Eisenoxydhydrat zersetzt wird.

Schwefelcyanwasserstoff (oder Rhodanwasserstoff) mit Eisenchlorid versetzt, liefert eine blutrothe Flüssigkeit, welche auf Zusatz von Quecksilberchlorid entfärbt wird.

*b) Die Lösung ist neutral.*

Phenol (oder Carbolsäure). Eine wässerige Lösung der Carbolsäure wird auf Zusatz von Eisenchlorid blauviolett gefärbt.

Bromwasser (d. i. eine Auflösung von Brom in Wasser) erzeugt in den wässerigen Lösungen der Carbolsäure einen hellgelben Niederschlag.

Setzt man zu einer wässerigen Carbolsäure-Lösung salpetersaures Quecksilber und einige Tropfen brauner rauchender Salpetersäure, so tritt beim Erwärmen eine rothe Färbung der Flüssigkeit auf.

Der charakteristische Geruch der Carbolsäure ist auch noch in sehr verdünnten Lösungen derselben wahrzunehmen.

$\beta$-Naphtol. Die wässerige Lösung des $\beta$-Naphtols (noch deutlicher die alkoholische Lösung) wird durch Eisenchlorid grünlich gefärbt. Wird eine Auflösung des $\beta$-Naphtols in concentrirter Natronlauge mit einigen Tropfen Chloroform versetzt, so entsteht bald eine blaue Färbung.

Resorcin. Die wässerige Lösung des Resorcins wird durch Eisenchlorid dunkelviolett bis blau gefärbt; dieselbe reducirt ammoniakalische Silberlösung beim Erwärmen unter Abscheidung von metallischem Silber.

Salicylsäure. Die wässerige Lösung der Salicylsäure oder eines salicylsauren Salzes wird durch Eisenchlorid violett gefärbt; Mineralsäuren, sowie Alkalien heben diese Färbung auf, wenn daher die Probeflüssigkeit eine freie Mineralsäure oder ein freies Alkali enthält, so tritt die Violettfärbung durch Eisenchlorid gar nicht auf.

Wird Salicylsäure oder ein salicylsaures Salz mit Methylalkohol und concentrirter Schwefelsäure erhitzt, so destillirt Salicylsäure-Methylester ab, der angenehm charakteristisch riecht.

Ein Gemenge von Salicylsäure mit Kalk liefert beim Erhitzen im Kölbchen (siehe Fig. 1) Carbolsäure, die an ihrem charakteristischen Geruche zu erkennen ist.

Salol. Die alkoholische Lösung des Salols wird durch Eisenchlorid violett gefärbt. Kocht man Salol mit Natronlauge, so löst es sich allmälig und wird in Salicylsäure und Carbolsäure gespalten; übersättigt man die klare, alkalische Flüssigkeit mit Salzsäure, so scheiden sich Kryställchen von Salicylsäure aus, gleichzeitig tritt der Carbolsäuregeruch auf.

Gerbsäure (Gallusgerbsäure) Gerbsäurelösung wird durch Eisenchlorid schwarzblau gefärbt, nach längerem Stehen scheidet sich ein schwarzblauer Niederschlag ab; die blaue Färbung geht auf Zusatz von Salzsäure in eine hellgelbe, auf Zusatz von Kalilauge in eine dunkelrothe über.

Gerbsäure erzeugt in den Lösungen von Leim, Hühnereiweiss und Alkaloïden weisse voluminöse Niederschläge.

Ueberschuss von Kalkwasser erzeugt in Gerbsäurelösungen eine hellblaue Fällung.

Gallussäure. Wässerige Lösungen der Gallussäure werden ebenso wie Gerbsäurelösungen durch Eisenchlorid schwarzblau gefärbt; diese Färbung geht auf Zusatz von Salzsäure in Gelb, auf Zusatz von Kalilauge in Dunkelroth über.

Lösungen von Leim, Eiweiss und Alkaloïden werden durch Gallussäure nicht gefällt.

Gallussäure löst sich in verdünnter Kalilauge auf; setzt man einen kleinen Ueberschuss von Lauge zu, so erhält man eine schmutzig-grüne Flüssigkeit, setzt man dagegen einen grossen Ueberschuss von Kalilauge zu, so wird die Flüssigkeit an der Luft nacheinander gelb, roth und braun.

Ueberschuss von Kalkwasser erzeugt in Gallussäurelösung eine hellblaue Fällung.

Pyrogallussäure. Auf Zusatz einer geringen Menge von Eisenchlorid zu Pyrogallussäurelösung wird die Flüssigkeit vorübergehend dunkelblau, dann braungelb, bei Zusatz einer grösseren Menge von Eisenchlorid wird die Flüssigkeit sofort dunkelbraun.

Durch Kalkwasser, im Ueberschusse angewendet, wird Pyrogallussäure vorübergehend violett, dann braun gefärbt.

Auf Zusatz von Kali- oder Natronlauge werden die Lösungen der Pyrogallussäure an der Luft bald dunkelbraun, wobei sie Sauerstoff absorbiren.

Ameisensäure. Die Lösungen der ameisensauren Alkalien werden durch Eisenchlorid rothbraun gefärbt. Freie Ameisensäure, sowie ameisensaure Salze wirken, besonders in der Wärme, reducirend auf salpetersaures Silber ein, wobei ein grauer Niederschlag von metallischem Silber abgeschieden wird.

Essigsäure. Die Lösungen der neutralen essigsauren Salze werden durch Eisenchlorid blutroth gefärbt, indem essigsaures Eisenoxyd entsteht; auf Zusatz von Salzsäure wird die rothe Flüssigkeit gelb.

Freie Essigsäure kann man an ihrem charakteristischen Geruche erkennen. Aus ihren Salzen wird die Essigsäure leicht durch concentrirte Schwefelsäure frei gemacht, dabei wird der Essigsäure-Geruch wahrnehmbar.

Wenn man essigsaure Salze mit einem Gemenge von ungefähr gleichen Raumtheilen Schwefelsäure und Alkohol erwärmt, so entsteht Essigäther, der durch seinen charakteristischen, erfrischenden Geruch erkannt wird.

Bernsteinsäure. Die Lösungen neutraler bernsteinsaurer Alkalien geben mit Eisenchlorid einen voluminösen, blassbraunen Niederschlag von bernsteinsaurem Eisenoxyd, der von Mineralsäuren leicht gelöst wird; die Flüssigkeit muss absolut neutral sein, wenn diese Reaction eintreten soll, bei saurer Reaction entsteht kein Niederschlag, weil das bernsteinsaure Eisen in Säuren löslich ist, bei Gegenwart von freiem Alkali aber entsteht ein dunkel rothbrauner Niederschlag, indem das Alkali Eisenoxydhydrat fällt.

Freie Bernsteinsäure ist im Wasser ziemlich leicht, in Alkohol schwer und in Aether noch weniger löslich. Beim Erhitzen in einem Kölbchen oder in einer Eprouvette schmilzt die Bernsteinsäure zu einer farblosen Flüssigkeit, welche bei fortgesetztem Erhitzen verdampft, worauf an den kälteren Stellen der Röhre sich ein Sublimat von feinen, weissen Krystallen absetzt, das aus der Säure und aus ihrem Anhydrid besteht.

Chlorbarium erzeugt in den Lösungen der bernsteinsauren Alkalien, wenn dieselben nicht zu verdünnt sind, einen krystallinischen Niederschlag von bernsteinsaurem Baryum; dieser Niederschlag entsteht rasch beim Schütteln, fast augenblicklich beim Erwärmen. Ist die Lösung des bernsteinsauren Alkalis verdünnt, so entsteht auf Zusatz von Chlorbaryum keine Fällung, wenn man aber die Flüssigkeit mit dem gleichen oder höchstens dem doppelten Volumen Weingeist mischt, so scheidet sich bernsteinsaures Baryum als voluminöser Niederschlag aus, der nach längerem Stehen dicht und krystallinisch wird.

Benzoësäure. In der Lösung eines benzoësauren Alkalis erzeugt Eisenchlorid einen hell braungelben (isabellgelben) Niederschlag von benzoësaurem Eisenoxyd; dieser Niederschlag entsteht auch, wenn eine Lösung der freien Benzoësäure mit Eisenchlorid versetzt wird. Säuren lösen ihn bei gewöhnlicher Temperatur auf unter Abscheidung der Benzoësäure.

Freie Benzoësäure ist in kaltem Wasser sehr schwer löslich, leichter in siedendem Wasser; Alkohol, sowie Aether lösen die Benzoësäure leicht auf. Die Benzoësäure schmilzt beim Erwärmen und ist leicht flüchtig, sie verdampft schon beim Kochen ihrer wässerigen Lösung, an kalten Stellen des Destillationsgefässes, also z. B. einer Eprouvette, in der man sie zum Verdampfen brachte, setzt sie sich in Form dünner Blättchen und Nadeln an.

Die Lösungen der benzoësauren Alkalien werden weder durch Chlorbaryum, noch durch Chlorcalcium gefällt, selbst dann nicht, wenn man zu der Flüssigkeit das gleiche oder selbst das doppelte Volumen an Weingeist zusetzt.

Santonin.[1]) Eisenchlorid erzeugt in einer Auflösung von Santonin, welche man durch Kochen desselben mit sehr verdünnter Kali- oder Natronlauge dargestellt hat, einen gelben, flockigen Niederschlag. — Das Santonin zeigt im Uebrigen noch folgendes charakteristische Verhalten:

Es krystallisirt in farblosen, glänzenden Blättchen, die am Sonnenlichte bald intensiv gelb werden. Im Wasser ist das Santonin kaum löslich, in heissen alkalischen Laugen löst es sich dagegen ziemlich leicht auf, ebenso in Alkohol, Chloroform und Aether.

Wird Santonin mit wenig concentrirter Kalilauge übergossen und dann Alkohol zugesetzt, so entsteht eine carminrothe Färbung. Man kann diese Reaction zweckmässig auch so anstellen, dass man zuerst das Santonin in Alkohol löst und in diese Lösung ein Stück festes Aetzkali einträgt. Die Rothfärbung beginnt in diesem Falle vom Aetzkali aus.

Erhitzt man Santonin mit Salpetersäure, so entsteht eine grüngelbe Flüssigkeit, welche sich auf Zusatz von Kalilauge orangeroth färbt.

Concentrirte Schwefelsäure löst das Santonin auf; die Lösung ist Anfangs farblos, wird allmälig gelb, dann von der Oberfläche aus roth. Auf Zusatz von Eisenchlorid geht die rothe Färbung in eine purpurne über.

## II. Gruppe.

(Blausäure.)

*Gruppenreagens:* ***salpetersaures Silber.***

*Die Lösung ist mit Salpetersäure angesäuert.*

Cyanwasserstoff (oder Blausäure.) Die Blausäure gibt mit salpetersaurem Silber einen weissen, käsigen Niederschlag von Cyansilber, der in kalter, verdünnter Salpetersäure unlöslich, dagegen in kochender, concentrirter Salpetersäure, sowie in Ammoniak und in einer Lösung von unterschwefeligsaurem Natrium löslich ist.

[1]) Wiewohl das Santonin keine Säure ist, so schien es mir doch passend, dasselbe ebenso wie die Carbolsäure und einige andere Substanzen hier abzuhandeln, insbesondere wegen des Verhaltens gegen Alkalien.

Wird wässerige Blausäure mit einigen Tropfen Eisenvitriollösung versetzt, dann mit Kalilauge alkalisch gemacht und mehrere Minuten lang gekocht, so liefert die erkaltete Flüssigkeit nach dem Ansäuern mit Salzsäure einen blauen Niederschlag von Berlinerblau. War nur wenig Blausäure vorhanden, so erscheint die Flüssigkeit Anfangs blau und durchsichtig und erst nach mehreren Stunden setzen sich die Berlinerblau-Flocken ab.

Wenn man wässerige Blausäure mit gelbem Schwefelammonium versetzt und die Flüssigkeit auf dem Wasserbade verdampft, so bleibt ein Rückstand von Schwefelcyanammonium, dessen Lösung in verdünnter Salzsäure auf Zusatz von Eisenchlorid blutroth wird.

## III. Gruppe.

(Oxalsäure, Weinsäure, Citronensäure.)

*Gruppenreagens:* ***essigsaures Blei (Bleizucker).***

*Die Lösung ist neutral.*

Oxalsäure. Die Lösungen der neutralen oxalsauren Salze geben mit essigsaurem Blei einen weissen Niederschlag von oxalsaurem Blei, der in warmer Salpetersäure löslich, in Ammoniak dagegen unlöslich ist.

Oxalsäure wird durch concentrirte Schwefelsäure in der Wärme zerlegt in Wasser, Kohlenoxyd und Kohlensäure; wenn man in einem Reagensrohre Oxalsäure oder ein oxalsaures Salz (im trockenen Zustande) mit dem mehrfachen Volumen concentrirter Schwefelsäure übergiesst und erwärmt, so beginnt bald lebhafte Gasentwicklung, das entweichende Gas besteht aus Kohlensäure und Kohlenoxyd, es lässt sich an der Mündung der Eprouvette anzünden und brennt mit blauer Flamme. Die Schwefelsäure wird bei dieser Reaction nicht schwarz gefärbt.

Chlorcalcium erzeugt in Lösungen der oxalsauren Alkalien einen weissen Niederschlag von oxalsaurem Calcium, welcher in Essigsäure unlöslich, dagegen in Salzsäure oder Salpetersäure ziemlich leicht löslich ist. Aus der salzsauren oder salpetersauren Lösung wird das oxalsaure Calcium durch Neutralisation der Säure mit Ammoniak (auch bei Anwesenheit von Chlorammonium) wieder gefällt; auch durch Zusatz von essigsaurem Natrium zu der sauren Lösung kann man das oxalsaure Calcium wieder abscheiden.

Schwefelsaures Calcium (Gyps) fällt aus den Lösungen der freien Oxalsäure, sowie der Salze oxalsaures Calcium; die Reaction tritt gewöhnlich erst nach einiger Zeit ein, sie kann durch Erwärmen beschleunigt werden. Für die freie Oxalsäure ist diese Reaction charakteristisch.

Kalkwasser erzeugt in den Lösungen freier Oxalsäure einen Niederschlag von oxalsaurem Calcium; dieser Niederschlag entsteht schon, wenn auch erst ein Theil der Flüssigkeit durch Kalk neutralisirt, also noch freie Oxalsäure vorhanden ist. Bei Gegenwart freier Mineralsäuren tritt diese Reaction selbstverständlich nicht ein.

Die freie Oxalsäure verflüchtigt sich beim Erhitzen zum Theil unzersetzt, die entweichenden Dämpfe reagiren sauer, haben einen stechenden Geruch und reizen zum Husten; Verkohlung tritt beim Erhitzen der Oxalsäure nicht ein.

Weinsäure. Essigsaures Blei fällt aus den Lösungen der neutralen weinsauren Salze einen weissen Niederschlag von weinsaurem Blei, welcher nach dem Auswaschen in Ammoniak, in Salpetersäure, sowie in den Lösungen der weinsauren Alkalien, besonders des weinsauren Ammoniums, leicht löslich ist (Unterschied von Oxalsäure).

Essigsaures Kalium erzeugt in den Lösungen der freien Weinsäure einen körnig krystallinischen Niederschlag, der besonders rasch bei heftigem Schütteln der Flüssigkeit entsteht.

Chlorcalcium fällt aus den Lösungen der neutralen weinsauren Alkalien (nicht aus der Lösung freier Weinsäure) einen weissen krystallinischen Niederschlag von weinsaurem Calcium, das in Salzsäure, in Salpetersäure, sowie in concentrirter Kalilauge leicht löslich ist; die Lösung in Kalilauge wird beim Erwärmen trübe, indem sich das gelöste weinsaure Calcium abscheidet, sich aber beim Abkühlen der Flüssigkeit wieder löst (für diese Reaction soll das weinsaure Calcium sorgfältig ausgewaschen sein).

Schwefelsaures Calcium erzeugt in den Lösungen freier Weinsäure keinen Niederschlag, dagegen fällt es aus den Lösungen neutraler weinsaurer Alkalien weinsaures Calcium.

Kalkwasser erzeugt sowohl in den Lösungen der freien Weinsäure, als auch der weinsauren Alkalien einen Niederschlag von weinsaurem Calcium, der in concentrirter Kalilauge löslich ist. Das Kalkwasser muss bei dieser Reaction in ausreichender Menge zugesetzt werden.

Beim Erhitzen der Weinsäure und der weinsauren Salze tritt Verkohlung ein und es entweichen Dämpfe, die nach gebranntem Zucker riechen und sauer reagiren.

Wird Weinsäure oder ein weinsaures Salz mit concentrirter Schwefelsäure erhitzt, so tritt unter Braunfärbung der Flüssigkeit lebhafte Gasentwicklung ein.

Citronensäure. Essigsaures Blei fällt aus den Lösungen der freien Citronensäure, sowie der citronensauren Salze einen weissen Niederschlag von citronensaurem Blei, der sich nach dem Auswaschen in Ammoniak, sowie in einer Auflösung von citronensaurem Ammonium, endlich in Salpetersäure löst.

Chlorcalcium fällt die Lösung freier Citronensäure nicht. Aus den Lösungen neutraler citronensaurer Alkalien fällt Chlorcalcium bei gewöhnlicher Temperatur erst nach mehrstündigem Stehen, beim Kochen jedoch alsbald einen weissen krystallinischen Niederschlag von citronensaurem Calcium, der nur schwer in Chlorammonium, leichter in Essigsäure löslich, dagegen in Natron- oder Kalilauge unlöslich ist. Enthält die Lösung des citronensauren Alkalis freies Alkali, so erzeugt Chlorcalcium sofort einen voluminösen, nicht krystallinischen, weissen Niederschlag von citronensaurem Calcium, der sich in Essigsäure, sowie in Chlorammoniumlösung leicht, dagegen in Natronlauge nicht löst. Schwefelsaures Calcium fällt weder freie Citronensäure, noch citronensaure Alkalien.

Wird Kalkwasser einer Lösung von Citronensäure bis zur stark alkalischen Reaction zugesetzt, so entsteht bei gewöhnlicher Temperatur keine Fällung, wird aber die Flüssigkeit zum Kochen erhitzt, so bildet sich ein weisser Niederschlag von citronensaurem Calcium, der sich beim Abkühlen der Flüssigkeit löst und bei neuerlichem Erhitzen wieder zum Vorscheine kommt.

Schwefelsaures Calcium fällt weder freie Citronensäure, noch citronensaure Salze.

Beim Erhitzen der Citronensäure, sowie der citronensauren Salze tritt Verkohlung ein und es entwickeln sich sauer reagirende Dämpfe, die einen stechenden Geruch besitzen; dieser Geruch unterscheidet sich wesentlich von dem des gebrannten Zuckers und somit auch von dem, welcher beim Erhitzen von Weinsäure und weinsauren Salzen auftritt.

Concentrirte Schwefelsäure zersetzt sowohl freie Citronensäure, als auch citronensaure Salze beim Erhitzen unter lebhafter Gasentwicklung; dabei bleibt die Flüssigkeit anfangs farblos, nach längerem Kochen aber tritt Braunfärbung unter Entwicklung von schwefliger Säure ein.

## IV. Gruppe.

In dieselbe sind aufgenommen: Milchsäure, Trichloressigsäure, das zu dieser letzteren gehörige Chloralhydrat und das Paraldehyd.[1])

Milchsäure (Gährungsmilchsäure). Die freie Milchsäure ist eine farblose, geruchlose, syrupartige Flüssigkeit von saurem Geschmacke, sie ist mit Wasser und Alkohol in jedem Verhältnisse mischbar und wird von Aether leicht aufgelöst. Aus einer wässerigen Lösung der freien Milchsäure nimmt Aether die Säure auf und man kann sie daher einer solchen Lösung durch wiederholtes Ausschütteln mit immer neuen Aetherportionen allmälig ganz entziehen. Aus den milchsauren Salzen wird schon bei gewöhnlicher Temperatur die Milchsäure freigemacht durch Zusatz von verdünnter Schwefelsäure. Soll Milchsäure nachgewiesen werden, so stellt man zuerst die freie Säure dar, wenn sie nicht etwa selbst schon im reinen Zustande vorliegt. Die Abscheidung der freien Säure geschieht auf folgende Weise: Man bereitet eine wässerige Lösung des Untersuchungsobjectes, säuert dieselbe mit verdünnter Schwefelsäure stark an und schüttelt in

[1]) Diese Verbindungen bringen weder mit Eisenchlorid, noch mit salpetersaurem Silber, noch mit essigsaurem Blei eine charakteristische Reaction hervor. Hat man also bei der systematischen Prüfung diese drei Reagentien ohne Erfolg angewendet, so kann man zu den hier angeführten Reactionen übergehen.

einem Schüttelkölbchen (Fig. 2) mit Aether aus. Die von der wässerigen Flüssigkeit getrennte ätherische Lösung wird bei gelinder Wärme in einer flachen Glasschale verdunstet. Bei Gegenwart von Milchsäure bleibt dieselbe nach dem Verdampfen des Aethers als farbloser, sauer reagirender und sauer schmeckender Syrup zurück.

Wenn man diese syrupförmige Milchsäure in einer Eprouvette erwärmt, so fängt sie erst über dem Siedepunkt des Wassers zu sieden an, es verdampft ein Theil der Milchsäure unverändert, ein anderer Theil aber wird durch die Hitze zerlegt in Wasser und in Milchsäureanhydrid; dieses letztere bleibt (wenn man nicht zu stark erhitzt hat) als eine braungelbe, bei gewöhnlicher Temperatur feste, in der Wärme dünnflüssige, bitterschmeckende Substanz zurück, welche in Alkohol, sowie in Aether leicht löslich, in Wasser unlöslich ist und durch anhaltendes Kochen mit Wasser in Milchsäure übergeht.

Fig. 2.

Hat man die soeben angeführten Eigenschaften der freien Milchsäure beobachtet, so kann man noch das Zink-, Calcium- und Zinnoxydul-Salz darstellen, welche einige für die Milchsäure charakteristische Eigenschaften besitzen. Um das Calciumsalz zu erhalten, löst man die Milchsäure in Wasser, erhitzt zum Sieden und trägt gefälltes kohlensaures Calcium in kleinen Portionen ein, bis die Flüssigkeit nicht mehr sauer reagirt, hierauf filtrirt man und dampft das Filtrat auf ein kleines Volumen ab; nach dem Erkalten der Flüssigkeit scheidet sich das milchsaure Calcium als weisse, harte Krystallmasse ab, welche unter dem Mikroskope halbkugelförmige, mit Nadeln besetzte Aggregate zeigt. Das milchsaure Calcium ist in heissem Wasser, sowie in heissem Weingeist leicht löslich, in kaltem Wasser und besonders in kaltem Weingeist viel schwerer löslich.

Das milchsaure Zink wird durch Kochen der in Wasser gelösten Milchsäure mit kohlensaurem Zink, Filtriren und Eindampfen des Filtrates auf ein kleines Volumen erhalten. Aus der abgekühlten Flüssigkeit krystallisirt das milchsaure Zink in farblosen Krystallen aus, die unter dem Mikroskope als einzelne deutlich ausgebildete Prismen oder als Aggregate von nadelförmigen Krystallen erscheinen. Das milchsaure Zink ist in kaltem Wasser schwer, in heissem Wasser ziemlich leicht löslich, in Alkohol selbst bei Siedehitze beinahe unlöslich.

Milchsaures Zinnoxydul erhält man, wenn eine durch Natronlauge genau neutralisirte wässerige Milchsäurelösung mit Zinnchlorür versetzt wird; es scheidet sich als weisser krystallinischer Niederschlag ab, der in kaltem Wasser fast unlöslich ist und beim Kochen mit Wasser zerlegt wird, wobei Milchsäure und nur Spuren von Zinn in Lösung gehen.

Trichloressigsäure. Dieselbe krystallisirt in farblosen, leicht zerfliesslichen Krystallen von schwach stechendem, an Essigsäure erinnerndem Geruch. Die wässerige Lösung reagirt stark sauer und schmeckt, selbst stark verdünnt, intensiv sauer. Trichloressigsäure mit einem grossen Ueberschusse von concentrirter Sodalösung gekocht, wird in Kohlensäure und Chloroform zerlegt; das letztere erkennt man an seinem Geruche. Diese Zerlegung erfolgt viel schwieriger und langsamer, als die des Chlorals.

Chloralhydrat. (Aldehyd der Trichloressigsäure) Luftbeständige, farblose, durchsichtige, glänzende Krystalle von stechendem Geruche, in Wasser und Weingeist löslich. Wird Chloralhydrat mit Natronlauge erwärmt, so tritt lebhafte Reaction ein, die Flüssigkeit trübt sich von ausgeschiedenem Chloroform, gleichzeitig entsteht Ameisensäure. Wässerige Chlorallösung reducirt die Lösung von salpetersaurem Silber auf Zusatz einer Spur von Ammoniak schon bei gewöhnlicher Temperatur unter Bildung eines Silberspiegels.

Paraldehyd. (Ein Polymeres des Acetaldehyds.) Klare, farblose, neutrale Flüssigkeit von eigenthümlich ätherischem Geruche, welche bei 123° bis 125° siedet. Die wässerige Lösung reducirt beim Erwärmen ammoniakalische Silberlösung[1]) unter Abscheidung eines Silberspiegels. Wird Paraldehyd mit concentrirter Kalilauge erhitzt, so färbt sich die Flüssigkeit gelb, dann braun und es tritt ein eigenthümlicher angenehmer Geruch auf von dem entstandenen Aldehydharze.

## Systematischer Gang zur Erkennung der wichtigsten Alkaloïde und einiger diesen verwandter Körper.[2])

Die Alkaloïde und einige diesen verwandte, hier aufgenommene, künstlich dargestellte Arzneipräparate sind stickstoffhaltige organische Verbindungen, Abkömmlinge des Ammoniaks. Sie verhalten sich vielfach analog dem Ammoniak.

Von den Verbindungen, mit welchen wir uns hier beschäftigen wollen, sind zwei flüssig, unverändert flüchtig und mit Wasserdämpfen überdestillirbar, nämlich Coniin und Nicotin, die übrigen sind fest, meist krystallinisch und lassen sich mit Wasser nicht überdestilliren; wenn sie für sich allein erhitzt werden, so sublimirt ein Theil unzersetzt, ein anderer Theil wird zersetzt.

Werden sie für sich allein oder mit festem Aetzkali in einer Eprouvette oder in einem Kölbchen rasch erhitzt, so treten alkalisch reagirende Dämpfe auf, die man mit befeuchtetem rothem Lakmuspapier erkennen kann. Diese Dämpfe können aus dem

[1]) Ueberschuss von Ammoniak hindert die Reaction.

[2]) Es sind in diesen Abschnitt auch die als Arzneipräparate verwendeten stickstoffhaltigen Verbindungen: Acetanilid, Antipyrin, Phenacetin und Thallin aufgenommen.

4*

unverändert abdestillirenden Alkaloïd oder aus dessen stickstoffhaltigen Zersetzungsproducten, nämlich Ammoniak oder dessen Derivaten (z. B. Methylamin), bestehen.

Die Alkaloïde sind im freien Zustande fast durchgehends im Wasser schwer löslich [1]), dagegen in Alkohol, Aether, Amylalkohol, Chloroform leichter löslich. [2]) Anders verhalten sich in Bezug auf Löslichkeit die Salze der Alkaloïde; diese sind in Wasser, sowie in Weingeist leicht löslich, in den andern genannten Lösungsmitteln aber (bis auf wenige Ausnahmen) fast unlöslich.

Es gibt einige „allgemeine Alkaloïd-Reagentien", welche die wässerigen Lösungen der Salze fast aller Alkaloïde fällen. [3]) Die meisten der durch diese Reagentien bewirkten Reactionen sind sehr empfindlich, d. h. sie treten selbst in sehr verdünnten Lösungen der Alkaloïdsalze noch auf, indem Niederschläge oder doch Trübungen entstehen. Die wichtigsten dieser allgemeinen Reagentien und die durch dieselben erzeugten Reactionen sind folgende:

1. Kaliumquecksilberjodid erzeugt weisse oder gelbliche Niederschläge, die in Wasser, sowie in verdünnter Salzsäure unlöslich sind.

2. Kaliumwismuthjodid erzeugt orangefarbene Niederschläge, doch muss die Alkaloïdlösung mit verdünnter Schwefelsäure ziemlich stark angesäuert sein. (Veratrinlösungen werden durch dieses Reagens nur schwach getrübt.)

3. Phosphormolybdänsäure erzeugt hellgelbe bis bräunlichgelbe Niederschläge, welche in Wasser und verdünnten Mineralsäuren (die Phosphorsäure ausgenommen) fast unlöslich sind. Essigsäure löst die Niederschläge in der Kochhitze auf; auch alkalische Laugen und Lösungen von kohlensauren Alkalien lösen diese Niederschläge unter Zersetzung auf, bei welcher das Alkaloïd frei wird und durch Ausschütteln der Lösung mit Aether, Chloroform oder Amylalkohol gewonnen werden kann.

4. Metawolframsäure, sowie Phosphorwolframsäure erzeugen weisse, flockige Niederschläge, welche sich den durch Phosphormolybdänsäure erzeugten sehr ähnlich verhalten. Diese Reaction ist ausserordentlich empfindlich.

5. Jod-Jodkalium [4]) erzeugt braune Niederschläge, die sich besonders gut abscheiden, wenn die Lösung mit verdünnter Schwefelsäure angesäuert wird.

6. Gerbsäure (Tannin) erzeugt weisse oder gelbliche Niederschläge, die Lösungen müssen neutral oder doch nur ganz schwach sauer sein.

---

[1]) Colchicin löst sich im Wasser leicht auf.

[2]) Krystallinisches Morphin ist in Aether fast unlöslich.

[3]) Antifebrin und Phenacetin werden durch diese allgemeinen Reagentien nicht gefällt.

[4]) Dieses Reagens wird durch Auflösen von freiem Jod in Jodkaliumlösung dargestellt, es soll ungefähr 10 Grm. Jod im Liter enthalten.

7. Platinchlorid erzeugt weisslichgelbe bis citronengelbe, meist sofort oder nach einigem Stehen krystallinisch werdende Niederschläge, von denen manche in Wasser leicht, in Alkohol schwer löslich sind, weshalb man die Reaction am besten in alkoholischer Lösung vornimmt.

8. Goldchlorid erzeugt gelbe oder weisslichgelbe, theils amorphe, theils krystallinische Niederschläge.

Für die Reactionen mit Platinchlorid und Goldchlorid sollen die Lösungen der Alkaloïdsalze nicht zu verdünnt sein, weil viele der entstehenden Platin- und Goldverbindungen nicht gar zu schwer löslich sind.

Es ist nicht immer nöthig, alle diese Reagentien anzuwenden, wenn es sich um die Constatirung eines Alkaloïdes handelt, in der Regel werden nur Kaliumquecksilberjod oder Kaliumwismuthjodid, Phosphormolybdänsäure oder Phosphorwolframsäure, Jod-Jodkalium und Gerbsäure, also im Ganzen 4 benützt.

Hat man festgestellt, dass ein Alkaloïd vorliegt, so ist dasselbe weiter zu bestimmen. Zu diesem Behufe prüft man zunächst das Verhalten gegen Schwefelsäure bei gewöhnlicher Temperatur, indem man das Alkaloïd auf einem Uhrglase mit einigen Tropfen concentrirter Schwefelsäure übergiesst; die Alkaloïde lassen sich nach ihrem Verhalten gegen concentrirte Schwefelsäure in 3 Gruppen eintheilen, indem sie entweder ungefärbt bleiben, oder gelb, roth und braun gefärbt werden. Nach der Prüfung mit concentrirter Schwefelsäure werden die Specialreactionen ausgeführt.

### I. Gruppe.

*Concentrirte Schwefelsäure bewirkt bei gewöhnlicher Temperatur keine Farbenveränderung.*

Apomorphin. Die farblose Lösung des Apomorphins in concentrirter Schwefelsäure wird auf Zusatz eines Tropfens Salpetersäure blutroth. Die wässerige Lösung der Apomorphinsalze gibt mit Ammoniak einen weissen Niederschlag, der im Ueberschuss des Ammoniaks löslich ist, die so entstandene Lösung ist grün; wird dieselbe mit Aether ausgeschüttelt, so nimmt dieser eine rothviolette Farbe an.

Atropin. Die anfangs farblose Lösung des Atropins wird nach einiger Zeit roth und zuletzt braun. Wenn man diese Lösung in Schwefelsäure erwärmt, so tritt ein angenehmer Geruch auf, der an den Geruch von Orangenblüthen oder, wie Andere behaupten, an den Geruch der Spiraea ulmaria erinnert. Dieser Geruch tritt noch deutlicher auf, wenn man auf folgende Weise verfährt: Auf einem Uhrglase werden einige Tropfen Schwefelsäure mit einigen Körnchen von chromsaurem Kalium oder molybdänsaurem Ammon gemengt und darauf über einer kleinen Flamme auf circa 150° C. erhitzt; in dieses heisse Gemisch wird nun das gepulverte Alkaloïd eingetragen und hierauf werden einige Tropfen Wasser eingespritzt.

Wird Atropin mit einigen Tropfen rauchender Salpetersäure auf dem Wasserbade erwärmt und die Säure verdampft, so bleibt ein ungefärbter Rückstand, der nach dem Erkalten auf Zusatz von alkoholischer Kalilauge eine violette Flüssigkeit liefert, die bald kirschroth wird.

Mit dem Atropin chemisch nahe verwandt sind die beiden im Arzneibuch für das Deutsche Reich aufgenommenen Alkaloïde: Homatropin und Hyoscin, welche sich in den Reactionen dem Atropin ähnlich verhalten. Sie sind durch die Schmelzpunkte der freien Alkaloïde und ihrer Goldchloriddoppelsalze am besten zu unterscheiden.

Brucin. Absolut reine Schwefelsäure löst das Brucin bei gewöhnlicher Temperatur zu einer farblosen Flüssigkeit; enthält die Schwefelsäure aber selbst nur die geringste Spur von Salpetersäure, so wird die Lösung rosenroth; auf Zusatz von wenigen Tropfen verdünnter Salpetersäure wird die Flüssigkeit intensiv roth und bald darauf gelb. Die gelbe Lösung mit Wasser verdünnt, wird sowohl auf Zusatz von Zinnchlorür, als auch auf Zusatz von Schwefelammonium intensiv violett.

Chinin. Die farblose Lösung des Chinins in concentrirter Schwefelsäure wird beim Erwärmen gelb und braun; die mit Wasser stark verdünnte schwefelsaure Lösung zeigt sehr deutlich blaue Fluorescenz.

Wird die Auflösung eines Chininsalzes mit einigen Tropfen Chlorwasser versetzt, so tritt kaum eine Farbenänderung ein, wenn man aber nun Ammoniak zugibt, so wird die Flüssigkeit smaragdgrün. — Wenn man zur Lösung eines Chininsalzes Chlorwasser, dann etwas gelbes Blutlaugensalz und hierauf tropfenweise Ammoniak zusetzt, so wird sie schön dunkelroth. — Die Lösungen der Chininsalze werden durch Jodkalium nicht gefällt.

Cocain. Wird die farblose Lösung des Cocains in concentrirter Schwefelsäure über der Flamme erhitzt, bis sie sich braun färbt und nach dem Erkalten mit Wasser verdünnt, so scheiden sich Krystalle von Benzoësäure aus. Cocain mit weingeistiger Kalilauge gekocht, bildet Benzoësäure-Aethyläther, der an seinem angenehmen, charakteristischen Geruche erkannt wird. Wird eine 1%ige Lösung eines Cocainsalzes mit concentrirter Kaliumpermanganatlösung versetzt, so entsteht ein violetter Niederschlag. Setzt man zu je 1 Ccm. einer 1%igen Cocainsalzlösung 1 Tropfen 5%ige Chromsäurelösung, so entsteht ein gelber Niederschlag, der sich beim Umschütteln wieder löst; auf Zusatz von concentrirter Salzsäure scheidet sich ein amorpher, harzartiger Niederschlag aus.

Codein. Die farblose Lösung des Codeins in concentrirter Schwefelsäure wird beim Erwärmen, besonders nach Zusatz einer sehr geringen Spur von Eisenchlorid, blau. Salpetersäure färbt die schwefelsaure Lösung dunkelroth.

Coffeïn. Die Lösung des Coffeïns in concentrirter Schwefelsäure färbt sich beim Erwärmen in Folge von eintretender Verkohlung schwarz.

Wird Coffeïn entweder mit frischbereitetem Chlorwasser oder mit Salpetersäure übergossen und die Flüssigkeit auf dem Wasserbade verdunstet, so bleibt ein Abdampfrückstand, welcher sich bei Berührung mit Ammoniakdämpfen prächtig rothviolett färbt, durch einen Ueberschuss von Ammoniak wird die Reaction aufgehoben.

Coniin. Reines, farbloses Coniin wird durch concentrirte Schwefelsäure nicht gefärbt[1]), erwärmt man nach dem Zusatz der Schwefelsäure, so wird die Flüssigkeit allmälig rothbraun. — Das Coniin ist im reinen Zustande eine farblose, ölige Flüssigkeit, die charakteristisch nach Mäuse-Urin riecht; wenn man ein Coniinsalz mit Kalilauge versetzt, so wird das Coniin frei und es tritt zugleich dessen charakteristischer Geruch auf. — Das Coniin löst sich bei gewöhnlicher Temperatur in ungefähr 100 Theilen Wasser zu einer klaren, alkalisch reagirenden Flüssigkeit, die sich beim Erwärmen trübt und beim Abkühlen wieder klärt; das Coniin ist nämlich in kaltem Wasser leichter löslich, als in heissem Wasser. — Chlorwasser erzeugt in einer wässerigen Coniinlösung eine intensive weisse Trübung. — Das charakteristischeste Kennzeichen für das Coniin ist sein Geruch.

Morphin. Die Lösung von Morphin in concentrirter Schwefelsäure ist farblos und färbt sich auch nicht beim Erwärmen auf 100°. — Wenn man eine solche Lösung etwa 1/4 Stunde auf dem Wasserbade erwärmt und nach dem Erkalten einen Tropfen verdünnte Salpetersäure und wenige Tropfen Wasser zusetzt, so entsteht (besonders bei gelindem Erwärmen) eine violettrothe Färbung. — Eine vollkommen neutrale Lösung von Eisenchlorid [2]) färbt concentrirte Lösungen von Morphinsalzen blau. Hat man ein Morphinsalz zu prüfen, so kann die mit wenigen Tropfen Wasser bereitete Lösung auf einem Uhrglase, das man zweckmässig auf ein weisses Papier stellt, direct mit einem Tropfen der verdünnten Eisenchloridlösung versetzt werden (grosser Ueberschuss des Eisensalzes ist zu vermeiden). Liegt freies Morphin vor, so muss dasselbe zuerst in ein Salz verwandelt werden und

---

[1]) Das Coniin färbt sich beim Aufbewahren durch die Einwirkung der atmosphärischen Luft zuerst gelb, dann braun. Wenn man ein solches, nicht mehr farbloses Coniin mit concentrirter Schwefelsäure mischt, erhält man allerdings eine gelbe oder bräunliche Lösung.

[2]) Das käufliche Eisenchlorid und die daraus bereiteten Lösungen enthalten in der Regel freie Salzsäure; eine neutrale Eisenchloridlösung erhält man, wenn man zu der sauren Lösung tropfenweise eine verdünnte Auflösung von kohlensaurem Natrium hinzufügt, bis die Flüssigkeit auch nach dem Umschütteln schwach getrübt bleibt. Statt des Eisenchlorids kann man für die Morphinreaction mit Vortheil Eisenoxydammoniakalaun anwenden; es wird ein kleiner Krystall von diesem Alaun in die Lösung des Morphinsalzes eingetragen, worauf die charakteristische blaue Färbung sofort um den Krystall herum entsteht.

dies geschieht am besten, indem man mit verdünnter Salzsäure tropfenweise bis zur sauren Reaction versetzt und dann, um die freie Säure zu entfernen, auf dem Wasserbade zur Trockene verdampft; der Abdampfrückstand ist zur Reaction geeignet.

Pilocarpin. Das Pilocarpin, sowie seine Salze lösen sich in concentrirter Salpetersäure zu einer blassgrünen Flüssigkeit auf.

Strychnin. Eine sehr charakteristische Reaction auf das Strychnin besitzen wir in der Einwirkung verschiedener oxydirender Substanzen auf die Lösung des Strychnins in concentrirter Schwefelsäure, durch welche eine blauviolette Färbung der Lösung hervorgebracht wird. Als oxydirende Substanz kann man anwenden: Chromsäure, rothes chromsaures Kalium, Bleihyperoxyd, Manganhyperoxyd, Ferridcyankalium und Ceroxyd. Die Reaction wird zweckmässig in folgender Weise ausgeführt: Man bereitet auf einem Uhrglase die Lösung des Strychnins in einigen Tropfen concentrirter Schwefelsäure und gibt nun an den Rand der Flüssigkeit ein Körnchen oder einige Stäubchen eines der aufgezählten Oxydationsmittel, worauf man das Uhrglas so neigt, dass Lösung und festes Oxydationsmittel einander berühren. Sobald dies geschehen ist, bildet sich um das Oxydationsmittel herum die violette Färbung aus.

Acetanilid oder Antifebrin.[1]) Beim Kochen des Acetanilids mit Kalilauge scheiden sich in der Flüssigkeit ölige Tröpfchen von Anilin ab, das man auch an seinem Geruch erkennt; fügt man zu der alkalischen Flüssigkeit einige Tropfen Chloroform zu und erwärmt weiter, so tritt der intensive Geruch nach Isocyanphenyl auf.

Antipyrin. Die wässerige Lösung des Antipyrins wird durch Eisenchlorid dunkelroth gefärbt. Zusatz von concentrirter Schwefelsäure bewirkt Entfärbung. Die Lösung des Antipyrins mit verdünnter Schwefelsäure und etwas salpetrigsaurem Natrium versetzt, wird dunkelgrün.

Phenacetin.[1]) Wird Phenacetin (0·1) mit concentrirter Salzsäure (1 Ccm.) 1 Minute lang gekocht, die erkaltete Flüssigkeit mit (10 Ccm.) Wasser verdünnt, filtrirt und mit (3 Tropfen) Chromsäurelösung versetzt, so wird die Flüssigkeit allmälig rubinroth. Das Phenacetin gibt nach andauerndem Kochen mit Kalilauge auf Zusatz von Chloroform Isocyanphenyl.

Thallin. Die wässerige Lösung der Thallinsalze wird durch Eisenchlorid sofort tief grün, nach einigen Stunden roth gefärbt. Die farblose Lösung des Thallins in concentrirter Schwefelsäure wird durch Zusatz von Salpetersäure sofort roth, nach einiger Zeit gelbroth.

[1]) Acetanilid wird in seinen Lösungen durch die allgemeinen Alkaloïdreagentien nicht gefällt. Beim Erhitzen mit Aetzkali gibt es alkalisch reagirende Dämpfe (Anilin). Aehnlich verhält sich Phenacetin.

### II. Gruppe.

*Concentrirte Schwefelsäure färbt bei gewöhnlicher Temperatur gelb.*

Physostigmin. Concentrirte Schwefelsäure löst bei gewöhnlicher Temperatur das Physostigmin zu einer gelben Flüssigkeit auf. — Verdünnte Schwefelsäure löst es zu einer farblosen Flüssigkeit, welche beim Verdampfen blau wird. — Auf Zusatz von Ammoniak nimmt die mit verdünnter Schwefelsäure bereitete farblose Lösung sofort eine rothe Färbung an. — Chlorkalklösung färbt das Physostigmin intensiv roth; ein Ueberschuss von Chlorkalk zerstört diese Farbe.

Veratrin. Schwefelsäure löst das Veratrin bei gewöhnlicher Temperatur zu einer anfangs gelben Flüssigkeit, welche aber bald ihre Farbe durch Orange in Roth, endlich in Karminroth ändert. — Das Veratrin färbt sich, wenn es mit Salzsäure gekocht wird, prächtig roth; aus dieser rothen Flüssigkeit fällt Zinnchlorür einen violetten Niederschlag.

### III. Gruppe.

*Concentrirte Schwefelsäure färbt bei gewöhnlicher Temperatur braun.*

Nicotin. Concentrirte Schwefelsäure, mit Nicotin bei gewöhnlicher Temperatur gemengt, erzeugt unter lebhafter Erwärmung eine braune Flüssigkeit. — Das freie Nicotin ist eine ölige Flüssigkeit, die im ganz reinen Zustande farblos ist, an der Luft aber sehr bald braun wird und dabei verharzt. Das Nicotin besitzt einen eigenthümlichen, intensiven, an Tabak erinnernden Geruch, der natürlich auch auftritt, wenn man ein Nicotinsalz mit Kalilauge versetzt, wobei Nicotin frei wird; dieser Geruch des Nicotins ist dessen charakteristischeste Eigenschaft.

## Qualitative Analyse auf trockenem Wege.

Bei der „Analyse auf trockenem Wege" werden die Körper entweder für sich allein oder in Verbindung mit Reagentien hohen Temperaturen ausgesetzt und die dabei auftretenden physikalischen und chemischen Erscheinungen beobachtet, aus denen dann auf die Anwesenheit der ihnen entsprechenden Elemente geschlossen wird. Nach der Art der Ausführung wird die Analyse auf trockenem Wege gewöhnlich eingetheilt: in die *Löthrohranalyse*, die *Bunsen*'schen *Flammenreactionen* und die *Spectralanalyse*.

Die Analyse auf trockenem Wege ist kaum geeignet, jene auf nassem Wege zu ersetzen, zumal, wenn complicirt zusammengesetzte Untersuchungsobjecte vorliegen. Handelt es sich aber um die Voruntersuchung einer unbekannten Substanz, um den Nachweis eines einzigen, bestimmten Elementes in einer Verbindung oder in einem Gemenge, endlich um bestätigende Reactionen für irgend einen auf nassem Wege abgeschiedenen Körper, so ist der trockene Weg kaum zu entbehren. Ein grosser Vortheil der Analyse auf trockenem Wege liegt darin, dass ihre Methoden mit viel geringeren Mengen von Substanz noch deutliche Reactionen geben, als die Methoden des nassen Weges.

Der praktische Chemiker verbindet zweckmässig bei Untersuchungen den nassen mit dem trockenen Wege; bei einiger Uebung und Erfahrung ist es nicht schwer, zu entscheiden, wo der eine oder der andere mit mehr Vortheil anzuwenden ist.

Seit dem Bestehen der Bunsen'schen Flammenreactionen und der Spectralanalyse wird die Löthrohranalyse von den Chemikern seltener angewendet; sie ist aber für solche, die in kleineren Orten leben und nicht über Leuchtgaseinrichtung verfügen, wichtig, weshalb sie in diesem Buche aufgenommen ist.

---

## Löthrohranalyse.

Die Löthrohranalyse erfordert folgende Vorrichtungen:

1. Zur Erzeugung der geeigneten Flamme: eine Oellampe, Kerze, Weingeistlampe und ein Löthrohr.

Fig. 3.

Das Löthrohr dient zum Einblasen von Luft in die Flamme, es besteht aus einer ungefähr 20 Centimeter langen Röhre (Windrohr), welche an einem Ende mit einem Mundstücke aus Horn versehen und am andern Ende in ein kurzes cylindrisches Gefäss, den sogenannten Windkasten, eingepasst ist, der ein kürzeres mit einer fein durchlöcherten Platinspitze versehenes Rohr (Ausströmungsrohr) trägt. Wird durch das an den Mund angepresste Mundstück Luft eingeblasen, so entweicht dieselbe, nachdem sie den Weg durch den Windkasten genommen (wo sich mitgerissene Speicheltröpfchen ablagern) in einem feinen, kräftigen Strahle durch die Oeffnung der Platinspitze. Das Löthrohr wird jetzt gewöhnlich (mit Ausnahme des Mundstückes und der Platinspitze) aus Neusilber angefertigt.

2. Als Unterlage für die mit der Löthrohrflamme zu untersuchenden Körper: ein prismatisches Stück Holzkohle, ein Platinblech, einen Platindraht und verschieden geformte Glasröhren.

3. Einige Reagentien, welche man auf die zu untersuchenden Körper in der Hitze einwirken lässt; die gebräuchlichsten Löth-

rohrreagentien sind: wasserfreie Soda, Cyankalium, Kohle, Borax, saures schwefelsaures Kalium und eine Auflösung von salpetersaurem Kobalt.

Bei den meisten Löthrohrreactionen spielt die oxydirende oder die reducirende Wirkung der Flamme eine wichtige Rolle man muss deshalb bei der Anwendung des Löthrohres in der Analyse die Oxydationsflamme und Reductionsflamme herzustellen verstehen.

Die Oxydationsflamme (siehe Fig. 4) entsteht als spitze, blaue, nicht leuchtende Flamme, wenn man die Löthrohrspitze dicht über dem Dochtende einer Kerze oder Oellampe in die Flamme einführt, ungefähr bis zu einem Drittel der Flammenbreite und dann einen kräftigen Luftstrom einbläst; die äusserste Spitze der Flamme wirkt oxydirend, und diesen Flammentheil lässt man daher wirken, wenn man oxydiren will.

Fig. 4.

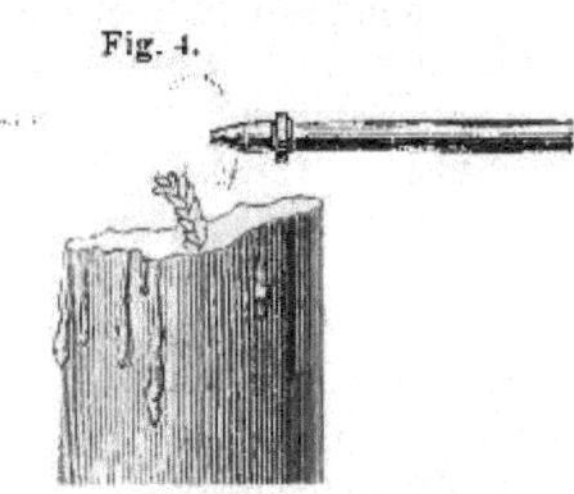

Die Reductionsflamme (siehe Fig. 5) mit ihrem stark leuchtenden Kern erhält man, wenn das Löthrohr ein wenig über dem Dochtende einer Kerze oder Lampe an den Flammensaum angehalten und dann gelinde geblasen wird. Der leuchtende Theil der stumpfen Flamme enthält glühende Kohlenpartikelchen, welche reducirend wirken. Will man also mit der Löthrohrflamme reduciren, so wird der zu reducirende Körper der Wirkung des leuchtenden Theiles der Reductionsflamme ausgesetzt, indem man den Körper an einem Platindraht befestigt in den reducirenden Flammentheil hineinhält oder indem man ihn auf Kohle legt und die Flamme so dirigirt, dass ihr leuchtender Theil den Körper allseitig umspült.

Fig. 5.

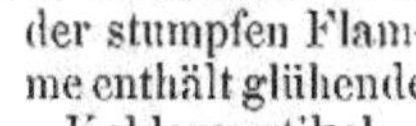

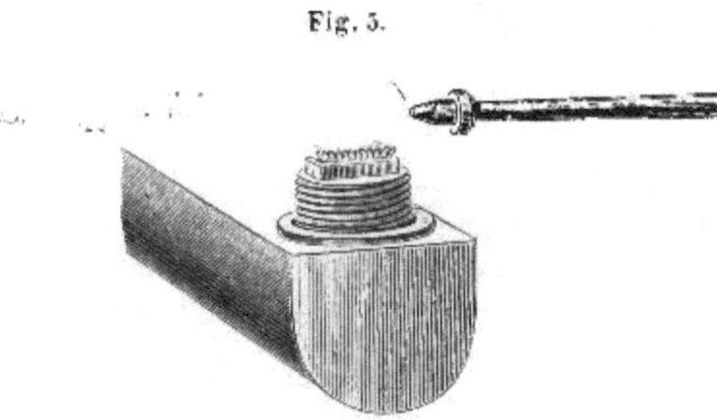

Die bei der Löthrohranalyse häufig in Anwendung kommenden Methoden sind folgende:

*Prüfung im Kölbchen.* Die Probe wird in einem Glaskölbchen von der Form, wie es in Fig. 1 (Seite 3) dargestellt ist, über einer Weingeistflamme erhitzt, u. zw. anfangs gelinde, später bis zur Rothgluth. Dieser Versuch lehrt, ob die Substanz flüchtig ist, ob sie verkohlt, ob sie sich zersetzt und flüchtige Zersetzungsproducte, wie Wasser, flüchtige Säuren oder theerartige Körper (bei organischen Substanzen), Sauerstoff, Chlor, Brom, Jod, Schwefel liefert. Man hat deshalb bei dieser Probe im Kölbchen besonders sein Augenmerk darauf zu richten, ob sich in dem oberen Theile ein Sublimat oder ein flüssiges Destillationsproduct ansetzt, welches dann näher zu untersuchen ist.

*Prüfung im Kölbchen mit Cyankalium und Soda.* Die Probe wird mit dem vierfachen Volumen von wasserfreier Soda und ebensoviel Cyankalium gemengt und das vorher in einem kleinen Schälchen gelinde erwärmte Gemenge in das Kölbchen eingefüllt, worauf man den Kölbchenhals mit einer kleinen Rolle von Filtrirpapier reinigt. Der Bauch des Kölbchens wird erhitzt und man hat nun auf die Bildung eines Metallspiegels oder eines aus kleinen Metalltröpfchen bestehenden Beschlages zu achten (Arsen, Quecksilber).

*Prüfung im Kölbchen mit saurem schwefelsauren Kalium.* Eine Probe der zu untersuchenden Substanz wird mit einigen Körnchen von saurem schwefelsauren Kalium in einem Kölbchen oder in einer kurzen Eprouvette über der Flamme erhitzt. Man hat hier zu beobachten, ob sich Gase entwickeln und wie sich dieselben in Bezug auf Farbe, Geruch, Brennbarkeit etc. verhalten.

*Prüfung in einer offenen Glasröhre.* Man bringt in eine ungefähr 12 Mm. weite, an beiden Enden offene Röhre ein Körnchen oder etwas Pulver von der Probe und erhitzt darauf über der Lampe die Stelle der schief zu haltenden Röhre, wo die Probe liegt. Durch die frei zuströmende atmosphärische Luft kann bei dieser Operation Oxydation stattfinden und man hat deshalb dabei vorzüglich zu beobachten, ob riechende Gase entweichen (schweflige Säure), ob sich ein Sublimat bildet (arsenige Säure, Antimonoxyd etc.).

*Prüfung auf der Kohle oder dem Platinblech.* Zur Prüfung auf der Kohle schneidet man sich lange vierseitige Prismen aus Holzkohle, die man für viele Proben verwenden kann, da jede der 4 Seiten für mehrere Proben ausreicht. In die Kohle bohrt man ein seichtes Grübchen, legt die zu untersuchende Substanz hinein und behandelt sie nach einander mit der Oxydations- und Reductionsflamme. Hierbei sind zu beobachten: Schmelzbarkeit, Farbenveränderung der Substanz, Färbung der Löthrohrflamme, Bildung von Beschlägen auf der Kohle, Abscheidung reducirter Metalle.

Man kann die Körper auf der Kohle auch unter Zusatz von Reagentien prüfen, so empfiehlt es sich, wenn man eine Metallreduction ausführen will, etwas Soda oder ein Gemenge von Soda und Cyankalium zuzusetzen, wodurch die Reduction wesentlich erleichtert wird. Bei Anwendung von Soda hat man nach dem Erkalten ausser dem etwa entstandenen Metallkorn auch die Färbung der Schmelze zu beobachten (gelbe Färbung wird durch Chrom, blaugrüne durch Mangan hervorgebracht). Auch die Prüfung der Körper mit Kobaltlösung läst sich sehr gut auf der Kohle ausführen; man bringt etwas von dem Pulver der zu untersuchenden Substanz in das Kohlengrübchen, giesst einen Tropfen Kobaltlösung darauf, mischt beide mit einem Glasstäbchen gut durcheinander, so dass ein Teig entsteht und lässt auf denselben die Flamme einwirken. Nach dem Erkalten wird die Färbung der Probe beobachtet.

Viele Proben lassen sich statt auf der Kohle auf dem Platinblech ausführen, doch muss man sich gegenwärtig halten, dass das Platin mit vielen Metallen leicht schmelzbare Legirungen bildet. Wenn also z. B. Kupfer, Blei, Zinn, Silber u. s. w., kurz ein mit dem Platin sich legirendes Metall, in der Probe zu vermuthen ist, dann ist das Platinblech zur Ausführung der Löthrohrreaction nicht geeignet, weil es durchlöchert wird, wenn eines dieser Metalle sich mit dem Platin in der Hitze der Löthrohrflamme legirt. Sehr gut lassen sich die Proben mit Soda auf dem Platinblech anstellen, bei denen man die oxydirende Wirkung der Luft braucht, so die Probe auf Chrom und Mangan. Man mischt etwas von der zu untersuchenden Substanz mit Soda, bringt die Mischung auf das Platinblech und erhitzt dasselbe von unten mit einer Gasflamme oder mit der Löthrohrflamme, bis die Mischung ruhig fliesst.

*Prüfung auf dem Platindraht.* Zu sehr vielen Löthrohrproben kann man als Unterlage für die zu prüfende Substanz den Platindraht anwenden, er gestattet die Prüfung sehr geringer Quantitäten; überall dort, wo sich Metalle abscheiden, welche mit dem Platin leicht schmelzbare Legirungen liefern, ist selbstverständlich der Platindraht ebenso, wie das Platinblech, ausgeschlossen. Man kann die Substanzen auf dem Platindrahte entweder für sich allein oder in Verbindung mit Reagentien, u. z. vornehmlich mit Soda, Borax, Phosphorsalz, Kobaltlösung prüfen. Der zu verwendende Platindraht ist etwas stärker, als ein Pferdehaar und 8 bis 10 Cm. lang. Soll die Substanz allein in der Löthrohrflamme geprüft werden, so wickelt man das Ende des Drahtes einigemale um ein Körnchen der Substanz oder, wenn dieselbe pulverförmig ist, formt man mit Wasser einen dünnen Brei und streicht denselben in das aus dem Drahtende gebogene kleine Oehr. Die in dem Platindraht befestigte Substanz kann nun sowohl mit der Oxydations- als auch mit der Reductionsflamme behandelt werden und man hat bei jeder Operation die eintretenden Veränderungen, betreffend die Schmelzbarkeit, Aufschäumen, Farbenveränderung der Substanz, Flammenfärbung u. s. w. zu beachten. Für die Prüfung am Platindraht unter gleichzeitiger Anwendung von Reagentien ist Folgendes zu bemerken: 1. Bei der Probe mit Kobaltlösung wird die Substanz mit Kobaltlösung befeuchtet und dann geglüht. 2. Bei der Probe mit Soda nimmt man zuerst mit dem Platindrahtöhr etwas Sodapulver auf, schmilzt es zu einer Perle, die nach dem

Erkalten rein weiss sein muss; diese befeuchtet man mit Wasser und streut eine Spur von dem zu untersuchenden (gepulverten) Körper darauf, sodann erhitzt man und beobachtet nach dem Erkalten vornehmlich die entstandene Färbung. 3. Für die Probe in der Boraxperle wird zuerst eine klare, reine Boraxperle hergestellt, indem man gepulverten Borax mit dem Platindrahtöhr aufnimmt und anfangs gelinde erhitzt, bis das (durch das Entweichen des Krystallwassers bedingte) Aufschäumen beendet ist, sodann mit dem Löthrohr stark und so lange, bis der Borax zu einem vollkommen klaren Tropfen geschmolzen ist, der nach dem Erkalten farblos und durchsichtig, wie Glas sein muss. Mit der etwas befeuchteten Boraxperle nimmt man nun Spuren der gepulverten Substanz auf, behandelt je nach Bedarf im Oxydations- oder Reductionsfeuer und beobachtet die Farbe der heissen, sowie der erkalteten Perle. Der Borax verbindet sich nämlich in der Schmelzhitze mit den Metalloxyden zu Verbindungen von glasartigem Aussehen, von denen manche eine charakteristische Farbe haben.

Mit dem Phosphorsalz wird gerade so, wie mit dem Borax manipulirt; das Phosphorsalz erfordert etwas mehr Uebung und Aufmerksamkeit, weil es leicht schmilzt und abtropft und daher schwieriger eine geeignete Perle liefert.

### *Systematischer Gang der Löthrohranalyse.*

Soll die Löthrohranalyse von gutem Erfolge begleitet sein, so müssen die Löthrohrreactionen in bestimmter Reihenfolge ausgeführt werden. J. Landauer[1]) hat einen systematischen Gang der Löthrohranalyse construirt, von dem das für den Zweck dieses Buches Wesentliche hier wiedergegeben ist.

### Vorprüfung.

*A.* Beim Erhitzen im Kölbchen erfolgt:

*1. Gas- und Dampfbildung.*

Ist das Gas farb- und geruchlos, so kann es sein:

Wasser, herrührend von Hydraten oder Krystallwasser.

Sauerstoff, abgeschieden aus Oxyden edler Metalle, Superoxyden, salpetersauren, sowie chlorsauren Salzen.

Kohlensäure. Diese wird frei beim Glühen von kohlensauren und oxalsauren Salzen.

Kohlenoxyd. Entsteht beim Glühen von oxalsauren und ameisensauren Salzen.

Ist das Gas farblos, aber riechend, so kann es sein:

Schweflige Säure, aus unterschwefligsauren, schwefligsauren und manchen schwefelsauren Salzen herrührend.

Schwefelwasserstoff, durch die Zersetzung wasserhaltiger Sulfide entstanden.

[1]) Siehe Zeitschrift für analytische Chemie, Jahrgang 1877, Seite 385.

Ist das Gas gefärbt und riechend, so kann es sein:

Untersalpetersäure (braun). Dieselbe entsteht beim Erhitzen der meisten salpetersauren Salze.

Jod (violett); wenn dasselbe frei vorhanden war, auch manche Jodide und jodsauren Salze liefern beim Glühen Jod.

Brom (braun), von freiem (flüssigen) Brom oder gewissen Brommetallen herrührend.

Chlor (grüngelb); entsteht beim Glühen einiger Metallchloride.

2. *Sublimatbildung.*

Ein weisses Sublimat kann bestehen aus:

Ammoniumsalzen; manche sind unzersetzt flüchtig.

Quecksilberchlorür, sublimirt, ohne vorher zu schmelzen.

Quecksilberchlorid, schmilzt zuerst und sublimirt dann.

Antimonoxyd, schmilzt zu einer gelben Flüssigkeit und sublimirt dann in glänzenden Nadeln.

Arsenige Säure, sublimirt, ohne vorher zu schmelzen, das Sublimat besteht aus octaëdrischen Krystallen, die mit der Loupe leicht erkannt werden.

Ein schwarzes oder graues Sublimat liefern:

Arsen, u. zw. metallisches Arsen und manche Arsenmetallverbindungen.

Quecksilber, Quecksilberamalgame und einige Quecksilberverbindungen. Das graue Sublimat besteht aus kleinen Metalltröpfchen, die bisweilen mit freiem Auge, leichter mit der Loupe erkennbar sind.

Farbige Sublimate liefern:

Schwefel, heiss gelbbraun, kalt schwefelgelb.

Antimonsulfide, heiss schwarz, kalt rothgelb.

Arsensulfide, heiss braunroth, kalt rothgelb.

Quecksilberjodid, gelb, wird durch Reiben mit einem Glasstab prachtvoll roth.

Zinnober, schwarz, wird beim Reiben roth.

3. *Farbenwechsel.*

Zinkoxyd, ändert die Farbe von weiss in gelb, beim Erkalten wieder in weiss.

Zinnoxyd, von weiss in gelbbraun, beim Erkalten in hellgelb.

Bleioxyd, in braunroth, beim Erkalten in gelb.

Wismuthoxyd, von weiss in orangegelb, beim Erkalten in citronengelb.

Quecksilberoxyd, von roth in schwarz, beim Erkalten roth (flüchtig unter Bildung eines grauen Sublimates).

Eisenoxyd, von roth in schwarz, beim Erkalten roth (nicht flüchtig).

Quecksilberjodid, von roth in gelb, beim Erkalten roth.

Farbenwechsel zeigen endlich beim Erhitzen auch die wasserhaltigen Salze des Kobalts, Nickels, Eisens und Kupfers.

4. *Schmelzen.*

Alkalisalze.

5. *Verkohlen.*

Organische Substanzen.

6. *Verknistern.*

Chloride der Alkalimetalle.

*B.* Beim Erhitzen in einer beiderseitig offenen Glasröhre erfolgt:

1. *Gas- und Dampfbildung.*

Schweflige Säure, durch den Geruch erkennbar, sie kann durch Oxydation von Schwefel und von Schwefelmetallen entstehen.

2. *Sublimatbildung.*

Arsenige Säure, ein leichtflüchtiges von der erhitzten Probe entfernt abgelagertes Sublimat, entstanden aus Arsen oder Arsenverbindungen.

Antimonoxyd; weisser Rauch, das weisse Sublimat zum Theile flüchtig. Entstanden durch Oxydation aus Antimon oder Antimonverbindungen.

*C.* Beim Glühen auf Kohle auftretende Erscheinungen:

1. *Die Schmelzbarkeit betreffend:*

Schmelzbar sind: Alkali- und einige Erdalkalisalze, Antimon, Blei, Cadmium, Wismuth, Zink, Zinn (sämmtlich leicht schmelzbar), Kupfer, Silber, Gold (schwer schmelzbar).

Unschmelzbar sind: Salze der Erden und der alkalischen Erden, Kieselsäure, Eisen, Kobalt, Nickel, Platin.

2. *Verpuffung.*

Salpetersäure und chlorsaure Salze.

3. *Aufblähen.*

Borsaure Salze und Alaun blähen sich beim Erhitzen unter Abgabe des Wassers auf.

## Eigentliche Untersuchung.

### *Auffindung der Basen.*

*I. Die Substanz wird auf der Kohle unter Zusatz von Soda*[1]*) mit der Reductionsflamme behandelt.*

*a)* Es entsteht auf der Kohle ein Beschlag.

1. Ist der Beschlag weiss, leicht flüchtig, mit hellblauem Schein unter Verbreitung von Knoblauchgeruch verschwindend, so deutet er auf Arsen. — Beim Erhitzen der Substanz mit Cyankalium und Soda im Kölbchen entsteht ein Arsenspiegel.

---

[1]) Liegt ein regulinisches Metall vor, so wird dasselbe für sich allein auf der Kohle behandelt.

2. Ist der Beschlag röthlichbraun, bunt, wie Pfauenfedern angelaufen, durch Oxydations- und Reductionsflamme leicht zu vertreiben, so deutet er auf Cadmium.

3. Ist der Beschlag heiss gelb, kalt weiss und durch die Flamme nicht zu vertreiben, so deutet er auf Zink. Der Zinkoxydbeschlag wird durch Befeuchten mit Kobaltsolution und darauffolgendes Glühen grün.

4. Ist der Beschlag bläulichweiss, flüchtig, durch die Oxydationsflamme vertreibbar und ist das reducirte Metallkorn weiss, spröde und oxydirbar, so ist Antimon vorhanden.

5. Ist der Beschlag heiss orange, kalt citronengelb und sowohl durch Oxydations- als Reductionsflamme ohne farbigen Schein vertreibbar; ist ferner das Metallkorn röthlichweiss, spröde, oxydirbar, so deutet dies auf Wismuth.

6. Ist der Beschlag heiss citronengelb, kalt schwefelgelb, durch Oxydations- und Reductionsflamme vertreibbar, wobei die Reductionsflamme sich blau färbt, ist ferner das Metallkorn weiss, ductil und leicht oxydirbar, so liegt Blei vor.

7. Ist der Beschlag heiss gelblich, kalt weiss, dicht an der erhitzten Probe abgelagert und nicht flüchtig, so rührt er von Zinn her; das Metallkorn ist in diesem Falle weiss, ductil und sehr leicht oxydirbar.

*b)* Es entsteht ein Metallkorn ohne Beschlag.

1. Das Korn ist weiss, ductil, lebhaft glänzend. — Silber.
2. Das Korn ist gelb, ductil, lebhaft glänzend. — Gold.
3. Das Korn ist kupferroth, ductil, oxydirbar. — Kupfer.

*c)* Es bleibt auf der Kohle ein grauer oder schwarzer Rückstand.

In diesem Falle geht man nach der folgenden unter II. beschriebenen Methode vor.

*d)* Die Substanz färbt, besonders nach dem Befeuchten mit Salzsäure, die Löthrohrflamme.

Tritt diese Erscheinung ein, so wird nach III. geprüft.

*e)* Die Substanz hinterlässt auf der Kohle einen weissen, leuchtenden Rückstand.

Man prüft nach IV.

*f)* Die Substanz verflüchtigt sich vollständig.

Man prüft nach V.

### *II. Prüfung in der Boraxperle.*

Wird die Boraxperle weder im Oxydationsfeuer, noch im Reductionsfeuer gefärbt, so prüft man nach IV. weiter. Nimmt dagegen die Boraxperle eine Färbung an, so ist zu untersuchen, wie die Färbung im Oxydationsfeuer, wie im Reductionsfeuer, wie in der Hitze, wie nach dem Abkühlen beschaffen ist. Die folgende Tabelle enthält die Färbungen der Boraxperlen, welche durch die wichtigsten Metalle hervorgebracht werden.

Die Farbe der Perle ist:

| In der Oxydationsflamme | | In der Reductionsflamme | | bei Anwesenheit |
|---|---|---|---|---|
| heiss | kalt | heiss | kalt | von: |
| grün | blaugrün | farblos | braun | Kupfer |
| blau | blau | blau | blau | Kobalt |
| violett b. schw. | rothviolett | farblos | farblos bis rosa | Mangan |
| violett | rothbraun | gelblichgrau | gelblichgrau | Nickel |
| rothgelb | farblos | grün | bouteillengrün | Eisen |
| gelb | grasgrün | grün | smaragdgrün | Chrom |

*III. Prüfung am Platindraht in der nicht leuchtenden Flamme auf die Flammenfärbung:*

Die Flammenfärbung ist:

violett, deutet auf Kalium,
gelb, „ „ Natrium,
karminroth, „ „ Lithium.
gelbgrün, „ „ Baryum,
rothgelb, „ „ Calcium,
karminroth, „ „ Strontium,

grün, nach Befeuchten mit Salzsäure blau, deutet auf Kupfer. spargelgrün, besonders nach Befeuchten mit Schwefelsäure, deutet auf Borsäure.

*IV. Prüfung mit Kobaltlösung auf Kohle.*

Eine blaue, unschmelzbare Masse deutet auf Aluminium, oder phosphorsaure Erden, oder kieselsaure Erden.

Ein blaues Glas deutet auf borsaure oder phosphorsaure Alkalien.

Eine fleischfarbene Masse deutet auf Magnesium.

Eine grüne Masse deutet auf Zinkoxyd, Zinnoxyd oder Antimonoxyd.

*V. Prüfung mit Soda im Kölbchen.*

Entsteht ein aus kleinen Metalltröpfchen bestehendes Sublimat, so rührt es von Quecksilber her.

Entwickelt sich Ammoniakgeruch, so ist eine Ammoniakverbindung zugegen.

***Auffindung der Säuren.***

*VI. Prüfung mit saurem schwefelsaurem Kalium im Kölbchen.*

Entweichen rothbraune Dämpfe vom Geruche der salpetrigen Säure, so ist vorhanden: Salpetersäure oder salpetrige Säure.

Entweicht ein gelbgrünes, nach Chlor riechendes Gas, so weist dies auf Chlorsäure hin.

Entweicht ein violetter Dampf, so deutet er auf Jod.
Entweicht ein rothbrauner Dampf vom charakteristischen Geruche des Broms — Brom.
Farblose, stechend riechende, an der Luft rauchende, mit Ammoniakdampf dichte weisse Nebel bildende Dämpfe sind Chlorwasserstoff.
Ein farbloses, an der Luft rauchendes, stechend riechendes, das Glas ätzendes Gas, — Fluorwasserstoff.
Farbloses, nach Schwefelwasserstoff riechendes, mit blauer Flamme brennendes Gas, — Schwefelwasserstoff.
Farbloses, nach brennendem Schwefel riechendes Gas, — schweflige Säure.
Farbloser, nach Essigsäure riechender Dampf, — Essigsäure.
Farbloses, nach Blausäure riechendes Gas, — Blausäure.
Farbloses Gas, welches Kalkwasser trübt, — Kohlensäure.
Farb- und geruchloses, mit blauer Flamme brennendes Gas, — Kohlenoxyd.

*NB.* Sulfate, sowie Sulfide, liefern bei Behandlung mit Soda auf der Kohle Schwefelnatrium, welches nach dem Erkalten an der Luft wie Schwefelleber riecht, und, befeuchtet auf ein blankes Silberblech gebracht, daselbst einen dunkelbraunen, mit Wasser nicht wegzuwaschenden Fleck erzeugt, der von Schwefelsilber herrührt.

## Bunsen's Flammenreactionen.

Bunsen[1]) hat nachgewiesen, dass fast alle Reactionen, welche man mittelst der Löthrohrflamme erhält, leichter und präciser in der Flamme des Bunsen'schen Brenners hervorgebracht werden können. Die eigenthümliche Beschaffenheit dieser Flamme macht sie für manche Reactionen geeignet, welche man mit der Löthrohrflamme nicht ausführen kann und so ist es möglich, dass man die geringsten Spuren mancher nebeneinander vorkommenden Stoffe noch mit Hilfe der Flammenreactionen leicht und sicher entdecken kann, wo die Löthrohranalyse und andere feine analytische Methoden im Stiche lassen.

Die wichtigsten Erfordernisse zur Ausführung der Bunsenschen Flammenreactionen sind: ein Bunsen'scher Gasbrenner mit regulirbarer Lufteinströmung, Platindrähte von der Dicke eines Pferdehaares und 8 bis 10 Cm. Länge, dünne Asbeststäbchen (ihre Dicke soll nicht mehr als $^1/_4$ der Dicke eines gewöhnlichen Zündhölzchens betragen), Kohlenstäbchen, welche aus den sogenannten Holzfäden hergestellt sind, die zur Erzeugung der Zündhölzchen dienen[2]), kleine Porcellanschalen, die aussen und innen

[1]) Flammenreactionen von R. Bunsen. Heidelberg, Verlag von Gustav Koester, 1880.

[2]) Die Kohlenstäbchen für die Flammenreactionen bereitet man sich am besten so: Die käuflichen Holzfäden werden in eine an einem Ende zugeschmolzene Verbrennungsröhre geschichtet, so dass die Röhre möglichst angefüllt ist, das

5*

glasirt sind (am besten Berliner Schalen), eine kleine Achatschale, eine magnetische Federmesserklinge, kleine dünnwandige Glasröhrchen von 3 Mm. Durchmesser und 3 bis 5 Cm. Länge, vor der Lampe aus einem schwer schmelzbaren weiten Glasrohre ausgezogen, endlich eine Anzahl von Reagentien, und zwar neben den im chemischen Laboratorium alltäglich gebrauchten noch: rauchende Jodwasserstoffsäure, Zinnchlorür und Brom.

### *Die wichtigsten Theile der Flamme des Bunsen'schen Gasbrenners.*

Die Flamme des Bunsen'schen Gasbrenners besteht, wie aus Fig. 6 zu ersehen ist, aus folgenden drei Hauptheilen:

*A*. dem dunklen Kegel *a, a, a a,* welcher die kalten, mit ungefähr 62 Procent atmosphärischer Luft gemengten Leuchtgase enthält.

*B*. dem Flammenmantel *a, c a, b,* der von dem brennenden Gemische von Luft und Leuchtgas gebildet wird.

*C*. der leuchtenden Spitze *a b a,* diese kommt der normal, d. h. bei vollkommen geöffneten Zuglöchern brennenden Flamme für die Luftzuströmung nicht zu und muss daher jedesmal, wenn sie gebraucht wird, erst durch entsprechendes, theilweises Schliessen der Luftzuglöcher an der Lampe in erforderlicher Grösse hergestellt werden.

In diesen drei Hauptheilen der Flamme finden sich die folgenden sechs Reactionsräume:

1. Die Flammenbasis. Sie liegt bei *α*. Ihre Temperatur ist eine verhältnissmässig niedrige, weil das hier verbrennende Gas durch die von unten zuströmende kalte Luft abgekühlt wird und weil überdies der kalte Rand des Brennerrohres eine erhebliche Wärmemenge abführt. Werden Gemenge mehrerer flammenfärbender Substanzen an diese Flammenbasis gebracht, so gelingt es oft, die leichter flüchtigen auf Augenblicke allein zu verdampfen und dadurch die ihnen eigenthümlichen Flammenfärbungen zu erzeugen, welche bei höheren Temperaturen nicht zum Vorscheine kommen, weil sie durch die Flammenfärbungen der schwerer flüchtigen Substanzen verdeckt werden.

2. Der Schmelzraum. Er liegt bei *β*, etwas oberhalb des ersten Drittels der ganzen Flammenhöhe, gleichweit von der

offene Ende wird mit einem durchbohrten Kork verschlossen, dessen Bohrung eine gebogene Glasröhre trägt. Ist die Röhre beschickt, so legt man sie in einen Verbrennungsofen, so dass das verkorkte Ende etwa 10 bis 15 Cm. aus dem Ofen herausragt; das Ende der im Korke befestigten rechtwinkligen Glasröhre taucht man in ein mit Wasser gefülltes Glas. Nunmehr erhitzt man Anfangs gelinde, später energischer, die trockene Destillation und mit ihr Gas-, Wasser- und Theerentwicklung beginnen. Wenn keine Gase mehr entweichen, ist die Verkohlung beendet, dann wird das Feuer im Verbrennungsofen abgestellt und das gebogene Glasrohr aus dem Wasser gehoben. Nach dem Erkalten sind die verkohlten Holzstäbchen sofort verwendbar. Man kann auch durch Erhitzen von Holzstäbchen in einer Eprouvette über einer Lampe sich kleine Kohlenstäbchen herstellen, doch gelingt es nicht so gut, wie im Verbrennungsrohre.

äusseren und inneren Begrenzung des Flammenmantels entfernt, wo derselbe am dicksten ist. Da in diesem Schmelzraume die höchste Temperatur der Flamme herrscht, so dient er zur Prüfung der Stoffe auf Schmelzbarkeit, Flüchtigkeit, Emissionsvermögen, sowie zu allen für die Flammenreactionen erforderlichen Schmelzprocessen in hohen Temperaturen.

Fig. 6.

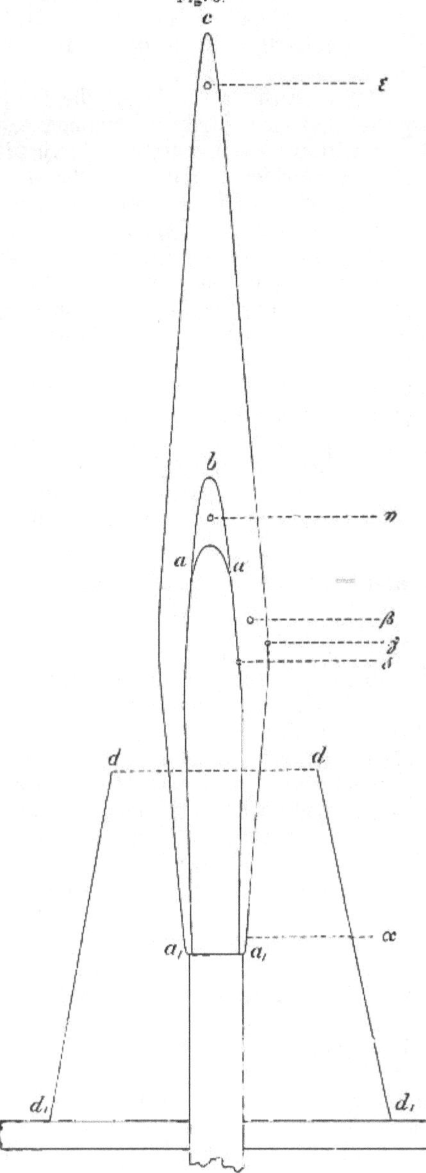


3. Der untere Oxydationsraum liegt im äusseren Rande des Schmelzraumes. Er wird zur Oxydation der in Glasflüssen aufgelösten Oxyde verwendet.

4. Der obere Oxydationsraum bei ε wird durch die obere nicht leuchtende Flammenspitze gebildet. Er wirkt am kräftigsten oxydirend, wenn die Zuglöcher der Lampe vollständig geöffnet sind. In dem oberen Oxydationsraume werden die Oxydationen grösserer Proben, das Abrösten flüchtiger Oxydationsproducte und überhaupt alle Oxydationen vorgenommen, welche nicht allzu hohe Temperaturen erfordern.

5. Der untere Reductionsraum liegt bei δ im inneren, dem dunklen Kegel zugekehrten Rande des Schmelzraumes. Da die reducirenden Gase an dieser Stelle noch mit atmosphärischem Sauerstoff gemengt sind,

so bleiben hier manche Substanzen, die in der oberen Reductionsflamme desoxydirt werden, unverändert. Dieser Flammentheil gewährt daher sehr werthvolle Kennzeichen, welche das Löthrohr nicht bietet. Er ist besonders geeignet zu Reductionen auf dem Kohlenstäbchen und in Glasflüssen.

6. Der obere Reductionsraum wird durch die leuchtende Spitze $\eta$ gebildet, welche über dem dunklen Flammenkegel entsteht, wenn man den Luftzutritt in das Brennerrohr durch allmäliges Schliessen der Zuglöcher verringert. Hat man durch zu starkes Schliessen der Zuglöcher die leuchtende Flammenspitze zu gross gemacht, so bedeckt sich ein mit kaltem Wasser gefülltes Porcellanschälchen oder Proberöhrchen, das man in diese leuchtende Flammenspitze hineinhält, mit Russ, was niemals der Fall sein darf, weil sonst durch den abgeschiedenen Russ die Reactionen verdeckt würden; es muss vielmehr die Grösse der leuchtenden Flammenspitze so regulirt werden, dass eine Abscheidung von Russ an hineingehaltenen Körpern nicht stattfindet. Die leuchtende Flammenspitze enthält keinen freien Sauerstoff, sie ist reich an glühenden Kohlenpartikelchen und wirkt daher mehr reducirend, als der untere Reductionsraum der Flamme. Sie wird zumeist zur Reduction von Metallen benutzt, welche man in Form von Beschlägen auf Glas oder Porcellan gewinnen will.

## Methoden der Prüfung in den Reactionsräumen.

### *I. Verhalten der Stoffe für sich in höheren Temperaturen.*

In der Flamme des Bunsen'schen Brenners kann man die Körper auf noch höhere Temperaturen bringen, als mit Hilfe des Löthrohres, wenn man sehr kleine Proben einerseits und dünne Platindrähte oder Asbestbüschel anderseits anwendet, wodurch die wärmestrahlende Oberfläche möglichst klein gemacht wird.

Von den zu untersuchenden Substanzen werden hirsekorngrosse Stückchen mit dem Platindraht umwickelt oder, wenn sie pulverförmig sind, wird ein etwa 1 Quadratcentimeter grosses Stückchen befeuchteten Filtrirpapieres mit dem Pulver bestäubt, zusammengerollt, mit dem Platindrahte umwickelt und vorsichtig in der Flamme bis zum völligen Veraschen des Papieres erhitzt, worauf die Substanz als zusammenhängende Kruste in der Platinspirale zurückbleibt. Decrepitirende Substanzen werden zuerst in der Achatschale zu feinem Pulver zerrieben und dann, sowie eben beschrieben, behandelt.

Mit der Prüfung beginnt man an der Stelle der Flamme, wo die niederste Temperatur herrscht und schreitet allmälig zur Stelle der höchsten Temperatur vor, nach jedem Temperaturwechsel betrachtet man die Probe mit der Loupe. Es lassen sich da 6 Temperaturgrade in der Bunsen'schen Flamme erzielen, die nach der Gluth eines in diese Flamme gehaltenen Platindrahtes beurtheilt werden können, nämlich: 1. unter der Rothgluth, 2. beginnende Rothgluth, 3. Rothgluth, 4. beginnende Weissgluth, 5. Weissgluth, 6. strahlende Weissgluth.

Beim Erhitzen der Körper hat man folgende Erscheinungen zu beachten:

*1. Lichtemission.* Das Emissionsvermögen wird geprüft, indem man die Proben an einem Platindrahte in die heisseste Stelle des Schmelzraumes bringt. Leuchtet die Probe weniger, als der Platindraht, so ist sie von schwachem Emissionsvermögen, leuchtet die Probe ungefähr ebenso stark, als der Platindraht, so ist sie von mittlerem Emissionsvermögen, übertrifft das Leuchten der Probe jenes des Platindrahtes, so ist die Probe von starkem Emissionsvermögen.

Ueber die Art des Leuchtens ist Folgendes zu bemerken:

Die meisten Körper glühen mit weissem Lichte, einige, wie z. B. die Erbinerde, mit färbigem Lichte. Gewisse Verbindungen (z. B. des Kohlenstoffes, des Molybdäns) verflüchtigen und zersetzen sich dabei unter Abscheidung fester Partikelchen, welche, in der Flamme vertheilt, dieselbe leuchtend machen. Gase und Dämpfe haben geringeres Emissionsvermögen, als flüssige (geschmolzene) Körper und diese wieder zumeist geringeres, als die festen Körper. Das Emissionsvermögen hängt wesentlich von der Oberflächenbeschaffenheit ab und kann bei derselben chemischen Verbindung verschieden sein, wenn die physikalische Beschaffenheit verschieden ist, so z. B. hat compacte Thonerde, aus ihrem Hydrate durch langsames Erhitzen erhalten, nur ein mittleres Emissionsvermögen, während schwammig poröse, durch rasches Glühen von Aluminiumsulfat dargestellte Thonerde ein grosses Emissionsvermögen zeigt.

*2. Schmelzbarkeit.* Diese wird nach den 6 Gluthgraden bestimmt; man beobachtet während der gesteigerten Erhitzungen mit der Loupe, ob das Volumen der Probe schwindet, ob sie sich aufbläht, Blasen wirft, ob sie nach dem Erkalten durchsichtig ist oder nicht und welche Farbenveränderungen sie während oder nach der Behandlung im Feuer erfährt.

*3. Flüchtigkeit.* Ob eine Substanz leichtflüchtig oder schwerflüchtig ist, erfährt man bei einiger Uebung leicht, indem man ermittelt, wie viel Zeit eine am Platindrahte angeschmolzene Probe in der heissesten Flammenstelle zum Verdampfen braucht. Einen präciseren Vergleich der Flüchtigkeit des Untersuchungsobjectes mit jener einer bekannten Substanz, z. B. des Kochsalzes, stellt man dadurch an, dass je eine Perle von der Substanz und von Kochsalz von gleichem Gewichte gleichzeitig neben einander in gleicher Flammenhöhe erhitzt und die Verdampfungszeiten bestimmt werden.

*4. Flammenfärbung.* Viele in der Flamme flüchtige Stoffe ertheilen dieser charakteristische Färbungen; so wird die Flamme gelb, wenn Natriumsalze, roth, wenn Lithiumsalze in ihr verdampfen. Hat man ein Gemenge von Stoffen, die der Flamme verschiedene Färbung ertheilen und die bei verschiedenen Temperaturen flüchtig sind, so kann man die verschiedenen Färbungen hervorbringen, wenn man die Probe zuerst an der Flammenbasis und dann im Schmelzraume erhitzt. So färbt ein Gemenge von Borsäure und Natriumsulfat die Flamme grün, wenn das Gemenge der Flammenbasis genähert wird, denn da verdampft nur die Borsäure, dagegen wird die Flamme gelb, wenn man das Gemenge im Schmelzraume erhitzt, weil hier auch die Natriumverbindung verdampft und die dadurch erzeugte Gelbfärbung prävalirt.

### *II. Oxydation und Reduction der Stoffe.*

Die Oxydation und Reduction der Stoffe wird vorgenommen, entweder, um die dabei auftretenden Erscheinungen als Erkennungszeichen zu verwerthen oder um die Untersuchungsobjecte für die weitere Untersuchung vorzubereiten. Man unterscheidet: Die Reduction im Glasröhrchen, die Reduction am Kohlenstäbchen, die Erzeugung von Beschlägen auf Porcellan und am Probirröhrchen.

### Reduction im Glasröhrchen.

Diese dient besonders zum Nachweis von Quecksilber, Arsen, Schwefel und Phosphor; Quecksilber und Arsen werden dabei im freien Zustande, Phosphor und Schwefel dagegen als Natrium- oder Magnesiumverbindung abgeschieden. Bei diesen Reactionen müssen alle Proben, sowie die anzuwendenden Reagentien vorher sorgfältig getrocknet werden.

Quecksilberverbindungen werden mit wasserfreier Soda gemischt, das Gemische wird über einer kleinen Flamme getrocknet, dann im Röhrchen erhitzt; das Quecksilber erscheint an den Wandungen des kalten Röhrchentheiles.

Arsenverbindungen werden, mit Soda und Cyankalium gemischt, im Uebrigen so wie die Quecksilberverbindungen behandelt, das Arsen scheidet sich als Metallspiegel ab.

Die Reduction der Schwefel- und Phosphorverbindungen geschieht mittelst Natrium oder Magnesium. Man füllt die gepulverte, scharf getrocknete Probe in das Röhrchen ein, fügt ein mehrere Millimeter langes Stückchen Magnesiumdraht oder ein dünnes Stäbchen Natrium zu (das man von einem grösseren Stücke abschneidet und durch Abpressen zwischen Filtrirpapier von dem anhängenden Steinöl befreit), schüttelt darauf den Inhalt des Röhrchens, bis das Magnesium oder Natrium in der Probesubstanz eingebettet ist und erhitzt sodann, bis das Glas schmilzt. Unter Feuererscheinung findet die Bildung der Schwefel- und Phosphorverbindungen des Natriums und Magnesiums statt. Nach dem Erkalten wird das untere Ende des Röhrchens, welches das Reactionsproduct enthält, abgebrochen und dessen Inhalt weiter geprüft.

## Reduction am Kohlenstäbchen.

Dieselbe wird zur Reduction der nicht flüchtigen Metalle angewendet, welche dabei theils zu Kügelchen geschmolzen, theils als schwammige Masse erhalten werden. Diese Methode der Reduction wird auf folgende Art ausgeführt: Man erwärmt einen grossen Krystall von Soda über einer kleinen Flamme, bis er an einer Stelle schmilzt und bestreicht hierauf mit der geschmolzenen Soda ringsherum die eine Hälfte eines 5 bis 6 Cm. langen Kohlenstäbchens, worauf man diese Stelle in der Flamme erhitzt, bis die Soda vollkommen entwässert, geschmolzen und zum Theil von der Kohle aufgesaugt ist, zum Theil wie eine Glasur dieselbe bedeckt. An die Spitze des so vorbereiteten Stäbchens bringt man nun die zu reducirende Probe; dieselbe besteht aus einer etwas über hirsekorngrossen, teigartigen Mischung der gepulverten Probesubstanz mit geschmolzener krystallisirter Soda, welche auf der inneren Handfläche mittelst der Federmesserklinge angeknetet wurde. Nachdem man durch Erhitzen der Spitze, an welcher die Probe sich befindet, im unteren Oxydationsraum Schmelzung bewerkstelligt hat, führt man die Spitze in den heissesten Theil des unteren Reductionsraumes ein und lässt sie dort so lange, bis ein lebhaftes Aufwallen der Soda eintritt, welches den Reductionsvorgang anzeigt. Hat dieses Aufwallen einige Augenblicke gedauert, so führt man, um Oxydation zu verhindern, die reducirte Probe zuerst in den kalten, dunklen Kegel der Flamme und entfernt sie darauf, wenn sie abgekühlt ist, aus der Flamme. Nun bricht man die Spitze des Kohlenstäbchens, auf welcher das reducirte Metall, von Soda bedeckt, sitzt, ab, zerreibt in einem Achatschälchen recht fein, setzt dann etwas Wasser zu und giesst die Flüssigkeit mit der Vorsicht aus der Schale ab, dass die specifisch schweren Metalltheilchen [1]), welche sich aus der Flüssigkeit rasch zu Boden setzen, in der Schale zurückbleiben; diese Schlämmoperation wiederholt man mit neuen Wasserportionen so oft, bis die Kohlenstäubchen entfernt sind und das Metall in dem Wasser sich rein repräsentirt. Die Metalltheilchen sind dann sofort für die weitere chemische Prüfung geeignet; man spült sie mit Hilfe einiger Tropfen Wasser auf einen flachen dünnen Glasscherben [2]), saugt das Wasser mit einem Streifen Filtrirpapier ab und trocknet durch gelindes Erwärmen. Das Metall kann sodann im geeigneten Lösungsmittel aufgelöst und die erhaltene Lösung mit den geeigneten Reagentien geprüft werden; zu diesem Behufe saugt man die Lösung mit einem Capillarröhrchen auf, vertheilt sie tröpfchen-

[1]) Die reducirten Metalle werden durch die Behandlung mit dem Pistill in der Achatschale entweder gepulvert oder ausgeplättet und erscheinen dann dem Auge meist als glänzende Stäubchen oder Flitterchen.

[2]) Solche Glasscherben liefern im Laboratorium die dünnwandigen Theile des Bauches von zerschlagenen Kochkolben. Diese Glasscherben können durch sehr dünne Uhrgläser ersetzt werden, dickere Uhrgläser taugen nicht, weil sie beim Erhitzen über der Flamme regelmässig zerspringen.

weise auf dünne Glasscherben und setzt die flüssigen Reagentien ebenfalls tröpfchenweise aus Capillarröhrchen zu.

Eisen, Kobalt, Nickel erhält man in Form feiner Partikelchen. Zerreibt man die Spitze des Kohlenstäbchens, auf der diese Metallpartikelchen sitzen, zu feinem Pulver und rührt dieses mit einigen Tropfen Wasser an, so lassen sich mit Hilfe einer magnetisch gemachten Federmesserklinge oder Stricknadel die Metalltheilchen ausziehen; sie haften an dem Magnet so fest, dass man sie durch Abspülen mit Wasser noch reinigen kann. Von dem Magnete kann man die Metalltheilchen entweder auf eine Boraxperle übertragen, oder auf einem Stück Filtrirpapier abstreifen, auf welchem sie dann durch Lösen in der geeigneten Säure für die weiteren Reactionen präparirt werden können.

## Beschläge auf Porcellan und Glas.

Die flüchtigen, durch Wasserstoff und Kohlenstoff reducirbaren Elemente lassen sich aus ihren Verbindungen in der Flamme abscheiden, und entweder als solche oder als Oxyde in Form dünner Absätze auf Porcellan oder Glas auffangen. Die Absätze bestehen in der Mitte aus einer dickeren Schichte, welche nach allen Seiten allmälig in einen hauchartigen Anflug übergeht. Den dickeren Theil des Absatzes pflegt man Beschlag, den dünneren Anflug zu nennen. Die Beschläge lassen sich durch die Einwirkung geeigneter Reagentien in Jodide, Sulfide und andere Verbindungen überführen, welche durch ihre Farben und sonstiges Verhalten werthvolle Behelfe für die Erkennung der Stoffe abgeben. Auf Porcellan erzeugt man den Metallbeschlag, Oxydbeschlag, Jodidbeschlag und Sulfidbeschlag, auf Glas, d. h. auf dem Reagensrohre, in der Regel nur Reductionsbeschläge.

*Metallbeschlag.* Derselbe wird erhalten, indem man mit einer Hand die auf dem Asbestfaden befindliche Probe in die obere Reductionsflamme einführt, während man gleichzeitig mit der anderen Hand eine aussen glasirte, dünnwandige, mit kaltem Wasser gefüllte Porcellanschale dicht über dem Asbestfaden in die Reductionsflamme hält, diese also dadurch herabdrückt, so dass sie sich an der äusseren Schalenfläche ausbreiten kann. Das in der Reductionsflamme durch die Wirkung der glühenden Kohle reducirte Metall verdampft in der Flammenhitze und der Metalldampf condensirt sich an der kalten Porcellanfläche. Auf diese Weise scheiden sich die Metalle als kohlschwarze, matte oder spiegelnde Beschläge und Anflüge aus, selbst Blei, Zinn und Zink geben bei dieser Behandlung Metallanflüge. Indem man mittelst eines Glasstabes einen Tropfen 20%iger Salpetersäure auf die Beschläge bringt, kann man ihr Verhalten gegen dieses Lösungsmittel beobachten.

*Oxydbeschlag.* Bei der Darstellung des Oxydbeschlages verfährt man so, wie bei der des Metallbeschlages, nur hält man die Porcellanschale in den oberen Oxydationsraum der Flamme; das reducirte Metall verdampft, verbrennt und das entstandene Oxyd setzt sich als Oxydbeschlag ab. Der Oxydbeschlag wird weiter geprüft: 1. Man beobachtet seine Farbe. 2. Man prüft, ob ein Tropfen Zinnchlorür Reduction hervorbringt. 3. Wenn Zinnchlorür allein nicht reducirt, fügt man noch einen oder mehrere Tropfen concentrirter Natronlage zu und beobachtet, ob nun Reduction erfolgt. 4. Man breitet mit Hilfe eines Glasstabes ein Tröpfchen verdünnter und neutraler Lösung von salpetersaurem Silber über den Beschlag aus und richtet einen ammoniakhaltigen Luftstrom darauf, indem man durch ein passend eingerichtetes, Aetzammoniak enthaltendes Kölbchen, das in einem doppelt durchbohrten Kork zwei gebogene Röhrchen trägt, Luft bläst und die ausströmende Luft auf den Beschlag dirigirt. Es wird beobachtet, ob sich ein Niederschlag bildet, wie derselbe gefärbt ist und wie er sich gegen längere Einwirkung der ammoniakhältigen Luft verhält.

*Jodidbeschlag.* Derselbe wird aus dem Oxydbeschlage erhalten, indem man ihn nach dem Erkalten anhaucht und dann auf die Mündung einer dicht verschliessbaren Glasdose stellt, in welcher sich rauchende Jodwasserstoffsäure befindet. Die Dämpfe dieser Säure, welche das Innere der Glasdose erfüllen, kommen mit dem Oxyd in Berührung und erzeugen das entsprechende Jodid. Die Glasdose braucht für diese Reaction nur einige Tropfen rauchender Jodwasserstoffsäure zu enthalten. Hat die Säure nach längerer Zeit durch Wasseranziehung aus der Luft die Eigenschaft, zu rauchen, verloren, so ist sie für den vorliegenden Zweck unbrauchbar, kann aber durch Zusatz einer kleinen Quantität von Phosphorsäureanhydrid wieder brauchbar gemacht werden. Der Jodidbeschlag wird nun geprüft: 1. Man untersucht seine Löslichkeit, indem man ihn nach dem Erkalten anhaucht. Löst er sich in dem Wasser des Hauches, so ändert er seine Farbe oder verschwindet. Erwärmt man dann die Schale gelinde im Innern oder bläst man aus einiger Entfernung auf den gelösten Beschlag, so erscheint er wieder, indem das Wasser verdampft, in welchem sich das Jodid gelöst hatte. 2. Man erzeugt die Ammoniakverbindung des Jodides durch Daraufblasen von ammoniakhältiger Luft und beobachtet, ob bei dieser Procedur der Beschlag langsam, rasch oder nicht verschwindet, ferner, ob er seine Farbe ändert. 3. Der Jodidbeschlag gibt mit salpetersaurem Silber und Ammoniak einerseits, sowie mit Zinnchlorür und Natronlauge andererseits dieselben Reactionen wie der Oxydbeschlag.

*Sulfidbeschlag.* Am leichtesten erhält man den Sulfidbeschlag aus dem Jodidbeschlag mit schwefelammoniumhältiger Luft[1]) und

[1]) Die schwefelammoniumhältige Luft erzeugt man, wie die ammoniakhältige, indem man durch Schwefelammonium in einem passend eingerichteten Kölbchen Luft durchbläst.

gelindes Erwärmen. Die Sulfidbeschläge werden auf ihre Farbe, ihre Löslichkeit in Wasser und Schwefelammonium untersucht; man betropft sie dazu mit einem Tröpfchen Wasser, resp. Schwefelammonium.

*Beschläge am Reagensrohre.* Soll von einem Reductionsbeschlage eine dickere Schichte auf einer kleinen Fläche angesammelt werden, so erzeugt man den Beschlag auf der unteren Wölbung einer gewöhnlichen Eprouvette. Die Eprouvette wird zur Hälfte mit kaltem Wasser gefüllt und in den oberen Reductionsraum der Flamme dicht über die dorthin am Asbestbündel gehaltene Probe postirt. Wenn der Beschlag recht dick werden soll, kann man den Versuch mit neuem Probematerial einigemale wiederholen, wobei das heisse Wasser jedesmal durch kaltes auszuwechseln ist.

## Reactionen der Stoffe.

### Antimon.

Die Flammenfärbung im oberen Reductionsraume ist grünlich fahl; es tritt dabei kein Geruch auf.

Der Reductionsbeschlag ist schwarz, matt oder spiegelnd.

Der Oxydbeschlag ist weiss, gibt, mit salpetersaurem Silber und ammoniakhältiger Luft, einen schwarzen Fleck, der in Ammoniakflüssigkeit nicht löslich ist. Wird der Oxydbeschlag zuerst über Bromdampf gestellt, so entsteht durch Oxydation Antimonsäure und diese gibt mit Silberlösung und Ammoniakdampf den schwarzen Fleck nicht. — Der Oxydbeschlag wird weder durch Zinnchlorür allein, noch durch Zinnchlorür und Natronlauge verändert.

Der Jodidbeschlag ist orangeroth, verschwindet beim Anhauchen und erscheint beim Trockenblasen wieder. Mit Ammoniak angeblasen, verschwindet er dauernd, über Salzsäuredampf erscheint er wieder; gegen salpetersaures Silber, sowie gegen Zinnchlorür verhält sich der Jodidbeschlag wie der Oxydbeschlag.

Der Sulfidbeschlag ist orangeroth, selbst der Anflug ist durch Schwefelammonium schwer zu verblasen, beim Trockenblasen kommt er wieder zum Vorschein, im Wasser ist er unlöslich.

Auf dem Kohlenstäbchen mit Soda entsteht ein sprödes, weisses, krystallinisches Metallkorn.

### Arsen.

Die Flammenfärbung im oberen Reductionsraume ist fahl blau; dabei tritt der bekannte arsenikalische (knoblauchähnliche) Geruch auf.

Der Reductionsbeschlag ist schwarz, matt oder glänzend, mit braunem Anflug.

Der Oxydbeschlag ist weiss, wird mit salpetersaurem Silber und Ammoniakdämpfen citronengelb und lässt sich dann durch Ammoniak verhauchen. Neben dem gelben Beschlag entsteht häufig auch ein ziegelrother von arsensaurem Silber, der sich allein bildet, wenn man den Oxydbeschlag zuerst mit Bromdampf und dann mit salpetersaurem Silber behandelt. Zinnchlorür mit und ohne Natronlauge ändert den Oxydbeschlag nicht.

Der Jodidbeschlag ist eigelb, vorübergehend verhauchbar; beim Anblasen mit Ammoniakdämpfen verschwindet er und kommt erst wieder beim Behandeln mit Salzsäuredämpfen zum Vorschein.

Der Sulfidbeschlag ist citronengelb, mit Schwefelammoniumdämpfen leicht verblasbar, beim Trockenblasen oder Erwärmen wieder erscheinend, im Wasser nicht löslich, also durch feuchte Luft nicht verhauchbar.

Die Reduction am Kohlenstäbchen liefert kein Metallkorn.

## Blei.

Die Flammenfärbung ist fahlblau.

Der Reductionsbeschlag schwarz, matt oder spiegelnd.

Der Oxydbeschlag hell ockergelb, wird weder durch Zinnchlorür mit und ohne Natronlauge, noch durch salpetersaures Silber und Ammoniakdämpfe verändert.

Der Jodidbeschlag ist eigelb bis citronengelb, durch Anhauchen und Betropfen mit Wasser nicht zu lösen; beim Anblasen mit Ammoniakdämpfen verschwindend, beim Erwärmen aber wieder zum Vorschein kommend.

Der Sulfidbeschlag geht durch braunroth in schwarz über, er wird durch Anblasen und Betropfen mit Schwefelammonium nicht gelöst.

Die Reduction am Kohlenstäbchen mit Soda liefert ein graues, weiches, ductiles Metallkorn, welches sich ziemlich schwierig, aber doch vollständig in warmer verdünnter Salpetersäure löst, und dann beim Verdampfen salpetersaures Blei als weissen Rückstand liefert; die wässerige Lösung dieses Salzes gibt mit verdünnter Schwefelsäure einen weissen, mit chromsaurem Kalium einen gelben, mit Schwefelwasserstoff einen braunschwarzen Niederschlag.

## Cadmium.

Der Metallbeschlag ist schwarz, mit starkem braunem Anflug.

Der Oxydbeschlag ist braunschwarz, durch braun in einen weissen, nicht sichtbaren Anflug von Cadmiumsuboxyd übergehend; der letztere wird durch Zinnchlorür mit und ohne Natronlauge nicht verändert, dagegen erzeugt salpetersaures Silber ohne Ammoniak auf demselben eine blauschwarze Färbung, welche von reducirtem Cadmiummetall herrührt; dieselbe ist sehr charakteristisch und durch Ammoniak nicht zum Verschwinden zu bringen.

Der Jodidbeschlag, weiss, wird durch Ammoniak nicht gefärbt.

Der Sulfidbeschlag ist citronengelb, in Schwefelammonium nicht löslich.

Die Reduction am Kohlenstäbchen ergibt, weil das Metall flüchtig, schwierig silberweisse, ductile Kügelchen.

## Chrom.

**Auf dem Platindrahte** mit Soda in der oberen Oxydationsflamme geglüht, geben die Chromverbindungen eine hellgelbe Schmelze, die sich in Wasser zu einer hellgelben Flüssigkeit löst; diese wird durch Essigsäure gelbroth und gibt dann mit essigsaurem Blei einen gelben, mit salpetersaurem Quecksilberoxydul einen rothen, mit salpetersaurem Silber einen rothbraunen Niederschlag; auf Zusatz von wässeriger schwefliger Säure wird die Flüssigkeit grün, die Grünfärbung ist besonders nach dem Abdampfen auf ein geringes Volumen deutlich wahrzunehmen.

Die **Boraxperle** wird durch Chromverbindungen in der Oxydationsflamme smaragdgrün gefärbt und bleibt so in der Reductionsflamme.

## Eisen.

Die **Reduction auf dem Kohlenstäbchen** ergibt weder Metallkörner, noch ductile, metallglänzende Flitterchen; das fein zerriebene Metall bildet an der magnetischen Messerklinge oder Stricknadel eine schwarze, nicht metallisch glänzende Bürste, welche, auf Filtrirpapier gestrichen und mit einem Tröpfchen Königswasser betropft, nach dem Eintrocknen über der Flamme einen gelben Fleck von Eisenchlorid gibt, der auf Zusatz von gelbem Blutlaugensalz die blaue Färbung des Berlinerblaus annimmt. Wird der gelbe Fleck von Eisenchlorid mit Natronlauge betropft und dann einige Zeit der Wirkung des Bromdampfes ausgesetzt, so entsteht kein dunkler Fleck.

Die **Boraxperle** wird durch Eisenverbindungen in der Oxydationsflamme heiss gelbroth bis braunroth, kalt gelb bis braungelb, in der Reductionsflamme bouteillengrün gefärbt.

## Gold.

Die **Reduction auf dem Kohlenstäbchen** liefert das Gold als ein goldgelbes, glänzendes, sehr ductiles Metallkorn, welches beim Zerreiben in goldglänzende Flitterchen verwandelt wird; diese lösen sich nur in Königswasser zu einer gelben Flüssigkeit, welche beim vorsichtigen Verdampfen auf dem Glasscherben einen gelben krystallinischen Rückstand von Goldchlorid hinterlässt, der sich in Wasser leicht löst. Die Lösung des Goldchlorids liefert auf Zusatz von Zinnchlorür einen purpurbraunrothen Niederschlag von *Cassius*'schem *Goldpurpur,* ferner färbt sich die Lösung des Goldchlorids auf Zusatz von Eisenvitriollösung braun von ausgeschiedenem Golde, im durchfallenden Lichte erscheint die Flüssigkeit blau.

## Kiesel.

Beim **Schmelzen mit Soda** auf dem Platindrahte in der oberen Oxydationsflamme lösen sich die kieselsauren Verbindungen unter Aufbrausen auf; die erkaltete Schmelze liefert, wenn sie mit Essigsäure angesäuert und die erhaltene Flüssigkeit dann verdampft wird, gallertige Kieselsäure.

Beim Schmelzen in der Phosphorsalzperle geben Splitter von kieselsauren Verbindungen ein gelatinöses, in der geschmolzenen oder erstarrten Perle schwimmendes Kieselsäureskelett.

## Kobalt.

Die Reduction am Kohlenstäbchen ergibt das Kobalt nicht als Kugel; nach dem Zerreiben erscheint das Kobalt in Form weisser, glänzender Metallflitterchen, die von der magnetischen Messerklinge angezogen werden. Das auf Filtrirpapier abgestrichene Metall gibt beim Betropfen mit Salpetersäure eine rothe Lösung, welche nach Zusatz von Salzsäure und nach dem Eintrocknen einen grünen Fleck gibt, der beim Befeuchten wieder verschwindet. Wird die Stelle des Papiers, auf der sich die Kobaltlösung befindet, mit Natronlauge betropft und dann Bromdämpfen ausgesetzt, so entsteht ein braunschwarzer Fleck von Kobaltsuperoxyd.

Die Boraxperle wird durch Kobaltverbindungen in der Oxydationsflamme blau gefärbt und bleibt so in der unteren Reductionsflamme; in der oberen Reductionsflamme erfolgt erst nach langer Zeit Entfärbung, indem sich metallisches Kobalt abscheidet.

## Kupfer.

Die Reduction auf dem Kohlenstäbchen liefert das Kupfer als kupferrothes, ductiles, glänzendes Metallkorn; die beim Zerreiben entstehenden Metallflitterchen lösen sich leicht in Salpetersäure zu einer blauen Flüssigkeit auf, welche beim Verdampfen einen blauen Rückstand von salpetersaurem Kupfer hinterlässt; die wässerige Lösung des salpetersauren Kupfers gibt mit Schwefelwasserstoff einen schwarzbraunen Niederschlag, mit Ammoniak eine dunkelblaue Färbung, mit gelbem Blutlaugensalz einen rothbraunen Niederschlag.

Die Boraxperle wird durch Kupfersalze in der Oxydationsflamme blau gefärbt, diese Färbung ändert sich in der unteren Reductionsflamme kaum, wenn man aber der blauen Perle ein Stäubchen Zinnoxyd zusetzt und nun in der unteren Reductionsflamme erhitzt, so wird zuerst Zinn reducirt und dieses reducirt das Kupferoxyd zu Kupferoxydul, worauf die Perle rothbraun erscheint. Wiederholt man in der unteren Oxydations- und Reductionsflamme abwechselnd Oxydation und Reduction, so gelingt es, besonders, wenn die Perle nur wenig Kupfer enthält, leicht, ein durchsichtiges, von Kupferoxydul rubinroth gefärbtes Glas hervorzubringen.

## Mangan.

Die Boraxperle wird durch Manganverbindungen in der Oxydationsflamme amethystfarben gefärbt: in der Reductionsflamme entfärbt sie sich.

Mit Soda am Platindrahte in der Oxydationsflamme geschmolzen entsteht eine nach dem Erkalten blaugrüne Perle, die mit Wasser eine grüne Lösung gibt, welche auf Zusatz von Essigsäure roth wird.

## Nickel.

Die Reduction am Kohlenstäbchen liefert kein geschmolzenes Metallkorn; beim Zerreiben der Kohle erhält man weisse, glänzende, ductile Metallflitterchen, die von der magnetischen Messerklinge angezogen werden. Die auf Filtrirpapier abgestreiften Flitterchen werden durch einen Tropfen Salpetersäure zu einer grünen Flüssigkeit gelöst, die Lösung liefert nach Betropfen mit Natronlauge, Behandeln mit Bromdampf und abermaligem Betropfen mit Natronlauge einen braunschwarzen Fleck von Nickelsuperoxyd.

Die Boraxperle wird durch Nickelverbindungen in der Oxydationsflamme schmutzig violett, graubraun gefärbt; in der oberen Reductionsflamme wird die Perle grau von metallischem Nickel, das sich oft zu silberweissem Nickelschwamm vereinigt, während die Perle farblos wird.

## Phosphor.

Die Reduction im Glasröhrchen mit Magnesiumdraht oder Natrium liefert Phosphormagnesium oder Phosphornatrium unter lebhaftem Erglühen der Masse. Wenn die Reaction beendet ist, lässt man erkalten, zerdrückt das Glasröhrchen und haucht dessen Inhalt an, oder man betropft ihn mit Wasser, worauf sich sofort der charakteristische Geruch des Phosphorwasserstoffes entwickelt.

## Quecksilber.

Der Metallbeschlag ist mäusegrau, unzusammenhängend über die ganze Porcellanschale verbreitet; mit der Loupe kann man beobachten, dass derselbe aus kleinen metallisch glänzenden Tröpfchen besteht.

Der Oxydbeschlag lässt sich nicht hervorbringen.

Der Jodidbeschlag wird erhalten, indem man den Metallbeschlag auf die Mündung einer Glasdose stellt, in der sich am Boden einige Tropfen Brom und einige Tropfen Wasser befinden. Unter der Einwirkung der feuchten Bromdämpfe wird der Metallbeschlag zuerst schwarz, dann unsichtbar. Stellt man jetzt die Schale über rauchende Jodwasserstoffsäure, so entsteht alsbald der charakteristische karminrothe Beschlag von Quecksilberjodid, bisweilen von dem gelben Jodürbeschlag begleitet; diese beiden Beschläge sind weder durch feuchte Luft, noch durch Ammoniak verhauchbar.

Der Sulfidbeschlag ist schwarz, nicht verhauchbar, in Schwefelammonium unlöslich.

Die Reduction im Glasröhrchen ist die beste Methode für den Nachweis des Quecksilbers. Wird irgend eine Quecksilberverbindung mit Soda gemischt, die Mischung gut getrocknet und dann im Röhrchen erhitzt, so entsteht an dem kälteren Theile des Röhrchens ein grauer Beschlag, in dem man entweder schon mit freiem Auge oder mit Hilfe einer Loupe die charakteristischen Quecksilbertröpfchen sehen kann.

## Schwefel.

Die Reduction am Kohlenstäbchen mit Soda in der unteren Reductionsflamme liefert eine Schmelze, die auf einem blanken Silberblech mit Wasser befeuchtet einen braunen Fleck von Schwefelsilber erzeugt.

Beim Erhitzen in der Flamme geben Schwefelmetalle in Folge der eintretenden Oxydation schweflige Säure, die an ihrem charakteristischen Geruch erkannt wird.

## Silber.

Die Reduction am Kohlenstäbchen liefert das metallische Silber als weisses, ductiles, lebhaft glänzendes Metallkorn, welches sich in erwärmter Salpetersäure leicht unter Gasentwicklung löst, die erhaltene Lösung liefert mit Salzsäure einen weissen, käsigen Niederschlag, der in Salpetersäure unlöslich, in Ammoniak dagegen leicht löslich ist.

## Wismuth.

Die Flammenfärbung ist bläulich, nicht charakteristisch.

Der Reductionsbeschlag ist schwarz, matt oder spiegelnd, der Anflug russbraun.

Der Oxydbeschlag ist schwach gelblich, derselbe wird durch salpetersaures Silber und Ammoniakdämpfe nicht verändert, ebenso durch Zinnchlorür allein, dagegen mit Zinnchlorür und Natronlauge schwarz, indem schwarzes Wismuthoxydul entsteht.

Der Jodidbeschlag ist braun bis schwarzbraun, mit einem Stich in's Lavendelblaue, der Anflug geht durch fleischroth in morgenroth über, ist leicht zu verhauchen, kommt aber beim Trockenblasen wieder zum Vorschein; beim Anblasen mit Ammoniakdämpfen geht die Farbe des Beschlages durch morgenroth in eigelb über und wird beim Trockenblasen oder Erwärmen kastanienbraun; gegen Zinnchlorür und Natronlauge verhält sich der Jodidbeschlag wie der Oxydbeschlag.

Der Sulfidbeschlag ist umbrabraun mit kaffeebraunem Anflug, nicht verhauchbar, in Schwefelammonium unlöslich.

Die Reduction am Kohlenstäbchen liefert das Wismuth als Metallkorn, welches beim Zerreiben glänzende, gelbliche Metallflitterchen gibt, die in erwärmter, verdünnter Salpetersäure löslich sind. Die salpetersaure Lösung liefert: 1. auf Zusatz von einem Tröpfchen Kochsalzlösung und viel Wasser einen weissen Niederschlag, 2. auf Zusatz von Zinnchlorür und Natronlauge den schwarzen Niederschlag von Wismuthoxydul.

## Zinn.

Am Kohlenstäbchen werden die Zinnverbindungen leicht zu einem weissen, glänzenden, ductilen Metallkorn reducirt, dasselbe gibt beim Erwärmen mit Salpetersäure weisses, unlösliches Zinnoxyd. Die Metallflitterchen lösen sich langsam in erwärmter Salzsäure, die erhaltene Lösung liefert auf Zusatz von gelöstem, salpetersaurem Wismuth und Natronlauge einen schwarzen Niederschlag.

Die Boraxperle kann zum Nachweis der kleinsten Zinnspuren verwendet werden. Eine mit einer Spur Kupfer schwach blau gefärbte Boraxperle wird nämlich durch Zusatz von Zinn oder einer Zinnverbindung und darauffolgende Behandlung im unteren Reductionsraume rothbraun und rubinroth, wie schon beim Kupfer angegeben wurde.

## Zink.

Metallbeschlag schwarz, mit braunem Anfluge.

Oxydbeschlag weiss und daher auf dem Porcellan unsichtbar: um ihn weiter zu prüfen, nimmt man ihn zunächst auf Papier auf, indem man mit einem 1—2 Quadr.-Cm. grossen, mit verdünnter Salpetersäure befeuchteten Stücke Filtrirpapier die Stellen der Porcellanschale abwischt, wo der Beschlag sitzt. Das zusammengerollte Papier wird nunmehr mit Platindraht umwickelt und im Oxydationsfeuer verbrannt; es bleibt eine zusammenhängende Kruste von Zinkoxyd übrig, die während des Glühens citronengelb, nach dem Erkalten weiss erscheint. Wird dieses Zinkoxyd mit verdünnter Kobaltnitratlösung befeuchtet und neuerdings geglüht, so erscheint es nach dem Erkalten grün.

Jodidbeschlag weiss, weder für sich, noch nach dem Anhauchen mit Ammoniak auf dem Porcellan leicht erkennbar.

Sulfidbeschlag weiss, auf Porcellan kaum erkennbar.

Die Reduction auf dem Kohlenstäbchen liefert wegen der Flüchtigkeit des Zinks kein Metallkorn.

---

# Spectralanalyse.

Die im Jahre 1860 von Bunsen und Kirchhoff in die Wissenschaft eingeführte Methode der Spectralanalyse ist ein unentbehrliches Hilfsmittel in allen Zweigen der angewandten Chemie geworden. Diese Methode ermöglicht eine präcise Untersuchung der mannigfaltigsten irdischen Stoffe, sie hat zur Entdeckung mehrerer neuer Elemente geführt, ja sie hat es sogar möglich gemacht, über das irdische Untersuchungsgebiet hinauszugehen und Auskunft über die chemische Beschaffenheit der Himmelskörper zu erlangen, und das mit einer Sicherheit, wie sie durch Anwendung naturwissenschaftlicher Untersuchungsmethoden überhaupt zu erreichen ist.

Die Spectralanalyse ist im Wesentlichen eine physikalische Analyse der Lichtarten und beruht auf der schon im Jahre 1675 von Newton entdeckten Thatsache, dass Lichtstrahlen, welche von verschiedener Farbe sind, auch verschiedene Brechbarkeit zukommt. Newton führte folgendes Grundexperiment aus: Er liess durch ein rundes Loch in dem Fensterladen eines verfinsterten Zimmers Sonnenlicht eintreten, stellte ein dreiseitiges Glasprisma so auf, dass die Sonnenstrahlen auf die eine Fläche des Prismas auffielen und fing die aus dem Prisma austretenden Strahlen auf einem weissen Schirme auf. Auf dem Schirme erschien ein farbiges Band, welches die Farben des Regenbogens in regelmässiger Aufeinanderfolge zeigte, von roth angefangen durch alle Schattirungen, von orange, gelb, grün, blau bis zum violett. Newton nannte dieses farbige Band das Sonnenspectrum und schloss aus der Art, wie dasselbe entsteht, dass das weisse Sonnenlicht aus verschiedenfarbigen und verschiedenbrechbaren Strahlen bestehe.

*Spectra verschiedener Classen.*

Die Spectra, welche man bei der Zerlegung des von verschiedenartigen Lichtquellen ausgestrahlten Lichtes durch das Prisma erhält, können in 3 Classen eingetheilt werden.

*1. Classe. Continuirliche Spectra.* Der eigenthümliche Charakter eines continuirlichen Spectrums besteht darin, dass es einen zusammenhängenden farbigen Streifen darstellt, der an keiner Stelle durch dunkle oder helle, glänzende Linien unterbrochen wird.

Alle festen und flüssigen Körper geben, wenn sie zum Glühen, resp. Selbstleuchten erhitzt werden und dabei ihren Aggregatzustand beibehalten. ein continuirliches Spectrum, wenn das von ihnen ausgestrahlte Licht mit dem Prisma zerlegt wird.[1])

*2. Classe. Linienspectra.* Bei diesen ist das farbige Band an verschiedenen Stellen durch breite, dunkle Bänder unterbrochen, so dass von dem Farbenband nur einzelne farbige Linien auf dunklem Grunde übrig bleiben. Solche Linienspectra entstehen, wenn das von glühenden Gasen oder Dämpfen ausgestrahlte Licht durch das Prisma zerlegt wird. Wir können dergleichen Linienspectra sehr leicht herstellen, wenn wir das Licht einer durch Kochsalz gelb, durch Chlorlithium roth, durch Chlorstrontium roth u. s. w. gefärbten Flamme des Bunsen'schen Brenners mit dem Prisma zerlegen.

Die Erfahrung hat nun gelehrt, dass jedes chemische Element, wenn es in Gasform oder Dampfform verwandelt und bis zum Glühen oder Selbstleuchten erhitzt wird, ein Licht ausstrahlt, das nur ihm und keinem anderen Körper eigen ist, und das beim Untersuchen mittelst des Prismas ein für dieses Element charakteristisches Linienspectrum zeigt. Die Lage der Linien im Spectrum ist für jedes Element eine ganz bestimmte und von der anderer Elemente verschieden.

Aus diesen wichtigen Thatsachen ergibt sich, dass man mit Hilfe des Prismas im Stande ist, die chemischen Elemente zu erkennen. Man braucht nur die zu untersuchenden Körper zu verdampfen, den Dampf bis zum Glühen zu erhitzen und das ausgestrahlte Licht mit dem Prisma zu untersuchen; aus den bei dieser Untersuchung beobachteten Linien lassen sich dann sichere Schlüsse auf die vorhandenen Elemente ziehen.

Zumeist genügen sehr geringe Mengen der Substanzen, um die ihnen eigenthümlichen Linienspectra zu erzeugen; die charak-

[1]) Zwei Körper machen eine Ausnahme, nämlich Erbinerde und Didymoxyd: dieselben geben nebst einem continuirlichen Spectrum noch helle Linien und können dadurch erkannt werden.

6*

teristischen Linien einer jeden Substanz bleiben in dem Linienspectrum kennbar, auch wenn man ein Gemenge mehrerer Substanzen untersucht, so dass man gewissermassen von dem Spectrum eines solchen Gemenges die einzelnen vorhandenen Bestandtheile ablesen kann.

3. *Classe. Absorptionsspectra.* Diese Spectra sind dadurch charakterisirt, dass einzelne Theile des continuirlichen Spectrums fehlen, dass also in dem farbigen Bande mehr oder weniger breite, dunkle Bänder auftreten. Die Absorptionsspectra entstehen, wenn dem von einem festen oder flüssigen glühenden Körper ausgestrahlten Licht durch absorbirende gasförmige, flüssige oder feste Körper ein Theil der Lichtstrahlen weggenommen wird.

Wenn man z. B. die Strahlen einer elektrischen Lampe, welche an sich continuirliches Spectrum geben, durch eine Schichte von Natriumdampf gehen lässt, bevor sie auf das Prisma fallen, so entsteht ein Absorptionsspectrum. Das continuirliche Spectrum ist in diesem Falle im Gelb durch einen dunklen Streifen unterbrochen. Geht das Licht der elektrischen Lampe durch eine dünne Schichte von Blut, so liefert es beim Zerlegen mit dem Prisma ein Absorptionsspectrum, welches durch zwei dunkle Streifen in Gelb und Grün charakterisirt ist.

Eines der interessantesten Absorptionsspectra ist das Sonnenspectrum; dasselbe erscheint zwar bei oberflächlicher Betrachtung als ein continuirliches Spectrum, aber bei genauerer Beobachtung merkt man in dem farbigen Bande viele dunkle Linien, die man Fraunhofer'sche Linien nennt, weil dieselben zuerst von Fraunhofer näher untersucht wurden. Diese Linien haben im Spectrum eine ganz bestimmte Lage und sie können deshalb ähnlich wie die Theilstriche einer Scala zur Bestimmung der Lage von hellen Linien in einem Linienspectrum benützt werden, wenn man das Sonnenspectrum und das Linienspectrum mit Hilfe eines geeigneten Apparates genau übereinander entwirft.

Fraunhofer hat die am stärksten hervortretenden dunklen Linien mit Buchstaben bezeichnet. Auf der diesem Buche beigegebenen Spectraltafel ist als erstes das Sonnenspectrum mit den wichtigsten Fraunhofer'schen Linien abgebildet; aus dieser Abbildung ist ersichtlich, dass die Linien *A*, *a* und *B* im Roth, *C* im Orange, *D* im Gelb, *E* und *b* im Grün, *F* und *G* im Blau, endlich *H* und *H'* im Violett liegen.

Diese Fraunhofer'schen Linien benützt man in folgender Weise, um die Lage irgend einer hellen oder dunklen Linie im Spectrum zu bestimmen: entweder fällt die fragliche Linie mit einer bestimmten Fraunhofer'schen Linie zusammen oder sie liegt neben ihr in einer bestimmten Richtung, gegen Roth oder gegen Violett. So z. B. fällt die gelbe Natriumlinie mit der Fraunhofer'schen Linie *D* genau zusammen[1]); die eine dunkle Ab-

[1]) Vgl. Spectrum 3 auf der Spectraltafel.

sorptionslinie des Oxyhämoglobinspectrums grenzt unmittelbar an die Linie $D$ gegen das ultraviolette Ende des Spectrums hin.[1])

## Spectralapparate.

Zur Erzeugung und Beobachtung der Spectra dienen die Spectralapparate oder Spectroskope. Gewöhnlich wird der von Bunsen und Kirchhoff angegebene Apparat und das sogenannte Taschenspectroskop von Browning verwendet.

Der Spectralapparat von Bunsen und Kirchhoff ist in der von Steinheil verbesserten Construction in Fig. 7 abgebildet. Auf einem massiven gusseisernen Stativ ist oben eine Messingplatte befestigt, welche ein Flintglasprisma von 60° trägt. Die-

Fig. 7.

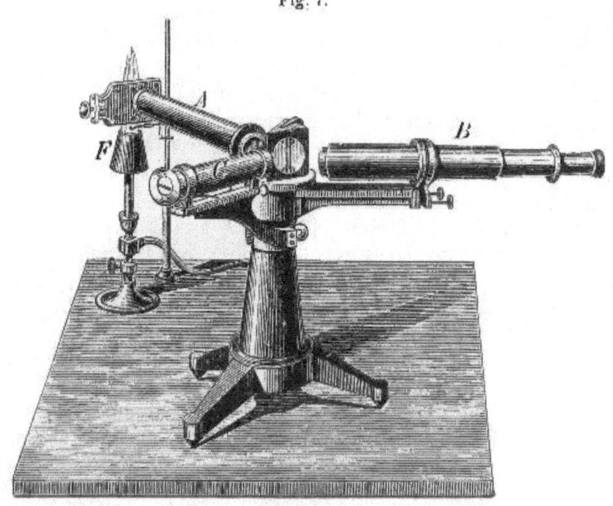


selbe Messingplatte trägt einen Metallring, in welchen das Spaltrohr $A$ eingeschraubt ist, so dass es in keiner Weise bewegt werden kann. Das gegen das Prisma gekehrte Ende des Rohres $A$ ist durch eine Linse geschlossen, das entgegengesetzte Ende dieses Rohres durch eine Metallplatte mit dem durch eine feine Schraube enger und weiter zu machenden Spalt, der sich genau im Brennpunkte der am anderen Ende des Rohres angebrachten Linse befindet und durch welchen das zu untersuchende Licht einfällt.

Das Licht, welches durch den Spalt einfällt, gelangt zu dem Prisma, wird in demselben zerlegt und das auf diese Weise erzeugte Spectrum kann durch das Fernrohr $B$ beobachtet werden. Dieses Fernrohr ist so an einer drehbaren Schiene befestigt, dass es um die verticale Axe des Stativs beliebig gedreht werden kann; indem man nun bei dieser Drehung das Fernrohr in verschiedene

[1]) Vgl. Spectrum 6 auf der Spectraltafel.

Lagen zu dem Prisma bringt, ist es möglich, jeden beliebigen Theil des Spectrums in die Mitte des Gesichtsfeldes zu bringen und genau zu beobachten. Zur Fernhaltung fremden Lichtes werden Prisma und die gegen das Prisma gekehrten Enden der Röhren *A, B, C* entweder mit einem schwarzen Tuche oder mit einem passenden, innen geschwärzten Kästchen aus Metall oder Pappendeckel bedeckt.

Vor dem Spalt ist ein Bunsen'scher Gasbrenner *F* aufgestellt, in dessen nicht leuchtender, heisser Flamme die zu untersuchenden Körper verdampft werden.

Ausser den angeführten, wesentlichsten Theilen des Apparates sind gewöhnlich an den Steinheil'schen Apparaten noch Vorrichtungen angebracht, welche die Vergleichung zweier Spectra miteinander, sowie die Bestimmung der Lage der Linien im Spectrum ermöglichen.

Um die Spectra zweier Flammen mit einander vergleichen zu können, ist vor der unteren Hälfte des Spaltes ein kleines, gleichseitiges Glasprisma so befestigt, dass, wenn man vor dem Spalt in der richtigen Stellung gegen das Prisma die Flammen aufstellt, deren Spectra im Apparate unmittelbar übereinander erscheinen. Diese Vorrichtung kann auch dazu benützt werden, das Spectrum einer Flamme direct mit dem Sonnenspectrum zu vergleichen, also die Lage der durch die Flamme erzeugten Spectrallinien zu den Fraunhofer'schen Linien zu bestimmen; man hat dann die Flamme so zu stellen, dass ihr Licht durch das kleine Prisma in das Spaltrohr gelangt, durch den unbedeckten Theil des Spaltes lässt man Sonnenlicht einfallen; es erscheinen dann im Apparate das Sonnenspectrum und das Spectrum der Flamme unmittelbar übereinander.

Die Lage der Spectrallinien kann auch unabhängig von den Fraunhofer'schen Linien mit Hilfe einer Scala gemessen oder bestimmt werden. Zu diesem Zwecke haben die meisten Spectralapparate eine besondere Vorrichtung, welche auch in der Fig. 7 dargestellt ist. Das etwas excentrisch stehende Rohr *C* wird an dem Ende, welches dem Prisma zugekehrt ist, durch eine Linse geschlossen, in deren Brennpunkt am äusseren Ende dieses Rohres eine Glasplatte angebracht ist, auf welcher sich das ungefähr 15mal verkleinerte, negative, photographische Bild einer Millimeterscala befindet. Oberhalb und unterhalb der Scala ist die Glasplatte mit Stanniol bedeckt oder geschwärzt. Diese horizontal gestellte Scala, deren Theilstriche weiss auf schwarzem Grunde erscheinen, wird, im Falle ihrer Benützung, durch eine Kerzen- oder Gasflamme beleuchtet, welche in der richtigen Entfernung von der Scala, und zwar in der Richtung der Axe des Rohres *C*, aufgestellt wird. Das Rohr *C* ist so gestellt, dass seine Axe mit der vorderen Fläche des Prismas einen ebenso grossen Winkel bildet, als die Axe des Fernrohres *B*. Wenn man also in das Fernrohr *B* hineinsieht, so erblickt man bei richtiger Einstellung gleichzeitig das Spiegelbild der von aussen beleuchteten Scala und das durch das Prisma erzeugte Spectrum, und man ist daher im Stande, die Lage der Spectrallinien nach Scalentheilen zu beurtheilen.

Das Taschenspectroskop oder Miniaturspectroskop von Browning ist in Fig. 8 abgebildet; aus dem oberen Theile der Figur ist die innere Einrichtung des Apparates an einem Längsdurchschnitte, aus dem unteren Theile der Figur die äussere Beschaffenheit ersichtlich.

Das Browning'sche Taschenspectroskop gehört zu den Spectroskopen mit gerader Durchsicht *(à vision directe)*. Dasselbe besteht aus zwei in einander verschiebbaren Röhren; die innere Röhre hat an einem Ende die kreisrunde Oeffnung für das Auge des Beobachters, ferner ist in derselben das Prismensystem von 7 Prismen angebracht, das andere Ende der Röhre trägt die Collimatorlinse *C*. Am Ende des äusseren Rohres bei *s* befindet sich der durch Drehen beliebig zu erweiternde und zu verengernde Spalt. Das Ende des Apparates, an dem sich der Spalt befindet,

Fig. 8.

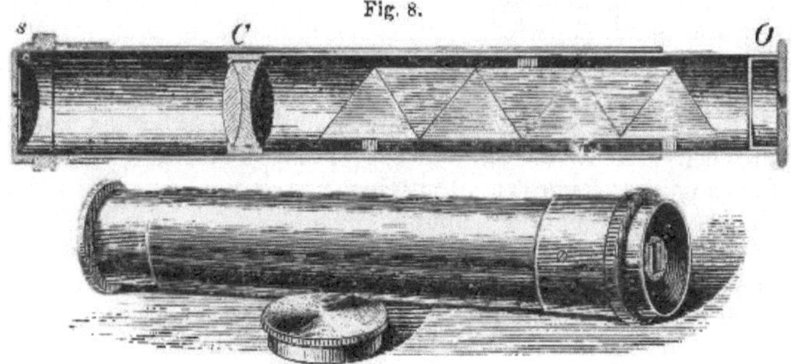


kann zum Schutze gegen Staub mit einem Deckel geschlossen werden.

Die scharfe Einstellung eines solchen Taschenspectroskopes findet man auf folgende Weise: Der Spalt wird durch entsprechende Drehung der runden Spaltplatte recht eng gemacht, hierauf wird das Instrument gegen den Himmel gerichtet und nun das innere Rohr so weit ausgezogen, dass man die Fraunhofer'schen Linien *E* und *b* scharf sieht.

Die Taschenspectroskope sind wegen ihres verhältnissmässig geringen Kostenpreises und ihrer leichten und bequemen Handhabung sehr zu empfehlen, sie leisten dem Chemiker bei den gewöhnlichen Analysen wohl ebensoviel, als der grössere Apparat, der früher beschrieben wurde. Für länger dauernde Beobachtungen kann man ein solches Taschenspectroskop in einem Stativ befestigen.

## Spectra der Metalle.

Jedes Metall liefert, wenn es in Dampf verwandelt und dieser Dampf zu lebhafter Gluth erhitzt wird, ein charakteristisches Linienspectrum, das aus einer bestimmten Anzahl von Linien besteht, welche an ganz bestimmten Stellen im Spectrum erscheinen. Diese Eigenschaft kann zur Erkennung der Metalle verwendet werden in der Weise, dass der unbekannte Körper durch Erhitzen in glühenden Dampf verwandelt und dieser mit dem Spectralapparate untersucht wird. Ein Vergleich des beobachteten Spectrums mit den bekannten Spectren der Metalle ergibt, welche Metalle vorhanden sind. Für diesen Zweck genügt in vielen Fällen das Erhitzen der Metalle oder ihrer Verbindungen in der Weingeist- oder Gasflamme (des Bunsen'schen Brenners), bisweilen reicht aber das nicht aus und man muss die Hitze des Knallgasgebläses oder der elektrischen Lampe anwenden.

Sehr leicht herzustellen und charakteristisch sind die Spectra der Metalle der Alkalien und der alkalischen Erden; man braucht von den meisten Verbindungen dieser Metalle nur eine mit Salzsäure befeuchtete Probe in die nichtleuchtende Flamme des Bunsen'schen Brenners einzuführen, um sofort die charakteristische Flammenfärbung und bei Beobachtung mit dem Spectralapparate das charakteristische Spectrum zu erhalten.[1]) In gleicher Weise verhalten sich auch die Verbindungen des Indiums, des Thalliums und manche Verbindungen des Kupfers.

Es sind daher vor Allem die Metalle der Alkalien und der alkalischen Erden, das Indium, Thallium und Kupfer durch die Spectralanalyse leicht zu ermitteln, und wenn es sich um den Nachweis dieser Metalle handelt, pflegt man in den chemischen Laboratorien diese analytische Methode anzuwenden. Man verfährt, wie folgt: Ist die zu untersuchende Substanz eine Lösung, so wird dieselbe verdampft, der Abdampfrückstand fein zerrieben, mit Salzsäure zu einem Brei angemacht und von diesem auf das Oehr eines Platindrahtes eine minimale Menge gebracht, welche man in den dem Spalte des Spectralapparates zugekehrten Saum der Bunsen'schen Gasflamme einführt (siehe Fig. 7), wobei man gleichzeitig das in dem Apparate erscheinende Spectrum beobachtet.[2]) In vielen Fällen genügt es, einen Tropfen der Lösung im Oehr des Platindrahtes in die Flamme einzuführen; die beim Verdampfen zurückbleibende Menge fester Substanz reicht gewöhnlich hin, um die Spectralerscheinung deutlich hervorzubringen. Feste Substanzen können direct mit Hilfe eines Tröpfchens Salzsäure auf dem Platindrahte befestigt werden.

[1]) Die Verbindungen der Alkalimetalle dürften in der Flamme sofort reducirt werden, so dass der Dampf des Metalles die Flamme färbt; bei den Verbindungen der Erdalkali-Metalle scheint die Reduction nur schwer zu erfolgen, so dass bei der Behandlung dieser Verbindungen in der Bunsen'schen Flamme Linien im Spectrum erscheinen, die zum Theile dem Metalle, zum Theile dem Oxyde angehören.

[2]) Hat man einen Gehilfen, so lässt man von demselben die zu untersuchende Probe in die Flamme halten, während man das Spectrum beobachtet; ist man auf sich selbst bei der Untersuchung angewiesen, so wird der Platindraht mit der Probe an einem Stativ in der richtigen Stellung befestigt und nachdem man sich vor dem Apparate postirt hat, in die Flamme hineingeschoben, worauf man beobachtet.

Im Folgenden sind die Spectra der Alkali-, sowie der Erdalkali-Metalle beschrieben, von denen auch einige der für uns wichtigen auf der Spectraltafel abgebildet sind.[1])

*Natrium.*

Von allen Spectralreactionen ist die des Natriums am empfindlichsten. Die einzige gelbe Linie, welche das Natriumspectrum aufzuweisen hat (siehe Spectrum 3 auf der Spectraltafel), fällt mit der Fraunhofer'schen Linie *D* zusammen und zeichnet sich durch ihre besonders scharfe Begrenzung, sowie durch ausserordentliche Helligkeit aus. Ist die Flammentemperatur sehr hoch und die Menge der angewandten Substanz gross, so zeigt sich in der nächsten Umgebung der gelben Linie ein schwaches continuirliches Spectrum. Schon an sich schwache, d. h. wenig helle, in ihre Nähe fallende Linien anderer Stoffe erscheinen dann noch mehr geschwächt und werden daher nicht selten erst dann sichtbar, wenn die Natriumlinie zu erlöschen beginnt.

An der Sauerstoff-, Chlor-, Jod- und Bromverbindung, an den schwefelsauren und kohlensauren Salzen zeigt sich die Reaction am deutlichsten, aber selbst bei den kieselsauren, borsauren, phosphorsauren und anderen feuerbeständigen Salzen fehlt sie nicht.

Die Empfindlichkeit der Reaction ist eine enorme; nach Versuchen von Bunsen und Kirchhoff genügt $\frac{1}{3,000.000}$ Milligramm eines Natriumsalzes, um die Reaction im Spectralapparate hervorzurufen. In dieser unerhörten Empfindlichkeit der Natriumreaction ist auch der Grund zu suchen, dass alle Gegenstände, welche einige Zeit der Luft ausgesetzt waren, beim Erhitzen die Flamme gelb färben und im Spectralapparate die gelbe Natriumlinie zeigen; die in der Luft schwebenden Stäubchen, welche sich allmälig absetzen, bestehen nämlich zum Theil aus Natriumverbindungen.

*Kalium.*

Die flüchtigen Kaliumverbindungen geben, in der Flamme verdampft, ein sehr ausgedehntes, continuirliches Spectrum, welches nur zwei charakteristische Linien zeigt (siehe Spectrum 2 auf der Spectraltafel); die eine in dem äussersten Roth, an die ultrarothen Strahlen grenzend, $\alpha$, genau mit der Fraunhofer'schen Linie *A* zusammenfallend, die andere, $\beta$, weit entfernt von dieser, im Violett. Eine sehr schwache, mit der Fraunhofer'schen Linie *B* zusammenfallende Linie, die aber nur bei sehr intensiver Flamme sichtbar wird, ist wenig charakteristisch. Die Reaction ist weniger empfindlich, als die Natriumreaction, doch reicht nach den Versuchen von Bunsen und Kirchhoff $\frac{1}{1000}$ Milligramm chlorsaures Kalium hin, um sie dem Auge sichtbar zu machen.

[1]) Diese Beschreibungen sind der berühmten Abhandlung von G. Kirchhoff und R. Bunsen: „Chemische Analyse durch Spectralbeobachtungen" im Auszuge entnommen; die Abhandlung ist enthalten in Poggendorff's Annalen der Physik und Chemie, Band CX, Seite 167.

Kalihydrat und sämmtliche Verbindungen des Kaliums mit flüchtigen Säuren zeigen die Reaction ohne Ausnahme. Kieselsaure und ähnliche feuerbeständige Salze des Kaliums bringen dagegen für sich allein nur dann die Reaction hervor, wenn sie sehr reich an Kalium sind; bei geringem Kaliumgehalt müssen die Substanzen entweder mit kohlensaurem Natrium oder besser mit Flusssäure und Schwefelsäure aufgeschlossen werden, bevor man sie in die Flamme bringt; die Aufschliessung kann in der Sodaperle im Oehr des Platindrahtes oder mit wenigen Tropfen Flusssäure auf dem Deckel eines Platintiegels ausgeführt werden.

*Rubidium.*

Unter den Linien, welche das Rubidiumspectrum zeigt, sind besonders zwei violette Linien wegen ihrer Intensität zur Erkennung dieses Metalles geeignet. Weniger intensiv, aber immerhin noch charakteristisch sind zwei Linien im Roth, welche jenseits der Fraunhofer'schen Linie *A* fallen. Sowie beim Kaliumspectrum, tritt auch hier bei grosser Intensität der Flamme ein mattes, continuirliches Spectrum auf, indem eine Anzahl wenig charakteristischer orange, gelb und grün gefärbter Linien erscheinen. Die meisten Rubidiumsalze sind direct zum Hervorbringen der Spectralreaction geeignet. Die Empfindlichkeit der Reaction ist gross, man kann noch $\frac{2}{10000}$ Milligramme Chlorrubidium erkennen.

*Cäsium.*

Das Cäsiumspectrum ist besonders durch zwei blaue Linien charakterisirt, die sich durch grosse Intensität und Schärfe der Begrenzung auszeichnen; ausser diesen ist noch eine orangegelbe, scharfbegrenzte Linie zu erwähnen. Bei sehr grosser Lichtintensität kommt ein mattes, continuirliches Spectrum und auf diesem noch eine Anzahl von gelben und grünen Linien zum Vorschein. Die Empfindlichkeit der Reaction ist grösser als bei Rubidium; es genügen noch $\frac{5}{100000}$ Milligramm Chlorcäsium zur Erzeugung der charakteristischen Spectralerscheinung.

*Lithium.*

Der leuchtende Dampf der Lithiumverbindungen gibt zwei scharf begrenzte Linien, eine gelbe, nahe der Natriumlinie gegen das Roth des Spectrums hin und eine rothe, sehr glänzende Linie, welche zwischen den Fraunhofer'schen Linien *B* und *C* liegt. Die Reaction ist ungemein empfindlich, steht aber der Natrium-Reaction etwas nach, vielleicht nur deshalb, weil das Auge für gelbe Strahlen empfindlicher ist, als für rothe. Es genügen $\frac{9}{1000000}$ eines Milligrammes von kohlensaurem Lithium, um die Spectralreaction hervorzubringen.

Die Sauerstoff-, Chlor-, Brom- und Jodverbindung sind am geeignetsten zur Erkennung des Lithiums durch die Spectralanalyse, aber auch das kohlensaure, schwefelsaure und phosphorsaure Salz eignen sich. Lithiumhaltige Minerale brauchen nur in die Flamme gehalten zu werden, um ohne Weiteres die rothe Linie im Spectrum zu zeigen.

## *Calcium.*

Das Calciumspectrum (siehe Spectrum 4 der Spectraltafel) enthält im Grün eine charakteristische intensive Linie (β), ferner eine intensive Orangelinie (α), welche weiter nach dem rothen Ende des Spectrums hin liegt, als die Natriumlinie und die Orangelinie des Strontiumspectrums.

Diese beiden Linien erscheinen auch bei lange dauerndem Erhitzen; mehrere feine grüne und gelbrothe Linien sieht man nur am Beginne, wenn eine frische Probe von Chlorcalcium in die Flamme eingeführt wird. Eine violette Linie, die aber nur im verfinsterten Zimmer sichtbar ist, gehört auch dem Calciumspectrum an. Nach Versuchen von Bunsen und Kirchhoff kann man noch $\frac{6}{100000}$ Milligramm Chlorcalcium mit dem Spectralapparate erkennen. Nur die in der Flamme flüchtigen Calciumverbindungen zeigen die Reaction, und zwar um so deutlicher, je flüchtiger sie sind. Chlorcalcium, Bromcalcium, Jodcalcium stehen in dieser Beziehung oben an. Schwefelsaures Calcium gibt das Spectrum erst, nachdem er angefangen hat, basisch zu werden, dann aber sehr glänzend und andauernd. Ebenso entwickelt sich die Reaction des kohlensauren Calciums am deutlichsten, nachdem die Kohlensäure entwichen ist. Verbindungen des Calciums mit feuerbeständigen Säuren verhalten sich in der Flamme indifferent; werden sie durch Salzsäure zersetzt, so lässt sich die Reaction auf folgende Weise erhalten: Das Pulver der Substanz wird mit Salzsäure zu einem Brei angemacht, den man mit einem Platindrahte in die Flamme bringt; nach jedesmaligem Verdampfen der Salzsäure kann man die auf dem Platindrahte befindliche Probe mit einem Tröpfchen Salzsäure befeuchten und man wird dann wieder beim Einhalten in die Flamme das Calciumspectrum wahrnehmen, so lange noch Calcium in der Probe vorhanden ist. Solche Calciumverbindungen, welche durch Salzsäure nicht zersetzt werden (gewisse Silicate), müssen zuerst mit Flusssäure und Schwefelsäure aufgeschlossen werden, bevor man sie in die Flamme bringt.

## *Strontium.*

Das Spectrum des Strontiums ist durch die Abwesenheit grüner Streifen charakterisirt. Acht Linien sind darin ausgezeichnet. sechs rothe, eine orange und eine blaue. Die Orangelinie, welche dicht neben der Natriumlinie nach dem Roth hin auftritt, zwei rothe Linien, welche zwischen den Fraunhofer'schen Linien *B* und *C* liegen, endlich eine blaue Linie sind ihrer Lage und Intensität nach die wichtigsten. Die Empfindlichkeit der Strontiumreaction ist jener der Calciumreaction gleich.

Die Chlorverbindung und die übrigen Halogenverbindungen des Strontiums geben die Reaction am deutlichsten, Strontiumhydroxyd und kohlensaures Strontium zeigen sie schwächer, schwefelsaures Strontium noch schwächer, die Verbindungen mit feuerbeständigen Säuren am schwächsten oder gar nicht. Man bringt daher die Probeperle zunächst für sich, dann nach Befeuchtung mit Salzsäure in die Flamme. Hat man Schwefelsäure in der Probe vorauszusetzen, so hält man sie vor dem Befeuchten mit Salzsäure in den reducirenden Theil der Flamme, um das schwefelsaure Salz in das durch Salzsäure zersetzbare Sulfid umzuwandeln.

### *Baryum.*

Das Baryumspectrum (siehe Spectrum 5 auf der Spectraltafel) ist das complicirteste unter den Spectren der Alkali- und Erdalkali-Metalle. Von allen bisher angeführten Spectren unterscheidet es sich schon auf den ersten Blick durch zwei grüne Linien (α und β auf der Spectraltafel), welche alle übrigen an Intensität übertreffen, bei schwacher Reaction zuerst erscheinen und zuletzt verschwinden. Eine dritte grüne Linie (γ) ist zwar weniger empfindlich, aber immerhin noch charakteristisch. Die grosse Ausdehnung des Baryumspectrums ist Ursache, dass die Spectralreaction des Baryums weniger empfindlich ist, als die der bisher betrachteten Metalle; indessen reicht noch $\frac{1}{1000}$ Milligramm von chlorsaurem Baryum hin, um die Spectralerscheinung für einen Augenblick hervorzubringen.

Chlorbaryum, Brombaryum, Jodbaryum, Fluorbaryum, Baryumhydroxyd, kohlensaures und schwefelsaures Baryum, zeigen die Reaction am ausgezeichnetsten und können daher durch unmittelbares Erhitzen in der Flamme erkannt werden. Baryumhaltige Silicate, die durch Salzsäure zersetzt werden, zeigen die Reaction nach dem Befeuchten mit Salzsäure. Solche Baryumverbindungen mit feuerbeständigen Säuren, welche durch Salzsäure nicht angegriffen werden, müssen zuerst in dem Oehr des Platindrahtes mit Soda aufgeschlossen werden, worauf man sie mit Salzsäure behandelt und in die Flamme bringt.

---

Mit Recht heben Bunsen und Kirchhoff noch Folgendes in Bezug auf das Erkennen der Metallspectra hervor: Für denjenigen, welcher die einzelnen Spectren aus wiederholter Anschauung kennt, bedarf es einer genauen Messung (mit Hilfe der Fraunhofer'schen Linien oder der Scala) nicht; ihre Farbe, ihre gegenseitige Lage, ihre eigenthümliche Gestalt und Abschattirung, sowie die Abstufungen ihres Glanzes sind Kennzeichen, welche selbst für den Ungeübten zur sicheren Orientirung vollkommen hinreichen. Diese Kennzeichen sind den Unterscheidungsmerkmalen zu vergleichen, welche wir bei den als Reactionsmittel benutzten, ihrem äusseren Ansehen nach höchst verschiedenartigen Niederschlägen antreffen. Wie es als Charakter einer Fällung gilt, dass sie gelatinös, pulverförmig, käsig, körnig oder krystallinisch ist, so zeigen auch die Spectrallinien ihr eigenthümliches Verhalten, indem die einen an ihren Rändern scharf begrenzt, die anderen entweder nur nach einer oder nach beiden Seiten entweder gleichartig oder ungleichartig verwaschen oder indem die einen breiter, die andern schmäler erscheinen. Und wie wir nur diejenigen Niederschläge, welche bei möglichst grosser Verdünnung der zu fällenden Substanz noch entstehen, als Erkennungsmittel benutzen, so verwendet man in der Spectralanalyse zu diesem Zwecke nur diejenigen Linien, welche zu ihrer Erzeugung die geringste Menge Substanz und eine nicht allzu hohe Temperatur erfordern.

Bei der Spectralanalyse erscheinen die farbigen Streifen unberührt von fremden Einflüssen und durch das gleichzeitige Vorhandensein anderer Stoffe. Die Stellen, welche diese Streifen im Spectrum einnehmen, bedingen eine chemische Eigenschaft, die so unwandelbarer und fundamentaler Natur ist, wie das Atomgewicht eines Elementes und lassen sich daher mit fast astronomischer Genauigkeit bestimmen.

## Absorptionsspectra gefärbter Flüssigkeiten.

Es gibt zahlreiche feste Körper, deren Lösungen die Eigenschaft besitzen, bestimmte Strahlen des weissen Lichtes zu absorbiren. Geht das weisse Licht irgend einer Lichtquelle, z. B. einer Gaslampe oder einer Petroleumlampe, durch eine Schichte einer solchen absorbirenden Lösung, so erhält man ein Absorptionsspectrum, wenn das Licht nach seinem Austritte aus dieser Lösung mit Hilfe des Prismas zerlegt wird. Solche absorbirende Körper sind z. B. die Salze des Didyms, die Chromoxydsalze, das übermangansaure Kalium, die Blutfarbstoffe, das Fuchsin und viele andere.

Viele von diesen Absorptionsspectren sind durch charakteristische, dunkle Absorptionsstreifen ausgezeichnet, welche in bestimmter Zahl und an bestimmten Stellen des Spectrums auftreten; es ist daher begreiflich, dass man sie eben so gut zur Erkennung der Körper verwenden kann, wie die durch die glühenden Dämpfe erzeugten Linienspectra.

Die lichtabsorbirenden gefärbten Lösungen lassen sich in Bezug auf ihre Absorptionsspectra in folgende vier Abtheilungen bringen:

I. Einseitig absorbirende Körper. Die Absorption steigt von einer Stelle des Spectrums gegen eines der beiden Enden hin, welches dann mehr oder weniger vollständig absorbirt wird; hierher gehören z. B. Pikrinsäure, Eisenchlorid. Die meisten der einseitig absorbirenden Körper absorbiren das blaue Ende des Spectrums. Je concentrirter die Lösungen sind, desto weiter reicht die Absorption in den übrig bleibenden Theil des Spectrums hinein.

II. Zweiseitig absorbirende Körper. Die Absorption steigt von einer Stelle des Spectrums mehr oder weniger rasch nach beiden Seiten hin. Hierher gehören z. B. Kupferchlorid, mangansaures Kalium.

III. Schatten gebende Körper. Die Absorption steigt ganz allmälig an und nimmt darauf innerhalb des sichtbaren Spectrums wieder ab. Dadurch entstehen breite, verwaschene (nicht scharf begrenzte) Felder oder Streifen, die man Schatten nennt. Hierher gehören z. B. Kobaltchlorür, verdünnte ätherische Eisenrhodanidlösung. Diese Schatten treten bisweilen zugleich mit einseitiger oder zweiseitiger Absorption auf, wie z. B. bei verdünntem Rothwein.

IV. Absorptionsstreifen gebende Körper. Die Absorption steigt an gewissen Stellen des Spectrums plötzlich an und nimmt kurz darauf rasch ab. Dadurch entstehen die Absorptionsstreifen, von denen manche Körper nur einen, andere dagegen mehrere von verschiedener Intensität und Schattirung zeigen. So zeigt das Fuchsin nur einen Absorptionsstreifen (siehe Spectrum 8 der Spectraltafel), das Oxyhämoglobin zeigt deren zwei (siehe Spectrum 6 der Spectraltafel).

Das Absorptionsspectrum einer Lösung ist nicht unter allen Umständen constant, sondern es wird vielmehr durch äussere Bedingungen, wie durch das Lösungsmittel, durch die Concentration, sowie durch die Temperatur beeinflusst.

Die Lage der Absorptionsstreifen ist häufig abhängig von dem Lösungsmittel. Eine wässerige Corallinlösung gibt einen Absorptionsstreifen, der zwischen den Fraunhofer'schen Linien *D* und *E*, nahe bei *E* liegt; der Absorptionsstreifen einer alkoholischen Corallinlösung liegt dagegen näher an *D*. Lösungen des Fuchsins in Wasser, sowie in Amylalkohol zeigen einen Absorptionsstreifen; die Lage desselben ist aber nicht für beide Lösungen genau dieselbe. Carmin, Purpurin, zeigen in wässeriger Lösung ganz andere Absorptionsstreifen, als in alkoholischer Lösung. Meist rücken die Absorptionsstreifen um so weiter gegen das Roth des Spectrums hin, je grösser die lichtbrechende Kraft des Lösungsmittels ist. Es ist demnach klar, dass, wenn man einen Körper in einer Lösung mit Hilfe des Absorptionsspectrums nachweisen will, auf das Lösungsmittel Rücksicht genommen werden muss.

Manche Körper, die, in concentrirter Lösung oder in dicker Schichte angewendet, ein einseitiges Absorptionsspectrum geben, zeigen Absorptionsstreifen oder Schatten, wenn man eine verdünnte Lösung oder eine dünne Schichte derselben beobachtet. Ein schönes Beispiel in dieser Richtung bietet uns der Farbstoff des arteriellen Blutes, das Oxyhämoglobin. Wenn nämlich weisses Licht durch eine dicke Schichte einer klaren, concentrirten Lösung von Oxyhämoglobin hindurchgeht, so findet man bei der Spectralbeobachtung das rothe Licht von der Fraunhofer'schen Linie *A* bis zum letzten Viertel des Zwischenraumes zwischen den Linien *C* und *D* wenig oder gar nicht geschwächt, von da ab ist jedoch

Alles dunkel. Verdünnt man nun allmälig die Blutfarbstofflösung, so hellt sich auch das letzte Viertel des Zwischenraumes zwischen *C* und *D* auf; bei weiterer Verdünnung erscheint dann Grün zwischen den Linien *E* und *b* bis zur Mitte gegen *F* hin; bei noch stärkerer Verdünnung erscheint auch gelbgrünes Licht und endlich bleiben zwei ziemlich scharf begrenzte Absorptionsstreifen bestehen, welche beide zwischen *D* und *E* liegen; der eine davon ist schmaler und dunkler und liegt nahe an *D*, der andere ist breiter, weniger scharf begrenzt und liegt nahe vor *E*. Diese beiden für das Oxyhämoglobin charakteristischen Absorptionsstreifen sind noch bei sehr grosser Verdünnung der Lösungen zu erkennen; eine Lösung von 1 Grm. Oxyhämoglobin in 10 Litern Wasser zeigt dieselben noch deutlich, wenn die Dicke der beobachteten Flüssigkeitsschichte 1 Cm. beträgt.

Die Temperatur beeinflusst zwar das Absorptionsvermögen vieler, doch nicht aller absorbirenden Lösungen; so werden die Absorptionsstreifen von Fuchsin-, Carmin- und Anilinblau-Lösungen durch Temperaturveränderungen nicht alterirt, dagegen dehnt sich die Absorption der Lösungen von chromsaurem Kalium, Eisenchlorid, Pikrinsäure mit dem Ansteigen der Temperatur gegen das rothe Ende des Spectrums hin aus.

Was die Mischungen absorbirender Lösungen betrifft, so zeigen sie häufig die den einzelnen Körpern zukommenden Streifen nebeneinander, bisweilen finden aber Aenderungen in den Absorptionserscheinungen statt. Eine Mischung von Fuchsin- und Pikrinsäurelösung zeigt die beiden Bestandtheilen eigenthümlichen Absorptionserscheinungen unverändert, dagegen treten wesentliche Aenderungen ein, wenn man zu einer Carminlösung schwefelsaures Kupferoxyd-Ammon oder chromsaures Kalium zusetzt. Solche Aenderungen in den Absorptionsverhältnissen dürften immer darauf beruhen, dass die Bestandtheile einer solchen Mischung chemisch auf einander wirken und dass dadurch andere Verbindungen entstehen.

Aus dem bisher über die Absorptionsspectra Gesagten geht hervor, dass nicht jeder Körper, der eine gefärbte, das Licht absorbirende Lösung liefert, ein geeignetes Object für die Absorptions-Spectralanalyse ist; allein es gibt doch viele Substanzen, deren Lösungen charakteristische Absorptionsspectra geben, so dass man dieselben zur Erkennung dieser Körper benützen kann, wie irgend welche scharfe chemische Reactionen. Eine umfassende, sehr lehrreiche Zusammenstellung der Körper, welche durch die Absorptions-Spectralanalyse erkannt werden können, hat Vogel[1]) in seinem Buche über Spectralanalyse gegeben.

Zur Beobachtung der Absorptionsspectra von Lösungen bedarf man einer Lichtquelle, die weisses Licht aussendet, einen Spectral-

[1]) Praktische Spectralanalyse irdischer Stoffe von Dr. Hermann W. Vogel. Nördlingen, C. H. Beck'sche Buchhandlung, 1877.

apparat und ein Gefäss, welches die zu untersuchende Flüssigkeit aufnimmt. Man kann Sonnenlicht, Gas- und Petroleumlicht mit gleich gutem Erfolge anwenden; die kleinen Taschenspectroskope verdienen vor den anderen Apparaten entschieden den Vorzug. Die zu prüfende Flüssigkeit wird entweder in einem Reagensrohre oder in einem viereckigen Glasfläschchen mit ebenen Wänden oder in einer kleinen, aus Spiegelplatten zusammengekitteten Glaswanne untergebracht. Die viereckigen Glasfläschchen und Glaswannen haben ein Rechteck zur Basis und gestatten in Folge dessen die Beobachtung von zwei verschieden dicken Flüssigkeitsschichten, je nachdem man die schmalere oder breitere Seite dem Spalte des Spectralapparates entgegenstellt.

Da viele Körper in dicken Schichten, sowie in concentrirter Lösung andere Absorptionsspectra zeigen, als in dünner Schicht oder verdünnter Lösung (siehe Seite 94), so ist es nothwendig, die zu untersuchenden Lösungen in dicker und dünner Schichte concentrirt und verdünnt zu prüfen.

Soll eine Flüssigkeit auf ihr Absorptionsspectrum geprüft werden, so verfährt man in folgender Weise: Man stellt den Spectralapparat unter Benützung von Sonnen- oder Lampenlicht richtig ein, so dass das farbige Spectrum in allen Theilen deutlich zu sehen ist und stellt dann knapp vor dem Spalt das Gefäss mit der zu untersuchenden Lösung auf; für kurz dauernde Beobachtungen wird das Gefäss vor dem Spalt hingehalten, für länger dauernde bringt man Fläschchen oder Eprouvetten auf einem Tischchen oder in einer Klemme befestigt an. Ist Alles so vorbereitet, so wird durch das Fernrohr des Apparates beobachtet und die Beobachtung mit verschieden dicken Schichten und bei verschiedener Verdünnung wiederholt.

Sehr einfach gestaltet sich die Beobachtung mit dem Taschenspectroskop. Man bringt dieses, richtig eingestellt, mit einer Hand zum Auge und dirigirt es entweder gegen Himmel oder gegen eine Gas- oder Petroleumflamme, während man mit der anderen Hand die Eprouvette oder das Fläschchen mit der zu untersuchenden Lösung vor den Spalt des Apparates hält.

Benützt man einen grossen Spectralapparat, so kann man selbstverständlich auch die Lage der Absorptionsstreifen mit Hilfe der Scala bestimmen.

# II. CAPITEL.

## Die Massanalyse.

### Einleitung.

Die quantitativen Bestimmungen der Elemente und ihrer Verbindungen werden auf dreierlei Art ausgeführt, wie folgt:

I. Das Element oder die Verbindung wird im reinen Zustande abgeschieden und es wird ihre Menge durch Wägen oder Messen bestimmt; so z. B. wird bei den Analysen der kieselsauren Verbindungen die Kieselerde abgeschieden und gewogen; bei der Analyse der Goldverbindungen wird das abgeschiedene Gold gewogen, bei der Analyse der Stickstoffverbindungen wird der Stickstoff als solcher abgeschieden, sein Volumen gemessen und daraus sein Gewicht berechnet.

II. Der zu bestimmende Körper wird in eine Verbindung übergeführt, deren Zusammensetzung genau bekannt ist und die sich für die analytischen Operationen besonders gut eignet; es wird dann die Menge dieser Verbindung bestimmt und daraus die Menge des gesuchten Körpers berechnet. So wird z. B. bei quantitativen Bestimmungen des Chlors dasselbe in Chlorsilber verwandelt und dieses gewogen; da die quantitative Zusammensetzung des Chlorsilbers genau bekannt ist (143·5 Gewichtstheile Chlorsilber enthalten 35·5 Gewichtstheile Chlor), so kann aus dessen Menge die darin enthaltene Menge des Chlors leicht berechnet werden. Die quantitative Bestimmung der Schwefelsäure erfolgt durch Ueberführung derselben in schwefelsaures Baryum, Wägen desselben und Berechnung der Schwefelsäure (233 Gewichtstheile schwefelsaures Baryum enthalten 80 Gewichtstheile Schwefelsäureanhydrid.[1]) Die quantitative Bestimmung von Aetzkali kann durch Ueberführung in neutrales schwefelsaures Kalium, Wägen desselben und Berechnen der entsprechenden Menge von Aetzkali erfolgen (174 Gewichtstheile schwefelsaures Kalium entstehen aus 112 Gewichtstheilen Aetzkali.[2])

[1]) $BaSO_4 = SO_3 + BaO$.

[2]) $2KHO + SO_4H_2 = 2H_2O + K_2SO_4$.

III. Der Körper, welcher quantitativ bestimmt werden soll, wird so wie bei II. in eine Verbindung von genau bekannter Zusammensetzung übergeführt. Diesmal aber wird nicht die Menge der entstandenen Verbindung bestimmt, sondern man ermittelt, wie viel von dem Reagens zugesetzt werden musste, um den Körper in die bekannte Verbindung umzuwandeln. Aus der Menge des verbrauchten Reagens wird die Menge des gesuchten Körpers durch Rechnung gefunden. Die Methode III. und die Methode II. kommen also darin überein, dass der zu bestimmende Körper in eine Verbindung von genau bekannter Zusammensetzung übergeführt wird; dagegen unterscheiden sich die beiden Methoden von einander dadurch, dass man bei der Methode II. die Menge dieser Verbindung bestimmt, während bei der Methode III. nur die Menge des einen Bestandtheiles dieser Verbindung, nämlich des zugesetzten Reagens, bestimmt wird. Die unter II. angeführten Beispiele werden sich demnach in folgender Weise gestalten, wenn man nach III. vorgehen will: Die Substanz, in welcher das Chlor bestimmt werden soll, z. B. Chlornatrium, wird in Wasser gelöst und so lange mit salpetersaurem Silber versetzt, bis alles Chlor als Chlorsilber gefällt ist und somit ein weiterer Zusatz des Silbersalzes keinen Niederschlag mehr erzeugt. Die für diesen Zweck verbrauchte Menge des salpetersauren Silbers ist auf geeignete Weise zu ermitteln, worauf aus derselben die Menge des in der Probesubstanz vorhandenen Chlors durch Rechnung gefunden wird. (170 Gewichtstheile salpetersaures Silber sind erforderlich, um 35·5 Gewichtstheile Chlor zu fällen.[1]) Zu der Auflösung von Aetzkali, in welcher dieses quantitativ zu bestimmen ist, werde ich einige Tropfen Lakmustinctur zusetzen und dann so lange Schwefelsäure zutropfen, bis durch den violetten Farbenton des Lakmusfarbenstoffes die Neutralisation des Aetzkalis, d. h. dessen Umwandlung in neutrales schwefelsaures Kalium angezeigt wird; ich werde die Menge der verbrauchten Schwefelsäure in geeigneter Weise bestimmen und daraus die Menge des Aetzkalis berechnen (112 Gewichtstheile Aetzkali werden durch 98 Gewichtstheile Schwefelsäure neutralisirt.[2]) Die unter I. und II. angeführten Methoden der quantitativen Analyse gehören der Gewichtsanalyse an; die Massanalyse bedient sich ausschliesslich der Methode III. Da sie die erforderlichen Mengen der Reagentien misst, so hat sie den Namen Massanalyse erhalten; sie wird auch Titriranalyse genannt, weil die angewendeten Reagentien Lösungen von bekanntem Gehalte (Titre) sind.

---

[1]) $AgNO_3 + NaCl = AgCl + NaNO_3$.
[2]) $2\,KHO + SO_4H_2 = 2\,H_2O + K_2SO_4$.

## Die Messgefässe.

Zum Messen von Flüssigkeiten dienen die Messgefässe; dieselben sind aus Glas und haben entweder nur eine Marke oder eine grössere Anzahl, zu einer Scala angeordneter Marken, je nachdem sie zum Abmessen nur einer bestimmten Flüssigkeitsmenge oder beliebiger Flüssigkeitsmengen dienen sollen; zu den ersteren gehören die Messkolben, Messflaschen und Pipetten, zu den letzteren die Mess- oder Mischcylinder und die Büretten.

Bei der Benützung der Messgefässe ist zu beachten, ob dieselben „auf Eingusss" oder „auf Ausguss" graduirt sind. Ein „auf Einguss" graduirtes Gefäss fasst zur Marke eine bestimmte Menge Flüssigkeit; wenn ich also einen Messkolben dieser Art für 1 Liter mit einer Flüssigkeit bis zur Marke fülle, so enthält der Kolben genau 1 Liter von dieser Flüssigkeit; lasse ich die Flüssigkeit aus diesem Kolben ausfliessen, so wird die Menge der ausgeflossenen Flüssigkeit weniger, als 1 Liter betragen, weil etwas davon an den Wänden des Kolbens haften bleibt. Wollte ich den Liter der Flüssigkeit aus diesem Kolben unverkürzt in ein anderes Gefäss übertragen, so müsste ich die an den Kolbenwänden noch haftenden Flüssigkeitstheilchen mit Wasser oder einer anderen passenden Flüssigkeit nachspülen.

Die „auf Ausguss" graduirten Gefässe lassen, wenn sie bis zur Marke gefüllt waren, die bestimmte, bezeichnete Menge der Flüssigkeit ausfliessen; bei dieser Art von Gefässen ist also der an den Wandungen haften bleibende Theil schon berücksichtigt. Will ich z. B. von einer Lösung 20 Ccm. in ein Gefäss übertragen, so fülle ich eine auf Ausguss graduirte Pipette, welche 20 Ccm. fasst, bis zur Marke, und lasse die Flüssigkeit in das betreffende Gefäss einfliessen, in diesem Falle gewinne ich die vollen 20 Ccm., ohne nachzuspülen.

### Die Messkolben.

Die in der Massanalyse benützten Messkolben (Messflaschen) haben zumeist die in der Fig. 9 dargestellte Form eines Kochkolbens mit engem Halse und sind durch einen eingeriebenen Glasstöpsel zu verschliessen.[1])

Die Marke befindet sich in der unteren Hälfte des Halses und bildet zweckmässig eine denselben ganz umfassende Kreislinie. Am häufigsten werden solche Kolben zu 50, 100, 250, 500 und 1000 Ccm. verwendet, ihr Fassungsvermögen ist auf dem bauchigen Theile oder oberhalb der Marke eingeätzt. In der Regel sind die Messkolben auf Einguss, bisweilen sind sie aber sowohl auf Einguss als auf Ausguss graduirt, in diesem letzteren Falle haben sie zwei Marken, die untere Marke entspricht der Graduirung auf Einguss, die obere Marke jener auf Ausguss.

---

[1]) Viele käufliche Messkolben haben keinen eingeriebenen Glasstöpsel, der allerdings für manche Zwecke entbehrlich, für andere dagegen nothwendig oder zum Mindesten sehr nützlich ist.

7*

## Der Messcylinder.

Der Mischcylinder, auch Messcylinder genannt, ist in Fig. 10 abgebildet; derselbe besteht aus einem dickwandigen, mit massivem Glasfusse versehenen, graduirten cylindrischen Glasgefässe, dessen Mündung durch einen eingeschliffenen Glasstöpsel verschliessbar ist. Die gebräuchlichsten Messcylinder fassen 100, 300, 500 und 1000 Ccm. und sind durchgehends „auf Einguss“ graduirt. Je nach dem inneren Durchmesser des Cylinders zeigt die Scala je 1 oder je 5 Ccm. an.

Fig. 9.

Fig. 10.

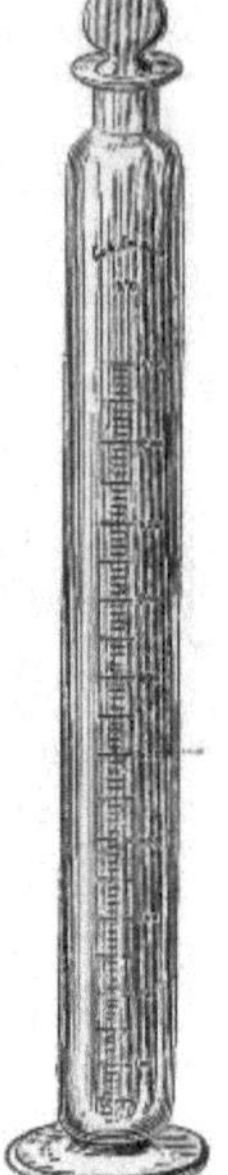

Diese Cylinder dienen zur Volumenbestimmung einer gegebenen Flüssigkeit, sowie zur Mischung mehrerer Flüssigkeiten nach einem bestimmten Verhältnisse. Im ersten Falle wird die zu messende Flüssigkeit in den Cylinder gegossen, dieser auf eine horizontale Unterlage, z. B. auf eine Tischplatte, gestellt und das Volumen an der Scala abgelesen. Soll z. B. 1 Volumen concentrirter Kalilauge mit 9 Volumen Wasser verdünnt werden, so füllt man in den Cylinder 100 Ccm. Lauge und dann bis zu dem Theilstriche Wasser, der 1000 Ccm. anzeigt; durch Verschliessen des Cylinders mit dem Stöpsel und Schütteln erhält man eine gleichförmige Mischung. Für sehr genaue Arbeiten eignen sich die Mischcylinder nicht, weil die Fehler, welche beim Ablesen entstehen, in Folge des grossen Lumens dieser Cylinder ziemlich beträchtlich werden.

## Die Pipette.

Die in Fig. 11 abgebildete Pipette repräsentirt die gebräuchlichste Form dieses Messapparates. Die Pipetten dienen dazu, bestimmte Mengen von Flüssigkeiten aus einem Gefässe aufzusaugen und in ein zweites zu übertragen. Die gewöhnlich gebrauchten Pipetten fassen bis zu der oben angebrachten Marke *a* (siehe Zeichnung) 1, 2, 5, 10, 20, 50 Ccm.; Pipetten mit noch grösserem Fassungsraum sind nicht mehr bequem zu handhaben und deshalb unpraktisch. Das Abmessen der Flüssigkeiten mittelst der Pipette geschieht auf folgende Weise: Das untere Ende wird in die Flüssigkeit eingetaucht und, während man die obere Marke im Auge behält, mit dem Munde am oberen Ende gesaugt, bis die Flüssigkeit über der Marke angelangt ist; die mit dem Daumen und Mittelfinger gehaltene Pipette wird nun rasch mit dem Zeigefinger oben geschlossen und aus der Flüssigkeit herausgehoben. Durch leises Lüften des Zeigefingers lässt man tropfenweise so lange Flüssigkeit ausfliessen, bis dieselbe genau an der oberen Marke angelangt ist. Bezüglich des Uebertragens der Flüssigkeit aus der Pipette in ein Gefäss ist Folgendes zu bemerken: Die Pipetten sind durchwegs „auf Ausguss" graduirt; lässt man nun eine Pipette ausfliessen, so bleibt schliesslich doch die unterste Spitze derselben mit der Flüssigkeit gefüllt, nach einigem Zuwarten nimmt diese in der Spitze befindliche Flüssigkeitsmenge noch zu. Streicht man nun die Spitze der Pipette gegen die Wand des Gefässes, in das man einfliessen lässt, so fliesst noch etwas Flüssigkeit aus der Spitze ab, ein Tröpfchen kann man durch Ausblasen noch entfernen. Daraus geht hervor, dass man die Pipetten beim Abmessen und Uebertragen von Flüssigkeitsmengen nicht beliebig handhaben darf, sondern dass man, um Fehler zu vermeiden, bestimmte Regeln beachten muss. Die Pipetten sind entweder „auf Abstrich" oder auf „freies Ablaufenlassen" graduirt. Im ersten Falle lässt man beim Gebrauche der Pipette die Flüssigkeit ausfliessen und streicht zuletzt den an der unteren Spitze hängenden Tropfen am Rande oder der Wand des Gefässes ab, im zweiten Falle hat man nur ablaufen zu lassen, ohne abzustreichen. Am besten sind die Pipetten mit zwei Marken, die eine davon *a* ist oben, die andere *b* unten nahe der Ausflussöffnung angebracht (siehe Fig. 11). Bei Anwendung dieser Pipetten hat man die Flüssigkeit von der oberen Marke an so lange ausfliessen zu lassen, bis ihr Stand die untere Marke erreicht.

Fig. 11.

Fig. 12.

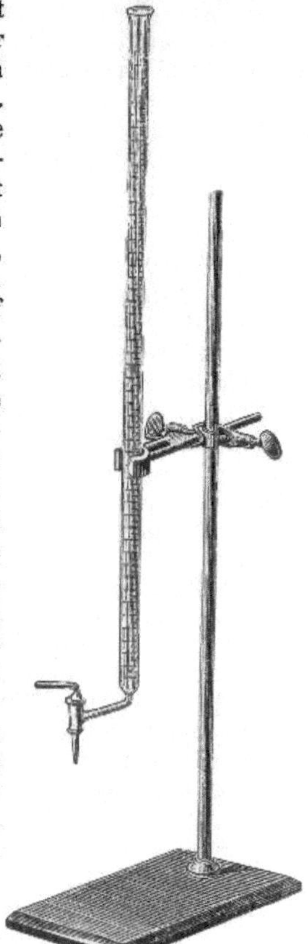

## Die Bürette.

Die Bürette ist der in der Massanalyse am häufigsten gebrauchte Messapparat. Aus ihr lässt man bei den Massanalysen die Reagentien zur Probesubstanz bis zur Vollendung der Reaction zufliessen und liest dann die verbrauchte Menge des Reagens an der Scala ab.

Von den zahlreichen Formen der Bürette, welche in Anwendung gekommen sind, ist die Glashahnbürette entschieden die beste, wenn der Hahn correct eingeschliffen ist.[1]) Die Glashahnbürette, welche in Fig. 12 abgebildet ist, besteht aus einer mässig weiten Glasröhre, die oben offen, unten verjüngt, rechtwinklig umgebogen und am Ende mit einem Glashahne versehen ist. Die Theilung ist entweder nach Fünfteln oder Zehnteln von Cubikcentimetern ausgeführt. Gehandhabt wird die Bürette in folgender Weise: Vor Allem wird dieselbe gut ausgewaschen, getrocknet und der Hahn mit etwas Vaselin eingefettet; man füllt — bei geschlossenem Hahne — das Reagens mit einem Trichter ein, so dass die Bürette fast ganz damit erfüllt ist, öffnet dann rasch einen Augenblick den Hahn ganz und schliesst ihn wieder, damit Luftblasen, die sich im unteren engen Theile der Bürette befinden, herausgeschafft werden und auch die Hahnbohrung mit Flüssigkeit sich fülle. Durch entsprechende Regulirung des Hahnes kann man die Flüssigkeit im continuirlichen Strahle oder tropfenweise aus der Bürette ausfliessen lassen.

## Das Ablesen.

Beim Ablesen an den Marken und Scalen der Messgefässe müssen gewisse Regeln eingehalten werden. Vor Allem sind die Apparate so aufzustellen oder einzuklemmen, dass deren Längsaxe vertical steht. Das Auge muss mit der Begrenzung der Flüssigkeit, also mit der Marke oder dem Theilstriche der Scale, welche das Ende der zu messenden Flüssigkeitssäule berührt, in einer horizontalen Ebene liegen.

Bei der Massanalyse kommen fast nur wässerige Flüssigkeiten zur Verwendung; diese werden in den Messgefässen von concaven Flächen begrenzt und es ist daher unbedingt nothwendig, dass stets in gleicher Weise abgelesen wird. Man liest bei durchsichtigen Flüssigkeiten stets an der untersten Begrenzung und bei undurchsichtigen Flüssigkeiten, wie Jodlösung, Lösung von übermangansaurem Kalium an der obersten Begrenzung der Flüssigkeit ab.

## Normalflüssigkeiten.

Beim Titriren werden Lösungen der Reagentien (sogenannte Massflüssigkeiten) verwendet, deren Gehalt (Titre) genau bekannt ist. Je genauer man den Wirkungswerth dieser Lösungen kennt, desto genauer fallen die Resultate aus und es ist daher klar, dass man auf die Bereitung, resp. Feststellung des Wirkungswerthes dieser Reagentien die grösste Sorgfalt zu verwenden hat.

Es werden zweierlei Massflüssigkeiten verwendet, solche, die eine beliebige, ganz willkürliche Concentration besitzen, sogenannte empirische Massflüssigkeiten, und solche, die nach einem bestimmten Systeme hergestellt sind, sogenannte Normalflüssigkeiten oder Normallösungen.

Die Normallösungen haben vor den empirischen Massflüssigkeiten nur das Eine voraus, dass sich bei ihrer Anwendung die

[1]) Eine Glashahnbürette, deren Hahn nicht gut eingeschliffen ist, tropft, selbst wenn man den Hahn mit Vaselin bestreicht; man soll daher diese Büretten beim Ankaufe prüfen und nur solche behalten, die nicht tropfen.

Berechnung der analytischen Resultate einfacher gestaltet; ein Chemiker, der viele Massanalysen auszuführen hat, wird sich also mit Vorliebe der Normallösungen bedienen und nur dann empirische Lösungen anwenden, wenn es schwer ist, Normallösungen herzustellen, also bei der Anwendung von leicht zersetzlichen Substanzen, wie z. B. dem übermangansauren Kalium. Es hätte keinen Sinn, für längere Zeit eine Normallösung dieses Salzes herzustellen, weil der Wirkungswerth derselben in Folge der fortdauernden langsamen Zersetzung, welche das Salz in wässeriger Lösung erleidet, sich bald ändert.

Die Normallösungen werden nach dem dermalen fast allgemein acceptirten titrimetrischen Systeme in der Weise bereitet, dass man, das Atomgewicht des Wasserstoffes als Vergleichseinheit gesetzt, von der wirksamen Substanz ein Aequivalentgewicht, in Grammen ausgedrückt, in so viel Wasser löst, dass die Flüssigkeit den Raum von 1 Liter einnimmt, mit anderen Worten: Ein Liter der Normalflüssigkeit enthält ein Aequivalentgewicht, in Grammen ausgedrückt, von der wirksamen Substanz. Eine Normaljodlösung wird, da 1 Atomgewicht Jod 1 Atomgewicht Wasserstoff äquivalent ist, 127 Grm. Jod im Liter enthalten; eine Normalsilberlösung muss aus dem analogen Grunde 108 Grm. Silber, resp. 170 Grm. salpetersaures Silber im Liter enthalten. Auf ein Liter der Normalkochsalzlösung kommen 58·5 Grm. Chlornatrium (enthaltend 1 Atomgewicht Chlor = 35·5 und 1 Atomgewicht Natrium = 23).

Bei der Bereitung der Normalsäuren für die Alkalimetrie gilt als Aequivalenteinheit jene Säuremenge, welche 1 Atom durch Metall vertretbaren Wasserstoffes enthält, das sind also die durch die Formeln $HCl$, $NO_3H$, $C_2H_4O_2$ ausgedrückten Mengen; wir haben demnach für je 1 Liter Normalsäure, von den einbasischen Säuren je 1 Molekulargewicht derselben, in Grammen, zu nehmen, von den zweibasischen Säuren, wie z. B. der Schwefelsäure ($SO_4H_2$), dagegen nur die Hälfte des Molekulargewichtes, weil 1 Molekül Schwefelsäure 2 Atome vertretbaren Wasserstoffes enthält und demnach 2 Molekülen Salzsäure äquivalent ist.

Die Normallösungen von Aetzkali, Aetznatron, Aetzbaryt sollen durch gleich grosse Volumina der Normalsäuren neutralisirt werden, dies wird aber geschehen, wenn ein Liter 1 Molekulargewicht Aetzkali oder Aetznatron oder ein halbes Molekulargewicht Aetzbaryt (in Grammen) gelöst enthält.

Nach diesem System sind einzelne Massflüssigkeiten sehr concentrirt, so würde die Normaljodlösung 127 Grm. Jod und die Normalsilberlösung 170 Grm. salpetersaures Silber im Liter enthalten. In solchen Fällen stellt man Zehntel-Normallösungen dar, indem man ein Zehntel der für die Normallösung geforderten Quantität, also z. B. 12·7 Grm. Jod, 17 Grm. salpetersaures Silber, für 1 Liter Flüssigkeit verwendet.

Was die Bereitung der Normalflüssigkeiten betrifft, so kann dieselbe auf zweierlei Weise geschehen. Lässt sich das Reagens im ganz reinen Zustande herstellen und unverändert (insbesondere ohne Wasser zu verlieren oder Wasser anzuziehen) abwägen, so wägt man die erforderliche Quantität ab, das ist also 1 Aequivalentgewicht in Grammen (für $^1/_{10}$ Normallösungen $^1/_{10}$ Aequivalentgewicht in Grammen), bringt dieselbe in einen Literkolben und fügt allmälig Wasser bis zur Marke hinzu. Nach geschehener Lösung wird der verstopfte Kolben kräftig geschüttelt, damit die Flüssigkeitsschichten sich mischen; wenn dies geschehen, ist die Normallösung fertig. Lässt sich das Reagens nicht rein und unverändert abwägen, so verfährt man, wie folgt: Auf einer gewöhnlichen Wage wird roh eine etwas grössere Menge, als erforderlich ist, von dem Reagens abgewogen und mit Wasser auf 1 Liter Flüssigkeit gelöst. In einer genau abgemessenen Menge dieser Flüssigkeit wird nach einer guten Methode der Gehalt an dem Reagens bestimmt und hierauf die Flüssigkeit mit der nöthigen, durch Rechnung zu findenden Wassermenge verdünnt. Es sei z. B. Normalschwefelsäure zu bereiten. Da die Schwefelsäure begierig Wasser anzieht, so ist es nicht möglich, dieselbe von constanter Zusammensetzung abzuwägen, denn sie würde, sobald man sie aus einem Gefäss in das tarirte Gefäss übergiesst, schon ganz merkliche Mengen Wasser aus der Luft aufnehmen. Ich bereite zunächst eine etwas concentrirtere Säure, indem ich 52 Grm. destillirte englische Schwefelsäure abwäge[1]) und mit Wasser auf einen Liter verdünne. Von der ausgekühlten Säure messe ich nun 2 Proben zu je 10 Ccm. genau ab und bestimme in denselben mit aller Sorgfalt die Schwefelsäure quantitativ, indem ich mit Chlorbaryum fälle, das schwefelsaure Baryum sorgfältigst auswasche, abfiltrire und nach dem Glühen wäge.

Das Gewicht des schwefelsauren Baryums betrage 1·1842, resp. 1.1890 Grm., im Mittel also 1·1866 Grm., welche 0·5 Grm. Schwefelsäure ($SO_4\,H_2$) entsprechen. Ein Liter dieser Schwefelsäure enthält also 50 Grm. Schwefelsäure und dieselbe ist demnach für eine Normalsäure, die nur 49 Grm. im Liter enthalten darf, zu concentrirt. Zunächst ergibt nun die Rechnung, dass 1 Liter von meiner Säure 1020·4 Ccm. Normalsäure, mithin 1 Ccm. 1·0204 Ccm. Normalsäure entspricht, denn:

$$49 : 1000 = 50 : x; \; x = 1020{\cdot}4.$$

Da ein Liter Normalsäure 49 Grm. Schwefelsäure enthält, diese Menge aber in 980 Ccm. meiner Säure enthalten ist[2]), so kann ich durch Verdünnen von 980 Ccm. meiner Säure mit 20 Ccm. Wasser einen Liter Normalsäure herstellen, und dies wird am besten in der Weise geschehen, dass ich zuerst in einen trockenen Literkolben aus einer Bürette oder Pipette 20 Ccm.

---

[1]) Für 1 Liter Normalschwefelsäure brauchen wir 1 Aequivalentgewicht derselben, gleich einem halben Molekulargewicht ($^1/_2$ $SO_4$ $H_2$), d. i. 49 Grm., weil die Schwefelsäure zweibasisch ist. 52 Grm. Schwefelsäure geben also eine concentrirtere Lösung, als die Normalsäure ist.

[2]) $1000 : 50 = x : 49; \; x = 980.$

Wasser einfliessen lasse und dann von der Säure genau bis zur Litermarke einfülle.

Die mit aller Sorgfalt bereiteten massanalytischen Reagentien müssen gut aufbewahrt werden, damit sie nicht ihren Gehalt (Titer) ändern. Veränderungen des Titers können vornehmlich erfolgen durch Verdunsten von Wasser oder gelösten Stoffen (z. B. Jod, Ammoniak), ferner in Folge von Zersetzungen durch die Einwirkung des Lichtes, endlich durch die Einwirkung der atmosphärischen Luft und der in ihr enthaltenen Kohlensäure. Um das Verdunsten von Wasser, sowie gelösten Stoffen, ferner die zersetzende Wirkung des Lichtes zu eliminiren, bewahrt man die Massflüssigkeiten in Glasflaschen, welche mit gut eingeriebenen Glasstöpseln verschlossen sind, an einem kühlen und dunklen Orte auf. Die alkalischen Laugen, wie Normalkali- oder Natronlauge, ferner Barytwasser, denen die Kohlensäure der Luft schädlich ist, werden am besten vor diesem schädlichen Einflusse dadurch geschützt, dass man sie in Glasflaschen füllt, welche mit einem gut passenden, doppelt durchbohrten Kautschukstöpsel verschlossen werden, dessen eine Bohrung ein mit Natronkalk gefülltes Rohr trägt, während sich in der andern Bohrung eine als Heber dienende Glasröhre befindet, an deren äusserem, längerm Schenkel am Ende entweder ein Glashahn oder mittelst eines Kautschukrohres ein Quetschhahn angebracht ist. Aus diesen so hergerichteten Flaschen wird die alkalische Flüssigkeit ausschliesslich mit Hilfe des Hebers entnommen, indem man den Hahn der mit Flüssigkeit gefüllten Heberröhre öffnet; in dem Masse, als Flüssigkeit ausfliesst, strömt oben Luft durch die Natronkalkröhre, also frei von Kohlensäure in die Flasche ein.

Normalflüssigkeiten, welche schon alt sind, d. h. aufbewahrt wurden, müssen, da sich ihr Titre möglicherweise geändert hat, vor der Verwendung einer neuerlichen Prüfung unterzogen werden; diese sogenannte „Urprüfung" kann je nach der Natur der Flüssigkeit entweder auf massanalytischem oder gewichtsanalytischem Wege geschehen. So z. B. wäre in einer alten Normalschwefelsäure der Schwefelsäuregehalt gewichtsanalytisch zu bestimmen, indem man eine genau abgemessene Menge der Säure mit Chlorbaryum ausfällt und das mit den nothwendigen Cautelen behandelte schwefelsaure Baryum wägt. Findet man bei der Urprüfung, dass die Flüssigkeit ihren Titre geändert hat, also nicht mehr normal ist, so kann man, wenn sie zu concentrirt ist, sie durch entsprechende Verdünnung corrigiren, oder, was einfacher ist und bei zu verdünnenden Flüssigkeiten regelmässig geschieht, die Abweichung vom normalen Titre in Rechnung bringen, indem man die Anzahl der verbrauchten Cubikcentimeter der Flüssigkeit durch Multiplication mit einem entsprechenden Factor in Cubikcentimeter Normalflüssigkeit umrechnet. Die Untersuchung einer lange aufbewahrten Schwefelsäure hätte z. B. einen Gehalt von 51 Mgrm. Schwefelsäure im Cubikcentimeter ergeben; die Normalsäure soll nur 49 Mgrm. enthalten. Da 51 Mgrm. Schwefelsäure somit in 1·04 Ccm. Normalsäure enthalten sind, so wird jeder Cubikcentimeter der alten Säure gerade so wirken, wie 1·04 Ccm. Normalsäure, und wenn ich bei einer Titrirung 10 Ccm. der alten Säure verbrauche, so habe ich 1·04 × 10, d. i. 10·4 Ccm. Normalsäure in Rechnung zu nehmen.

### Die Indicatoren.

Aus dem Principe der Massanalyse, von einem Reagens, d. h. von einer Normalflüssigkeit, soviel zu dem Untersuchungsobjecte zuzusetzen, dass sich eben ein bestimmter chemischer Process vollzieht und dann aus dem Volumen der dazu verbrauchten Normalflüssigkeit die Menge des gesuchten Körpers zu berechnen, ergibt sich das Bedürfniss nach Substanzen, welche im gegebenen Falle anzeigen, dass die zu vollziehende Reaction beendet, dass also eben genug von der Normallösung zugesetzt ist; wir nennen solche Körper, welche uns das Ende der Reaction erkennen lassen, Indicatoren und besitzen deren eine grosse Zahl für die verschiedenen Methoden, so z. B. Lakmustinctur für die Alkali- und Acidimetrie, Stärke für die mit Jodlösung auszuführenden Analysen, chromsaures Kalium bei der Bestimmung des Chlors mit Silberlösung u. s. w.

## Eintheilung der massanalytischen Methoden.

Die Reactionen, welche den massanalytischen Bestimmungen zu Grunde gelegt werden können, sind zahlreich, die aus ihnen abgeleiteten Methoden lassen sich in drei Gruppen eintheilen. 1. Die *Alkali- und Acidimetrie* umfasst die Methoden zur Bestimmung der Säuren und der alkalisch reagirenden Substanzen. 2. Die *Oxydations- und Reductionsanalyse* umfasst die Methoden, welche oxydirbare und reducirbare Substanzen durch Anwendung von Oxydations- und Reductionsmitteln (z. B. Kaliumpermanganat, schweflige Säure, unterschwefligsaures Natrium) zu bestimmen geeignet sind. 3. Die *Fällungsanalyse* endlich umfasst Methoden, nach denen die zu bestimmenden Substanzen in unlösliche Niederschläge verwandelt werden, wie dies bei der Gewichtsanalyse so häufig geschieht. Bei den massanalytischen Fällungsmethoden wird von der den Niederschlag erzeugenden Normalflüssigkeit so lange zugesetzt, bis kein Niederschlag mehr entsteht oder bis durch einen Indicator angezeigt wird, dass der zu bestimmende Körper vollkommen gefällt ist, so z. B. kann das Chlor in einer Kochsalzlösung auf zweierlei Art massanalytisch bestimmt werden: 1. Man setzt zu der mit Salpetersäure angesäuerten Kochsalzlösung so lange Zehntelnormal-Silberlösung, bis nach dem Absetzen des Chlorsilbers in der klaren Flüssigkeit ein Tropfen Silberlösung keine Trübung mehr erzeugt. 2. Man mischt zu der Kochsalzlösung einen Tropfen einer Auflösung von chromsaurem Kalium und titrirt nunmehr mit der Zehntelnormal-Silberlösung.

Anfangs entsteht ein weisser Niederschlag von Chlorsilber; sobald alles Chlor als Chlorsilber gefällt ist, entsteht ein rother Niederschlag von chromsaurem Silber.

## Alkali- und Acidimetrie.

Die Methoden zur massanalytischen Bestimmung von Basen und Säuren (Alkali- und Acidimetrie) beruhen auf folgenden Thatsachen: 1. Wenn Säuren und Basen in Lösung zusammenkommen, so neutralisiren sie sich, d. h. sie verbinden sich mit miteinander zu Salzen nach bestimmten, unveränderlichen Gewichtsverhältnissen. 2. Die blaue Lösung des Lakmusfarbstoffes (Lakmustinctur) wird durch Säuren roth, und wenn dann eine Base bis zur Neutralisation oder im Ueberschusse zugesetzt wird, wieder blau. Neutrale Salze verändern weder die Farbe der blauen, noch die der durch Säuren gerötheten Lakmustinctur.

Mit Hilfe des Lakmusfarbstoffes als Indicator vermag man demnach genau zu bestimmen, wenn beim Zusatz einer Säure zu einer Base oder umgekehrt beim Zusatz einer Base zu einer Säure Neutralisation erfolgt ist.

Da wir nun die Gewichtsverhältnisse genau kennen, nach denen sich Basen und Säuren gegenseitig neutralisiren, so ist es für die quantitative Bestimmung derselben ausreichend, zu wissen, wie viel von einer Alkali-, resp. Säurelösung, deren Gehalt genau bekannt ist, zur Neutralisation erfordert wird. Diese Mengen zu ermitteln ist die Aufgabe der alkali- und acidimetrischen Analysen, welche demnach so ausgeführt werden, dass man zu dem mit Lakmustinctur versetzten Untersuchungsobjecte aus der Bürette so lange Normalsäure, resp. Normalalkali zufliessen lässt, bis eben die Neutralität der Flüssigkeit angezeigt wird. Aus der Anzahl der verbrauchten Cubikcentimeter Normallösung ergibt sich dann, wie wir bald sehen werden, durch einfache Rechnung die Quantität Säure oder Base in dem Untersuchungsobjecte.

Das Gewichtsverhältniss, nach welchem sich Basen und Säuren neutralisiren, d. h. zu neutralen Salzen verbinden, ergibt sich für jeden speciellen Fall aus der Ueberlegung, dass das neutrale Salz entsteht, indem der vertretbare Wasserstoff der Säure vollständig durch Metall ersetzt wird. Kenne ich die Basicität der Säure und die Valenz des Metalles der Base, so weiss ich auch, wie viel Moleküle von der Base zur Sättigung von einem Molekül Säure nöthig sind. So z. B. sind zur Sättigung von 1 Molekulargewicht Schwefelsäure 2 Molekulargewichte Aetzkali, dagegen nur 1 Molekulargewicht Aetzbaryt erforderlich, denn die Schwefelsäure enthält im Molekül 2 Atome vertretbaren Wasserstoffes (sie ist zweibasisch), 1 Molekül Aetzkali enthält 1 Atom des einwerthigen Metalles Kalium, 1 Molekül Aetzbaryt enthält 1 Atom des zweiwerthigen Metalles Baryum.

Als Vergleichseinheit für die Säuren ist allgemein das Molekulargewicht einer einbasischen Säure, wie Salpetersäure und das

Molekulargewicht einer einsäurigen Base, wie Aetzkali, Ammoniak, angenommen. Die diesen Einheiten gleichwerthigen oder äquivalenten Mengen werden **Aequivalente** genannt. Es repräsentirt also 1 Molekulargewicht Salzsäure, ein halbes Molekulargewicht Oxalsäure je 1 Aequivalent Säure und jede der beiden Mengen vermag dieselbe Quantität einer Base zu neutralisiren. Ferner repräsentirt 1 Molekulargewicht Aetzkali, 1 Molekulargewicht Ammoniak, ein halbes Molekulargewicht Aetzbaryt je 1 Aequivalent Base, denn jede der angeführten Mengen Base vermag dieselbe Quantität einer Säure zu neutralisiren.

Die Aequivalenteinheiten von Säure und Base neutralisiren sich genau, d. h. 1 Aequivalent Säure bildet mit 1 Aequivalent Base ein neutrales Salz. Demnach wird 1 Molekül einer einbasischen Säure von einem Molekül einer einsäurigen Base neutralisirt, 1 Molekül einer zweibasischen Säure braucht 2 Moleküle einer einsäurigen oder 1 Molekül einer zweisäurigen Base u. s. w.

## Normalsäuren.

Als Normalsäuren verwendet man zweckmässig Lösungen von Schwefelsäure und Salzsäure, welche im Liter 1 Aequivalentgewicht dieser Säuren in Grammen, d. i. also 49 Grm. Schwefelsäure oder 36·5 Grm. Chlorwasserstoff enthalten. Die Bereitung dieser beiden Normalflüssigkeiten geschieht auf folgende Weise: Man wägt auf einer gewöhnlichen Tarawage in einem Literkolben 52 bis 55 Grm. reiner, destillirter, englischer Schwefelsäure ab, füllt Wasser bis zur Marke nach, schüttelt bis zur gleichförmigen Mischung um und entnimmt nach dem Erkalten der verdünnten Säure mit einer Pipette zwei Proben von genau je 10 Ccm., welche man in Bechergläsern mit Wasser verdünnt und bei Siedehitze mit Chlorbaryumlösung ausfällt. Der durch Decantation mit heissem Wasser gut gewaschene Niederschlag wird auf einem sogenannten aschefreien Filter gesammelt, nach dem Trocknen, getrennt vom Filter, in einem gewogenen Platintiegel geglüht, worauf man das zusammengelegte Filter oben auf den geglühten Niederschlag legt und einäschert. Nach dem Erkalten wird der Tiegelinhalt, um etwa entstandenes Schwefelbaryum in schwefelsaures Baryum zurückzuverwandeln, mit einigen Tropfen verdünnter Schwefelsäure befeuchtet und die Schwefelsäure durch anfangs gelinde und dann successive gesteigerte Wärme verdampft; zuletzt wird der Tiegel zum Glühen gebracht und nach dem Erkalten gewogen. Aus den Resultaten beider Bestimmungen wird das arithmetische Mittel genommen, der Gehalt der Schwefelsäure berechnet und da dieselbe gewiss zu concentrirt ist, d. h. mehr als 49 Grm. im Liter enthält, entsprechend verdünnt (über die Ausführung der Rechnung siehe Seite 104). Um Normalsalzsäure zu erhalten, verdünnt man reine rauchende Salzsäure mit destillirtem Wasser, bis sie bei der Prüfung mit dem Aräometer ein specifisches Gewicht von 1·1 zeigt[1]), wägt dann von derselben in einem Literkolben 200 Grm. ab, verdünnt mit Wasser auf 1 Liter und bestimmt in zwei Portionen zu 10 Ccm. gewichtsanalytisch durch Ausfällen mit Silberlösung das Chlor. Aus dem arithmetischen Mittel der beiden Resultate wird berechnet, in welchem Verhältnisse die Säure mit Wasser verdünnt werden muss, damit sie im Liter genau 36·5 Grm. Chlorwasserstoff enthalte.

In der Alkalimetrie werden vielfach $^1/_{10}$ Normalsäuren verwendet, um genauere Resultate zu erhalten. Selbstverständlich erhält man die $^1/_{10}$ Normalsäure, indem man 100 Ccm. Normalsäure auf 1 Liter mit Wasser verdünnt.

### Normal-Alkali.

Zur massanalytischen Bestimmung der Säuren werden verwendet: Normalkalilauge, welche 1 Grammen-Aequivalent, d. h. 56 Grm. Aetzkali im Liter enthält, oder Zehntelnormal-Kalilauge, Zehntelnormal-Barytlösung (mit 8·55 Grm. Barythydrat im Liter), oder empirische Lösungen dieser beiden Basen, deren Gehalt vor dem Gebrauche ermittelt wird. — 1 Ccm. Normallauge neutralisirt genau 1 Ccm. Normalsäure.

Die Normalkalilauge, welche frei von kohlensaurem Kalium sein muss, wird in folgender Weise dargestellt: Man löst 70 Grm. käufliches, mit Alkohol gereinigtes Aetzkali in Wasser zu einem Liter Flüssigkeit auf, erhitzt die Lösung in einem Kochkolben zum Sieden und setzt so lange heiss gesättigtes Barytwasser in kleinen Partien zu, bis durch neuen Zusatz kein Niederschlag mehr entsteht; nach dem vollständigen Absetzen des kohlensauren Baryums zieht man die über demselben stehende Lauge mit einem Heber in eine reine Flasche ab und fällt nun den überschüssigen Baryt durch eine concentrirte Lösung von schwefelsaurem Kalium aus, ein kleiner Ueberschuss von schwefelsaurem Kalium schadet nicht.

Die nach dem Absetzen des schwefelsauren Baryums klar abgeschiedene Flüssigkeit wird abgezogen, mit Normalschwefelsäure auf ihren Gehalt untersucht und dann entsprechend mit Wasser verdünnt. Wenn beispielsweise 8 Ccm. von dieser Lauge beim Titriren 10 Ccm. Normalschwefelsäure brauchen, so muss ich 800 Ccm. Lauge mit 200 Ccm. Wasser verdünnen, um 1 Liter Normallauge zu erhalten. Zehntelnormal-Kalilauge erhält man durch Verdünnen der Normallauge mit dem neunfachen Volumen Wasser.

Die Zehntelnormal-Barytlösung stellt man aus dem krystallisirten Barythydrat dar, welches die Zusammensetzung $BaH_2O_2 + 8H_2O$ und das Molekulargewicht 315 hat. Für 1 Liter Zehntelnormallösung ist $^1/_{10}$ Grammen-Aequivalent, d. i. also, da das Barythydrat eine zweisäurige Base ist, $^1/_{20}$ Grammenmolekulargewicht = 15·75 Grm. erforderlich. Man wägt 20 Gramme der

[1]) Salzsäure vom specifischen Gewicht 1·1 enthält 20%, Chlorwasserstoff.

Krystalle auf der Tarawage ab, löst in Wasser zu 1 Liter Flüssigkeit, filtrirt bei möglichster Abhaltung der Luft, titrirt die filtrirte klare Lösung mit Normalsäure und verdünnt in dem erforderlichen Verhältnisse mit Wasser.

Ueber die Aufbewahrung der Kalilauge und des Barytwassers ist schon Seite 105 das Nöthige gesagt worden. Wenn das Barytwasser bei längerem Aufbewahren doch mit der Kohlensäure der Luft in Berührung kommt, so entsteht kohlensaures Baryum, das sich abscheidet. In Folge dessen wird der Titer der Flüssigkeit geringer, man muss deshalb Barytwasser, in dem sich ein Niederschlag zeigt, unmittelbar vor dem Gebrauche mit Normalsäure auf seinen Gehalt, resp. acidimetrischen Werth prüfen und diesen in Rechnung bringen, z. B. 50 Ccm. von solchem Barytwasser brauchen nur 4·5 Ccm. Normalsäure zur Neutralisation, dann entsprechen sie nur 4·5 Ccm. $^1/_{10}$ Normalbarytwasser und ich muss für jeden Cubikcentimeter des zersetzten Barytwassers $^{45}/_{50}$ Ccm., d. i. 0·9 Ccm. Zehntelnormal-Barytwasser rechnen.

## Der Indicator für Alkali- und Acidimetrie.

Als Indicatoren für die Alkali- und Acidimetrie sind verschiedene Farbstoffe vorgeschlagen worden, von denen der Lakmusfarbstoff, der Curcumafarbstoff und die Rosolsäure die gebräuchlichsten sind. Die Lösung des Lakmusfarbstoffes, Lakmustinctur genannt, bereitet man durch Extrahiren von käuflichem Lakmus mit destillirtem Wasser bei gewöhnlicher Temperatur, Filtriren der dunkelblauen Flüssigkeit und Absättigen des in der Flüssigkeit enthaltenen Alkalis, indem man die filtrirte Tinctur in 2 Hälften theilt, zur einen Hälfte so lange verdünnte Schwefelsäure zutropft, bis sie eben zwiebelroth geworden und dann von der anderen Hälfte so viel beimischt, dass die Flüssigkeit violett erscheint. Diese violette Lakmustinctur ist ausserordentlich empfindlich, sie wird durch eine Spur Säure zwiebelroth und durch eine Spur Alkali blau gefärbt. Da die Lakmustinctur beim Aufbewahren in verschlossenen Gefässen in Folge eintretender Fäulniss entfärbt, somit verdorben wird, so bewahrt man sie in offenen Flaschen auf, deren Hals zum Abhalten des Staubes nur mit einem lockeren Baumwollpfropf verstopft ist. Zur Darstellung neutraler Lakmustinctur gibt K. Mays (Zeitschr. f. analyt. Chemie, XXV, 402) folgende Vorschrift: 100 Grm. Lakmus werden ohne vorheriges Pulvern mit 700 Ccm. Wasser zum Kochen erhitzt und dieses abgegossen. Der Rückstand wird nochmals mit 300 Ccm. Wasser aufgekocht. Die vereinigten Auszüge lässt man 1—2 Tage absitzen, säuert dann mit Salzsäure an und dialysirt gegen strömendes Wasser. Nach 3—4 Tagen ist die Flüssigkeit neutral. Man thut jedoch besser, im Ganzen 8 Tage zu dialysiren.

Der Curcumafarbstoff kommt in Form von Curcumapapier zur Verwendung; um dieses zu erhalten, bereitet man eine weingeistige Tinctur aus der Curcumawurzel, filtrirt sie und taucht in dieselbe Streifen von ungeleimtem Papier, welche man an einem dunklen Orte trocknet und vor Licht geschützt in einem undurchsichtigen Gefässe, etwa in einer Blechbüchse, aufbewahrt. Das gelbe Curcumapapier wird durch die Lösungen der Alkalien, sowie der alkalischen Erden intensiv braungefärbt.

Die Rosolsäure wird in Form einer weingeistigen Lösung angewendet, dieselbe ist gelb und wird durch Alkalien und kohlensaure Alkalien, sowie durch Barytwasser intensiv roth gefärbt, durch freie Säuren wieder entfärbt.

## Bestimmung der Basen.

Aetzkali, Aetznatron und Ammoniak werden mittelst Normalschwefelsäure titrirt, desgleichen die Hydroxyde der alkalischen Erden, wenn sie gelöst. z. B. als Kalkwasser, Barytwasser vorliegen; sind die letzteren in fester Form gegeben, so bestimmt man sie mittelst Normalsalzsäure.

Die Probesubstanzen werden in Fläschchen, welche mit gut schliessenden Glasstöpseln verschliessbar sind[1]), abgewogen[2]), in Wasser gelöst, die Lösung wird mit Lakmustinctur deutlich blau gefärbt und sodann aus der Bürette mit Normalschwefelsäure versetzt, bis die blaue Farbe eben in Violett umschlägt. Der Stand der Säure in der Bürette wurde vor Beginn der Titration abgelesen und wird nach deren Beendigung wieder abgelesen; die Differenz beider Ablesungen ergibt die Anzahl der zur Neutralisation verbrauchten Cubikcentimeter Normalsäure, aus welcher die Menge des gesuchten Körpers berechnet wird.

Für die Berechnung gilt Folgendes: 1 Liter Normalsäure sättigt 1 Grammen-Aequivalent jeder Base, 1 Ccm. somit den tausendsten Theil davon, d. h. ein Aequivalent ausgedrückt in Milligrammen.

Es entspricht daher 1 Ccm. verbrauchter Normalsäure folgenden Mengen der Basen:

| | | | |
|---|---|---|---|
| 0·056 Grm. | Aetzkali | (Aequivalent: | $KHO = 56$) |
| 0·040 „ | Aetznatron | ( „ | $NaOH = 40$) |
| 0·0855 „ | Barythydrat | ( „ | $\frac{1}{2}BaO_2H_2 = 85·5$) |
| 0·0765 „ | Baryumoxyd | ( „ | $\frac{1}{2}BaO = 76·5$) |
| 0·037 „ | Kalkhydrat | ( „ | $\frac{1}{2}CaH_2O_2 = 37$) |
| 0·028 „ | Calciumoxyd | ( „ | $\frac{1}{2}CaO = 28$) |
| 0·017 „ | Ammoniak | ( „ | $NH_3 = 17$). |

[1]) Für festes Aetzkali, Aetznatron und für Ammoniakflüssigkeit sind beim Abwägen deshalb gut verschliessbare Gefässe zu wählen, weil die beiden ersten begierig Wasser anziehen, und aus der letzteren Ammoniakgas abdunstet, wodurch das Ergebniss der Wägung fehlerhaft wird.

[2]) Wenn man eine Lösung zu untersuchen hat, von der man wissen will, wie viel von der gelösten Substanz in einem bestimmten Volumen enthalten ist, so wird von derselben für die Analyse eine Probe abgemessen. Man kann übrigens die Wägung der Flüssigkeiten dadurch umgehen, dass man deren specifisches Gewicht mit einem genauen Aräometer bestimmt und aus demselben das absolute Gewicht einer abgemessenen Menge berechnet.

Die Menge der in der untersuchten Quantität der Probesubstanz enthaltenen Base: Kalihydrat, Ammoniak etc. ergibt sich daher einfach durch Multiplication der verbrauchten Cubikcentimeter Normalsäure mit den soeben angeführten Zahlen. Hat man Zehntelnormalsäure oder eine empirische Säure von bekanntem Gehalte verwendet, so sind selbstverständlich zunächst die verbrauchten Cubikcentimeter derselben auf solche von Normalsäure umzurechnen.

Beispiele: 0·5 Grm. von einem käuflichen Aetzkali verbrauchen 8 Ccm. Normalschwefelsäure; dieselben enthalten somit $0·056 \times 8 = 0·448$ Grm. reines Aetzkali, d. i. 89·6%.[1]) — 10 Ccm. einer Laugenessenz (Natronlauge) wurden mit einer Schwefelsäure titrirt, von welcher 1 Ccm. 0·98 Ccm. Normalsäure entsprach; es wurden 25·5 Ccm. Säure verbraucht. Diese letzteren entsprechen $25·5 \times 0·98 = 25$ Ccm. Normalsäure und diese wieder $25 \times 0·04$, d. i. 1 Grm. Aetznatron; es enthalten somit 10 Ccm. der Laugenessenz 1 Grm., 100 Ccm. 10 Grm. Aetznatron.

## Bestimmung der Carbonate.

Die kohlensauren Salze der Alkalien und alkalischen Erden werden leicht durch Schwefelsäure oder Salzsäure zersetzt; Kohlensäure entweicht und es entstehen die schwefelsauren Salze, resp. Chloride, nach folgenden Gleichungen:

$$Na_2CO_3 + SO_4H_2 = Na_2SO_4 + H_2O + CO_2$$
$$CaCO_3 + 2HCl = CaCl_2 + CO_2 + H_2O.$$

Wir sind daher im Stande, auch die kohlensauren Salze der Alkalien und alkalischen Erden massanalytisch zu bestimmen, doch müssen, da die freiwerdende Kohlensäure von der Flüssigkeit absorbirt wird und störend einwirkt, gewisse Vorsichtsmassregeln beobachtet werden.

Wenn man nämlich zur Lösung eines kohlensauren Alkalis Schwefelsäure in kleinen Portionen zusetzt, so wird die erste Partie der ausgetriebenen Kohlensäure von dem noch unzersetzten kohlensauren Natrium gebunden, indem saures kohlensaures Natrium ($NaHCO_3$) entsteht. Wird nun weiter Schwefelsäure zugesetzt, so erfolgt die Zerlegung dieses sauren Salzes, es entwickelt sich freie Kohlensäure und diese färbt die Lakmustinctur violett, man beobachtet daher schon den Beginn der sauren Reaction, wenn erst ungefähr die Hälfte des Carbonates neutralisirt ist.

Dieser störende Einfluss der Kohlensäure wird in folgender Weise ganz beseitigt: Die abgewogene Menge des kohlensauren Salzes oder die abgemessene Menge der Lösung eines solchen wird in Wasser gelöst oder suspendirt und nach Zusatz von Lakmustinctur so lange Normalsäure[2]) aus der Bürette zugesetzt, bis die Flüssigkeit eine hell zwiebelrothe Farbe angenommen hat, bis also ein Ueberschuss der Normalsäure in der Flüssigkeit vor-

[1]) $0·5 : 0·448 = 100 : x$; $x = 89·6\%$.

[2]) Für kohlensaure Alkalien wird Normalschwefelsäure, für die Carbonate der alkalischen Erden Normalsalzsäure verwendet.

handen ist. Nunmehr ist das Carbonat vollständig zersetzt, die Flüssigkeit enthält das entsprechende schwefelsaure Salz oder Chlorid, einen Theil der abgeschiedenen Kohlensäure absorbirt und den Ueberschuss der Normalsäure. Man erhitzt nunmehr die Flüssigkeit zum Kochen, unterhält das Kochen 5 bis 10 Minuten lang, um die absorbirte Kohlensäure vollständig auszutreiben, lässt erkalten und setzt so viel Normalkalilauge aus der Bürette hinzu, dass die rothe Flüssigkeit violett wird, also die überschüssig zugesetzte Normalsäure neutralisirt ist. Da 1 Ccm. Normallauge 1 Ccm. Normalsäure neutralisirt, so gibt mir die Anzahl der verbrauchten Cubikcentimeter Lauge direct die im Ueberschusse zugesetzten Cubikcentimeter Säure an, und wenn ich diese von der Gesammtzahl der zugesetzten Cubikcentimeter Säure abziehe, so erfahre ich, wie viel Cubikcentimeter Normalsäure zur Zerlegung des Carbonates, resp. zu dessen Neutralisation verbraucht wurden; aus der letzteren Zahl aber kann ich die Menge des Carbonates berechnen, da ich weiss, dass 1 Liter Normalsäure 1 Grammen-Aequivalent von den Carbonaten des Kalium, Natrium, Baryum, Calcium zersetzt und dass somit 1 Ccm. Normalsäure entspricht:

0·053 Grm. kohlens. Natrium (Aequiv.: $^1/_2\,Na_2CO_3 = 53$)
0·069 „ „ Kalium ( „ $^1/_2\,K_2CO_3 = 69$)
0·050 „ „ Calcium ( „ $^1/_2\,CaCO_3 = 50$)
0·0985 „ „ Baryum ( „ $^1/_2\,BaCO_3 = 98{\cdot}5$).

Beispiele: 1 Grm. Pottasche wurde in Wasser gelöst, Lakmustinctur zugesetzt und dann mit 10 Ccm. Normalschwefelsäure übersättigt, so dass zwiebelrothe Färbung eintrat. Nunmehr wurde die Flüssigkeit 5 Minuten lang gekocht und nach dem Erkalten mit Normallauge neutralisirt, wozu 2·75 Ccm. erforderlich waren; da diese 2·75 Ccm. Normallauge ebensoviel Normalsäure entsprechen, so wurden zur Neutralisation der Pottasche 10—2·75, d. i. 7·25 Ccm. Normalsäure verbraucht, welche $7{\cdot}25 \times 0{\cdot}069 = 0{\cdot}5$ Grm. kohlensauren Kaliums entsprechen; demzufolge enthält unsere Pottasche 50 % kohlensaures Kalium ($1 : 0{\cdot}5 = 100 : x;\ x = 50$). 1 Grm. von einem fein gepulverten Kalkstein wurde im Wasser suspendirt, Lakmustinctur zugesetzt und nun so lange Normalsalzsäure aus der Bürette zugetropft, bis keine Kohlensäureentwicklung stattfand und die Flüssigkeit hell zwiebelroth wurde. Es waren im Ganzen 25 Ccm. Normalsalzsäure zugesetzt worden. Nachdem zum Vertreiben der Kohlensäure 10 Minuten lang gekocht worden war, liess man die Flüssigkeit erkalten und titrirte den Ueberschuss der Säure mit Normalkalilauge zurück; es wurden bis zum Eintritt der neutralen Reaction 6 Ccm. Normalkalilauge verbraucht. Es waren also 6 Ccm. Normalsäure im Ueberschusse zugesetzt und zur Neutralisation des Carbonates $25 - 6 = 19$ Ccm. verwendet worden; diese entsprechen aber $19 \times 0{\cdot}05$ Grm. $= 0{\cdot}95$ Grm. kohlensauren Calciums. 1 Grm. von unserem Kalkstein enthält somit 0·95 Grm. kohlensaures Calcium, d. i. 95 % ($1 : 0{\cdot}95 = 100 : x;\ x = 95$).

## Bestimmung von Aetzalkalien und kohlensauren Alkalien in derselben Flüssigkeit.

Die Aufgabe, ätzende Alkalien und Alkalicarbonate neben einander zu bestimmen, wird sehr oft gestellt, sie liegt eigentlich jedesmal vor, wenn man ein hierher gehöriges Handelsproduct, also Aetzkali, Aetznatron, Kalilauge oder Natronlauge, zu untersuchen hat, denn diese Präparate enthalten stets eine grössere oder geringere Menge von kohlensaurem Salz, weil ja die ätzenden Alkalien begierig Kohlensäure aus der Luft aufnehmen.

Man verfährt bei solchen Untersuchungen am besten so: Liegt ein festes Präparat vor, so wägt man eine geeignete Menge davon ab und löst im Messkolben zu einem bestimmten Volumen; liegt eine concentrirte Lauge vor, so misst man mit einer Pipette eine passende Anzahl von Cubikcentimetern ab und verdünnt im Messkolben auf ein bestimmtes Volumen. Von diesen Flüssigkeiten misst man weiters 2 gleiche Portionen ab. Die erste Portion wird mit Lakmustinctur gefärbt, mit Normalsäure übersättigt, dann zum Vertreiben der freigemachten Kohlensäure andauernd gekocht und nach dem Erkalten mit Normallauge neutralisirt, um den Ueberschuss der Normalsäure zu bestimmen. Durch diesen Vorgang erfahre ich die zum Neutralisiren des ätzenden Alkalis und des kohlensauren Alkalis zusammen erforderliche Säuremenge. Die zweite Portion wird kochend heiss gemacht und mit einer genügenden Menge von Chlorbaryum versetzt, um alles kohlensaure Salz zu zersetzen und eine demselben äquivalente Menge von kohlensaurem Baryum abzuscheiden.[1]) Wenn Chlorbaryum keinen Niederschlag mehr erzeugt, wird rasch bei bedecktem Filter (um die Kohlensäure der Luft abzuhalten) filtrirt, der Niederschlag mit heissem Wasser gewaschen, dann ohne Verlust in ein Becherglas gespült und nun nach den für die Carbonate geltenden Regeln mit Normalsalzsäure und Normallauge titrirt. Bei dieser Operation erfahre ich die Menge der Normalsäure, welche zur Neutralisation des Carbonates nöthig ist. Ziehe ich diese Menge von der für die erste Portion verbrauchten ab, so ergibt die Differenz jene Säuremenge, welche zur Neutralisation des vorhandenen ätzenden Alkalis erfordert wurde.

Beispiel: Es ist eine Laugenessenz auf ihren Gehalt an Aetznatron zu untersuchen. 10 Ccm. derselben, mit Lakmustinctur und 30 Ccm. Normalschwefelsäure versetzt, gekocht, brauchen nach dem Erkalten 5 Ccm. Normallauge zur Neutralisation. Demnach sind 25 Ccm. Normalschwefelsäure erforderlich, um 10 Ccm. der Laugenessenz zu neutralisiren. — Der aus 10 Ccm. der Laugen-

[1]) Aetzkali oder Aetznatron scheiden aus Chlorbaryum die äquivalente Menge Aetzbaryt ab, der in der Flüssigkeit gelöst bleibt, kohlensaures Kalium oder Natrium scheiden aber die äquivalente Menge von unlöslichem kohlensauren Baryum ab nach der Gleichung: $BaCl_2 + K_2CO_3 = BaCO_3 + 2KCl$; — $BaCO_3$ ist $K_2CO_3$ äquivalent.

essenz mittelst Chlorbaryum gefällte Niederschlag wurde in 10 Ccm. Normalsalzsäure gelöst, die verdünnte Lösung gekocht und nach dem Abkühlen mit Normallauge neutralisirt, wozu 5 Ccm. erforderlich waren, woraus folgt, dass zur Neutralisation des kohlensauren Baryums, resp. des in 10 Ccm. der Laugenessenz enthaltenen kohlensauren Natriums 5 Ccm. Normalsäure erfordert werden; es entfallen somit auf das in 10 Ccm. Laugenessenz enthaltene Aetznatron 20 Ccm. Normalsäure und diese entsprechen $20 \times 0{\cdot}04 = 0{\cdot}8$ Grm. Aetznatron, d. i. 80 Grm. für einen Liter.

## Bestimmung des Ammoniaks in seinen Salzen.

Freies Ammoniak lässt sich durch Titriren mit Normalsäure bestimmen. Da die Salze des Ammoniaks durch Einwirkung von ätzenden Alkalien schon bei gewöhnlicher Temperatur zerlegt werden[1]) und das Ammoniak flüchtig ist, so kann man auch das an Säuren gebundene, in Form eines Salzes vorhandene Ammoniak auf alkalimetrischem Wege quantitativ bestimmen. Man braucht die Lösung des betreffenden Ammoniumsalzes nur mit Kalilauge zu kochen, das entweichende Ammoniak ohne Verlust aufzufangen und mit Normalsäure zu titriren. Dazu bedient man sich zweckmässig des in Fig. 13 abgebildeten Apparates. Die wesentlichsten Theile desselben sind: *A*, *B*, *D*, drei Kochflaschen von je circa $^1/_2$ Liter Fassungsraum, welche mittelst durchbohrter Kautschukstöpsel und geeignet gebogener Glasröhren dicht miteinander verbunden sind; *C* ist ein Liebig'scher Kühlapparat, der durch das Zuflussrohr *e* mit kaltem Wasser gespeist wird und das erwärmte Wasser durch den Kautschukschlauch *f* abgibt. Das die Kochflaschen *A* und *B* verbindende Rohr besteht aus zwei Theilen, die bei *a* durch ein Stück Kautschukrohr verbunden sind, welches durch einen Quetschhahn verschlossen werden kann. Der im Kolben *B* befestigte Theil der Verbindungsröhre nimmt mittelst eines Kautschukrohres den Trichter *b* auf, auch dieses Kautschukrohr ist durch einen Quetschhahn zu verschliessen. In der einen Bohrung des Stöpsels von *B* steckt ein mit Glasperlen oder Glasscherben theilweise gefülltes weites Rohr, das mit dem Kühlrohre des Kühlapparates in Verbindung steht. Die Kochflasche *D* enthält in der einen Bohrung ihres Stöpsels noch eine Kugelröhre, welche mit Glasscherben gefüllt ist. Die einzelnen Theile des Apparates sind, wie aus der Zeichnung ersichtlich ist, mittelst Klemmen befestigt, welche sich an einer in ein kleines Brett vertical eingeschraubten Eisenstange befinden; dadurch wird der Apparat compendiös und leicht transportabel.

In dem Kolben *B* wird die Zersetzung des Ammoniumsalzes durch Kalilauge vorgenommen, das frei gewordene Ammoniak

[1]) Die Zerlegung der Ammoniumsalze durch ätzende Alkalien erfolgt nach folgenden Gleichungen:

$$NH_4Cl + KHO = NH_3 + H_2O + KCl.$$

$$(NH_4)_2SO_4 + 2KHO = 2NH_3 + 2H_2O + K_2SO_4.$$

wird durch einen Dampfstrahl, der durch Erhitzen von Wasser in *A* erzeugt wird, nach *D* geschafft, wo es von der Normal-

Fig. 13.

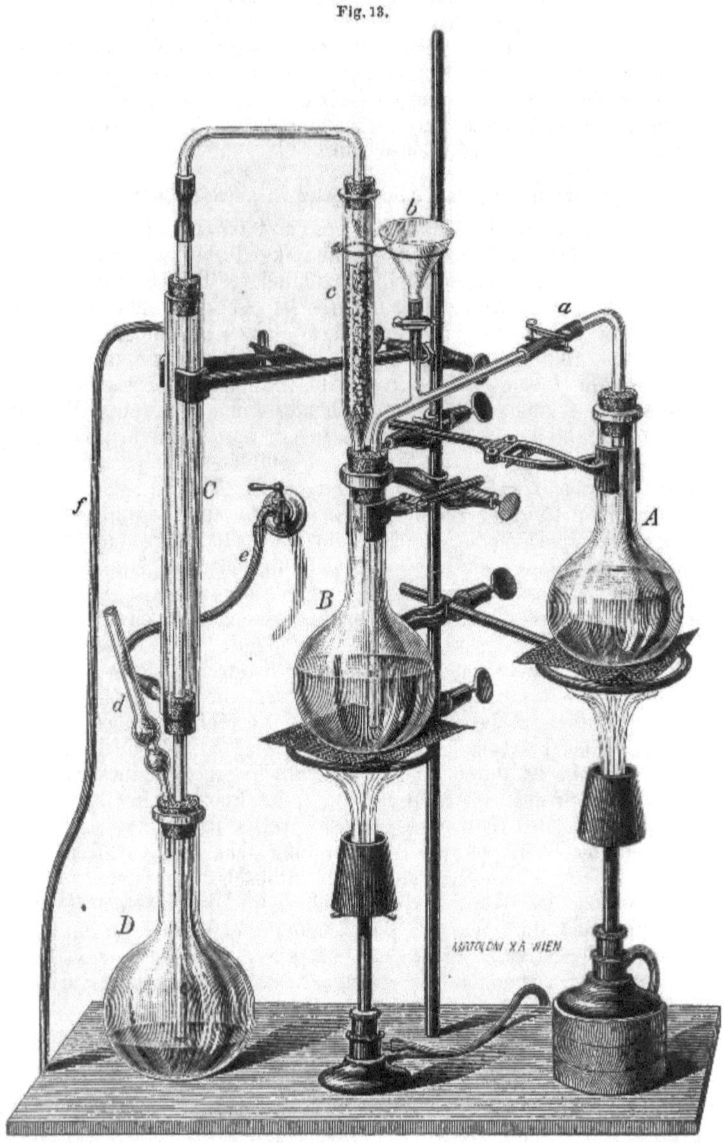


säure aufgenommen wird. Die ganze Operation der Ammoniakbestimmung wird in folgender Weise ausgeführt: Der Kolben *A* wird zu $^2/_3$ mit destillirtem Wasser gefüllt, in den Kolben *B* bringt man so viel verdünnte Kalilauge, dass das von *A* kommende Verbindungsrohr eintaucht und dass jedenfalls ein Ueberschuss derselben vorhanden ist.[1]) Nachdem die einzelnen Theile des Apparates dicht miteinander verbunden sind, wird *A* mit einer grossen, *B* mit einer kleinen Flamme erwärmt, während der Quetschhahn bei *a* und jener unter dem Trichter *b* geöffnet sind. Sobald das das Wasser in *A* heftig kocht, entweicht durch *b* ein kräftiger Dampfstrahl, den man ungefähr 10 Minuten anhalten lässt, um alles dem Apparate etwa anhaftende Ammoniak zu entfernen; sodann schliesst man den Quetschhahn unter *b* und lässt den Dampfstrahl durch die Kalilauge gehen; derselbe nimmt seinen Weg durch das Rohr *c* (welches mit Glasscherben gefüllt ist, die den Zweck haben, mitgerissene Tröpfchen von Lauge zurückzuhalten), gelangt in das Kühlrohr des Kühlers *C* und endlich als tropfbar flüssiges Wasser in den Kolben *D*. Wenn die Lauge auf diese Weise 10 bis 15 Minuten lang ausgekocht ist, so sind die in ihr etwa vorhandenen Spuren von Ammoniak ausgetrieben und auch das Rohr *c* und das Kühlrohr ist gereinigt. Nach dieser Procedur, welche lediglich den Zweck hat, alle dem Apparate innen anhaftenden und eine Fehlerquelle bildenden Ammoniakspuren zu entfernen, wird die Lampe unter *B* entfernt, der Stöpsel aus dem Halse von *A* entfernt, so dass der Wasserdampf frei in die Luft entweichen kann, der Quetschhahn bei *a* geschlossen und der Kolben *D* vom Kühlapparate weggenommen, worauf man denselben, sowie das Rohr *d* wiederholt mit destillirtem Wasser ausspült. Ist dies geschehen, so wird der Kolben *D* wieder an den Kühler befestigt und durch das mit Glasscherben zum Theil gefüllte Kugelrohr *d* eine mittelst Pipette genau abgemessene Menge Normalschwefelsäure in den Kolben gebracht.[2]) Sodann öffnet man den Quetschhahn unter dem Trichter *b*, giesst die das Ammoniumsalz enthaltende Lösung durch den Trichter *b* in den Kolben *B*, spült mit Wasser nach, schliesst den Quetschhahn unter dem Trichter, öffnet dagegen den Quetschhahn bei *A* und befestigt den

[1]) Wenn man eine neutrale Lösung eines Ammoniumsalzes zu untersuchen hat, so reichen selbstverständlich wenige Cubikcentimeter Kalilauge aus; enthält aber die Flüssigkeit grössere Mengen freier Säure, wie bei der Ammonbestimmung in Trinkwässern oder bei der Bestimmung der Salpetersäure in Form von Ammoniak noch v. Dumreicher's Methode (siehe Seite 118) u. s. w., so ist mehr Kalilauge erforderlich, weil diese erstens die freie Säure neutralisiren und zweitens das Ammonsalz zersetzen muss. Der Inhalt des Kolbens *B* muss nach Beendigung der Operation alkalisch reagiren, zum Beweise, dass wirklich genug Kalilauge verwendet wurde.

[2]) Es muss soviel Normalsäure genommen werden, dass nach der Neutralisation des überdestillirten Ammoniaks gewiss noch ein Ueberschuss vorhanden ist. 20 Ccm. Normalsäure werden in allen gewöhnlichen Fällen ausreichen. Das Einfüllen der Säure in den Kolben *D* geschieht deshalb durch das Rohr *d*, damit etwas von derselben auf den Glasscherben bleibt und für den Fall stürmischer Destillation das bis dorthin gelangende Ammoniak bindet, daher am Entweichen hindert.

Kork im Halse des Kolbens *A* wieder, so dass der Dampf aus *A* nach *B* gelangen kann, es wird dann auch wieder die Lampe unter *B* gebracht, worauf bald die Destillation beginnt; das Ammoniak gelangt, mit Wasserdampf gemischt, in den Kühler *C* und schliesslich in den Kolben *D*, wo es von der Normalsäure aufgenommen wird. Bei energischem Kochen ist in einer halben, längstens in ³/₄ Stunden alles Ammoniak aus dem Kolben *B* ausgetrieben, und es kann nach dieser Zeit die Operation unterbrochen werden. Man nimmt jetzt den Kolben *D* vom Kühler weg, spült das Kühlrohr von *C* gut ab, wäscht ferner das Rohr *d* gut mit destillirtem Wasser durch (diese Spülwässer kommen natürlich in den Kolben *D*) und titrirt dann nach Zusatz von Lakmustinctur mit Normallauge oder mit Barytwasser bis zur neutralen Reaction. Die Anzahl der Cubikcentimeter Normallauge zieht man von der Anzahl der in den Kolben *D* gebrachten Cubikcentimeter Normalsäure ab und berechnet die Differenz auf Ammoniak (1 Ccm. Normalsäure entspricht 0·017 Grm. Ammoniak).

Beispiel: 2 Liter Brunnenwasser wurden mit Säure eingedampft und die erhaltene concentrirte Flüssigkeit in dem beschriebenen Apparate auf Ammoniak untersucht. In dem Kolben *D* wurden 10 Ccm. Normalschwefelsäure gebracht, nach Beendigung der Operation wurden zum Neutralisiren verbraucht 47 Ccm. Barytwasser, von dem 1 Ccm. 0·19 Ccm. Normalbarytwasser entsprach. Diese 47 Ccm. entsprechen $47 \times 0{\cdot}19 = 8{\cdot}93$ Ccm. Normalbarytwasser und 8·93 Ccm. Normalsäure. Da 10 Ccm. Normalsäure angewendet wurden, so sind $10 - 8{\cdot}93 = 1{\cdot}07$ Ccm. Normalsäure für das in den 2 Litern Wasser enthaltene Ammoniak verbraucht worden; dieses ist aber $= 1{\cdot}07 \times 0{\cdot}017$ oder 0·01819 Grm. Mithin enthält 1 Liter des untersuchten Wassers 0·00909 Grm. Ammoniak.

## Bestimmung der Salpetersäure in ihren Salzen.

Freie Salpetersäure kann, wenn keine andere Säure neben ihr vorhanden ist, gleich anderen Säuren mit Normallauge bestimmt werden. Ist aber die Salpetersäure mit anderen Säuren gemengt oder gebunden, als Salz gegeben, so muss ein anderer Weg zu ihrer Bestimmung eingeschlagen werden. Unter Anderem kann die Salpetersäure durch Reduction in Ammoniak umgewandelt und dieses bestimmt werden. Da aus einem Molekulargewicht Salpetersäure bei dieser Reduction ein Molekulargewicht Ammoniak entsteht, so kann aus der gefundenen Ammoniakmenge die Quantität der reducirten Salpetersäure berechnet werden.

Das beste Reductionsmittel für diesen Zweck ist das Zinnchlorür. Schon E. Pugh hat dasselbe zur Bestimmung der Salpetersäure angewendet, aber erst O. v. Dumreicher[1]) hat dafür eine leicht ausführbare Methode ausgearbeitet.

---

[1]) Siehe Sitzungsberichte der k. k. Akademie der Wissenschaften in Wien. 2. Abth., LXXXII, Seite 583.

Die Reduction der Salpetersäure durch Zinnchlorür erfolgt bei Gegenwart freier Salzsäure, nach folgender Gleichung:

$$HNO_3 + 4SnCl_2 + 9ClH = NH_4Cl + 4SnCl_4 + 3H_2O.$$

Ist die Salpetersäure nicht frei, sondern als Salz vorhanden, so wird zuerst durch die Salzsäure die Salpetersäure frei gemacht und dann durch das Zinnchlorür zu Ammoniak reducirt. Die folgende Gleichung fasst diese beiden Processe zusammen:

$$KNO_3 + 4SnCl_2 + 10HCl = KCl + NH_4Cl + 4SnCl_4 + 3H_2O.$$

Ein Molekulargewicht Salpetersäure, resp. salpetersaures Kalium, erfordert demnach zur Reduction vier Atomgewichte Zinn in der Form des Chlorürs. Wegen der leichten Oxydirbarkeit des Zinnchlorürs wird man selbstverständlich von vornherein daran denken müssen, einen Ueberschuss desselben anzuwenden; in der That hat die Erfahrung gelehrt, dass die Reduction der Salpetersäure nur bei Anwendung eines bedeutenden Ueberschusses von Zinnchlorür leicht und vollständig vor sich geht.

Die Ausführung der Methode ist folgende: Auf je 1 Grm. Salpetersäure wird eine frisch bereitete Lösung[1]) von 16 Grm. granulirten Zinns in 60 Grm. 40%iger Salzsäure angewendet. Die Lösung, welche die freie Salpetersäure oder das salpetersaure Salz enthält, wird mit der sauren Zinnchlorürlösung in einem Kochkolben gemischt und dann während einer Stunde in gelindem Sieden erhalten, sodann wird die Flüssigkeit in eine Porcellanschale gegossen, nachgespült und auf dem Wasserbade bis zur Bildung einer Krystallhaut verdampft, worauf man die Schale zweckmässig noch $^1/_2$ Stunde auf dem Wasserbade verweilen lässt. Nach dem Erkalten ist die Flüssigkeit zur Ammoniakbestimmung nach der auf Seite 115 beschriebenen Methode geeignet. Da 1 Molekulargewicht Salpetersäure ($HNO_3 = 63$) bei der Reduction 1 Molekulargewicht Ammoniak ($NH_3 = 17$) liefert, so hat man für jeden Cubikcentimeter Normalsäure, der bei der Ammoniakbestimmung verbraucht wurde, 0·063 Grm. Salpetersäure zu rechnen.

Enthält die zu untersuchende Substanz neben der Salpetersäure auch Ammoniak, so müsste das letztere durch (salpeterfreie) Kalilauge ausgetrieben werden, bevor man zur Salpetersäurebestimmung schreitet. Die zurückbleibende Flüssigkeit kann dann sofort mit Zinnchlorür behandelt werden.

### Bestimmung freier Säuren.

Die massanalytische Bestimmung freier Säuren wird in der Weise ausgeführt, dass die mit einer Pipette oder Bürette abgemessene, oder in einem mit Glasstöpsel dicht verschliessbaren Fläschchen abgewogene Probe in Wasser gelöst und mit Lakmustinctur deutlich roth gefärbt wird, worauf man aus der Bürette

[1]) Da die saure Zinnchlorürlösung aus der Luft begierig Ammoniak absorbirt, so muss die Lösung vor dem Gebrauche frisch bereitet werden oder sie muss vor dem Zutritt von Ammoniak geschützt aufbewahrt werden.

so lange Normalkalilauge oder Barytwasser zufliessen lässt, bis der zuletzt zugesetzte Tropfen die zwiebelrothe Farbe der Flüssigkeit in violett verwandelt. Aus der verbrauchten Menge der Lauge, resp. des Barytwassers ergibt sich durch einfache Rechnung die Quantität der gesuchten Säure.

Es entspricht nämlich 1 Ccm. Normallauge oder Normalbarytwasser folgenden Säuremengen:

| | | | | |
|---|---|---|---|---|
| Salpetersäure | 0·063 | Grm. | (Aequiv. | : $HNO_3 = 63$) |
| Salzsäure | 0·0365 | „ | „ | : $HCl = 36{\cdot}5$) |
| Essigsäure | 0·060 | „ | „ | : $C_2H_4O_2 = 60$) |
| Schwefelsäure | 0·049 | „ | „ | : $^1/_2\,SO_4H_2 = 49$) |
| Oxalsäure krystall. | 0·063 | „ | „ | : $^1/_2[C_2O_4H_2 + 2H_2O] = 63$) |
| Weinsäure | 0·075 | „ | „ | : $^1/_2\,C_4H_6O_6 = 75$). |

Die Anzahl der verbrauchten Cubikcentimeter Normallauge ist mit dem der titrirten Säure entsprechenden Werthe zu multipliciren, um die Säuremenge zu finden.

Wir hätten z. B. für 1 Grm. käuflicher Weinsäure verbraucht 12 Ccm. Normalkalilauge; diese entsprechen 12 × 0·075, d. i. 0·9 Grm. Weinsäure; mithin enthält die untersuchte Säure in einem Gramm nur 0·9 Grm. reiner Weinsäure, d. i. 90 %.

# Oxydations- und Reductionsanalyse.

## Allgemeines.

Die in der Massanalyse gebräuchlichen Methoden der Oxydations- und Reductionsanalyse beruhen darauf, dass viele Substanzen durch gewisse Oxydationsmittel unter Aufnahme einer bestimmten Menge Sauerstoff oxydirt werden, ferner, dass andere Substanzen durch geeignete Reductionsmittel eine bestimmte Menge Sauerstoff verlieren und in sauerstoffärmere Verbindungen übergehen. Die chemischen Processe, nach denen sich diese Oxydationen und Reductionen vollziehen, sind bekannt, und wir vermögen daher aus der Menge des verbrauchten Oxydationsmittels, resp. Reductionsmittels einen Schluss auf die Menge des oxydirten, resp. reducirten Körpers zu ziehen. Eisenoxydul z. B. wird in saurer Lösung durch Uebermangansäure in Eisenoxyd verwandelt, 2 Molekulargewichte Eisenoxydul nehmen bei diesem Processe 1 Atomgewicht Sauerstoff auf, die Uebermangansäure verliert eine bestimmte Menge Sauerstoff und geht in Manganoxydul über; 1 Molekulargewicht Uebermangansäure vermag daher 5 Molekulargewichte Eisenoxydul in Eisenoxyd zu verwandeln. Habe ich also eine Uebermangansäurelösung von bekanntem Gehalte, so vermag ich mit derselben Eisenoxydulbestimmungen auszuführen, ich brauche nur zu ermitteln, wie viel von dieser

Lösung erforderlich ist, um das Eisenoxydul des Untersuchungsobjectes in Eisenoxyd überzuführen.

---

## Oxydationsanalyse.

### *Uebermangansaures Kalium als Oxydationsmittel.*

Das übermangansaure Kalium (auch Chamaeleon minerale genannt) oxydirt in Lösungen, welche freie Schwefelsäure enthalten, viele unorganische und organische Körper und geht dabei selbst in schwefelsaures Kalium und schwefelsaures Mangan über. Da die Lösungen des Manganoxydulsalzes farblos, jene des übermangansauren Kaliums aber intensiv roth sind, und da selbst eine sehr geringe Menge von dem übermangansauren Kalium eine grosse Quantität Wasser noch deutlich roth färbt, so dient dasselbe zugleich als Indicator. So lange nämlich in der zu untersuchenden Flüssigkeit noch unoxydirte Substanz vorhanden ist, wird das zugesetzte übermangansaure Kalium entfärbt, sobald aber der Oxydationsprocess beendet ist, färbt der erste im Ueberschusse zugesetzte Tropfen der Chamäleonlösung die Flüssigkeit bleibend roth. Das Ende der Reaction bei den Oxydationsanalysen mit Chamäleon ist also eingetreten, wenn die zugesetzte Lösung nicht mehr entfärbt wird, sondern der ganzen Flüssigkeit eine blassrothe, bleibende Färbung verleiht.

Das übermangansaure Kalium zersetzt sich in wässeriger Lösung zwar langsam, aber doch stetig und deshalb pflegt man von demselben nicht Normallösungen, sondern Lösungen zu verwenden, die jedesmal vor dem Gebrauche auf ihren Gehalt untersucht werden. Eine Lösung, die ungefähr 3 Grm. übermangansaures Kalium im Liter enthält, ist für die meisten Analysen passend concentrirt: man bereitet dieselbe durch Auflösen von 3 Grm. übermangansaurem Kalium in Wasser auf 1 Liter Flüssigkeit. Da das käufliche Präparat beim Lösen gewöhnlich etwas Manganhyperoxyd zurücklässt, so filtrirt man davon durch Glaswolle oder Asbest (ja nicht durch Filtrirpapier!) und bewahrt das Filtrat im Dunkeln in Glasstöpselflaschen auf.

Den Titer der Chamäleonlösung ermittelt man mit einer oxydirbaren Substanz, indem man untersucht, wieviel von der Lösung zur Oxydation einer gewogenen Menge dieser oxydirbaren Substanz nöthig ist. Als solche Prüfungssubstanzen sind vorgeschlagen worden: das metallische Eisen in Form von feinem Draht, das Eisenammoniumsulfat und die krystallisirte Oxalsäure; ich gebe der letzteren vor den beiden anderen den Vorzug. Die Titerbestimmung wird auf folgende Weise ausgeführt: Eine genau gewogene Menge, und zwar ungefähr 0·2 Grm. chemisch reiner, klein krystallisirter Oxalsäure wird in heissem Wasser gelöst, die Lösung mit verdünnter Schwefelsäure versetzt, worauf man sofort aus der Bürette Chamäleonlösung zufliessen lässt, und zwar anfangs im Strahle, später tropfenweise, bis der letzte Tropfen bleibende Rothfärbung bewirkt. Dividirt man das Gewicht der angewendeten Oxalsäure durch die Anzahl der verbrauchten Cubikcentimeter Chamäleonlösung, so erhält man als Quotienten jene Oxalsäuremenge, welche durch 1 Ccm. der Chamäleonlösung oxydirt wird. Man kann den für Oxalsäure gefundenen Titer des Chamäleons auch für andere oxydirbare Stoffe, z. B. für Eisenoxydul, umrechnen. Die Oxalsäure wird von dem Chamäleon nach folgender Gleichung oxydirt:

$$5 (C_2 O_4 H_2 + 2 H_2 O)^{1)} + 2 K Mn O_4 + 3 S O_4 H_2 =$$
$$= 10 C O_2 + 18 H_2 O + K_2 S O_4 + 2 Mn S O_4.$$

Das Eisenoxydul geht in Eisenoxyd (resp. Eisenoxydulsulfat in Eisenoxydsulfat) nach folgender Gleichung über:

$$10 Fe S O_4 + 2 K Mn O_4 + 8 H_2 S O_4 =$$
$$= 5 [Fe_2 (S O_4)_3] + K_2 S O_4 + 2 Mn S O_4 + 8 H_2 O.$$

Aus diesen beiden Gleichungen ersieht man, dass zur Oxydation von 5 Molekulargewichten krystallisirter Oxalsäure (d. i. $5 \times 126 = 630$) soviel übermangansaures Kalium erfordert wird, wie zur Oxydation von 10 Molekulargewichten Eisenoxydul (d. i. $10 \times 72 = 720$); es sind demnach 630 Gewichtstheile krystallisirte Oxalsäure in Bezug auf die Chamäleonwirkung 720 Gewichtstheilen Eisenoxydul, oder da diese 10 Atomgewichten Eisen, d. i. $10 \times 56 = 560$ Gewichtstheilen entsprechen, auch 560 Gewichtstheilen Eisen äquivalent. Wenn ich daher z. B. bei der Titerbestimmung des Chamäleons fand, dass 1 Ccm. desselben 0·005 Gramm krystallisirter Oxalsäure entspricht, so kann ich den Titer für Eisenoxydul und Eisen durch die Auflösung der folgenden zwei Proportionen umrechnen:

$$0{\cdot}005 : x = 630 : 720;\ x = 0{\cdot}0057 \text{ Eisenoxydul}$$
$$0{\cdot}005 : x = 630 : 560;\ x = 0{\cdot}0044 \text{ Eisen.}$$

### Bestimmung des Eisens.

Aus der oben angeführten Gleichung, nach welcher das Eisenoxydul in Eisenoxyd übergeführt wird, ist ersichtlich, dass das Eisen mit Chamäleon massanalytisch bestimmt werden kann, wenn dasselbe als Eisenoxydulsalz (Ferrosalz), am besten als Eisensulfat vorhanden ist; überdies ist die Anwesenheit freier Schwefelsäure nöthig. Die saure Eisenlösung[2]) wird bei gewöhnlicher Temperatur mit Chamäleon versetzt, bis die Flüssigkeit bleibend eine blassrothe Farbe annimmt. Die an der Bürette abgelesene Anzahl der verbrauchten Cubikcentimeter Chamäleon multiplicirt mit dem auf Eisen oder Eisenoxydul bezüglichen Titer

---

[1]) Die Oxalsäure krystallisirt, wie diese Formel ausdrückt, mit 2 Molekülen Krystallwasser.

[2]) Erhebliche Mengen freier Salzsäure darf die Flüssigkeit nicht enthalten, weil sonst die Bestimmungen falsch werden.

ergibt die Menge des in der Probesubstanz enthaltenen Eisens, resp. Eisenoxyduls.

Wenn das Eisen in der Oxydform vorhanden ist, so muss dasselbe zunächst reducirt werden. Dies geschieht am besten dadurch, dass man in die mit Schwefelsäure angesäuerte, gelinde erwärmte Lösung, welche sich in einem Glaskolben befindet, einige sehr schmale Streifen von dünnem Zinkblech einträgt. Der nascirende Wasserstoff reducirt das Eisenoxyd zu Oxydul; sobald das Zink gelöst ist, entnimmt man der Flüssigkeit mit einem dünnen Glasstab ein Tröpfchen und bringt es auf ein knapp neben den Kolbenhals gehaltenes Filtrirpapier, das mit concentrirter Schwefelcyankaliumlösung benetzt ist. Ist die Reduction beendet, so bleibt das Papier farblos oder wird höchstens fleischfarben; im entgegengesetzten Falle aber wird es roth und dann muss neuerdings Zink eingetragen und geprüft werden, bis Schwefelcyankalium nicht mehr die Eisenoxydreaction anzeigt. Die Titrirung kann dann sofort erfolgen, vorausgesetzt, dass schon alles Zink gelöst ist.

## Bestimmung der Oxalsäure.

Die Oxydation der Oxalsäure durch Chamäleon geht in einer Lösung, welche freie Schwefelsäure enthält, in der Wärme rasch, bei gewöhnlicher Temperatur dagegen langsam vor sich. Soll Oxalsäure bestimmt werden, so wird die Probe in heissem Wasser gelöst, verdünnte Schwefelsäure hinzugefügt und nun aus der Bürette Chamäleon bis zur bleibenden Rothfärbung der Flüssigkeit zugesetzt. Die Menge der Oxalsäure wird durch Rechnung gefunden, indem man die Anzahl der verbrauchten Cubikcentimeter des Chamäleons mit dem auf Oxalsäure bezüglichen Titer multiplicirt.

## Bestimmung des Wasserstoffsuperoxydes.

Das Wasserstoffsuperoxyd kann in einer freie Schwefelsäure enthaltenden Lösung mittelst Chamäleon massanalytisch bestimmt werden, indem es nach folgender Gleichung in Wasser und Sauerstoff gespalten wird.

$$5\,H_2O_2 + 2\,K\,Mn\,O_4 + 3\,S\,O_4\,H_2 =$$
$$= 10\,O + 8\,H_2O + K_2\,S\,O_4 + 2\,Mn\,S\,O_4.$$

Das Chamäleon gibt an jedes Molekulargewicht Wasserstoffsuperoxyd 1 Atomgewicht Sauerstoff ab, demnach ist 1 Molekulargewicht Wasserstoffsuperoxyd (34) einem Molekulargewicht Oxalsäure (126) hinsichtlich der Wirkung auf Chamäleon äquivalent. Ist der Chamäleontiter mit Oxalsäure bestimmt, so wird er für Wasserstoffsuperoxyd in der Weise umgerechnet, dass man ihn mit 34 multiplicirt und das Product durch 126 dividirt. Entspricht z. B. 1 Ccm. Chamäleon 0·005 Grm. Oxalsäure, so entspricht er auch 0·00135 Grm. Wasserstoffsuperoxyd.

Um das Wasserstoffsuperoxyd in einer Lösung zu bestimmen, wird die abgemessene oder abgewogene Probe mit Schwefelsäure stark angesäuert und dann mit Chamäleon versetzt. Es tritt anfangs sofort Entfärbung ein unter Entwicklung von gasförmigem Sauerstoff; wenn die Flüssigkeit roth bleibt, ist die Zersetzung beendet. Die Anzahl der verbrauchten Cubikcentimeter des Chamäleons mit dem auf Wasserstoffsuperoxyd bezüglichen Titer multiplicirt ergibt die Menge des Wasserstoffsuperoxydes.

### *Jod als Oxydationsmittel.*

Die oxydirende Wirkung, welche das Jod auf viele oxydirbare Körper ausübt, ist eine indirecte; das Jod zerlegt nämlich das Wasser, verbindet sich mit dem Wasserstoff und macht Sauerstoff frei, welcher von dem oxydirbaren Körper aufgenommen wird. Je 1 Molekulargewicht Jod zerlegt 1 Molekulargewicht Wasser, wie die folgende Gleichung zeigt:

$$J_2 + H_2O = 2HJ + O.$$

Durch die Aufnahme dieses Sauerstoffes wird der oxydirbare Körper, den man der Reaction unterzieht, oxydirt; z. B. schweflige Säure geht auf diese Weise in Schwefelsäure, arsenige Säure in Arsensäure über:

$$SO_3H_2 + J_2 + H_2O = SO_4H_2 + 2JH.$$
$$AsO_3H_3 + J_2 + H_2O = AsO_4H_3 + 2JH.$$

Wir vermögen aus der Jodmenge, welche bei einem solchen Oxydationsprocesse verbraucht wird, die Mengen der oxydirten Substanz, also z. B. der schwefligen Säure oder der arsenigen Säure, zu berechnen.

Die in der Massanalyse gebrauchte Jodlösung wird durch Auflösen von Jod in einer wässerigen Jodkaliumlösung hergestellt, und zwar bereitet man, da die Normallösung mit 127 Grm. Jod im Liter zu concentrirt wäre, $^1/_{10}$ Normallösung, die man durch Auflösen von 12·7 Grm. reinem trockenem Jod, 20 Grm. reinem Jodkalium[1]) zu 1 Liter Flüssigkeit bereitet. Man bringt die abgewogenen Mengen von Jod und Jodkalium in einem Literkolben, gibt etwa 200 Ccm. Wasser zu, schüttelt öfter um und füllt, wenn Alles gelöst ist, Wasser bis zur Marke auf.

Als Indicator bei der Oxydationsanalyse mittelst Jod bedient man sich ausschliesslich der Stärke, welche, wie bekannt, durch die geringsten Spuren von Jod intensiv blau gefärbt wird, während Jodwasserstoff, sowie Metalljodide diese Färbung nicht hervorbringen. Wenn ich z. B. in einer Lösung schweflige Säure quantitativ zu bestimmen habe, so versetze ich diese Flüssigkeit mit einigen Tropfen Stärkelösung und lasse dann Zehntel-Normaljodlösung aus der Bürette zufliessen. So lange noch schweflige Säure vorhanden ist, wird das zugesetzte Jod in Jodwasserstoff umgewandelt und die Flüssigkeit bleibt farblos; ist aber alle

[1]) Das Jodkalium muss absolut frei von jodsaurem Kalium sein. Wenn man eine Lösung desselben mit ein paar Tropfen Stärkelösung versetzt und dann mit verdünnter Schwefelsäure ansäuert, so muss die Flüssigkeit farblos bleiben; Blaufärbung würde auf die Gegenwart von Jodsäure hinweisen.

schweflige Säure durch das Jod bereits oxydirt, so bleibt weiter zugesetztes Jod frei, verbindet sich mit der Stärke und die Flüssigkeit wird blau.

Die Stärkelösung bereitet man sich zweckmässig knapp vor dem Gebrauche auf folgende Weise: Eine geringe Menge gepulverter Stärke (etwa 0·1 Grm.) schüttelt man mit Wasser in einer Eprouvette und giesst die milchige Flüssigkeit in ungefähr 10 bis 20 Ccm. siedendes Wasser (in einer zweiten Eprouvette), worauf man das Ganze noch einmal aufkochen lässt und nach dem Erkalten filtrirt. Das Filtrat ist sofort verwendbar.[1])

## Bestimmung der schwefligen Säure.

Schweflige Säure wird durch Jod bei Gegenwart von Wasser zu Schwefelsäure oxydirt. Diese Reaction erfolgt, wenn die erstere im freien Zustande vorhanden ist, nur bei sehr grosser Verdünnung (4 auf 10.000). Wenn aber die Flüssigkeit durch Zusatz von doppeltkohlensaurem Natrium schwach alkalisch gemacht wird, so kann man bei beliebiger Concentration titriren. Da 1 Molekulargewicht Jod einem Molekulargewicht schwefliger Säure ($H_2SO_3 = 82$), resp. Schwefligsäure-Anhydrid ($SO_2 = 64$) entspricht und da 1 Liter Zehntel-Normaljodlösung $^1/_{10}$ Atomgewicht, d. i. $^1/_{20}$ Molekulargewicht Jod in Grammen enthält, so wird 1 Liter dieser Zehntel-Lösung entsprechen: 4·1 Grm. schwefliger Säure und 3·2 Grm. Schwefligsäure-Anhydrid; 1 Ccm. wird entsprechen: 0·0041 Grm. schwefliger Säure und 0·0032 Grm. Schwefligsäure-Anhydrid.

Die Lösung der schwefligen Säure wird entweder sehr stark mit Wasser verdünnt oder mit doppeltkohlensaurem Natrium schwach alkalisch gemacht, mit Stärkelösung versetzt, worauf man aus der Bürette Jodlösung bis zur beginnenden Blaufärbung zufliessen lässt. Die Anzahl der verbrauchten Cubikcentimeter Zehntel-Normaljodlösung mit 0·0041 multiplicirt, gibt das Gewicht der schwefligen Säure, mit 0·0032 multiplicirt das Gewicht des dieser entsprechenden Anhydrides in Grammen.

## Bestimmung des Schwefelwasserstoffes.

In sehr verdünnten Lösungen wirken Schwefelwasserstoff und Jod nach folgender Gleichung auf einander ein:

$$H_2S + J_2 = 2HJ + S.$$

---

[1]) Mit Vortheil bedient man sich der löslichen Stärke, von der man zum Gebrauche jedesmal frisch ein Körnchen in Wasser löst. Die Darstellung der löslichen Stärke geschieht nach K. Zulkowsky („Berichte der deutschen chemischen Gesellschaft", XIII, Seite 1395) wie folgt: In 1 Kgrm. Glycerin werden 60 Grm. gepulverte Stärke eingerührt, worauf man diese Masse in einer Porcellanschale über freiem Feuer allmälig auf 190° C. erhitzt und so lange bei dieser Temperatur erhält, bis eine herausgenommene Probe im Wasser sich ohne Trübung löst. Hierauf lässt man auf 120° erkalten und giesst die Lösung in dünnem Strahle in das dreifache Volumen starken Weingeistes; die nach ruhigem Stehen abgeschiedene Stärke wird auf ein Filter gebracht, mit Weingeist gut gewaschen und dann am besten unter Weingeist aufbewahrt.

100 Ccm. der Schwefelwasserstofflösung dürfen nicht mehr als 30 Ccm. Zehntel-Jodlösung brauchen, bei grösserer Concentration der Lösung findet zum Theil ein anderer Process statt, es wird nämlich Schwefelsäure gebildet.

Ist Schwefelwasserstoff in einer Lösung zu bestimmen, so wird eine abgemessene Menge derselben mit Stärkelösung versetzt und dann mit Jodlösung bis zur Blaufärbung titrirt; sind auf 100 Ccm. der Schwefelwasserstofflösung mehr als 30 Ccm. Jodlösung verbraucht worden, so ist das Resultat unbrauchbar, man muss dann eine neue Probe mit Wasser verdünnen und auf's Neue titriren. Für jeden Cubikcentimeter verbrauchter Zehntel-Normaljodlösung hat man 0·0017 Grm. Schwefelwasserstoff zu rechnen.

## Bestimmung der unterschwefligsauren Salze.

Die unterschwefligsauren Salze, auch Thiosulfate genannt, werden durch Jodlösung in tetrathionsaure Salze nach folgender Gleichung übergeführt:

$$2\,Na_2\,S_2\,O_3 + J_2 = Na_2\,S_4\,O_6 + 2\,J\,Na.$$

Ist die Reaction beendet, so bleibt weiter zugesetztes Jod unverändert und ist deshalb durch Stärke nachweisbar. Nach dieser Gleichung entspricht 1 Atomgewicht Jod einem Molekulargewicht Thiosulfat und 1 Liter Zehntel-Normaljodlösung $^1/_{10}$ Grm.-Molekulargewicht des unterschwefligsauren Salzes in Grammen. Für jeden Cubikcentimeter der verbrauchten Zehntel-Jodlösung hat man daher 0·0158 Grm. unterschwefligsaures Natrium zu rechnen (das Molekulargewicht beträgt 158). Will man aus der verbrauchten Jodlösung direct krystallisirtes unterschwefligsaures Natrium berechnen, so hat man, da dieses nach der Formel $Na_2\,S_2\,O_3 + 5\,H_2\,O$ zusammengesetzt ist und somit ein Molekulargewicht von 248 besitzt, für jeden Cubikcentimeter der Zehntel-Jodlösung 0·0248 Grm. krystallisirtes unterschwefligsaures Natrium zu rechnen.

Ueber die Ausführung der Titrirung ist nichts Besonderes zu bemerken; die zu untersuchende Substanz wird, wenn sie nicht schon gelöst vorliegt, in Wasser gelöst und nach Zugabe von etwas Stärkelösung so lange mit Jodlösung versetzt, bis die Blaufärbung der Flüssigkeit eintritt. Hierauf wird die Anzahl der verbrauchten Cubikcentimeter Jodlösung an der Bürette abgelesen und aus derselben die Menge des unterschwefligsauren Salzes berechnet.

## Bestimmung der arsenigen Säure.

Bei der Oxydation der arsenigen Säure (resp. des Arsentrioxydes, $As_2\,O_3$) durch Jod verbraucht 1 Molekulargewicht arseniger Säure ($As\,O_3\,H_3 = 126$) 1 Molekulargewicht Jod. Demnach entspricht:

| | | | | | |
|---|---|---|---|---|---|
| 1 Liter | Zehntel-Normaljodlösung | : | 6·3 | Grm. | arsenige Säure. |
| 1 Liter | „ | : | 4·95 | „ | Arsenigsäure-Anhydrid. |
| 1 Ccm. | „ | : | 0·0063 | „ | arseniger Säure. |
| 1 Ccm. | „ | : | 0·00495 | „ | Arsenigsäure-Anhydrid. |

Die Reaction zwischen arseniger Säure und Jod erfolgt nur in alkalischer Lösung glatt und rasch. Da aber ätzende Alkalien, sowie einfach kohlensaure Alkalien selbst auf das Jod einwirken, so muss man mit dem für die Reaction unschädlichen doppeltkohlensauren Natrium alkalisch machen. Wenn es sich also um die Bestimmung von arseniger Säure handelt, wird die zu untersuchende Substanz in Wasser unter Zusatz von etwas Kalilauge gelöst, die alkalische Lösung mit Salzsäure schwach angesäuert und dann mit doppeltkohlensaurem Natrium bis zur deutlich alkalischen Reaction versetzt. Nach Zugabe von Stärkelösung lässt man aus der Bürette Jodlösung bis zum Blauwerden zufliessen.

---

## Reductions-Analyse.

### *Unterschwefligsaures Natrium als Reductionsmittel.*

Die Reaction zwischen Jod und unterschwefligsaurem Natrium kann man auch zur massanalytischen Bestimmung des Jods anwenden, indem man eine titrirte Lösung dieses Salzes der mit Stärke versetzten Auflösung des Jods zusetzt, bis die blaue Färbung verschwindet.

Nicht nur Jod kann man mittelst des unterschwefligsauren Salzes massanalytisch bestimmen, sondern auch eine Anzahl anderer Körper, welche nach einer bestimmten chemischen Gleichung aus Jodkalium freies Jod abscheiden, so z. B. Chlor, Brom.

Die Lösung des unterschwefligsauren Natriums, welche man in der Massanalyse gewöhnlich anwendet, ist eine Zehntel-Normallösung, welche mit der Zehntel-Jodlösung correspondirt; dieselbe muss demnach $^1/_{10}$ Grm.-Molekulargewicht = 24·8 Grm. krystallisirtes unterschwefligsaures Natrium im Liter enthalten. Da die Krystalle des unterschwefligsauren Natriums wegen eingeschlossener Mutterlauge oder wegen Verwitterung möglicherweise nicht die von der Formel des krystallisirten Salzes geforderte Zusammensetzung haben, so bereitet man am besten zunächst eine etwas concentrirtere Lösung, indem man auf einer gewöhnlichen Wage 30 Grm. krystallisirtes unterschwefligsaures Natrium abwägt, in destillirtem Wasser zu einem Liter Flüssigkeit löst, diese Lösung mit der Zehntelnormal-Jodlösung prüft und nach dem Ergebniss dieser Prüfung verdünnt. Wenn z. B. 10 Ccm. von dieser Lösung 12 Ccm. Zehntel-Jodlösung bis zur Blaufärbung verbraucht hätten, so müsste man 833·3 Ccm. der Lösung mit 166·7 Ccm. Wasser verdünnen, um 1 Liter richtige Zehntel-Normallösung zu erhalten. Die Lösung des unterschwefligsauren Natriums muss, um möglichst vor Veränderung geschützt zu sein, in gut verschlossenen Flaschen im Dunkeln aufbewahrt werden.

Für kürzere Zeiträume bewahren die Zehntel-Jodlösung und die correspondirende Lösung des unterschwefligsauren Natriums wohl ihren Titer unverändert, allein, wenn diese Flüssigkeiten viele Monate oder über ein Jahr lang aufbewahrt sind, dann können schon ganz merkliche Titeränderungen eingetreten sein, und es ist daher unumgänglich nöthig, solche Lösungen vor ihrer Verwendung zu prüfen. Das Princip der vorzunehmenden „Urprüfung" besteht darin, dass man aus einer genau abgewogenen Menge von reinem Jod eine Lösung von bekanntem Gehalt bereitet, mit dieser die Lösung des unterschwefligsauren Natriums prüft und dann diese, wenn ihr Titer festgestellt ist, zur Prüfung der Jodlösung verwendet wird. Es wird zu diesem Behufe eine Menge von ungefähr 0·5 Grm. reinen, trockenen Jods sehr genau abgewogen und unter Zusatz von circa 2 Grm. Jodkalium im Messkölbchen auf 100 Ccm. gelöst. Diese Jodlösung füllt man in eine Bürette und lässt zu der mit Stärke versetzten, abgemessenen Probe der Lösung des unterschwefligsauren Natriums bis zur beginnenden Blaufärbung zufliessen, worauf man die Anzahl der verbrauchten Cubikcentimeter Jodlösung abliest.

Beispiel: Es wurden 0·498 Grm. Jod auf 100 Ccm. gelöst, 1 Ccm. enthält somit 0·00498 Grm. Jod. 10 Ccm. der Lösung des unterschwefligsauren Natriums verbrauchten 22 Ccm. von dieser Jodlösung. Diese enthalten aber $22 \times 0{\cdot}00498$ Grm. Jod und entsprechen daher 8·63 Ccm. Zehntel-Normaljodlösung; deshalb entspricht 1 Ccm. unserer Lösung des unterschwefligsauren Natriums 0·863 Ccm. der $^1/_{10}$ Normallösung. Wenn also die untersuchte Lösung, welche ihren Titer verändert hatte, verwendet wird, so ist für jeden Cubikcentimeter derselben nur 0·863 Ccm. Zehntel-Normallösung in Rechnung zu nehmen.

Mit der so untersuchten Lösung des unterschwefligsauren Natriums kann man die vorhandene Jodlösung prüfen. Nehmen wir an, es würden 20 Ccm. von unserer Lösung des unterschwefligsauren Natriums genau 16 Ccm. der Jodlösung verbrauchen, dann sind die 16 Ccm. unserer Jodlösung gleichwerthig mit $20 \times 0{\cdot}863 = 17{\cdot}26$ Ccm. Zehntel-Jodlösung, weil sie ja so viel Zehntel-Normallösung von unterschwefligsaurem Natrium entsprechen. Es wird also 1 Ccm. unserer Jodlösung gleichwerthig sein: $17{\cdot}26 : 16 = 1{\cdot}08$ Ccm. Zehntel-Normaljodlösung.

## Bestimmung des freien Jods.

Freies Jod wird, wenn dasselbe nicht schon gelöst ist, mit Hilfe von reinem Jodkalium und Wasser gelöst, darauf wird die Lösung mit Stärkelösung versetzt und mit Zehntel-unterschwefligsaurem Natrium bis zum Verschwinden der blauen Färbung titrirt. Für jeden Cubikcentimeter der verbrauchten Zehntel-Normallösung hat man 0·0127 Grm. Jod zu rechnen.

## Bestimmung des freien Chlors und Broms.

Chlor und Brom scheiden aus Jodkalium die äquivalente Menge Jod aus:

$$KJ + Cl = KCl + J.$$
$$KJ + Br = KBr + J.$$

Dieser Vorgang wird zur massanalytischen Bestimmung von freiem Chlor und freiem Brom benützt. Man bringt die zu untersuchenden, gemessenen oder (in gut verschlossenen Gläschen) gewogenen Präparate, wie z. B. Chlorwasser, Bromlösung oder Brom mit einem Ueberschusse von Jodkaliumlösung zusammen, setzt einige Tropfen Stärkelösung zu und titrirt mit unterschwefligsaurem Natrium bis zur Entfärbung. Da je 1 Atom Brom oder Chlor 1 Atom Jod abscheiden und 1 Liter Zehntel-Normallösung von unterschwefligsaurem Natrium $^1/_{10}$ Atomgewicht Jod entspricht, so entspricht derselbe auch $^1/_{10}$ Atomgewicht Chlor = 3·55 Grm., sowie $^1/_{10}$ Atomgewicht Brom = 8 Grm. Mithin ist für jeden Cubikcentimeter der verbrauchten Zehntel-Normallösung zu rechnen: 0·00355 Grm. Chlor, resp. 0·008 Grm. Brom.

---

Ausser den angeführten Körpern lassen sich noch andere jodometrisch bestimmen, so z. B. Manganhyperoxyd, Chromsäure, Chlorsäure u. s. w. Diese Verbindungen zersetzen sich mit Salzsäure nach bestimmten Gleichungen und liefern bestimmte Mengen von freiem Chlor. Wenn man dafür sorgt, dass nichts vom entwickelten Chlor verloren geht und dieses in einer Auflösung von Jodkalium auffängt, so wird die äquivalente Menge Jod abgeschieden. Diese kann mit unterschwefligsaurem Natrium bestimmt und aus ihr kann die entsprechende Menge Chlor, sowie die Quantität des gesuchten Körpers berechnet werden.

So z. B. zerlegt sich das Manganhyperoxyd mit Salzsäure nach folgender Gleichung:

$$MnO_2 + 4\,HCl = MnCl_2 + 2\,H_2O + Cl_2.$$

1 Molekül Manganhyperoxyd liefert also 2 Atome freies Chlor, diese scheiden aus dem Jodkalium 2 Atome Jod ab und somit hat man für je 1 Molekulargewicht des bei diesem Processe gefundenen Jods 1 Molekulargewicht Manganhyperoxyd zu rechnen.

### *Arsenige Säure als Reductionsmittel.*

Die arsenige Säure kann auch als Reductionsmittel verwendet werden. Die reducirende Wirkung geht nur in alkalischer Lösung glatt und rasch vor sich, und zwar wählt man erfahrungsgemäss am besten zum Alkalischmachen das doppeltkohlensaure Natrium. Die als Massflüssigkeit zu verwendende Lösung der arsenigen Säure wird so angefertigt, dass sie mit der Zehntel-Jodlösung correspondirt und man legt deshalb der Bereitung die folgenden Zersetzungsgleichungen zwischen Jod und arseniger Säure, resp. zwischen Jod und Arsenigsäureanhydrid, zu Grunde:

$$AsO_3H_3 + J_2 + H_2O = AsO_4H_3 + 2\,JH.$$
$$As_2O_3 + J_4 + 2\,H_2O = As_2O_5 = 4\,JH.$$

Zur Oxydation von 1 Molekulargewicht Arsenigsäureanhydrid werden demnach 4 Atomgewichte Jod erfordert; es entspricht daher 1 Atomgewicht Jod $^1/_4$ Molekulargewicht $As_2 O_3$ und 1 Liter Zehntel-Jodlösung $^1/_{40}$ Molekulargewicht $As_2 O_3$ in Grammen, d. i. 4·95 Grm., da das Molekulargewicht von $As_2 O_3 = 198$.

Die Zehntel-Arsenigsäurelösung wird auf folgende Weise angefertigt: 4·95 Grm. reiner (glasiger), fein gepulverter arseniger Säure werden im Literkolben in der genügenden Menge verdünnter Natronlauge gelöst, die Lösung mit Salzsäure deutlich sauer gemacht, dann wird doppeltkohlensaures Natrium in grossem Ueberschusse (etwa 20 Grm.) zugesetzt und mit Wasser bis zur Litermarke verdünnt. Die gleichförmig gemischte Flüssigkeit wird in gut verstopften Flaschen aufbewahrt. 10 Ccm. dieser Arsenigsäurelösung mit einigen Tropfen Stärkelösung versetzt, müssen bis zum Eintreten der blauen Färbung genau 10 Ccm. $^1/_{10}$ Normal-Jodlösung verbrauchen.

Als Indicator bedient man sich bei der Anwendung der Arsenigsäurelösung zweckmässig des sogenannten Jodkaliumstärkepapieres. Dasselbe wird durch Eintauchen von Filtrirpapierstreifen in einen verdünnten mit Jodkalium versetzten Stärkekleister und Trocknen der Streifen in reiner, staubfreier Luft bereitet und im Dunkeln in gut verschlossenen Gläsern aufbewahrt.

### Bestimmung des freien Jods.

Ist freies Jod zu bestimmen, so wird dasselbe, wenn es nicht schon gelöst vorliegt, mit Hilfe von Jodkalium in Wasser gelöst und nach Zusatz von einigen Tropfen Stärkelösung und etwas doppeltkohlensaurem Natrium mit Zehntel-Arsenigsäurelösung bis eben zum Verschwinden der Blaufärbung versetzt. Für jeden Cubikcentimeter Zehntel-Normallösung hat man 0·0127 Grm. Jod zu rechnen.

### Bestimmung des freien Chlors.

Arsenige Säure und Arsenigsäure-Anhydrid werden durch Chlor bei Gegenwart von Wasser oxydirt, wie durch Jod:

$$As O_3 H_3 + Cl_2 + H_2 O = As O_4 H_3 + 2 Cl H.$$
$$As_2 O_3 + Cl_4 + 2 H_2 O = As_2 O_5 + 4 Cl H.$$

Man kann demnach freies Chlor ebenso mit Zehntel-Arsenigsäurelösung bestimmen, wie freies Jod. Dies geschieht folgendermassen: Die abgewogene oder abgemessene Menge der zu untersuchenden Lösung des freien Chlors (Chlorwasser) wird aus der Bürette mit Arsenigsäurelösung in kleinen Portionen versetzt und nach jedem Zusatz wird ein Tropfen der Flüssigkeit mit einem Glasstabe herausgenommen und auf einen Streifen Jodkaliumstärkepapier gebracht; so lange noch freies Chlor vorhanden ist, tritt Blaufärbung ein, indem das Chlor Jod frei macht und dieses die Stärke färbt, ist alles Chlor verbraucht, so wird das Probepapier nicht mehr blau und daran ist das Ende der Reaction zu erkennen. Nach beendeter Reaction liest man die Anzahl der verbrauchten Cubikcentimeter Arsenigsäurelösung ab und rechnet für jeden derselben 0·00355 Grm. Chlor.

## Bestimmung der unterchlorigen Säure.

Unterchlorige Säure und unterchlorigsaure Salze oxydiren die arsenige Säure zu Arsensäure:

$$CaCl_2O_2 + As_2O_3 = CaCl_2 + As_2O_5.$$

Ein Molekül Arseniksäure-Anhydrid verbraucht daher bei dieser Oxydation 2 Atome Sauerstoff des unterchlorigsauren Salzes, welche 4 Atomen Chlor äquivalent sind. Da unsere Zehntel-Arseniksäurelösung $^1/_{40}$ Molekül Arseniksäure-Anhydrid enthält, so entspricht 1 Liter derselben 0·8 Grm. Sauerstoff oder 3·55 Grm. „wirksamen“ Chlors und 1 Ccm. der Zehntel-Arseniklösung zeigt 0·0008 Grm. Sauerstoff oder 0·00355 Grm. wirksames Chlor an.

Die Titrirung der unterchlorigsauren Salze geschieht, wenn dieselben in Lösung gegeben sind, in folgender Weise: Die abgemessene oder abgewogene Lösung wird mit einigen Grammen doppeltkohlensauren Natrium versetzt, dann aus der Bürette so lange Zehntel-Arseniklösung hinzugefügt, bis dieselbe im Ueberschusse vorhanden ist, d. h. bis ein Tropfen das Jodkaliumstärkepapier nicht mehr färbt. Nunmehr wird, um den Ueberschuss der Arseniklösung zu ermitteln, Stärkelösung zugegeben und mit Zehntel-Jodlösung bis zur beginnenden Blaufärbung versetzt. Die Anzahl der verbrauchten Cubikcentimeter Jodlösung wird von jener der Arseniklösung abgezogen, die Differenz entspricht der Arseniklösung, welche durch das unterchlorigsaure Salz oxydirt wurde.

Hat man Chlorkalk zu untersuchen, so wird die genau abgewogene Probe (man verwendet ungefähr 0·5 Grm.) in einer Reibschale mit wenig Wasser zu einem feinen Brei zerrieben und dieser dann mit ungefähr 100 Ccm. Wasser in ein Becherglas gespült, in welchem man die Titrirung vornimmt.

## Fällungsanalyse.

Bei den Fällungsanalysen werden aus den zu untersuchenden Körpern durch zugesetzte Reagentien unlösliche Verbindungen erzeugt, welche sich als Niederschlag ausscheiden. Die Massanalyse kann von der Fällung der Körper nur einen sehr beschränkten Gebrauch machen und die Zahl der Methoden, welche der Fällungsanalyse angehören, ist nur gering. Der Grund dafür liegt darin, dass die Fällung eines Körpers nur dann zu einer massanalytischen Methode ausgebildet werden kann, wenn der Niederschlag sich rasch absetzt und die darüberstehende Flüssigkeit sich klärt, so dass man sieht, ob ein weiterer Zusatz des Reagens noch einen Niederschlag hervorbringt oder wenn durch einen geeigneten Indicator das Ende der Ausfällung angezeigt wird. Diese Bedingungen werden aber selten erfüllt.

9*

**Bestimmung des Silbers.**

Die massanalytische Bestimmung des Silbers geschieht entweder durch Fällen desselben als Chlorsilber oder durch Fällen als Schwefelcyansilber. Das Chlorsilber wird entweder in saurer Lösung mit Kochsalz nach Gay-Lussac, oder in neutraler Lösung mit Kochsalz unter Anwendung des neutralen chromsauren Kaliums als Indicator nach F. Mohr gefällt; die Fällung des Schwefelcyansilbers erfolgt durch Schwefelcyanammonium in saurer Flüssigkeit unter Anwendung des schwefelsauren Eisenoxydes als Indicator nach Volhard.

***Methode von Gay-Lussac.***

Diese älteste massanalytische Methode der Silberbestimmung beruht auf der allgemein bekannten Thatsache, dass 1 Atomgewicht Silber aus seinen Salzlösungen durch 1 Molekulargewicht Chlornatrium vollständig als Chlorsilber gefällt wird und dass bei Gegenwart von freier Salpetersäure der Niederschlag sich so rasch absetzt, dass nach kurzer Zeit die über demselben befindliche Flüssigkeit klar erscheint. Die Zersetzungsgleichung ist folgende:

$$AgNO_3 + NaCl = AgCl + NaNO_3.$$

Die zum Fällen des Silbers verwendete Kochsalzlösung ist eine Zehntel-Normallösung, welche im Liter $^1/_{10}$ Grammenäquivalentgewicht Chlornatrium ($NaCl = 58·5$), d. i. 5·85 Grm. enthält. Zur Bereitung dieser Lösung verwendet man das absolut farblose, durchsichtige Edelsteinsalz (Sal gemmae), welches zunächst, um anhaftende Feuchtigkeit zu entfernen, im Platintiegel gelinde geglüht und dann im Exsiccator bis zum Erkalten verwahrt wird. Von diesem Salze wägt man genau 5·85 Grm. ab und löst im Literkolben zuerst in einer kleineren Wassermenge, worauf man die Lösung bis zur Litermarke mit Wasser verdünnt.

Ein Liter dieser Zehntel-Kochsalzlösung vermag $^1/_{10}$ Atomgewicht in Grammen, d. i. 10·8 Grm. Silber als Chlorsilber zu fällen, 1 Ccm. dieser Lösung entspricht daher 0·0108 Grm. Silber. Ist eine Silberlegirung zu untersuchen, so wird eine abgewogene Menge derselben in warmer Salpetersäure gelöst und die noch freie Säure enthaltende Lösung nach dem Verdünnen mit Wasser direct zur Titrirung verwendet; liegt ein Silbersalz oder die Lösung eines solchen vor, so wird im ersten Falle im Wasser gelöst, die Lösung mit verdünnter Salpetersäure deutlich angesäuert und dann titrirt. Man bringt die saure Silberlösung in eine mit einem Glasstöpsel dicht verschliessbare Flasche, setzt Kochsalzlösung aus der Bürette zu und schüttelt dann bei verschlossener Flasche heftig, damit der Niederschlag sich zu grösseren Flocken balle und rasch absetze. Hat sich die Flüssigkeit geklärt, so wird eine neue Portion Kochsalzlösung zugesetzt. Das Schütteln, Absetzenlassen des Niederschlages und Zusetzen einer neuen Portion Kochsalzlösung wird abwechselnd so lange fortgesetzt, bis durch Kochsalz in der klaren Flüssigkeit kein Niederschlag mehr entsteht. Anfangs kann man grössere Mengen Kochsalzlösung zufliessen lassen, später, wenn nur mehr Trübung erfolgt, setzt man die Kochsalzlösung nur tropfenweise zu und man hört damit auf, wenn der letzte Tropfen in der klaren Flüssigkeit keine Trübung mehr erzeugt. Die Anzahl der verbrauchten Cubikcentimeter Zehntel-Normalkochsalzlösung multiplicirt mit 0·0108 ergibt den Silbergehalt in Grammen.

### *Methode von F. Mohr.*

Die Methode von F. Mohr ist nur für neutrale Lösungen anwendbar, sie beruht darauf, dass das durch chromsaures Kalium aus Silberlösungen gefällte rothe chromsaure Silber durch Kochsalz in weisses Chlorsilber umgewandelt wird. Die Ausführung ist folgende: Man stumpft, wenn die Lösung sauer ist, mit reinem (chlorfreien) kohlensaurem Natrium ab [1]), setzt wenige Tropfen einer Auflösung von neutralem (gelbem) chromsauren Kalium zu (wodurch sofort ein rother Niederschlag von chromsaurem Silber entsteht) und lässt langsam in kleinen Portionen, zuletzt tropfenweise und unter stetem Umrühren der Flüssigkeit, Kochsalzlösung zufliessen, bis die rothe Farbe des Niederschlages verschwindet. Wenn das chromsaure Silber schon einige Zeit gebildet war, d. h. wenn die Titrirung längere Zeit in Anspruch nimmt, so muss man einen Ueberschuss der Kochsalzlösung zusetzen, um den rothen Niederschlag von chromsaurem Silber vollständig in Chlorsilber umzuwandeln und dann muss man vorsichtig tropfenweise so lange Zehntel-Normalsilberlösung (siehe Seite 134) zusetzen, bis der rothe Niederschlag von chromsaurem Silber eben wieder erscheint. Die Anzahl der Cubikcentimeter Silberlösung ist von jener der Kochsalzlösung abzuziehen, die Differenz aber auf Silber zu rechnen.

### *Methode von Volhard.*

Die Volhard'sche Methode der Silberbestimmung verdient vor den beiden vorausgegangenen entschieden den Vorzug; sie beruht darauf, dass Silber durch Schwefelcyanammonium (Rhodanammonium) in saurer Lösung als weisses Silberrhodanid gefällt wird und dass ein Ueberschuss des Rhodanammoniums Eisenoxydsalz intensiv blutroth färbt. Die Zersetzung geschieht nach folgender Gleichung:

$$AgNO_3 + CNSNH_4 = AgCNS + NO_3NH_4.$$

Ein Atomgewicht Silber (108) wird durch ein Molekulargewicht Rhodanammonium (76) gefällt.

Die Massflüssigkeit, welche man verwendet, ist eine Zehntel-Normallösung, welche 7·6 Grm. Rhodanammonium im Liter enthält und von der demnach 1 Ccm. 0·0108 Grm. Silber fällt. Diese Lösung lässt sicht nicht gut direct durch Auflösen der angeführten Menge des Rhodanammoniums zu 1 Liter Flüssigkeit herstellen,

[1]) Ein geringer Ueberschuss von kohlensaurem Natrium ist unschädlich.

weil dieses Salz zu hygroskopisch ist. Man bereitet daher durch Auflösen von etwa 9 Grm. des Salzes auf 1 Liter eine concentrirtere Lösung und prüft dieselbe mit der Zehntel-Silberlösung, worauf man in entsprechender Weise verdünnt.

Als Indicator für die Volhard'sche Methode bedient man sich einer kalt gesättigten Lösung von Eisenoxydalaun, von welcher man auf 150 bis 300 Ccm. der zu titrirenden Flüssigkeit ungefähr 5 Ccm. zusetzt.

Man verfährt bei der Silberbestimmung nach dieser Methode in folgender Weise: Die zu titrirende Silberlösung, welche freie Salpetersäure, aber keine salpetrige Säure enthalten soll, wird mit Eisenalaun versetzt, worauf man unter stetem Umrühren aus der Bürette die Lösung des Rhodanammoniums zufliessen lässt. An der Einfallsstelle zeigt sich sofort die blutrothe Färbung des Eisenrhodanids, die aber beim Umrühren verschwindet, indem sich dasselbe, so lange noch gelöstes Silbersalz vorhanden ist, mit diesem umsetzt. Erst wenn alles Silber in Schwefelcyansilber umgewandelt ist, bleibt die blutrothe Färbung bestehen, und die früher von dem Silberrhodanid weiss getrübte Flüssigkeit wird jetzt durch die ganze Masse hindurch roth.

## Bestimmung des Chlors in Chloriden.

Die Bestimmung des Chlors, wenn es als Salzsäure oder als Metallchlorid vorhanden ist, beruht auf demselben chemischen Processe, wie die Silberbestimmung. Am besten werden die Methoden von Gay-Lussac und F. Mohr verwendet. Als Massflüssigkeit dient die Zehntel-Normalsilberlösung, welche $^1/_{10}$ Atomgewicht Silber in Grammen, d. i. 10·8 Grm. Silber oder 17 Grm. salpetersaures Silber im Liter enthält. Diese Silberlösung wird hergestellt, indem man durch Auflösen von 18 Grm. reinen salpetersauren Silbers auf 1 Liter zuerst eine concentrirtere Flüssigkeit bereitet, welche dann, nachdem sie mit der Zehntel-Kochsalzlösung geprüft ist, in entsprechendem Verhältnisse mit Wasser verdünnt wird.

Die Ausführung der Chlorbestimmung geschieht in folgender Weise:

*a)* Nach Gay-Lussac. Die mit Salpetersäure angesäuerte Lösung wird in eine mit Glasstöpsel dicht zu verschliessende Flasche gebracht und durch Einstellen in warmes Wasser erwärmt[1]), dann lässt man aus der Bürette Silberlösung zufliessen, schüttelt und probirt nach dem Absetzen des Niederschlages, ob Silberlösung in der klaren Flüssigkeit noch eine Trübung hervorbringt. Anfangs werden grössere Mengen, später nur einzelne Tropfen Silberlösung zugesetzt und die Operation wird als beendet angesehen, wenn der letzte Tropfen der Silberlösung keine Trübung mehr erzeugte. Für jeden Cubikcentimeter der Zehntel-Silberlösung sind 0·00355 Grm. Chlor zu rechnen.

[1]) Aus der auf etwa 50° bis 60° erwärmten Flüssigkeit scheidet sich das Chlorsilber rascher ab, als aus der kalten Flüssigkeit.

*b)* Nach Mohr. Die neutrale Lösung[1]) des Chlorides wird mit etwas neutralem chromsauren Kalium versetzt und hierauf mit der Zehntel-Silberlösung bis zum Eintritt der dauernden blassrothen Färbung des Niederschlages titrirt. Anfangs entsteht ein rein weisser Niederschlag von Chlorsilber, später, wenn die grössere Menge des Chlors schon gefällt ist, bildet sich an der Einfallsstelle der rothe Niederschlag von chromsaurem Silber, der aber beim Umrühren wieder verschwindet, indem er sich mit dem noch vorhandenen Chlorid umsetzt, erst, wenn alles Chlor gefällt ist, bleibt das chromsaure Silber bestehen und dann wird der Niederschlag bleibend blassroth. Jeder Cubikcentimeter der verbrauchten Silberlösung entspricht 0·00355 Grm. Chlor.

## Bestimmung des Cyans in Cyaniden.

Blausäure (Cyanwasserstoff) und die Cyanide der Alkalimetalle verhalten sich in angesäuerter Lösung gegen Silbernitrat analog der Salzsäure und den Chloriden; es entsteht Cyansilber, welches sich als weisser käsiger Niederschlag abscheidet:

$$HCN + AgNO_3 = AgCN + HNO_3.$$

Anders verhalten sich die Lösungen der Cyanide, wenn sie nicht angesäuert sind. Wenn man z. B. zu einer wässerigen Lösung von Cyankalium salpetersaures Silber tropfenweise zusetzt, so entsteht ein Niederschlag von Cyansilber, der sich aber beim Umrühren wieder auflöst, indem sich die im Wasser lösliche Doppelverbindung: Kaliumsilbercyanid ($AgCN$, $KCN$) bildet. Dieses Auflösen des Cyansilbers dauert aber nur so lange, bis eben die Hälfte des Cyankaliums durch salpetersaures Silber zersetzt ist, denn nur so lange findet das entstandene Cyansilber die nöthige Menge von Cyankalium zur Bildung der löslichen Doppelverbindung. Die folgende Gleichung drückt die Zersetzung des Cyankaliums durch salpetersaures Silber unter Bildung des Doppelcyanides aus.

$$2KCN + AgNO_3 = AgCN, KCN + KNO_3.$$

Zwei Moleküle Cyankalium, resp. 2 Aequivalente Cyan, beanspruchen 1 Atom Silber.

Wenn nun in der Lösung des Cyankaliums durch Zusatz von salpetersaurem Silber genau die Hälfte des Cyans in Cyansilber verwandelt, resp. wenn alles Cyan als lösliches Doppelcyanid in der Lösung vorhanden ist, so wird der nächste Tropfen Silberlösung, den man zusetzt, einen bleibenden Niederschlag von Cyansilber erzeugen, denn nun erfolgt die Zerlegung des Doppelcyanides im Sinne folgender Gleichung:

$$AgCN, KCN + AgNO_3 = 2AgCN + KNO_3.$$

Nach diesen Grundlagen wird die Bestimmung der Blausäure und der Cyanide in folgender Weise vorgenommen: Blausäure

[1]) Ist die zu titrirende Flüssigkeit sauer, so ist sie mit kohlensaurem Natrium, das selbstverständlich chlorfrei sein muss, vorher zu neutralisiren.

wird mit Kalilauge bis zur alkalischen Reaction versetzt, Cyanide, wie z. B. Cyankalium, werden einfach im Wasser gelöst; die so erhaltenen Flüssigkeiten versetzt man allmälig in kleinen Portionen mit Zehntel-Normalsilberlösung aus der Bürette, rührt nach jedem Zusatz gut um und wartet vor einem neuen Zusatze die vollständige Lösung des Niederschlages ab. Erzeugte der letzte Tropfen Silberlösung eine bleibende Fällung, so ist die Operation beendet. Man kann zu der Flüssigkeit vor dem Titriren einige Tropfen Kochsalzlösung zusetzen als Indicator, es entsteht dann auch, nachdem die erste Hälfte des Cyans in Cyansilber verwandelt ist, ein bleibender Niederschlag, dieser ist aber Chlorsilber.

Wenn man also nach dem beschriebenen Verfahren die Lösung eines Cyanides titrirt, so wird auf 2 Aequivalente Cyan, entsprechend 2 Molekülen Blausäure, sowie 2 Molekülen Cyankalium 1 Atom Silber verbraucht. Da nun die Zehntel-Normalsilberlösung $^1/_{10}$ Atomgewicht Silber in Grammen enthält, so entspricht 1 Ccm. dieser Lösung:

Cyan 0·0052 (2 Aequiv.: = 2 CN = 52).
Blausäure 0·0054 (2 Moleküle = 2 CNH = 54).
Cyankalium 0·013 (2 Moleküle = 2 CNK = 130).

Man hat nach beendeter Titrirung die Anzahl der verbrauchten Cubikcentimeter Zehntel-Silberlösung mit der entsprechenden dieser drei Zahlen zu multipliciren, um die Menge der gesuchten Verbindung zu erhalten.

Für die bei den Massanalysen, sowie bei den quantitativen Analysen überhaupt vorkommenden Berechnungen können aus der folgenden Tabelle die Atomgewichte der Elemente entnommen werden.

## Atomgewichte der Elemente.

| Name des Elementes | Symbol des Atomes | Atomgewicht | Name des Elementes | Symbol des Atomes | Atomgewicht |
|---|---|---|---|---|---|
| Aluminium | Al | 27·02 | Natrium . . | Na | 23 |
| Antimon . | Sb | 120 | Nickel . . . | Ni | 59 |
| Arsen . . . | As | 75 | Niob . . . | Nb | 94 |
| Baryum . . | Ba | 137·1 | Osmium . . | Os | 199 |
| Beryllium . | Be | 9·1 | Palladium . | Pd | 106 |
| Blei . . . . | Pb | 207 | Phosphor . | P | 31 |
| Bor . . . . | Bo | 11 | Platin . . . | Pt | 197 |
| Brom . . . | Br | 80 | Quecksilber | Hg | 200 |
| Cadmium . | Cd | 112 | Rhodium . | Rh | 104 |
| Cäsium . . | Cs | 133 | Rubidium . | Rb | 85·4 |
| Calcium . . | Ca | 40 | Ruthenium | Ru | 104 |
| Cer . . . . | Ce | 92 | Sauerstoff . | O | 16 |
| Chlor . . . | Cl | 35·5 | Schwefel . | S | 32 |

| Name des Elementes | Symbol des Atomes | Atom-gewicht | Name des Elementes | Symbol des Atomes | Atom-gewicht |
|---|---|---|---|---|---|
| Chrom . . | Cr | 52 | Selen . . . | Se | 79·4 |
| Didym . . | Di | 142·1 | Silber . . . | Ag | 108 |
| Eisen . . . | Fe | 56 | Silicium . . | Si | 28 |
| Erbium . . | E | 166 | Stickstoff . | N | 14 |
| Fluor . . . | F | 19 | Strontium . | Sr | 87·6 |
| Gallium . . | Ga | 70 | Tantal . . | Ta | 182 |
| Gold . . . | Au | 197 | Tellur . . . | Te | 128 |
| Indium . . | In | 113·4 | Thallium . | Tl | 204 |
| Jod . . . . | J | 127 | Thorium . | Th | 231 |
| Iridium . . | Ir | 193 | Titan . . . | Ti | 50 |
| Kalium . . | K | 39 | Uran . . . | Ur | 240 |
| Kobalt . . | Co | 59 | Vanadin. . | V | 51·2 |
| Kohlenstoff | C | 12 | Wasserstoff | H | 1 |
| Kupfer . . | Cu | 63·5 | Wismuth . | Bi | 208·6 |
| Lanthan . | La | 138·2 | Wolfram . | Wo | 184 |
| Lithium . . | Li | 7 | Yttrium . . | Y | 91 |
| Magnesium | Mg | 24 | Zink . . . | Zn | 65 |
| Mangan . . | Mn | 55 | Zinn . . . . | Sn | 118 |
| Molybdän . | Mo | 96 | Zirconium . | Zr | 90 |

# III. CAPITEL.

## Die gerichtlich-chemischen Untersuchungen.

### Einleitung.

Seit geraumer Zeit haben sich wichtige Beziehungen der Chemie zur Rechtspflege entwickelt; unsere Wissenschaft greift auch hier, wie auf so vielen anderen Gebieten menschlicher Thätigkeit, helfend ein. Es ist nämlich gar nicht selten, dass der Richter bei der Durchführung einer gerichtlichen Untersuchung die Kenntnisse und Erfahrungen eines Chemikers zur Constatirung von Thatsachen und zur Erklärung derselben in Anspruch nehmen muss, um jene Lücken in dem Processe auszufüllen, welche die rein juridische Untersuchung gelassen hat.

Zahlreich sind die Fälle, in denen der Richter Wissen und Können des Chemikers nützen muss, und es ist kaum möglich, sie alle erschöpfend aufzuzählen; man braucht nur zu erwägen, wie mannigfach die Interessen der Menschen durch die ausgebreitete vielverzweigte chemische Industrie, sowie durch den Handel mit den verschiedensten Dingen beeinträchtigt werden können, ferner, dass Gesundheit und Leben durch zahlreiche Substanzen bedroht oder vernichtet werden können. Daher existirt wohl auch kein Chemiker, der in allen Zweigen seiner Wissenschaft so gründlich bewandert und erfahren ist, dass er in allen denkbaren Fällen als Sachverständiger zu fungiren vermöchte. Die Erfahrung lehrt denn auch, dass zur Beurtheilung mancher Fragen, besonders wenn sie in das Gebiet der technischen Chemie gehören, nebst den ständigen Gerichtschemikern noch solche Chemiker beigezogen werden müssen, welche jenes specielle Gebiet der (technischen) Chemie vollkommen beherrschen, dem die Frage angehört.

Hier soll nur jener Theil der gerichtlich-chemischen Untersuchungen behandelt werden, welcher die Erkennung und Ausmittlung der Gifte umfasst. Wegen der grossen Wichtigkeit solcher Untersuchungen mögen zunächst einige allgemeine Gesichtspunkte und gewisse auf die formelle Behandlung bezügliche Regeln erörtert werden.

Die gerichtlich-chemischen Untersuchungen werden entweder den dauernd bestellten, beeideten Gerichtschemikern, oder, wenn ein Gericht über solche nicht verfügt, von Fall zu Fall, Aerzten, Apothekern, Lehrern der Chemie, sowie anderen Berufschemikern übertragen, von denen das Gericht voraussetzt, dass sie für die ihnen zugedachte Function befähigt sind. Jedermann, der vom Gerichte zur Mitwirkung als Sachverständiger aufgefordert wird, soll, bevor er dieselbe zusagt, den Ernst der Situation und die Tragweite seiner Mitwirkung wohl erwägen, von der ja unter Umständen Freiheit und Leben anderer Menschen abhängen und er darf nur dann mit gutem Gewissen das Amt des Sachverständigen übernehmen, wenn er über allen Zweifel sicher ist, dass er die erforderlichen Kenntnisse und Erfahrungen, das unentbehrliche experimentelle Geschick besitzt und über alle nöthigen Apparate, Laboratoriums-Einrichtungen und sonstigen Hilfsmittel verfügt. Uebernimmt jemand eine gerichtlich-chemische Untersuchung, der nie dergleichen ausgeführt und die Methoden nur vom Lesen aus Büchern oder vom Hörensagen kennt, der macht sich des sträflichsten Leichtsinnes schuldig und kann sich, sowie seinen Mitmenschen in's Verderben stürzen. Eitelkeit oder falsche Scham sollen daher Niemanden zur Uebernahme der Function eines Sachverständigen verleiten. Es ist besser, dieselbe von vornherein abzulehnen, als inmitten der Arbeit die unüberwindlichen Schwierigkeiten einzugestehen, dem Gerichte dadurch Verlegenheiten, sich selbst die grösste Beschämung zu bereiten oder gar in Unsicherheit die Arbeit zu vollenden und dann die grössten Gewissensbisse über den Werth des abgegebenen Gutachtens zu empfinden.

Zur gerichtlich-chemischen Untersuchung gelangen die verschiedensten Substanzen, als: chemische Präparate, Arzeneien, verdächtige Speisen, erbrochene Massen, Faeces, Urin, Organe von Verstorbenen, die bei der gerichtlichen Section entnommen werden, exhumirte Leichentheile, Graberde, Sargholz, ausserdem die verschiedensten Gebrauchsgegenstände des alltäglichen Lebens. Ist der Chemiker an Ort und Stelle, wenn diese Untersuchungsobjecte entnommen werden, also am Thatorte eines Verbrechens, bei einer Section oder einer Exhumirung, so hat er die für ihn bestimmten Gegenstände in reinen Gefässen aus Glas oder Porcellan zu verwahren, dieselben entweder mit passenden Glasstöpseln zu verstopfen oder mit reinem Pergamentpapier zu verbinden und in geeigneter Weise zu versiegeln, damit auf dem Transporte in sein Laboratorium keine unberufene Hand zu diesen Untersuchungsobjecten gelangen könne. Werden dem Chemiker vom Gerichte die zu untersuchenden Gegenstände übersendet, so ist darauf zu sehen, ob dieselben tadellos verpackt und versiegelt sind und ob die Amtssiegel unverletzt erhalten sind. Wenn die Verpackung der Untersuchungsobjecte irgend einen bedenklichen Mangel zeigt, so soll der Chemiker die Untersuchung entweder gar nicht oder erst nach vorausgegangener Verständigung des Gerichtes vornehmen. Sind z. B. Organe in einem mit Bleiglasur versehenen Topf verpackt worden, so hat das Auffinden von Blei in den Organen für das Gericht kaum einen Werth, weil dasselbe aus der Glasur des Topfes in die Organe gelangt sein kann. War der Verschluss der Gefässe, in denen dem Chemiker die zu untersuchenden Gegenstände übersendet wurden, unvollkommen, waren z. B. die Siegel verletzt, so kann die Untersuchung werthlos werden, wenn sich nicht constatiren lässt, dass die Objecte nur in den Händen vertrauenswürdiger Personen sich befanden; es könnte ja das mangelhaft verschlossene Gefäss eröffnet und sein Inhalt durch einen anderen ähnlichen, vielleicht giftfreien, ersetzt worden sein, während die Originalobjecte ein Gift enthielten. Die Beschaffenheit der Untersuchungsobjecte ist also bei der Uebernahme sorgfältig zu prüfen, es ist auf die Art der Verpackung, auf die Beschaffenheit der Gefässe, sowie auf deren Inhalt genau zu achten, die Menge der letzteren ist durch Wägen zu bestimmen, und nach Beendigung der Untersuchung ist in dem abzugebenden Gutachten ausdrücklich eine genaue und die angeführten Verhältnisse erschöpfende Beschreibung aufzunehmen. Wollte man, um die Fäulniss von Organen, Blut u. dgl., zu verhindern, dieselben in den Gläsern mit Alkohol übergiessen, so müsste unbedingt eine grössere Quantität von demselben Alkohol in reiner Flasche dem Chemiker mitgeschickt werden, damit er sich durch die chemische Untersuchung überzeugen könne, dass derselbe frei von jenen Giften sei, die etwa in den Leichentheilen gefunden wurden.

Der Gerichtschemiker übernimmt die Verpflichtung, dafür zu sorgen, dass während der ganzen Dauer der Untersuchung Niemand zu den Untersuchungsobjecten gelangen kann, als die vom Gerichte designirten Personen, d. i. also gewöhnlich noch ein zweiter Chemiker, bisweilen auch ein Arzt oder ein Gerichtsbeamter. Daher darf das Laboratorium, in welchem die Untersuchung vorgenommen wird, für Unberufene nicht zugänglich sein; entfernen sich die Sachverständigen aus demselben, so muss es entweder versperrt werden, oder es müssen alle auf die Untersuchung bezüglichen Objecte in geeigneten Schränken verwahrt werden.

Was die Auswahl des Materiales für gerichtlich-chemische Untersuchungen betrifft, so haben darauf in der Regel die Richter und die Gerichtsärzte den wesentlichsten Einfluss, indessen wird der Rath eines erfahrenen Gerichtschemikers stets willkommen sein, und es dürfte sich kaum ereignen, dass man dem Letzteren ein Object zur Untersuchung verweigert, von dem er einen wichtigen Aufschluss erwartet. Der alte Usus, beim Verdachte einer Vergiftung von der Leiche nur den Magen und Darm sammt Inhalt für die chemische Untersuchung zu reserviren, ist unhaltbar geworden, zumal, wenn nach der Darreichung des Giftes noch mehrere Tage bis zum Tode vergangen sind. In solchen Fällen wird man vielleicht gar nichts mehr von dem Gifte im Magen und Darme finden, während in der Leber und in den Nieren noch nachweisbare, ja bisweilen sogar ganz bedeutende Mengen des Giftes angetroffen werden. Diese letztgenannten Organe, sowie das Blut sind überhaupt sehr geeignete Untersuchungsobjecte und sollten daher bei gerichtlichen Untersuchungen sowohl den frischen, als den exhumirten Leichen entnommen und nebst Magen und Darm dem Chemiker eingehändigt werden. Wird eine Leiche in der Absicht exhumirt, dieselbe der chemischen Untersuchung zu unterziehen, so ist die Beschaffenheit des Sarges, der Kleider, mit denen die Leiche bekleidet wurde, besonderer Gegenstände, wie Kreuze, Bilder u. dgl., welche mit der Leiche in den Sarg gelegt wurden, endlich auch die Beschaffenheit der ober, unter und neben dem Sarge befindlichen Friedhofserde genau zu beachten. Alle die genannten Gegenstände müssen, gleich den exhumirten Leichentheilen, untersucht werden, um berechtigte Zweifel über die Bedeutung von giftigen Substanzen, wenn solche in den Leichentheilen gefunden werden, auszuschliessen.

In der Regel soll der Gerichtschemiker nicht das gesammte Untersuchungsmateriale verarbeiten, sondern etwa die Hälfte oder doch einen nicht zu geringen Bruchtheil desselben reserviren und dem Gerichte zurückstellen, und zwar in gut verschlossenen und versiegelten Glas- oder Porcellangefässen, so dass, wenn das Gericht aus irgend einem Grunde eine Ueberprüfung der ersten Untersuchung für nöthig hielte, ein zweiter von dem Gerichte bestellter Chemiker mit diesem Materiale die Untersuchung wiederholen könnte. Wenn die Menge des Untersuchungsobjectes jedoch so gering ist, dass sie eben ausreicht und eine Verkürzung des Untersuchungsmateriales die Sicherheit des Resultates zu beeinträchtigen droht, dann muss bei dem Gerichte um die Erlaubniss zur Verwendung des gesammten Materiales angesucht werden. Das Gericht wird einem solchen richtig motivirten Verlangen gewiss willfahren, da es ja klar ist, dass mit einer zu geringen Menge von Untersuchungsmateriale auch bei der Ueberprüfung einer Untersuchung kein verlässliches Resultat erzielt würde.

Wenn verschiedene, auf denselben Fall bezügliche Untersuchungsobjecte zur Untersuchung übergeben werden, so sind dieselben, wenn sie getrennt in verschiedenen Gefässen verwahrt sind, in der Regel auch getrennt, also jedes für sich zu untersuchen; sollte es sich aber um verschiedene Stücke von Theilen einer Leiche handeln, deren jedes für sich allein für eine Untersuchung ungenügend wäre, so wären dieselben zu vereinigen und als Ein Object zu behandeln.

Präcise Fragestellung von Seite des Richters an den Chemiker erleichtert die Untersuchung wesentlich und desshalb soll dieselbe auch immer angestrebt werden. Wenn die Frage des Richters bestimmt lautet, ob in dem Untersuchungsobject Arsen, Blausäure oder ein bestimmtes anderes Gift enthalten ist, so wird sich die Untersuchung von vornherein einfacher gestalten, als wenn gefragt wird, ob überhaupt irgend ein Gift vorhanden ist. Leider ist es in vielen Fällen weder dem Richter, noch dem Gerichtsarzte möglich, die Frage an den Chemiker näher zu präcisiren, dann bleibt eben nichts Anderes übrig, als sie allgemein zu halten und der Chemiker muss, wenn das Materiale ausreicht, dasselbe auf alle chemisch nachweisbaren Gifte untersuchen. Nicht allzu selten vermag der Chemiker durch das Studium der Acten aus der Voruntersuchung einen Fingerzeig für die einzuschlagende Richtung zu gewinnen, deshalb empfiehlt es sich, unter allen Umständen die gesammten Acten der Voruntersuchung zur Einsicht zu verlangen.

Was die bei gerichtlichen Untersuchungen auf Gifte anzuwendenden Methoden im Allgemeinen betrifft, so sind selbstverständlich die nach dem jeweiligen Stande der analytischen Chemie als die besten geltenden zu wählen, welche ein sicheres und möglichst genaues Resultat sichern. Die bei der Untersuchung angewendeten Methoden müssen in dem Berichte genau und detaillirt beschrieben werden, desgleichen sind darin alle im Laufe der Untersuchung beobachteten Erscheinungen und Reactionen genau zu verzeichnen. Es ist dies schon deshalb unerlässlich, weil das Gericht in die Lage kommen kann, das Gutachten und den Bericht über eine Untersuchung einer zweiten Instanz zur Prüfung vorzulegen. Wenn nun eine genaue Beschreibung der Methoden und der bei der Untersuchung beobachteten Erscheinungen fehlt, so kann der Ueberprüfende kein Urtheil darüber erlangen, ob die Untersuchung mit der nöthigen Sachkenntniss ausgeführt wurde oder nicht.

Ganz besondere Sorgfalt hat der Gerichtschemiker auf die bei seinen Untersuchungen nöthigen Reagentien, Apparate und Utensilien zu verwenden. Die Reagentien, sowie das Filtrirpapier müssen vor ihrer Anwendung auf das Genaueste geprüft werden und dürfen nur dann verwendet werden, wenn sie absolut frei von jenen giftigen Substanzen sind, die man durch die Untersuchung nachzuweisen hat. Die Geräthschaften und Apparate, in denen die Untersuchungsobjecte behandelt werden, müssen mit der peinlichsten Genauigkeit gereinigt sein; die letzte Reinigung derselben soll der Gerichtschemiker unbedingt selbst vornehmen oder in seiner Gegenwart vornehmen lassen, denn er muss ja sicher sein, dass die Reinigung eine vollständige ist, dass die Gefässe und Apparate absolut nichts die Untersuchung Beeinträchtigendes enthalten. Ob zur Reinigung der genannten Utensilien Wasser genügt, oder ob dazu alkalische Laugen oder concentrirte Mineralsäuren verwendet werden müssen, wird der Chemiker nach der jeweiligen Beschaffenheit der zu reinigenden Gegenstände entscheiden müssen; für die Reinigung solcher Gefässe, in denen schon gifthaltige Objecte behandelt wurden, wird man sich wohl immer der Laugen und Mineralsäuren bedienen müssen; und erst dann, wenn diese gehörig eingewirkt haben, ist das Ausspülen mit reinem Wasser vorzunehmen. Der vielfach verbreiteten Ansicht, es müssen zu gerichtlichen Untersuchungen nur ungebrauchte, neue Gefässe verwendet werden, kann ich nicht beistimmen, weil ein neues ungebrauchtes Gefäss gar keine Garantie für die nöthige Reinheit bietet, es muss also ein neues Gefäss mit derselben Sorgfalt gereinigt werden, wie ein wiederholt gebrauchtes. Glas- oder Porcellangefässe, die Sprünge haben, oder deren Glasur schadhaft geworden ist, kann man selbstverständlich für gerichtliche Untersuchungen nicht brauchen.

In dem Gutachten ist ausdrücklich hervorzuheben, dass die verwendeten Reagentien geprüft und rein befunden, ferner dass Apparate und Gefässe sorgfältig gereinigt waren; würde diese Angabe nicht gemacht, so könnte der Einwand erhoben werden, dass das bei der Untersuchung gefundene Gift aus den unreinen Gefässen oder den Reagentien stammt.

In Bezug auf die Reagentien sei noch Folgendes bemerkt: Da heutzutage mehrere renommirte chemische Fabriken reine Reagentien für den Handel erzeugen und auch solche für gerichtliche Untersuchungen darstellen, so kommt man wohl kaum mehr in die Lage, diese Reagentien selbst zu bereiten; es handelt sich höchstens darum, die käuflichen Präparate zu reinigen und auch das nur selten, in der Regel hat sich der Gerichtschemiker darauf zu beschränken, die käuflichen Präparate zu prüfen. Diese Prüfung muss aber unter allen Umständen, und zwar mit der grössten Sorgfalt vorgenommen werden, man darf sich ja nicht auf die Präparate verlassen, auch wenn sie noch so eindringlich als rein bezeichnet werden.

Ueber die Form, in welcher ein giftiger Körper bei gerichtlichen Untersuchungen abzuscheiden ist, lassen sich keine allgemeinen Regeln aufstellen, sondern nur gewisse Anhaltspunkte geben. Da es gebräuchlich ist, dem Gerichte wenigstens einen Theil des aus den Untersuchungsobjecten dargestellten Giftes als Beweismittel mit dem Gutachten vorzulegen, so soll die Form gewählt werden, welche auch einem Laien bekannt ist; so z. B. wird man Kupfer und Blei als Metalle dem Gerichte abliefern, weil deren Eigenschaften Jedermann bekannt sind, während so manche mit sehr charakteristischen Eigenschaften begabte Verbindungen dieser Metalle dem gewöhnlichen Publikum ganz fremd sind; das Arsen wird nach altem Usus immer als Metallspiegel abgeliefert, desgleichen das Antimon. Ganz besonderes Gewicht ist darauf zu legen, dass das abgeschiedene Gift möglichst vielen, ja allen charakteristischen Reactionen unterzogen werde, damit über dessen chemische Natur nicht der leiseste Zweifel bleibe. Es genügt keineswegs, im Marsh'schen Apparat einen Metallspiegel darzustellen, um ihn, wenn er das Aussehen des Arsens besitzt, für einen Arsenspiegel zu erklären. Damit die Aussage mit einer für eine gerichtliche Untersuchung genügenden Sicherheit erfolgen darf, müsste dieser Spiegel noch einer Anzahl von wichtigen und beweisenden Reactionen unterzogen werden, welche für das Arsen absolut charakteristisch sind. Erst nach dem Zusammentreffen aller dieser Reactionen hätte die Aussage ihre Berechtigung. Für die Anstellung dieser Identitäts-Reactionen soll ja nicht an Material gespart werden, es wäre thöricht, diese Reactionen nicht mit aller Vollständigkeit auszuführen, um einen Theil des abgeschiedenen Giftes zu sparen und dem Gerichte vorlegen zu können; vielmehr müsste das letztere bei unzureichendem Materiale lieber unterbleiben.

In dem Gutachten muss ausdrücklich erwähnt werden, dass der abgeschiedene giftige Körper allen wesentlichen Reactionen unterzogen wurde und es müssen die bei diesen Reactionen aufgetretenen Erscheinungen genau beschrieben werden.

In der Mehrzahl der Fälle genügt es nicht, nur die Qualität des in dem Untersuchungsobjecte enthaltenen Giftes kennen zu lernen, sondern man muss auch die Quantität kennen und dann tritt an den Chemiker die Aufgabe heran, eine quantitative Bestimmung auszuführen. Häufig wird schon bei der Uebergabe des Untersuchungsobjectes die Frage nach der Quantität etwa vorhandenen Giftes gestellt, bisweilen aber wird diese Frage unterlassen. Es mag als Regel gelten, dass, wenn quantitativ bestimmbare Mengen von Gift in einem Untersuchungsobjecte sich zeigen, die quantitative Bestimmung derselben vorzunehmen ist, weil die aus der quantitativen Analyse hervorgehende Zahl dem Gerichtsarzte und dem Richter für die weitere Beurtheilung des Falles von der grössten Wichtigkeit werden kann. Bei der quantitativen Analyse muss die beste der bestehenden Methoden angewendet werden; im Gutachten ist die Methode genau zu beschreiben, und es sind auch alle direct erlangten Zahlen anzuführen; es würde also z. B. bei einem Nachweise von Arsen nicht genügen, einfach zu sagen, dass so und so viel Arsen gefunden wurde, es müsste in diesem Falle vielmehr das Gewicht der verarbeiteten Objecte und das Gewicht der aus denselben abgeschiedenen arsensauren Ammoniak-Magnesia angegeben werden.

Sind mehrere Gruppen von Giften bei der Untersuchung zu berücksichtigen, so muss man auch das Untersuchungsmateriale darnach eintheilen; da wir keine brauchbare Methode haben, welche gestattet, in einem und demselben Objecte auf alle Gruppen der Gifte zu untersuchen, so wird man z. B. einen Theil für die Prüfung auf Metallgifte und einen zweiten Theil für die Prüfung auf Phosphor, Blausäure und Pflanzengifte benützen.

Es ist unbedingt nöthig, jede gerichtliche Untersuchung genau nach einem Plane vorzunehmen, den man sich unter Berücksichtigung der vom Gerichte gestellten Fragen bis in's Detail vorher sorgfältig ausarbeitet; dieser Plan muss auf Alles Rücksicht nehmen, was zur Beantwortung der Fragen dienen kann und muss ferner ausschliessen, dass etwas Wichtiges übersehen wird. Geradezu leichtsinnig wäre es, wenn ein Chemiker eine gerichtliche Untersuchung in Angriff nehmen würde, ohne vorher den Arbeitsplan festgestellt zu haben. Es könnte in einem solchen Falle sehr leicht geschehen, dass nach Beendigung der Untersuchung das Resultat sich als unzulänglich herausstellt, weil in Folge der mangelhaften Methode auf diesen oder jenen Körper oder auf bestimmte Reactionen nicht Rücksicht genommen wurde. Ist aber die Untersuchung beendet, so ist auch das Untersuchungsmaterial verbraucht und man kann dasselbe nicht wieder auf's Neue beschaffen, wie bei einer gewöhnlichen chemischen Arbeit. Die Verlegenheiten, welche der Chemiker durch eine unzulängliche Untersuchung dem Gerichte und sich selbst bereiten kann, sind unabsehbar.

Nach Beendigung der Untersuchung hat der sachverständige Chemiker einen schriftlichen Bericht über die ausgeführte Arbeit und ein Gutachten abzufassen und diese nebst den nicht verbrauchten Untersuchungsobjecten, sowie eventuell Proben von den Giften, wenn solche durch die Untersuchung aufgefunden wurden, dem Gerichte vorzulegen.

Das Schriftstück, welches den Bericht und das Gutachten enthält, muss so abgefasst sein, dass es eine vollständige Beurtheilung der Untersuchung ermöglicht, und zwar sowohl von Seite des Richters, was den formellen Theil betrifft, als auch von Seite eines Chemikers [1]), was den chemischen Theil anbelangt.

In dem Berichte über die Untersuchung muss daher ausführlich Folgendes berücksichtigt sein: 1. Die Uebernahme der Untersuchungsobjecte betreffend ist anzugeben, ob man die letzteren direct bei einer Obduction oder Exhumation übernommen hat, oder ob dieselben zugestellt wurden und in diesem Falle, wie die Verwahrung und Verpackung beschaffen war, es sind die Gefässe, in denen die Gegenstände aufbewahrt waren, sowie deren Verschluss zu beschreiben, es ist besonders hervorzuheben, ob die angelegten Amtssiegel unverletzt waren oder nicht. 2. Die Beschaffenheit der Untersuchungsobjecte betreffend, ist deren Aussehen, sowie deren Gewicht anzugeben, besondere äussere Merkmale sind hervorzuheben. 3. In Betreff der chemischen Untersuchung ist anzugeben, wie viel von jedem einzelnen Untersuchungsobjecte zu jeder chemischen Operation verwendet wurde; alle benützten Methoden, sowie die bei der Arbeit beobachteten Erscheinungen (Reactionen) sind bis in's Detail zu beschreiben; bei quantitativen Bestimmungen sind die mittelst der Waage ermittelten Gewichte der gewogenen Verbindungen anzuführen, es ist ausdrücklich zu erwähnen, dass alle Gefässe, Apparate und sonstigen Utensilien, die mit dem Untersuchungsobjecte in Berührung kamen, sorgfältig gereinigt waren, ferner, dass das Filtrirpapier, sowie die Reagentien vor Beginn der Untersuchung geprüft wurden und dass nur als

---

[1]) Es kommt gar nicht selten vor, dass das von einem Gerichtschemiker abgegebene Gutachten zur Ueberprüfung an einen zweiten Chemiker gelangt.

ganz rein befundene Materialien verwendet wurden. Endlich ist noch anzugeben, dass während der ganzen Untersuchung das Material für Fremde absolut unzugänglich war.

Das Gutachten, welches auf Grund der vorgenommenen Untersuchung verfasst wird und für den Richter den wesentlichsten Theil des ganzen Schriftstückes ausmacht, soll möglichst klar gehalten sein; in demselben sind zunächst kurz die Ergebnisse der Untersuchung aufzuzählen, ferner sind die vom Gerichte gestellten Fragen präcis zu beantworten; sind die Ergebnisse der Untersuchung nicht geeignet, eine präcise Beantwortung der Fragen zu ermöglichen, so ist dies ohne Umschweife ganz entschieden zu sagen.

Der Chemiker soll sich bei der Abgabe gerichtlicher Gutachten strenge in den Grenzen halten, welche ihm durch seine Wissenschaft und ganz besonders durch die Resultate der von ihm vorgenommenen chemischen Untersuchung gesteckt sind; er soll sich ja nicht in hypothetische, unerwiesene Folgerungen einlassen und unter keiner Bedingung in ein fremdes Gebiet, z. B. in das des Gerichtsarztes, hineinbegeben. Stellt das Gericht Fragen, welche nicht in die Competenz des Chemikers, sondern in die des Gerichtsarztes oder eines anderen Sachverständigen gehören (dergleichen kommt gar nicht selten vor), so muss der Chemiker deren Beantwortung ablehnen, die Ablehnung motiviren und dem Gerichte den Sachverständigen bezeichnen, in dessen Gebiet die Beantwortung der betreffenden Frage gehört.

Sowie Bericht und Gutachten ausführlich alles Wesentliche behandeln sollen, so ist doch andererseits alles Nebensächliche darin auszuschliessen und unnütze Weitschweifigkeit bei Seite zu lassen; je kürzer und präciser bei Berücksichtigung alles Wichtigen ein schriftliches Gutachten gehalten ist, desto mehr Werth besitzt es für den Richter und für diesen ist es ja bestimmt.

---

## Vorprüfung.

Wenn schon bei einer gewöhnlichen chemischen Analyse eine Vorprüfung von grossem Nutzen ist, so erlangt eine solche bei gerichtlichen Untersuchungen noch weit grössere Bedeutung, ja sie ist unentbehrlich, weil in vielen Fällen durch sie allein ein Fingerzeig gewonnen wird für die Richtung, in welcher die Untersuchung geführt werden muss. Diese Richtung zu präcisiren, ist aber hier deshalb geboten, weil das Material beschränkt, ja oft kärglich zugemessen ist und weil man eben deshalb, wenn die Untersuchung in einer falschen Richtung geführt wurde, dieselbe nicht beliebig wiederholen kann, wenn man den falschen Weg merkt.

Wegen der Mannigfaltigkeit der Objecte bei gerichtlichen Untersuchungen ist eine einheitliche Methode der Vorprüfung nicht zu schaffen, vielmehr kommen für die verschiedenen Kategorien der

Untersuchungsobjecte auch verschiedene Arten der Vorprüfung in Betracht.

Handelt es sich um chemische Präparate in fester oder flüssiger Form[1]), so sind die physikalischen Eigenschaften, wie Farbe, Durchsichtigkeit, specifisches Gewicht, Siedepunkt, Schmelzpunkt, Geruch, Geschmack u. s. w. zu ermitteln, bei festen Körpern, besonders wenn sie pulverförmig sind, sowie bei trüben Flüssigkeiten, ist entweder mit freiem Auge oder mit Hilfe des Mikroskopes zu bestimmen, ob sie aus einer Substanz bestehen oder ob sie Gemenge sind, bei Flüssigkeiten hat man zu ermitteln, ob sie sich vollständig verflüchtigen oder ob sie einen Rückstand hinterlassen. Weiters hat man die chemische Vorprüfung auszuführen: es wird die Reaction auf Lakmuspapier untersucht, das Verhalten in der Hitze geprüft und im Allgemeinen weiter so verfahren, wie es im I. Capitel, Seite 2, angegeben wurde. Ist das Präparat unorganischer Natur, so ist dasselbe nach den Regeln der qualitativen Analyse unter Zuhilfenahme der Löthrohranalyse, der Flammenreactionen und der Spectralanalyse zu bestimmen, und es sind zum Schlusse alle charakteristischen Identitäts-Reactionen vorzunehmen. Wenn das Präparat eine organische Substanz ist, so wird zunächst bestimmt, ob ein Alkohol, eine Säure, ein Alkaloïd u. s. w. vorliegt, dann wird nach den Specialreactionen der betreffenden Körpergruppe weiter untersucht und wenn man gefunden hat, was der untersuchte Körper ist, werden zum Schlusse die charakteristischen Identitätsreactionen angestellt.

Sind verdächtige Speisen oder Getränke, Arzneimittel, erbrochene Substanzen, Fäces, Leichentheile u. dgl. die Untersuchungsobjecte, so prüft man gleichfalls zuerst die physikalischen Eigenschaften und die Reaction. Farbe und Geruch können häufig wichtige Fingerzeige zur Erkennung vorhandener Gifte abgeben; so kann man, wenn gelbe Substanzen vorhanden sind, Pikrinsäure, Auripigment, chromsaures Blei oder andere chromsaure Salze vermuthen, grüne Substanzen können arsenikhaltige Kupferfarben andeuten u. s. w. Durch den Geruch geben sich oft kund: Phosphor, Blausäure, Chloroform, Nitrobenzol, Carbolsäure, Brom, Jod, Schwefelwasserstoff u. s. w. Die Reaction auf Lakmuspapier lässt Säuren oder Alkalien erkennen.

Von grossem Werth ist oft ein möglichst genaues mechanisches Durchsuchen der Untersuchungsobjecte, besonders wenn es sich um Speisen, Getränke, Erbrochenes oder Leichentheile handelt. Wenn nämlich die giftigen Substanzen darin als gröbliche Pulver enthalten sind und sich daher nicht rasch auflösen konnten, so gelingt es nicht selten, noch unveränderte Körnchen des Giftes aufzufinden; dies gilt ganz besonders vom Arsenik. Das mechanische Durchsuchen der genannten Objecte geschieht am besten so, dass man Flüssigkeiten

[1]) Wenn Gase oder Gasgemische Gegenstand einer gerichtlichen Untersuchung werden sollten, so ist dieselbe nach den gebräuchlichen gasometrischen Methoden auszuführen. Wegen der Seltenheit des Falles habe ich das Capitel Gasanalyse in dieses Buch nicht aufgenommen, sondern verweise auf Bunsen's „Gasometrische Methoden", 2. Aufl. Braunschweig. Verlag v. Vieweg & Sohn, 1877.

oder breiförmige Substanzen (die letzten nöthigenfalls mit etwas destillirtem Wasser vermischt, um sie dünnflüssiger zu machen) in einer flachen Glasschale dünn ausbreitet und dann recht sorgfältig von Stelle zu Stelle absucht; bisweilen führt das Abschlämmen der dünnflüssig gemachten Substanzen zum Ziele. Magen und Darm werden aufgeschnitten, auf einer reinen Glasplatte, mit der Innenseite nach oben, ausgebreitet und gleichfalls abgesucht, nachdem man mit einem reinen Spatel oder Glasstab den Schleimüberzug leise bei Seite gestreift hat; oft findet man in der Mitte gerötheter Stellen der Schleimhaut Körner von Arsenik sitzen. Die weitere Untersuchung solcher Körnchen kann schon das Ende der ganzen Arbeit sein und die umständliche Manipulation mit den grossen Massen der Untersuchungsobjecte überflüssig machen. Unter allen Umständen werden diese Körnchen zuerst mit wenig destillirtem Wasser abgespült, getrocknet, gewogen und sodann chemisch untersucht. Zuerst versucht man durch Reduction mit Kohle einen Arsenspiegel darzustellen; zu diesem Behufe bringt man ein solches trockenes Körnchen in eine Reductionsröhre aus schwer schmelzbarem Glase von der Form, wie sie Fig. 14 darstellt; das im untersten Theile der Röhrenspitze befindliche Körnchen wird mit Splittern aus Holzkohle so weit bedeckt, dass dieselben den ganzen spitzen Theil des Rohres ausfüllen. Nun wird zuerst der Theil der Röhre, welcher die Kohle enthält, in der Gas- oder Spiritusflamme erhitzt und erst wenn die Kohle glüht, neigt man die Röhre so in die Flamme, dass auch das Körnchen erhitzt wird.

Fig. 14.

Wenn das Körnchen arsenige Säure ist, so verdampft es, der Dampf wird von der glühenden Kohle reducirt und es entsteht über der Kohle ein Arsenspiegel. Man hat in diesem Falle noch etwa zwei solcher Spiegel aus anderen Körnchen darzustellen und mit allen charakteristischen Reactionen, die noch später angegeben werden, auf metallisches Arsen zu prüfen, ferner sind einige Körnchen allen für die arsenige Säure charakteristischen Reactionen zu unterziehen. Erweisen sich die gefundenen Körnchen nicht als Arsenik, dann sind sie nach den Regeln der qualitativen Analyse nach vorausgegangener Vorprüfung zu untersuchen.

Dass die Vorprüfung allein ausreichen kann, um die vom Gerichte gestellten Fragen zu beantworten, geht aus folgendem Beispiele hervor: Das Gericht fragt, ob in den zur Untersuchung übergebenen Leichentheilen ein Gift enthalten und ob die vorhandene Menge ausreicht, einen Menschen zu tödten. Findet der Chemiker bei der Durchsuchung des Magens zahlreiche weisse Körner, die sich bei der Vorprüfung als Arsenik erweisen und erreicht deren Menge die letale Dosis, so ist die weitere Untersuchung überflüssig.

# Specieller Nachweis der wichtigsten Gifte.

Hat die Vorprüfung sichere Anhaltspunkte für die Gegenwart eines bestimmten Giftes oder eines Giftes aus einer bestimmten Körpergruppe ergeben, so richtet man die Untersuchung auf den Nachweis der angedeuteten Gifte ein, sind solche Anhaltspunkte nicht gewonnen worden und ist nur allgemein gefragt worden, ob überhaupt ein Gift vorhanden ist, so muss die Untersuchung systematisch auf alle chemisch nachweisbaren Gifte ausgeführt werden. Ist das Material beschränkt, so verwendet man einen Theil desselben zur Prüfung auf ätzende Säuren und Alkalien, auf Phosphor, Blausäure, sowie andere durch Destillation abzuscheidende Gifte, endlich auf Pflanzengifte. Man destillirt zuerst, im Destillate sucht man die flüchtigen Gifte, den Destillationsrückstand prüft man auf Säuren, Alkalien und Pflanzengifte; den zweiten Theil benützt man zur Prüfung auf Metallgifte. Verfügt man jedoch über reichlicheres Materiale, so ist es zweckmässig, für jede Gruppe der genannten Gifte einen besonderen Theil des Untersuchungsobjectes zu verwenden und mehrere Untersuchungen gleichzeitig nebeneinander auszuführen, wodurch viel Zeit gewonnen wird.

Es folgt nunmehr die Beschreibung jener Methoden, welche der Abscheidung und Erkennung der wichtigsten Gifte dienen. Diese sind in 4 Gruppen eingetheilt: die I. Gruppe umfasst jene Gifte, welche durch Destillation aus saurer Flüssigkeit abgeschieden werden, die II. Gruppe umfasst die Metallgifte, die III. Gruppe die Pflanzengifte, endlich die IV. Gruppe die ätzenden Säuren und Alkalien.

## I. Flüchtige, durch Destillation aus saurer Flüssigkeit abscheidbare Substanzen.

In diese Gruppe sollen eingezogen werden: Phosphor, Blausäure, Carbolsäure, Nitrobenzol, Aethylalkohol, Chloroform. Dieselben können entweder für sich oder aber mit den verschiedensten Substanzen vermengt, das Untersuchungsobject bilden.

Zur Abscheidung dieser flüchtigen Körper aus Gemengen, also auch aus Leichentheilen, dient der in Fig. 15 abgebildete Apparat, der im Wesentlichen aus der Kochflasche *A*, einem gläsernen Liebig'schen Kühlapparat und der zur Aufnahme des Destillates bestimmten Vorlage *B* besteht. Die Kochflasche *A* und der Kühler sind mittelst durchbohrter Korke und einer gebogenen Glasröhre dicht miteinander verbunden, wie Fig. 15 lehrt.

Das Untersuchungsobject wird, nachdem es in passender Weise mechanisch vorbereitet, etwas verkleinert und durch Zusatz von Wasser genügend dünnflüssig gemacht ist, in die Kochflasche *A* gebracht und diese, nachdem der Kühlapparat und die Vorlage angefügt sind, erhitzt. Die Kochflasche wird, um deren Zerspringen zu verhindern, nicht direct der Flamme ausgesetzt, sondern auf

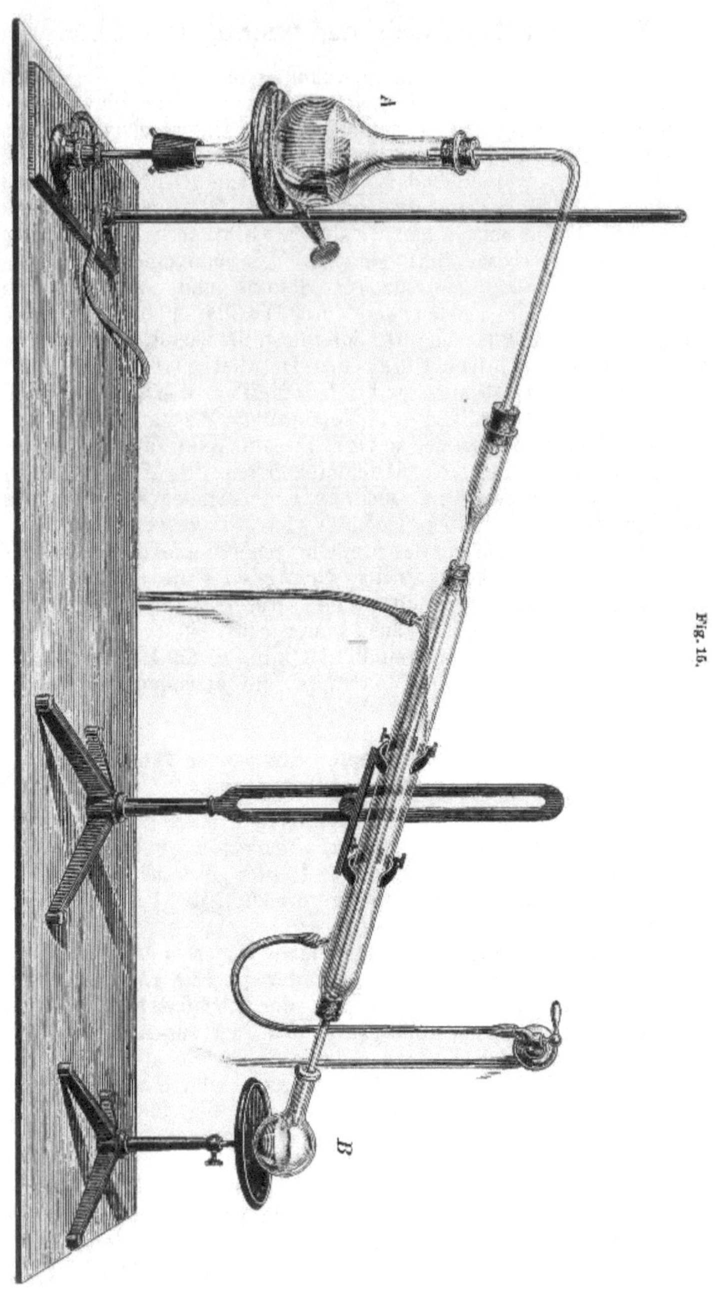


Fig. 15.

ein Drahtnetz, oder auf eine sehr poröse Thonplatte gestellt, unter welcher der Brenner angebracht ist; während der Destillation fliesst durch den Kühler continuirlich kaltes Wasser. Die Destillation ist (wegen der Erkennung des Phosphors) im Finstern vorzunehmen, also zur Nachtzeit, wenn man nicht über ein Finsterzimmer verfügt. Sollte die Masse während des Kochens heftig stossen, so kann man diesem Uebelstande durch Eintragen von reinen Glasperlen in das Kochgefäss begegnen; stark schäumende Flüssigkeiten destillirt man, um das Ueberschäumen zu verhüten, aus geräumigen Gefässen. Bisweilen ist es zweckmässig, durch das erhitzte Destillirgefäss $A$ während der Destillation Wasserdampf zu leiten; um dies zu ermöglichen, wird $A$ mit einem doppelt durchbohrten Stöpsel geschlossen, dessen eine Bohrung das von einem Kochkolben kommende Rohr trägt, in dem destillirtes Wasser gekocht wird, während in der anderen Bohrung das zum Kühler führende Rohr steckt.

## Phosphor.

Der gewöhnliche Phosphor wird, wie bekannt, zur Erzeugung von Zündhölzchen und sogenannter Phosphorpasta (aus Phosphor, Mehl, Wasser und geröstetem Fett bestehend) verwendet, welche letztere namentlich zur Vertilgung von Ratten und Mäusen häufig gebraucht wird. Demnach ist dieses heftige Gift Jedermann leicht zugänglich und es sind zumal Selbstmorde mit Phosphor gar nicht selten.

*Eigenschaften des farblosen Phosphors.* Derselbe kommt im Handel gewöhnlich in Form von Stangen vor. Frisch bereitet und im Dunkeln aufbewahrt, sind diese farblos oder schwach gelblich und vollkommen durchsichtig, wenn sie aus dem flüssigen Zustande langsam erstarrten, trübe und fettglänzend, wenn die Erstarrung rasch vor sich ging. Nach längerem Aufbewahren unter Wasser, bei Zutritt von Luft und Licht, werden die Phosphorstangen undurchsichtig, indem sie sich allmälig mit einer weissen Kruste überziehen; diese letztere ist nichts Fremdes, sie ist Phosphor, der sich von den vom Sauerstoff der Luft angefressenen Stangen abbröckelt. Der Phosphor ist bei niederer Temperatur spröde, bei 15° C. wird er wachsweich, lässt sich biegen und mit dem Messer schneiden; sein specifisches Gewicht beträgt 1·83, er schmilzt bei 44·3° C. und siedet bei 290° C. Schon bei gewöhnlicher Temperatur verflüchtigt er sich spurenweise, beim Kochen mit Wasser gehen beträchtliche Mengen von Phosphordampf mit den Wasserdämpfen über. Im Wasser ist der Phosphor kaum löslich, in Aether, Benzol, Terpentinöl und anderen flüchtigen Oelen, sowie in fetten Oelen löst sich etwas Phosphor auf, sehr leicht löst er sich in Schwefelkohlenstoff.

An der Luft leuchtet der Phosphor im Finstern und stösst dabei Dämpfe aus, welche knoblauchartig riechen; dieses Leuchten ist für den Phosphor sehr charakteristisch, es beruht auf einer langsamen Oxydation, bei welcher phosphorige Säure entsteht.[1]) Wenn Phosphor an der Luft etwas über seinen Schmelzpunkt erwärmt wird, so entzündet er sich und verbrennt unter blendender Lichterscheinung zu Phosphorsäureanhydrid, welches dichte weisse Wolken bildet; der Phosphor wird als feuergefährliche Substanz unter Wasser aufbewahrt. Phosphordämpfe wirken auf manche Metallsalze kräftig reducirend, so z. B. scheiden sie aus einer Lösung von salpetersaurem oder schwefelsaurem Silber einen schwarzen Niederschlag ab, der aus metallischem Silber und Phosphorsilber besteht.

Durch geeignete Einwirkung von Licht und Wärme auf den gewöhnlichen Phosphor entsteht eine eigenthümliche allotrope Modification des Phosphors, welche rother oder auch amorpher Phosphor genannt wird. Während der gewöhnliche Phosphor für den thierischen Organismus ein heftiges Gift ist, hat sich der rothe Phosphor als nicht giftig erwiesen.

Die Oxydation des gewöhnlichen Phosphors erfolgt an der Luft rasch, wenn derselbe fein vertheilt ist; zuerst entsteht phosphorige Säure, dann Phosphorsäure. Der Nachweis einer stattgehabten Phosphorvergiftung ist nur durch die Auffindung des Phosphors selbst, eventuell der phosphorigen Säure erbracht, die Gegenwart von Phosphorsäure im Untersuchungsobjecte wäre dafür keineswegs beweisend, weil diese Säure einen normalen und sehr verbreiteten Bestandtheil der thierischen und pflanzlichen Organismen ausmacht. Die Prüfung auf Phosphor soll sofort nach Empfang der Untersuchungsobjecte vorgenommen werden, damit nicht durch längeres Aufbewahren die Oxydation des Phosphors erfolge und dadurch der Nachweis der Phosphorvergiftung vereitelt werde.

Zum Nachweis des Phosphors bedient man sich der Eigenschaften, leicht zu verdampfen, im Dunkeln zu leuchten und aus neutraler Silberlösung Phosphorsilber zu fällen. Vor Allem prüft man die Untersuchungsobjecte, ob sie nach Phosphor riechen und ob beim Umrühren derselben mit einem Glasstabe Leuchten im Dunkeln zu beobachten ist. Dann bringt man nach dem Vorschlage von Scherer eine kleine Menge von dem Untersuchungsobjecte in einen kleinen Kolben, hängt in denselben einen mit neutraler Lösung von salpetersaurem Silber benetzten Streifen von Filtrirpapier, verkorkt lose und erwärmt auf circa 40° C. Schwärzt sich das Papier nach längerer Zeit nicht, so ist gewiss kein unveränderter Phosphor vorhanden, da die geringsten Spuren desselben in Folge der Bildung von Phosphorsilber die Silberlösung schwärzen. Wenn das Papier geschwärzt wird, so kann Phosphor vorhanden sein, doch könnte die Schwärzung auch durch Schwefelwasserstoff, Ameisensäure oder reducirende flüchtige Fäulnissstoffe entstanden sein; die Gegenwart von Schwefelwasser-

---

[1]) Wenn der Luft gewisse Gase oder Dämpfe, wie Schwefelwasserstoff, Alkohol, Aether, Terpentinöl, Carbolsäure u. dgl. beigemengt sind, so leuchtet der Phosphor darin nicht.

stoff liesse sich durch ein mit Bleizuckerlösung getränktes Filtrirpapier ermitteln, welches schwarz oder wenigstens braun werden müsste, wenn Schwefelwasserstoff vorhanden ist.

*Methode von Mitscherlich.* Nach dieser Voruntersuchung schreitet man zum Nachweis des Phosphors nach dem Verfahren von Mitscherlich. Dieses beruht darauf, dass sich Phosphor beim Kochen mit Wasser reichlich verflüchtigt und dass die entweichenden Dämpfe bei der Berührung mit der Luft leuchten. Das zu untersuchende Object (Speisen, Getränke, Magen- und Darminhalt, Blut, zerkleinerte Organe, Erbrochenes, Urin) wird, wenn nöthig, durch Zusatz von Wasser genügend dünnflüssig gemacht, mit verdünnter Schwefelsäure oder mit einer Lösung von Weinsäure angesäuert und darauf in dem Seite 150, Fig. 15, abgebildeten Apparate der Destillation unterworfen. Der Apparat muss in einem vollkommen finsteren Raume aufgestellt sein; wenn man also nicht über ein Zimmer verfügt, das sich durch passende Einrichtungen verfinstern lässt, so nimmt man die Destillation zur Nachtzeit vor. Die zum Erhitzen des Destillirkolbens verwendete Gasflamme wird zweckmässig durch einen geeigneten Schirm verdeckt, damit nicht durch Spiegelung der Flamme in den Glasröhren des Kühlapparates ein Leuchten vorgetäuscht werde. Ist in dem Untersuchungsobjecte Phosphor enthalten, so beobachtet man alsbald nach dem Beginnen des Siedens im Kühlrohre ein deutliches Leuchten, welches im Kühlrohre hin und her wandert, indem durch das mehr oder minder energische Sieden die Berührungsstelle der noch nicht condensirten Dämpfe mit der atmosphärischen Luft ihren Platz wechselt. Dieses Leuchten ist für den Phosphor die empfindlichste und charakteristischeste Reaction; es hält selbst bei sehr kleinen Mengen lange Zeit an, wenige Milligramme Phosphor genügen, um die Erscheinung des Leuchtens $^1/_4$ Stunde und selbst länger zu zeigen.

Manche Substanzen verhindern das Leuchten der Phosphordämpfe, wie bereits erwähnt wurde; die leicht flüchtigen, wie Aether und Alkohol, verhindern es nur vorübergehend, da sie bald abdestilliren. Wenn sie vollständig überdestillirt sind, tritt das Leuchten auf, Terpentinöl verhindert das Leuchten dauernd. In der Vorlage des Destillirapparates sammelt sich ein Destillat an, welches, wenn Phosphor in der untersuchten Substanz enthalten, kleine Phosphorkügelchen und phosphorige Säure enthält, letztere durch Oxydation der Phosphordämpfe an der Luft entstanden. Ist eine nennenswerthe Menge von Phosphor überdestillirt, so kann man die einzelnen Kügelchen durch Erwärmen unter Wasser zusammenschmelzen, wägen, dann einen Theil in ein Röhrchen einschmelzen und dem Gerichte vorlegen, den anderen Theil auf seine leichte Entzündlichkeit, Löslichkeit u. s. w. prüfen.

Das wässerige Destillat, welches phosphorige Säure und eventuell suspendirte Partikelchen von Phosphor enthält, liefert, wenn es mit frisch bereitetem Chlorwasser versetzt wird und mit diesem einige Stunden stehen bleibt, Phosphorsäure in Folge der oxydirenden Wirkung des Chlorwassers. Dampft man das mit Chlorwasser behandelte Destillat bis auf ein geringes Volumen ein, so kann man mit der concentrirten Flüssigkeit die folgenden zwei Reactionen auf Phosphorsäure vornehmen:

1. Man versetzt in einer Eprouvette eine Lösung von molybdänsaurem Ammon mit so viel Salpetersäure, dass der beim ersten Säurezusatz entstehende weisse Niederschlag sich wieder löst und fügt zu diesem Reagens, das klar und farblos sein muss[1]), die auf Phosphorsäure zu prüfende Flüssigkeit, worauf man gelinde erwärmt. Bei Anwesenheit von Phosphorsäure wird die Flüssigkeit bald intensiv gelb, und es entsteht allmälig ein gelber Niederschlag. Da dieser Niederschlag in einem Ueberschusse von Phosphorsäure löslich ist, so darf man die Phosphorsäurelösung nur tropfenweise zusetzen.

2. Die auf Phosphorsäure zu prüfende Flüssigkeit wird mit Ammoniak übersättigt, so dass sie deutlich darnach riecht, wenn sie trüb ist, filtrirt und dann mit einigen Tropfen Magnesiamixtur[2]) versetzt. Bei Anwesenheit von Phosphorsäure entsteht nach heftigem Schütteln ein krystallinischer Niederschlag von phosphorsaurer Ammoniak-Magnesia.

Die Methode von Mitscherlich erlaubt, minimale Mengen von Phosphor nachzuweisen, und sie ist, wenn die Leuchterscheinung auftritt, für das Vorhandensein des Phosphors vollkommen beweiskräftig. Da aber das Leuchten durch die Gegenwart mancher Stoffe verhindert wird, so darf man, wenn das Leuchten nicht beobachtet wurde, noch nicht auf die Abwesenheit des Phosphors schliessen, es könnten ja diese störenden Substanzen trotz der Anwesenheit des Phosphors das Leuchten verhindert haben.

*Methode von Dusart und Blondlot.* Wenn durch die Methode von Mitscherlich Phosphor nicht nachgewiesen wurde, so ist das Untersuchungsobject nach einem von Dusart und Blondlot angegebenen Verfahren weiter zu untersuchen, welches den störenden Einflüssen von Alkohol, Aether, Carbolsäure, Terpentinöl u. s. w. nicht unterliegt, und welches überdies gestattet, die Gegenwart phosphoriger Säure zu constatiren. Dieses Verfahren beruht darauf, dass bei der Einwirkung von nascirendem Wasserstoff auf das, Phosphor oder phosphorige Säure enthaltende Untersuchungsobject ein Gasgemisch entsteht, welches in einer neutralen Lösung von

---

[1]) Ist das Reagens gelb, so enthält es eine Spur Phosphorsäure, man muss es dann 24 Stunden stehen lassen, von dem geringen gelben Niederschlag abfiltriren und erst das farblose Filtrat verwenden.

[2]) Magnesiamixtur wird, wie folgt, bereitet: Eine Lösung von Chlormagnesium oder schwefelsaurem Magnesium wird mit Ammoniak im Ueberschusse versetzt, worauf man so viel Chlorammoniumlösung zugibt, dass der Niederschlag von Magnesiumhydroxyd sich wieder löst. Die filtrirte Flüssigkeit kann sofort verwendet werden.

salpetersaurem Silber einen schwarzen Niederschlag hervorbringt, der aus Silber und Phosphorsilber besteht, und dass dieses Phosphorsilber beim weiteren Behandeln mit Zink und verdünnter Schwefelsäure ein Gasgemenge liefert, das mit grüner Flamme brennt oder doch eine Flamme gibt, deren Kegel deutlich smaragdgrün gefärbt ist.

Zur Ausführung der Methode bedient man sich des in Fig. 16 abgebildeten Apparates. In die geräumige zweihalsige Woulf'sche Flasche *A* bringt man das Untersuchungsobject (wenn es fest ist, im zerkleinerten Zustande und mit viel Wasser dünnflüssig gemacht), gibt reines, phosphorfreies Zink zu, giesst dann durch die Trichterröhre verdünnte, reine Schwefelsäure ein und befestigt mittelst der Stöpsel dicht den Peligot'schen Absorptionsapparat *B*, in welchem sich eine neutrale Lösung von salpetersaurem Silber befindet. Es beginnt bald eine Gasentwicklung, und wenn Phosphor oder phosphorige Säure in der zu untersuchenden Substanz enthalten ist, so gelangt ein phosphorhaltiges Gasgemenge in die Silberlösung und erzeugt dort Phosphorsilber. Wenn die Gasentwicklung nachlässt, giesst man durch das Trichterrohr eine neue Portion verdünnter Schwefelsäure zu. Nach ungefähr zwölfständiger Dauer der Gasentwicklung wird der in *B* entstandene Silberniederschlag weiter auf Phosphor geprüft, er wird aus dem Absorptionsapparate *B* in ein Becherglas gespült und durch Decantation mit Wasser gewaschen.

Fig. 16.

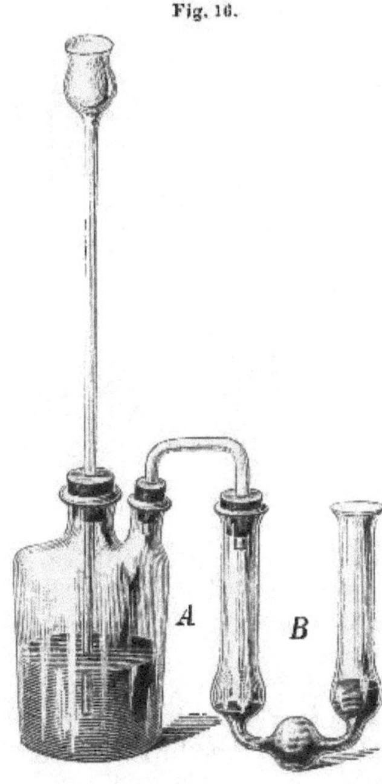


Die Untersuchung des Silberniederschlages geschieht in einem Apparate, wie ihn Fig. 17 darstellt. Er besteht aus der Woulf'schen Flasche *A*, welche ein Trichterrohr enthält und mit dem U-förmigen Rohre *B* dicht verbunden ist; in diesem U-Rohre befinden sich Bimssteinstücke, die mit concentrirter Kalilauge getränkt sind, in dem einen Ende steckt ein Porcellanröhrchen *C* von engem Lumen. Die Flasche *A* wird mit phosphorfreiem Zink und verdünnter Schwefelsäure beschickt; es findet bald Gasentwicklung statt, das Gas nimmt seinen Weg durch die Röhre *B* und entweicht durch das Porcellanröhrchen *C*, wo es, wenn die Luft aus dem Apparate verdrängt ist, angezündet werden kann; es muss mit farbloser Flamme brennen. Wäre das Zink nicht absolut frei von Phosphor, so würde man bei der Beobachtung der Flamme im Finstern einen grünen Flammenkegel bemerken und dann wäre der Apparat für die Prüfung des Silberniederschlages nicht geeignet, er müsste mit neuem Materiale beschickt werden, welches eine farblose Wasserstoffflamme liefert. Ist der Apparat mit einer farblosen Flamme im Gange, so trägt man den im Wasser suspendirten, gewaschenen Silberniederschlag durch das Trichterrohr ein und beobachtet nun im finstern Zimmer die Flamme, welche, wenn der Niederschlag phosphorhaltig ist, alsbald einen grünen Kegel bekommt, der im Finstern sehr deutlich wahrnehmbar ist und lange Zeit anhält. Für das Gelingen des Versuches ist die Beobachtung in einem finstern Zimmer, also eventuell bei Nachtzeit, nöthig, ferner darf das Gas keinen Schwefelwasserstoff enthalten (daher muss es seinen Weg durch die mit Kalilauge beschickte Röhre *B* nehmen, welche den Schwefelwasserstoff absorbirt), endlich darf die Flamme nicht aus einer Glasröhre herausbrennen, weil sie sonst vom Natrongehalte des Glases gelb wird; nach meinen Erfahrungen eignet sich am besten ein dünnes Porcellanröhrchen, das man vor dem Versuche mit destillirtem Wasser gut wäscht und dann ausglüht.

Fig. 17.

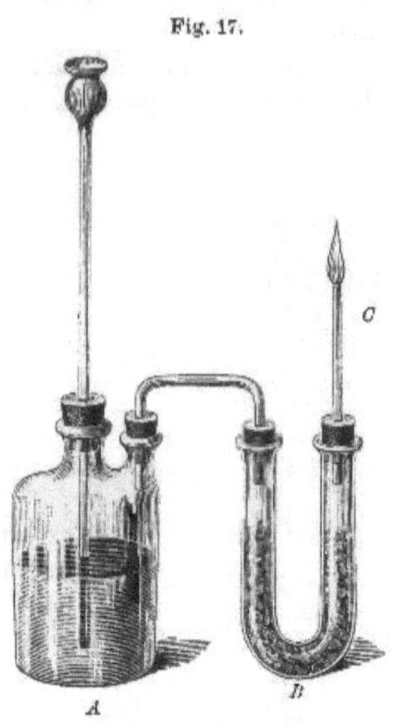


Nach dem Dusart-Blondlot'schen Verfahren kann die ursprüngliche Substanz, sowie das nach der Mitscherlich'schen Methode erhaltene Destillat und auch der im Destillirkolben verbleibende Rückstand untersucht werden. Erhält man eine grüne Flammenfärbung, so kann dieselbe sowohl von Phosphor als von phosphoriger Säure herrühren; welcher von den beiden Körpern in der untersuchten Substanz vorhanden war, ist durch diese Methode nicht zu entscheiden und man müsste, wenn es darauf ankäme, die Anwesenheit von unverändertem Phosphor zu erweisen, eine von Fresenius und Neubauer angegebene Modification des Verfahrens anwenden.

*Verfahren von Fresenius und Neubauer.* Nach diesem Verfahren wird aus dem erwärmten Untersuchungsobjecte der Phosphor in einem Kohlensäurestrome verdampft, die Phosphordämpfe werden in Silberlösung geleitet und der daselbst entstehende Niederschlag wird dann weiter untersucht. Man bringt das Untersuchungsobject in einen geräumigen Kochkolben, fügt verdünnte Schwefelsäure bis zur sauren Reaction und, wenn nöthig, so viel Wasser zu, dass die Masse recht dünnflüssig wird; hierauf setzt man einen doppelt durchbohrten Stöpsel auf; in der einen Bohrung steckt ein bis zum Boden des Kolbens reichendes Rohr, die andere Bohrung trägt ein rechtwinklig gebogenes, dicht unter dem Stöpsel endendes Rohr, mit dem ein Peligot'scher Absorptionsapparat verbunden ist, der neutrale Silberlösung enthält. Durch den Kolben wird aus einem continuirlichen Kohlensäureapparat gewaschene Kohlensäure geleitet; ist die Luft verdrängt, so erwärmt man den Kolben auf einem Wasserbade und setzt die Operation mehrere Stunden fort. Wenn freier Phosphor zugegen ist, so verdampft derselbe, gelangt unverändert in die Silberlösung und erzeugt dort den schwarzen Niederschlag von Phosphorsilber. Dieser Niederschlag ist durch Decantation mit Wasser zu waschen und in dem Apparate Fig. 17 (Seite 156) zu prüfen, wie dies schon angegeben wurde.

Der systematische Vorgang bei der Untersuchung auf Phosphor wäre demnach folgender: Man führt zuerst die Vorprüfung aus, wendet dann die Methode von Mitscherlich an, wenn diese kein positives Resultat gibt, das Verfahren von Fresenius und Neubauer und, wenn auch dieses nicht die Gegenwart von Phosphor ergibt, zuletzt die Methode von Dusart und Blondlot. Tritt bei der Anwendung der letzteren die grüne Flammenfärbung auf, so rührt sie, wenn nach den Methoden von Mitscherlich, Neubauer und Fresenius Phosphor nicht nachgewiesen werden konnte, von phosphoriger Säure her.

*Quantitative Bestimmung des Phosphors.* Soll der Phosphor quantitativ bestimmt werden, so wendet man am zweckmässigsten das folgende, von Scherer modificirte Mitscherlich'sche Verfahren an: Der Destillirkolben (siehe Fig. 15, Seite 150) ist mit einem doppelt durchbohrten Korke versehen, durch dessen eine Bohrung ein Glasrohr bis in die Flüssigkeit ragt; sie dient dazu, aus einem continuirlichen Kohlensäureapparate während der Destillation einen langsamen Strom von Kohlensäure durchzuleiten. Die Vorlage ist mittelst einer Bohrung eines doppelt durchbohrten Korkes an dem Kühlapparate dicht befestigt; die zweite Bohrung nimmt ein Rohr auf, das in einen Peligot'schen Absorptionsapparat mündet, welcher etwas neutrale Silberlösung enthält. In der Vorlage sammeln sich Kügelchen des condensirten Phosphors, in den Peligot'schen Absorptionsapparat gelangen Spuren von Phosphordampf, die im Kühler nicht condensirt wurden und gehen bei der Einwirkung der Silberlösung in Phosphorsilber und Phosphorsäure über.

Man erwärmt nach beendeter Destillation die Vorlage gelinde, um die einzelnen kleinen Phosphorkügelchen durch Schmelzen zu einer Kugel zu vereinigen, lässt erkalten, nimmt die Phosphorkugel aus dem Destillate, spült mit Wasser und Alkohol ab, trocknet vorsichtig zwischen Fliesspapier und wägt in einem mit Wasser gefüllten, tarirten Gefässe, das man, um während des

Wägens Verdampfung zu verhindern, mit einem Glasstöpsel dicht verschliesst. Ist die Menge des überdestillirten Phosphors sehr gering, so wird unter andauerndem Kohlensäurestrome durch Erhitzen der Vorlage der Phosphor aus dieser in den Peligot'schen Absorptionsapparat überdestillirt[1]), der Phosphor durch Oxydation in Phosphorsäure übergeführt und schliesslich als pyrophosphorsaures Magnesium gewogen. Der Inhalt des Peligot'schen Apparates wird zu diesem Zwecke mit Salpetersäure versetzt und auf ein sehr kleines Volumen verdampft; die rückständige kleine Menge Flüssigkeit wird dann im Wasser gelöst, durch Ausfällen mit Salzsäure vom Silber befreit und vom Chlorsilber abfiltrirt. Das Filtrat wird mit Ammoniak in grossem Ueberschusse versetzt, mit Magnesiamixtur gefällt und 12 Stunden ruhig hingestellt. Nach dieser Zeit bringt man den Niederschlag auf ein Filter, wäscht ihn mit verdünnter Ammoniakflüssigkeit aus, trocknet, glüht und wägt ihn; das Filter ist getrennt vom Niederschlage einzuäschern, das Glühen geschieht in einem Porcellantiegel. Da 1 Molekulargewicht pyrophosphorsaures Magnesium ($P_2O_7Mg_2$) 2 Atomgewichte Phosphor enthält, so hat man für je 222 Gewichtstheile des ersteren 62 Gewichtstheile Phosphor in Rechnung zu bringen.

## Blausäure und andere giftige Cyanverbindungen.

Aus der grossen Zahl der bekannten Cyanverbindungen kommen für die gerichtlichen Untersuchungen in erster Linie die Blausäure (Cyanwasserstoff) und das Cyankalium in Betracht; diese beiden Gifte sind heutzutage nicht schwer zu beschaffen und deshalb kommen Morde und Selbstmorde mit diesen Substanzen ziemlich häufig vor. Durch die Verbreitung chemischer Kenntnisse ist die Bereitungsweise der Blausäure aus gelbem Blutlaugensalz und Schwefelsäure eine weithin bekannte chemische Operation geworden und durch die ausgedehnte Anwendung des Cyankaliums in der Photographie und in der Galvanoplastik ist dasselbe als ein vielgebrauchter Handelsartikel leicht zu erwerben.

Während die einfachen Metallcyanide, wie Cyankalium, Cyanzink und jene Doppelcyanide, welche durch Zersetzung mit Säuren schon in der Kälte Blausäure liefern, wie Kaliumsilbercyanid, Kaliumgoldcyanid u. s. w., sehr giftig sind, verhalten sich jene Doppelcyanide, welche bei der Einwirkung verdünnter Säuren in der Kälte keine Blausäure geben, dem thierischen Organismus gegenüber nicht als Gifte, sondern sie werden in Dosen von mehreren Grammen vom Menschen anstandslos vertragen; hierher gehören das gelbe und rothe Blutlaugensalz, das Berlinerblau und das Turnbullsblau.

---

[1]) Diese nochmalige Destillation geschieht deshalb, weil bei der ersten Destillation des Untersuchungsobjectes, das gewöhnlich Phosphorsäure enthält, leicht etwas übergespritzt sein könnte, wodurch man dann ein zu grosses Resultat erhielte.

*Eigenschaften der Blausäure* (CNH). Die wasserfreie Blausäure ist eine farblose, bei 26·5° C. siedende Flüssigkeit, von heftigem, bittermandelartigem Geruche, sie ist brennbar und brennt an der Luft mit violetter Flamme; mit Wasser, Alkohol und Aether mischt sie sich in jedem Verhältnisse; nicht zu verdünnte wässerige Lösungen sind brennbar, die wässerigen Lösungen der Blausäure röthen Lakmuspapier nur schwach. Selbst sehr verdünnte Blausäurelösungen besitzen den charakteristischen Blausäuregeruch, der aber bei längerem Aufbewahren der Lösung stetig abnimmt und endlich verschwindet, indem sich die Blausäure unter Aufnahme von Wasser zersetzt in ameisensaures Ammonium und eine braune, flockig sich abscheidende Substanz. Durch Zusatz sehr geringer Mengen einer Mineralsäure kann man die Blausäurelösung haltbar machen; concentrirte Mineralsäuren dagegen beschleunigen die Zersetzung, besonders in der Wärme.

Die Blausäure liefert mit Guajaktinctur und Kupfervitriol eine charakteristische Reaction, ferner die Berlinerblau- und Rhodan-Reaction. Diese zum Nachweise der Blausäure dienenden Reactionen werden weiter unten behandelt werden.

*Eigenschaften des Cyankaliums* (KCN). Das chemisch reine Cyankalium krystallisirt in farblosen Würfeln, es ist in Wasser sehr leicht löslich, zerfliesst an der Luft, ist in absolutem Alkohol fast unlöslich, in heissem, wasserhaltigem Alkohol ziemlich leicht löslich; die Lösungen reagiren alkalisch und riechen an der Luft nach Blausäure, indem die Kohlensäure der Luft zersetzend einwirkt, kohlensaures Kalium und freie Blausäure bildend. Beim langen Aufbewahren des Cyankaliums in schlecht verschlossenen Gefässen zersetzt sich dasselbe fortwährend unter der Einwirkung der Kohlensäure und Feuchtigkeit der atmosphärischen Luft. Verdünnte Säuren zerlegen das Cyankalium unter Abscheidung von Blausäure, welche durch Destillation gewonnen werden kann. Das Cyankalium zeigt die Reactionen des Kaliums, färbt also die Flamme violett und gibt das Kaliumspectrum; es gibt ferner vermöge seiner chemischen Natur als Cyanid nach dem Ansäuern mit Essigsäure die Guajakreaction, nach dem Kochen mit Eisenvitriollösung und Ansäuern mit Salzsäure die Berlinerblau-Reaction, endlich gibt es die Rhodan-Reaction, und zwar am besten, wenn man die Cyankaliumlösung mit Salzsäure schwach sauer macht, dann mit gelbem Schwefelammonium versetzt, zur Trockene verdampft, den Abdampfrückstand in wenig Wasser löst, mit Salzsäure ansäuert und mit Eisenchlorid versetzt.

Das chemisch reine Cyankalium kommt selten im Handel vor, die Industrie bedient sich meistens eines Präparates, welches durch Zusammenschmelzen von gelbem Blutlaugensalz mit Pottasche gewonnen wird und ungefähr 60% Cyankalium, überdies cyansaures Kalium, kohlensaures Kalium und andere Kalisalze enthält. Dieses Präparat, welches in Form von unregelmässigen Stücken oder in Stangenform verkauft wird, ist weiss, undurchsichtig, an den Bruchflächen krystallinisch und zeigt alle vom reinen Cyankalium angeführten Eigenschaften. Manche Sorten des käuflichen Cyankalium enthalten nachweisbare Mengen von gelbem Blutlaugensalz.

Sowohl bei Vergiftungen mit Cyankalium, als bei denen mit Blausäure wird die Untersuchung in der Weise vorgenommen, dass man aus dem Untersuchungsobjecte durch einen Destillationsprocess Blausäure abscheidet und diese durch die charakteristischen Reactionen im Destillate nachweist. Bei diesem Nachweise der Blausäure hat man im Auge zu behalten, dass wässerige Lösungen derselben, sowie des Cyankaliums sich ziemlich rasch zerlegen und dass bei Gegenwart grösserer Mengen von Mineralsäuren diese Zerlegung rasch erfolgt; ferner dass Blausäure auch aus nicht giftigen Substanzen sich durch Einwirkung von Säuren bei Kochhitze bilden kann.

Wegen der Unbeständigkeit der Blausäure und des Cyankaliums ist es Pflicht des Gerichtschemikers, die Untersuchungsobjecte sofort nach Uebernahme zu untersuchen, denn sie könnten sich beim längeren Aufbewahren entweder vollständig oder doch theilweise zersetzen. Dass übrigens in Leichentheilen Blausäure und Cyankalium sich lange Zeit erhalten können, haben mehrere in den letzten Jahren ausgeführte Untersuchungen gelehrt; so hat Dr. E. Zillner aus dem Cadaver eines Selbstmörders 4 Monate nach dem Tode noch ganz beträchtliche Mengen von Blausäure abscheiden können.

Da es nach solchen Erfahrungen denkbar ist, dass sich die Blausäure ein Jahr, ja selbst noch länger in einem Cadaver erhält, so wird, wenn der Verdacht einer Blausäurevergiftung erst so lange Zeit nach dem Tode auftritt, dennoch die Exhumirung der Leichentheile und deren Untersuchung angezeigt sein. Wird der Chemiker in einem solchen Falle von dem Gerichte befragt, ob sich ein Theil der Blausäure oder des Cyankaliums noch unverändert erhalten haben und noch nachgewiesen werden könne, so wird er diese Möglichkeit nicht in Abrede stellen dürfen, ja er wird geradezu dem Gerichte die Exhumirung zu empfehlen haben.

Bei der Abscheidung der Blausäure aus Leichentheilen und anderen Objecten muss jeder grössere Ueberschuss einer Mineralsäure wegen der zersetzenden Wirkung vermieden werden, die zu destillirende Masse darf daher nur eine geringe Menge freier Mineralsäure oder besser eine organische Säure, wie Weinsäure, enthalten.

Was die Entstehung der Blausäure durch secundäre Processe anbelangt, so ist Folgendes zu berücksichtigen: 1. Man hat wiederholt die Ansicht geäussert, dass sich bei der Fäulniss thierischer Substanzen Blausäure oder eine andere bei der Destillation Blausäure liefernde Cyanverbindung bilden könne. 2. Manche nicht giftigen Cyanverbindungen, wie gelbes und rothes Blutlaugensalz,

Berlinerblau u. dgl. liefern beim Destilliren mit verdünnten Säuren (selbst mit Weinsäure) ein blausäurehaltiges Destillat.

Bezüglich des ersten Punktes ist zu bemerken, dass die Leichentheile von Thieren und Menschen in keinem Stadium der Fäulniss durch Destillation bei saurer Flüssigkeit Blausäure liefern, ich habe Theile von menschlichen und thierischen Cadavern in allen Perioden der Fäulniss untersucht und niemals eine Spur Blausäure darin gefunden. Zu demselben Resultate sind auch andere Chemiker gelangt.

Das Auftreten der Blausäure beim Destilliren der nicht giftigen Cyanide mit verdünnten Säuren könnte in folgender Weise irrthümlich gedeutet werden: Wenn in einem Untersuchungsobjecte ein nicht giftiges Cyanid vorhanden wäre, ohne dass der untersuchende Chemiker dies wüsste, so würde, da bei der Destillation ein blausäurehaltiges Destillat resultirt, auf eine Blausäure-Vergiftung geschlossen werden, während doch eine solche nicht vorliegt. Enthält ein Untersuchungsobject Cyankalium und Ferrocyankalium, so gibt das erstere bei der Destillation mit verdünnter Säure die äquivalente Menge Blausäure, aber auch das gelbe Blutlaugensalz liefert etwas Blausäure. Wenn nun im Destillate die Blausäure quantitativ bestimmt und auf Cyankalium umgerechnet wird, so fällt das Resultat begreiflicherweise zu gross aus.

Bei den Untersuchungen auf Blausäure, resp. Cyankalium ist daher vor Allem auf die Gegenwart der genannten nicht giftigen Cyanide zu prüfen; wenn eines derselben vorhanden ist, so muss es für die weitere Untersuchung so unschädlich gemacht werden, dass es keine Blausäure liefern kann. Das Berlinerblau, wenn es in irgend erheblicher Menge vorhanden ist, erkennt man an seiner intensiv blauen Farbe. Um die Gegenwart von gelbem und rothem Blutlaugensalz zu constatiren, wird das Untersuchungsobject mit Wasser extrahirt, die Lösung filtrirt, mit Salzsäure angesäuert und eine Probe der Flüssigkeit mit Eisenvitriol, die andere mit Eisenchlorid versetzt. Gelbes Blutlaugensalz gibt mit Eisenvitriol einen weissen, bald hellblau werdenden Niederschlag, mit Eisenchlorid dagegen den bekannten blauen Niederschlag von Berlinerblau. Rothes Blutlaugensalz gibt mit Eisenvitriol einen dunkelblauen Niederschlag von Turnbullsblau, mit Eisenchlorid aber eine dunkelbraune Färbung.

Nachdem diese Vorprüfung auf nicht giftige Cyanide beendet ist, kann man zur Abscheidung und zum Nachweise der Blausäure übergehen.

*a) Wenn weder Berlinerblau, noch gelbes und rothes Blutlaugensalz vorhanden sind,* wird das nöthigenfalls zerkleinerte Untersuchungsobject, wenn es nicht schon dünnflüssig ist, mit Wasser dünnflüssig gemacht, die Flüssigkeit mit verdünnter Schwefelsäure oder mit Weinsäure angesäuert und in einem Destillationsapparate von der Form der Fig. 15 (Seite 150) der Destillation unterworfen. Das Destillat wird auf Blausäure geprüft.

*b) Wenn Berlinerblau vorhanden ist*, so kann man entweder einen wässerigen Auszug bereiten, diesen filtriren, das Filtrat ansäuern und destilliren, oder man kann die mit Wasser verdünnte Masse mit verdünnter Schwefelsäure ansäuern, durch einen Zusatz von frisch gefälltem kohlensauren Calcium [1]) die saure Reaction aufheben und nun destilliren.

*c) Wenn gelbes oder rothes Blutlaugensalz vorhanden ist* [2]), so macht man diese nach einer der beiden folgenden Methoden unschädlich: 1. Wenn nicht eine Lösung, sondern eine feste oder breiige Substanz vorliegt, so wird zunächst durch Uebergiessen derselben mit Wasser ein wässeriger Auszug bereitet, nach längerer Einwirkung des Wassers wird durch ein Leinentuch colirt, die Flüssigkeit mit verdünnter Salzsäure angesäuert und durch genügenden Zusatz von Eisenvitriol wenn rothes, von Eisenchlorid wenn gelbes Blutlaugensalz vorhanden ist, vollständig ausgefällt; nachdem sich der blaue Niederschlag abgesetzt hat, filtrirt man und verwendet das Filtrat zur Destillation. 2. Die zu destillirende Substanz wird, wenn nöthig, mit Wasser verdünnt, sodann mit verdünnter Schwefelsäure angesäuert (wobei ein grösserer Ueberschuss derselben zu vermeiden ist, weil er ganz nutzlos wäre) und mit einem Ueberschusse von frisch gefälltem kohlensauren Calcium versetzt, worauf man sofort destilliren kann. Durch die verdünnte Schwefelsäure wird aus dem vorhandenen Cyankalium Blausäure, aus dem gelben Blutlaugensalz Ferrocyanwasserstoffsäure, aus dem rothen Blutlaugensalz Ferricyanwasserstoffsäure frei gemacht. Der kohlensaure Kalk sättigt die beiden letzten Säuren, verwandelt sie also in ihre Kalksalze, welche bei der Destillation in neutraler Flüssigkeit keine Blausäure liefern; die Blausäure sättigt das kohlensaure Calcium nicht, sie bleibt frei und geht in's Destillat über.

Die Destillation wird, wenn es sich nur um den qualitativen Nachweis der Blausäure handelt, so lange fortgesetzt, bis man 10 bis 20 Ccm. Destillat erhalten hat, dabei wird, wenn je 5 Ccm. überdestillirt sind, die Vorlage gewechselt; da die Blausäure sehr flüchtig ist, so enthält die erste Portion des Destillates am meisten davon. Wenn in dem Destillate eine nur irgend erhebliche Menge von Blausäure enthalten ist, so lässt sie sich schon durch ihren

---

[1]) Dieses fein vertheilte kohlensaure Calcium wird erhalten, indem man eine verdünnte Chlorcalciumlösung mit kohlensaurem Natrium fällt und den Niederschlag sorgfältig mit Wasser wäscht.

[2]) Das Vorkommen von gelbem Blutlaugensalz in gerichtlichen Untersuchungsobjecten ist häufiger, als gewöhnlich angenommen wird, weil viele käufliche Sorten von Cyankalium gelbes Blutlaugensalz enthalten. Ich habe schon in drei Fällen (1 Mord und 2 Selbstmorde) das Nebeneinandervorkommen von gelbem Blutlaugensalz und Cyankalium in Leichentheilen und Getränken constatiren können und jedesmal liess sich nachweisen, dass ein blutlaugensalzhaltiges Cyankalium als Gift verwendet wurde. Einer dieser Fälle ist von J. Mauthner und mir in den „Wiener medicinischen Blättern", Jahrgang 1880, Nr. 44, Seite 112, ausführlich veröffentlicht worden.

charakteristischen Bittermandelgeruch wahrnehmen; indessen hat man noch kein Recht, wenn dem Destillate dieser Geruch fehlt, auf die Abwesenheit der Blausäure zu schliessen, denn es könnte doch eine sehr geringe Menge davon vorhanden sein, die sich zwar der Geruchwahrnehmung entzieht, aber doch durch chemische Reagentien nachweisen lässt oder es könnte der Geruch durch die Anwesenheit einer anderen flüchtigen Substanz verdeckt sein. Unter allen Umständen werden daher mit dem Destillate die Berlinerblau-Reaction, die Rhodan-Reaction und die Schönbein-sche Guajakharz-Reaction angestellt, welche bei Anwesenheit von Blausäure sämmtlich positiv ausfallen müssen.

*Berlinerblau-Reaction.* Einige Cubikcentimeter des auf Blausäure zu prüfenden Destillates werden mit einigen Tropfen frisch bereiteter Eisenvitriollösung und darauf mit reiner Kalilauge bis zur stark alkalischen Reaction versetzt. Die gut umgeschüttelte Flüssigkeit wird nun zum Kochen erhitzt und kurze Zeit, etwa 1 Minute, im Kochen erhalten, worauf man erkalten lässt und mit Salzsäure bis zur sauren Reaction versetzt. Nach dem Vorschlage von Husemann wird die mit Eisenvitriol und Kalilauge gekochte Flüssigkeit von dem darin befindlichen Niederschlage (Eisenoxyduloxyd) abfiltrirt, das Filtrat mit Salzsäure angesäuert und mit Eisenchlorid versetzt. Ob man auf eine oder die andere Art arbeitet, erhält man, wenn das Destillat Blausäure enthält, eine mehr oder weniger intensiv blaugefärbte Flüssigkeit [1], aus der sich nach längerem ruhigen Stehen blaue Flocken von Berlinerblau absetzen. — Das Berlinerblau wird bei dieser Reaction in folgender Weise gebildet: Durch die Wechselwirkung von Blausäure, Aetzkali und Eisenoxydul (resp. Eisenvitriol) entsteht gelbes Blutlaugensalz, ein Theil des aus dem Eisenvitriol durch das Aetzkali gefällten Eisenoxyduls hat sich inzwischen bei Luftzutritt zu Eisenoxyd oxydirt, welches auf Zusatz von Salzsäure in Eisenchlorid übergeht; dieses gibt aber, wie bekannt, mit dem gelben Blutlaugensalz Berlinerblau. Verfährt man nach Husemann, so wird zu dem in der ersten Phase des Processes gebildeten gelben Blutlaugensalz das zur Berlinerblaubildung nöthige Eisenchlorid zugesetzt, nachdem man den Ueberschuss des Aetzkalis (der die Berlinerblaubildung hindern würde) durch Salzsäure neutralisirt hat.

*Rhodan-Reaction.* Ein Theil des auf Blausäure zu prüfenden Destillates wird mit gelbem Schwefelammonium [2]) im Ueberschusse versetzt, dann wird noch ein Tropfen Kalilauge zugefügt und die

[1]) Wenn nur geringe Spuren von Blausäure vorhanden sind, so erscheint die Flüssigkeit anfangs grün und klar, aber nach ruhigem Stehen scheiden sich die blauen Flocken von Berlinerblau ab.

[2]) Das frisch bereitete Schwefelammonium ist farblos; beim Aufbewahren wird es allmälig gelb, indem durch den Luftzutritt höhere Sulfide des Ammoniums entstehen; dieses gelbe, alte Schwefelammonium ist nun für die Rhodan-Reaction geeignet, man kann es auch durch Zusatz von Schwefelblumen zu frischem Schwefelammonium bereiten.

Flüssigkeit in einem Porcellanschälchen auf dem Wasserbade zur Trockene verdampft; der Abdampfrückstand wird mit wenig Wasser übergossen, die entstandene Lösung durch Zusatz von einigen Tropfen Salzsäure angesäuert, vom ungelösten Schwefel abfiltrirt und das Filtrat mit Eisenchloridlösung versetzt. Es tritt sofort blutrothe Färbung ein, wenn das Destillat Blausäure enthielt. — Die Blausäure geht beim Erwärmen mit gelbem Schwefelammonium in Rhodanammonium (oder Schwefelcyanammonium) über, welches mit Eisenoxydsalzen ebenso, wie andere lösliche Rhodanide die bekannte blutrothe Färbung in Folge der Bildung von Eisenrhodanid gibt. Da das Schwefelcyammonium beim Erwärmen auf dem Wasserbade sich langsam verflüchtigt und deshalb beim Eindampfen einer nur Spuren von Blausäure enthaltenden Flüssigkeit mit Schwefelammonium alles entstandene Rhodanammonium sich verflüchtigen könnte, so vermischt man von Vornherein die auf Blausäure zu prüfende Flüssigkeit mit Schwefelammonium und einem Tropfen Kalilauge, um das auf dem Wasserbade nicht flüchtige Schwefelcyankalium zu erzeugen.

*Guajak-Reaction.* Zu dieser von Schönbein empfohlenen Reaction bedarf man einer verdünnten Kupfervitriollösung[1]) und einer frisch bereiteten weingeistigen Guajaktinctur.[2]) Das auf Blausäure zu prüfende Destillat wird mit einigen Tropfen Kupfervitriollösung und nach dem Umschütteln mit Guajaktinctur versetzt; ist Blausäure vorhanden, so färbt sich die Flüssigkeit intensiv blau. Diese Reaction ist zwar sehr empfindlich, aber sie ist für sich allein nicht beweisend, weil sie auch andere Körper geben. Mit Vortheil bedient man sich dieser Schönbein'schen Reaction zur Vorprüfung, indem man z. B. in das Gefäss, welches die Untersuchungsobjecte enthält, einen mit der Kupfervitriollösung und Guajaktinctur benetzten Filtrirpapierstreifen hängt. Ist nur eine Spur Blausäuredampf im Gefässe, so wird sich das Papier blau färben. Das positive Ergebniss der Reaction wird niemals für sich allein den sicheren Schluss auf die Anwesenheit der Blausäure erlauben, aber wenn die Blaufärbung nicht eintritt, so wird auch durch andere Reactionen Blausäure nicht nachzuweisen sein.

*Quantitative Bestimmung der Blausäure.* Wenn es sich um die quantitative Bestimmung des Blausäuregehaltes einer wässerigen Lösung derselben oder um die quantitative Bestimmung des Gehaltes an reinem Cyankalium handelt, so verfährt man genau nach der auf Seite 135 beschriebenen massanalytischen Methode,

---

[1]) Die Kupfervitriollösung erhält man in der geeigneten Concentration durch Auflösen von 0·1 Grm. krystallisirten Kupfervitriols in 100 Ccm. destillirten Wassers.

[2]) Die Guajaktinctur wird dargestellt, indem man 0·3 Grm. von gepulvertem Guajakharz mit 10 Ccm. Weingeist übergiesst und nach etwa einstündiger Digestion filtrirt.

desgleichen kann auch das blausäurehaltige Destillat nach derselben Methode behandelt werden. Um sicher zu sein, dass man alle vorhandene Blausäure abdestillirt habe, muss man ungefähr ein Viertel der Flüssigkeit des Untersuchungsobjectes abdestilliren.

Die quantitative Bestimmung der Blausäure kann auch gewichtsanalytisch geschehen, in diesem Falle muss aber das blausäurehaltige Destillat nochmals über etwas gepulverten Borax destillirt (rectificirt) werden, welcher letztere die das erste Mal etwa übergangenen Spuren von Salzsäure zurückhält, ohne Blausäure zurückzuhalten. Das rectificirte Destillat wird mit verdünnter Salpetersäure angesäuert, dann mit salpetersaurem Silber ausgefällt, d. h. so lange damit versetzt, bis ein weiterer Zusatz keinen Niederschlag mehr erzeugt, worauf man den käsigen Niederschlag auf dem in Fig. 18 abgebildeten Glaswollfilter[1]), das vorher bei 110° getrocknet und gewogen ist, sammelt, mit destillirtem Wasser vollständig auswäscht und bei 110° bis zum constanten Gewichte trocknet. Die Gewichtszunahme entspricht der Menge des abgeschiedenen Cyansilbers, für je 134 Gewichtstheile Cyansilber hat man 27 Gewichtstheile Blausäure in Rechnung zu nehmen.

Fig. 18.

Zur richtigen Würdigung der bei der quantitativen Bestimmung der Blausäure erhaltenen Zahlen muss man in Erwägung ziehen, dass sich bei der Destillation ein Theil der Blausäure zersetzt, indem sie mit Wasser erhitzt wird; rectificirt man das erste Destillat über Borax, so tritt abermals ein Verlust an Blausäure ein. Die durch Destillation abgeschiedene Blausäuremenge wird daher immer etwas kleiner sein, als die im Untersuchungsobjecte ursprünglich vorhandene.

Will man dem Gerichte, wenn Blausäure gefunden wurde, ein bestätigendes Präparat überreichen, so kann dies entweder ein Theil des blausäurehaltigen Destillates sein, das man in eine Glasröhre einschmilzt, oder der Berlinerblau-Niederschlag, den man aus dem Destillate dargestellt hat.

Die Untersuchung auf Phosphor nach Mitscherlich und die Untersuchung auf Blausäure können selbstverständlich an ein und demselben Untersuchungsobjecte durch einen einzigen Destillationsprocess vorgenommen werden.

---

[1]) Das Glaswollfilter (Fig. 18) besteht aus dem weiteren Theile *a*, der durch den Stöpsel *b* zu verschliessen ist und einem engeren Rohre, das bei *c* verengt ist; von *c* nach aufwärts bis zum Beginne des weiten Theiles wird Glaswolle oder Asbest eingebracht, und zwar zu unterst eine dichte Schichte, darüber eine etwas weniger dichte und darauf eine lockere Schichte. Bei einiger Uebung gelingt es bald, ein solches Filter so mit Glaswolle zu stopfen, dass vom Niederschlage nichts durchgeht und dass doch die Filtration rasch abläuft.

## Carbolsäure.

In Folge der häufigen Verwendung der Carbolsäure als Desinfectionsmittel und Antisepticum sind Vergiftungen mit dieser Substanz gar nicht selten; theils erfolgen dieselben mit der concentrirten Säure, theils bei Anwendung von verdünnten Lösungen auf Wunden. Die concentrirte Carbolsäure gibt sich schon durch ihre Aetzwirkungen und durch ihren charakteristischen Geruch zu erkennen, anders verhält es sich, wenn verdünnte Carbolsäurelösungen vom Organismus aufgenommen wurden und toxisch gewirkt haben; diese können nämlich vollständig in ein Salz der Phenylschwefelsäure verwandelt werden und deshalb als phenylschwefelsaures Kalium oder Natrium in dem Untersuchungsobjecte vorhanden sein; da diese Salze den Geruch der Carbolsäure nicht besitzen, so wird man in dem zuletzt angeführten Falle diesen Geruch nicht wahrnehmen.

*Eigenschaften der Carbolsäure.* ($C_6 H_5 . OH$.) Die reine Carbolsäure, auch Phenol, Phenylsäure, Phenylalkohol genannt, ist eine farblose, in Nadeln oder Prismen krystallisirende Substanz von charakteristischem Geruch, ihr specifisches Gewicht ist 1·065, sie schmilzt bei 40°—41° C., ein geringer Gehalt von Wasser oder anderen Beimengungen drückt den Schmelzpunkt so bedeutend herab, dass ein nicht absolut reines Präparat bei gewöhnlicher Temperatur flüssig bleibt. Ihr Siedepunkt liegt bei 182° C.; wenn sie mit Wasser gekocht wird, so gehen mit den Wasserdämpfen bedeutende Mengen von Carbolsäure über, man kann dieselbe daher aus einem Untersuchungsobjecte mit Wasserdämpfen abdestilliren. Mit Alkohol, sowie mit Aether mischt sich die Carbolsäure in jedem Verhältnisse, dagegen ist sie im Wasser ziemlich schwer löslich, 1 Gewichtstheil Carbolsäure braucht bei gewöhnlicher Zimmertemperatur 15 Gewichtstheile Wasser zur Lösung. Beim Aufbewahren zieht die Carbolsäure Wasser an und zerfliesst allmälig zu einer rothen Flüssigkeit, diese Rothfärbung soll auf einem geringen Kupfergehalte der käuflichen Präparate beruhen. Von concentrirter Kalilauge und Natronlauge wird die Carbolsäure leicht gelöst, durch Neutralisation solcher Lösungen mit einer Säure wird sie abgeschieden.

Von den zahlreichen chemischen Reactionen werden zu ihrer Erkennung zweckmässig die folgenden angewendet:

1. Wässerige Lösungen von Carbolsäure werden auf Zusatz von Eisenchlorid oder schwefelsaurem Eisenoxyd, wenn diese keine freie Säure enthalten, sofort blau-violett. Die Reaction tritt noch auf bei einer Verdünnung von 1 Theil Carbolsäure auf 2000 Theile Wasser.

2. In den wässerigen Lösungen der Carbolsäure erzeugt Bromwasser[1]) einen gelblichweissen flockigen Niederschlag von

[1]) Unter Bromwasser versteht man eine Auflösung von Brom in destillirtem Wasser, welche man durch Zusammenschütteln von Brom mit Wasser erhält.

Tribromphenol ($C_6H_2Br_3.OH$). Diese Reaction erfordert einen Ueberschuss von Bromwasser, sie ist ungemein empfindlich, denn sie erfolgt noch in einer Lösung von 1 Theil Carbolsäure auf 40.000 Theile Wasser.

3. Wird eine wässerige Carbolsäurelösung mit $^1/_4$ ihres Volumens an Ammoniakflüssigkeit und dann mit einigen Tropfen frisch bereiteter, filtrirter Chlorkalklösung (1 Theil Chlorkalk auf 20 Theile Wasser) versetzt, so tritt beim Erwärmen der Flüssigkeit eine blaue Färbung ein. Ist sehr wenig Carbolsäure vorhanden, so erfolgt die Blaufärbung erst nach einiger Zeit, bei etwas grösserem Carbolsäuregehalt färbt sich die Flüssigkeit sofort beim Beginnen des Erwärmens intensiv blau. Diese Reaction erfolgt noch bei einer Verdünnung von 1 : 20.000.

4. Wässerige Carbolsäurelösung mit Millon'schem[1]) Reagens (einer Auflösung von salpetersaurem Quecksilber, welche salpetrige Säure enthält) versetzt, wird beim Erwärmen intensiv roth. Diese Reaction gelingt noch bei einer Verdünnung von 1 : 200.000.

5. Ein mit Carbolsäurelösung durchtränkter Fichtenspan wird, wenn man ihn mit rauchender Salzsäure befeuchtet, blau. Diese Reaction ist nicht sehr empfindlich und auch nicht besonders verlässlich, da manches Fichtenholz durch Salzsäure allein grün oder blau wird.

Die Abscheidung der Carbolsäure geschieht durch Destillation. Die mit Wasser genügend dünnflüssig gemachten Untersuchungsobjecte werden, wenn es sich um freie Carbolsäure handelt, direct in dem Apparate, Fig. 15, Seite 150, der Destillation unterworfen. Hat man Grund anzunehmen, dass die Carbolsäure nicht frei, sondern in der Form ihrer ätherschwefelsauren Salze, z. B. als phenylschwefelsaures Kalium, anwesend ist, dann muss die Carbolsäure zuerst frei gemacht werden und dies geschieht dadurch, dass man der zu destillirenden Masse Salzsäure zusetzt und dann erst destillirt. Die phenylschwefelsauren Salze zerlegen sich nämlich beim Kochen mit Salzsäure unter Abscheidung von freiem Phenol nach folgender Gleichung.

$$SO_4K.C_6H_5 + H_2O = C_6H_5.OH + HKSO_4$$

Das Destillat[2]) wird nach den erörterten Reactionen auf Carbolsäure geprüft, eventuell zur quantitativen Bestimmung verwendet.

*Quantitative Bestimmung der Carbolsäure.* Soll eine quantitative Bestimmung der Carbolsäure ausgeführt werden, so ist vor Allem dafür Sorge zu tragen, dass dieselbe bei der Destillation vollständig in's Destillat gelangt. Man destillirt also so

---

[1]) Das Millon'sche Reagens wird auf folgende Weise bereitet: Man löst Quecksilber in der Wärme in der erforderlichen Menge concentrirter Salpetersäure und verdünnt die erhaltene Lösung mit dem doppelten Volumen Wasser.

[2]) Wenn wenig Carbolsäure vorhanden ist, so erhält man ein klares Destillat, wenn aber viel davon vorhanden ist, so scheiden sich in demselben Carbolsäuretropfen aus.

lange, bis eine Probe des Destillates mit Bromwasser keinen Niederschlag mehr gibt. Sollte bei der Destillation die Masse im Destillirgefässe zu dick werden, so muss sie mit Wasser verdünnt werden, worauf die Destillation fortgesetzt wird. Wenn grössere Mengen von Carbolsäure überzudestilliren sind, ist es übrigens zweckmässiger, die Destillation im Dampfstrome vorzunehmen.

Das die gesammte Carbolsäure enthaltende Destillat wird mit Bromwasser im Ueberschusse versetzt, der entstandene Niederschlag auf einem Glaswollfilter (Fig. 18, Seite 165) gesammelt, mit Wasser gewaschen und bei gewöhnlicher Temperatur in einem Exsiccator neben Schwefelsäure bis zum constanten Gewichte getrocknet. Die Differenz der Gewichte des leeren und des die Phenolverbindung enthaltenden Filters entspricht dem gewonnenen Tribromphenol; für je 331 Gewichtstheile des letzteren sind 94 Gewichtstheile Carbolsäure zu rechnen, da aus 1 Molekül Carbolsäure ($C_6H_5 . OH = 94$) 1 Molekül Tribromphenol ($C_6H_2Br_3 . OH = 331$) entsteht.

Dem Gerichte kann man einen Theil des carbolsäurehaltigen Destillates oder wenn sich Tropfen von Carbolsäure aus dem Destillate abgeschieden haben, einen Tropfen dieser Carbolsäure in einem wohl verschlossenen Fläschchen vorlegen.

## Nitrobenzol.

Das Nitrobenzol, auch Nitrobenzin, Mirbanöl, Mirbanessenz genannt, wird in grossartigem Massstabe zur Erzeugung der Anilinfarben, aber auch von den Parfumeuren als Ersatz für das Bittermandelöl zur Erzeugung von Seifen und anderen Parfumeriewaaren, endlich leider auch in den Conditoreien und in den Liqueurfabriken verwendet. Das Nitrobenzol ist giftig und es liegen zahlreiche Beobachtungen über Nitrobenzol-Vergiftungen mit tödtlichem Ausgange vor. Zur Untersuchung auf Nitrobenzol können ausser dem reinen Präparate verschiedene Parfumerien, Conditoreiwaaren, Liqueure, endlich Leichentheile, Erbrochenes u. dgl. gelangen. Der intensive Geruch des Nitrobenzols, welcher dem des Bittermandelöls ähnlich ist, dient als bester Wegweiser bei der Voruntersuchung; dieser Geruch wird von Jedermann leicht wahrgenommen und könnte nur durch Körper von noch intensiverem Geruche verdeckt werden.

*Eigenschaften des Nitrobenzols.* ($C_6H_5 . NO_2$.) Das reine Nitrobenzol ist eine schwach gelblich gefärbte Flüssigkeit von grossem Lichtbrechungsvermögen und charakteristischem Geruche, der demjenigen des Bittermandelöles ähnlich ist. Es ist specifisch schwerer, als Wasser (specifisches Gewicht = 1·209), siedet bei 205° C. und erstarrt bei 3° C. zu grossen Krystallnadeln; es ist in Wasser fast unlöslich, in Alkohol und Aether sehr leicht löslich, so dass es sich mit diesen beiden Flüssigkeiten in jedem Verhältnisse mischt.

Mit Wasserdämpfen lässt sich das Nitrobenzol überdestilliren und damit ist auch ein Weg zu dessen Abscheidung gegeben.

Bisweilen gelingt es, das Nitrobenzol auf mechanischem Wege aus dem Untersuchungsobjecte zu gewinnen. Wenn man nämlich das letztere mit Wasser kräftig schüttelt, so vertheilt sich das Nitrobenzol in feinen Tröpfchen in der Flüssigkeit, welche sich beim ruhigen Stehen vereinigen und als Schichte am Boden des Gefässes ansammeln. Auch durch Ausschütteln mit Petroleumäther kann man das Nitrobenzol extrahiren und durch Verdampfen des Lösungsmittels in flachen Glasschalen bei gewöhnlicher Temperatur gewinnen. Eignen sich diese beiden Methoden nicht, so destillirt man die mit Wasser dünnflüssig gemachte, mit verdünnter Schwefelsäure angesäuerte Substanz und verwendet das Destillat oder die aus demselben sich abscheidenden Tropfen von Nitrobenzol zur weiteren Prüfung. Ausser den physikalischen Eigenschaften des Nitrobenzols benutzt man zu dessen Erkennung die Eigenschaft, durch nascirenden Wasserstoff, also z. B. durch Zink und Salzsäure, in Anilin verwandelt zu werden, welches sich leicht durch charakteristische Reactionen nachweisen lässt. Die Umwandlung des Nitrobenzols in Anilin durch nascirenden Wasserstoff erfolgt nach folgenden Gleichungen:

$$C_6H_5.NO_2 + H_6 = C_6H_5.NH_2 + 2H_2O$$

$$C_6H_5.NO_2 + Zn_3 + 7HCl = C_6H_5.NH_2, HCl + 3ZnCl_2 + 2H_2O.$$

Um die Ueberführung des Nitrobenzols in Anilin zu bewerkstelligen, wird dasselbe in einer Eprouvette mit Wasser geschüttelt (das nitrobenzolhaltige Destillat soll gleichfalls tüchtig geschüttelt werden, um das Nitrobenzol recht fein zu vertheilen), dann wird etwas Zinkstaub und verdünnte Salzsäure zugesetzt; man lässt nun unter öfterem Umschütteln $^1/_4$ Stunde lang einwirken, macht dann die Flüssigkeit durch Kalilauge alkalisch, um das entstandene Anilin frei zu machen und extrahirt dieses durch Ausschütteln mit Aether in einem Schüttelkölbchen (siehe Fig. 2, Seite 50). Die obere ätherische Schichte wird von der unteren wässerigen getrennt und bei gewöhnlicher Temperatur in einer flachen Schale verdunstet, worauf das Anilin als öliger Abdampfrückstand zurückbleibt. Mit diesem werden nun folgende Reactionen angestellt:

1. Ein Tröpfchen wird in einem Tropfen Salzsäure und einigen Tropfen Wasser gelöst und in die entstandene Lösung von salzsaurem Anilin wird ein Fichtenholzspan getaucht; derselbe färbt sich alsbald intensiv gelb.

2. Ein Tröpfchen schüttelt man mit wenigen Cubikcentimetern Wasser, worin es sich löst und setzt dann einen Tropfen Chlorkalklösung oder unterchlorigsaures Natrium zu; die Flüssigkeit färbt sich deutlich violett. Ein Ueberschuss des unterchlorigsauren Salzes ist der Reaction hinderlich und muss deshalb vermieden werden.

3. Ein Tropfen von dem Anilin wird in wenig Wasser gelöst, dann wird eine wässerige Carbolsäurelösung und endlich eine

Auflösung von unterchlorigsaurem Natrium zugesetzt. Die Flüssigkeit wird bald prächtig dunkelblau, auf Zusatz von Salzsäure roth. Diese Reaction ist ungemein empfindlich, sie erfolgt noch in einer Flüssigkeit, welche 1 Theil Anilin auf 60.000 Theile Wasser enthält.

Dem Gerichte kann ein Tröpfchen Nitrobenzol, wie man es aus den übernommenen Objecten abgeschieden hat, übergeben werden.

Da der Nachweis des Nitrobenzols sich auf den des Anilins gründet, so muss man sicher sein, dass man nicht von vornherein statt Nitrobenzol Anilin unter den Händen hat. Wenn man immer mit angesäuerten Flüssigkeiten arbeitet, so entstehen die im Wasser leicht löslichen Anilinsalze und dann ist eine Verwechslung nicht möglich, denn weder auf mechanischem Wege durch Abscheidung in Folge des höheren specifischen Gewichtes kann man dann aus der sauren Flüssigkeit Anilin erhalten, noch durch Extraction mit Petroleumäther, noch durch Destillation, weil die Anilinsalze im Petroleumäther nicht löslich sind und sich mit Wasserdämpfen nicht verflüchtigen.

Die Unterscheidung des Nitrobenzols von dem ähnlich riechenden Bittermandelöl ist schon durch die Anilinreaction gegeben, welche das letztere nicht zeigt.

## Aethylalkohol.

Da verdünnte alkoholhaltige Flüssigkeiten, wie Wein, Bier, Liqueure, tagtäglich von den Menschen genossen und von Manchen sogar in sehr beträchtlicher Menge vertragen werden, ohne dass ihnen daraus momentan ein wesentlicher Schaden für ihre Gesundheit erwüchse, so kann begreiflicherweise nur dann eine Alkoholvergiftung und insbesondere eine solche mit tödtlichem Ausgange erfolgen, wenn das Individuum bedeutend mehr von irgend einem geistigen Getränke zu sich nimmt, als es vertragen kann, oder wenn aus Unvorsichtigkeit oder Uebermuth zu concentrirte alkoholhaltige Flüssigkeiten, wie rectificirter Weingeist von 80 bis 90% Alkoholgehalt oder wohl gar absoluter Alkohol genossen werden. Vergiftungen, welche durch Alkohol herbeigeführt sind und eine gerichtlich-chemische Untersuchung nach sich ziehen, sind bei uns sehr selten, indessen kommen sie doch vereinzelt vor.

*Eigenschaften des Aethylalkohols.* ($C_2H_5 . OH$.) Der Aethylalkohol, auch Weingeist oder schlechtweg Alkohol genannt, ist eine farblose, wasserhelle, leicht bewegliche Flüssigkeit von charakteristisch „geistigem" Geruche und brennendem Geschmacke. Im wasserfreien Zustande (sogenannter absoluter Alkohol) hat er ein specifisches Gewicht von 0·79367 und siedet bei 78·3° C., aber schon bei gewöhnlicher Temperatur verdampft er in beträchtlichem Grade, er ist sehr hygroskopisch und nimmt daher aus der Luft begierig

Wasserdampf auf, weshalb er sich nur schwer unverändert, d. h. unverdünnt aufbewahren lässt. Der Alkohol löst viele im Wasser lösliche, sowie darin unlösliche Körper auf, so z. B. zahlreiche Salze, Fette, Oele, Harze u. dgl. m.; dagegen sind wieder manche im Wasser lösliche Körper im Alkohol unlöslich, wie z. B. viele Carbonate, Sulfate und Nitrate. Der Alkohol ist brennbar, er verbrennt an der Luft mit kaum sichtbarer, bläulicher, nicht leuchtender, sehr heisser Flamme. Mit Wasser und Aether mischt sich der Alkohol in jedem Verhältnisse, bei Mischung mit Wasser tritt Erwärmung und Contraction ein, so dass man beispielsweise aus 49·84 Ccm. Wasser und 53·94 Ccm. Alkohol nur 100 Ccm. von der Mischung erhält, während doch, wenn keine Contraction stattfände, 103·78 Ccm. erhalten werden müssten. Durch die Verdünnung des Alkohols mit Wasser wird selbstverständlich auch dessen specifisches Gewicht geändert; man kennt nach empirischen Beobachtungen die specifischen Gewichte, welche Flüssigkeiten zukommen, die nur aus Alkohol und Wasser bestehen und bestimmte Mengen des ersteren enthalten. Auf Grund der Eigenschaft, dass bei einer bestimmten Temperatur einer bestimmten Mischung von Alkohol und Wasser auch ein ganz bestimmtes specifisches Gewicht zukommt, hat man Aräometer (sogenannte Alkoholometer) construirt, welche gestatten, den Alkoholgehalt einer nur aus Wasser und Alkohol bestehenden Flüssigkeit rasch zu ermitteln.

Wenn es sich darum handelt, aus Leichentheilen, Erbrochenem oder anderen Untersuchungsobjecten Alkohol abzuscheiden, so verkleinert man dieselben, mischt sie, wenn nöthig, um sie genügend dünnflüssig zu machen, mit Wasser und unterzieht sie der Destillation bei guter Kühlung. Zeigt die zu destillirende Masse saure Reaction, so ist durch vorsichtigen Zusatz von Kalilauge zu neutralisiren, doch soll man ja nicht alkalische Reaction herbeiführen, sondern lieber eine sehr kleine Menge Säure vorwalten lassen. Wenn $^1/_4$ der gesammten Flüssigkeit überdestillirt ist, so kann man sicher sein, dass sich der sämmtliche Alkohol im Destillate befindet. Dieses erste, verdünnte Destillat unterwirft man zweckmässig für sich allein einer abermaligen Destillation, wobei man ungefähr die Hälfte abdestillirt; wenn sehr grosse Mengen von Untersuchungsmateriale zu verarbeiten sind und man grosse Volumina sehr verdünnter Destillate erhält, so ist es zweckmässig, dieselben noch 2—3mal zu rectificiren, d. h. zu destilliren und bei jeder Destillation nur die Hälfte der Flüssigkeit überzutreiben. Hat man auf diese Weise den Alkohol schon einigermassen concentrirt, so entwässert man ihn nun weiter durch Destillation über wasserentziehenden Substanzen, am besten eignet sich frisch ausgeglühtes und im Exsiccator erkaltetes kohlensaures Kalium (Pottasche). Von diesem bringt man eine ziemlich grosse Menge in den trockenen Destillirkolben, giesst die zu entwässernde alkoholhaltige Flüssigkeit darauf und destillirt nun, indem man den Destillirkolben im Wasserbade erwärmt. Bei den zuletzt angeführten Destillationsoperationen muss man in jenen Fällen, in denen es sich um kleine

Alkoholmengen handelt, ganz kleine Destillirapparate verwenden, damit von dem Destillate nicht zu viel an den Wandungen des Apparates verloren geht.

Das Destillat ist auf seinen Geruch, und wenn genug davon vorhanden ist, auf sein specifisches Gewicht und auf die Brennbarkeit zu prüfen; aus dem specifischen Gewichte (dasselbe wird, je nachdem es die zu Gebote stehende Menge erlaubt, mit Hilfe eines Alkoholometers oder eines Pyknometers bestimmt) kann man auf den Alkoholgehalt der Flüssigkeit schliessen. Weiters sind mit dem Destillate folgende Reactionen vorzunehmen:

1. Eine geringe Menge des Destillates wird mit dem gleichen Volumen concentrirter Schwefelsäure vorsichtig gemischt, darauf etwas gepulvertes, essigsaures Natrium zugesetzt und erwärmt. Ist Aethylalkohol zugegen, so tritt alsbald der charakteristische, erfrischende Geruch des Essigäthers auf.

2. In einer kleinen Menge des Destillates löst man einige Kryställchen Jod auf und setzt dann tropfenweise Kalilauge zu, bis die Flüssigkeit eben entfärbt wird, worauf man gelinde erwärmt. Ist Aethylalkohol vorhanden, so trübt sich die Flüssigkeit alsbald und es scheidet sich ein hellgelber krystallinischer Niederschlag von Jodoform aus, welcher, unter dem Mikroskope betrachtet, aus sechsseitigen Täfelchen und sechsstrahligen Sternen, ähnlich den Schneekrystallen, besteht. Diese Reaction, welche von Lieben angegeben wurde, ist sehr empfindlich, aber sie ist für sich allein nicht beweisend, weil auch viele andere organische Verbindungen bei der gleichen Behandlung Jodoform liefern.

3. Eine kleine Portion von dem Destillate wird mit einigen Tropfen Benzoylchlorid versetzt, geschüttelt und einige Minuten stehen gelassen, darauf setzt man concentrirte Kalilauge zu bis zur stark alkalischen Reaction und schüttelt neuerdings ungefähr $^1/_2$ Minute lang tüchtig um. Ist Aethylalkohol zugegen, so riecht nunmehr die Flüssigkeit sehr charakteristisch und angenehm nach Benzoësäureäthyläther. Diese von Berthelot angegebene, zwar nicht empfindliche, aber sehr charakteristische Reaction beruht darauf, dass Aethylalkohol und Benzoylchlorid, wenn sie auf einander einwirken, Benzoësäureäthyläther bilden, welcher durch wässerige Kalilauge nicht zersetzt wird, während das Benzoylchlorid (dessen Ueberschuss in Folge seines stechenden Geruches den Geruch des Benzoësäureäthyläthers verdecken würde) durch Kalilauge sofort in Chlorkalium und benzoësaures Kalium zersetzt wird.

4. Einen Theil des Destillates versetzt man mit einigen Tropfen concentrirter Schwefelsäure, fügt ein wenig gepulvertes, rothes, chromsaures Kalium hinzu und erwärmt gelinde. Ist Aethylalkohol vorhanden, so geht die rothgelbe Farbe der Flüssigkeit in eine grüne über und es tritt zugleich der charakteristische Geruch des Aldehyds auf. Wenn man diese Reaction in einem kleinen Destillirapparate ausführt, so kann man durch längeres

Erhitzen ein Destillat erhalten, welches Aldehyd und Essigsäure enthält. Um dieses Destillat auf Aldehyd und Essigsäure weiter prüfen zu können, ist es zweckmässig, eine etwas grössere Menge von dem alkoholhaltigen Destillate mit Chromsäure zu oxydiren. Das Destillat prüft man auf Aldehyd durch den charakteristischen Geruch, ferner, indem man eine Probe desselben mit concentrirter Kalilauge erwärmt, wobei sich die Flüssigkeit gelb oder braun färbt und einen eigenthümlichen zimmtartigen Geruch annimmt von dem bei diesem Processe entstandenen Aldehydharz. Ist viel von dem Destillate vorhanden, so kann man auch die Reaction auf Silbersalze prüfen; man macht nämlich das Destillat mit Ammoniak alkalisch, vermischt es dann in einer Eprouvette mit einer verdünnten Lösung von salpetersaurem Silber und erwärmt im Wasserbade. Ist Aldehyd vorhanden, so wird metallisches Silber abgeschieden, welches die Eprouvettenwand als glänzender Metallspiegel überzieht.

Um die Essigsäure in dem Destillate nachzuweisen, neutralisirt man dasselbe zuerst vorsichtig mit Kali- oder Natronlauge bei Vermeidung eines Ueberschusses, dampft die Flüssigkeit auf dem Wasserbade zur Trockene ab und prüft einen Theil des Abdampfrückstandes nach den für die Essigsäure auf Seite 45 angeführten Reactionen, einen anderen Theil vermischt man mit etwas arseniger Säure, trocknet die Mischung und erhitzt sie in einem kleinen Glaskölbchen. Es tritt bei Anwesenheit von Essigsäure der intensive Kakodylgeruch auf.

Die Ueberführung des Alkohols in Essigsäure kann nach dem Vorschlage von Carstanjen zweckmässig durch die Einwirkung von Platinschwarz bewerkstelligt werden; man bringt in ein Kölbchen Platinschwarz, giesst das Destillat darauf und hält das Ganze längere Zeit unter öfterem Umschütteln bei 40° C. Hierauf giesst man die entstandene wässerige Essigsäure ab, neutralisirt mit Natronlauge, dampft auf dem Wasserbade zur Trockene ab und prüft den Abdampfrückstand auf Essigsäure, wie bereits angegeben wurde.

Dass durch die chemische Untersuchung die Frage nicht zu entscheiden ist, in welchem Concentrationsgrade der Alkohol in den Körper gelangte, ist klar, weil er ja daselbst sofort allenthalben Wasser vorfindet. Da der Alkohol im Organismus bald verändert wird, so lässt sich auch durch eine quantitative Bestimmung desselben in der Leiche über die Menge, die eingeführt wurde, nichts aussagen. Eine approximative Bestimmung des Alkohols in einem Untersuchungsobject würde man nur dadurch erzielen, dass man das specifische Gewicht des Destillates bestimmt; natürlich müsste man sicher sein, dass dieses nichts Anderes, als Wasser und Alkohol enthält.

Dem Gerichte kann man etwas von dem rectificirten Destillate übergeben, der bekannte Alkoholgeruch wird selbst für den Laien überzeugend wirken.

## Chloroform.

Todesfälle durch Chloroformdampf, sowie in Folge internen Gebrauches von flüssigem Chloroform, sind nicht gar zu selten, es kommen daher auch Untersuchungen auf Chloroform in der gerichtlich-chemischen Praxis vor. Gegenstand der Untersuchung können hier ausser dem Chloroform selbst, der Magen- und Darminhalt, verschiedene Organe, insbesondere Gehirn, Lunge, Leber, Nieren, sowie der Harn werden.

*Eigenschaften des Chloroforms.* ($CHCl_3$.) Das Chloroform ist eine farblose, leicht bewegliche, im Wasser untersinkende Flüssigkeit von eigenthümlichem, angenehm süsslichem Geruche und brennendem Geschmacke; sein specifisches Gewicht beträgt 1·5, es siedet bei 63°, ist schon bei gewöhnlicher Temperatur sehr flüchtig und lässt sich daher sowohl mit Wasserdämpfen überdestilliren, als auch aus einer Flüssigkeit vermittelst eines durchgeleiteten Luftstromes bei gelinder Wärme austreiben. Das Chloroform ist in Wasser sehr schwer löslich, dagegen sowohl mit Alkohol, als mit Aether in jedem Verhältnisse mischbar. Es löst viele organische und unorganische Stoffe auf, wie Fette, Harze, Alkaloide, Schwefel, Phosphor, Jod; die Lösung des Jods in Chloroform ist durch ihre rothviolette Farbe charakterisirt. Das Chloroform entzündet sich nicht, wenn man ihm eine Flamme nähert, lässt man es von Filtrirpapier oder einem Docht aufsaugen und bringt man diese an eine Flamme, so findet Verbrennung statt, so lange die Flamme mit dem Dochte in Berührung ist; die Flamme färbt sich grün, es scheidet sich viel Russ ab und es entwickeln sich Dämpfe von Salzsäure, die an der Luft rauchen.

Das Chloroform kann aus den mit Wasser, wenn nöthig genügend dünnflüssig gemachten Untersuchungsobjecten durch Destillation abgeschieden werden. Aus Blut oder Organen lässt es sich nur leicht gewinnen, wenn man im Dampfstrome destillirt. Die Destillation ist bei guter Kühlung vorzunehmen, um Verluste zu verhindern.

Wenn in dem Untersuchungsobjecte noch erhebliche Mengen von Chloroform vorhanden sind, wie dies bisweilen in Erbrochenem, im Magen- und Darm-Inhalte vorkommt, so wird sich dasselbe im Destillate als specifisch schwerere Schichte unter dem Wasser ansammeln; mit Hilfe eines Scheidetrichters, resp. Schüttelkölbchens (siehe Fig. 2, Seite 50) kann man dasselbe von dem Wasser trennen und weiter prüfen. Sind dagegen die Mengen des in den Untersuchungsobjecten noch anwesenden Chloroforms sehr gering, und das trifft fast immer für das Blut, Gehirn, sowie andere Organe nach Chloroform-Tod zu, dann erhält man ein trübes Destillat, in welchem die winzigen Chloroformtröpfchen suspendirt sind und sich selbst nach tagelangem Stehen der Flüssigkeit nicht zu einem grösseren Tropfen vereinigen. In diesem Falle wird das trübe Destillat direct zu den Reactionen auf Chloroform verwendet.

Sehr charakteristisch ist der Geruch des Chloroforms, aber derselbe kann leicht durch andere flüchtige Substanzen, welche in das Destillat übergehen, modificirt, verdeckt und ganz unkenntlich gemacht werden. Von chemischen Reactionen sind die folgenden besonders empfindlich und charakteristisch:

1. Man bereitet sich durch Auflösen von Aetzkali in Weingeist alkoholische Kalilauge, bringt von derselben einige Cubikcentimeter in eine Eprouvette, setzt einige Tropfen Anilin, sodann das auf Chloroform zu prüfende Destillat zu und erwärmt. Bei Gegenwart von Chloroform entsteht alsbald Isocyanphenyl ($CN . C_6H_5$), welches sich durch einen ekelhaften, höchst charakteristischen und intensiven Geruch zu erkennen gibt. Diese Reaction verdanken wir A. W. Hofmann.

2. Man löst etwa 1 Cgrm. β-Naphtol in der genügenden Menge Kalilauge, erwärmt gelinde und setzt das zu prüfende Destillat zu. Ist Chloroform vorhanden, so tritt sofort eine deutliche Blaufärbung ein. Diese Reaction ist von S. Lustgarten empfohlen worden.

3. Das auf Chloroform zu prüfende Destillat wird in eine Kochflasche gebracht, die mit einem doppelt durchbohrten Korke geschlossen wird. In der einen Bohrung steckt ein rechtwinkelig gebogenes Rohr, das bis auf den Boden der Kochflasche reicht und das mit einem Gasometer und einer mit Kalilauge gefüllten Waschflasche verbunden ist; die zweite Bohrung trägt ein rechtwinkelig gebogenes, langes Rohr aus schwer schmelzbarem Glase, das mit reinen, gut gewaschenen Glasstückchen zum Theile gefüllt ist und am Ende mit einem Peligot'schen Absorptionsapparate in Verbindung steht, der etwas Silberlösung enthält. Man prüft zuerst den Apparat, indem man (bei Ausschaltung des auf Chloroform zu prüfenden Destillates) die aus dem Gasometer kommende, in Kalilauge gewaschene Luft direct in das mit Glasstückchen gefüllte und in einem Verbrennungsofen zum schwachen Glühen erhitzte Rohr leitet. Wenn Alles in Ordnung ist, so darf in der Silbernitratlösung keine Trübung auftreten; bleibt die Silberlösung klar, so schaltet man zwischen der mit Kalilauge gefüllten Waschflasche und dem zum Glühen erhitzten Rohre die Kochflasche ein, welche das auf Chloroform zu prüfende Destillat enthält und erwärmt, während man den Luftstrom recht langsam durchstreichen lässt, diese Kochflasche gelinde auf 50 bis 60° C. Bei dieser Temperatur führt der Luftstrom das etwa vorhandene Chloroform in Dampfform weg, bringt es in die glühende Röhre, wo es sich zersetzt und zur Bildung von Chlorwasserstoff Anlass gibt, welcher in der Silberlösung Trübung, oder wenn mehr vorhanden ist, einen weissen flockigen Niederschlag von Chlorsilber erzeugt. Diese Reaction ist ungemein empfindlich, sie setzt aber entschieden die beschriebene Vorprüfung des Apparates voraus, damit man sicher ist, dass die Salzsäure nicht von einer Verunreinigung herrührt.

Ist das Untersuchungsobject so reich an Chloroform, dass sich das letztere im Destillate zu Tropfen vereinigt abscheidet, so kann man dem Gerichte ein Tröpfchen desselben, verwahrt in einem gut verschliessbaren Fläschchen oder in einer Glasröhre eingeschmolzen, überreichen.

## II. Metallgifte.

Hierher gehören die Verbindungen der Metalle: Silber, Quecksilber, Blei, Kupfer, Wismuth, Arsen, Antimon, Zinn, Zink, Chrom, Baryum. Die ätzenden Hydroxyde der Alkalimetalle werden in einem späteren Abschnitte zusammen mit den ätzenden Säuren behandelt.

Die gebräuchliche Methode zur Abscheidung dieser Gifte erlaubt, jedes einzelne derselben, sowie alle nebeneinander aus grossen Massen von organischer Substanz, wie z. B. aus Leichentheilen, Speisen u. s. w., abzuscheiden und zu erkennen. Am häufigsten begegnet man bei gerichtlich-chemischen Untersuchungen den Verbindungen des Arsens. Als Untersuchungsobjecte kommen vor: die giftigen Präparate für sich allein, Speisen, Erbrochenes, Harn, frische oder exhumirte Leichentheile.

Bei der grossen Anzahl der giftigen Verbindungen, die hierher gehören (man denke nur an die zahlreichen Salze dieser Metalle mit den zahlreichen Säuren), geht es nicht gut an, die physikalischen und chemischen Eigenschaften einer jeden zu beschreiben, weil das den Umfang des vorliegenden Buches ungebührlich und unnütz vergrössern würde; es sollen vielmehr nur die wichtigsten Eigenschaften und die charakteristischen Reactionen der Metalle und ihrer wichtigsten Verbindungen aufgezählt werden.

Wenn es bei einer gerichtlichen Untersuchung gelingt, ein giftiges Metall in irgend einer Form abzuscheiden, so ist mit aller erdenklichen Sorgfalt festzustellen, dass die abgeschiedene Substanz wirklich jenes Metall oder eine Verbindung desselben ist. Wenn ich z. B. beim Verdachte auf eine Bleivergiftung aus dem Untersuchungsobjecte mit Schwefelwasserstoff einen schwarzen Niederschlag abscheiden kann, so muss ich erst noch beweisen, dass dieser wirklich Schwefelblei ist, indem ich ihn allen für das Blei charakteristischen Reactionen unterwerfe. Die Reactionen nun, welche im Folgenden für jedes einzelne Metall angegeben werden, sollen, wenn es die Menge des Materiales erlaubt, sämmtlich ausgeführt werden.

Die angeführten Metalle gehören in Bezug auf ihr Verhalten zu den allgemeinen Reagentien 4 verschiedenen Gruppen an. Silber, Quecksilber, Blei, Kupfer und Wismuth gehören in die I. Gruppe, Arsen, Antimon, Zinn gehören der II. Gruppe an, Zink und Chrom gehören in die III. Gruppe. Das Baryum gehört in die IV. Gruppe.

## *Reactionen der Metallgifte.*

### Silber.

Das *metallische Silber* ist weiss, glänzend, weich, sehr dehnbar und erst bei grosser Hitze schmelzbar; es oxydirt sich beim Glühen an der Luft nicht und gehört somit zu den edlen Metallen. In verdünnter Salzsäure und Schwefelsäure löst es sich nicht auf, dagegen wird es von concentrirter heisser Schwefelsäure, sowie von Salpetersäure gelöst, d. h. in schwefelsaures, resp. salpetersaures Silber verwandelt.

Das *Silberoxyd* ($Ag_2 O$) ist ein braunes, amorphes Pulver, das im Wasser spurenweise, in verdünnter Salpetersäure leicht löslich ist. Beim Glühen zerfällt es in metallisches Silber und Sauerstoffgas.

Die *Silbersalze* sind meist farblos, nicht flüchtig, am Lichte veränderlich, was durch Schwärzung derselben angezeigt wird. Von den gebräuchlichsten Silbersalzen ist das schwefelsaure Silber ($Ag_2 S O_4$) und das salpetersaure Silber ($Ag N O_3$) im Wasser löslich, das erstere ziemlich schwer, das letztere leicht löslich, die Lösungen dieser Salze reagiren neutral.

Schwefelwasserstoff, sowie Schwefelammonium fällen aus den Lösungen der Silbersalze auch bei saurer Reaction schwarzes Schwefelsilber ($Ag_2 S$), welches sowohl in verdünnten Säuren, in alkalischen Laugen und in Schwefelammonium unlöslich ist, dagegen von concentrirter Salpetersäure in der Wärme unter Abscheidung von Schwefel gelöst wird.

Aetzkali erzeugt in den Lösungen der Silbersalze einen braunen Niederschlag von Silberoxyd, der im Ueberschusse des Fällungsmittels nicht, in Ammoniak dagegen leicht löslich ist.

Ammoniak fällt, wenn es in sehr geringer Menge der Lösung eines Silbersalzes zugesetzt wird, braunes Silberoxyd, das im Ueberschusse von Ammoniak sich zu einer farblosen Flüssigkeit löst. Enthält die Silberlösung freie Säure, so entsteht beim Neutralisiren und weiteren Zusetzen von Ammoniak kein Niederschlag.

Kohlensaures Kalium, sowie kohlensaures Natrium erzeugen in der Lösung eines Silbersalzes einen weissen Niederschlag von kohlensaurem Silber ($Ag_2 C O_3$), der im Ueberschusse des Fällungsmittels nicht löslich ist, aber von Ammoniak leicht aufgelöst wird.

Chromsaures Kalium erzeugt in den Lösungen der Silbersalze, wenn dieselben nicht gar zu verdünnt sind, einen dunkelrothbraunen Niederschlag von chromsaurem Silber ($Ag_2 Cr O_4$), welcher in Ammoniak, sowie in Salpetersäure, endlich in sehr viel Wasser löslich ist.

Die bei weitem wichtigste Reaction der Silbersalze ist die durch Salzsäure, durch Kochsalz oder andere lösliche Metallchloride bewirkte.

Diese erzeugen in den Auflösungen der Silbersalze einen weissen Niederschlag von Chlorsilber ($Ag Cl$); bei ausserordentlich grosser Verdünnung wird die Flüssigkeit nur opalisirend und erst nach langem Stehen scheiden sich Flöckchen von dem Niederschlage ab, bei irgend nennenswerther Concentration der Silbersalzlösung aber scheidet sich das Chlorsilber sofort als ein flockiger, käsiger Niederschlag ab. Das Chlorsilber ist in verdünnten Säuren unlöslich, in Ammoniak leicht und vollständig löslich, am Lichte färbt es sich bald violett.

Die Silbersalze geben, mit Soda gemengt und mit der Löthrohrflamme oder auf dem Kohlenstäbchen in der Flamme des Bunsenschen Brenners behandelt, ein weisses, glänzendes, ductiles Metallkorn von Silber, das in Salpetersäure leicht löslich ist.

## Quecksilber.

Die hervorragendste Eigenschaft des *metallischen Quecksilbers* ist die, dass es bei gewöhnlicher Temperatur flüssig ist, diese Eigenschaft theilt keines der bekannten Metalle mit ihm. Es ist zinnweiss, metallisch glänzend, an der Luft bei gewöhnlicher Temperatur beständig. Bei 360° C. siedet es und verbindet sich, wenn Sauerstoff, zugegen ist, zu Quecksilberoxyd, welches jedoch bei Steigerung der Temperatur in Sauerstoff und Quecksilber zerfällt. Salzsäure und verdünnte Schwefelsäure greifen das Quecksilber bei gewöhnlicher Temperatur nicht an, concentrirte kochende Schwefelsäure verwandelt es in schwefelsaures Quecksilber, Salpetersäure bei gewöhnlicher Temperatur in salpetersaures Quecksilberoxydul; dieselbe Verbindung entsteht, wenn man Salpetersäure in der Wärme einwirken lässt, das Quecksilber aber im Ueberschusse vorhanden ist. Wirkt aber überschüssige Salpetersäure in der Wärme ein, so entsteht salpetersaures Quecksilberoxyd. Königswasser löst das Quecksilber leicht auf, die Lösung enthält Quecksilberchlorid und salpetersaures Quecksilberoxyd.

Das Quecksilber verbindet sich mit dem Sauerstoff zu Quecksilberoxydul ($Hg_2O$) und zu Quecksilberoxyd ($HgO$). Diesen zwei Oxyden entsprechen 2 Reihen von Salzen: die Quecksilberoxydulsalze oder Mercurosalze und die Quecksilberoxydsalze oder Mercurisalze, welche in vielen Reactionen wesentlich von einander abweichen.

*Quecksilberoxydul* ($Hg_2O$). Dasselbe ist ein schwarzes, amorphes Pulver, das sich bei gelindem Erhitzen in Quecksilberoxyd und metallisches Quecksilber, bei gesteigerter Hitze in Quecksilber und Sauerstoff zersetzt.

Die *Quecksilberoxydulsalze* sind bis auf wenige Ausnahmen farblos, einige sind im Wasser löslich, die meisten jedoch schwer löslich oder unlöslich, die Lösungen der Quecksilberoxydulsalze röthen blaues Lakmuspapier, auch wenn sie keine überschüssige Säure enthalten.

Schwefelwasserstoff, sowie Schwefelammonium fällen aus den Lösungen der Quecksilberoxydulsalze einen schwarzen Niederschlag, der ein Gemenge von einfach Schwefelquecksilber ($HgS$) und metallischem Quecksilber ist. Dieser Niederschlag ist im Ueberschusse von Schwefelammonium nicht löslich, er löst sich aber in einer Auflösung von zweifach Schwefelnatrium vollständig auf, während einfach Schwefelnatrium metallisches Quecksilber ungelöst lässt und nur das Schwefelquecksilber löst; die Lösung enthält einfach Schwefelquecksilber. Der

Niederschlag wird durch kochende Salpetersäure in die weisse Verbindung $HgNO_3 + HgS$ umgewandelt, von Königswasser wird er leicht gelöst.

Aetzkali und Aetznatron erzeugen in den Lösungen der Quecksilberoxydulsalze schwarze Niederschläge von Quecksilberoxydul, unlöslich im Ueberschusse des Fällungsmittels; auch Ammoniak erzeugt einen schwarzen im Ueberschusse von Ammoniak unlöslichen Niederschlag, der ein Gemenge von basischen Salzen ist, welche neben Quecksilber Ammoniak und die Amidgruppe ($NH_2$) enthalten.

Kohlensaures Kalium oder kohlensaures Natrium fällt aus Quecksilberoxydulsalzen einen schmutzig weissen, bald schwarz werdenden Niederschlag, der sich beim Kochen unter Abscheidung von metallischem Quecksilber zersetzt.

Salzsäure, sowie lösliche Metallchloride, z. B. Kochsalz, scheiden aus den Lösungen der Quecksilberoxydulsalze einen weissen Niederschlag von Quecksilberchlorür ($Hg_2Cl_2$), auch Calomel genannt, ab. Dieser Niederschlag wird sowohl durch Ammoniak wie durch Kalilauge schwarz: Ammoniak erzeugt eine Verbindung von der Zusammensetzung $Hg_2(NH_2)_2 + Hg_2Cl_2$, während Kalilauge Quecksilberoxydul abscheidet. Salzsäure, sowie Salpetersäure wirken in der Kälte auf den Calomel nicht ein, beim Kochen lösen sie ihn langsam, und zwar die Salzsäure unter Abscheidung von metallischem Quecksilber zu Chlorid, die Salpetersäure zu Chlorid und Nitrat. Königswasser, sowie Chlorwasser lösen den Calomel leicht auf, indem sie Quecksilberchlorid erzeugen.

Chromsaures Kalium erzeugt in den Lösungen der Quecksilberoxydulsalze einen rothen Niederschlag von chromsaurem Quecksilberoxydul, der in Salpetersäure schwer löslich ist und durch Aetzkali unter Zersetzung schwarz gefärbt wird.

Jodkalium fällt aus den Lösungen der Quecksilberoxydulsalze grünlichgelbes Quecksilberjodür ($Hg_2J_2$), das sich auf Zusatz eines geringen Ueberschusses von Jodkalium schwärzlich färbt und in einem grösseren Ueberschusse auflöst.

Metallisches Kupfer scheidet aus den Lösungen der Quecksilberoxydulsalze metallisches Quecksilber ab: wenn man auf ein blankes Kupferblech einen Tropfen Quecksilberoxydulsalzlösung bringt, so entsteht ein grauer Fleck, der nach dem Abspülen mit Wasser und Reiben mit Filtrirpapier silberglänzend wird, beim Erhitzen aber verschwindet, indem sich das Quecksilber verflüchtigt.

Zinnchlorür erzeugt in den Lösungen der Quecksilberoxydulsalze einen grauen Niederschlag von metallischem Quecksilber; wenn man diesen nach Zusatz von Salzsäure kocht, so vereinigen sich die Quecksilberpartikelchen zu grösseren Tropfen; noch leichter erfolgt dies beim Abdampfen der Flüssigkeit zur Trockene.

Die Quecksilberoxydulverbindungen liefern, wenn sie mit wasserfreiem kohlensauren Natrium in einem Glaskölbchen erhitzt werden, metallisches Quecksilber, das sich als grauer Beschlag an den kälteren Stellen des Kölbchens ablagert; man kann entweder mit freiem Auge,

12*

oder mit der Loupe die Quecksilberkügelchen, resp. Tröpfchen erkennen. Diese Reaction ist sehr empfindlich und für den Nachweis des Quecksilbers am meisten charakteristisch.

*Quecksilberoxyd* ($HgO$). Das durch Erhitzen des Quecksilbers an der Luft erhaltene Oxyd, sowie das durch Erhitzen des Nitrates dargestellte Oxyd ist roth, das aus den Quecksilberoxydsalzen mit Kali gefällte Oxyd ist gelb, nach dem Trocknen orangefarben; im Wasser ist das Quecksilberoxyd spurenweise löslich, von Säuren wird es leicht aufgelöst unter Umwandlung in die entsprechenden Salze. In der Glühhitze zersetzt es sich und verflüchtigt sich dabei vollständig. Nimmt man diese Zersetzung in einem Kölbchen vor, so kann man das entweichende Sauerstoffgas mittelst eines glimmenden Holzspans nachweisen und das Quecksilber an dem grauen Beschlage erkennen, der sich im Halse des Kölbchens ablagert.

Die *Quecksilberoxydsalze* sind meist farblos, die basischen Salze sind gelb, das Jodid ist prachtvoll roth. Im Wasser lösen sich das Chlorid, Bromid und Cyanid unverändert, die übrigen Quecksilberoxydsalze zerlegen sich zumeist, wenn sie mit viel Wasser in Berührung kommen, unter Abscheidung unlöslicher basischer Salze, die auf Zusatz von freier Salpetersäure gelöst werden. Das Quecksilberchlorid ist auch in Alkohol und Aether löslich. Die wässerigen Lösungen der Quecksilberoxydsalze röthen Lakmuspapier. Beim Erhitzen werden diese Salze entweder zersetzt, oder sie sind, wie das Chlorid, Bromid und Jodid, unverändert flüchtig; das Quecksilberchlorid verflüchtigt sich schon in ganz erheblichen Mengen, wenn man eine wässerige Lösung desselben auf dem Wasserbade abdampft.

Schwefelwasserstoff, sowie Schwefelammonium bewirken, im Ueberschusse zugesetzt, in den Lösungen der Quecksilberoxydsalze einen schwarzen Niederschlag von Schwefelquecksilber ($HgS$), der im Ueberschusse des Schwefelammoniums nicht löslich ist, dagegen von Schwefelkalium und Schwefelnatrium gelöst wird. Wenn man zu der Lösung des Quecksilberoxydsalzes nur sehr wenig Schwefelwasserstoff oder Schwefelammonium zusetzt, so erhält man nach dem Umschütteln einen weissen Niederschlag; ein etwas grösserer Zusatz des Fällungsmittels bewirkt, dass der Niederschlag nacheinander gelb, orange, roth, braun wird, erst ein Ueberschuss des Fällungsmittels erzeugt schwarzes Schwefelquecksilber. Die hellgefärbten Niederschläge sind Verbindungen des Schwefelquecksilbers mit dem in Lösung befindlichen Quecksilbersalze. Wenn die Lösung viel freie Mineralsäure enthält, so fällt Schwefelwasserstoff erst nach dem Verdünnen mit Wasser. Salzsäure, sowie Salpetersäure lösen selbst in der Kochhitze das Schwefelquecksilber nicht auf, Königswasser löst es leicht.

Kalilauge in genügender Menge der Lösung eines Quecksilberoxydsalzes zugesetzt, fällt gelbes Quecksilberoxyd, welches im Ueberschusse des Fällungsmittels unlöslich ist. Wird die Kalilauge in unzureichender Menge angewendet, so entstehen rothbraune Niederschläge von basischen Quecksilberoxydsalzen. Bei Gegenwart von Ammoniumsalzen fällt Aetzkali aus den Quecksilberoxydsalzen nicht gelbes Quecksilberoxyd, sondern weisse Niederschläge, welche Quecksilberammoniumverbindungen sind.

Ammoniak erzeugt in den Quecksilberoxydsalzen weisse Niederschläge, welche ähnlich zusammengesetzt sind wie jene, welche durch Kalilauge bei Gegenwart von Ammoniumsalzen entstehen. Der aus Quecksilberchloridlösung durch Ammoniak gefällte Niederschlag (weisser Präcipitat) ist Quecksilberammoniumchlorid, nach der Formel $NH_2HgCl$ zusammengesetzt; er ist in Säuren löslich, in Ammoniak unlöslich, durch Aetzkali wird er unter Ammoniakentwicklung und Bildung eines gelben Niederschlages zerlegt.

Kohlensaures Kalium, sowie kohlensaures Natrium erzeugen in den Lösungen der Quecksilberoxydsalze rothbraune Niederschläge von basischen Quecksilbersalzen. Enthält die Quecksilberlösung ein Ammoniumsalz in erheblicher Menge, so erzeugt das kohlensaure Alkali einen weissen Niederschlag, der dem unter gleichen Bedingungen durch ätzende Alkalien erzeugten ähnlich ist.

Doppelt kohlensaures Kalium oder Natrium verhält sich nicht gegen alle Quecksilberoxydsalze gleich; Quecksilberchlorid wird, wenn das Reagens ganz frei von einfach kohlensaurem Natrium ist, nicht sogleich gefällt, während salpetersaures Quecksilberoxyd sofort einen rothbraunen Niederschlag gibt, gerade so, als ob einfach kohlensaures Natrium angewendet worden wäre.

Jodkalium erzeugt in den Lösungen der Quecksilberoxydsalze ein prächtig rothen Niederschlag von Quecksilberjodid ($HgJ_2$), welcher in einem Ueberschusse von Jodkalium sehr leicht, in einem Ueberschusse des Quecksilbersalzes schwerer löslich ist. Das trockene Quecksilberjodid schmilzt beim Erhitzen, sublimirt und liefert ein gelbes Sublimat, welches nach einiger Zeit roth wird.[1]) Gegen Reagentien ist das Quecksilberjodid sehr beständig. In kochender Schwefelsäure löst es sich auf und scheidet sich beim Verdünnen mit Wasser unverändert ab, concentrirte Salpetersäure zersetzt das Jodid nur langsam unter Abscheidung von Joddämpfen, in Salzsäure löst es sich auf; aus dieser Lösung kann durch Zinnchlorür das metallische Quecksilber nur nach Zusatz von Aetzkali bis zur alkalischen Reaction abgeschieden werden. Die Hydrate und Carbonate der Alkalimetalle wirken bei gewöhnlicher Temperatur auf das Quecksilberjodid nicht ein, kochende Kalilauge zersetzt es theilweise unter Bildung eines Oxyjodides. Beim Glühen mit kohlensaurem Natrium und Cyankalium im Kölbchen findet Zersetzung und demgemäss Abscheidung von metallischem Quecksilber statt, mit kohlensaurem Natrium allein gelingt diese Reaction nicht.

Zinnchlorür bewirkt, wenn es in geringer Menge der Lösung des Quecksilberchlorids oder, bei Gegenwart von Salzsäure oder von einem Metallchlorid, der Lösung eines anderen Quecksilberoxydsalzes zugesetzt wird, einen weissen Niederschlag von Calomel: $2HgCl_2 + SnCl_2 = Hg_2Cl_2 + SnCl_4$.

[1]) Dieser Farbenübergang kann wesentlich beschleunigt werden dadurch, dass man mit einem Glasstabe an einer Stelle das Sublimat reibt.

Ein Ueberschuss von Zinnchlorür bewirkt die Abscheidung von metallischem Quecksilber: $Hg Cl_2 + Sn Cl_2 = Hg + Sn Cl_4$.

Gegen metallisches Kupfer, sowie gegen kohlensaures Natrium beim Glühen im Kölbchen verhalten sich die Quecksilberoxydsalze im Allgemeinen gleich den Quecksilberoxydulsalzen.

*Cyanquecksilber* ($Hg Cy_2$). Diese Quecksilberverbindung zeigt gegen mehrere Reagentien ein anderes Verhalten, als die anderen Quecksilberoxydsalze.

Die wässerige Lösung des Quecksilbercyanids wird beim Erwärmen mit verdünnter Schwefelsäure, mit Salpetersäure, besonders aber mit Salzsäure zersetzt, indem Cyanwasserstoff frei wird.

Beim Erhitzen des trockenen Cyanquecksilbers entsteht Cyangas, metallisches Quecksilber und braunes Paracyan.

Aetzkali, Aetznatron, Ammoniak, kohlensaure Alkalien verändern die Lösung des Quecksilbercyanids auch beim Erwärmen nicht.

Salpetersaures Silber erzeugt in der Lösung des Quecksilbercyanides nicht Cyansilber; ist die Lösung concentrirt, so scheidet sich ein krystallinischer Niederschlag ab, der eine Verbindung von Cyanquecksilber mit salpetersaurem Silber ist.

Jodkalium erzeugt in der Lösung des Cyanquecksilbers einen aus Jodkalium und Cyanquecksilber bestehenden krystallinischen Niederschlag, der sich in viel Wasser löst und in dieser Lösung durch verdünnte Schwefelsäure, Salpetersäure, Salzsäure und Essigsäure unter Abscheidung von rothem Jodquecksilber zerlegt wird.

Schwefelwasserstoff, sowie Schwefelammonium fällen aus den Lösungen des Quecksilbercyanids schwarzes Schwefelquecksilber, und zwar erzeugen schon die ersten Portionen des Fällungsmittels, auch wenn sie zur vollständigen Ausfällung nicht hinreichen, schwarzes Sulfid, weil Verbindungen desselben mit dem Cyanid nicht existiren.

Die charakteristischeste Reaction für alle Quecksilberverbindungen ist die, dass sie beim Glühen mit wasserfreier Soda (eventuell unter Zusatz von Cyankalium) im Kölbchen metallisches Quecksilber geben, das aus kleinen Metalltröpfchen besteht. Diese Reaction allein genügt schon für den Nachweis des Quecksilbers.

## Blei.

Das *metallische Blei* ist bläulichgrau, glänzt auf frischer Schnittfläche, wird aber an der Luft in Folge eintretender Oxydation bald matt, es ist weich, dehnbar, ziemlich leicht schmelzbar und in der Hitze an der Luft leicht oxydirbar. Salzsäure und mässig concentrirte Schwefelsäure greifen es selbst in der Hitze nur wenig an, verdünnte Salpetersäure dagegen verwandelt es, besonders in der Wärme, leicht in salpetersaures Blei.

Verbindungen des Bleis mit Sauerstoff: Bleisuboxyd ($Pb_2 O$), Bleioxyd ($Pb O$), Bleisuperoxyd ($Pb O_2$) und Bleisuperoxyd-Oxyd ($2 Pb O + Pb O_2$).

Das *Bleioxyd* ist in reinem Zustande ein gelbes Pulver mit einem röthlichen Stich, beim Erhitzen wird es braun, nach dem Erkalten nimmt es aber seine ursprüngliche Farbe wieder an. In der Rothglühhitze schmilzt es und erstarrt beim Erkalten zu einer schuppig krystallinischen Masse. Kohle, organische Substanzen, sowie Wasserstoffgas reduciren das Bleioxyd in der Glühhitze leicht zu metallischem Blei, weshalb es vor dem Löthrohr in der Reductionsflamme, sowie auf dem Kohlenstäbchen ein Bleikorn liefert. An der Luft nimmt das Bleioxyd allmälig Kohlensäure auf, bildet kohlensaures Blei und braust dann mit Säuren auf. Reines Wasser löst eine Spur von Bleioxyd auf und zeigt dann gegen Lakmuspapier alkalische Reaction; am besten wird das Bleioxyd von verdünnter Salpetersäure und Essigsäure gelöst.

Das *Bleihyperoxyd* oder *Bleisuperoxyd* ist entweder ein dunkelbraunes Pulver oder eine schwarzbraune, glänzende krystallinische Masse. Beim Erhitzen gibt es Sauerstoff ab und geht in Bleioxyd über, Salzsäure verwandelt es in der Wärme unter Chlorentwicklung in Chlorblei, Schwefelsäure unter Sauerstoffentwicklung in schwefelsaures Blei, wässerige schweflige Säure führt es in schwefelsaures Blei über. In verdünnter Salpetersäure löst sich das Bleihyperoxyd nur bei Gegenwart organischer Substanzen, wie z. B. Weingeist, Zucker; es entwickelt sich Kohlensäure und die Lösung enthält salpetersaures Blei. Vor dem Löthrohre und am Kohlenstäbchen verhält sich das Bleisuperoxyd im Wesentlichen so, wie das Bleioxyd.

Das *Bleisuperoxyd-Oxyd*, auch *rothes Bleisuperoxyd* oder gewöhnlich *Mennige* genannt, ist ein zinnoberrothes Pulver, das sich bei gelindem Erhitzen schwärzt, beim Erkalten wieder roth wird, bei stärkerem Erhitzen aber unter Sauerstoffabgabe in Bleioxyd übergeht. Verdünnte Salpetersäure, sowie verdünnte Essigsäure zerlegen die Mennige, indem sie Bleioxyd auflösen und braunes Bleisuperoxyd zurücklassen. Concentrirte Essigsäure löst die Mennige vollständig auf, beim Verdünnen der Lösung mit viel Wasser scheidet sich allmälig braunes Bleisuperoxyd ab, während essigsaures Blei gelöst bleibt. Wird Mennige mit Salzsäure erhitzt, so entsteht unter Chlorentwicklung Chlorblei; wirkt die Salzsäure in geringer Menge, oder bei gewöhnlicher Temperatur ein, so entsteht ein Gemisch von Chlorblei und braunem Bleisuperoxyd. Bei Gegenwart von organischer Substanz, wie z. B. Zucker, wird die Mennige von verdünnter Salpetersäure unter Kohlensäureentwicklung vollständig aufgelöst. Vor dem Löthrohr verhält sich die Mennige wie das Bleioxyd.

Die *Bleisalze* sind meist farblos, nicht flüchtig, die löslichen schmecken süsslich zusammenziehend, ihre Lösungen reagiren auf Lakmus sauer. Von den löslichen Bleisalzen sind die gebräuchlichsten das salpetersaure und das essigsaure Salz.

Schwefelwasserstoff, sowie Schwefelammonium erzeugen in den Lösungen der Bleisalze einen schwarzen Niederschlag von Schwefelblei ($PbS$); derselbe ist in kalten verdünnten Säuren, in alkalischen Laugen, sowie in Schwefelammonium unlöslich, von heisser Salpetersäure wird er zerlegt; ist dieselbe verdünnt, so wird Schwefel abgeschieden und alles Blei geht als salpetersaures Blei in Lösung, ist die Säure concentrirt (rauchend), so entsteht nur unlösliches schwefelsaures Blei, bei einer Säure von mittlerer Concentration wird ein Theil des Bleies in unlösliches Sulfat, ein Theil in lösliches Nitrat verwandelt. Die Gegenwart beträchtlicher Mengen einer Mineralsäure hindert die Fällung des Bleies durch Schwefelwasserstoff, sie erfolgt erst nach Verdünnung der Flüssigkeit mit Wasser. Wird eine Lösung von Chlorblei oder die Lösung irgend eines Bleisalzes bei Gegenwart von freier Salzsäure oder einem löslichen Metallchlorid mit Schwefelwasserstoff gefällt, so entsteht anfangs ein rother Niederschlag, der eine Verbindung von Schwefelblei mit Chlorblei repräsentirt und erst bei Ueberschuss von Schwefelwasserstoff bildet sich das schwarze Schwefelblei.

Aetzkali, sowie Aetznatron, bringt in den Lösungen der Bleisalze einen weissen Niederschlag von Bleioxydhydrat hervor, der im Ueberschusse des Alkalis löslich ist.

Ammoniak erzeugt in den Bleisalzlösungen weisse Niederschläge, die gewöhnlich aus basischen Bleisalzen bestehen; das essigsaure Blei verhält sich gegen Ammoniak anders, wenn man nämlich eine Lösung von neutralem essigsauren Blei (Bleizucker) mit Ammoniak versetzt, so bleibt die Flüssigkeit klar, indem sich ein lösliches basisches Bleiacetat bildet, erst nach längerer Zeit scheidet sich ein weisser Niederschlag ab, der ein Gemenge eines überbasischen Acetates mit Bleioxydhydrat ist.

Kohlensaures Kalium oder Natrium erzeugt in den Bleisalzlösungen einen weissen Niederschlag von kohlensaurem Blei, der im Ueberschusse des Fällungsmittels ein wenig, in Kalilauge dagegen leicht löslich ist.

Salzsäure, sowie lösliche Metallchloride fällen aus Bleisalzlösungen, wenn dieselben ziemlich concentrirt sind, weisses Chlorblei ($PbCl_2$), das in viel Wasser, besonders beim Erwärmen sich löst, durch Ammoniak wird dasselbe in das unlösliche basische Chlorblei übergeführt, welches ein weisser Niederschlag ist. Diese Reaction ist nicht empfindlich, sie tritt nur in concentrirten Flüssigkeiten auf.

Jodkalium bewirkt in den Lösungen der Bleisalze einen gelben Niederschlag von Jodblei ($PbJ_2$), der in viel Wasser, im Ueberschusse des Jodkaliums, sowie in Aetzkalilauge sich löst; Ammoniak verwandelt denselben nach und nach in weisses basisches Jodblei. Auch diese Reaction ist wegen der Löslichkeit des Jodbleies in Wasser nicht sehr empfindlich.

Schwefelsäure, sowie lösliche schwefelsaure Salze erzeugen in den Bleisalzlösungen einen weissen Niederschlag von schwefelsaurem Blei ($PbSO_4$), der sowohl im Wasser, als in verdünnten Säuren fast unlöslich ist. In sehr verdünnten Lösungen entsteht der Niederschlag erst nach längerer Zeit, besonders wenn viel freie Säure vorhanden ist. Die Reaction wird empfindlicher, wenn man einen Ueberschuss von verdünnter Schwefelsäure zusetzt, da in ihr das schwefelsaure Blei schwerer löslich ist, als im Wasser. Sehr kleine Mengen von Blei werden in der Weise abgeschieden, dass man nach dem Zusatze der verdünnten Schwefelsäure die Flüssigkeit auf dem Wasserbade auf ein kleines Volumen verdampft und dann mit Wasser übergiesst, wobei das schwefelsaure Blei ungelöst bleibt. Heisse Salzsäure, sowie heisse concentrirte Salpetersäure lösen etwas schwefelsaures Blei auf, die Lösungen von essigsaurem und weinsaurem Ammon lösen gleichfalls schwefelsaures Blei auf, Kalilauge löst es ziemlich leicht auf.

Die Reaction mit Schwefelsäure ist für Bleisalze charakteristisch und wichtig. Von den Sulfaten der alkalischen Erden unterscheidet sich das schwefelsaure Blei durch seine Löslichkeit in Kalilauge, sowie dadurch, dass es beim Befeuchten mit Schwefelammonium in schwarzes Schwefelblei verwandelt wird, vom schwefelsauren Quecksilberoxydul dadurch, dass es auf Zusatz von Ammoniak seine weisse Farbe nicht ändert, während das Quecksilbersalz dadurch schwarz wird.

Chromsaures Kalium, gelbes, sowie rothes, fällt aus den Lösungen der Bleisalze gelbes chromsaures Blei ($PbCrO_4$), das in Kalilauge leicht, in verdünnter Salpetersäure schwer löslich ist.

Mit Soda gemengt und in der Reductionsflamme vor dem Löthrohre erhitzt, werden die Bleisalze reducirt und man erhält Kügelchen von metallischem Blei, welche weich und dehnbar sind und sich in verdünnter Salpetersäure leicht auflösen. Auch auf dem Kohlenstäbchen gelingt die Reduction der Bleisalze leicht.

## Kupfer.

Das *metallische Kupfer* hat die charakteristische, kupferrothe Farbe und starken Metallglanz, selbst ganz fein vertheiltes Kupfer, wie es durch Reduction des Oxydes oder durch Fällung erhalten wird, nimmt beim Reiben in der Achatschale diesen Glanz an. Das Kupfer ist ziemlich hart, zähe, dehnbar und schwer schmelzbar. An trockener Luft ist es beständig, an feuchter Luft und noch schneller bei Berührung mit Wasser und Luft überzieht es sich mit grünem, basisch kohlensaurem Kupfer. Beim Glühen an der Luft überzieht sich das Kupfer mit einer schwarzen Rinde von Kupferoxyd. Salzsäure und verdünnte Schwefelsäure lösen selbst in der Siedehitze das Kupfer nicht oder nur spurenweise, Salpetersäure löst es leicht, kochende concentrirte Schwefelsäure verwandelt es in Kupfersulfat unter Entwicklung von schwefliger Säure. Die nicht leuchtende Gas- oder Weingeistflamme wird durch hineingehaltenes Kupfer grün gefärbt.

Das Kupfer bildet zwei Oxyde, das Kupferoxydul ($Cu_2O$) und das Kupferoxyd ($CuO$); diesen beiden entsprechen zwei Reihen von Salzen, nämlich die Kupferoxydulsalze oder Cuprosalze und die Kupferoxydsalze oder Cuprisalze.

Das *Kupferoxydul*, ein rothes krystallinisches Pulver, ist an trockener Luft bei gewöhnlicher Temperatur beständig, geht aber beim Glühen in Kupferoxyd über; das Kupferoxydulhydrat oxydirt sich schon bei gewöhnlicher Temperatur an der Luft. Salzsäure verwandelt das Kupferoxydul in Kupferchlorür ($Cu_2Cl_2$), welches in concentrirter Salzsäure löslich ist und aus dieser Lösung durch Verdünnen mit Wasser gefällt wird. Die Lösung des Kupferchlorürs absorbirt an der Luft begierig Sauerstoff und färbt sich grün, indem Kupferchlorid entsteht. Verdünnte Schwefelsäure zersetzt das Kupferoxydul, metallisches Kupfer wird abgeschieden und schwefelsaures Kupfer geht in Lösung. Wässerige schweflige Säure löst Kupferoxydul zu einer farblosen Flüssigkeit. Salpetersäure oxydirt das Kupferoxydul unter Entwicklung von Stickoxyd und bildet salpetersaures Kupferoxyd.

*Kupferoxydulsalze.* Wegen der zersetzenden Einwirkung, welche die meisten Säuren auf das Kupferoxydul ausüben, kennen wir nur wenig Kupferoxydulsalze, am meisten kommt man noch mit dem Chlorür zusammen. Die wesentlichsten Reactionen dieser Oxydulsalze sind folgende:

Schwefelwasserstoff, sowie Schwefelammonium erzeugen in den Lösungen der Kupferoxydulsalze einen schwarzen Niederschlag von Halbschwefelkupfer ($Cu_2S$), der im Ueberschusse des Schwefelammoniums unlöslich ist.

Aetzkali und Aetznatron fällen aus den Lösungen der Kupferoxydulsalze einen gelben Niederschlag von Kupferoxydul, der im Ueberschusse des Fällungsmittels nicht löslich ist.

Kohlensaure Alkalien scheiden aus den Kupferoxydulsalzen ebenso gelbes Kupferoxydul ab, wie die ätzenden Alkalien.

Ammoniak, sowie kohlensaures Ammon im Ueberschusse bilden mit den Kupferoxydulsalzen bei Ausschluss der Luft farblose Lösungen, die begierig Sauerstoff aufnehmen und daher bei der Berührung mit der atmosphärischen Luft sofort blau werden. In der farblosen ammoniakalischen Lösung erzeugt Aetzkali den gelben Niederschlag von Kupferoxydul, andererseits löst sich das durch Aetzkali gefällte Kupferoxydul in überschüssigem Ammoniak leicht auf.

Jodkalium erzeugt in den Lösungen der Kupferoxydulsalze einen weissen Niederschlag von Kupferjodür ($Cu_2J_2$).

Vor dem Löthrohr verhalten sich das Kupferoxydul und dessen Salze so wie das Kupferoxyd, nur besteht der Unterschied, dass die Boraxperle vom Kupferoxydul schon in der äusseren Flamme rothbraun gefärbt wird, während das Kupferoxyd diese Färbung erst bei der Reduction zeigt.

Das *Kupferoxyd* ist eine amorphe, schwarze Substanz, welche beim Erhitzen bis zur mässigen Rothgluth unverändert bleibt, bei höheren Hitzegraden, insbesondere wenn dieselben bis zum Schmelzen des Oxydes steigen, Sauerstoff abgibt und in Kupferoxydul übergeht. Das Kupferoxyd ist unlöslich in Wasser, dagegen leicht löslich in Säuren. Durch Erhitzen mit Kohle wird das Kupferoxyd leicht zu metallischem Kupfer reducirt.

Die *Kupferoxydsalze* sind, wenn sie Krystallwasser enthalten, blau oder grün, im wasserfreien Zustande farblos, einige, wie das wasserfreie Kupferchlorid, sind braun. Viele von diesen Salzen sind im Wasser löslich, die Lösungen sind blau oder grün und röthen blaues Lakmuspapier.

Schwefelwasserstoff, sowie Schwefelammonium erzeugt in den Lösungen der Kupferoxydsalze einen braunschwarzen Niederschlag von Schwefelkupfer ($CuS$), der weder in verdünnten Säuren, noch in alkalischen Laugen löslich ist, dagegen von concentrirter Salpetersäure leicht oxydirt und gelöst wird. Schwefelkalium-, sowie Schwefelnatriumlösung nehmen Schwefelkupfer nicht oder doch nur in Spuren auf, dagegen löst gelbes Schwefelammonium das Schwefelkupfer in merklicher Menge auf, besonders wenn es in der Kochhitze einwirkt. Cyankaliumlösung löst das Schwefelkupfer leicht auf.

Aetzkali und Aetznatron fällen aus den Kupferoxydsalzlösungen einen hellblauen, voluminösen Niederschlag von Kupferhydroxyd ($CuH_2O_2$), welcher beim Kochen der Flüssigkeit schwarz wird, indem er Wasser verliert und in die Verbindung $3\,CuO, H_2O$ übergeht. Kocht man eine Kupferoxydsalzlösung mit weniger Kalilauge, als zur vollständigen Zersetzung erfordert wird, so entsteht nicht der schwarze Niederschlag von Kupferoxyd, sondern ein bläulicher oder grünlicher Niederschlag, der ein basisches Kupfersalz ist. Kleine Mengen von Kupferhydroxyd sind in viel concentrirter Kalilauge löslich, die Lösung ist dunkelblau und scheidet erst nach dem Verdünnen mit Wasser beim Kochen schwarzes Kupferoxyd ab. Wenn die Kupfersalzlösung eine nicht flüchtige organische Säure, wie Weinsäure, enthält, so entsteht auf Zusatz von Aetzkali bis zur alkalischen Reaction keine Fällung, sondern eine dunkelblaue, klare Lösung, die beim Kochen unverändert bleibt.

Kohlensaures Kalium oder Natrium fällt grünlichblaues, basischkohlensaures Kupfer, welches beim Kochen in schwarzes Hydroxyd übergeht, in Ammoniak zu einer blauen, in Cyankaliumlösung zu einer farblosen Flüssigkeit sich auflöst.

Ammoniak fällt, wenn es in geringer Menge zu den Lösungen von Kupferoxydsalzen zugesetzt wird, blaue Niederschläge von basischen Kupfersalzen, welche sich in einem Ueberschusse von Ammoniak zu einer prächtig blauen Flüssigkeit lösen. Aetzkali erzeugt in solchen Lösungen bei gewöhnlicher Temperatur einen blauen, in der Kochhitze einen schwarzbraunen Niederschlag. Kohlensaures Ammon verhält sich gegen Kupferoxydsalze wie Ammoniak.

Gelbes Blutlaugensalz erzeugt in den Lösungen der Kupferoxydsalze einen rothbraunen Niederschlag von Ferrocyankupfer, der in Salzsäure unlöslich ist. In sehr verdünnten Kupferlösungen entsteht anfangs nur eine rothbraune Färbung und erst nach längerem Stehen scheidet sich ein flockiger Niederschlag ab. Diese Reaction ist ausserordentlich empfindlich, sie muss aber in neutraler oder saurer, nicht in alkalischer Flüssigkeit angestellt werden.

Metallisches Eisen fällt aus Kupferlösungen das Kupfer mit seiner charakteristischen rothen Farbe, wenn man also ein blankes Eisenblech oder einen polirten Eisendraht in eine schwach angesäuerte Kupferlösung hineinstellt, so überziehen sich dieselben bald mit einer kupferrothen Schichte. Diese Reaction ist sehr charakteristisch und empfindlich. Wenn man eine Kupfersalzlösung, die mit Salzsäure schwach angesäuert ist, in ein Platinschälchen giesst und dann ein Stückchen Zinkblech hineinstellt, so überzieht sich das Platinschälchen bald mit einer rothen Schichte von metallischem Kupfer.

Vor dem Löthrohr zeigen die Kupferverbindungen folgende charakteristischen Reactionen: In der Reductionsflamme mit Soda erhitzt, werden sie so wie auf dem Kohlenstäbchen leicht zu metallischem Kupfer reducirt, das an seiner rothen Farbe kenntlich ist; die Flamme wird durch die Kupferverbindungen intensiv grün gefärbt.

Die Boraxperle wird durch Kupferoxyd in der Oxydationsflamme heiss grün, kalt blau gefärbt. In der Reductionsflamme erfolgt, besonders nach Zusatz einer Spur Zinn oder Zinnoxyd, Reduction, worauf die Perle nach dem Erkalten roth erscheint, die rothe Perle wird beim Behandeln in der Oxydationsflamme blau, in der Reductionsflamme neuerdings roth.

## Wismuth.

Das *metallische Wismuth* ist von röthlichweisser Farbe, blätteriger Structur, lebhaftem Metallglanz, es ist spröde, leicht schmelzbar (bei 260°), in der Weissgluth flüchtig, an trockener, wie feuchter Luft ist es beständig, in Berührung mit Luft und Wasser oxydirt es sich langsam, an der Luft geglüht geht es in Oxyd über, bei Weissgluth entzündet es sich und verbrennt mit bläulichweisser Flamme. Wismuth löst sich leicht in Salpetersäure, kaum in kochender Salzsäure, gar nicht in verdünnter Schwefelsäure; heisse, concentrirte Schwefelsäure verwandelt es unter Entwicklung von schwefliger Säure in schwefelsaures Wismuth.

Das *Wismuthoxyd* ($Bi_2O_3$) ist hellgelb, wird beim Erhitzen vorübergehend dunkelgelb und schmilzt in der Rothgluth; beim Erkalten erstarrt es zu einer gelben krystallinischen Masse, es ist nicht flüchtig. Säuren, namentlich Salpetersäure und Salzsäure, lösen das Wismuthoxyd leicht auf. Durch Glühen mit Kohle, mit organischen Substanzen, sowie im Wasserstoffstrome wird das Wismuthoxyd leicht reducirt.

Das *Wismuthoxydul* ($BiO$) wird durch Reduction des Wismuthoxydes in alkalischer Flüssigkeit, durch Zinnoxydul, erhalten, es ist ein schwarzes Pulver, das sich an der Luft zu Wismuthoxyd oxydirt, durch Säuren in metallisches Wismuth und Wismuthoxyd zerlegt wird. Wird Wismuthoxydul an der Luft erhitzt, so verbrennt es wie Zunder.

*Wismuthsäureanhydrid* oder *Wismuthpentoxyd* ($Bi_2O_5$). Durch Erhitzen von Wismuthsäure ($BiO_3H$) auf 130° C. erhält man das Pentoxyd als braunes Pulver, durch Behandeln von Wismuthoxydhydrat, das in Kalilauge suspendirt ist, mit Chlor, als rothgelbes Pulver. Das Wismuthpentoxyd gibt beim Erhitzen Sauerstoff ab und geht in Wismuthoxyd über, Schwefelsäure verwandelt es unter Sauerstoffentwicklung in schwefelsaures Wismuth, Salzsäure unter Chlorentwicklung in Chlorwismuth, concentrirte Salpetersäure unter Sauerstoffentwicklung in salpetersaures Wismuth.

Die *Wismuthoxydsalze* sind meist farblos, nicht flüchtig und werden beim Glühen zersetzt, im Wasser sind manche von ihnen löslich, andere unlöslich, die Lösungen reagiren sauer und werden durch Zusatz von viel Wasser unter Abscheidung unlöslicher, basischer Salze zersetzt.

Schwefelwasserstoff, sowie Schwefelammonium fällt aus den Lösungen der Wismuthoxydsalze schwarzes Schwefelwismuth ($Bi_2 S_3$), welches weder in Schwefelammonium, noch in Aetzkali, noch in Cyankalium löslich ist. Heisse Salpetersäure zersetzt und löst das Schwefelwismuth. Wenn die Wismuthlösung viel freie Säure enthält, so wird diese erst nach dem Verdünnen oder Neutralisiren des Säureüberschusses durch Schwefelwasserstoff gefällt.

Aetzkali, Aetznatron und Ammoniak erzeugen in den Lösungen der Wismuthoxydsalze einen weissen Niederschlag von Wismuthhydroxyd ($Bi H_3 O_3$), der im Ueberschusse der Fällungsmittel unlöslich ist.

Kohlensaure Alkalien fällen aus den Lösungen der Wismuthoxydsalze einen weissen Niederschlag von basisch kohlensaurem Wismuth, der sich im Ueberschusse des Fällungsmittels nicht löst.

Chromsaures Kalium fällt aus den Wismuthoxydsalzlösungen gelbes chromsaures Wismuth, dasselbe ist in verdünnter Salpetersäure leicht löslich, in Kalilauge unlöslich und unterscheidet sich dadurch vom chromsauren Blei.

Jodkalium erzeugt in den Lösungen der Wismuthoxydsalze einen braunen Niederschlag von Jodwismuth, der im Ueberschusse von Jodkalium sich leicht löst.

Zinnchlorür reducirt bei Gegenwart von überschüssiger Kali- oder Natronlauge die Wismuthoxydsalze unter Abscheidung von schwarzem Wismuthoxydul. Diese Reaction ist sehr empfindlich.

Besonders charakteristisch für die Wismuthoxydsalze ist deren Verhalten gegen Wasser. Wird die Lösung eines Wismuthoxydsalzes mit viel Wasser verdünnt, so entsteht, wenn nicht zu viel freie Säure vorhanden ist, alsbald ein weisser Niederschlag von dem betreffenden basischen Wismuthsalze. Das Chlorwismuth ist für diese Reaction am geeignetsten, weil das basische Chlorwismuth im Wasser beinahe ganz unlöslich ist. Wenn in der Lösung des salpetersauren Wismuths durch Wasserzusatz kein Niederschlag von basisch salpetersaurem Wismuth entsteht, weil zu viel freie Salpetersäure vorhanden ist, so tritt sofort Fällung von basischem Chlorwismuth ein, wenn man der Flüssigkeit einige Tropfen Kochsalzlösung zusetzt.

Die Wismuthsalze werden beim Erhitzen mit Soda in der innern Löthrohrflamme, sowie auf dem Kohlenstäbchen leicht reducirt, wobei sich metallisches Wismuth in Form kleiner, spröder Kugeln abscheidet; die Kohle beschlägt sich bei dieser Reaction mit Wismuthoxyd, das heiss orangefarben, kalt gelb ist.

## Arsen.

Das *metallische Arsen* ist im frischen, unoxydirten Zustande stahlgrau, metallisch glänzend, ziemlich hart und spröde. An der Luft verliert es bald seinen Metallglanz und wird matt in Folge eintretender Oxydation. Beim Erhitzen verdampft das Arsen, ohne vorher zu schmelzen, die Dämpfe haben einen sehr charakteristischen knoblauchartigen Geruch, durch den die geringsten Spuren von Arsen sicher und leicht erkannt werden können. Wird Arsen in einem Kölbchen erhitzt, so verdampft es und legt sich an den kälteren Stellen als ein zusammenhängendes, glänzendes Sublimat an, das man Arsenspiegel nennt; dünne Schichten dieses Spiegels sind braun, dickere schwarz.

Das metallische Arsen, also auch diese Arsenspiegel sind charakterisirt durch die leichte Löslichkeit in einer Auflösung von unterchlorigsaurem Natrium, ferner durch das Verhalten gegen Schwefelwasserstoff. Wird nämlich Arsen in einem langsamen Strome von Schwefelwasserstoff erhitzt, so geht es in Schwefelarsen über, das gelb gefärbt und leicht flüchtig ist und von trockenem Chlorwasserstoffgase bei gewöhnlicher Temperatur nicht verändert wird. Wird Arsen bei Luftzutritt erhitzt, so verbrennt es mit bläulicher Flamme und stösst einen dichten weissen Rauch von Arsentrioxyd aus. In Berührung mit Luft und flüssigem Wasser oxydirt sich das Arsen langsam zu arseniger Säure. Verdünnte Salpetersäure oxydirt das Arsen zu arseniger Säure, concentrirte Salpetersäure zu Arsensäure, Salzsäure, sowie verdünnte Schwefelsäure lösen das Arsen nicht, concentrirte heisse Schwefelsäure oxydirt es unter Entwicklung von schwefliger Säure zu arseniger Säure.

Die Verbindungen des Arsens mit anderen Metallen, die sogenannten Arsenmetalle, verhalten sich bei höherer Temperatur nicht alle gleich, manche von ihnen, die reich an Arsen sind, geben, wenn sie im Kölbchen erhitzt werden, Arsen ab, dieses verdampft und erscheint als Arsenspiegel; dabei entstehen arsenärmere Verbindungen, die selbst in den höchsten Temperaturen ihr Arsen nicht abgeben. Hierher gehören insbesondere die Arsenverbindungen des Eisens, Kobalts, Nickels und Kupfers. Die arsenreichen Verbindungen geben daher, wenn man sie auf der Kohle mit der Löthrohrflamme erhitzt, den charakteristischen Knoblauchgeruch.

Das *Arsentrioxyd*, *Arsenigsäureanhydrid*, gewöhnlich (obwohl nicht richtig) *arsenige Säure* genannt, hat die Zusammensetzung $As_2O_3$. Diese Verbindung kommt im Handel entweder als weisses Pulver oder als eine farblose, glasartige Masse mit muschligem Bruche vor, welche, frisch bereitet durchsichtig, nach längerer Zeit weiss, undurchsichtig, porcellanartig wird, ohne dass sie ihre Zusammensetzung ändert. Durch Umkrystallisiren aus heissem Wasser, sowie durch Sublimation erhält man die arsenige Säure in regulären Octaedern krystallisirt. Im Kölbchen erhitzt, verflüchtigt sich das Arsentrioxyd und erzeugt ein weisses Sublimat, mit der Oxydationsflamme erhitzt, verflüchtigt es sich gleichfalls unter Ausstossung eines dichten, weissen Rauches, der **nicht** nach Knoblauch riecht: der Knoblauchgeruch entsteht nur, wenn metallisches Arsen verdampft. Wird arsenige Säure mit reducirenden Substanzen erhitzt, so tritt der Knoblauchgeruch auf, indem Reduction zu metallischem Arsen erfolgt. Verdampft man also arsenige Säure auf einer Porcellanplatte, auf Glas oder Platinblech, so entsteht der Knoblauchgeruch nicht, er tritt dagegen auf, wenn man auf Eisenblech oder Kohle verdampft, weil diese reducirend wirken.

Die arsenige Säure ist im Wasser ziemlich schwer löslich, das Wasser benetzt sie, gleich einem fetten Körper, nur schwer; heisses Wasser löst sie leichter als kaltes, aus der gesättigten heissen Lösung scheiden sich beim Erkalten Octaeder aus; die Lösung röthet blaues Lakmuspapier nur schwach, beim Verdampfen gehen, wenn die Flüssigkeit kocht, mit den Wasserdämpfen Spuren von arseniger Säure fort. Verdünnte Mineralsäuren lösen die arsenige Säure leichter auf, als Wasser, besonders reichlich löst verdünnte Salzsäure. Wird eine Lösung der arsenigen Säure in verdünnter Salzsäure verdampft, so geht anfangs nur eine Spur von Arsen als Chlorarsen ($AsCl_3$) über, wird aber die Flüssigkeit concentrirter, so entweichen bedeutende Mengen von dreifach Chlorarsen, es kann daher eine Lösung der arsenigen Säure in Salzsäure bei höherer Temperatur nicht ohne Verlust verdampft werden. Wenn man arsenige Säure mit viel Kochsalz und concentrirter Schwefelsäure mengt und dieses Gemenge erhitzt, so destillirt alles Arsen als dreifach Chlorarsen über. Salpetersäure, Königswasser, sowie ein Gemenge von chlorsaurem Kalium und Salzsäure verwandeln arsenige Säure in Arsensäure, und wenn man die arsenige Säure mit diesen Oxydationsmitteln erhitzt, so entweichen nur minimale Spuren von Arsen.

Lösungen von ätzenden Alkalien lösen arsenige Säure leicht auf, ebenso Lösungen von kohlensauren Alkalien in der Hitze, wobei sich die entsprechenden arsenigsauren Salze bilden. Von den Salzen der arsenigen Säure sind nur die mit den Metallen der Alkalien im Wasser löslich; die im Wasser unlöslichen werden von Salzsäure gelöst oder zersetzt.

Schwefelwasserstoff bringt in der wässerigen Auflösung der arsenigen Säure bei gewöhnlicher Temperatur eine intensiv gelbe Färbung hervor, die Flüssigkeit bleibt anfangs klar, nach längerer Zeit aber, oder sogleich beim Erhitzen scheidet sich ein gelber flockiger Niederschlag von dreifach Schwefelarsen ($As_2S_3$) ab. Wenn die Auflösung der arsenigen Säure mit einem Tropfen Salzsäure angesäuert wird, so erfolgt beim Zusatze des Schwefelwasserstoffes die Ausscheidung des Schwefelarsens sogleich. Die wässerigen Lösungen der arsenigsauren Alkalien werden durch Schwefelwasserstoff nicht gefällt, säuert man dieselben jedoch mit Salzsäure an, so erfolgt sofort Ausscheidung von Schwefelarsen und selbst ein grosser Ueberschuss von Salzsäure hindert diese Ausscheidung nicht. Der Niederschlag von Schwefelarsen ist in Schwefelammonium, den Sulfiden der Alkalimetalle, in Kalilauge, Natronlauge, Ammoniak, in den Lösungen der einfach und doppeltkohlensauren Verbindungen der Alkalimetalle, sowie des Ammoniaks löslich und unterscheidet sich dadurch von dem gleichgefärbten Schwefelcadmium; aus den Lösungen wird beim Ansäuern mit Salzsäure Schwefelarsen wieder unlöslich abgeschieden.

Heisse concentrirte Salzsäure lässt das Schwefelarsen fast ganz unverändert, Salpetersäure dagegen oxydirt und löst es.

Wird Schwefelarsen für sich allein im Kölbchen erhitzt, so schmilzt es zuerst und verdampft dann, ein gelbes Sublimat liefernd, wird Schwefelarsen mit wasserfreier Soda und trockenem Cyankalium innig gemengt und die gut getrocknete Mischung im Kölbchen erhitzt, so erhält man einen Arsenspiegel. Diese Reaction ist für Schwefelarsen charakteristisch.

Schwefelammonium gibt in den neutralen Auflösungen der arsenigen Säure, sowie der arsenigsauren Salze keinen Niederschlag, säuert man aber die Flüssigkeit mit Salzsäure an, so erfolgt alsbald Abscheidung von gelbem Schwefelarsen. Dem Schwefelammonium gleich verhalten sich Schwefelkalium und Schwefelnatrium.

Kalkwasser erzeugt, wenn es im Ueberschusse einer Lösung von arseniger Säure zugesetzt wird, einen weissen Niederschlag von arsenigsaurem Calcium, der im Ueberschusse von arseniger Säure löslich ist und auch von Kochsalz- und Salpeterlösung etwas gelöst wird.

Frisch gefälltes und gut ausgewaschenes Eisenoxydhydrat, in Wasser suspendirt, nimmt, wenn es im Ueberschusse einer wässerigen Lösung von arseniger Säure zugesetzt wird, alle arsenige Säure auf, dieselbe in unlösliches arsenigsaures Eisenoxyd verwandelnd: filtrirt man, so enthält das Filtrat kein Arsen.

Salpetersaures Silber erzeugt in der wässerigen Lösung der arsenigen Säure keinen Niederschlag, es tritt höchstens eine gelbliche Trübung ein, sobald man aber ein Tröpfchen Ammoniak zusetzt, entsteht ein gelber Niederschlag von arsenigsaurem Silber ($Ag_3 As O_3$), welcher sowohl in Salpetersäure, als in Ammoniak, als in salpetersaurem Ammon sich löst, weshalb man beim Zusatz des Ammoniaks vorsichtig sein und jedenfalls einen Ueberschuss desselben vermeiden muss. In den Lösungen arsenigsaurer Alkalien bringt salpetersaures Silber selbstverständlich sogleich den gelben Niederschlag von arsenigsaurem Silber hervor. Wenn man das arsenigsaure Silber im Ueberschuss von Ammoniak löst oder mit Kalilauge versetzt und kocht, so wird metallisches Silber abgeschieden und die arsenige Säure wird zu Arsensäure oxydirt.

Schwefelsaures Kupfer bringt in der wässerigen Lösung der arsenigen Säure eine schwache Trübung hervor; neutralisirt man vorsichtig mit Ammoniak oder Kalilauge, so entsteht ein zeisiggrüner Niederschlag von arsenigsaurem Kupfer (Scheele's Grün [1]), welcher im Ueberschusse von Ammoniak, sowie von Kalilauge zu einer blauen Flüssigkeit gelöst wird; die Lösung in Kalilauge scheidet beim Kochen Kupferoxydul ab und die arsenige Säure wird zu Arsensäure oxydirt. Diese letztere Reaction ist bisweilen für die Unterscheidung der arsenigen Säure von der Arsensäure wichtig, aber sie kann nicht als eine charakteristische Reaction des Arsens überhaupt angesehen

[1]) In den Lösungen der arsenigsauren Alkalien entsteht durch schwefelsaures Kupfer sofort der Niederschlag von Scheele's Grün.

werden, weil es viele Substanzen gibt, die alkalische Kupferoxydlösung reduciren und aus derselben Kupferoxydul abscheiden.

Wenn man einen Streifen von blankpolirtem Kupferblech mit einer durch Salzsäure angesäuerten wässerigen Lösung von arseniger Säure erhitzt, so überzieht sich derselbe mit einer eisengrauen Schichte von Arsenkupfer, auch dann, wenn die Arsenlösung sehr verdünnt ist. Wird das mit diesem Ueberzuge versehene Kupferblech mit Wasser abgespült und hierauf mit wässerigem Ammoniak erwärmt, so trennt sich das Arsenkupfer in Form feiner Flitterchen ab. Diese von Reinsch herrührende Reaction ist an sich nicht beweisend für Arsen, da auch Antimon und andere Metalle unter gleichen Umständen auf Kupfer graue Ueberzüge bilden. Es muss daher in dem Ueberzug erst noch das Arsen durch charakteristische Reactionen nachgewiesen werden. Beim Erhitzen im Luftstrome gibt das Arsenkupfer etwas arsenige Säure, beim Erhitzen im Wasserstoffstrome erhält man etwas Arsen, und arsenärmere Verbindungen des Kupfers bleiben zurück.

Wird trockene arsenige Säure mit einem Ueberschusse von trockenem essigsauren Kalium gemengt und dieses Gemenge in einem Kölbchen erhitzt, so wird ein Theil der arsenigen Säure zu Arsen reducirt, zugleich aber tritt der intensive Kakodylgeruch auf, der sehr charakteristisch ist.

Durch die Wirkung des nascirenden Wasserstoffes wird die arsenige Säure reducirt und in Arsenwasserstoff ($AsH_3$) umgewandelt, der sich besonders dadurch auszeichnet, dass er mit bläulicher Flamme brennt und in der Glühhitze in Wasserstoff und Arsen zerlegt wird. Diese Reaction, welche ungemein empfindlich ist und deshalb den Nachweis der minimalsten Mengen von Arsen gestattet, wenn dasselbe in Form einer Sauerstoffverbindung oder einer Haloidverbindung vorhanden ist, wurde zuerst von Marsh zur Auffindung des Arsens bei gerichtlichen Untersuchungen angewendet, man nennt deshalb auch das auf dieser Reaction beruhende Verfahren das Marsh'sche Verfahren und den dazu dienenden Apparat den Marsh'schen Apparat. Dieses Verfahren ist seit den ersten Angaben von Marsh bis zum heutigen Tage wiederholt in seinen Details modificirt worden, man wendet dasselbe jetzt gewöhnlich in folgender Weise an: In eine Mischung von Zink und verdünnter Schwefelsäure trägt man die Lösung der Arsen-Sauerstoff- oder Haloidverbindung ein und leitet das sich entwickelnde Gas durch eine schwer schmelzbare Glasröhre, die man an mehreren Stellen glüht. Es scheidet sich dann neben den Glühstellen ein sogenannter Arsenspiegel in der Röhre ab, der alle bereits beschriebenen Eigenschaften des metallischen Arsens zeigt und durch dieselben leicht von einem Antimonspiegel unterschieden werden kann.

Die Dämpfe der arsenigen Säure werden durch glühende Kohle zu metallischem Arsen reducirt. Man benützt diese Reaction in der Weise, dass man in einem spitz ausgezogenen Röhrchen aus schwer schmelzbarem Glase (siehe Fig. 14 auf Seite 148) die auf arsenige Säure zu prüfende Substanz mit feinen Holzkohlensplittern bedeckt, die letzteren zum Glühen erhitzt, dann auch die arsenige Säure erhitzt; es streicht der Dampf derselben über die glühende Kohle und man beobachtet alsbald die Bildung eines Arsenspiegels.

Arsenige Säure, sowie deren Salze mit den Alkalien, den alkalischen Erden, mit Mangan und Zink liefern, wenn sie mit Cyankalium zusammengeschmolzen werden, metallisches Arsen, das Cyankalium reducirt nämlich die arsenige Säure und geht in cyansaures Kalium über. Diese Reaction führt man in folgender Weise aus: Die zu untersuchende Substanz wird mit gepulvertem Cyankalium gemengt, das Gemenge in einem Schälchen über einer kleinen Flamme vorsichtig erwärmt, um alle Feuchtigkeit zu entfernen und die staubtrockene Mischung wird in ein kleines Glaskölbchen gebracht, dessen Hals man mit Filtrirpapier sorgfältig von anhaftenden Stäubchen reinigt, worauf man die Kugel des Kölbchens erhitzt. Sobald das Cyankalium schmilzt, tritt die Reduction ein, das Arsen verdampft und lagert sich im kalten Halse des Kölbchens als Metallspiegel ab. Damit diese Reaction gut gelinge, hat man darauf zu achten, dass die Kugel des Kölbchens nur zur Hälfte mit der Substanz gefüllt sei, ferner dass die Mischung vollkommen ausgetrocknet und der Hals des Kölbchens ganz rein sei. Ist die Kugel des Kölbchens mehr als zur Hälfte gefüllt, so kann der Versuch leicht durch Ueberschäumen der geschmolzenen Masse misslingen; Wassertröpfchen, die sich im Halse des Kölbchens condensiren, sowie Stäubchen der in das Kölbchen eingefüllten Mischung verhindern die Bildung eines zusammenhängenden Metallbelages, des charakteristischen Arsenspiegels.

Auch aus dem Schwefelarsen kann man durch Schmelzen mit Cyankalium einen Arsenspiegel erhalten, doch scheidet sich nicht die ganze Menge des Arsens als solches ab, indem ein Theil desselben als Schwefelarsen-Schwefelkalium zurückbleibt, das der Einwirkung des Cyankaliums widersteht; indessen ist die Reaction deshalb doch sehr empfindlich und man erhält selbst aus sehr kleinen Mengen von Schwefelarsen durch Schmelzen mit Cyankalium noch einen deutlichen Arsenspiegel.

Statt des Cyankaliums wird häufig zur Reduction der Arsenverbindungen eine Mischung von gleichen Theilen Cyankalium und wasserfreiem kohlensauren Natrium angewendet; diese Mischung hat den Vortheil, dass sie sich leicht trocknen lässt, dagegen den nicht zu unterschätzenden Nachtheil, dass sie bei der Reductionswirkung in der Hitze viel stärker schäumt, als das Cyankalium allein.

Es muss hier noch ganz besonders auf das Verhalten der arsenigen Säure gegen Kohle oder Cyankalium aufmerksam gemacht werden, wenn gleichzeitig grössere Mengen leicht reducirbarer Metalloxyde anwesend sind. Wenn nämlich Kohle oder Cyankalium in der Hitze auf arsenige Säure bei Gegenwart von den Oxyden des Kupfers, Bleies, Silbers, Eisens, Kobalts, Nickels einwirken, so findet Reduction der arsenigen Säure, aber auch der Metalloxyde statt und es bilden sich Arsenmetalle, die, wenn sie reich an Arsen sind, einen Theil desselben abgeben, also einen Arsenspiegel liefern, wenn sie aber arm an Arsen sind, nichts von demselben abgeben und deshalb keinen

Arsenspiegel liefern. Wenn man z. B. Scheele'sches Grün (d. i. arsenigsaures Kupfer) mit Cyankalium schmilzt, so erhält man nur einen sehr schwachen Arsenspiegel, weil das bei der Reduction entstehende Arsenkupfer nur spurenweise Arsen abgibt; wird dem Scheele'schen Grün Kupferoxyd beigemischt, so liefert es bei der Reduction mit Cyankalium gar keinen Arsenspiegel, indem die entstehende Legirung an Arsen sehr arm ist und nichts davon abgibt. Bemerkenswerth ist, dass aus den Verbindungen der arsenigen Säure mit den Oxyden des Antimons und Wismuths bei der Reduction mit Cyankalium der gesammte Arsengehalt als Arsenspiegel gewonnen wird, wiewohl Antimonoxyd und Wismuthoxyd ganz leicht durch Cyankalium reducirt werden.

Wird arsenige Säure, mit Soda gemengt, auf der Kohle in dem reducirenden Theile der Löthrohrflamme erhitzt, so tritt alsbald der charakteristische knoblauchartige Geruch des Arsendampfes auf, indem die arsenige Säure reducirt wird und das Arsen verdampft. Auch hier wirkt die Anwesenheit grösserer Mengen von leicht reducirbaren Metalloxyden störend, indem sich arsenarme Legirungen bilden, welche kein Arsen abgeben.

Die *Arsensäure* ($AsO_4H_3$), auch *Orthoarsensäure* genannt, kommt im Handel als eine dicke, farblose, saure Flüssigkeit vom specifischen Gewicht 2 vor, welche bei grosser Kälte durchsichtige Krystalle von der Zusammensetzung $2\,AsO_4H_3 + H_2O$ absetzt. Bei 100° C. schmelzen diese Krystalle, verlieren ihr Krystallwasser und es bleibt Arsensäure ($AsO_4H_3$) als weisses krystallinisches Pulver zurück. Erhitzt man diese Säure auf 180°, so geht Wasser weg und es entsteht *Pyroarsensäure* ($As_2O_7H_4$), welche bei 200° C. neuerdings Wasser verliert und in *Metarsensäure* ($AsO_3H$) übergeht, die endlich bei dunkler Rothgluth unter Wasserabgabe *Arsensäureanhydrid* oder *Arsenpentoxyd* ($As_2O_5$) liefert, welches eine weisse poröse Masse repräsentirt. In heller Rothgluth schmilzt das Arsenpentoxyd und zerfällt in Sauerstoff und Arsenigsäureanhydrid.

Das Arsenpentoxyd, die Pyroarsensäure, Metarsensäure und die Orthoarsensäure sind sämmtlich im Wasser löslich, bei der Lösung gehen die ersteren Verbindungen unter Wasseraufnahme in Orthoarsensäure über; das Arsenpentoxyd löst sich weit langsamer auf, als die Arsensäuren, welche vom Wasser rasch gelöst werden.

Von den *Salzen der Arsensäure* sind nur die der Alkalien im Wasser löslich, alle anderen sind im Wasser unlöslich und können nur durch Säuren in Lösung gebracht werden. Die meisten neutralen und basischen Salze der Arsensäure zerlegen sich bei Glühhitze nicht, die sauren Salze gehen in der Glühhitze in neutrale über, indem Sauerstoff und Arsenigsäureanhydrid entweichen.

Die Arsensäure liefert bei der Einwirkung von Chlorwasserstoff nicht ein ihr entsprechendes Chlorid, ein Pentachlorid des Arsens existirt nämlich nicht. Wenn man eine wässerige Lösung der Arsensäure oder eines arsensauren Salzes mit Salzsäure versetzt und kocht, so entweicht anfangs weder arsenige Säure, noch Arsentrichlorid,

13*

später aber, wenn die Flüssigkeit recht concentrirt geworden ist und viel Salzsäure enthält, findet in sehr geringem Massstabe Zersetzung statt und es destillirt eine Spur dreifach Chlorarsen nebst freiem Chlor über, welche beide sich, wenn man die entweichenden Dämpfe condensirt, im Destillate nachweisen lassen. Selbst wenn man eine Lösung der Arsensäure mit Salzsäure und ebensoviel concentrirter Schwefelsäure versetzt und dann erhitzt, gehen doch nur Spuren von Chlorarsen in's Destillat über.

Schwefelwasserstoff wirkt auf die Lösungen der Arsensäure und der arsensauren Salze wie folgt ein. Neutrale und alkalische Lösungen der arsensauren Salze werden durch Schwefelwasserstoff nicht gefällt. Lösungen freier Arsensäure, sowie angesäuerte Lösungen arsensaurer Salze verhalten sich gegen Schwefelwasserstoff folgendermassen: Versetzt man die angesäuerte Lösung der Arsensäure oder eines arsensauren Salzes mit Schwefelwasserstoffwasser oder leitet man in diese Lösungen bei gewöhnlicher Temperatur Schwefelwasserstoffgas ein, so bleibt die Flüssigkeit geraume Zeit farblos und klar und nur ganz allmälig stellt sich eine Trübung ein, der später, wenn genug Schwefelwasserstoff vorhanden ist, die Ausscheidung eines gelben flockigen Niederschlages folgt. Die Einwirkung des Schwefelwasserstoffes auf die Arsensäure bei gewöhnlicher Temperatur bewirkt nämlich zuerst unter Abscheidung von Schwefel eine Reduction zu arseniger Säure im Sinne folgender Gleichung:

$$As\,O_4\,H_3 + H_2\,S = As\,O_3\,H_3 + S.$$

Ist diese Reduction erfolgt, dann zersetzt der Schwefelwasserstoff die arsenige Säure weiter in dreifach Schwefelarsen und Wasser:

$$2\,As\,O_3\,H_3 + 3\,H_2\,S = As_2\,S_3 + 6\,H_2\,O.$$

Wird also eine angesäuerte Lösung von Arsensäure so lange mit Schwefelwasserstoff behandelt, bis kein Niederschlag mehr entsteht, bis also die Zersetzung nach den beiden soeben angeführten Gleichungen vollzogen ist, so repräsentirt der Niederschlag ein Gemenge von Schwefel und dreifach Schwefelarsen, aus welchem man mittelst Schwefelkohlenstoff den Schwefel extrahiren kann.

Die Reduction der Arsensäure zu arseniger Säure und die darauffolgende Fällung durch Schwefelwasserstoff erfolgt in der Wärme bei ungefähr 60° C. viel rascher, als bei gewöhnlicher Temperatur.

Aus diesem Verhalten der Arsensäure ergibt sich, dass man bei der Abscheidung des Arsens durch Schwefelwasserstoff, wenn dasselbe als Arsensäure vorhanden ist, den Schwefelwasserstoff lange Zeit und in der Wärme einwirken lassen muss.

Wenn man einen raschen Strom von Schwefelwasserstoff durch die erwärmte, angesäuerte Lösung der Arsensäure leitet und dafür sorgt, dass die Flüssigkeit stets einen Ueberschuss von Schwefelwasserstoff enthält und dass der Gasstrom bis zum Erkalten der Flüssigkeit andauert, so wird die Arsensäure, wie Bunsen gezeigt hat, direct in *Arsenpentasulfid* ($As_2\,S_5$) umgewandelt gemäss der folgenden Gleichung:

$$2\,As\,O_4\,H_3 + 5\,H_2\,S = As_2\,S_5 + 8\,H_2\,O.$$

Aus dem unter diesen Umständen gebildeten Niederschlag vermag daher Schwefelkohlenstoff keinen Schwefel zu extrahiren oder höchstens nur jene Spuren desselben, welche sich beim Einleiten des Schwefelwasserstoffes aus diesem unter dem zersetzenden Einflusse der atmosphärischen Luft abscheiden. Das Arsenpentasulfid ist ein hellgelber Niederschlag, der sich in Schwefelammonium, sowie in den Lösungen von Schwefelkalium, Schwefelnatrium, ferner in den Lösungen der ätzenden und kohlensauren Alkalien leicht auflöst.

Die Arsensäure wird durch die Einwirkung von schwefliger Säure zu arseniger Säure reducirt und letztere dann sofort durch Schwefelwasserstoff als dreifach Schwefelarsen gefällt:

$$As O_4 H_3 + SO_3 H_2 = As O_3 H_3 + SO_4 H_2.$$

Man bedient sich dieser Reaction zuweilen, wenn man rasch die Arsensäure durch Schwefelwasserstoff fällen will. Die Arsensäurelösung wird dann mit einem grossen Ueberschusse wässeriger schwefliger Säure etwa 1 Stunde auf circa 60° C. erwärmt, dann gekocht, bis alle überschüssige schweflige Säure entwichen ist. Eine vollständige Reduction der Arsensäure durch schweflige Säure ist nur äusserst schwierig und durch lange dauernde Einwirkung zu erreichen.

Schwefelammonium bewirkt in neutralen und alkalischen Lösungen der Arsensäure keine Fällung, es wandelt diese vielmehr in Arsenpentasulfid um, welches in dem Alkalisulfide gelöst bleibt. Wird aber die mit Schwefelammonium behandelte Arsensäurelösung angesäuert, so scheidet sich alsbald der hellgelbe Niederschlag von Arsenpentasulfid aus.

Salpetersaures Silber erzeugt in den Lösungen der freien Arsensäure, sowie der arsensauren Alkalien einen rothbraunen Niederschlag von *arsensaurem Silber* ($Ag_3 As O_4$), der in freier Salpetersäure, sowie in Ammoniak leicht löslich ist und auch von einer wässerigen Lösung des salpetersauren Ammons in geringem Masse gelöst wird. Durch Kochen einer ammoniakalischen Lösung des arsensauren Silbers findet keine Reduction, daher auch keine Ausscheidung von metallischem Silber statt.

Schwefelsaures Kupfer fällt aus den neutralen Lösungen arsensaurer Salze einen blass-blaugrünen Niederschlag von *arsensaurem Kupfer*, der in Mineralsäuren löslich ist. Beim Kochen dieses Niederschlages mit Kalilauge findet keine Abscheidung von Kupferoxydul statt.

Jodkalium wird durch concentrirte Lösungen von Arsensäure unter Ausscheidung von freiem Jod zersetzt; in verdünnten Lösungen erfolgt die Abscheidung von Jod erst nach längerer Zeit, rascher beim Kochen und beim Zusatz von Salzsäure. Durch neutrale Lösungen von arsensauren Salzen wird Jodkalium nicht zersetzt.

Metallisches Kupfer verhält sich gegen die Lösung der Arsensäure in Salzsäure ebenso, wie gegen die Lösung der arsenigen Säure; wenn wenig Arsensäure vorhanden ist, so entsteht der graue Ueberzug von Arsenkupfer nur bei grossem Ueberschuss von concentrirter Salzsäure.

Im Marsh'schen Apparate liefert die Arsensäure ebenso, wie arsenige Säure, den charakteristischen Arsenspiegel.

Das Verhalten der Arsensäure vor dem Löthrohre, sowie gegen Kohle und Cyankalium im Kölbchen entspricht ganz dem der arsenigen Säure.

Die Lösungen der Arsensäure, sowie der arsensauren Alkalien werden bei Gegenwart von freiem Ammoniak durch Magnesiamixtur[1]) gefällt, der entstehende Niederschlag ist *arsensaure Ammoniak-Magnesia* und hat die Zusammensetzung $AsO_4MgNH_4 + 6H_2O$. Wenn der Arsensäurelösung die Hälfte ihres Volumens wässerige Ammoniakflüssigkeit (von gebräuchlicher Concentration) und eine genügende Menge Magnesiamixtur zugesetzt werden, so ist nach 12 Stunden das Arsen als arsensaure Ammoniak-Magnesia quantitativ gefällt. Man bedient sich deshalb dieser Fällung zur quantitativen Bestimmung des Arsens; der Niederschlag wird zu diesem Zwecke, nachdem die Flüssigkeit mindestens 12 Stunden gestanden, auf ein getrocknetes und gewogenes Glaswollfilter (siehe Fig. 18, Seite 165) gebracht, mit verdünnter Ammoniakflüssigkeit (1 Vol. Ammoniakflüssigkeit, 2 Vol. Wasser) ausgewaschen, bei 110° C. bis zum constanten Gewichte getrocknet und gewogen; durch diese Trocknung hat der Niederschlag alles Krystallwasser verloren und die Zusammensetzung $AsO_4Mg NH_4$ angenommen, es entsprechen somit 181 Gewichtstheile desselben 75 Gewichtstheilen Arsen oder 99 Gewichtstheilen Arsentrioxyd.

*Schwefelarsen-Verbindungen.* Es sind drei Verbindungen des Arsens mit dem Schwefel bekannt, nämlich das Arsendisulfid, Arsentrisulfid und Arsenpentasulfid.

Das *Arsendisulfid* ($As_2S_2$) auch *Realgar* genannt, kommt in der Natur in durchscheinenden, rubinrothen Krystallen vor; künstlich erhält man es durch Zusammenschmelzen von Arsen mit Schwefel im richtigen Verhältnisse. Im Handel kommt unter den Namen Realgar, rothes Arsenikglas, rother Arsenik, Arsenikrubin, Rubinschwefel, Sandarach ein in den Arsenikhütten künstlich dargestelltes, leicht schmelzbares, amorphes, glasiges Product von dunkelbräunlichrother Farbe vor, das nur an den Kanten durchscheinend ist; dieses künstliche Präparat enthält in der Regel ganz beträchtliche Mengen von Arsentrioxyd und ist ein Gemenge mehrerer Sulfide, es hat keine constante Zusammensetzung. Der Realgar ist leicht schmelzbar, er erstarrt nach dem Erkalten krystallinisch, im Kohlensäurestrome kann er unzersetzt überdestillirt werden.

Das *Arsentrisulfid* ($As_2S_3$), auch *Auripigment, Operment, Rauschgelb* genannt, kommt in der Natur krystallisirt, meist in goldgelben, metallisch glänzenden Blättchen vor und kann auch künstlich durch Zusammenschmelzen der geeigneten Mengen von Schwefel und Arsen erhalten werden. Durch Fällen einer angesäuerten Lösung von arseniger Säure mittelst Schwefelwasserstoff entsteht amorphes dreifach Schwefelarsen als citronengelbes Pulver. Das käufliche, auf den Arsenikhütten

[1]) Ueber die Bereitung der Magnesiamixtur siehe Seite 154.

dargestellte Auripigment enthält gewöhnlich grössere Mengen von Arsentrioxyd. Das Auripigment schmilzt in der Hitze zu einer rubinrothen Flüssigkeit, die beim Erkalten zu einem halbdurchsichtigen rothen Glase erstarrt; bei gesteigerter Hitze verdampft das Arsentrisulfid unzersetzt und condensirt sich an kalten Stellen als gelbes Sublimat.

Das *Arsenpentasulfid* ($As_2 S_5$) ist ein amorphes, hellgelbes Pulver, wenn es durch Fällung aus wässerigen Lösungen erhalten wurde, dagegen eine gelbe, glasartige Substanz, wenn man es durch Zusammenschmelzen von Arsen und Schwefel darstellte. Es ist leicht schmelzbar und bei Abschluss der Luft ohne Zersetzung sublimirbar.

Alle drei Arsensulfide besitzen folgende gemeinsame Eigenschaften: Sie sind in angesäuertem Wasser unlöslich, dagegen in alkalischen Laugen, in Ammoniak, in den Lösungen von Schwefelkalium, Schwefelnatrium und Schwefelammonium leicht löslich und aus diesen Lösungen durch Zusatz von Säure bis zur sauren Reaction wieder fällbar. Bei Zutritt der Luft im Oxydationsfeuer erhitzt, werden die Sulfide des Arsens zu schwefliger Säure und arseniger Säure oxydirt, welche sich beide verflüchtigen.

Durch Schmelzen mit Cyankalium oder mit einer Mischung von Cyankalium und Soda im Kölbchen werden die Sulfide des Arsens reducirt, es wird dabei das Arsen als Metallspiegel erhalten.

Von den drei angeführten Sulfiden des Arsens finden nur der Realgar und das Auripigment eine ausgedehnte Verwendung im praktischen Leben. Den Realgar benützt man zuweilen als Malerfarbe, häufiger zur Bereitung des indianischen Weissfeuers in der Feuerwerkerei. Das Auripigment dient gleichfalls als Malerfarbe; mit Kalk gemengt gibt es eine ätzende Mischung, welche die Orientalen *Rhusma* nennen und zum Entfernen der Barthaare verwenden.

Wie schon hervorgehoben wurde, enthalten die käuflichen Arsensulfide gewöhnlich Arsentrioxyd beigemengt; es ist klar, dass dadurch diese Präparate wesentlich giftiger sind, weil ja die arsenige Säure relativ leicht löslich ist, während doch die Arsensulfide auch in den Körpersäften schwer löslich sind.

## Antimon.

Das metallische *Antimon* ist zinnweiss, mit einem Stich in's Bläuliche, es hat lebhaften Metallglanz und blätterige Structur, ist spröde und lässt sich daher leicht pulvern, es ist leicht schmelzbar, erst in der Weissglühhitze flüchtig (bei Ausschluss der Luft). An der Luft mit der Löthrohrflamme erhitzt, verbrennt es zu Antimonoxyd, welches sich verflüchtigt und einen dichten, weissen Rauch verbreitet; wenn dieser Oxydationsversuch mit dem Löthrohr auf der Kohle ausgeführt wird und die Kohle einige Zeit nach dem Erhitzen ruhig liegen bleibt, so umgibt sich die geschmolzene Antimonkugel mit kleinen glänzenden Krystallen von Antimonoxyd. Salzsäure greift das Antimon selbst in der Kochhitze nicht an, Salpetersäure oxydirt es leicht, und zwar, wenn sie verdünnt ist, zu Antimonoxyd, wenn sie concentrirt ist, zu Antimonsäureanhydrid. Königswasser löst das Antimon leicht zu Antimonchlorür oder Antimonchlorid, je nach der Concentration des Königswassers und der Dauer seiner Einwirkung.

Die folgenden Eigenschaften des metallischen Antimons dienen zur Unterscheidung vom Arsen, besonders wenn es in Form eines Metallspiegels vorliegt. Das Antimon verbreitet beim Erhitzen an der Luft keinen Geruch (Arsen gibt den Knoblauchgeruch); es wird von einer Lösung des unterchlorigsauren Natriums nicht aufgelöst (Arsen löst sich darin leicht); wird Antimon in einem langsamen Strome von Schwefelwasserstoff erhitzt, so geht es in Schwefelantimon über, welches in dünnen Schichten rothgelb, in dickeren Schichten dunkel schwarzgrau erscheint und sich, wenn man Chlorwasserstoffgas bei gewöhnlicher Temperatur darüber leitet, sofort verflüchtigt, indem Chlorantimon und Schwefelwasserstoff entstehen. (Arsen wird beim Erhitzen im Schwefelwasserstoff in Schwefelarsen verwandelt, das gelb ist und durch Chlorwasserstoffgas nicht verändert wird.)

Mit dem Sauerstoff bildet das Antimon drei verschiedene Oxyde: Antimontrioxyd ($Sb_2O_3$), Antimonpentoxyd ($Sb_2O_5$) und antimonsaures Antimonoxyd ($Sb_2O_4$) oder Antimontetroxyd.

Das *Antimontrioxyd*, auch *Antimonoxyd* schlechtweg genannt, ist je nach seiner Darstellung ein weisses Pulver oder eine krystallisirte, glänzende, weisse Substanz, die in der Glühhitze schmilzt und dann, wenn die Luft abgehalten wird, leicht und vollständig verdampft; das geschmolzene Antimonoxyd erstarrt beim Erkalten krystallinisch. Wird Antimonoxyd bei lebhaftem Luftzutritte erhitzt, so geht es in das weisse, unschmelzbare antimonsaure Antimonoxyd über. Salzsäure löst das Antimonoxyd zu einer klaren Flüssigkeit, es entsteht dabei Antimontrichlorid, ebenso löst eine Auflösung von Weinsäure das Antimonoxyd leicht auf, dagegen löst Salpetersäure nur Spuren und oxydirt bei höherer Temperatur zu Antimonpentoxyd.

Beim Schmelzen mit kohlensauren Alkalien treibt das Antimonoxyd Kohlensäure aus, die erkaltete Schmelze ist aber nicht im Wasser löslich, das Antimonoxyd scheidet sich vielmehr bei der Einwirkung des Wassers unlöslich aus. Schmilzt man dagegen Antimonoxyd mit ätzenden Alkalien im Silbertiegel zusammen, so erhält man eine im Wasser lösliche Schmelze.

Vor dem Löthrohr auf der Kohle im Reductionsfeuer erhitzt, wird das Antimonoxyd leicht zu metallischem Antimon reducirt; desgleichen wird beim Schmelzen mit Cyankalium aus dem Antimonoxyd leicht Antimon abgeschieden.

Das *Antimonpentoxyd*, auch häufig, wiewohl unrichtig Antimonsäure genannt, ist als das Anhydrid der Antimonsäuren anzusehen. Es ist ein blassgelbes, schweres Pulver, röthet befeuchtetes Lakmuspapier, ist im Wasser spurenweise, in Salpetersäure nicht löslich, dagegen in heisser concentrirter Salzsäure löslich unter Bildung von Antimonpentachlorid. Ammoniak löst das Antimonpentoxyd nicht, Kalilauge löst es nur schwierig auf.

In der Glühhitze verliert das Antimonpentoxyd Sauerstoff und geht in das weisse, unschmelzbare antimonsaure Antimonoxyd über; durch Glühen mit Kohle oder Cyankalium findet wie beim Antimontrioxyd Reduction zu metallischem Antimon statt.

Dem Antimonpentoxyd als Säureanhydrid entsprechen die beiden bekannten Antimonsäuren, nämlich die Verbindung $HSbO_3 + 2H_2O$, schlechtweg Antimonsäure genannt und die Metantimonsäure $(H_4Sb_2O_7 + 2H_2O)$.

Die *Antimonsäure* ist ein zartes weisses Pulver, das im Wasser wenig löslich ist, beim Erwärmen Wasser abgibt und leicht von Kalilauge, dagegen nicht von kaltem Ammoniak gelöst wird.

Die *Metantimonsäure* ist gleichfalls ein weisses Pulver, sie löst sich etwas leichter im Wasser, als Antimonsäure, wird auch von kaltem Ammoniak gelöst und verliert bei 100° C. Wasser.

Beide Antimonsäuren werden beim Glühen mit Kohle oder Cyankalium zu Antimon reducirt.

Mit dem Chlor bildet das Antimon zwei Chloride, das Antimontrichlorid und das Antimonpentachlorid; aus diesen gehen durch Zersetzung mittelst Wasser basische oder sogenannte Oxychloride hervor.

Das *Antimontrichlorid* $(SbCl_3)$, auch *Spiessglanzbutter* oder *Butyrum antimonii* genannt, ist in reinem Zustande eine farblose, krystallinische Masse, die bei 72° C. schmilzt, bei 223° C. siedet und unzersetzt überdestillirt. An feuchter Luft zieht es Wasser an und zerfliesst zu einer klaren Flüssigkeit, beim Vermischen mit viel Wasser wird es zersetzt unter Abscheidung eines weissen Pulvers, das *Algarothpulver* genannt wird. Dieses Algarothpulver repräsentirt basische oder Oxychloride des Antimons, ist nicht constant zusammengesetzt, sondern ändert seine Zusammensetzung mit der Menge des zum Trichlorid zugesetzten Wassers; bei mässiger Verdünnung mit Wasser erhält man ein Oxychlorid von der Zusammensetzung $SbOCl$, wird mehr Wasser angewendet, so entsteht die Verbindung $Sb_4O_5Cl_2$; sehr grosse Wassermengen erzeugen noch chlorärmere Verbindungen und durch andauerndes Kochen mit Wasser geht das Algarothpulver in Antimonoxyd über. In verdünnter Salzsäure, sowie in einer Auflösung von Weinsäure ist das Algarothpulver löslich, es findet deshalb eine Ausscheidung von Algarothpulver nicht statt, wenn man dem Chlorantimon vor dem Verdünnen mit Wasser Salzsäure oder Weinsäure zusetzt.

Die Lösung des Antimonchlorids verhält sich gegen Reagentien im Allgemeinen so, wie die der Antimonoxydsalze.

Das *Antimonpentachlorid* $(SbCl_5)$ ist eine farblose, an der Luft rauchende, widerlich riechende Flüssigkeit, die erst mehrere Grade unter Null krystallinisch erstarrt, leicht flüchtig ist, bei der Destillation theilweise in Antimontrichlorid und Chlor zerfällt. Es löst sich in wenig Wasser zu einer klaren Flüssigkeit, von viel Wasser wird es unter Abscheidung der Verbindung $SbO_2Cl$ zersetzt, welche durch Behandeln mit heissem Wasser in Antimonsäure übergeht. In verdünnter Salzsäure, sowie in Weinsäurelösung ist das Antimonpentachlorid ohne Zersetzung löslich. Die Lösung des Antimonpentachlorids verhält sich im Allgemeinen gegen Reagentien wie Antimonsäure.

Die *Antimonoxydsalze* sind meist farblos, werden beim Glühen zersetzt, röthen, wenn sie im Wasser löslich sind, Lakmuspapier und werden, mit Ausnahme des weinsauren Salzes, beim Verdünnen mit Wasser zerlegt unter Abscheidung unlöslicher basischer Salze, die in Salzsäure, sowie in Weinsäurelösung löslich sind.

Schwefelwasserstoff erzeugt in den mit einer Mineralsäure mässig[1]) angesäuerten Lösungen der Antimonoxydsalze einen orangerothen, flockigen Niederschlag von amorphem *Antimonsulfür* ($Sb_2S_3$) oder dreifach Schwefelantimon, welcher in alkalischen Laugen, in den Lösungen von Schwefelkalium, Schwefelnatrium, sowie in Schwefelammonium leicht löslich ist, von Ammoniak aber nur in geringer Menge und von doppeltkohlensaurem Ammon fast gar nicht gelöst wird. Verdünnte Mineralsäuren lösen das Antimontrisulfid nicht auf, concentrirte Salzsäure löst es in der Siedehitze, wobei Antimontrichlorid und Schwefelwasserstoff entstehen. Neutrale, verdünnte Lösungen von *Brechweinstein*[2]) werden durch Schwefelwasserstoff nicht gefällt, sondern nur orangeroth gefärbt und erst nach dem Ansäuern mit einer Mineralsäure scheidet sich das orangerothe Antimontrisulfid ab.

Schwefelammonium fällt aus den Lösungen der Antimonoxydsalze (auch aus Brechweinstein) dreifach Schwefelantimon, das sich im Ueberschuss des Schwefelammoniums, besonders wenn dasselbe gelb ist (also höhere Sulfide enthält), leicht löst; aus dieser Lösung scheidet sich beim Ansäuern mit einer Mineralsäure *Antimonpentasulfid* als orangefarbener Niederschlag aus.

Aetzkali, Aetznatron, Ammoniak, kohlensaure Alkalien und kohlensaures Ammon erzeugen in den Lösungen der Antimonoxydsalze sofort einen weissen voluminösen Niederschlag von Antimonoxyd; dieses ist in Kali- oder Natronlauge leicht löslich, in Ammoniak fast unlöslich, von den Lösungen der kohlensauren Alkalien wird es nur in der Kochhitze aufgelöst, scheidet sich aber beim Erkalten zum grössten Theile wieder aus. Der Brechweinstein verhält sich gegen diese alkalischen Reagentien etwas anders: Aetzkali und Aetznatron fällen sogleich Antimonoxyd, Ammoniak, sowie die kohlensauren Alkalien erst nach einiger Zeit.

Salpetersaures Silber bewirkt in einer mit überschüssiger Kalilauge versetzten Lösung eines Antimonoxydsalzes einen schwarzen

---

[1]) Enthält die Lösung eines Antimonoxydsalzes eine grosse Menge von einer Mineralsäure, so entsteht entweder durch Schwefelwasserstoff kein Niederschlag oder die Fällung ist doch unvollständig.

[2]) Die Lösung des Brechweinsteins unterscheidet sich auch von den Auflösungen anderer Antimonoxydsalze noch in folgender Weise: Salzsäure in geringer Menge erzeugt in der Brechweinsteinlösung einen weissen, im Ueberschuss der Salzsäure löslichen Niederschlag, Salpetersäure erzeugt auch einen weissen Niederschlag, der sich in überschüssiger Salpetersäure langsam, aber vollständig löst, ebenso erzeugt verdünnte Schwefelsäure einen weissen, im Ueberschuss der Schwefelsäure langsam löslichen Niederschlag.

Niederschlag von Silberoxydul, welcher in Ammoniak nicht löslich ist. Diese Reaction ist sehr empfindlich und geeignet, das Antimonoxyd von der Antimonsäure zu unterscheiden.

Metallisches Zink fällt aus den Lösungen der Antimonoxydsalze metallisches Antimon als schwarzes, in concentrirter heisser Salzsäure unlösliches Pulver; diese Reaction stellt man zweckmässig nach Fresenius so an: Die mit Salzsäure angesäuerte Antimonlösung wird in ein Platinschälchen gegossen und darauf ein Zinkstäbchen in die Lösung gestellt; alsbald überzieht sich das Innere des Schälchens, soweit es von der Flüssigkeit bedeckt war, mit einer braunschwarzen Schichte von metallischem Antimon, die fest haftet und durch concentrirte heisse Salzsäure nicht, durch Salpetersäure aber leicht entfernt wird.

Im Marsh'schen Apparate mit Zink und verdünnter Schwefelsäure behandelt liefern die Antimonoxydsalze Antimonwasserstoffgas, welches beim Glühen unter Abscheidung von metallischem Antimon als Antimonspiegel zersetzt wird. Der Antimonspiegel besitzt die Seite 200 angeführten Eigenschaften und ist vom Arsenspiegel leicht zu unterscheiden.

Durch Schmelzen mit Cyankalium, sowie durch Glühen mit Soda auf der Kohle in der Reductionsflamme des Löthrohrs werden die Antimonoxydverbindungen zu metallischem Antimon reducirt, das beim Erhitzen an der Luft keinen Geruch verbreitet.

Die *antimonsauren Salze* sind meist unlöslich im Wasser, nur die Salze der Alkalien sind (bis auf das metantimonsaure Natrium) im Wasser löslich.

Schwefelwasserstoff bringt in den sauren Lösungen der Antimonsäure, in den angesäuerten Lösungen der antimonsauren Salze, sowie in der sauren Lösung des Antimonpentachlorids einen orangerothen Niederschlag von *Antimonpentasulfid* ($Sb_2S_5$) hervor, welcher heller gefärbt ist, als das Antimontrisulfid, von alkalischen Laugen, Schwefelkalium und Schwefelammonium, sowie von kohlensauren Alkalien vollständig gelöst wird. Aus der heiss bereiteten Lösung des Niederschlages in Natronlauge oder kohlensaurem Natrium scheidet sich beim Erkalten das schwer lösliche antimonsaure Natrium ab. Aus den Lösungen des Antimonpentasulfids fällen Säuren dasselbe unverändert aus.

Schwefelammonium fällt aus den sauren Antimonsäurelösungen Antimonpentasulfid, Ueberschuss des Fällungsmittels löst den Niederschlag auf.

Salzsäure fällt aus Lösungen der antimonsauren Salze einen weissen Niederschlag von Antimonsäure, der sich in überschüssiger Salzsäure auflöst, ähnlich verhalten sich Salpetersäure und verdünnte Schwefelsäure, doch löst sich die Antimonsäure in der Salpetersäure erst beim Erwärmen und in verdünnter Schwefelsäure beim Erwärmen erst nach geraumer Zeit.

Salpetersaures Silber fällt aus den Lösungen der antimonsauren Salze einen weissen Niederschlag von antimonsaurem Silber; setzt man Aetzkali zu und ist genug salpetersaures Silber vorhanden, so scheidet sich zugleich ein graubrauner Niederschlag von Silberoxyd aus, der in Ammoniak löslich ist (Unterschied von Antimonoxyd, das unter diesen Umständen schwarzes in Ammoniak unlösliches Silberoxydul erzeugt).

Gegen metallisches Zink, gegen Zink und Schwefelsäure im Marsh'schen Apparate, gegen Cyankalium, sowie vor dem Löthrohre verhalten sich die antimonsauren Verbindungen so, wie jene des Antimonoxydes.

Mit dem Schwefel geht das Antimon zwei Verbindungen ein, nämlich das Antimontrisulfid und das Antimonpentasulfid, in naher Beziehung zu diesen beiden Sulfiden steht das Antimonoxysulfid.

Das *Antimontrisulfid* ($Sb_2 S_3$) kommt im krystallisirten Zustande als *Grauspiessglanzerz*, auch *Antimonium crudum*, in der Natur vor; es ist eine graue, metallisch glänzende, weiche, abfärbende, leicht schmelzbare Substanz, zumeist mit den Sulfiden anderer Metalle, insbesondere des Arsens, Bleies, Kupfers und Eisens verunreinigt. Im amorphen Zustande wird das dreifach Schwefelantimon als orangerother Niederschlag, durch Schwefelwasserstoff aus den sauren Lösungen der Antimonoxydsalze gefällt.

Das dreifach Schwefelantimon wird beim Erhitzen an der Luft zu schwefliger Säure und Antimontetroxyd oxydirt, durch Schmelzen mit Salpeter in schwefelsaures und antimonsaures Alkali umgewandelt, durch Glühen im Wasserstoffgase unter Entweichen von Schwefelwasserstoff vollständig zu Antimon reducirt, beim Schmelzen mit Cyankalium gleichfalls reducirt, jedoch nur zum Theile, indem ein Theil des Schwefelantimons in ein Thiosalz übergeht, das durch Cyankalium nicht weiter verändert wird.

Concentrirte heisse Salzsäure zerlegt das Antimontrisulfid in Schwefelwasserstoff und Antimontrichlorid, Salpetersäure oxydirt es zu Antimonoxyd und Antimonsäure, dabei wird der Schwefel zum Theil abgeschieden, zum Theil zu Schwefelsäure oxydirt.

Schwefelkalium, Schwefelnatrium, Schwefelammonium, sowie alkalische Laugen lösen das Antimontrisulfid auf, und zwar das amorphe viel leichter, als das krystallisirte, aus den Lösungen fällt beim Ansäuern das Schwefelantimon wieder heraus, wurden aber zur Lösung höhere Sulfide (Polysulfide) der Alkalien oder des Ammoniums verwendet, so fällt beim Ansäuern Antimonpentasulfid heraus.

Kochende Lösungen von kohlensauren Alkalien nehmen das dreifach Schwefelantimon reichlich auf, aus der klaren Lösung scheidet sich beim Erkalten ein rothes Pulver ab, welches unter dem Namen *Kermes minerale* in früherer Zeit sehr häufig als Arzneimittel verwendet wurde und ein nicht constantes Gemenge von dreifach Schwefelantimon und Antimonoxyd repräsentirt.

Mit Soda auf der Kohle im Reductionsfeuer der Löthrohrflamme behandelt, gibt das Antimontrisulfid ein Korn von metallischem Antimon.

Das *Antimonpentasulfid* ($Sb_2S_5$), auch *Goldschwefel, sulfur auratum antimonii* genannt, ist ein orangerother, amorpher Niederschlag, der entweder durch Fällen der sauren Lösungen der Antimonsäure oder des Antimonpentachlorides mit Schwefelwasserstoff oder durch Zersetzung des Schlippe'schen Salzes ($Na_3SbS_4 + 9H_2O$) mit verdünnter Salzsäure erhalten wird. Es verhält sich beim Erhitzen an der Luft, gegen Wasserstoffgas, gegen schmelzenden Salpeter, gegen Cyankalium, gegen Salpetersäure, Königswasser, alkalische Laugen, Sulfide der Alkalimetalle, sowie kohlensaure Alkalien, endlich vor dem Löthrohr so wie das Antimontrisulfid; kochende Salzsäure zerlegt es auch in Antimontrichlorid und Schwefelwasserstoff, aber es wird zugleich freier Schwefel abgeschieden.

*Antimonoxysulfid* ($Sb_2S_2O$) kommt als *Antimonblende* oder *Rothspiessglanzerz* in der Natur vor und kann auch künstlich erhalten werden. Es zeigt im Wesentlichen die Reactionen der Sulfide des Antimons. Dieses Oxysulfid kommt auch in zwei früher gebrauchten Arzneipräparaten vor, nämlich im *vitrum antimonii* (durch Zusammenschmelzen von rohem Antimonoxyd mit Grauspiessglanzerz erhalten) und im *crocus stibii* oder *Spiessglassafran*, welcher erhalten wurde durch Schmelzen von Antimonium crudum mit einer zur vollständigen Oxydation unzureichenden Menge Salpeter und Auswaschen der erkalteten Schmelze mit Wasser, wobei der *crocus* als ein braungelbes Pulver zurückbleibt.

## Zinn.

Das *metallische Zinn* ist silberweiss, glänzend, weich und biegsam, dehnbar, leicht schmelzbar. Beim Biegen verursacht es ein eigenthümliches Geräusch (Zinngeräusch), riecht beim Reiben (besonders mit schweissigen Fingern) unangenehm und ist bei gewöhnlicher Temperatur an der Luft beständig, in der Glühhitze aber wird es oxydirt.

Concentrirte Salzsäure löst das Zinn unter Wasserstoffentwicklung zu Zinnchlorür, die Lösung erfolgt bei gewöhnlicher Temperatur sehr langsam, in der Wärme schneller; verdünnte Schwefelsäure löst das Zinn nur sehr schwierig zu schwefelsaurem Salz, concentrirte Schwefelsäure verwandelt es unter Entwicklung von schwefliger Säure in schwefelsaures Zinnoxyd.

Salpetersäure verhält sich je nach ihrer Concentration und der Temperatur, bei der sie einwirkt, verschieden. Concentrirte Salpetersäure oxydirt es zu weissem, in der Säure unlöslichem Zinnoxyd; sehr verdünnte Salpetersäure dagegen löst, wenn jede Erwärmung vermieden wird, das Zinn zu Zinnoxydulsalz.

In Königswasser löst sich das Zinn leicht auf, die Lösung enthält, wenn nicht ein sehr grosser Ueberschuss von Königswasser angewendet wurde, Zinnchlorür ($SnCl_2$) und Zinnchlorid ($SnCl_4$); wirkt jedoch ein Ueberschuss von Königswasser lange ein, so entsteht nur Zinnchlorid.

Erhitzt man Zinn auf der Kohle mit der Löthrohrflamme, so schmilzt es, oxydirt sich und die Kohle beschlägt sich mit weissem Zinnoxyd.

Das Zinn bildet zwei Oxyde, das Zinnoxydul ($SnO$) und das Zinnoxyd ($SnO_2$); diesen entsprechen zwei Reihen von Salzen, die Zinnoxydulsalze (Stanno-Salze) und die Zinnoxydsalze (Stanni-Salze).

Das *Zinnoxydul* ($SnO$) ist eine schwarze oder schwarzbraune pulverige Substanz, welche an der Luft bei höheren Temperaturen begierig Sauerstoff aufnimmt, ja bei Berührung mit glühenden Körpern sich entzündet und zu Zinnoxyd verbrennt. Das *Zinnoxydulhydrat* ($2SnO + H_2O$) ist ein weisses Pulver, das sich schon bei gewöhnlicher Temperatur an der Luft oxydirt. Das Oxydul, sowie dessen Hydrat sind in Salzsäure leicht löslich, von Salpetersäure werden sie zu Zinnoxyd oxydirt, beim Schmelzen mit Cyankalium, sowie in der Reductionsflamme zu Zinn reducirt.

Die *Zinnoxydulsalze*, von denen das *Zinnchlorür* ($SnCl_2$) das am meisten gebrauchte ist, sind farblos, in der Hitze leicht zersetzlich, leicht oxydirbar, so dass sie schon bei gewöhnlicher Temperatur den Sauerstoff der Luft aufnehmen und in die entsprechenden Oxydsalze übergehen. Die löslichen Zinnoxydulsalze röthen blaues Lakmuspapier.

Schwefelwasserstoff bringt in den neutralen und sauren Lösungen der Zinnoxydulsalze einen braunen Niederschlag von *Zinnsulfür* ($SnS$) hervor; enthält die Lösung viel freie Salzsäure, so kann die Fällung verhindert oder wenigstens unvollständig gemacht werden. Das Zinnsulfür ist in farblosem Schwefelammonium fast unlöslich, dagegen löst es sich in gelbem Schwefelammonium auf, und zwar um so leichter, je dunkler dasselbe ist, d. h. je mehr Polysulfide es enthält; aus dieser Lösung fällt beim Ansäuern *Zinnsulfid* als gelber Niederschlag; auch Kalilauge löst das Zinnsulfür, beim Ansäuren scheidet sich dasselbe als brauner Niederschlag wieder aus. Concentrirte heisse Salzsäure löst das Zinnsulfür unter Schwefelwasserstoffentwicklung auf, Salpetersäure oxydirt zu Zinnoxyd.

Schwefelammonium fällt aus den neutralen und sauren Lösungen der Zinnoxydulsalze braunes Zinnsulfür, das, wenn das Schwefelammonium gelb ist, in dessen Ueberschuss sich löst.

Aetzkali, Aetznatron, Ammoniak, sowie kohlensaure Alkalien erzeugen in den Lösungen der Zinnoxydulsalze einen weissen Niederschlag von *Zinnoxydulhydrat;* derselbe ist im Ueberschusse der ätzenden Alkalien löslich, im Ueberschuss von Ammoniak und kohlensauren Alkalien unlöslich; aus der Lösung in Kalilauge scheidet sich beim Kochen schwarzes Zinnoxydul im krystallisirten Zustande ab. Wenn man eine solche alkalische Lösung des Zinnoxydulhydrates rasch abdampft, so scheidet sich metallisches Zinn ab und Zinnoxyd bleibt in der Lösung.

Quecksilberchlorid erzeugt in der Lösung des Zinnchlorürs, sowie in der Lösung anderer Zinnoxydulsalze bei Gegenwart von Salzsäure einen weissen Niederschlag von Quecksilberchlorür (Calomel); fügt man von der Zinnoxydulsalzlösung einen Ueberschuss zu, so wird besonders rasch beim Erwärmen der Niederschlag grau und besteht dann aus metallischem Quecksilber.

Goldchlorid erzeugt in den Lösungen von Zinnchlorür oder mit Salzsäure versetzten Zinnoxydulsalzen je nach der Concentration der Lösungen rothbraune bis pupurrothe Niederschläge (Cassius' Goldpurpur), welche in Salzsäure unlöslich sind.

In einer Mischung von Eisenchloridlösung und rothem Blutlaugensalz (Ferridcyankalium), welche eine braune Flüssigkeit repräsentirt, erzeugt die mit Salzsäure versetzte Lösung eines Zinnoxydulsalzes sofort einen blauen Niederschlag von Berlinerblau.

Zink fällt aus den angesäuerten Lösungen der Zinnoxydulsalze metallisches Zinn als eine graue schwammige Masse, die aus kleinen Blättchen besteht.

Schmelzendes Cyankalium reducirt die Zinnoxydulverbindungen zu metallischem Zinn.

Vor dem Löthrohr werden die Zinnoxydulverbindungen, mit Soda oder Borax auf der Kohle in der Reductionsflamme zu Zinn reducirt, ebenso auch am Kohlenstäbchen in der Gas-Flamme.

Eine durch Kupferoxyd schwach blau gefärbte Boraxperle wird, wenn man ihr etwas von einer Zinnoxydulverbindung zusetzt und sie dann im unteren Reductionsraume der Bunsen'schen Gasflamme erhitzt, roth, indem das Kupferoxyd durch das Zinn zu rothem Kupferoxydul reducirt wird. Diese Reduction erfolgt nicht, wenn man die blaue Kupferoxydperle für sich allein, also ohne Zinnverbindung im unteren Reductionsraume erhitzt.

Das *Zinnoxyd* ist ein weisses oder gelblichweisses Pulver, beim Erhitzen zum Glühen vorübergehend pomeranzengelb und braun, es ist im Wasser unlöslich, in concentrirter kochender Salzsäure fast unlöslich und wird selbst von concentrirter, heisser Schwefelsäure nur sehr langsam gelöst. Es ist sehr schwer schmelzbar, nicht flüchtig. Durch Schmelzen mit Cyankalium, sowie im reducirenden Theile der Löthrohrflamme wird es leicht zu metallischem Zinn reducirt.

Das Zinnoxyd ist als Anhydrid von zwei Säuren anzusehen, welchen beiden die empirische Formel $H_2SnO_3$ zukommt, die aber in ihrem Verhalten von einander abweichen, die eine derselben wird als Zinnsäure, die andere als Metazinnsäure bezeichnet.

Die *Zinnsäure,* durch Fällen der Auflösung von *Zinnchlorid* ($SnCl_4$) mit Alkalien oder kohlensauren Alkalien erhalten, ist eine weisse amorphe Substanz, die in Salzsäure, Salpetersäure, Schwefelsäure und alkalischen Laugen leicht löslich ist und beim Glühen unter Wasserverlust in Zinnoxyd übergeht. Mit den Alkalien bildet die Zinnsäure Salze, welche im Wasser löslich sind.

Die *Metazinnsäure* ist jenes weisse Pulver, das bei der Einwirkung von concentrirter Salpetersäure auf Zinn entsteht; sie ist in Salpetersäure nicht löslich, quillt in Schwefelsäure auf, ohne sich zu lösen und die Schwefelsäure kann durch Waschen mit Wasser wieder vollständig entfernt werden; concentrirte Salzsäure wirkt bei andauerndem Kochen auf die Metazinnsäure ein und man erhält eine im Wasser lösliche Verbindung, die aber in Salzsäure nicht löslich ist und daher aus ihrer wässerigen Lösung durch Salzsäure gefällt wird. Alkalische Laugen lösen die Metazinnsäure zu metazinnsauren Salzen. Beim Erhitzen verliert die Metazinnsäure Wasser und geht in Zinnoxyd über, Cyankalium und die Reductionsflamme reduciren die Metazinnsäure leicht zu Zinn.

Schwefelwasserstoff im Ueberschusse erzeugt in den schwach angesäuerten Lösungen der Zinnsäuren, resp. deren Salze, einen gelben Niederschlag von *Zinnsulfid* ($SnS_2$), der Niederschlag entsteht in verdünnten Lösungen sogleich, in concentrirteren erst nach einiger Zeit, rascher beim Erwärmen; Gegenwart von viel freier Salzsäure kann die Fällung verhindern, alkalische Lösungen werden nicht gefällt. Das Zinnsulfid löst sich leicht in Schwefelammonium, Schwefelkalium, Schwefelnatrium, in alkalischen Laugen, schwer in Ammoniak, kaum in kohlensaurem Ammon. Heisse concentrirte Salzsäure, sowie Königswasser lösen es auf, Salpetersäure verwandelt es in Metazinnsäure, beim Schmelzen mit Salpeter und Soda entsteht Zinnoxyd. Durch Schmelzen mit Cyankalium wird aus dem Zinnsulfid kein metallisches Zinn abgeschieden.

Schwefelammonium fällt, so wie Schwefelwasserstoff, Zinnsulfid, das im Ueberschusse des Fällungsmittels löslich ist und aus der Lösung durch Salzsäure als gelber Niederschlag abgeschieden wird.

Aetzkali, Aetznatron, Ammoniak, kohlensaure Alkalien erzeugen in den sauren Lösungen der Zinnsäure, und der Metazinnsäure weisse Niederschläge von Zinnsäure, resp. Metazinnsäure, welche im Ueberschusse von Aetzkali und Aetznatron leicht, in kohlensauren Alkalien schwieriger und selbst in Ammoniak etwas löslich sind.

Schwefelsäure, Salzsäure und Salpetersäure bringen in den sauren Auflösungen der Zinnsäure keinen Niederschlag hervor, nur wenn die Lösung mit sehr viel Wasser verdünnt ist, erzeugt Schwefelsäure einen weissen Niederschlag von schwefelsaurem Zinnoxyd. Dagegen bringt verdünnte Schwefelsäure auch in der nicht verdünnten sauren Lösung der Metazinnsäure einen dichten weissen Niederschlag hervor und es wird dadurch das Zinn fast quantitativ gefällt.

Gerbsäure erzeugt in den Lösungen der Zinnsäure keinen Niederschlag, auch wenn man Salzsäure zusetzt, dagegen erzeugt Gerbsäure in der salzsauren Lösung der Metazinnsäure zwar nicht sogleich, aber nach einigen Stunden einen gelblich weissen Niederschlag.

Zinnchlorür fällt die Lösung der Zinnsäure nicht, dagegen aus der Metazinnsäure einen hell bräunlichen Niederschlag.

Das durch Einwirkung von überschüssigem Chlor auf Zinn erhaltene Chlorid, sowie die durch Einwirkung von Königswasser auf Zinn erhaltene Chloridlösung verhalten sich so, wie die sauren Lösungen der Zinnsäure.

Gegen metallisches Zink, schmelzendes Cyankalium, im Reductionsfeuer, endlich gegen die Kupferoxyd-Boraxperle verhalten sich die Zinnsäuren und ihre Salze wie die Zinnoxydulsalze.

## Zink.

Das *metallische Zink* ist bläulichweiss, metallisch glänzend, von krystallinischem, feinkörnigem, bisweilen grossblätterigem Gefüge, ziemlich hart und bei gewöhnlicher Temperatur spröde, bei 100—150° wird es dehnbar und lässt sich, wenn es nicht viel fremde Beimengungen enthält, zu dünnem Blech auswalzen. Bei 360° schmilzt es, in der Weissgluth siedet es und lässt sich bei Luftabschluss destilliren. An trockener Luft hält sich das Zink unverändert, an feuchter kohlensäurehaltiger Luft überzieht es sich bald mit einer weissen Schichte von Zinkcarbonat. Wird das Zink bei Luftzutritt bis nahe zum Siedepunkt erhitzt, so entzündet es sich und verbrennt mit intensiv leuchtender bläulichgrüner Flamme unter Entwicklung eines dichten weissen Rauches von Zinkoxyd. Wird diese Verbrennung auf der Kohle vor dem Löthrohre vorgenommen, so beschlägt sich die Kohle mit weissem Zinkoxyd.

Das käufliche, nicht ganz reine Zink ist in verdünnten Säuren unter Entwicklung von Wasserstoff[1]) leicht löslich, das ganz reine Zink wird von verdünnter Schwefelsäure und Salzsäure nur sehr schwierig angegriffen, die Wasserstoffentwicklung ist sehr träge, gibt man aber in die Flüssigkeit etwas Platin oder ein Tröpfchen Platinchloridlösung, so wird die Wasserstoffentwicklung sofort lebhaft; auch die Lösungen von arseniger Säure, Kupfervitriol, Brechweinstein, Silbersalzen, Kobalt-, Nickel-, Zinn-, Blei-, Cadmium- und Wismuthsalzen wirken auf die Wasserstoffentwicklung beschleunigend.

Das *Zinkoxyd* ($ZnO$) ist ein weisses Pulver, das sich beim Erhitzen vorübergehend gelb färbt, nicht schmelzbar und nicht flüchtig ist; es löst sich im Wasser nicht, dagegen in Salzsäure, Salpetersäure und Schwefelsäure leicht auf.

Die *Zinksalze* sind meist farblos, die im Wasser löslichen Salze röthen Lakmuspapier; die meisten werden beim Erhitzen zerlegt, nur das schwefelsaure Zink kann ohne Zersetzung schwach geglüht werden, das Chlorzink ist in der Rothglühhitze unzersetzt flüchtig.

Schwefelwasserstoff erzeugt in den wässerigen Lösungen neutraler Zinksalze einen weissen Niederschlag von *Schwefelzink* ($ZnS$), es wird, wenn das Zinksalz einer Mineralsäure vorliegt, nur ein Theil des Zinks als Sulfid gefällt; enthält die Lösung eine merkliche Menge einer freien Mineralsäure, so erzeugt Schwefelwasserstoff darin keinen Niederschlag, dagegen wird aus der Lösung des essigsauren Zinks, auch wenn dieselbe freie Essigsäure enthält, alles Zink durch Schwefelwasserstoff gefällt, ebenso werden auch die Zinksalze der Mineralsäuren durch Schwefelwasserstoff vollständig gefällt, wenn man ihrer Lösung eine genügende Menge von essigsaurem Natrium zusetzt, weil dann durch doppelte Zersetzung essigsaures Zink entsteht.

[1]) In verdünnter Salpetersäure erfolgt die Auflösung unter Bildung von Stickoxydul und Ammoniak, in concentrirter Säure geht die Lösung unter Entwicklung von Stickoxyd vor sich.

Schwefelammonium fällt aus den Lösungen der Zinksalze *Schwefelzink* als weissen Niederschlag, der sowohl in Schwefelammonium, als in Schwefelkalium, als in alkalischen Laugen unlöslich ist.

Aetzkali, Aetznatron, sowie Ammoniak bringen, wenn sie in geringer Menge einer Zinksalzlösung zugesetzt werden, einen weissen, voluminösen Niederschlag von *Zinkoxydhydrat* hervor, der im Ueberschusse eines jeden der 3 Fällungsmittel sich sofort leicht auflöst; werden diese Lösungen gekocht, so fällt das Zinkoxyd heraus, wenn sie nicht zu concentrirt sind. Enthält die Zinksalzlösung freie Säure oder Ammoniumsalze, so entsteht wohl bei vorsichtigem Zusatze von Aetzkali oder Aetznatron der Niederschlag von Zinkoxydhydrat, nicht aber durch Ammoniak. Die Lösung des Zinkoxydes in Aetzkalilauge wird durch Chlorammonium nicht gefällt.

Aus den Lösungen des Zinkoxydes in Kalilauge, Natronlauge und Ammoniak fällt Schwefelwasserstoff oder Schwefelammonium das Schwefelzink vollständig als weissen Niederschlag.

Kohlensaures Natrium, sowie kohlensaures Kalium erzeugen in den Lösungen der Zinksalze einen weissen Niederschlag von *basisch kohlensaurem Zink*, der im Ueberschusse der Fällungsmittel nicht löslich ist. Enthält die Lösung des Zinksalzes bedeutende Mengen eines Ammoniumsalzes, so ist die Fällung des Zinks unvollständig, es bleibt etwas gelöst, das sich erst beim Kochen mit einem Ueberschusse des kohlensauren Alkalis abscheidet.

Kohlensaures Ammon fällt aus den Zinksalzlösungen gleichfalls kohlensaures Zink, ein Ueberschuss des Fällungsmittels löst den Niederschlag auf.

Die Zinkoxydsalze geben, mit Soda auf der Kohle vor dem Löthrohre behandelt, einen Beschlag, der in der Hitze gelb, nach dem Erkalten weiss ist.

Wird Zinkoxyd oder ein Zinksalz mit einer Lösung von salpetersaurem Kobalt befeuchtet und auf Kohle mit der Löthrohrflamme oder in der Gasflamme (siehe Flammenreactionen Seite 82) geglüht, so nimmt die Masse eine schön grüne Farbe an.

## Chrom.

Das *metallische Chrom* ist silberweiss, hart, spröde und sehr schwer schmelzbar; es ist an der Luft beständig und oxydirt sich, wenn es nicht fein vertheilt ist, selbst beim Erhitzen nur an der Oberfläche, Salzsäure, sowie verdünnte Schwefelsäure lösen es unter Wasserstoffentwicklung, Salpetersäure greift es nicht an. In der Hitze zerlegt das Chrom den Wasserdampf, es entsteht Wasserstoffgas und Chromoxyd.

Das *Chromoxyd* ($Cr_2O_3$) ist grün und je nach der Art der Bereitung amorph oder krystallinisch, es ist im Wasser unlöslich, wenn es starker Glühhitze ausgesetzt wurde, auch in Säuren unlöslich und nur durch Schmelzen mit saurem schwefelsauren Kalium in Lösung zu bringen. Wurde das Chromoxyd einer mässigen Hitze ausgesetzt, so löst es sich sowohl in heisser Salzsäure, als auch in Schwefelsäure, wenngleich schwierig.

Die *Chromoxydsalze* sind im krystallisirten Zustande gewöhnlich dunkelviolett, durchsichtig; ihre wässerigen Lösungen, welche sauer reagiren, sind, wenn sie kalt bereitet wurden, violett, nehmen aber beim Erwärmen eine smaragdgrüne Farbe an; dieser Uebergang von violett in smaragdgrün findet auch statt, wenn eine kalt bereitete Chromoxydsalzlösung bei gewöhnlicher Temperatur sehr lange aufbewahrt wird. Die violetten Lösungen werden beim Erhitzen grün; erwärmt man eine grüne Chromoxydsalzlösung mit Salpetersäure, so wird sie nach dem Erkalten blau, sie enthält dann salpetersaures Chromoxyd. Nur die violetten Lösungen geben beim allmäligen Verdampfen krystallisirte Salze, die grünen dagegen hinterlassen beim Verdampfen amorphe grüne Massen.

Es wurde früher allgemein angenommen, dass die Chromoxydsalze in zwei verschiedenen Modificationen (der grünen und der violetten) existiren, man weiss nun aber, dass die grünen Lösungen nicht neutrale Salze, sondern ein Gemisch von sauren und basischen Salzen enthalten.

Das *wasserfreie Chromchlorid* ($Cr_2Cl_6$) repräsentirt pfirsichblüthrothe, glänzende Krystallblättchen, es ist in kaltem Wasser unlöslich, nur durch sehr langes Behandeln mit heissem Wasser bringt man es in Lösung, dagegen löst es sich leicht im Wasser, wenn dieses nur eine Spur Chromchlorür, Kupferchlorür oder Zinnchlorür enthält und liefert dann eine grüne Lösung. Das Chromchlorid verliert beim Glühen an der Luft Chlor und geht in Chromoxyd über.

Schwefelwasserstoff erzeugt in den sauren und neutralen Auflösungen der Chromoxydsalze keinen Niederschlag.

Schwefelammonium fällt aus den neutralen Lösungen der Chromoxydsalze einen grünlichen Niederschlag von *Chromhydroxyd*, gleichzeitig entweicht Schwefelwasserstoff.

Aetzkali und Aetznatron erzeugen sowohl in den grünen, als auch in den violetten Lösungen der Chromoxydsalze einen bläulichgrünen Niederschlag von *Chromhydroxyd*, der im Ueberschusse des Fällungsmittels sich leicht zu einer grünen Flüssigkeit auflöst. Aus dieser Auflösung fällt Chlorammonium schon bei gewöhnlicher Temperatur Chromhydroxyd; wird die Lösung des Chromhydroxydes in Kali- oder Natronlauge gekocht, so scheidet sich das Chromhydroxyd vollständig als grüner Niederschlag aus. Die Lösung des Chromhydroxydes in Kalilauge bringt mit einigen Lösungen stark basischer Oxyde in Kalilauge Niederschläge hervor, welche Verbindungen des Chromoxydes mit diesen basischen Oxyden sind: so erzeugen Lösungen von Zinkoxyd und Bleioxyd in Kalilauge, wenn sie mit der Lösung des Chromhydroxydes in Kalilauge zusammenkommen, grüne Niederschläge, welche Chromoxyd und Zinkoxyd, resp. Bleioxyd enthalten.

Ammoniak erzeugt in den grünen und violetten Lösungen der Chromoxydsalze einen hell-graublauen Niederschlag von Ammoniak enthaltendem Chromoxyd; die über dem Niederschlage befindliche Flüssigkeit ist röthlich gefärbt und enthält Chromoxyd gelöst, und zwar um so mehr, je mehr überschüssiges Ammoniak vorhanden ist. Durch längeres Kochen dieser röthlichen Lösung wird alles Chromoxyd abgeschieden.

Kohlensaures Kalium oder kohlensaures Natrium erzeugen in den Lösungen der Chromoxydsalze einen hellgrünen Niederschlag von *basisch kohlensaurem Chromoxyd,* der sich in einem grossen Ueberschusse des Fällungsmittels allmälig auflöst; aus dieser Lösung scheidet sich aber beim Kochen nichts ab.

Kohlensaures Baryum fällt nach längerer Einwirkung aus den Lösungen der Chromoxydsalze alles Chrom als basisches Salz.

Die Gegenwart von nicht flüchtigen organischen Substanzen, wie Weinsäure, Citronensäure, Zucker u. s. w., kann die Reactionen der Chromoxydsalze wesentlich beeinträchtigen, insbesondere treten die Fällungen durch Alkalien und kohlensaure Alkalien unvollständig oder gar nicht ein.

Wenn die Chromoxydsalze mit einem Gemisch von Salpetersäure oder Schwefelsäure und chlorsaurem Kalium behandelt werden, so erfolgt lebhafte Oxydation und das Chromoxyd geht in Chromsäure über; kocht man die Lösung des Chromoxydes in Kalilauge mit Bleihyperoxyd einige Zeit, so geht das Chromoxyd in Chromsäure über, und wenn man die klare Lösung mit Essigsäure ansäuert, so scheidet sich chromsaures Blei als gelber Niederschlag ab; säuert man mit Salzsäure an und fügt dann eine wässerige Lösung von Wasserstoffhyperoxyd und Aether hinzu, so färbt sich der Aether nach dem Umschütteln blau.

Das Chromoxyd, sowie die Chromoxydsalze werden durch Schmelzen mit einer Mischung von kohlensaurem Natrium und salpetersaurem Natrium zu Chromsäure oxydirt, die Schmelze enthält chromsaures Natrium; noch zweckmässiger ist für diese Oxydation ein Gemenge von kohlensaurem Natrium und chlorsaurem Kalium. In den Lösungen der Schmelze kann die Chromsäure durch die charakteristischen Reactionen nachgewiesen werden.

Vor dem Löthrohre erkennt man das Chromoxyd und dessen Salze am besten an ihrem Verhalten gegen die Phosphorsalz- und Boraxperle, welche das Chromoxyd auflösen und dadurch nach dem Erkalten eine smaragdgrüne Farbe annehmen; diese Farbe ändert sich nicht, wenn man die Perle nach Zusatz von Zinn oder Zinnoxyd in der Reductionsflamme behandelt (Unterschied von der Kupferoxydperle).

Die *Chromsäure* ($Cr O_3$), richtiger *Chromsäureanhydrid,* krystallisirt in scharlachrothen, glänzenden Nadeln, welche an feuchter Luft, indem sie begierig Wasser anziehen, zu einer braunrothen Lösung zerfliessen, die beim Verdünnen gelbroth wird und selbst in sehr stark verdünntem Zustande noch deutlich gelb ist. Erhitzt man die Chromsäure vorsichtig, so schmilzt sie zu einer dunkelrothen Flüssigkeit, welche beim Erkalten zu einer schwarzrothen, metallisch glänzenden krystallinischen Masse erstarrt; in der Glühhitze zerlegt sie sich in Sauerstoff und grünes Chromoxyd.

Die *chromsauren Salze* sind entweder gelb oder roth gefärbt; die meisten sind im Wasser unlöslich oder doch sehr schwer löslich, nur die chromsauren Salze der Alkalien sind im Wasser leicht löslich. Von diesen letzteren existiren zwei Reihen, deren Glieder als *Chromate* und *Dichromate* oder als *neutrale* und *saure chromsaure Salze* bezeichnet werden; das *Kaliumchromat*, oder *neutrale* oder *gelbe chromsaure Kalium* ($K_2 Cr O_4$) und das *Kaliumdichromat*, oder *saure* oder *rothe chromsaure Kalium* ($K_2 Cr_2 O_7$) sind die bekanntesten Repräsentanten dieser zwei Salzreihen. Die neutralen chromsauren Alkalien und deren Lösungen sind hellgelb, die sauren chromsauren Alkalien und ihre Lösungen sind rothgelb. Die gelben Lösungen der neutralen chromsauren Alkalien werden durch Zusatz von Essigsäure, verdünnter Schwefelsäure, sowie Salpetersäure roth, indem saures Salz entsteht; durch Zusatz von Alkalien oder kohlensauren Alkalien zu den rothgelben Lösungen der sauren Salze entstehen die neutralen Salze und die Lösung wird in Folge dessen hellgelb. Die neutralen chromsauren Alkalien sind feuerbeständig, die sauren ertragen für kurze Zeit auch schwache Glühhitze, bei langer Dauer derselben aber werden sie zersetzt unter Bildung von Chromoxyd und neutralem Salz.

Schwefelwasserstoff bewirkt in den mit Schwefelsäure oder Salpetersäure angesäuerten Lösungen der Chromsäure, sowie der chromsauren Salze Reduction, die Flüssigkeit wird durch den sich ausscheidenden Schwefel trübe und in Folge des bei der Reduction entstehenden Chromoxydsalzes grün. Wirkt der Schwefelwasserstoff auf eine heisse Chromsäurelösung ein, so scheidet sich wenig Schwefel ab, weil derselbe von der Chromsäure zu Schwefelsäure oxydirt wird. Die vom abgeschiedenen Schwefel abfiltrirte Lösung zeigt die Reactionen der Chromoxydsalze.

Schwefelammonium erzeugt in der Lösung der sauren chromsauren Alkalien sogleich einen braungrünen Niederschlag von chromsaurem Chromoxyd; erhitzt man die Flüssigkeit zum Kochen, so scheidet sich alles Chrom als grünes Chromhydroxyd ab. In den Lösungen der neutralen chromsauren Alkalien erzeugt das Schwefelammonium bei gewöhnlicher Temperatur anfangs nur eine braune Färbung, bald darauf aber einen bräunlichgrünen Niederschlag; beim Kochen wird alles Chrom als grünes Hydroxyd gefällt.

Durch zahlreiche Reagentien wird die Chromsäure bei Gegenwart einer Mineralsäure zu Chromoxydsalz reducirt; diese Reduction ist dadurch ausgezeichnet, dass die gelbe oder rothgelbe Farbe der Chromsäurelösung in die grüne der Chromoxydsalzlösungen übergeht. Die gebräuchlichsten Reductionsmittel, welche hier in Anwendung kommen, sind concentrirte Salzsäure, schweflige Säure, verdünnte Salzsäure oder Schwefelsäure und Weingeist, Zink und verdünnte Schwefelsäure, Zinnchlorür. Von diesen Reagentien wirken am schnellsten schon bei gewöhnlicher Temperatur die schweflige Säure, das Zinnchlorür und Zink mit Schwefelsäure: concentrirte Salzsäure für sich allein reducirt die Chromsäure in der Wärme unter Chlorentwicklung, ebenso wirken Weingeist und verdünnte Säuren erst beim Erhitzen unter Entwicklung von Aldehyd und Essigsäure.

Chlorbaryum erzeugt in den Lösungen der chromsauren Alkalien einen hellgelben Niederschlag von *chromsaurem Baryum* ($Ba\,Cr\,O_4$), in verdünnter Salzsäure, sowie in verdünnter Salpetersäure löslich.

Essigsaures Blei erzeugt in den Lösungen der Chromsäure und der chromsauren Alkalien einen schönen gelb gefärbten Niederschlag von *chromsaurem Blei* ($Pb\,Cr\,O_4$), der in Essigsäure unlöslich, in verdünnter Salpetersäure schwer, in Kalilauge leicht löslich ist.

Salpetersaures Silber erzeugt in den Lösungen der chromsauren Alkalien einen dunkelrothen Niederschlag von *chromsaurem Silber* ($Ag_2\,Cr\,O_4$), der sowohl in verdünnter Salpetersäure als auch in Ammoniak leicht löslich ist.

Wenn man einer mit verdünnter Schwefelsäure angesäuerten Lösung von Chromsäure oder einem chromsauren Salze eine wässerige Lösung von Wasserstoffsuperoxyd und darauf einige Cubikcentimeter Aether zufügt, die Flüssigkeiten mässig umschüttelt und dann ruhig absetzen lässt, so nimmt die sich oben abscheidende ätherische Schichte eine prächtig dunkelblaue Färbung an, die von *Ueberchromsäure* herrühren soll, der wahrscheinlich die Formel $H\,Cr\,O_4$ zukommt. Diese Reaction ist sehr empfindlich.

Aus den im Wasser unlöslichen chromsauren Salzen kann man die Chromsäure leicht in die löslichen chromsauren Alkalien überführen, indem man die ersteren mit Soda und Natronsalpeter schmilzt. Aus der erkalteten Schmelze kann man mit kaltem Wasser das chromsaure Alkali extrahiren, die so bereitete Lösung zeigt dann die Reactionen der Chromsäure, resp. der chromsauren Salze.

Vor dem Löthrohre verhalten sich die Chromsäure und ihre Salze gegen Borax und Phosphorsalz wie das Chromoxyd.

## Baryum.

Für die gerichtliche Chemie kommen nur die Verbindungen des Baryums in Betracht, das metallische Baryum ist für dieselbe ohne Belang.

Das *Baryumoxyd* ($Ba\,O$) ist eine weisse, amorphe Substanz, die in kaltem Wasser ziemlich schwierig, in heissem Wasser leichter löslich ist, die Lösung enthält *Baryumhydroxyd* oder *Barythydrat* ($Ba\,H_2\,O_2$). Aus dieser Lösung scheiden sich, wenn sie abgedampft wird, farblose Krystalle von der Zusammensetzung $Ba\,H_2\,O_2 + 8\,H_2\,O$ aus, welche beim Erwärmen das Krystallwasser verlieren und zu einem weissen Pulver zerfallen. Das Baryumhydroxyd schmilzt bei gelinder Glühhitze zu einer öligen Flüssigkeit, die selbst bei heftiger Gluth kein Wasser abgibt und beim Erkalten krystallinisch erstarrt.

Die *Baryumsalze* oder *Barytsalze* sind meist farblos und im Wasser unlöslich oder schwer löslich; von den gebräuchlicheren sind das Chlorbaryum, das salpetersaure Baryum und das chlorsaure Baryum im Wasser löslich, während das kohlensaure, schwefelsaure, phosphorsaure, oxalsaure Baryum im Wasser unlöslich sind; die letzteren lösen sich, mit Ausnahme des schwefelsauren Salzes, leicht in verdünnter Salzsäure und verdünnter Salpetersäure. Chlorbaryum, sowie salpetersaures Baryum sind unlöslich in Alkohol, ebenso sind diese Salze in concentrirter Salzsäure, sowie in concentrirter Sapetersäure unlöslich; wenn man zu einer wässerigen Lösung von Chlorbaryum oder salpetersaurem Baryum concentrirte Salzsäure oder concentrirte Salpetersäure zusetzt, so findet eine Ausscheidung dieser Salze statt. Die wässerigen Lösungen der Barytsalze reagiren neutral. Die meisten Barytsalze werden in der Glühhitze zerlegt.

Aetzkali und Aetznatron erzeugen in concentrirten wässerigen Lösungen von Barytsalzen einen farblosen krystallinischen Niederschlag von krystallisirtem Barythydrat, welcher auf Zusatz von Wasser verschwindet, indem er sich löst; in verdünnten Lösungen findet diese Fällung nicht statt.

Ammoniak erzeugt in den wässerigen Lösungen der Baryumsalze, auch wenn dieselben concentrirt sind, keinen Niederschlag.

Kohlensaure Alkalien, sowie kohlensaures Ammon, erzeugen in den wässerigen Lösungen der Barytsalze einen weissen Niederschlag von *kohlensaurem Baryum* ($BaCO_3$), welcher sich bei Gegenwart von Chlorammonium in merklicher Menge löst; deshalb entsteht in sehr verdünnten Barytsalzlösungen, welche viel freie Säure enthalten, durch kohlensaures Ammon kein Niederschlag. Das kohlensaure Baryum löst sich in verdünnter Salzsäure und Salpetersäure unter Aufbrausen.

Schwefelsäure, sowie die Lösungen von schwefelsauren Salzen (auch Gypslösung) erzeugen selbst in sehr verdünnten, wässerigen Lösungen der Barytsalze, auch wenn sie angesäuert sind, sofort einen weissen Niederschlag von *schwefelsaurem Baryum* ($BaSO_4$), der in verdünnten Säuren, sowie in alkalischen Laugen unlöslich ist. Durch andauerndes Kochen mit einer concentrirten Auflösung von kohlensaurem Natrium, sowie durch Schmelzen mit kohlensaurem Natrium wird das schwefelsaure Baryum in kohlensaures Baryum umgewandelt, während gleichzeitig schwefelsaures Natrium entsteht; wäscht man das letztere mit Wasser weg, so bleibt kohlensaures Baryum zurück, das in Salzsäure gelöst und dadurch für die Reactionen auf Baryum verwendbar gemacht werden kann.

Kieselfluorwasserstoffsäure erzeugt in den Lösungen der Barytsalze einen farblosen, krystallinischen Niederschlag von *Kieselfluorbaryum* ($SiFl_6Ba$), der von Salzsäure und Salpetersäure in merklicher Menge gelöst wird. Aus verdünnten Lösungen scheidet sich das Kieselfluorbaryum nicht sofort nach dem Zusatz der Kieselfluorwasserstoffsäure, sondern erst nach einiger Zeit ab, die Abscheidung kann dadurch beschleunigt werden, dass man die Flüssigkeit heftig schüttelt.

Oxalsäure erzeugt nur in concentrirten Barytsalzlösungen einen weissen Niederschlag von *oxalsaurem Baryum*, oxalsaures Ammon aber fällt sofort auch aus verdünnten Barytsalzlösungen oxalsaures Baryum;

dasselbe ist in verdünnter Salzsäure und in verdünnter Salpetersäure löslich.

Die nicht leuchtende Flamme des Bunsen'schen Brenners wird durch Barytsalze gelbgrün gefärbt; am besten wird diese Flammenfärbung erzeugt, indem man die gepulverte Baryumverbindung mit Salzsäure zu einem Teig anmacht und diesen, auf dem Oehr eines Platindrahtes befestigt, in die Flamme bringt. Wird diese gelbgrüne Flamme mit dem Spectralapparate beobachtet, so sieht man das auf der Spectraltafel unter Nr. 5 abgebildete Baryumspectrum.

## *Zerstörung der organischen Substanzen und Abscheidung der Metallgifte.*

Viele organische Substanzen, insbesondere solche, die thierischen oder pflanzlichen Ursprunges sind, können auf die charakteristischen Reactionen der giftigen Metallverbindungen störend einwirken, indem sie entweder Verbindungen mit ihnen bilden, die im Wasser und verdünnten Säuren unlöslich sind, oder indem sie das Auftreten der charakteristischen Niederschläge verhindern. Da nun in vielen Untersuchungsobjecten organische Stoffe enthalten sind, ja manche derselben, wie Leichentheile, Speisereste, Erbrochenes u. s. w., der Hauptsache nach aus organischen Substanzen bestehen, so müssen diese vor Allem unschädlich gemacht werden. Dies kann auf mannigfaltige Weise geschehen. Am einfachsten gelangt man zum Ziele durch die Verbrennung, allein dieser Weg ist nur dann anwendbar, wenn es sich um den Nachweis von Metallen handelt, welche sich bei der zur Verbrennung nöthigen Hitze nicht verflüchtigen. Wenn also z. B. Speisereste auf Kupfer oder Blei zu prüfen wären, so kann man dieselben in einem Porcellantiegel eintrocknen und dann unter Luftzutritt bei allmälig gesteigerter Hitze einäschern. Der nach dem Verbrennen bleibende Rückstand enthält neben dem etwa vorhandenen Kupfer oder Blei nur die Aschenbestandtheile des Untersuchungsobjectes und kann ohne Weiteres nach den Regeln der qualitativen Analyse untersucht werden.

Dieses Einäschern wird sehr unbequem und zeitraubend, wenn es sich um die Zerstörung grösserer Mengen thierischer Substanzen, wie z. B. Leichentheile, handelt und ist daher in solchen Fällen nicht zu empfehlen; unbrauchbar ist die Methode des Einäscherns immer, wenn Metalle aufzusuchen sind, die entweder an sich oder in ihren Verbindungen ziemlich leicht flüchtig sind, wie Quecksilber, Arsen, Zink.

Ist also aus irgend einem Grunde das Einäschern des organischen Untersuchungsobjectes nicht zulässig, so muss die Zerstörung der organischen Substanz durch Reagentien auf nassem Wege an dessen Stelle treten. Zu diesem Zwecke sind im Laufe der Zeit verschiedene Reagentien vorgeschlagen worden; am besten hat sich die Einwirkung von Salzsäure und chlorsaurem Kalium (nach Fresenius und Babo) oder von kochender Salzsäure (E. Ludwig und E. Zillner) bewährt.[1])

Bei der Einwirkung von chlorsaurem Kalium und Salzsäure kommt die oxydirende Wirkung des Chlors und der Unterchlorsäure zur Geltung, die sich aus den beiden Reagentien entwickeln.

Es wird wie folgt vorgegangen: Das Untersuchungsobject wird vor Allem mechanisch vorbereitet; feste und halbfeste Massen, wie Leichentheile, Speisen, Erbrochenes, werden entweder durch Zerschneiden oder Zerreiben in einer Reibschale zerkleinert, flüssige Objecte werden, wenn sie sauer sind, durch Zusatz von kohlensaurem Natrium alkalisch gemacht und dann bis zur Consistenz eines Breies abgedampft. Von dem so präparirten, durch Umrühren gleichförmig gemischten[2]) Untersuchungsobjecte wägt man einen Theil, der für die Untersuchung verwendet werden soll, ab, den Rest bewahrt man auf.

Die abgewogene Quantität bringt man in eine entsprechend geräumige Porcellanschale, übergiesst sie mit ungefähr dem gleichen Gewichte 20%iger Salzsäure, setzt 3 bis 5 Grm. chlorsaures Kalium zu, rührt gut um und lässt die bedeckte Schale ungefähr 12 Stunden bei gewöhnlicher Temperatur stehen[3]), hierauf erwärmt man dieselbe auf dem Wasserbade auf ungefähr 60° C. und setzt, wenn keine Gasentwicklung mehr stattfindet und die Masse braun geworden ist, neuerdings etwa 5 Grm. chlorsaures Kalium zu, worauf man abermals das Ende der Reaction und die Braunfärbung der vorher entfärbten Masse abwartet, bevor man neuerdings chlorsaures Kalium zugibt. Ist die Masse durch die längere Behandlung auf dem Wasserbade zu stark eingedickt, so wird sie mit Wasser verdünnt. Sollte die oben angegebene Menge der

---

[1]) Von den vielen anderen Methoden, welche für denselben Zweck vorgeschlagen wurden, seien folgende erwähnt: 1. Behandlung mit Salpetersäure und chlorsaurem Kalium. 2. Lösen in Kalilauge und Einleiten von Chlorgas bis zur Sättigung. 3. Behandlung mit concentrirter Schwefelsäure und Salpetersäure. 4. Behandlung mit Salpetersäure, Neutralisation mit Aetzkali, Abdampfen zur Trockene und Verpuffen der trockenen Masse.

[2]) Dieses Mischen bezweckt, das ganze Untersuchungsobject in eine gleichförmige Masse zu verwandeln, also auch das etwa darin enthaltene Gift gleichförmig zu vertheilen. Das hat besonders dann grosse Bedeutung, wenn eine quantitative Bestimmung des vorhandenen Metallgiftes aus einem Theile des Untersuchungsobjectes vorgenommen wird und wenn man dann aus dem Resultate die in dem gesammten Untersuchungsobjecte enthaltene Giftmenge berechnen will. Dafür ist natürlich gleichförmige Vertheilung des Giftes in dem Objecte eine Grundbedingung.

[3]) Besonders bei Leichentheilen erweist sich dieser Vorgang, das chlorsaure Kalium und die Salzsäure zuerst bei gewöhnlicher Temperatur wirken zu lassen, sehr zweckmässig, indem die Gewebsmassen dadurch gelockert und für die weitere Reaction des Chlors zugänglich werden, so dass eine vollständige Lösung derselben dann in kurzer Zeit erfolgt. Die Untersuchungsobjecte dürfen mit Salzsäure allein nicht erhitzt werden, weil sonst bei Anwesenheit von arseniger Säure Arsen verloren ginge. Hat einmal chlorsaures Kalium eingewirkt, so ist durch Oxydation Arsensäure entstanden, welche durch Salzsäure nicht in Chlorarsen verwandelt wird.

Salzsäure für die Zerstörung nicht ausreichen, so muss noch mehr Salzsäure und chlorsaures Kalium zugesetzt werden. Wenn die organische Substanz soweit gelöst ist, dass nur Fett oder (wenn das Untersuchungsobject pflanzlicher Abkunft ist) Pflanzenfaser[1]) ungelöst geblieben sind, und wenn die Lösung nach längerem Verweilen auf dem Wasserbade sich nicht mehr dunkelbraun färbt, erwärmt man noch so lange, bis der Geruch nach freiem Chlor verschwunden ist, verdünnt dann mit Wasser ungefähr auf das doppelte Volumen, lässt erkalten und bringt die Masse auf ein mit Wasser angefeuchtetes Filter; den auf dem letzteren bleibenden Rückstand wäscht man mit destillirtem Wasser gut aus.[2])

Das Verfahren von E. Ludwig und E. Zillner beruht auf einer länger dauernden Einwirkung der Salzsäure in der Kochhitze, wobei die Eiweisskörper und ähnliche Substanzen in einfachere, lösliche Verbindungen gespalten werden.

Die Ausführung ist folgende: Je 100 Grm. des möglichst gut zerkleinerten Untersuchungsobjectes werden mit 200 Ccm. 20%iger Salzsäure in einer Kochflasche zum Sieden erhitzt und so lange nahe der Siedetemperatur erhalten, bis keine nennenswerthen Mengen fester Substanz ungelöst sind. Um einen Verlust durch Abdampfen von Chlorarsen zu vermeiden, ist der Hals der Kochflasche mit einem durchbohrten Kork verstopft, in dessen Bohrung sich ein 2 Meter langes Kühlrohr zum Abkühlen und Condensiren der aufsteigenden Dämpfe befindet. Sobald die Flüssigkeit zu kochen beginnt, muss die Erhitzung so regulirt werden, dass die Flüssigkeit nur nahe dem Siedepunkte bleibt, weil bei stärkerem Erhitzen heftiges, stossweises Kochen und Herausschleudern der Flüssigkeit stattfinden würde. Diese Operation, welche gewöhnlich nach 2 Stunden beendet ist, erfordert unausgesetzte Aufmerksamkeit. Ist die Zersetzung beendet, so lässt man auf 60° bis 70° erkalten und setzt für je 100 Grm. Untersuchungsobject 3 bis 5 Grm. chlorsaures Kalium allmälig in kleinen Portionen zu, wobei die dunkelbraune Flüssigkeit sofort in Folge der Chlorentwicklung entfärbt wird. Dieser Zusatz von chlorsaurem Kalium hat den Zweck, etwa entstandene Schwefelmetalle in Lösung zu bringen. Nach vollständigem Erkalten wird mit etwas Wasser verdünnt, filtrirt, das Unlösliche gewaschen und Filtrat und Waschwasser, wie oben beschrieben, weiter behandelt.

---

[1]) Fette, sowie Pflanzenfaser werden durch chlorsaures Kalium und Salzsäure nur äusserst langsam oxydirt; da ihre Anwesenheit die weitere Untersuchung nicht behindert, so hört man mit dem Zusatze von chlorsaurem Kalium auf, sobald nur mehr diese beiden Substanzen ungelöst sind.

[2]) Wenn sich viel Fett abgeschieden hat, so giesst man die Flüssigkeit zunächst möglichst vollständig auf das Filter, lässt das Fett in der Schale, erwärmt es mit Wasser und ein wenig Salzsäure bis zum Schmelzen, rührt dann einige Minuten tüchtig um, damit die vom Fett eingeschlossene Metallverbindung in's Wasser übergehen könne, lässt erkalten und filtrirt; diese Operation des Auswaschens wiederholt man noch 3- bis 4mal, zuletzt bringt man das Fett auf's Filter.

Man hat nunmehr einerseits das Filtrat sammt den Waschwässern, welche Flüssigkeit wir mit *A* bezeichnen wollen, andererseits den auf dem Filter gebliebenen Rückstand *B* weiter zu prüfen.

Durch die Einwirkung des Chlors und der Unterchlorsäure werden viele organische Substanzen zerstört, und zwar zum Theile in Kohlensäure, Wasser und Stickstoff verwandelt, zum Theile in einfachere Verbindungen umgewandelt, welche sich lösen und für unseren Zweck kein Hinderniss mehr bilden. Dabei werden von den giftigen Metallen Kupfer, Quecksilber, Wismuth, Arsen, Antimon, Zinn, Chrom und Zink vollständig in Lösung gebracht, Blei und Baryum können theilweise oder ganz als Sulfate ungelöst bleiben, wenn sie schon als solche vorhanden waren, oder wenn sie in solche verwandelt wurden durch die Schwefelsäure, die bei der Behandlung von Organen etc. mit Chlor aus dem Schwefel der Eiweisskörper entsteht; das Silber bleibt als Chlorsilber vollständig ungelöst.

Die Flüssigkeit *A* enthält neben freier Salzsäure das bei dem Processe entstandene Chlorkalium und Zersetzungsproducte der organischen Substanzen; sie kann die bereits angeführten Metalle enthalten, welche durch das Chlor in Lösung gebracht wurden, endlich geringe Mengen von unorganischen Salzen (Phosphate, Chloride, Sulfate), wenn Bestandtheile thierischer und pflanzlicher Organismen das Untersuchungsobject bilden.

Aus dieser Flüssigkeit werden die Metalle, auf welche untersucht wird, zunächst durch die allgemeinen Gruppenreagentien Schwefelwasserstoff und Schwefelammonium abgeschieden. Man bringt deshalb die gesammte Flüssigkeit[1]) in eine Erlenmeyersche Kochflasche, erwärmt sie auf ungefähr 60° C., verschliesst den Hals der Kochflasche mit einem doppelt durchbohrten Stöpsel, der zwei rechtwinklig gebogene Röhren enthält, von denen eine bis auf den Boden, die andere aber nur bis knapp unter den Kork reicht und leitet aus einem continuirlich wirkenden Schwefelwasserstoffapparate gewaschenes Schwefelwasserstoffgas ein, indem man den Apparat mit dem bis auf den Boden der Kochflasche reichenden Rohre dicht verbindet. Wenn alle Luft aus der Kochflasche durch Schwefelwasserstoff verdrängt ist, verschliesst man das Ende des kürzeren Rohres mittelst eines Stückchens Kautschukrohr und eines Glasstäbchens; die Verbindung der Kochflasche mit dem continuirlichen Schwefelwasserstoffapparate wird aufrecht erhalten, so dass Schwefelwasserstoff ungehindert in dem Masse in die Kochflasche gelangen kann, als er dort durch Absorption und Bildung von Schwefelmetallen verbraucht wird; durch

[1]) Sollte das Volumen der Flüssigkeit in Folge grösserer Mengen von Waschwasser gar zu gross geworden sein, so könnte man zunächst das Waschwasser durch Eindampfen concentriren.

häufiges Umschütteln begünstigt man die Absorption und man bringt es dadurch bald dahin, dass die Flüssigkeit mit dem Gase gesättigt ist. Wenn das Schwefelwasserstoffgas in der soeben besprochenen Anordnung zuerst auf die warme, dann auf die allmälig abgekühlte Flüssigkeit durch 24 Stunden eingewirkt hat, so wird in der Regel Alles, was von giftigen Metallen der I. und II. Gruppe gelöst war, ausgefällt sein; Quecksilber, Blei, Kupfer, Wismuth, Antimon und Zinn werden durch den Schwefelwasserstoff sofort gefällt, während das Arsen, das hier in Folge der Einwirkung des Chlors als Arsensäure vorhanden ist, erst nach längerer Zeit abgeschieden wird. Der Schwefelwasserstoff wirkt nämlich zuerst auf die Arsensäure reducirend, verwandelt dieselbe in arsenige Säure und erst diese wird durch Schwefelwasserstoff als Arsentrisulfid gefällt (siehe Seite 196). Da dieser Vorgang in der Wärme sich viel rascher vollzieht, so leitet man das Schwefelwasserstoffgas in die erwärmte Flüssigkeit ein.

Nachdem der Schwefelwasserstoff durch 24 Stunden eingewirkt hat, entfernt man die Kochflasche von dem Schwefelwasserstoffapparat[1]) und erwärmt sie etwa eine $^{1}/_{2}$ Stunde mässig auf dem Wasserbade, um die Hauptmenge (aber nicht Alles) von dem gelösten Schwefelwasserstoff auszutreiben und andererseits um den fein vertheilten Niederschlag zu grösseren Flocken zu vereinigen; wenn die Flüssigkeit wieder erkaltet ist, filtrirt man dieselbe durch ein angefeuchtetes Filter aus reinem Filtrirpapier und wäscht den Niederschlag, der mit ***C*** bezeichnet werden mag, wiederholt mit einer Mischung von destillirtem Wasser und Schwefelwasserstoffwasser aus. Das Filtrat und die Waschwässer können möglicherweise noch etwas von den durch Schwefelwasserstoff fällbaren Metallen enthalten; sie werden deshalb vereinigt auf dem Wasserbade etwas abgedampft und neuerdings ebenso, wie das erste Mal, durch 24 Stunden mit Schwefelwasserstoff behandelt; falls auch diesmal noch eine nennenswerthe Menge von Niederschlag entstanden wäre, so müsste die Behandlung mit Schwefelwasserstoff noch ein drittes Mal vorgenommen werden. Die bei der zweiten und dritten Behandlung mit Schwefelwasserstoff eventuell entstandenen Niederschläge werden gleichfalls auf einem reinen Filter gesammelt und mit schwefelwasserstoffhaltigem Wasser gut ausgewaschen. Die Bezeichnung ***C*** gilt auch für die Niederschläge der 2. und 3. Fällung durch Schwefelwasserstoff; Filtrat und Waschwässer, welche von diesen Niederschlägen abfliessen, sollen mit ***D*** bezeichnet werden.

Der Niederschlag ***C*** enthält die Schwefelverbindungen der Metalle der I. und II. Gruppe, welche im Untersuchungsobjecte vorhanden waren, ferner stets eine grössere oder geringere Menge

[1]) Die Flüssigkeit muss in diesem Stadium mit Schwefelwasserstoff gesättigt sein und muss daher nach dem Umschütteln stark darnach riechen; sollte dies ja nicht der Fall sein, so müsste man weiter Schwefelwasserstoff bis zur Sättigung einleiten.

von Schwefel [1]) und ausserdem schwefelhaltige organische Verbindungen, die sich aus den Zersetzungsproducten der organischen Substanzen durch Einwirkung des Schwefelwasserstoffes bilden. Einen Niederschlag von Schwefel und solchen schwefelhaltigen Verbindungen erhält man stets, wenn man Schwefelwasserstoff in eine durch Einwirkung von Salzsäure und chlorsaurem Kalium auf thierische oder pflanzliche Stoffe erhaltene Flüssigkeit einleitet. Es ist daher das Entstehen eines Niederschlages durch Schwefelwasserstoff in unserem Falle noch keineswegs ein Beweis für die Anwesenheit eines giftigen Metalles.

Der Niederschlag *C* wird vor Allem auf dem Filter mit Schwefelammonium behandelt; zu diesem Zwecke verstopft man das Rohr des Trichters mit einem kleinen, passenden Kork [2]), füllt das Filter mit verdünntem Schwefelammonium (1 Schwefelammonium auf 3 bis 4 Wasser) an und lässt den bedeckten Trichter einige Stunden ruhig stehen, worauf man von dem ungelöst gebliebenen Niederschlag *E* die entstandene Lösung *F* nach Oeffnen des Trichterrohres abfiltriren lässt und den Niederschlag mit Wasser und einigen Tropfen Schwefelammonium gut auswäscht. In der Lösung sind die Metalle der II. Gruppe, in dem Niederschlage die Metalle der I. Gruppe zu suchen.

Ist der Niederschlag *E* weiss, so kann er Quecksilber, Blei, Kupfer, Wismuth, Silber nicht enthalten, weil deren Sulfide schwarz sind; er besteht dann nur aus Schwefel und vielleicht aus schwefelhaltigen organischen Verbindungen und braucht daher nicht weiter untersucht zu werden. Ist der Niederschlag aber schwarz [3]), so breitet man das Filter auf einer reinen Glasplatte aus, entfernt alle Theile des Filters, auf denen sich kein Niederschlag befindet, durch Abreissen und bringt den Filterrest sammt dem darauf befindlichen Niederschlage in ein kleines Bechergläschen, übergiesst mit wenig concentrirter Salzsäure, setzt in ganz kleinen Portionen chlorsaures Kalium zu und erwärmt, bis der Niederschlag zersetzt und das Filter in einen Faserbrei verwandelt ist. Die Schwefelmetalle werden in Chloride und Sulfate verwandelt, welche bis auf das Bleisulfat in Lösung gehen, das letztere bleibt ungelöst. Nachdem man noch so lange erwärmt hat, bis alles freie Chlor

[1]) Dieser Schwefel kann von der Reduction der Arsensäure zu arseniger Säure, sowie von der Reduction gechlorter organischer Verbindungen, welche bei der Einwirkung von chlorsaurem Kalium und Salzsäure entstehen, endlich von der Reduction von Eisenoxydsalzen herrühren.

[2]) Viel zweckmässiger und bequemer ist es, einen Trichter mit Glashahn anzuwenden. Man schliesst den Hahn, bevor man das Schwefelammonium aufgiesst und öffnet ihn, wenn man die Lösung von dem Ungelösten abfiltriren will.

[3]) Wenn das Filtrirpapier eisenhaltig ist, so entsteht durch die Einwirkung des Schwefelammoniums schwarzes Schwefeleisen; man wird dadurch zu der Meinung veranlasst, dass Metalle der I. Gruppe zugegen sind und führt die ganze umständliche Untersuchung auf dieselben aus, um schliesslich ein negatives Resultat zu erlangen. Es sollte daher hier nur eisenfreies, d. h. mit verdünnter Salzsäure lange digerirtes und dann sorgfältigst ausgewaschenes Filtrirpapier verwendet werden.

ausgetrieben ist, bringt man die Lösung sammt allem Ungelösten (auch die Papierfasern) auf ein kleines Filter und fängt das Filtrat sammt dem Waschwasser (die Flüssigkeit sei mit *G* bezeichnet) in einem Messkölbchen auf 100 Ccm. auf. Das Filter sammt dem darauf befindlichen Ungelösten wird nach sorgfältigem Auswaschen in einem gewogenen Porcellantiegel getrocknet, dann stärker erhitzt, um das Papier zu verbrennen. Bleibt ein merklicher Rückstand, so ist dieser mit verdünnter Schwefelsäure zu befeuchten und unter allmäliger Steigerung der Temperatur so lange zu erhitzen, bis keine Dämpfe von Schwefelsäure mehr entweichen; dann lässt man erkalten, wägt und prüft den Rückstand unter Anwendung der Flammenreactionen auf Blei und Schwefelsäure (siehe Seite 77 u. 81).

Die Flüssigkeit *G*, welche Metalle der I. Gruppe in Lösung enthalten kann, wird genau auf 100 Ccm. verdünnt und dann mit Hilfe einer Pipette oder eines Kölbchens in zwei gleiche Theile getheilt, von denen man einen für die qualitative Prüfung, den anderen zur quantitativen Bestimmung des aufgefundenen Metalles verwendet.

Der für die qualitative Analyse bestimmte Theil der Lösung *G* wird in einem Becherglase bis nahe zum Sieden erhitzt und dann mit Schwefelwasserstoffgas bis zur vollständigen Ausfällung behandelt, worauf man das Becherglas bedeckt so lange ruhig stehen lässt, bis sich der Niederschlag gut abgesetzt hat und die über demselben befindliche Flüssigkeit g a n z  k l a r geworden ist. Man giesst nun v o r s i c h t i g, um den N i e d e r s c h l a g  n i c h t  a u f z u r ü t t e l n, die klare Flüssigkeit so weit als möglich ab und wäscht den Niederschlag so lange durch Decantation mit Wasser und etwas Schwefelwasserstoffwasser aus, bis das Waschwasser die Reaction auf Chloride [1]) nicht mehr zeigt. Dann wird der Niederschlag sammt dem Waschwasser in eine kleine Porcellanschale gebracht, das Wasser auf dem Wasserbade verdampft, dass der Niederschlag als dicker Brei zurückbleibt, und dieser nach dem Erkalten mit concentrirter c h l o r f r e i e r Salpetersäure behandelt, welche man nach und nach tropfenweise zusetzt, bis die Masse dünnflüssig geworden ist; die Schale wird dann noch so lange auf dem Wasserbade erwärmt, bis die Entwicklung rothbrauner Dämpfe aufhört.

Die Salpetersäure lässt das Schwefelquecksilber unverändert, verwandelt aber die anderen Schwefelmetalle in Nitrate und Sulfate, wobei in der Regel ein Theil des Schwefels abgeschieden wird; es kann also bei der Einwirkung der Salpetersäure ein unlöslicher Rückstand entstehen, der Schwefel, Schwefelquecksilber und schwefelsaures Blei enthält. [2])

---

[1]) Zur Prüfung auf Chlor dampft man einige Tropfen des Waschwassers auf einem Uhrglase zur Trockene ab und setzt verdünnte Salpetersäure und salpetersaures Silber zu; bei Abwesenheit von Chloriden darf keine Trübung erfolgen.

[2]) Wenn n u r Schwefelquecksilber vorhanden ist, so entwickeln sich keine braunrothen Dämpfe, der schwarze Niederschlag bleibt unverändert und in der Lösung findet sich dann kein Metall.

*Prüfung auf Blei und Quecksilber.* Nach beendigter Einwirkung der Salpetersäure wird der Inhalt der Porcellanschale mit ungefähr dem doppelten Volumen Wasser verdünnt und auf ein Filter gebracht; der auf dem Filter bleibende unlösliche Rückstand *(H)* wird mit Wasser gut ausgewaschen und zur Prüfung auf Blei und Quecksilber verwendet, das mit den Waschwässern vereinigte Filtrat *(J)* ist auf Blei, Kupfer und Wismuth zu untersuchen.

Das Filter sammt dem Rückstande *H* wird in gelinder Wärme getrocknet, der trockene Rückstand mit einem Messer oder Spatel vom Papier abgekratzt, in zwei Theile getheilt und dann folgendermassen untersucht: 1. Man glüht in einem kleinen Porcellantiegel; wenn nur Schwefel und Schwefelquecksilber vorhanden sind, so bleibt kein Rückstand, dagegen bleibt schwefelsaures Blei als weisser Glührückstand; diesen reducirt man unter Zusatz von Soda auf der Kohle vor der Löthrohrflamme oder auf dem Kohlenstäbchen in der Gasflamme. Einen Theil der dabei erhaltenen Bleikügelchen kann man dem Gerichte mit dem Gutachten übergeben, den Rest verwendet man für Reactionen: die Bleikügelchen werden mit Wasser gut gewaschen, dann in einer Achatschale zerrieben, wobei sie in sehr dünne Blättchen übergehen; diese letzteren bringt man in ein Schälchen, giesst einige Tropfen verdünnter Salpetersäure darauf, erwärmt bis zur erfolgten Lösung und dampft dann auf dem Wasserbade zur Trockene ab. Der aus salpetersaurem Blei bestehende Abdampfrückstand wird in wenig warmem Wasser gelöst; diese Lösung gibt mit Schwefelwasserstoffwasser einen schwarzen Niederschlag von Schwefelblei, mit verdünnnter Schwefelsäure einen weissen Niederschlag von schwefelsaurem Blei endlich mit chromsaurem Kalium einen gelben Niederschlag von chromsaurem Blei (siehe Reactionen des Bleis, Seite 182). 2. Der Rest des Rückstandes *H* wird mit trockenem kohlensaurem Natrium und Cyankalium innig gemischt, die Mischung v o r s i c h t i g über einem kleinen Flämmchen gut getrocknet[1]) und dann in einem Kölbchen (siehe Fig. 1, Seite 3) erhitzt; es entsteht, wenn Quecksilber vorhanden ist, im Halse des Kölbchens ein grauer, aus kleinen Quecksilbertröpfchen bestehender Beschlag. Einen Theil dieser Tröpfchen kann man in ein Röhrchen einschmelzen und dem Gerichte vorlegen, den Rest löst man in einigen Tropfen Königswasser, verdampft die Lösung auf dem Wasserbade, löst den Rückstand in wenig Wasser und prüft mit Schwefelwasserstoff, Kalilauge, Jodkalium und Zinnchlorür, wie dies auf Seite 178 angegeben ist.

*Prüfung auf Blei.* Die Lösung *J* wird mit verdünnter Schwefelsäure auf Blei geprüft; entsteht durch dieselbe ein weisser

---

[1]) Ist diese Mischung nicht sehr trocken, so scheidet sich im Halse des Kölbchens Wasser ab, welches die Bildung grösserer, leicht sichtbarer Quecksilbertropfen hindert. Da das Schwefelquecksilber flüchtig ist, darf man aber die Mischung nicht zu stark erhitzen.

Niederschlag, so gibt man eine zur vollständigen Ausfällung des Bleis ausreichende Menge verdünnter Schwefelsäure zu, lässt einige Stunden ruhig stehen, filtrirt von dem abgeschiedenen schwefelsauren Blei ab, wäscht es auf dem Filter mit Wasser und prüft nach den soeben erörterten Reactionen.[1]) Das von dem schwefelsauren Blei abfliessende Filtrat sammt den Waschwässern, oder wenn Schwefelsäure keinen Niederschlag hervorbrachte, die Lösung ***J*** versetzt man mit Ammoniak im Ueberschusse; da können drei Fälle eintreten: die Flüssigkeit wird dunkelblau und bleibt klar, dann ist nur Kupfer zugegen; oder es entsteht ein weisser Niederschlag und die Flüssigkeit bleibt farblos, dann ist nur Wismuth vorhanden; oder die Flüssigkeit wird dunkelblau und es entsteht zugleich ein weisser Niederschlag; dann sind Kupfer und Wismuth vorhanden.

*Prüfung auf Kupfer.* Die durch Ammoniak blau gewordene Lösung wird, wenn sie einen Niederschlag enthält, filtrirt, das klare Filtrat wird mit Salzsäure angesäuert und dann einerseits mit gelbem Blutlaugensalz, andererseits mit einem blanken Eisendraht geprüft; gelbes Blutlaugensalz erzeugt in der Kupferlösung einen rothbraunen Niederschlag; der Eisendraht überzieht sich bald mit einem rothen Ueberzug von metallischem Kupfer, welcher beim Reiben mit einem Baumwollbäuschchen den Glanz des Kupfers annimmt. Eine so verkupferte Stricknadel kann man dem Gerichte vorlegen.

*Prüfung auf Wismuth.* Der durch Ammoniak entstandene Niederschlag von Wismuthhydroxyd wird zunächst auf dem Filter mit Wasser gut gewaschen. Einen Theil des gewaschenen Niederschlages löst man auf einem Uhrglase in wenigen Tropfen verdünnter Salpetersäure und prüft wie folgt: Man setzt zu einer Probe der Lösung etwas Chlornatrium und verdünnt dann mit Wasser, wodurch ein weisser Niederschlag von Wismuthoxychlorid entsteht. Eine zweite Probe wird mit Zinnchlorür und viel Kalilauge versetzt; das Zinnchlorür bewirkt eine weisse Fällung, sobald aber die Kalilauge hinzukommt, entsteht ein schwarzer Niederschlag. Der Rest des Wismuthhydroxydes kann auf dem Kohlenstäbchen oder vor der Löthrohrflamme zu Metall reducirt werden und die erhaltenen Metallkügelchen können dem Gerichte vorgelegt werden.

*Quantitative Bestimmung der Metalle: Quecksilber, Blei, Kupfer und Wismuth.* Zu dieser Bestimmung wird die reservirte Hälfte der Lösung ***G*** verwendet. Es soll nur der Fall berücksichtigt werden, dass ein einziges Metall der ersten Gruppe zu bestimmen ist.

[1]) Man kann das schwefelsaure Blei durch kohlensaures Ammon leicht in Bleicarbonat verwandeln, indem man den Trichter unten verstopft, das Filter mit einer concentrirten Lösung von kohlensaurem Ammon anfüllt und diese einige Stunden einwirken lässt. Das hierauf mit Wasser gut gewaschene Bleicarbonat kann in Salpetersäure gelöst und in dieser Lösung können die charakteristischen Bleireactionen angestellt werden.

*Quecksilber.* Das Quecksilber kann als Schwefelquecksilber oder als metallisches Quecksilber abgeschieden und gewogen werden. Im ersten Falle wird die verdünnte Lösung bis fast zum Sieden erhitzt und das Quecksilber durch genügend langes Einleiten von Schwefelwasserstoff als Schwefelquecksilber gefällt; der schwarze Niederschlag auf einem getrockneten und gewogenen Glaswollfilter gesammelt, mit Wasser gut gewaschen und bei 100° getrocknet. Nach dem Abkühlen wäscht man, um etwa beigemengten Schwefel zu entfernen, mit einigen Cubikcentimetern Schwefelkohlenstoff, verdrängt diesen durch Aether und trocknet bei 100° so lange, bis bei wiederholter Wägung keine Gewichtsabnahme mehr stattfindet. Für je 232 Gewichtstheile Schwefelquecksilber sind 200 Gewichtstheile Quecksilber zu rechnen.

Fig. 19.

Im zweiten Falle wird die verdünnte Lösung gelinde erwärmt und mit ungefähr 5 Grm. Zinkstaub versetzt, darauf wiederholt innig umgerührt, so dass der Zinkstaub mit allen Theilen der Flüssigkeit in Berührung kommt und alles Quecksilber ausfällt, welches sich als Zinkamalgam am Boden gemengt mit dem unveränderten Zinkstaub ansammelt. Dieser Niederschlag wird auf einem Trichter über einer dichten Lage von Asbest oder Glaswolle gesammelt, zuerst mit Wasser, dann mit Alkohol gewaschen, im Luftstrome getrocknet, dann ohne Verlust in ein Rohr von der Form, wie sie in Fig. 19 dargestellt ist, gebracht, um der Destillation unterworfen zu werden, durch welche das metallische Quecksilber abgeschieden wird. Die Beschickung dieses Destillationsrohres geschieht auf folgende Weise: Zuerst wird ein kleiner lockerer Asbestpfropf bis zu der Stelle eingeführt, wo das U-förmige Rohr beginnt, dann folgt eine Schichte von frisch ausgeglühtem gebrannten Kalk *d* in hanfkorngrossen Stücken, dann ein Asbestpfropf *A*, nach diesem eine Schichte von körnigem Kupferoxyd *c*, abermals ein Asbestpfropf *A*, dann der Zinkstaub *b*, welcher gegen das weite Ende des Rohres durch einen Asbestpfropf *A* abgegrenzt ist. Dieses so beschickte Rohr wird in einen Verbrennungsofen gelegt, so dass der U-förmige Theil herausragt und in einer Schale mit kaltem Wasser gekühlt werden kann. In die Mündung *a* kommt ein durchbohrter Kautschukstöpsel mit Glasrohr, durch welches aus einem Gasometer reine, trockene Luft zugeführt wird. Zuerst erhitzt man Kalk und Kupferoxyd und leitet vom Beginne an einen langsamen Luftstrom durch das Rohr; wenn Kalk und Kupferoxyd glühen, erhitzt man auch den Zinkstaub, jedoch nur mässig, nicht bis zum Glühen. Nach einstündigem Erhitzen ist alles Quecksilber in dem U-Rohre, neben ihm in der Regel auch einige Tropfen Wasser; diese letzteren entfernt man, indem man das U-Rohr absprengt, mit einer Saugpumpe verbindet und so lange Luft durchsaugt, bis das Wasser verschwunden ist. Dann wird das U-Rohr sammt dem Quecksilber gewogen, das Quecksilber entweder mit Königswasser gelöst und durch Ausspülen mit Wasser entfernt, oder durch Erhitzen und Luftdurchblasen vertrieben, das erkaltete, trockene Rohr wird dann wieder gewogen, die Differenz ergibt die Quecksilbermenge. Selbstverständlich kann man aus dem U-Rohr Quecksilber zur Vorlage an das Gericht gewinnen.

*Blei.* Das Blei wird als schwefelsaures Blei abgeschieden. Zu diesem Zwecke versetzt man die Lösung mit einem kleinen Ueberschusse von verdünnter Schwefelsäure, dampft auf dem Wasserbade auf ein kleines Volumen ab, lässt erkalten, setzt einige Tropfen Alkohol zu und bringt dann auf ein gewogenes Glaswollfilter, auf dem man den Niederschlag mit Wasser wäscht, dem man eine Spur Schwefelsäure und ein wenig Weingeist zugesetzt hat. Das Filter wird bei 100°—110° C. bis zum constanten Gewichte getrocknet. Je 303 Gewichtstheile schwefelsaures Blei entsprechen 207 Gewichtstheilen Blei ($PbSO_4 : Pb$).

*Kupfer.* Dasselbe wird als Oxyd gefällt. Man erhitzt die verdünnte Lösung im Becherglase zum Kochen und setzt reine Kalilauge oder Natronlauge bis zur deutlich alkalischen Reaction zu, worauf man den Niederschlag absetzen lässt, der durch Decantation mit heissem Wasser gewaschen und auf einem Papierfilter gesammelt wird. Das Filter sammt dem Niederschlage erhitzt man in einem gewogenen Porcellantiegel anfangs gelinde, später, wenn das Filter verkohlt ist, bei offenem Tiegel stärker und so lange, bis alle Kohle verbrannt ist. Da bei diesem Vorgange immer etwas Kupferoxyd reducirt wird, so giesst man nach dem Erkalten des Tiegels auf das Kupferoxyd 2 bis 3 Tropfen (ja nicht mehr!) concentrirte Salpetersäure, bedeckt denselben mit einem Uhrglase, damit nichts verspritzt, spült, wenn die Reaction der Salpetersäure beendet ist, also keine rothbraunen Dämpfe mehr entweichen, das Uhrglas mit einigen Tropfen Wasser ab in den Tiegel und trocknet den Tiegelinhalt vorsichtig bei gelinder Wärme ein. Nach vollständigem Eintrocknen steigert man ganz allmälig die Hitze, zuletzt glüht man einige Minuten. Nach dem Erkalten des Tiegels wird gewogen. Für 79 Gewichtstheile Kupferoxyd hat man 63 Gewichtstheile Kupfer zu rechnen ($CuO : Cu$).

*Wismuth.* Das Wismuth wird zweckmässig als basisches Chlorwismuth aus der Lösung abgeschieden, dann in der Hitze durch Cyankalium zu Metall reducirt und als solches gewogen. Die stark saure Lösung, welche viel freie Salzsäure enthält, stumpft man zu diesem Behufe mit Ammoniak soweit ab, dass sie nur eben noch deutlich sauer reagirt, dann verdünnt man mit viel destillirtem Wasser, wobei das Wismuthoxychlorid herausfällt. Nach dem Absetzen des Niederschlages giesst man eine Probe der klaren Flüssigkeit ab und verdünnt diese neuerdings stark mit destillirtem Wasser; sollte dadurch noch ein Niederschlag entstehen, so müsste die gesammte Flüssigkeit noch weiter mit Wasser verdünnt werden, und dies so lange, bis eine Probe der klaren Flüssigkeit auf Zusatz von Wasser sich nicht mehr trübt. Das Wismuthoxychlorid wird, nachdem sich dasselbe gut abgesetzt hat, auf einem Filter gesammelt, mit Wasser gewaschen und getrocknet, worauf man dasselbe aus dem Filter in einen Porcellantiegel bringt, während das Filter separat entweder in einem zweiten Tiegel oder auf dem Deckel des Tiegels bei möglichst niederer Temperatur eingeäschert wird. Die Asche vereinigt man sodann mit dem Wismuthoxychlorid, setzt Cyankalium (das 5- bis 6fache Gewicht der Wismuthverbindung) zu, erhitzt zum Schmelzen und erhält einige Zeit bei dieser Temperatur. Das Wismuth wird reducirt und scheidet sich in der Regel als eine einzige Metallkugel am Boden des Tiegels ab. Nach dem Erkalten übergiesst man mit Wasser, rührt um, bis sich Cyankalium und cyansaures Kalium gelöst haben, giesst dann ab, wäscht das Metall wiederholt durch Decantation mit Wasser, zuletzt mit Alkohol, trocknet dasselbe und wiegt es. Das so gewonnene metallische Wismuth kann man dem Gerichte vorlegen.

*Prüfung auf Arsen, Antimon und Zinn.* Die Flüssigkeit ***F*** enthält die Metalle der II. Gruppe, wenn solche in dem Untersuchungsobjecte vorkommen, sie enthält ausserdem immer organische Substanzen und Schwefel, welche auch von Schwefelammonium gelöst werden. Diese Flüssigkeit wird in einer Porcellanschale auf dem Wasserbade zur Trockene abgedampft und der Abdampfrückstand nach dem Erkalten mit concentrirter Salpetersäure versetzt, die man tropfenweise zusetzt, bis die Masse dünnflüssig geworden ist. Wenn bei gewöhnlicher Temperatur die Reaction aufgehört hat, so erwärmt man die mit einem Uhrglase bedeckte Schale auf dem Wasserbade, bis keine rothbraunen Dämpfe mehr entweichen, dann nimmt man das Uhrglas weg, spült dasselbe in die Schale hinein ab, verdampft die Flüssigkeit bis auf einen geringen Rest, verdünnt dann mit etwas Wasser und setzt in kleinen Portionen kohlensaures Natrium zu, bis dasselbe im Ueberschusse vorhanden ist, also bis die Flüssigkeit deutlich alkalisch reagirt und auf neuen Zusatz nicht mehr braust. Hierauf verdampft man auf dem Wasserbade zur Trockne, mischt dem trockenen Rückstande noch etwas trockenes kohlensaures Natrium und salpetersaures Natrium[1]) zu und trägt die Mischung

[1]) Die Mengen von kohlensaurem und salpetersaurem Natrium, welche man anzuwenden hat, richten sich selbstverständlich nach der Quantität der zu oxydirenden Substanz. Im Allgemeinen soll man einen zu grossen Ueberschuss von Soda und Salpeter vermeiden, weil derselbe die weitere Arbeit erschwert; sollte

in kleinen Portionen nach und nach in einen Porcellantiegel ein, in welchem einige Gramme Natronsalpeter über der Flamme zum Schmelzen gebracht sind. Erst wenn die Reaction beendet ist, soll wieder eine neue Portion in die geschmolzene Masse eingetragen werden. Zum Schlusse wird so lange erhitzt, bis die Schmelze farblos geworden ist. Diese Schmelzoperation kann auch direct in der Schale, in der die Masse zur Trockne gebracht wurde, vorgenommen werden, man bedient sich in diesem Falle zum Erhitzen zweckmässig eines Gasofens. Die farblose Schmelze lässt man in der Schale erkalten; oder wenn man im Tiegel geschmolzen hat, giesst man sie in eine vorgewärmte Porcellanschale aus.

Durch die Behandlung mit Salpetersäure und das darauf folgende Schmelzen mit Soda und Natronsalpeter ist die organische Substanz vollständig zerstört, der Schwefel in Schwefelsäure, resp. schwefelsaures Natrium, das Arsen in arsensaures Natrium, das Antimon in antimonsaures Natrium und das Zinn in Zinnoxyd verwandelt worden; ausser diesen Verbindungen enthält die Schmelze noch den Ueberschuss des kohlensauren und des salpetersauren Natriums, ferner salpetrigsaures Natrium, welches aus dem Salpeter entstanden ist. Das arsensaure Natrium ist im Wasser löslich, das antimonsaure Natrium und Zinnoxyd unlöslich; es ist daher durch Behandlung der Schmelze mit Wasser eine Trennung des Arsens von Antimon und Zinn zu erzielen.

Man übergiesst die erkaltete Schmelze mit destillirtem Wasser und lässt unter zeitweiligem Umrühren längere Zeit einwirken; löst sich die Schmelze darin ganz auf, so ist Antimon in derselben gar nicht und Zinn höchstens in sehr geringer Menge enthalten.[1]) Da bei lange andauerndem Schmelzen etwas zinnsaures Natrium entstanden sein kann, welches in Lösung geht, so wird die Flüssigkeit sammt dem etwa gebliebenen unlöslichen Rückstande in ein Becherglas gespült und Kohlensäure eingeleitet, welche das Zinnoxyd abscheidet. Ist die Flüssigkeit nicht klar, enthält sie einen Niederschlag, so bringt man sie auf ein Filter; das Filtrat ***K*** wird auf Arsen geprüft, der Niederschlag ***L*** auf Antimon und Zinn. Diesen Niederschlag hat man zuerst mit kaltem destillirten Wasser, und dann (weil das antimonsaure Natrium in

---

die zugesetzte Salpetermenge zu gering sein, so bleibt die Schmelze braun oder schwarz von Kohlentheilchen; in diesem Falle ist durch weiteren Zusatz von Salpeter leicht abgeholfen.

[1]) Eine absolut klare Lösung der Schmelze erhält man wohl niemals; es scheiden sich, auch wenn Zinn und Antimon absolut fehlen, durchscheinende Flöckchen ab, die sich nur langsam absetzen; diese Flöckchen rühren von der Glasur des Porcellantiegels her, welche beim Schmelzen mit Soda und Salpeter angegriffen wird. Der Geübte kann die Flöckchen leicht und sicher von dem Zinnoxyd und vom antimonsauren Natrium unterscheiden, welche beiden weiss, undurchsichtig und schwer sind; ist Jemand nur im leisesten Zweifel, so darf er diese Flöckchen nicht vernachlässigen, er muss sie auf Zinn und Antimon prüfen.

reinem Wasser doch etwas löslich, dagegen in verdünntem Weingeist unlöslich ist) mit Wasser, dem man ein wenig Weingeist zugesetzt hat, auszuwaschen. Die Waschwässer werden auf dem Wasserbade so lange eingedampft, bis sie nicht mehr nach Weingeist riechen, und hierauf mit dem Filtrate ***K*** vereinigt.

*Nachweis des Arsens.* Das Arsen wird bei gerichtlichen Untersuchungen schliesslich immer als metallisches Arsen abgeschieden, und dies geschieht am besten nach der Methode von Marsh-Berzelius.[1]) Dieselbe beruht darauf, dass die Sauerstoffverbindungen des Arsens durch nascirenden Wasserstoff in Arsenwasserstoff umgewandelt werden, der beim Erhitzen in Arsen und Wasserstoff zerfällt.

Die Flüssigkeit ***K***, welche das Arsen als arsensaures Natrium enthält, verdünnt man in einem Messkolben mit Wasser auf 100 oder 200 Ccm., schüttelt gut um und misst genau die Hälfte ab, welche für die quantitative Bestimmung reservirt wird. In der zweiten Hälfte, welche zum qualitativen Nachweis dient, wird vor Allem das kohlensaure, salpetrigsaure und salpetersaure Natrium (weil sie die Reaction im Marsh'schen Apparate stören würden) in schwefelsaures Natrium übergeführt, indem man in kleinen Portionen verdünnte Schwefelsäure zusetzt, bis kein Aufbrausen mehr erfolgt, dann noch einen grossen Ueberschuss von Schwefelsäure zugibt und hierauf zuerst auf dem Wasserbade, dann über freiem Feuer abdampft, und zwar so lange, bis man dicke weisse Dämpfe von Schwefelsäure entweichen sieht.[2]) Sobald diese Erscheinung eintritt, unterbricht man das Erhitzen, lässt erkalten und löst den Rückstand dann in kaltem destillirten Wasser; diese Lösung ist für die Prüfung im Marsh'schen Apparate geeignet.

Eine recht zweckmässige und vielfach gebrauchte Anordnung des Marsh'schen Apparates ist aus der Fig. 20 ersichtlich. *A* ist eine sogenannte Erlenmeyer'sche Kochflasche von entsprechendem Fassungsraume[3]), welche mit einem doppelt durchbohrten Pfropf[4]) verschlossen ist; die eine Bohrung dient einem Trichter-

---

[1]) Marsh hat zuerst den Vorschlag gemacht, das Arsen in Arsenwasserstoff überzuführen und durch Glühen dieses Gases das Arsen abzuscheiden; Berzelius hat die Methode so gestaltet, wie sie noch heute in Anwendung ist.

[2]) Das Entweichen der sehr leicht kenntlichen dichten Schwefelsäuredämpfe ist ein Beweis, dass alle Salpetersäure ausgetrieben ist. Sollten diese Schwefelsäuredämpfe nicht auftreten, so müsste man erkalten lassen, concentrirte Schwefelsäure zusetzen und nun neuerdings über freiem Feuer bis zum Auftreten der Schwefelsäuredämpfe erhitzen.

[3]) Die Grösse dieser Flasche muss sich nach der Menge der zu prüfenden Lösung richten; im Allgemeinen sind allzu grosse Gefässe zu vermeiden, gewöhnlich werden Flaschen von 200 bis zu 500 Ccm. verwendet.

[4]) Man kann einen weichen Kork oder auch einen Kautschukpfropf anwenden; in letzterem Falle muss aber der Pfropf vor der Verwendung mehrere Stunden lang mit einer concentrirten Sodalösung bei gelinder Wärme digerirt und dann anhaltend mit Wasser gewaschen werden, um ihm etwa anhaftende Spuren von Arsenverbindungen zu entziehen.

rohr, die andere einem gebogenen Rohre *B*, dessen weiterer Theil locker mit gereinigter Baumwolle angefüllt ist. Das weite Ende der Röhre *B* enthält einen durchbohrten Pfropf, in dem eine aus schwer schmelzbarem böhmischen Kaliglas gefertigte Röhre steckt, welche an den in der Zeichnung mit *a* bezeichneten Stellen etwas verengt und am Ende rechtwinklig gebogen ist; diese Röhre, in welcher das aus *A* kommende Gas geglüht werden soll und die wir deshalb Glühröhre nennen wollen, hat einen inneren Durchmesser von ungefähr 6 bis 8 Mm. und eine Wandstärke von circa

Fig. 20.

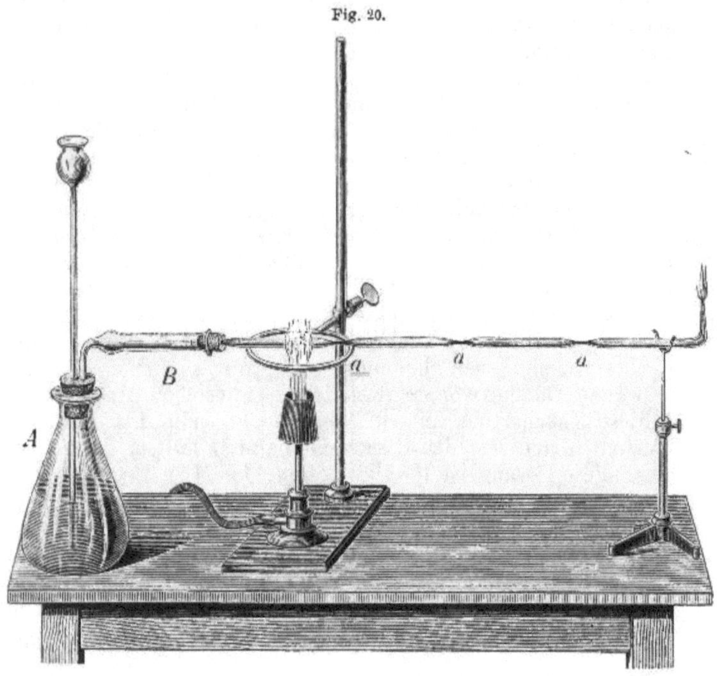


2 Mm., sie kann entweder an einer oder auch zugleich an mehreren Stellen durch Bunsen'sche Brenner oder durch Weingeistlampen erhitzt werden und sie ist durch den Ring eines Statives und durch eine Gabel gestützt, damit sie sich nicht verbiegt, wenn sie durch das andauernde Erhitzen weich wird.

Bevor man die aus dem Untersuchungsobjecte dargestellte Flüssigkeit in diesem Apparate auf Arsen prüft, muss man sich überzeugen, dass der Apparat in Ordnung ist und dass die zur Prüfung zu verwendenden Reagentien vollkommen frei von Arsen sind. Zu diesem Zwecke bringt man in die Flasche *A* reines Zink in Stangenform oder granulirt, füllt die Flasche bis zu einem Viertel mit destillirtem Wasser und giesst dann so viel verdünnte[1]) Schwefelsäure nach, dass eine mässige, keineswegs stürmische Gasentwicklung[2]) erfolgt. Wenn die einzelnen Theile des Apparates dicht mit einander verbunden sind, so muss, wenn die Gasentwicklung begonnen hat und man die Oeffnung der Glühröhre mit dem Finger schliesst, die Flüssigkeit im Trichterrohre sofort steigen und, sobald man den Finger entfernt, wieder sinken.

Wenn die Gasentwicklung so lange gedauert hat, dass alle atmosphärische Luft aus dem Apparate verdrängt ist, so zündet man das aus der Glühröhre entweichende Wasserstoffgas an, und es kann nun die Prüfung des in *A* entwickelten Gases beginnen. Man hüte sich, das Gas anzuzünden, so lange noch merkliche Luftmengen in dem Apparate enthalten sind, weil durch die Verbrennung des auf Luft und Wasserstoff bestehenden Knallgases der Apparat zertrümmert werden kann. Die Prüfung des Gases auf Arsenwasserstoff geschieht einfach dadurch, dass man dasselbe glüht. Das in der Flasche *A* entwickelte Wasserstoffgas nimmt seinen Weg durch das weite Rohr *B*, gibt da an die Baumwolle die mitgerissenen feinen Flüssigkeitströpfchen vollständig ab, gelangt in die Glühröhre und wird da durch eine untergestellte Flamme (siehe Fig. 20) geglüht, welche man vor einer verengten Stelle *a* anbringt. Enthalten Zink und Schwefelsäure Arsen, so entsteht Arsenwasserstoff, welcher in der Glühhitze zerlegt wird und dadurch zur Bildung eines Arsenspiegels Veranlassung gibt, der sich in der verengten Stelle *a* ablagert. Diese Prüfung soll bei mässiger Gasentwicklung eine volle Stunde dauern, so oft die Entwicklung sich bedeutend verlangsamt, giesst man verdünnte Schwefelsäure in das Entwicklungsgefäss. Wenn Zink und Schwefelsäure arsenfrei sind, so erscheint selbst nach einstündigem Glühen in der verengten Stelle *a* nicht ein Hauch des Metallspiegels, wenn man diese Stelle gegen weisses Papier betrachtet.[3])

Wenn nach dieser Prüfung der Apparat in Ordnung und der entwickelte Wasserstoff arsenfrei befunden ist, so kann die Unter-

---

[1]) Die Schwefelsäure wird durch Verdünnen von 1 Gewichtstheil concentrirter Säure mit 3 bis 4 Gewichtstheilen Wasser bereitet: sie muss vor der Anwendung vollständig erkaltet sein. Man hüte sich, durch das Trichterrohr concentrirte Schwefelsäure nachzugiessen, denn diese veranlasst Entwicklung von Schwefelwasserstoff, welcher den ganzen Process stört.

[2]) Wenn man reines, von fremden Metallen freies Zink anwendet, so geht die Wasserstoffentwicklung ungemein träge vor sich; in diesem Falle giesst man einen Tropfen verdünnter Platinchloridlösung, den man noch mit 1 bis 2 Ccm. Wasser vermischt hat, nach, worauf die Gasentwicklung sofort lebhaft wird.

[3]) Arsenwasserstoff wird in der Glühhitze zerlegt in Wasserstoffgas und Arsendampf; letzterer wird von dem Gasstrome fortgeführt und lagert sich in einiger Entfernung von der Glühstelle an den kalt gebliebenen Theilen der Röhre als Metallspiegel ab; bei der in der Fig. 20 dargestellten Anordnung an den Stellen *a*. Durch die Einwirkung der Flamme werden manche Glassorten **direct an der Glühstelle** so verändert, dass die Röhren dann ein gelbbraunes Aussehen bekommen, das mit Arsen gar nichts zu thun hat. Der Geübte wird durch ein solches Vorkommen nicht beirrt werden, der minder Erfahrene muss darauf aufmerksam gemacht werden.

suchung der Flüssigkeit vorgenommen werden. Ist der Apparat nicht mehr als zur Hälfte angefüllt, so kann man ihn direct weiter benützen; sollte er aber durch die wiederholt nachgegossenen Portionen der Schwefelsäure schon über die Hälfte angefüllt sein, so giesst man die Flüssigkeit von dem Zink ab, giesst neuerdings Wasser und verdünnte Schwefelsäure auf, zündet, nachdem wieder alle Luft vertrieben ist, das entweichende Gas an und erhitzt die Glühröhre durch einen Brenner in der Nähe einer verengten Stelle; dann giesst man zunächst nur einige Tropfen von der zu prüfenden Flüssigkeit in die Trichterröhre und beobachtet den Vorgang in der Entwicklungsflasche einerseits, die Glühröhre neben der erhitzten Stelle andererseits. Wenn Arsen in irgend erheblicher Menge vorhanden ist, so tritt alsbald lebhaftere Gasentwicklung ein und nach wenigen Minuten zeigt sich neben der erhitzten Stelle in der Glühröhre ein Metallspiegel; in diesem Falle darf die arsenhaltige Flüssigkeit nur ganz allmälig und in sehr kleinen Portionen weiter eingetragen werden, weil sonst in Folge zu stürmischer Gasentwicklung die Flüssigkeit leicht überschäumen und dadurch den ganzen Versuch verderben könnte. Da man für die weiterhin noch vorzunehmende Prüfung mehrere Spiegel braucht, so ist es zweckmässig, gleichzeitig an zwei Stellen zu glühen[1]), und wenn sich an einer Stelle ein deutlicher Spiegel gebildet hat, den Brenner von dort zu entfernen und an einer anderen Stelle der Röhre anzubringen. Wird durch das Glühen im Glührohre der Arsenwasserstoff nicht vollständig, sondern nur zum Theile zersetzt (und das geschieht immer, wenn die in den Marsh'schen Apparat eingetragene Flüssigkeit viel Arsen enthält), dann entweicht unzersetzter Arsenwasserstoff und man erhält dann beim Anzünden am Ende der Glühröhre eine bläulichweisse Flamme. Drückt man diese Flamme mit einem glasirten Porcellanplättchen oder mit einer kleinen glasirten Abdampfschale aus Porcellan nieder, so wird der Luftzutritt zu dem entweichenden Gas beschränkt. von dem Arsenwasserstoff verbrennt nur der Wasserstoff, während sich das Arsen als metallisch glänzender brauner Fleck auf der Porcellanglasur abscheidet. Solche Arsenflecken erhält man leicht und von grösserer Intensität, wenn man das arsenwasserstoffhaltige Gas in der Röhre nicht glüht, das aus der Glühröhre entweichende Gas anzündet und die Flamme mit einem glasirten Porcellanschälchen niederdrückt; ist das Gas reich an Arsenwasserstoff, so erscheinen die auf dem Porcellan entstehenden Arsenflecken nur an der Peripherie spiegelnd, in der Mitte sehen sie matt, wie berusst aus. Es ist recht zweckmässig, neben mehreren Spiegeln (mindestens 4) sich auch einige solche Arsenflecken für die weitere Prüfung herzustellen.

[1]) Die Glühröhre macht man so lang, dass sich in derselben 4 bis 6 Spiegel nebeneinander darstellen lassen, die weit genug auseinander sind, damit man nach dem Zerschneiden der Röhre jeden der Spiegel bequem untersuchen kann.

Hat man sich genug Arsenspiegel dargestellt, so prüft man noch die Reaction des Gases gegen salpetersaures Silber. Die Flammen unter der Glühröhre werden verlöscht, man dreht die Röhre *B* so um, dass die Mündung des umgebogenen Theiles nach abwärts gekehrt ist und taucht diese in ein Bechergläschen, das eine verdünnte Lösung von salpetersauren Silber enthält. Der Arsenwasserstoff wird durch salpetersaures Silber zersetzt[1]; es scheidet sich metallisches Silber als schwarzgrauer Niederschlag aus, arsenige Säure geht in Lösung; die letztere kann in dem vom ausgeschiedenen Silber getrennten klaren Filtrate durch vorsichtigen Zusatz von Ammoniak bis zur Neutralisation am Auftreten des gelben Niederschlages von arsenigsaurem Silber erkannt werden. Ueberschuss von Ammoniak löst diesen Niederschlag auf.

Wenn in dem Untersuchungsobjecte nur Spuren von Arsen enthalten sind, oder wenn dieses ganz fehlt, so wird nach dem Eintragen der zu prüfenden Flüssigkeit in den Marsh'schen Apparat die Gasentwicklung nicht besonders lebhafter, und es ist nach einigen Minuten noch kein Spiegel hinter der Glühstelle wahrzunehmen. Auch in diesem Falle trägt man die Flüssigkeit nicht auf einmal ein, sondern nach und nach in mehreren Portionen und setzt das Glühen ungefähr 1 Stunde lang fort, indem man von Zeit zu Zeit die Röhre neben den Glühstellen genau betrachtet[2]) und, wenn die Gasentwicklung zu schwach geworden ist, dieselbe dadurch verstärkt, dass man verdünnte Schwefelsäure durch das Trichterrohr nachgiesst. Zeigt sich nach längerem Glühen doch ein schwacher Spiegel, so sucht man sich durch Glühen an verschiedenen Stellen der Röhre mehrere Spiegel herzustellen; die Darstellung von Arsenflecken in Schälchen, sowie die Reaction des Gases gegen salpetersaures Silber ist in solchen Fällen wegzulassen, um alles vorhandene Arsen in den Spiegeln zu concentriren. Ist nach einstündigem Glühen kein Spiegel entstanden, so kann man die Operation unterbrechen, es ist dann Arsen in dem Untersuchungsobjecte nicht enthalten.

Die mit dem Marsh'schen Apparate erhaltenen Metallspiegel und Metallflecken sind noch einigen charakteristischen Reactionen zu unterziehen, durch welche sie mit vollster Sicherheit als Arsenspiegel bestimmt werden.[3])

---

[1]) Die Zersetzung geht nach folgender Gleichung vor sich:

$$2\,AsH_3 + 12\,AgNO_3 + 3\,H_2O = As_2O_3 + 12\,HNO_3 + 12\,Ag.$$

Es entstehen demnach Arsenigsäureanhydrid, Silber und freie Salpetersäure, welche letztere sich mit Lakmuspapier nachweisen lässt; vor der Einwirkung des Arsenwasserstoffes reagirt die Silberlösung neutral.

[2]) Am besten entdeckt man selbst den leisesten Hauch eines Arsenspiegels in der Glühröhre, wenn man die Lampe von der Röhre entfernt, hinter die Glühstelle und deren Nachbarschaft ein weisses Papier hält und nun die Röhre bei guter Beleuchtung betrachtet.

[3]) Diese Prüfung muss schon deshalb geschehen, weil die Antimonverbindungen im Marsh'schen Apparate auch Metallspiegel liefern, deren Aeusseres jenem der Arsenspiegel ähnlich ist. Wenn man genau so vorgeht, wie dies be-

Die Arsenspiegel zeigen folgendes Verhalten:

1. In sehr dünner Schichte sind sie braun und durchscheinend, in dickeren Schichten braunschwarz, undurchsichtig, lebhaft glänzend; sie sind leicht flüchtig und lassen sich daher durch Erhitzen leicht von einer Stelle zur andern treiben; sind die Spiegel dünn, dann wird, wenn die Röhre an beiden Enden offen ist, durch die zutretende Luft das Arsen beim Erhitzen bald oxydirt und man erhält nach 2- bis 3maligem Verdampfen des Spiegels ein weisses Sublimat von Arsenigsäureanhydrid. — Die Antimonspiegel sind dunkelgrau, fast schwarz, lebhaft glänzend, schwer flüchtig.

2. Da das Arsen ziemlich leicht flüchtig ist, so wird es bei der Zersetzung des Arsenwasserstoffes im Glührohre als Dampf von dem Gasstrome eine kleine Strecke fortgeführt und lagert sich neben der Glühstelle (in der Richtung des Gasstromes) ab. Der Antimonwasserstoff ist viel leichter zersetzlich als der Arsenwasserstoff, deshalb scheidet sich das Antimon zu beiden Seiten der geglühten Stelle ab.

3. Wenn ein Arsenspiegel durch Erhitzen verdampft wird, so verbreiten die Dämpfe einen intensiven, charakteristischen, an Knoblauch erinnernden Geruch (arsenikalischen Geruch); beim Verdampfen des Antimonspiegels ist kein Geruch wahrzunehmen. Man prüft am besten so, dass man das Glührohr knapp neben dem Spiegel abschneidet, die den Spiegel enthaltende Stelle über der Lampe erhitzt und dann noch heiss zur Nase führt. Diese Geruchserscheinung ist ausserordentlich empfindlich.

4. Der Arsenspiegel löst sich in einer Auflösung von unterchlorigsaurem Natrium leicht auf, während der Antimonspiegel in dieser Flüssigkeit unlöslich ist. Man prüft die Löslichkeit entweder an einem auf Porcellan befindlichen Flecken, indem man denselben mit der Auflösung des unterchlorigsauren Natriums betupft oder indem man den in der Röhre befindlichen Spiegel in eine mit dieser Lösung gefüllte Eprouvette taucht.

5. Schwefelwasserstoff verwandelt in der Wärme den Arsenspiegel in Schwefelarsen, welches hellgelb ist und durch Chlorwasserstoffgas bei gewöhnlicher Temperatur nicht angegriffen wird. Antimon geht durch die Behandlung mit Schwefelwasserstoff in der Wärme in rothgelbes Schwefelantimon über, das schon bei gewöhnlicher Temperatur durch Chlorwasserstoffgas zum Verschwinden gebracht wird, indem Schwefelwasserstoff und Chlorantimon entstehen. Diese Reactionen führt man in folgender Weise aus: Das den Spiegel enthaltende Röhrenstück wird durch

---

schrieben wurde, so ist wohl eine Verwechslung des Antimons mit dem Arsen von vornherein ausgeschlossen, weil nach der Oxydation mit schmelzendem Natronsalpeter das Antimon als unlösliches antimonsaures Natrium zurückbleibt und nur die wässerige Lösung zur Prüfung im Marsh'schen Apparate gelangt. Nichtsdestoweniger muss die Prüfung der erhaltenen Arsenspiegel in allen Fällen ausgeführt werden.

ein Kautschukrohr mit einem continuirlichen Schwefelwasserstoffapparate verbunden und durch einen langsamen Strom von Schwefelwasserstoff die Luft verdrängt, hierauf verschliesst man das offene Ende des Rohres mit einem kleinen Kork oder durch Aufpressen des Zeigefingers[1]), hält die Stelle, an der sich der Spiegel befindet, über eine kleine Flamme und dreht langsam herum, so dass alle Stellen des Spiegels erwärmt werden. Man wählt zweckmässig für diesen Versuch einen recht dünnen Metallspiegel aus, derselbe ist in 1—2 Minuten in das Sulfid umgewandelt; ist dies geschehen, so lässt man erkalten und behandelt nun das Sulfid mit Chlorwasserstoffgas; zu diesem Zwecke bringt man in eine Eprouvette einige Stücke Steinsalz[2]), giesst auf dasselbe wenige Cubikcentimeter concentrirter Schwefelsäure, setzt dann auf die Mündung einen Kork mit rechtwinklig gebogenem Glasrohr und verbindet dieses durch eine Kautschukröhre mit dem das Sulfid enthaltenden Rohre, so dass nunmehr durch das letztere Chlorwasserstoff streichen kann.

Einen Arsenspiegel pflegt man dem Gerichte vorzulegen.

*Quantitative Bestimmung des Arsens.* Ist die Anwesenheit des Arsens nachgewiesen und hat sich überdies durch das Auftreten intensiver Arsenspiegel gezeigt, dass die Menge des Arsens für eine quantitative Bestimmung genügend ist, so geht man an die quantitative Bestimmung; sollten sich jedoch nur Spuren von Arsen gezeigt haben, so ist von einer quantitativen Bestimmung abzusehen und der für dieselbe reservirte Theil der Lösung ***K*** auch zur Herstellung von Arsenspiegeln zu verwenden.

Zur quantitativen Bestimmung des Arsens bei gerichtlichen Untersuchungen sind zwei Methoden im Gebrauche, welche beide, wenn die Arsenmenge nicht allzu gering ist, gute Resultate liefern, nach der einen Methode (α) wird das Arsen als dreifach Schwefelarsen, nach der anderen (β) als arsensaures Ammonium-Magnesium gewogen.

α) Die Lösung wird in einem bedeckten Glase mit Salzsäure versetzt, bis sie nicht mehr braust und stark saure Reaction eingetreten ist, dann wird erwärmt, um Kohlensäure und salpetrige Säure auszutreiben, hierauf verdünnt. In die noch warme Flüssigkeit leitet man langsam Schwefelwasserstoff ein, bis dieselbe erkaltet und mit Schwefelwasserstoff vollständig gesättigt ist. Der Schwefelwasserstoff reducirt allmälig die Arsensäure zu arseniger Säure und es scheidet sich ein Gemenge von dreifach Schwefelarsen und Schwefel ab (siehe Seite 196). Nach zwölfstündigem

[1]) Wenn man das Erhitzen des Spiegels bei offener Röhre vornimmt, während man Schwefelwasserstoff durchleitet, so geht viel Schwefelarsen verloren, selbst wenn der Gasstrom sehr langsam ist; das Schwefelarsen ist leicht flüchtig und wird eben von dem Schwefelwasserstoff, der die Röhre passirt, fortgerissen.

[2]) Gepulvertes Kochsalz eignet sich für den vorliegenden Zweck nicht, weil dasselbe beim Uebergiessen mit Schwefelsäure zu stark schäumt, es könnte leicht geschehen, dass die Masse überschäumt und in die Röhre gelangt, welche das Sulfid enthält, dadurch würde der Versuch unfehlbar verdorben werden.

Stehen leitet man nochmals Schwefelwasserstoff ein, erwärmt dann zur besseren Abscheidung des Niederschlages und bringt denselben auf ein getrocknetes und gewogenes Glaswollfilter, auf dem man ihn mit Wasser, dem man etwas Schwefelwasserstoffwasser zugesetzt hat, gut auswäscht. Das Filter sammt dem Inhalt wird bei 100° getrocknet und nach dem Abkühlen an der unteren engen Mündung entweder mittelst eines kleinen Korkes oder mittelst eines Kautschukröhrchens und Glasstöpsels verschlossen und der Inhalt des Filters mit reinem, frisch destillirtem Schwefelkohlenstoff bedeckt; nachdem man den Stöpsel des Filters aufgesetzt, lässt man etwa 10 Minuten lang stehen, während welcher Zeit sich der dem Arsentrisulfid beigemengte Schwefel vollkommen löst, hierauf öffnet man die untere Mündung, lässt den Schwefelkohlenstoff abfliessen, wäscht noch zweimal mit frischem Schwefelkohlenstoff, sodann zwei- bis dreimal mit Aether nach, um den Schwefelkohlenstoff zu verdrängen, trocknet dann das Filter bei 100° bis zum constanten Gewichte und wägt; für je 246 Gewichtstheile Schwefelarsen hat man 150 Gewichtstheile Arsen zu rechnen ($As_2S_3 : As_2$).

β) Wenn das Arsen als arsensaures Ammon-Magnesium bestimmt werden soll, so wird die Lösung durch Ansäuern mit Salzsäure und Erwärmen von Kohlensäure und salpetriger Säure befreit, nach dem Erkalten mit Ammoniak alkalisch gemacht, dann mit Magnesiamixtur und einem bedeutenden Ueberschusse von Ammoniak versetzt, worauf sie 24 Stunden lang ruhig stehen bleibt; der nach dieser Zeit abgeschiedene krystallinische Niederschlag wird auf einem getrockneten, gewogenen Glaswollfilter gesammelt, mit einer Mischung von 3 Vol. Wasser und 1 Vol. Ammoniakflüssigkeit ausgewaschen, bei 110° getrocknet und gewogen. Dem trockenen Niederschlag kommt die Zusammensetzung $AsO_4 MgNH_4$ zu und man hat demnach für je 181 Gewichtstheile desselben 75 Gewichtstheile Arsen zu rechnen ($AsO_4 Mg NH_4 : As$).

*Nachweis von Antimon und Zinn.* Der nach dem Behandeln der Schmelze mit Wasser erhaltene unlösliche Rückstand *L* (siehe Seite 228) wird, nachdem er mit Wasser und mit weingeisthaltigem Wasser gut gewaschen ist, sammt dem Filter in einem Porcellantiegel gebracht und dort anfangs gelinde, dann successive stärker erhitzt, bis das Filter vollkommen eingeäschert ist. Um das nun zurückgebliebene Zinnoxyd, resp. antimonsaure Natrium zu reduciren, bringt man in den Tiegel eine entsprechende Menge von Cyankalium, erhitzt zum Schmelzen und erhält durch einige Minuten im Schmelzen, worauf man erkalten lässt. Die reducirten Metalle Zinn und Antimon haben sich am Boden des Tiegels als Kügelchen abgeschieden, welche durch Behandeln mit Wasser getrennt werden können; deshalb wird nach dem Erkalten der Tiegel mit Wasser angefüllt und durch Umrühren mit einem Glasstabe die Lösung der Salzmasse beschleunigt. Ist die Lösung erfolgt, so giesst man die klare Flüssigkeit nach kurzem Absetzenlassen vom Bodensatze ab und wäscht den letzteren durch Decantation mit destillirtem Wasser gut aus, spült dann ein- bis zweimal mit etwas Alkohol ab, um das Trocknen zu erleichtern und wägt die Metallkügelchen auf einem tarirten Uhrglase oder in einem tarirten Tiegel. Einen kleinen Theil dieser Metallkügelchen kann man dem Gerichte vorlegen, den Rest verwendet man für Reactionen. Man bringt das reducirte Metall in ein kleines Kochfläschchen oder in ein Bechergläschen, giesst mässig verdünnte Salzsäure darauf und erwärmt auf dem Wasserbade; löst sich das Metall darin vollständig unter Gasentwicklung auf, so ist es Zinn und die Lösung enthält Zinnchlorür. Diese Lösung zeigt die auf Seite 205—208 angeführten Reactionen der Zinnoxydulsalze. Löst sich das Metall gar nicht oder nur unvollständig in Salzsäure auf, so ist die abgegossene Flüssigkeit auf Zinn zu prüfen, das unlöslich gebliebene Metall mit Wasser zu waschen und auf Antimon zu untersuchen. Man giesst auf das Metall etwas concentrirte Salzsäure, erwärmt und setzt einen Tropfen concentrirte Salpetersäure zu; alsbald tritt lebhafte Reaction ein und das Metall löst sich allmälig, wenn die Reaction aufgehört hat, setzt man wieder einen Tropfen Salpetersäure zu und wiederholt dies so oft, bis das Metall vollständig gelöst ist, darauf erwärmt man noch so lange, bis der Geruch nach freiem Chlor und nach Untersalpetersäure verschwunden ist und nun kann man mit der Lösung, welche das Antimon als Chlorid enthält, die auf Seite 199—205 angeführten Reactionen vornehmen. Von den im Marsh'schen Apparate hergestellten Antimonspiegeln, die auf ihr Verhalten beim Erhitzen, gegen unterchlorigsaures Natrium, ferner gegen Schwefelwasserstoff und Chlorwasserstoff zu prüfen sind, kann man dem Gerichte einen vorlegen.

*Nachweis von Baryum.* Die Flüssigkeit ***D***, welche als Filtrat (und Waschwasser) nach Abscheidung der durch Schwefelwasserstoff fällbaren Metalle erhalten wurde, ist noch auf Baryum, Chrom und Zink zu prüfen. Wenn diese Flüssigkeit durch die Waschwässer sehr verdünnt sein sollte, so wird sie vor der weiteren Verarbeitung auf dem Wasserbade concentrirt, hierauf versetzt man eine Probe derselben (welche, wenn sie nicht ganz klar sein sollte, zuvor filtrirt werden muss) mit verdünnter Schwefelsäure und lässt sie einige Stunden ruhig stehen; hat sich nach dieser Zeit kein Niederschlag abgeschieden, so enthält die Lösung keine Baryumverbindung und man kann sofort zur Prüfung auf Zink und Chrom übergehen; erzeugt dagegen verdünnte Schwefelsäure einen Niederschlag, so ist die gesammte Flüssigkeit ***D*** mit verdünnter Schwefelsäure auszufällen[1]), der Niederschlag ist durch

[1]) Vor der Fällung wird die Flüssigkeit bis zum Sieden erhitzt und erst dann wird die Schwefelsäure zugesetzt; aus der heissen Flüssigkeit scheidet sich das schwefelsaure Baryum nämlich viel grobkörniger ab und lässt sich in Folge dessen leichter filtriren. Die Filtration darf erst beginnen, nachdem der Niederschlag sich vollkommen abgesetzt hat, sonst geht dieser durch's Filter.

Decantation mit etwas Salzsäure und heissem Wasser zu waschen, auf einem Filter zu sammeln, nach dem Trocknen in einem gewogenen Tiegel zu glühen und zu wägen. Für je 233 Gewichtstheile des schwefelsauren Baryums hat man 137 Gewichtstheile Baryum zu rechnen ($BaSO_4 : Ba$). Mit dem schwefelsauren Baryum sind noch die charakteristischen Baryumreactionen vorzunehmen. Dazu wird derselbe mit dem doppelten Gewichte von kohlensaurem Natronkali[1]) gemengt und dieses Gemenge in einem Platintiegel vor der Glasbläserlampe oder in einer andern genügend heissen Flamme geschmolzen und so lange im Schmelzen erhalten, bis die Gasentwicklung aufgehört hat; die erkaltete Schmelze übergiesst man mit Wasser, bringt das sich abscheidende kohlensaure Baryum auf's Filter und wäscht es mit Wasser aus, bis das Filtrat keine Reaction mehr auf Schwefelsäure zeigt, dann löst man den Niederschlag in verdünnter Salzsäure auf und nimmt mit der nöthigenfalls filtrirten Lösung die auf Seite 214 bis 216 aufgezählten Reactionen vor.

*Nachweis des Chroms.* Die Flüssigkeit ***E***, oder wenn dieselbe eine Baryumverbindung enthielt, das nach Abscheidung des schwefelsauren Baryums resultirende Filtrat sammt den Waschwässern wird auf ein kleines Volumen verdampft und dann für die Prüfung auf Chrom und Zink in zwei gleiche Theile getheilt. Die für den Nachweis des Chroms bestimmte Hälfte wird in einer möglichst kleinen Porcellanschale auf dem Wasserbade verdampft, der Rückstand wird mit Kali- oder Natronlauge deutlich alkalisch gemacht, wieder eingetrocknet und nun entweder in derselben Schale oder in einem geräumigen Porcellantiegel einer allmälig zur Gluth gesteigerten Hitze so lange ausgesetzt, bis alle organische Substanz verbrannt ist. Der Glührückstand wird mit Natronsalpeter in kleinen Portionen versetzt und weiter erhitzt, bis der Salpeter geschmolzen ist und noch unverbrannte Kohle, sowie das vorhandene Chromoxyd vollständig oxydirt hat, also bis die Masse ruhig fliesst; die erkaltete Masse übergiesst man mit Wasser. Ist Chrom zugegen, so hat sich chromsaures Salz gebildet und die Schmelze, sowie deren wässerige Lösung sind dann deutlich citronengelb; die Lösung wird filtrirt, ein Theil des Filtrates mit Essigsäure schwach angesäuert und mit essigsaurem Blei versetzt, worauf bei Anwesenheit von Chromsäure ein gelber Niederschlag von chromsaurem Blei entsteht; ein anderer Theil des Filtrates wird mit verdünnter Schwefelsäure angesäuert und mit wässeriger schwefliger Säure versetzt; bei Gegenwart von Chromsäure entsteht schwefelsaures Chromoxyd, welches eine grüne Lösung gibt, welche die auf Seite 210—214 angeführten Reactionen des Chromoxyds zeigt. Sollte auch eine quantitative Bestimmung des Chroms erforderlich sein, so müsste man die wässerige Lösung

[1]) Kohlensaures Natronkali ist vorzuziehen, weil es leichter schmilzt; man reicht bei seiner Anwendung mit einem gewöhnlichen Brenner aus.

der Schmelze in zwei gleiche Theile theilen, eine Hälfte für den qualitativen Nachweis und die zweite Hälfte für die quantitative Bestimmung verwenden. Die letztere wird so ausgeführt, dass man nach dem Ansäuern mit Salzsäure durch schweflige Säure reducirt, die Flüssigkeit zum Kochen erhitzt, mit Ammoniak schwach übersättigt, den Ueberschuss des Ammoniaks durch Kochen vertreibt und das abgeschiedene Chromoxydhydrat durch Decantation mit heissem Wasser gut wäscht, worauf es auf einem Filter gesammelt und in einem gewogenen Platintiegel geglüht wird. Nach dem Glühen bleibt Chromoxyd ($Cr_2O_3$) zurück, dessen Menge durch Wägen bestimmt wird.

*Nachweis des Zinks.* Die dazu bestimmte Flüssigkeit wird mit Ammoniak alkalisch gemacht, dann mit Schwefelammonium versetzt, bis ein neuer Zusatz desselben keinen Niederschlag mehr erzeugt und hierauf mit Essigsäure angesäuert. Durch Ammoniak und Schwefelammonium werden gefällt: Schwefelzink, Schwefeleisen, die phosphorsauren Salze des Kalks und der Magnesia[1]), ferner, wenn nicht zu viel organische Substanz in der Lösung ist, auch Chromoxydhydrat. Der Zusatz von Essigsäure bringt die Phosphate und das Chromoxyd vollständig, das Schwefeleisen theilweise in Lösung, während das Schwefelzink ungelöst bleibt. Nach dem Zusatz der Essigsäure bleibt die Flüssigkeit ungefähr 12 Stunden stehen, damit sich der Niederschlag gut absetze, dann wird filtrirt und der Niederschlag auf dem Filter mit schwefelwasserstoffhaltigem Wasser ausgewaschen. Dieser Niederschlag, welcher alles vorhandene Zink als Schwefelzink und ausser diesem meistens etwas Schwefeleisen, sowie den von der Zersetzung des überschüssigen Schwefelammoniums herrührenden Schwefel enthält, wird in einem offenen Porcellantiegel bei Luftzutritt anfangs gelinde, später stark erhitzt, bis das Filter eingeäschert ist. Der Glührückstand enthält das Zink als Zinkoxyd und Schwefelzink, ferner etwas Eisenoxyd; um das Eisen abzuscheiden, löst man den erkalteten Glührückstand in Salzsäure, verdampft auf dem Wasserbade auf ein geringes Volumen, verdünnt dann mit Wasser, neutralisirt mit verdünnter Kalilauge oder Natronlauge bis zum Auftreten einer bleibenden schwachen Trübung (wobei, wenn nennenswerthe Mengen von Eisen vorhanden sind, die Flüssigkeit sich dunkel braunroth färbt), setzt eine concentrirte Lösung von essigsaurem Natrium zu und erhitzt bis zum Kochen. Nach dem Erkalten wird von dem ausgeschiedenen hellbraunen basischen Eisenacetat abfiltrirt und dieses mit Wasser und ein wenig essigsaurem Natrium gewaschen. Filtrat und Waschwasser theilt man, nachdem sie gut gemischt sind, in zwei gleiche Theile für den qualitativen und quantitativen Nachweis des Zinks. Qualitativ wird das Zink durch folgende Reactionen nachgewiesen: Schwefel-

[1]) Das Eisen und die Phosphate rühren von den Leichentheilen, Speiseresten etc. her.

wasserstoff erzeugt einen weissen Niederschlag von Schwefelzink, ebenso verhält sich Schwefelammonium. Aetzkali, Aetznatron, sowie Ammoniak fällen, wenn sie in geringer Menge zugesetzt werden, aus der Lösung weisses, voluminöses Zinkoxydhydrat, das im Ueberschusse dieser Fällungsmittel leicht löslich ist. Kohlensaures Natrium, sowie kohlensaures Kalium fällen basisch kohlensaures Zink als weissen Niederschlag. (Im Uebrigen siehe die Reactionen des Zinks auf Seite 209—210.)

Die für die quantitative Bestimmung des Zinks reservirte Lösung wird kochend heiss mit einem kleinen Ueberschusse von kohlensaurem Natrium gefällt, der Niederschlag wiederholt mit kochend heissem Wasser durch Decantation gewaschen, auf einem Filter gesammelt und nach dem Trocknen in einem gewogenen Porcellantiegel bei Luftzutritt erhitzt; dabei ist zu beachten, dass anfangs, so lange das Filter noch nicht eingeäschert ist, die Temperatur möglichst niedrig zu halten ist, um Verluste an Zink zu vermeiden, dass man aber nach dem Verbrennen des Filters heftig glühen kann; nach dem Glühen hat man reines Zinkoxyd im Tiegel; dasselbe wird nach dem Erkalten gewogen und kann dem Gerichte vorgelegt werden.

*Prüfung des unlöslichen Rückstandes **B**.* Der nach Behandlung des Untersuchungsobjectes mit Salzsäure und chlorsaurem Kalium bleibende unlösliche Rückstand **B** enthält, wenn Leichentheile, Speisereste oder dergleichen vorlagen, in der Regel Fett, Cellulose oder andere organische Substanzen, die nicht gelöst wurden; war eine Silberverbindung vorhanden, so ist das Silber vollständig als Chlorsilber in diesem Rückstande enthalten, ferner können in demselbem schwefelsaures Blei und schwefelsaures Baryum vorkommen, welche aus anderen Blei-, resp. Baryumverbindungen entstehen, indem sich bei der Oxydation der Eiweisskörper aus deren Schwefel Schwefelsäure bildet. Der Rückstand wird vor Allem in einem geräumigen Porcellantiegel bei Zutritt der Luft erhitzt, um alles Organische zu verbrennen; ist viel Fett vorhanden, so muss diese Operation vorsichtig geleitet werden, man darf nicht gar zu stark erhitzen, weil sonst in Folge der heftigen Gasentwicklung die Masse herumgeschleudert wird, ferner empfiehlt es sich, von fettreichen Rückständen nur kleine Portionen auf einmal in den Tiegel einzutragen und erst dann eine neue Portion folgen zu lassen, wenn die frühere schon verkohlt ist. Bleibt bei diesem Verbrennen des Rückstandes **B** nichts übrig, so hat derselbe kein Metall enthalten, bleibt aber ein Aschenrückstand, so setzt man kohlensaures Natronkali zu und schmilzt mit demselben, wodurch die Sulphate des Bleis und Baryums in die Carbonate und das Chlorsilber in metallisches Silber verwandelt werden. Die erkaltete Schmelze wird mit heissem Wasser durch Decantation ausgewaschen, bis das Waschwasser keine Schwefelsäure-, resp. Chlorreaction mehr gibt. Ist Silber zugegen, so wird man das reducirte Metall im Tiegel wahrnehmen, während die Carbonate des Bleis und Baryums weisse Niederschläge sind; man löst in mässig verdünnter Salpetersäure unter Erwärmen [1]) und dampft die Lösung auf dem Wasserbade zur Trockene ab, um die freie Salpetersäure zu vertreiben; der trockene Salzrückstand wird in Wasser gelöst, die Lösung, wenn nöthig, filtrirt und das klare Filtrat für die Reactionen auf Silber, Blei und Baryum verwendet; die Reactionen auf Blei und Baryum sind in diesem Abschnitte bereits erörtert worden, die Reactionen auf Silber finden sich Seite 177 und 178. Handelt es sich um die quantitative Bestimmung des Silbers, so kann dieselbe auf massanalytischem Wege vorgenommen werden oder man kann gewichtsanalytisch in folgender Weise vorgehen: Die verdünnte Lösung des salpetersauren Silbers wird mit etwas Salpetersäure angesäuert, zum Kochen erwärmt und dann mit Salzsäure gefällt, nach dem Absetzen wird filtrirt, der Niederschlag durch Decantiren mit heissem Wasser gewaschen, auf ein Filter gebracht, in dessen Spitze zusammengespült und dann in gelinder Wärme getrocknet. Den trockenen Niederschlag bringt man so vollständig als möglich vom Filter in einen gewogenen Porcellantiegel und erhitzt ihn dort, bis er geschmolzen ist, worauf man im Exsiccator erkalten lässt und wägt. Das Filter sammt den daran haftenden Partikelchen von Chlorsilber wird zusammengerollt und in der gewogenen Platindraht-Spirale verbrannt, wobei metallisches Silber zurückbleibt, das gewogen wird. Für 143·5 Gewichtstheile Chlorsilber sind 108 Gewichtstheile Silber in Rechnung zu bringen ($AgCl : Ag$).

### *Prüfung der Reagentien.*

Es ist schon (Seite 142 und 143) hervorgehoben worden, dass bei gerichtlichen Untersuchungen nur solche Reagentien verwendet werden dürfen, welche durch vorausgegangene Prüfung als rein, d. h. frei von denjenigen Substanzen befunden worden sind, die man in dem Untersuchungsobjecte nachweisen will. Das gilt besonders auch für jene Reagentien, welche bei den Untersuchungen auf giftige Metallverbindungen gebraucht werden. Die Prüfung der Reagentien muss mit der grössten Sorgfalt und mit den schärfsten Methoden durchgeführt werden, damit man auch noch die minimalsten Spuren der Verunreinigungen entdecken könne, denn bei Untersuchungen, welche bedeutende Quantitäten von Reagentien erfordern, könnte sich, wenn diese Reagentien auch nur Spuren von einem Metalle, z. B. Arsen, enthalten, dessen Menge doch zu einer beträchtlichen anhäufen.

Da die Untersuchung der Reagentien viel Zeit in Anspruch nimmt, so ist es für einen Chemiker, der öfter gerichtliche Untersuchungen vorzunehmen hat, gerathen, sich von den gebräuchlichsten Reagentien einen grösseren Vorrath anzulegen und diesen ein-

[1]) Ist Silber vorhanden, so entwickeln sich rothbraune Dämpfe, während kohlensaures Blei und kohlensaures Baryum nur Kohlensäure entwickeln.

für allemal zu prüfen. Man muss zu diesen Prüfungen ziemlich grosse Quantitäten der einzelnen Reagentien verwenden, jedenfalls nicht weniger, als eine Untersuchung gewöhnlich erfordert. Sind die Vorräthe einmal gründlich geprüft und werden dieselben gut verwahrt, so erspart man jede weitere Prüfung.

Die Prüfung auf Arsen geschieht durchwegs im Marsh'schen Apparate, die Prüfung auf die anderen giftigen Metalle in der sauren Lösung mit Schwefelwasserstoff und in der alkalischen mit Schwefelammonium, endlich in der sauren Lösung mit verdünnter Schwefelsäure.

*Zink und Schwefelsäure.* Die Grundlage für die Prüfung auf Arsen bilden Zink und Schwefelsäure, denn mit diesen beiden Substanzen wird der Marsh'sche Apparat beschickt, in welchem die Untersuchung aller anderen Reagentien stattfindet. Die Schwefelsäure wird vor dem Eintragen in den Apparat mit dem 3- bis 4fachen Volumen Wasser verdünnt und diese Mischung erst nach dem Erkalten verwendet. Wenn die beiden Reagentien vollkommen tadellos sind, so darf sich, nachdem man das aus ihnen entwickelte Gas eine volle Stunde in der Glühröhre geprüft hat, auch nicht der leiseste Anflug eines Metallspiegels zeigen. Auf andere giftige Metalle prüft man die stark verdünnte Schwefelsäure einerseits mit Schwefelwasserstoffwasser, anderseits nach dem Neutralisiren durch Ammoniak mit Schwefelammonium.

*Salzsäure.* Diese kann im verdünnten Zustande direct ohne weitere Vorbereitung im Marsh'schen Apparate geprüft werden. Die Untersuchung auf andere giftige Metalle geschieht in der stark verdünnten Säure mit Schwefelwasserstoff, dann in der mit Ammoniak neutralisirten Säure mit Schwefelammonium, endlich mit verdünnter Schwefelsäure auf Baryum.

*Chlorsaures Kalium.* Zur Prüfung im Marsh'schen Apparate wird dieses Reagens vorbereitet, indem man es durch reine Salzsäure zersetzt; es wird in einer Porcellanschale auf dem Wasserbade erwärmt und dann nach und nach so lange mit Salzsäure versetzt, bis sich kein Chlor mehr entwickelt; wenn alles freie Chlor vertrieben ist, wird die rückständige Masse in Wasser gelöst und die Lösung in den Apparat eingetragen. Die wässerige Lösung des Salzes kann direct mit Schwefelammonium auf Metalle der III. Gruppe, mit verdünnter Schwefelsäure auf Baryum, und nach dem Ansäuern durch verdünnte Salzsäure mit Schwefelwasserstoff auf Metalle der I. und II. Gruppe geprüft werden.

*Salpetersäure.* Von der zu prüfenden Säure werden 50 bis 100 Ccm. in einer Porcellanschale auf dem Wasserbade verdampft; die trockene Schale wird dann mit heissem destillirtem Wasser ausgespült, das die etwa vorhandenen Metallverbindungen löst. Die Untersuchung dieses Spülwassers im Marsh'schen Apparat, mit Schwefelwasserstoff, Schwefelammonium und verdünnter Schwefelsäure geschieht so, wie schon angegeben.

*Kohlensaures Natrium.* Dasselbe wird für den Marsh'schen Apparat durch Auflösen in Wasser und Neutralisiren mit reiner Schwefelsäure vorbereitet; zur Prüfung mit Schwefelammonium eignet sich die wässerige Lösung, zur Prüfung mit Schwefelwasserstoff wird diese Lösung vorher mit Salzsäure oder Schwefelsäure angesäuert.

*Salpetersaures Natrium.* Für die Probe im Marsh'schen Apparat wird das Salz in einer Porcellanschale mit concentrirter Schwefelsäure, die man im Ueberschusse zusetzt, über freiem Feuer so lange erwärmt, bis alle Salpetersäure ausgetrieben ist; hierauf wird die rückständige Masse in Wasser gelöst und geprüft. Zur Prüfung mit Schwefelwasserstoff, Schwefelammonium und verdünnter Schwefelsäure ist die wässerige Lösung direct brauchbar.

*Ammoniak.* 50 bis 100 Ccm. der zu prüfenden Ammoniakflüssigkeit werden in einer Porcellanschale auf dem Wasserbade verdampft, die Schale wird dann mit heissem Wasser und einigen Tropfen reiner Salzsäure ausgespült und die so erhaltene Flüssigkeit im Marsh'schen Apparate, mit Schwefelwasserstoff, ferner mit Ammoniak und Schwefelammonium geprüft.

*Schwefelammonium.* Dieses bereitet man durch Einleiten von reinem, gewaschenem Schwefelwasserstoffgas in Ammoniakflüssigkeit, welche sich bei der Prüfung als rein erwiesen hat, und zwar wird das Gas bis zur Sättigung eingeleitet.

*Schwefelwasserstoff.* Das Schwefelwasserstoffgas wird gewöhnlich aus Schwefeleisen und verdünnter Salzsäure oder verdünnter Schwefelsäure entwickelt; die Säuren, welche man dazu verwendet, müssen arsenfrei sein, und das Schwefeleisen muss aus arsenfreiem Materiale, also aus Eisenblech und Schwefelblumen, hergestellt sein, welche letzteren mit ammoniakhaltigem Wasser digerirt und dann sehr gut gewaschen sind. Durch die Untersuchungen von Myers und von R. Otto ist festgestellt, dass sowohl arsenhaltiges Schwefeleisen, als arsenhaltige Säure zur Bildung von Arsenwasserstoff Veranlassung geben und dass aus solchen Materialien entwickelter Schwefelwasserstoff Spuren von Arsenwasserstoff enthält, welche in der zu fällenden Flüssigkeit arsenhaltige Niederschläge erzeugen können. So ist es möglich, dass, wenn auch ein arsenfreies Object der Untersuchung unterzogen wurde, Arsen mit dem Schwefelwasserstoff in die Untersuchung eingeführt wird.

Um dieser Fehlerquelle sicher auszuweichen, ist vorgeschlagen worden, den Schwefelwasserstoff aus Schwefelcalcium oder Schwefelbaryum und Salzsäure zu entwickeln. Diese Art, Schwefelwasserstoff zu bereiten, bietet entschieden die Garantie für ein arsenfreies Gas. Indessen gelingt es nach meinen Erfahrungen, aus Eisenblech und gewaschenem sicilianischen Schwefel ein Schwefeleisen herzustellen, welches, wenn es noch einmal unter Zusatz von gewaschenem Schwefel umgeschmolzen wird, fast gar kein metallisches Eisen enthält und, mit arsenfreier Säure behandelt, ein absolut arsenfreies Schwefelwasserstoffgas liefert. Um das Schwefelwasserstoffgas auf einen Arsengehalt zu prüfen, verfährt man in folgender Weise: Das durch Wasser gewaschene Gas wird durch eine geräumige mit concentrirter Natronlauge zum Theile gefüllte Waschflasche und aus dieser in ein Kölbchen geleitet, welches concentrirte, arsenfreie Salpetersäure enthält.[1]) Nachdem durch einige Stunden ein mässiger Gasstrom in dieser Weise in die Salpetersäure eingeleitet ist, verdampft man diese auf dem Wasserbade zur Trockene, spült die Schale mit heissem Wasser aus und prüft die dadurch erhaltene Flüssigkeit im Marsh-schen Apparat. War das Gas arsenhaltig, so entstand durch die oxydirende Wirkung der Salpetersäure Arsensäure, die nach dem Verdampfen der Salpetersäure zurückbleibt und beim Ausspülen der Schale in Lösung geht. Da bei den Untersuchungen auf die giftigen Metalle viel Schwefelwasserstoff durch die betreffenden Lösungen geleitet werden muss, so ist es unbedingt nothwendig, auch bei der Prüfung dieses Gases auf Arsen grosse Mengen desselben zu verwenden.

### *Methode von Schneider zur Abscheidung des Arsens.*

Eine gute und expeditive Methode zur Abscheidung des Arsens aus Leichentheilen u. s. w. ist von F. C. Schneider[2]) angegeben worden; dieselbe beruht darauf, dass arsenige Säure durch Einwirkung von Chlorwasserstoff in Chlorarsen verwandelt wird, welches leicht flüchtig ist und deshalb durch Destillation von anderen, nicht leicht flüchtigen Stoffen getrennt werden kann. Der Apparat, dessen man sich bei der Anwendung dieser Methode bedient, ist in Fig. 21 dargestellt; *A* ist eine Kochflasche mit Ansatzrohr, welches dicht mit dem Spitzballon *B* verbunden ist; an diesem ist ein Kölbchen *C* dicht befestigt, während der in einem mit kaltem Wasser gefüllten Kühlgefässe befindliche Kolben *D* nur locker mit dem von *B* kommenden Rohre in Verbindung steht durch einen Kork, der seiner ganzen Länge nach mit einer Rinne versehen ist, welche den Inhalt von *D* in ungehinderte Communication mit der Luft setzt. Die zur Befestigung des Apparates nöthigen Klemmen sind in der Zeichnung weggelassen, um dieselbe übersichtlicher zu gestalten.

Schneider schlägt ursprünglich statt eines Kochkolbens eine tubulirte Retorte vor, und eine solche ist in der That sehr gut zu verwenden, wenn der Tubulus nicht zu eng ist[3]); in den Tubulus

---

[1]) Das Kölbchen wird während der ganzen Dauer des Durchleitens auf einem Wasserbade erwärmt.

[2]) „Die gerichtliche Chemie für Gerichtsärzte und Juristen" von Dr. F. C. Schneider, Wien 1852, W. Braumüller, Seite 206.

[3]) Ein enger Tubulus ist deshalb unangenehm, weil das Eintragen von Leichentheilen oder anderen festen oder halbfesten Stoffen durch denselben schwierig ist.

kommt dann der Welter'sche Trichter: der Hals der Retorte wird mit dem Spitzballon verbunden, wie dies in der Fig. 21 angedeutet ist.

Wenn der Apparat in der beschriebenen Anordnung zusammengestellt ist, wird die zu untersuchende Substanz im zerkleinerten Zustande in das Destillationsgefäss *A* gebracht, ein der festen Masse ungefähr gleiches Gewicht reines Kochsalz in Stücken[1] zugesetzt, der Kork mit dem Welter'schen Trichter im Halse von *A* befestigt und nunmehr concentrirte reine Schwefelsäure in kleinen Portionen eingetragen, wobei man vor jedem neuen Zusatze die Mässigung der Reaction abwartet, damit die Masse nicht überschäume. Haben die

Fig. 21.

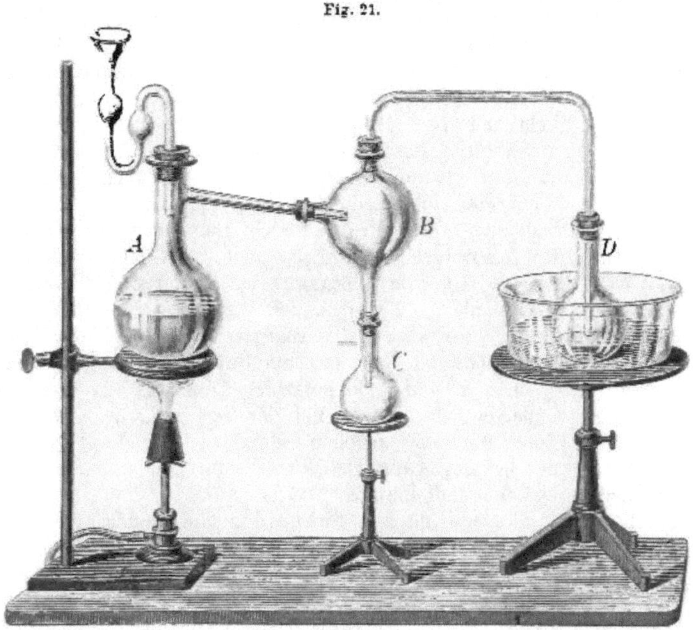


Substanzen einige Zeit bei gewöhnlicher Temperatur auf einander gewirkt, so erwärmt man das Destillationsgefäss *A* allmälig so weit, dass sein Inhalt zum Kochen kommt. Anfangs schäumt die Masse ziemlich stark, es darf deshalb das Destillationsgefäss nur höchstens bis zur Hälfte mit den Materialien angefüllt sein; wenn einmal die organische Substanz zu einem gleichmässigen Brei zerfallen ist, geht das Kochen ruhig und regelmässig vor sich. Durch die Einwirkung des Chlorwasserstoffs auf vorhandenen Arsenik entsteht Chlor-

[1] Gepulvertes Kochsalz ist nicht zu verwenden, weil dasselbe bei der Zerlegung mit Schwefelsäure stark schäumt; am besten eignet sich reines Steinsalz (sal gemmae) oder geschmolzenes Kochsalz. Sowohl das sal gemmae, als das geschmolzene Kochsalz werden in Stücken verwendet, die eben noch durch den Hals von *A* einzutragen sind.

arsen, welches sich nebst Salzsäure in dem Spitzballon *B* grösstentheils verdichtet und in dem Kölbchen *C* ansammelt; was in dem Spitzballon nicht condensirt wurde, gelangt in den Kolben *D* und wird hier von Wasser absorbirt.

Die Destillation wird so lange fortgesetzt, bis eine dem Destillate entnommene Probe durch Schwefelwasserstoffwasser nicht mehr gelb gefällt wird; man wechselt daher von Zeit zu Zeit das mit dem Spitzballon verbundene Kölbchen *C* und untersucht nach jedem Wechsel einige Tropfen des Destillates durch Zusatz von Schwefelwasserstoffwasser.

Nach Schneider gelingt es, wenn man die Destillation lange genug fortsetzt, den ganzen Arsengehalt des Untersuchungsobjectes als Chlorarsen überzudestilliren; demnach eignet sich die Methode auch zur quantitativen Bestimmung. Das gesammte Destillat aus den Vorlagen *C* und *D* wird gemischt, mit Wasser auf ein bestimmtes Volumen gebracht und in 2 gleiche Theile getheilt, von denen man einen für die quantitative Bestimmung [1]), den anderen zur Anstellung der wichtigsten Arsenreactionen benützt, darunter auch jener im Marsh'schen Apparate (siehe Seite 193 u. s. w.).

Die Methode von Schneider ist nicht nur für arsenige Säure, sondern auch für Arsensäure und endlich für die Schwefelverbindungen des Arsens geeignet. Um die Arsensäure zu reduciren und dann in Chlorarsen zu verwandeln, fügt man der Masse vor der Destillation mit Kochsalz und Schwefelsäure eine concentrirte Lösung von Eisenchlorür zu. Wenn Schwefelarsen in dem Untersuchungsobjecte enthalten ist, so entsteht ein gelb gefärbtes Destillat, aus dem sich allmälig Schwefelarsen abscheidet. Bei der Zerlegung des Schwefelarsens durch Chlorwasserstoff entstehen Chlorarsen und Schwefelwasserstoff, welche sich bei Gegenwart von Wasser sofort wieder in Schwefelarsen und Chlorwasserstoff umsetzen.

Hat man die Methode von Schneider angewendet, so kann man im Nothfalle den Destillationsrückstand auch noch zur Prüfung auf andere giftige Metalle verwenden, die Untersuchung wird allerdings durch die Anwesenheit der grossen Mengen von Glaubersalz, die aus dem Kochsalze und der Schwefelsäure entstanden sind, nicht unwesentlich erschwert. Classen beseitigt diesen Uebelstand, indem er die auf Arsen zu prüfenden Substanzen im zerkleinerten Zustande im Destillirgefässe erhitzt und einen Strom von reinem Chlorwasserstoffgas durch die breiförmige oder flüssige Masse leitet; das Destillirgefäss kann entweder mit der in der Fig. 21 dargestellten Vorlage oder noch besser mit einem Liebig'schen Kühlapparate und einer Vorlage verbunden werden. Nach beendigter Destillation kann der Inhalt des Destillirgefässes mit chlorsaurem Kalium behandelt und weiter verarbeitet werden.

[1]) Das Arsen wird aus der verdünnten Lösung mit Schwefelwasserstoff als Arsentrisulfid ausgefällt, dieses auf einem Glaswollfilter gesammelt, mit Wasser gewaschen, getrocknet, durch Schwefelkohlenstoff von anhängenden Spuren freien Schwefels befreit und nach dem Trocknen gewogen (siehe übrigens Seite 235).

### III. Aetzende Säuren und Alkalien.

Gerichtliche Untersuchungen, bei denen es sich um den Nachweis von ätzenden Säuren und Alkalien handelt, gehören nicht zu den Seltenheiten, die Untersuchungsobjecte, welche dabei in Betracht kommen, sind mannigfach. Zunächst die schädlichen Substanzen selbst, wenn sich dieselben nach einem Unglücksfalle an Ort und Stelle vorfinden, Kleidungsstücke, welche mit den ätzenden Flüssigkeiten begossen sind, sowie andere Objecte, wie z. B. Bretterstücke eines Fussbodens, auf denen verdächtige Flecke vorkommen, Erbrochenes, Leichentheile u. s. w. Von den ätzenden Verbindungen sollen Schwefelsäure, Salpetersäure, Salzsäure, Aetzkali, Aetznatron, Ammoniak und im Anhange zum Aetzkali das chlorsaure Kalium behandelt werden, durch dessen unvorsichtigen innerlichen Gebrauch schon zahlreiche Todesfälle verursacht wurden, welche zu gerichtlichen Untersuchungen Veranlassung gegeben haben.

Bei Untersuchungen, die hierher gehören, muss der Nachweis erbracht werden, dass die ätzenden Säuren, resp. Aetzalkalien im freien Zustande in den Untersuchungsobjecten enthalten sind. Dieser Nachweis gelingt in vielen Fällen leicht, in anderen Fällen dagegen ist er gar nicht möglich, wenn nämlich die ätzende Substanz durch äussere Einflüsse chemisch verändert worden ist. Besteht das Untersuchungsobject z. B. aus einer Mineralsäure oder einem ätzenden Alkali, welche am Thatorte vorgefunden wurden, so gibt die qualitative Analyse Aufschluss über die chemische Natur, die quantitative Analyse über den Gehalt an wirksamer Substanz. Wenn Kleidungsstücke oder andere Gebrauchsgegenstände vorliegen, die mit einer der ätzenden Flüssigkeiten begossen oder bespritzt worden sind, so ist es zumeist nicht schwierig, diese Flüssigkeit zu bestimmen, besonders dann, wenn das Object bald nach geschehener That untersucht wird; das Aussehen der Flecken, die veränderte Farbe des Gewebes und die Reaction sind hier wichtige Anhaltspunkte. Vergiftungen durch die ätzenden Säuren und Alkalien werden in der Regel vom Arzte constatirt, die chemische Untersuchung hat dann den ärztlichen Befund zu bestätigen; in solchen Fällen sind erbrochene Massen oder der durch Auspumpen gewonnene Mageninhalt die geeignetsten Untersuchungsobjecte, auch die Untersuchung der ersten Harnportionen, welche nach der Vergiftung entleert werden, kann wichtige Aufschlüsse geben. Wenn der Tod erst mehrere Tage nach stattgefundener Vergiftung eintritt und nur die Leichentheile zur Untersuchung gelangen, so ist es meist unmöglich, die chemische Natur der ätzenden Substanz festzustellen, dasselbe gilt auch bezüglich exhumirter Leichentheile. Sind nach der Vergiftung Gegenmittel angewendet worden, wie z. B. Magnesia gegen Schwefelsäure, Weinsäure gegen Natronlauge, so ist, wenn Neutralisation erfolgte, der Nachweis der freien Säure, resp. des freien Aetzalkalis selbstverständlich nicht mehr möglich.

Im Allgemeinen ist die saure oder alkalische Reaction bei Untersuchungen auf ätzende Säuren und Alkalien der wichtigste Wegweiser; fehlt die ausgesprochene saure oder alkalische Reaction in dem Untersuchungsobjecte, so entfällt die weitere Untersuchung.

## Schwefelsäure.

Im Handel kommen zwei Sorten von Schwefelsäure vor, die englische Schwefelsäure und das Nordhäuser Vitriolöl, das letztere wird auch böhmische Schwefelsäure, rauchende Schwefelsäure genannt. Beide Arten der Schwefelsäure finden in der Industrie und in den Gewerben ausgedehnte Verwendung, sie werden auch im Haushalte zum Reinigen verwendet und sind dem Publikum ziemlich leicht zugänglich, weshalb Verletzungen, sowie Selbstmorde mit Schwefelsäure nicht selten vorkommen.

Die englische Schwefelsäure ist im ganz reinen Zustande eine farblose, geruchlose Flüssigkeit von öliger Consistenz, ihr specifisches Gewicht beträgt bei 24° C. 1·834, sie erstarrt beim Abkühlen zu Krystallen, die bei 10·5° schmelzen, sie siedet bei 338° C. und zersetzt sich dabei theilweise, etwas Schwefelsäureanhydrid mit unveränderter Schwefelsäure destillirt über, während eine wasserhaltige Säure zurückbleibt. Die Schwefelsäure zieht aus der Luft begierig Feuchtigkeit an, beim Mischen mit Wasser erhitzt sie sich selbst bis zum Sieden der Flüssigkeit; giesst man unvorsichtig eine geringe Menge Wasser in ein grösseres Volumen Schwefelsäure, so wird in Folge der lebhaften Dampfbildung die Flüssigkeit umhergeschleudert.

Von charakteristischen chemischen Reactionen sind besonders die folgenden bemerkenswerth:

1. Viele organische Körper werden durch concentrirte Schwefelsäure zersetzt, indem sie die Elemente des Wassers abgeben, der Rest der Elemente zerfällt dann bisweilen glatt in andere bekannte Verbindungen, oder es resultiren schwarzbraune bis schwarze kohlenartige Substanzen, deren Natur nicht näher bekannt ist. So z. B. zerfällt Oxalsäure beim Erwärmen mit Schwefelsäure in Wasser, Kohlenoxyd und Kohlensäure; Aethylalkohol in Wasser und Aethylen; dagegen werden Rohrzucker, Holz durch concentrirte Schwefelsäure verkohlt.

Die verkohlende Wirkung wird als eine sehr charakteristische Reaction beim Nachweis freier Schwefelsäure benützt. Wenn concentrirte Säure auf Rohrzucker gegossen wird, so tritt schon bei gewöhnlicher Temperatur Schwarzfärbung ein, verdünnte Schwefelsäure bewirkt diese Reaction nicht, wenn man aber in einem Porcellanschälchen etwas Rohrzucker mit verdünnter Schwefelsäure (wie man sie z. B. durch Extraction von Leichentheilen oder von Kleidungsstücken erhält) auf dem Wasserbade abdampft, so erfolgt in dem Masse, als die Flüssigkeit concentrirter wird, Dunkelfärbung und endlich Verkohlung; sehr geringe Mengen von freier Schwefelsäure können durch diese Reaction nachgewiesen werden.

2. Beim Erhitzen der freien concentrirten Schwefelsäure mit Kohle, Kupfer, Quecksilber und anderen Metallen findet Reduction

zu schwefliger Säure statt, welche durch ihren charakteristischen Geruch, sowie durch Reactionen erkannt werden kann. Diese Reactionen werden in folgender Weise ausgeführt: Man bringt in ein kleines Kölbchen sehr feine Streifen von dünnem Kupferblech oder Kupferdrehspähne, giesst die auf Schwefelsäure zu prüfende Flüssigkeit (welche, wenn nöthig, vorher durch Eindampfen auf dem Wasserbade möglichst concentrirt wurde) darauf und verschliesst sodann den Hals des Kölbchens mit einem durchbohrten Pfropf, der ein zweimal rechtwinkelig gebogenes Glasrohr trägt, das man in eine mit etwas destillirtem Wasser gefüllte Eprouvette eintauchen lässt; nun wird das Kölbchen anfangs gelinde, dann unter successiver Steigerung der Wärme bis zum Kochen der Flüssigkeit erhitzt. Die sich entwickelnde schweflige Säure wird von dem vorgelegten Wasser absorbirt und man erhält eine Flüssigkeit, welche *a*) sauer reagirt, *b*) den charakteristischen Geruch der schwefligen Säure besitzt, *c*) eine Lösung von übermangansaurem Kalium entfärbt, eine Lösung von Chromsäure grün färbt, *d*) mit Chlorbaryum versetzt klar bleibt[1]), aber auf Zusatz von Chlorwasser einen weissen Niederschlag von schwefelsaurem Baryum liefert, der sich in Salzsäure nicht löst.

3. Die Schwefelsäure wird selbst aus sehr verdünnten Lösungen durch Baryum-, sowie Bleisalze gefällt und gibt weisse Niederschläge der betreffenden Sulfate, die in verdünnter Salzsäure und Salpetersäure nicht löslich sind. Da diese Reactionen sowohl durch die freie Schwefelsäure, als durch deren Salze hervorgebracht werden, so haben dieselben allein für den Nachweis freier Säure keinen Werth, denn schwefelsaure Salze finden sich auch normaler Weise im Organismus.

Die Schwefelsäure bildet auch mit Strontium, Calcium, Quecksilber und Silber schwer lösliche Verbindungen und erzeugt daher in den Lösungen der Salze dieser Metalle, wenn sie nicht zu verdünnt sind, die entsprechenden Niederschläge.

4. Durch Behandeln mit Soda auf dem Kohlenstäbchen (siehe Seite 81) werden Schwefelsäure und schwefelsaure Salze reducirt, es entsteht Schwefelnatrium, welches, auf einem Silberblech befeuchtet, einen braunen Fleck von Schwefelsilber erzeugt.

Die käufliche Schwefelsäure ist nicht das reine, nach der Formel $SO_4H_2$ zusammengesetzte Hydrat, sondern enthält einige Procente Wasser, in Folge dessen hat sie ein geringeres specifisches Gewicht als das reine Hydrat und einen niedereren Siedepunkt; sie ist dickflüssig, ölig, zumeist etwas gelblich bis bräunlich gefärbt von hineingefallenen verkohlten Staubtheilchen oder von verkohlter Korksubstanz, wenn das Aufoewahrungsgefäss mit einem Korkstöpsel verschlossen ist. Im Uebrigen zeigt die käufliche Säure das chemische Verhalten des reinen Hydrates.

[1]) Wenn etwas unzersetzte Schwefelsäure mit überdestillirt und in die Vorlage gelangt, so gibt die Flüssigkeit in der letzteren auf Zusatz von Chlorbaryum sofort einen weissen Niederschlag; in diesem Falle filtrirt man ab und versetzt das klare Filtrat mit Chlorwasser, worauf, wenn schweflige Säure zugegen, schwefelsaures Baryum gefällt wird.

Die **rauchende Schwefelsäure**, auch **Nordhäuser Vitriolöl** genannt, ist im ganz reinen Zustande eine farblose, ölige Flüssigkeit, gewöhnlich erscheint sie aber durch verkohlte organische Substanz (hineingekommenen Staub etc.) dunkelbraun gefärbt, sie hat ein specifisches Gewicht von 1·86 bis 1·89 und stösst an der Luft dichte weisse Dämpfe aus, indem Schwefelsäureanhydrid ($SO_3$) von der Oberfläche abdunstet und mit dem Wasserdampf Schwefelsäurehydrat bildet. Die rauchende Schwefelsäure ist eine Auflösung von Schwefelsäureanhydrid in Schwefelsäurehydrat, die käufliche Säure enthält bald mehr, bald weniger von dem ersteren gelöst. Beim Abkühlen scheiden sich aus dem Nordhäuser Vitriolöl grosse farblose, durchsichtige Krystalle aus, welche die Zusammensetzung $S_2O_7H_2$ zeigen und als **Pyroschwefelsäure** bezeichnet werden; diese Krystalle schmelzen bei 35° und zersetzen sich beim Erwärmen in Schwefelsäure und Schwefelsäureanhydrid.

Die rauchende Schwefelsäure zeigt dieselben Reactionen, wie die englische Schwefelsäure, sie wirkt noch viel heftiger verkohlend.

Handelt es sich um den qualitativen Nachweis der freien Schwefelsäure, so werden die unter 1 bis 4 aufgezählten Reactionen verwendet. Ist auch eine quantitative Bestimmung erforderlich, so wird dieselbe auf massanalytischem Wege vorgenommen (Seite 119 und 120).

Ist verdünnte oder concentrirte Schwefelsäure das Untersuchungsobject, so wird die Untersuchung ohne besondere Vorbereitung damit unternommen, ist aber die Schwefelsäure auf Kleidern, in Erbrochenem, in Leichentheilen u. dgl. qualitativ und quantitativ nachzuweisen, so sind gewisse vorbereitende Operationen erforderlich. Von Kleidungsstücken, welche verdächtige Flecken enthalten, werden die durch veränderte Farbe und zerfressenes Aussehen auffallenden Stellen ausgeschnitten und in einem Becherglase mit destillirtem Wasser behandelt; die filtrirte Lösung kann direct qualitativ und quantitativ auf Schwefelsäure untersucht werden. Zur Controle untersucht man genau in derselben Weise ein anderes nicht befleckte Stück desselben Objectes; dasselbe darf selbstverständlich die Reactionen der freien Schwefelsäure nicht zeigen. Diese Controlprüfung ist nothwendig wegen der Beizen, welche zum Färben der Stoffe verwendet werden, die allerdings nur schwefelsaure Salze, aber doch solche mit saurer Reaction enthalten können.

Leichentheile, erbrochene, schleimige Massen u. dgl. werden nach vorausgegangener Verkleinerung mit destillirtem Wasser übergossen und bei gewöhnlicher Temperatur unter häufigem Umrühren einige Stunden digerirt, dann wird die Flüssigkeit entweder durch Leinen oder durch Papier filtrirt und das Unlösliche mit Wasser gut nachgewaschen. Soll eine quantitative Bestimmung der Schwefelsäure gemacht werden, so verdünnt man den wässerigen filtrirten Auszug in einem Messgefässe auf ein bestimmtes Volumen, z. B. auf 1 Liter, mischt gut durcheinander und titrirt eine abgemessene Probe (50 bis 100 Ccm.) mit Normallauge, wobei man, wenn die Flüssigkeit dunkel gefärbt ist, nicht Lakmustinctur zusetzt, sondern die Probe mit einem herausgenommenen Tropfen auf Lakmuspapier anstellt. Die übrige Flüssigkeit wird auf dem Wasserbade eingedampft[1]) und nach dem Erkalten mit dem doppelten Volumen von absolutem Alkohol versetzt, um die Hauptmenge der Salze, sowie der Eiweisssubstanzen abzuscheiden; nach mehrstündigem Stehen wird filtrirt, das Filtrat mit Wasser stark verdünnt und auf dem Wasserbade abgedampft, bis aller Alkohol entfernt ist, die rückständige Flüssigkeit kann zur Anstellung der Reactionen auf Schwefelsäure verwendet werden. Sollte in der Flüssigkeit viel organische Substanz gelöst sein, so setzt man etwas concentrirte, reine Salpetersäure zu und erwärmt auf dem Wasserbade so lange, bis die organische Substanz oxydirt und alle überschüssige Salpetersäure verdampft ist, erst dann benützt man die resultirende Flüssigkeit zu den Schwefelsäure-Reactionen.

Da die Rothfärbung des Lakmusfarbstoffes nicht nur von Mineralsäuren, sondern auch von organischen Säuren bewirkt wird, so stellt man, um die Anwesenheit einer Mineralsäure zu constatiren, folgende Reactionen an: 1. Eine wässerige Lösung von „Methylviolett" wird durch freie Mineralsäuren blau, nicht so durch organische Säuren oder saure Salze. 2. Essigsaures Eisenoxyd mit Rhodankalium zusammen geben mit viel Wasser eine gelbe Lösung, die auf Zusatz einer Mineralsäure charakteristisch blutroth wird. 3. Essigsaures Eisenoxyd, Jodkalium und Stärkekleister mit viel destillirtem Wasser gibt eine Lösung, die auf Zusatz einer Mineralsäure blau wird, indem Jodstärke entsteht.

## Salpetersäure.

Die reine, nach der Formel $HNO_3$ zusammengesetzte Salpetersäure ist farblos, nicht besonders dickflüssig, vom specifischen Gewichte 1·53, sie raucht an der Luft, riecht eigenthümlich stechend, zieht begierig Wasser an; bei 86° C. fängt sie an zu sieden, färbt sich, indem ein Theil in Sauerstoff und Untersalpetersäure zerfällt, dunkelgelb und liefert, wenn weiter erhitzt wird, eine concentrirte, gelbgefärbte, rauchende Säure als Destillat, während eine farblose, verdünntere Säure zurückbleibt. Im Handel kommen zwei Sorten von Salpetersäure vor, eine farblose und eine rothbraune, rauchende, die erstere wird gewöhnlich als Scheidewasser, die letztere als rothe rauchende Salpetersäure bezeichnet; diese Säuren haben verschiedene Concentration, das specifische Gewicht variirt bei den verschiedenen Sorten von 1·35 bis 1·41 und der Gehalt an Salpetersäurehydrat von 55 bis 65%, vielfach wird auch ein Scheidewasser

[1]) Da die Lösung organische Stoffe enthält, so darf man nicht zu weit eindampfen, denn sonst würde die concentrirte Schwefelsäure verkohlend wirken und sie selbst würde zu schwefliger Säure reducirt. Jedenfalls muss das Eindampfen sistirt werden, wenn die Flüssigkeit anfängt, sich auffallend dunkel zu färben.

vom specifischen Gewicht 1·2 und einem Gehalte von 30% Salpetersäure in der Industrie verwendet.

Beim Vermischen der concentrirten Säure mit Wasser tritt mässige Erwärmung ein, die verdünnte Salpetersäure raucht nicht an der Luft, sie reagirt stark sauer; die concentrirte Säure wirkt ätzend auf thierische Gewebe und erzeugt tiefe Wunden. Von den chemischen Reactionen der Salpetersäure sind besonders folgende zu erwähnen:

1. Viele thierische Stoffe, wie Eiweisskörper, Haut, Haare, Nägel, Klauen, Wolle, Seide, Federn, werden selbst durch mässig verdünnte Salpetersäure intensiv gelb gefärbt *(Xanthoproteinreaction)*, die Färbung wird auf Zusatz von überschüssigem Alkali dunkelorange.

2. Metallisches Kupfer (Kupferblech oder Kupferdrehspäne) reducirt concentrirte Salpetersäure schon bei gewöhnlicher Temperatur, mässig verdünnte Säure dagegen erst beim Erwärmen, dabei tritt Stickoxyd auf, welches an der Luft einen rothbraunen Dampf erzeugt. Wenn die Reaction in einem Reagensrohre ausgeführt wird, so beobachtet man bald nach der Einwirkung der Säure auf das Kupfer über der Flüssigkeit den braunen Dampf.[1])

3. Eisenvitriol wird bei Gegenwart von freier Schwefelsäure durch Salpetersäure zu schwefelsaurem Eisenoxyd oxydirt, dabei wird die Salpetersäure bis zu Stickoxyd reducirt, welches, wenn noch unveränderter Eisenvitriol vorhanden ist, diesen tief braun färbt. Die Reaction wird zweckmässig in folgender Weise ausgeführt: Die auf Salpetersäure zu prüfende Flüssigkeit wird in einer Eprouvette mit dem gleichen Volumen Eisenvitriollösung gemischt und dann mit Schwefelsäure versetzt, indem man am Rande vorsichtig concentrirte Schwefelsäure einfliessen lässt, so dass diese sich unter der zu prüfenden Flüssigkeit absondert. Ist Salpetersäure vorhanden, so entsteht an der Berührungsstelle beider Flüssigkeiten eine braune Schichte.

Diese Reaction ist sehr empfindlich, aber sie ist nur dann verlässlich, wenn die Probeflüssigkeit frei von organischen Substanzen ist, die durch concentrirte Schwefelsäure braun gefärbt werden. Man prüft daher die Probeflüssigkeit allein, d. h. ohne Eisenvitriolzusatz mit concentrirter Schwefelsäure; bräunt sie sich dabei nicht, so kann die Reaction mit Eisenvitriol angestellt werden, bräunt sie sich aber, dann muss die organische Substanz von der Salpetersäure getrennt werden. Zu diesem Zweck wird die Flüssigkeit, wenn sie sauer ist, mit reiner Kalilauge[2]) neutralisirt und dann auf dem Wasserbade zur Trockene verdampft; ist die Flüssigkeit neutral oder alkalische so wird direct verdampft; der trockene Rückstand wird in einer tubulirten Retorte mit concentrirter Schwefelsäure im Ueberschuss, destillirt, die Dämpfe werden in eine etwas Wasser enthaltende Vorlage geleitet. Ist die Destillation zu Ende, so wird die in der Vor-

[1]) Diese Reaction erfolgt auch, wenn man ein salpetersaures Salz mit concentrirter Schwefelsäure auf Kupfer einwirken lässt.

[2]) Die Kalilauge muss absolut frei von salpetersaurem und salpetrigsaurem Salz sein; das käufliche Aetzkali ist bisweilen mit diesen beiden verunreinigt und muss deshalb vor dem Gebrauche geprüft werden.

lage befindliche Flüssigkeit, die neben Salpetersäure auch salpetrige Säure enthalten kann, entweder direct zu den Reactionen verwendet, oder falls sie zu verdünnt wäre, vorher mit reiner Kalilauge neutralisirt und durch Abdampfen auf dem Wasserbade concentrirt.

4. Eine Lösung von *Brucin* in reiner Schwefelsäure[1]) wird auf Zusatz von Salpetersäure oder einem salpetersauren Salze sofort intensiv roth, diese Färbung hält nicht lange an, sondern geht bald in gelb über. Sehr geringe Mengen von Salpetersäure können durch diese Reaction noch erkannt werden, wenn man dieselbe so anstellt, dass man die Brucinlösung und die Probeflüssigkeit in einer Eprouvette übereinander schichtet; an der Berührungsstelle der beiden Flüssigkeiten tritt bei Anwesenheit von Salpetersäure eine roth gefärbte Schichte auf.

5. Eine Lösung von Diphenylamin in concentrirter Schwefelsäure wird durch Salpetersäure intensiv blau gefärbt. Diese Reaction ist ausserordentlich empfindlich und wird am besten so angestellt, dass man einige Körnchen Diphenylamin in concentrirter Schwefelsäure löst und diese Lösung mit der zu prüfenden Flüssigkeit in einer Eprouvette überschichtet; bei Gegenwart von Salpetersäure tritt an der Berührungsfläche beider Flüssigkeiten intensiv blaue Färbung auf.

6. Carbolsäure (Phenol) wird bei Gegenwart von concentrirter Schwefelsäure durch salpetersaure Salze gelbbraun gefärbt, indem Nitroverbindungen des Phenols entstehen; wenn die braune Masse mit wenigen Tropfen Wasser verdünnt und dann mit Ammoniak oder mit Kalilauge übersättigt wird, so wird die Flüssigkeit intensiv dunkel gelb. Diese empfindliche und charakteristische Reaction führt man am besten in folgender Weise aus: Die auf Salpetersäure zu prüfende Flüssigkeit wird nach Neutralisation mit reiner Kalilauge auf dem Wasserbade zur Trockene verdampft; von dem Abdampfrückstande wird eine kleine Menge in ein Porcellanschälchen gebracht und mit wenigen Tropfen des Reagens befeuchtet, welches durch Auflösen von 1 Grm. reiner Carbolsäure in 4 Grm. concentrirter Schwefelsäure und Verdünnen dieser Lösung mit 2 Ccm. Wasser erhalten wird; nachdem dieses Reagens einige Secunden eingewirkt hat, setzt man Ammoniakflüssigkeit oder Kalilauge im Ueberschusse zu.

Die unter 1 bis 6 angeführten Reactionen können direct ausgeführt werden, wenn die Säure im concentrirten oder verdünnten Zustande vorliegt; in diesem Falle kann auch der Gehalt durch Titriren mit Normalalkali bestimmt werden.

Sind Kleidungsstücke, Leichentheile, Erbrochenes u. dgl. zu untersuchen, so hat man zunächst nachzusehen, ob sich in diesen Objecten gelb gefärbte Stellen, gelbe Flecken vorfinden, welche immer entstehen, wenn freie Salpetersäure auf Schafwollstoffe, Eiweisssubstanzen u. s. w. einwirkt. Die Flecken, welche Salpetersäure auf schwarz gefärbten Kleidungsstücken erzeugt, unterscheiden

[1]) Zu dieser Lösung muss eine Schwefelsäure genommen werden, die absolut frei von Salpetersäure ist, denn sonst ist schon die Brucinlösung allein roth, während dieselbe doch farblos sein soll.

sich von den durch andere Säuren hervorgebrachten dadurch, dass sie beim Behandeln mit Ammoniak ihre Farbe kaum ändern, höchstens etwas dunkler gelb werden. Die verdächtigen gelben Flecken auf Kleidungsstücken werden für die Untersuchung herausgeschnitten, mit Wasser benetzt und auf ihre Reaction mit dem Lakmuspapier geprüft, sodann werden sie in einem Schälchen mit etwas destillirtem Wasser übergossen, um die Salpetersäure in Lösung zu bringen; die filtrirte Lösung wird entweder direct auf Salpetersäure geprüft oder, wenn sie erhebliche Mengen von störender organischer Substanz enthält, zuerst nach dem unter 3. angegebenen Verfahren behandelt.

Leichentheile, Erbrochenes, Mageninhalt werden mit Wasser zum Kochen erhitzt, um die gelösten Eiweisskörper durch Gerinnung abzuscheiden, dann wird die Flüssigkeit filtrirt, mit Lakmuspapier auf ihre Reaction geprüft und wenn sie sauer ist, mit reinem Aetzkali neutralisirt, worauf man dieselbe auf ein geringes Volumen abdampft und erkalten lässt. Wenn erheblichere Mengen von Salpetersäure vorhanden sind und genügend weit eingedampft wurde, so findet man dann in der Regel Krystalle von salpetersaurem Kalium, die auf einem Filter von der Mutterlauge zu trennen, mit wenig kaltem Wasser zu waschen und für die Reactionen auf Salpetersäure direct zu verwenden sind. Findet eine Ausscheidung von salpetersaurem Kalium nicht statt, so wird die Flüssigkeit auf dem Wasserbade zur Trockene gebracht und der Trockenrückstand mit Schwefelsäure destillirt; mit dem Destillate verfährt man nach 3. (siehe Seite 252). Wäre nach einer Salpetersäurevergiftung Magnesia oder doppeltkohlensaures Natrium als Gegengift gereicht und dadurch eine vollständige Neutralisation der Säure erzielt worden, so könnte man allerdings freie Salpetersäure nicht mehr nachweisen, dagegen aus den Untersuchungsobjecten leicht und sicher das salpetersaure Kalium abscheiden und mit demselben die Salpetersäurereactionen anstellen. Im letzteren Falle könnte es, da geringe Mengen salpetersaurer Salze auch unter normalen Verhältnissen, z. B. mit dem Trinkwasser, in den Organismus gelangen, von Wichtigkeit werden, die Salpetersäure quantitativ zu bestimmen; zu diesem Zwecke wäre der filtrirte wässerige Auszug des Untersuchungsobjectes mit reiner Kalilauge zu übersättigen, auf dem Wasserbade zur Trockene abzudampfen[1]) und in dem Abdampfrückstande die Salpetersäure nach der auf Seite 118 beschriebenen Methode von O. v. Dumreicher zu bestimmen.

Die Untersuchung exhumirter, schon längere Zeit begrabener Leichentheile auf Salpetersäure wird fast immer zwecklos sein, denn die freie Salpetersäure wird bald durch das bei der Fäulniss entstehende Ammoniak neutralisirt werden, der Nachweis gebun-

[1]) Das Abdampfen mit Kali hat den Zweck, das etwa vorhandene Ammoniak zu vertreiben und die Eiweisskörper zu zersetzen.

dener Salpetersäure ist aber in diesem Falle werthlos, weil jede Friedhoferde salpetersaure Salze enthält.

## Salzsäure.

Chlorwasserstoff ist bei gewöhnlicher Temperatur ein farbloses, stechend riechendes, ätzendes Gas, das sich erst bei Anwendung von bedeutender Kälte oder hohem Druck verflüssigt, sein specifisches Gewicht beträgt (Luft = 1 gesetzt) 1·278. Es wird vom Wasser sehr begierig absorbirt [1]), die wässerige Lösung heisst wässerige Salzsäure oder Salzsäure schlechtweg, sie wird in der Industrie und in den Gewerben, sowie auch im Haushalte mannigfach gebraucht.

Die reine, gesättigte Salzsäure ist eine farblose, an der Luft rauchende Flüssigkeit, deren specifisches Gewicht vom Gehalte an Chlorwasserstoff abhängt; die folgende Tabelle enthält die specifischen Gewichte von Salzsäure verschiedener Concentration bei 15° C.

| 100 Theile Säure enthalten H Cl | Specif. Gew. bei 15° C. | 100 Theile Säure enthalten H Cl | Specif. Gew. bei 15° C. |
|---|---|---|---|
| 2·22 | 1·0103 | 29·72 | 1·1504 |
| 3·80 | 1·0189 | 31·50 | 1·1588 |
| 6·26 | 1·0310 | 34·24 | 1·1730 |
| 11·02 | 1·0557 | 36·63 | 1·1844 |
| 15·20 | 1·0752 | 38·67 | 1·1938 |
| 18·67 | 1·0942 | 40·51 | 1·2021 |
| 20·91 | 1·1048 | 41·72 | 1·2074 |
| 23·72 | 1·1196 | 43·09 | 1·2124 |
| 25·96 | 1·1308 | | |

Die verdünnte Säure raucht nicht an der Luft.

Wenn man concentrirte Salzsäure erhitzt, so gibt dieselbe Chlorwasserstoffgas ab und wird verdünnter, dagegen gibt eine verdünnte Säure beim Kochen Wasser ab und wird dadurch concentrirter; in beiden Fällen erhält man zuletzt eine wässerige Salzsäure, die unter gewöhnlichem Luftdruck bei 110° C. siedet und 20·24% Chlorwasserstoff enthält.

Die käufliche rohe Salzsäure ist gewöhnlich gelb gefärbt, von einem Gehalte an Eisenchlorid und organischen Substanzen, sie ist concentrirt und raucht deshalb, sie ist in der Regel verunreinigt, und zwar mit schwefliger Säure, Schwefelsäure, Arsen, freiem Chlor und Eisenchlorid.

Die Salzsäure reagirt sauer und zeigt noch folgende wichtige Reactionen:

1. Salpetersaures Silber erzeugt in den Lösungen der Salzsäure einen weissen, käsigen Niederschlag von Chlorsilber [2]), der in verdünnter Salzsäure und Salpetersäure unlöslich ist, dagegen von Ammoniak leicht gelöst wird; aus dieser ammoniakalischen Lösung fällt das Chlorsilber beim Ansäuern mit Salpetersäure wieder heraus; auch in einer Lösung

[1]) 1 Volumen Wasser nimmt bei 0° 503 Volumina Chlorwasserstoffgas auf.

[2]) Bei sehr grosser Verdünnung erscheint die Flüssigkeit anfangs nur trübe, opalisirend und erst allmälig bildet sich der käsige Niederschlag.

von Cyankalium löst sich das Chlorsilber leicht auf. Am Sonnenlichte wird das Chlorsilber zuerst violett, dann grau und endlich schwarz; beim Erhitzen schmilzt es, ohne sich zu zersetzen. Die Reaction gegen salpetersaures Silber ist nicht allein der freien Salzsäure eigenthümlich, sie kommt auch den Metallchloriden, z. B. dem Chlornatrium, zu.

2. Salpetersaures Quecksilberoxydul erzeugt in den Lösungen der freien Salzsäure, sowie der Metallchloride einen weissen Niederschlag von Quecksilberchlorür, der sowohl in kalter Salzsäure, wie in kalter Salpetersäure unlöslich ist, beim andauernden Kochen mit diesen Säuren aber allmälig gelöst wird; Salzsäure erzeugt dabei unter Abscheidung von metallischem Quecksilber das Chlorid, Salpetersäure erzeugt Chlorid und Nitrat.

3. Essigsaures Blei wird in concentrirter Lösung durch Salzsäure, sowie durch Metallchloride gefällt, der weisse Niederschlag ist Chlorblei, das sich in viel Wasser, besonders beim Erwärmen, löst, weshalb diese Reaction nur in concentrirten Lösungen eintritt.

4. Gepulverter Braunstein wird in der Wärme von freier Salzsäure angegriffen, es entwickelt sich freies Chlor, das an seiner gelbgrünen Farbe, seinem charakteristischen Geruche, sowie an seinen bleichenden Wirkungen, die es gegen Lakmus, Indigo u. dgl. ausübt, erkannt werden kann. Diese Reaction wird am besten in einem kleinen Kölbchen ausgeführt; ist die Salzsäure nicht zu verdünnt, so tritt beim Erwärmen bald Chlorentwicklung ein, ist die Säure aber sehr verdünnt, so muss man lange kochen, um die Säure genügend zu concentriren und bemerkt erst später durch den Geruch das Chlorgas; dieses leitet man in eine mit destillirtem Wasser gefüllte Vorlage, worin sich Chlorwasser bildet, das man auf Lakmus, Indigo u. dgl. einwirken lässt.

5. Concentrirte, farblose Salpetersäure, mit concentrirter Salzsäure gemischt, gibt eine farblose Flüssigkeit, die aber schon bei gewöhnlicher Temperatur nach einiger Zeit, beim Erwärmen rascher, gelb, dann rothgelb wird; diese Mischung ist unter dem Namen Königswasser bekannt; sie hat die Eigenschaft, metallisches Gold aufzulösen, welches in Salzsäure, sowie in Salpetersäure allein nicht löslich ist. Das Königswasser riecht nach freiem Chlor und den niederen Stickstoffsauerstoffverbindungen.

Die quantitative Bestimmung der freien Salzsäure geschieht massanalytisch mit Normalalkali.

Ist freie Salzsäure in thierischen oder pflanzlichen Substanzen nachzuweisen, so trennt man diese Säure von dem so verbreiteten Kochsalz durch Destillation. Die organischen Objecte werden mit destillirtem Wasser ausgelaugt und die so erhaltene verdünnte, filtrirte Lösung wird zunächst in einer Porcellanschale auf dem Wasserbade concentrirt; es kann dies anstandslos geschehen, da, wie schon früher angegeben wurde, verdünnte Salzsäure beim Erhitzen Wasser abgibt, bis sie sich zu einem Gehalte von ungefähr 20% Chlorwasserstoff concentrirt hat. Die concentrirte Flüssigkeit wird dann in einer tubulirten Retorte destillirt, das

Destillat wird in einer abgekühlten Vorlage aufgefangen. Das Erhitzen der Retorte oder Kochflasche geschieht entweder in einem Sandbade oder auf einem Drahtnetze; es ist nothwendig, die Temperatur nicht über 120° C. steigen zu lassen, um Verkohlung und Bildung brenzlicher Destillationsproducte zu verhindern, ferner ist es sehr zu empfehlen, gegen Ende der Destillation einen langsamen Luftstrom durch den Destillationsapparat zu leiten, der die Salzsäuredämpfe aus dem Destillationsgefässe fortschafft und in die Vorlage überführt.

Bei Untersuchungen auf freie Salzsäure ist zu berücksichtigen, dass dieselbe im normalen Magensafte enthalten ist und dass deshalb häufig quantitative Bestimmungen vorgenommen werden müssen.

In exhumirten Leichentheilen, die länger begraben sind, wird man selbstverständlich freie Salzsäure nicht mehr finden; Nachweis und Bestimmung von gebundener Salzsäure (Chlorid) ist aber wegen der grossen Verbreitung des Kochsalzes in der Natur ohne Werth.

## Aetzkali.

Das Aetzkali, auch Kaliumhydroxyd, Kalihydrat, Kali causticum, Lapis causticus chirurgorum, Aetzstein genannt, ist im reinen Zustande eine weisse, krystallinische durchscheinende Substanz vom specifischen Gewichte 2·04, welche im Handel entweder in unregelmässigen Stücken oder in Stangen vorkommt. Das Aetzkali zieht aus der Luft begierig Wasser und Kohlensäure an und zerfliesst daher, wenn es längere Zeit mit der Luft in Berührung bleibt; mit Wasser übergossen, löst es sich rasch unter lebhafter Erwärmung auf, ebenso ist es in Weingeist leicht löslich, die Lösung führt den Namen Kalilauge; dieselbe ist eine farblose Flüssigkeit, ohne Geruch[1]), von laugenhaft-ätzendem Geschmacke (selbst bei grosser Verdünnung) und alkalischer Reaction; rothes Lakmuspapier wird blau, Curcumapapier intensiv braun gefärbt. Das specifische Gewicht der Kalilauge wächst mit dem Gehalte an Aetzkali, wie die folgende Tabelle zeigt:

| Specif. Gew. bei 15° C. | Procentgehalt an Kaliumhydroxyd | Specif. Gew. bei 15° C. | Procentgehalt an Kaliumhydroxyd |
|---|---|---|---|
| 1·009 | 1 | 1·349 | 35 |
| 1·041 | 5 | 1·411 | 40 |
| 1·083 | 10 | 1·472 | 45 |
| 1·128 | 15 | 1·539 | 50 |
| 1·177 | 20 | 1·604 | 55 |
| 1·230 | 25 | 1·667 | 60 |
| 1·288 | 30 | | |

[1]) Die gewöhnliche Kalilauge besitzt einen schwachen, eigenthümlichen charakteristischen Laugengeruch, der offenbar durch die Einwirkung auf organische Substanzen entsteht, die als Staub aus der Luft oder auf andere Weise in die Lauge gelangen.

Wie schon sein Name aussagt, wirkt das Aetzkali auf thierische Substanzen ätzend ein, Haut und andere thierische Substanzen, wie Schafwolle, werden von Kalilauge gelöst.

Das käufliche Aetzkali, sowie die käufliche Kalilauge sind in der Regel mit anderen Verbindungen verunreinigt, so mit kohlensaurem, schwefelsaurem, kieselsaurem Kalium, Chlorkalium, Aluminiumoxyd, bisweilen auch salpetersaurem und salpetrigsaurem Kalium; die Lauge ist meistens von einem geringen Gehalt an organischen Stoffen gelb gefärbt und enthält in der Regel beträchtliche Mengen von kohlensaurem Kalium.

Kalilauge reagirt auch nach Zusatz von überschüssigem Chlorbaryum alkalisch, kohlensaures Kalium reagirt für sich allein auf Lakmus alkalisch, nicht so nach Zusatz von überschüssigem Chlorbaryum. Diese Reaction ist zur Unterscheidung und zur quantitativen Trennung von Aetzkali und kohlensaurem Kalium zu verwenden.

Aus einer Auflösung von Quecksilberchlorid fällt Kalilauge einen gelben Niederschlag von Quecksilberoxyd, der sich im Ueberschusse des Fällungsmittels nicht löst.

Salpetersaures Silber wird durch Kalilauge gefällt, es entsteht ein schwarzer im Ueberschusse des Fällungsmittels unlöslicher Niederschlag von Silberoxyd.

In den Lösungen von Alaun und anderen Aluminiumsalzen erzeugt Kalilauge einen farblosen, durchscheinenden, voluminösen Niederschlag, der sich im Ueberschusse der Kalilauge auflöst.

Aus den Auflösungen der Zinksalze wird durch Kalilauge ein weisser Niederschlag von Zinkoxydhydrat abgeschieden, der im Ueberschusse von Kalilauge löslich ist.

Kalilauge liefert, wenn sie nicht zu verdünnt ist, mit überschüssiger Weinsäure einen farblosen krystallinischen Niederschlag und mit Platinchlorid und Salzsäure einen gelben, in kaltem Wasser sehr schwer löslichen Niederschlag; diese beiden Reactionen zeigen auch die Salze des Kaliums.

Die ungefärbte Flamme des Bunsen'schen Brenners, sowie die Weingeistflamme werden durch Aetzkali, sowie durch Kalisalze blass violett gefärbt, diese Flamme zeigt vor dem Spectralapparate die charakteristischen Linien, welche auf der Spectraltafel (2, Kaliumspectrum) verzeichnet sind.

Nach den angegebenen Reactionen können festes Aetzkali und Kalilauge ohne Weiteres erkannt werden; ihr Gehalt an reinem Aetzkali wird massanalytisch bestimmt. Die in einer Kalilauge enthaltene Menge von Aetzkali neben dem darin vorhandenen kohlensaurem Kalium wird nach der Methode, welche auf Seite 114 beschrieben ist, ermittelt.

Wegen der grossen Verwandtschaft des Aetzkalis zur Kohlensäure und zu andern Säuren, ist es in den meisten Fällen von Vergiftungen durch Kalilauge nicht möglich, in dem Mageninhalt, in Speiseresten oder in Leichentheilen Aetzkali nachzuweisen; der Nachweis gelingt nur dann, wenn grössere Quantitäten des ätzenden Giftes angewendet wurden und wenn die Untersuchung bald nach geschehener That unternommen wird. Der ärztliche Befund nach Vergiftungen mit Aetzkali oder ätzenden Alkalien überhaupt ist übrigens so charakteristisch, dass die chemische Untersuchung in der Regel nur zur Bestätigung dient.

Sind die genannten Objecte auf Aetzkali zu untersuchen, so prüft man vor allem mit dem Lakmuspapier, sowie mit dem Curcumapapier die Reaction; ist dieselbe nicht entschieden alkalisch, so sind weder ätzende, noch kohlensaure Alkalien vorhanden, ist die Reaction alkalisch, so wird die zerkleinerte Substanz in einer Flasche mit starkem Weingeist (90% bis 95%) übergossen, die Flasche verstopft und durch einige Stunden hingestellt, worauf man filtrirt.

Der Alkohol löst das Aetzkali (aber auch durch dessen Vermittlung organische Substanzen auf), das Filtrat muss daher, wenn das Untersuchungsobject wirklich Aetzkali enthielt, stark alkalisch reagiren; der Alkohol wird abdestillirt, die restirende Flüssigkeit in einer Silberschale zur Trockene verdampft und der Trockenrückstand behufs Zerstörung der organischen Substanz vorsichtig über freiem Feuer erhitzt. Meistens wird in der Silberschale das Kali als kohlensaures Salz zurückbleiben; für alle Fälle ist der Inhalt der Silberschale nach dem Glühen mit Wasser auszulaugen und die wässerige Lösung weiter auf Kali mit den angegebenen Reagentien und Methoden zu prüfen. — Die Untersuchung exhumirter Leichentheile auf Aetzkali wird nach dem, was im Vorhergehenden gesagt wurde, wohl immer resultatlos sein.

## Chlorsaures Kalium.

Das chlorsaure Kalium, auch Berthollet's Salz und im gewöhnlichen Leben „Chlorkali" genannt, krystallisirt in farblosen Tafeln oder Blättchen, welche herbe, kühlend, unangenehm salpeterähnlich schmecken; es löst sich im Wasser, nicht in absolutem Alkohol, sehr schwer in 80% Weingeist. 100 Theile Wasser lösen bei 0° 3·3 Theile, bei 15° C. 6 Theile, bei 35° C. 12 Theile, bei 50° C. 19 Theile, bei 75° C. 36 Theile von dem Salze; bei 16° C. löst sich 1 Gewichtstheil des Salzes in 120 Gewichtstheilen von 80% Weingeist, die Lösungen reagiren neutral. Durch folgende Reactionen kann das chlorsaure Kalium erkannt werden:

1. In einer Eprouvette über freiem Feuer erhitzt, schmilzt es bei 360° C. unter Entwicklung von Sauerstoff, den man mit einem glimmenden Holzspan nachweisen kann, im Rückstande bleibt Chlorkalium, das die Flamme violett färbt und mit Silbernitrat den Niederschlag von Chlorsilber gibt.

2. Auf glühenden Kohlen verpufft das Salz unter Entwicklung der violetten Kaliflamme; mischt man chlorsaures Kalium mit gepulverter Kohle, oder mit Schwefelblumen, oder mit Zuckerpulver, so erhält man Gemenge, die sich beim Berühren mit einem glimmenden

Körper entzünden und unter lebhafter Lichtentwicklung verbrennen, die Gemenge von Schwefel und Zucker mit chlorsaurem Kalium entzünden sich auch, wenn man einen Tropfen concentrirter Schwefelsäure darauf tropft.

3. Chlorsaures Kalium mit concentrirter Schwefelsäure übergossen, liefert Chlorperoxyd ($ClO_2$), ein tief gelb gefärbtes, nach Chlor und zugleich nach gebranntem Zucker riechendes, sehr leicht zersetzliches, explosives Gas; die Schwefelsäure färbt sich dabei intensiv gelb.

4. Chlorsaures Kalium wird durch concentrirte Salzsäure schon bei gewöhnlicher Temperatur, durch mässig verdünnte Salzsäure in der Wärme zersetzt unter Entwicklung von Chlor und etwas Unterchlorsäure, die Flüssigkeit färbt sich dabei intensiv grüngelb und es entweicht reichlich Chlorgas.

5. Versetzt man eine wässerige Lösung von chlorsaurem Kalium mit Indigolösung und fügt man darauf etwas verdünnte Schwefelsäure zu, so bleibt die Flüssigkeit blau; gibt man aber etwas schweflige Säure oder schwefligsaures Salz hinzu, so tritt Entfärbung ein. Die schweflige Säure entzieht nämlich der Chlorsäure Sauerstoff und erzeugt entweder eine niedere Chlorsauerstoffverbindung oder freies Chlor, welche den Indigo oxydiren und dabei entfärben. — Diese Reaction ist sehr empfindlich.

Die unter 3, 4 und 5 aufgeführten Reactionen kommen den chlorsauren Salzen im Allgemeinen, d. h. nicht nur dem chlorsauren Kalium zu; die Reactionen, welche unter 1 und 2 angegeben sind, geben zum Theile auch die anderen chlorsauren Salze, aber nicht die violette Flammenfärbung.

Wenn chlorsaures Kalium im reinen Zustande oder nur mit unorganischen Stoffen gemengt vorliegt, so hält es nicht schwer, durch die mitgetheilten Reactionen dasselbe zu erkennen; soll dieses Salz nach einer Vergiftung im Erbrochenen, im Magen- oder Darminhalt, in den Leichentheilen, im Blut oder im Harne[1]) nachgewiesen werden, so verfährt man auf folgende Weise: Blut, Mageninhalt, Darminhalt, sowie zerkleinerte Organe werden in kochendes Wasser eingetragen, die Flüssigkeit wird, wenn sie nicht schon sauer reagirt, mit Essigsäure schwach angesäuert, weiter erhitzt und durch etwa 1 Minute im Kochen erhalten, um die Eiweisskörper zu coaguliren; Harn, der nach Vergiftungen mit chlorsaurem Kalium in der Regel Eiweiss enthält, wird mit Essigsäure angesäuert und zum Kochen erhitzt, wobei sich das Eiweiss geronnen abscheidet. Die Flüssigkeiten werden filtrirt

---

[1]) Nur in frischen Fällen gelingt der Nachweis; in den nach der Vergiftung entleerten Harnportionen sind bisweilen ganz beträchtliche Mengen von unverändertem chlorsauren Kalium enthalten, während in anderen Fällen die Hauptmenge dieses Salzes beim Durchgange durch den Organismus zu Chlorkalium reducirt wird. Wenn von der Einführung des Giftes bis zum Tode mehrere Tage verstrichen sind, so findet man im Blute, sowie in den Organen nichts mehr davon.

und die klaren Filtrate auf dem Wasserbade bis auf ein geringes Volumen verdampft, worauf man abkühlen und mehrere Stunden an einem kühlen Orte ruhig stehen lässt; ist die Menge des in dem Untersuchungsobjecte enthaltenen chlorsauren Kaliums nur einigermassen erheblich, so scheidet es sich aus der concentrirten Flüssigkeit beim Abkühlen krystallinisch aus, die Krystalle können von der Mutterlauge getrennt, zwischen Fliesspapier abgetrocknet und zu den oben angeführten Reactionen verwendet werden; findet eine Ausscheidung von krystallisirtem chlorsaurem Kalium nicht statt, so muss man sich damit begnügen, das letztere nach den unter 4 und 5 angeführten Reactionen nachzuweisen.

## Aetznatron.

Das Aetznatron, Natriumhydroxyd, auch Laugenstein genannt, zeigt sowohl in seinem Aussehen, als auch in den meisten Reactionen die grösste Aehnlichkeit mit dem Aetzkali. Es ist eine weisse durchscheinende krystallinische Substanz vom specifischen Gewichte 2·13, welche im Wasser und Weingeist leicht löslich ist; es zieht begierig Wasser und Kohlensäure aus der Luft an und zerfliesst daher an feuchter Luft. Sowie das Aetzkali kommt es in Stücken oder Stangen im Handel vor. Die Lösung, Natronlauge, auch Laugenessenz genannt, zeigt bei 15° C. je nach dem Gehalt an Aetznatron folgende specifischen Gewichte:

| Specif. Gew. bei 15° C. | Procentgehalt an Aetznatron | Specif. Gew. bei 15° C. | Procentgehalt an Aetznatron |
|---|---|---|---|
| 1·012 | 1 | 1·384 | 35 |
| 1·059 | 5 | 1·437 | 40 |
| 1·115 | 10 | 1·488 | 45 |
| 1·170 | 15 | 1·540 | 50 |
| 1·225 | 20 | 1·591 | 55 |
| 1·279 | 25 | 1·643 | 60 |
| 1·332 | 30 | | |

Die Natronlauge wird im Haushalte vielfach angewendet; eine Lauge, deren specifisches Gewicht 1·02 nicht übersteigt, ist auch für den Kleinhandel erlaubt; leider wird sehr häufig viel concentrirtere Lauge an die Parteien abgegeben und dadurch werden die häufigen Unglücksfälle, welche besonders Kinder treffen, verursacht; die käufliche Lauge ist von einem Gehalte an organischer Substanz gelb gefärbt, sie enthält neben Aetznatron gewöhnlich kohlensaures und schwefelsaures Natrium, sowie Kochsalz.

Das Aetznatron verhält sich gegen thierische Substanzen, gegen Pflanzenfarben, gegen Quecksilberchlorid, salpetersaures Silber, Alaun und Zinksalze gerade so, wie das Aetzkali; dagegen besteht ein wesentlicher Unterschied in dem Verhalten gegen Weinsäure, sowie gegen Platinchlorid und in der Flammenfärbung. Natriumverbindungen werden durch Weinsäure und durch Platinchlorid nicht gefällt, die farblose Flamme des Bunsen'schen Brenners, sowie die Weingeistflamme werden durch Natriumverbindungen intensiv gelb gefärbt und ergeben bei der Beobachtung das Natriumspectrum (siehe Spectrum 3 auf der Spectraltafel).

Die quantitative Bestimmung des Aetznatrons in reiner Lösung, sowie neben kohlensaurem Natrium geschieht genau so, wie dies beim Aetzkali angegeben worden ist.

Was den Nachweis des Aetznatrons in Leichentheilen etc. betrifft, so gilt für die Abscheidung alles das, was für das Aetzkali gesagt wurde.

## Ammoniak.

Das Ammoniak ist ein farbloses Gas von stechendem Geruch und alkalischem Geschmack, es reizt heftig zu Thränen; sein specifisches Gewicht ist 0·5967 (Luft = 1), seine Reaction alkalisch; es wird vom Wasser, sowie vom Weingeist begierig absorbirt [1]); die wässerige Lösung, welche unter den Namen: Ammoniak- oder Aetzammoniakflüssigkeit, Salmiakgeist, Ammonia pura liquida, Liquor ammonii caustici, Ammoniacum causticum solutum bekannt ist, findet in den chemischen Laboratorien, in den Apotheken, sowie in der Industrie vielfach Verwendung. Diese Ammoniakflüssigkeit ist farblos, von dem charakteristischen Geruch des Ammoniaks, selbst bei sehr starker Verdünnung, von alkalisch-ätzendem Geschmacke und von alkalischer Reaction, ihr specifisches Gewicht ist geringer, als das des Wassers und richtet sich selbstverständlich nach dem Ammoniakgehalte, wie die folgende Tabelle zeigt:

| Specif. Gew. bei 14° C. | Procentgehalt an Ammoniak | Specif. Gew. bei 14° C. | Procentgehalt an Ammoniak |
|---|---|---|---|
| 0·9959 | 1 | 0·8953 | 31 |
| 0·9790 | 5 | 0·8929 | 32 |
| 0·9593 | 10 | 0·8907 | 33 |
| 0·9414 | 15 | 0·8885 | 34 |
| 0·9251 | 20 | 0·8864 | 35 |
| 0·9106 | 25 | 0·8844 | 36 |
| 0·8976 | 30 | | |

Auf thierische Gewebe wirkt die Ammoniakflüssigkeit, sowie das Gas ätzend, ähnlich wie Aetzkali und Aetznatron; Vergiftungen mit demselben gehören zu den Seltenheiten.

Zum Nachweis des Ammoniaks kann das folgende Verhalten desselben benützt werden:

1. Ammoniak, sowie kohlensaures Ammon besitzen den charakteristischen Geruch, der selbst bei sehr starker Verdünnung noch wahrgenommen werden kann; dieser Geruch verschwindet, wenn man dem ammoniakhältigen Objecte eine Säure bis zur sauren Reaction zusetzt,

[1]) 1 Volumen Wasser nimmt auf: bei 0° 1050 Volumen, bei 10° C. 813 Volumen, bei 15° C. 727 Volumen, bei 20° C. 654 Volumen Ammoniakgas.

weil dann das Ammoniak neutralisirt wird und die Ammonsalze mit Ausnahme des Carbonates nicht riechen.

2. Ammoniakgas gibt mit Chlorwasserstoffgas dichte weisse Nebel von Chlorammonium (Salmiak). Wenn man eine Substanz, die freies Ammoniak oder kohlensaures Ammon enthält, auf ein Uhrglas bringt, so dunstet von der Oberfläche Ammoniak ab, hält man nun über die Flüssigkeit einen Glasstab, der mit Salzsäure benetzt[1]) ist, so dunstet von diesem etwas Salzsäure ab, die beiden Dämpfe treffen sich und bilden in Form dicker weisser Nebel Salmiak.

3. Ammoniak färbt rothes Lakmuspapier blau, Curcumapapier braun.

4. Ammoniak liefert, mit Platinchlorid und Salzsäure versetzt, einen gelben, in kaltem Wasser schwer löslichen Niederschlag von Ammoniumplatinchlorid, der in Weingeist unlöslich ist.

5. Ammoniak erzeugt in dem Nessler'schen Reagens einen röthlichbraunen Niederschlag; die Reaction ist sehr empfindlich. Das Nessler'sche Reagens bereitet man auf folgende Weise: 2 Grm. Jodkalium werden in 5 Ccm. Wasser gelöst, in diese Flüssigkeit wird unter gelindem Erwärmen so lange Quecksilberjodid eingetragen, bis dasselbe nicht mehr gelöst wird, darauf lässt man erkalten, verdünnt mit 20 Ccm. Wasser, filtrirt und setzt 30 Ccm. einer Kalilauge zu, die man durch Auflösen von 1 Gewichtstheil Aetzkali in 2 Theilen Wasser dargestellt hat. Sollte die Flüssigkeit nicht ganz klar sein, so lässt man absetzen und zieht die klare Flüssigkeit mit einem Heber ab.

Bei sehr geringen Spuren von Ammoniak färbt das Nessler'sche Reagens nur gelb. Dem Niederschlage, welchen Ammoniak in dem Reagens erzeugt, wird die Zusammensetzung $HgJNH_2 + HgO$ zugeschrieben.

Die quantitative Bestimmung sowohl des freien Ammoniaks, als des kohlensauren Ammons wird auf massanalytischem Wege mittelst Normalsäure vorgenommen (siehe Seite 111).

Der Nachweis von freiem Ammoniak in organischen Stoffen, wie z. B. Erbrochenem, Leichentheilen u. dgl. kann nur dann geführt werden, wenn diese Substanzen noch frisch, d. h. noch nicht durch Fäulniss zersetzt sind; es hätte für die Frage um eine Ammoniakvergiftung gar keinen Werth, wenn in einem bereits faulen Objecte Ammoniak nachgewiesen würde, weil ja das Ammoniak ein Product der Fäulniss der Eiweisskörper ist.

Die Untersuchungsobjecte werden vor Allem auf ihren Geruch und ihre Reaction geprüft; bei irgend nennenswerthen Ammoniakmengen wird dessen charakteristischer Geruch sofort auffallen und alkalische Reaction sich zeigen, dann wird man die Probe mit dem Glasstabe anstellen, der mit verdünnter Salzsäure benetzt ist

[1]) Die Salzsäure darf nicht zu concentrirt sein, weil sie sonst für sich allein schon an der Luft raucht; man verdünnt sie daher so lange mit Wasser, bis sie eben nicht mehr raucht.

und auch wohl mit dem befeuchteten Reagenspapier noch die Reaction der von dem Objecte entweichenden Dämpfe untersuchen.

In allen Fällen wird es sich ferner empfehlen, das Ammoniak rein abzuscheiden und dann alle oben angegebenen Reactionen vorzunehmen; zu diesem Zwecke bringt man das Untersuchungsobject in eine geräumige Kochflasche, verschliesst dieselbe mit einem doppelt durchbohrten Kork, der ein bis auf den Boden reichendes und ein knapp unter dem Stöpsel endendes Glasrohr trägt und leitet, während man auf dem Wasserbade auf circa 60° C. erwärmt, durch 1—2 Stunden aus einem Gasometer einen mässigen Strom von Luft, die vorher mehrere Waschflaschen mit Schwefelsäure passirte, hindurch; mit der Kochflasche ist dicht ein Peligot'scher Absorptionsapparat verbunden, der verdünnte Salzsäure enthält. Die durch Schwefelsäure gewaschene, ammoniakfreie Luft streicht durch das gelinde erwärmte Untersuchungsobject, nimmt das vorhandene Ammoniak auf und führt es in den Absorptionsapparat, wo es von der Salzsäure gebunden wird. Nach Beendigung der Operation wird der Inhalt dieses Absorptionsapparates in eine Porcellanschale gegossen und darin auf dem Wasserbade zur Trockene verdunstet; mit dem trockenen Abdampfrückstand, welcher Salmiak ist, werden die Reactionen auf Ammoniak ausgeführt.

## IV. Pflanzengifte.

Die organischen Verbindungen, welche die „wirksamen Principien" der Giftpflanzen ausmachen, werden als *Pflanzengifte* bezeichnet; sie gehören nach ihrer chemischen Zusammensetzung und nach ihrem Verhalten gegen Reagentien verschiedenen Gruppen der organischen Chemie an, wie den zusammengesetzten Aethern, den Phenolen, den Alkaloiden, Glycosiden, Bitterstoffen.

Erfahrungsgemäss sind für die gerichtlich-chemische Praxis aus dem grossen Gebiete der Pflanzengifte die Alkaloide und einige stickstofffreie Verbindungen, welche auf demselben Wege, wie die Alkaloide abgeschieden werden können, am wichtigsten; es sollen daher in diesem Abschnitte nur eine Anzahl giftiger Alkaloide und ausser diesen das Picrotoxin und Digitalin behandelt werden.

Wenn die Pflanzengifte, von denen hier die Rede ist, im reinen Zustande vorliegen, so ist es nicht schwer, dieselben zu bestimmen, weil wir für jedes derselben charakteristische, chemische und physiologische Reactionen besitzen. Anders verhält es sich aber, wenn diese Pflanzengifte in Speiseresten, Leichentheilen oder in anderen Untersuchungsobjecten nachgewiesen werden sollen, wo sie mit grossen Mengen anderer, insbesondere thierischer oder pflanzlicher Substanzen gemengt sind; da gestaltet sich oft die Arbeit sehr schwierig und es gehört viel Uebung, Erfahrung und besonderes Geschick dazu, die gewöhnlich nur kleine Menge eines solchen Pflanzengiftes rein abzuscheiden, so dass es an seinem charakteristischen Verhalten erkannt werden kann.

Wegen des zumeist auffallenden (bitteren) Geschmackes wird gewöhnlich nur wenig von dem Gifte einverleibt; dieses vertheilt sich auf den ganzen Organismus, von dem doch nur ein Theil verarbeitet wird, ein Theil des Giftes wird während des Lebens im Körper zerstört, endlich sind bei der Abscheidung und Reindarstellung grosse Verluste unvermeidlich. Gerade die Reindarstellung verschlingt viel Material, sie kann aber nicht umgangen werden, denn zur Anstellung der Specialreactionen dürfen nur reine Verbindungen verwendet werden. Bei der Fäulniss von Leichentheilen bilden sich stickstoffhaltige, basische Verbindungen, sogenannte Fäulnissalkaloide, Leichenalkaloide oder Ptomaïne, die sich gegen die allgemeinen Alkaloidreagentien gerade so wie die Pflanzenalkaloide verhalten, ja manche von ihnen zeigen Specialreactionen, die denen einzelner Pflanzenalkaloide sehr ähnlich sind.

Die früher vielfach geäusserte Meinung, dass die Pflanzengifte durch den Fäulnissprocess bald zerstört werden, trifft kaum zu, für einige Alkaloide ist das Gegentheil erwiesen, indem man dieselben in stark verfaulten exhumirten Leichentheilen bestimmt nachweisen konnte; so gelang es im Jahre 1883 Prof. J. Mauthner und mir, aus den ein Jahr nach der Beerdigung exhumirten Leichentheilen eines mit Belladonnawurzel vergifteten Mannes Atropin in solcher Menge abzuscheiden, dass damit alle chemischen und physiologischen Reactionen wiederholt angestellt werden konnten.

Wesentlich erleichtert werden die Untersuchungen auf Pflanzengifte in Leichentheilen dadurch, dass um ein bestimmtes Gift gefragt wird. Wenn nämlich der Vergiftete während seiner Erkrankung durch einen Arzt beobachtet wurde, so wird dieser, in Folge der ganz charakteristischen Wirkung vieler Pflanzengifte zumeist im Stande sein, auf ein bestimmtes Gift hinzuweisen, fehlt ein solcher Hinweis, muss also die ganze Reihe der chemisch nachweisbaren Pflanzengifte in Betracht gezogen werden, dann gehört also zur richtigen Lösung der gestellten Aufgabe ein mit derlei Arbeiten gut vertrauter Chemiker.

Beim Nachweis der Pflanzengifte geht man im Allgemeinen so vor, dass man das Gift abscheidet, dann zuerst mit den sogenannten allgemeinen und hierauf erst mit den speciellen Reagentien prüft. Für das Verständniss der Methoden, nach denen Abscheidung und Nachweis erfolgt, ist die Kenntniss des Verhaltens der Pflanzengifte gegen Lösungsmittel und allgemeine Reagentien, ferner die Kenntniss der Specialreactionen erforderlich.

Die Alkaloide sind, wie schon früher Seite 51 angegeben wurde, stickstoffhaltige, organische Verbindungen, welche als mehr oder weniger complicirte Abkömmlinge des Ammoniaks betrachtet werden können, den chemischen Charakter von Basen besitzen und daher mit Säuren sich zu Salzen verbinden.

Nur einige Alkaloide sind unverändert flüchtig und lassen sich schon bei der Temperatur des siedenden Wassers mit Wasserdämpfen überdestilliren, wie Coniin, Nicotin; die Mehrzahl der Alkaloide ist unter gewöhnlichem Luftdrucke nicht unzersetzt flüchtig; erhitzt man daher diese letzteren, so wird ein grosser Theil zersetzt, ein geringer Theil destillirt oder sublimirt unzersetzt über.

Im Wasser sind die meisten Alkaloide schwer löslich, nur Nicotin und Colchicin machen eine Ausnahme, sie sind schon bei gewöhnlicher Temperatur im Wasser leicht löslich; Alkohol (Aethylalkohol), sowie Amylalkohol sind gute Lösungsmittel für alle Alkaloide, sie lösen dieselben besonders in der Wärme leicht auf. Auch Aether, Petroleumäther, Benzol und Chloroform sind gute Lösungsmittel, doch löst sich nicht jedes Alkaloid in jedem dieser Mittel, so z. B. ist krystallinisches Morphin in Aether kaum löslich.

Die Verbindungen der Alkaloide mit Säuren sind entweder schon in reinem Wasser oder in Wasser, das mit Salzsäure oder Schwefelsäure angesäuert ist, löslich, auch in absolutem und verdünntem Alkohol lösen sich die Salze der Alkaloide ziemlich leicht auf, während sie in Aether, sowie in Amylalkohol und den anderen genannten Lösungsmitteln so gut wie unlöslich sind. Durch die Löslichkeit der Alkaloidsalze in Alkohol ist es möglich, dieselben von Ammonsalzen, von den Salzen unorganischer Basen, sowie von anderen in Alkohol unlöslichen Stoffen, als Eiweisskörpern u. dgl. zu trennen, anderseits ist es möglich, aus der wässerigen Lösung eines Alkaloidsalzes Fette oder andere in Aether lösliche Substanzen zu entfernen, indem man diese Lösung mit Aether schüttelt; fast alle Salze der Alkaloide bleiben bei diesem Verfahren in der wässerigen Flüssigkeit zurück, nur das Colchicin macht eine Ausnahme; dasselbe geht nämlich aus angesäuerter wässeriger Löung beim Schütteln mit Aether oder Amylalkohol in diese Lösungsmittel über und in gleicher Weise verhalten sich Picrotoxin und Digitalin.

Aus den wässerigen Lösungen der Alkaloidsalze machen ätzende Alkalien, Ammoniak, sowie die kohlensauren Salze der Alkalien die Alkaloide frei, welche, wenn sie im Wasser oder im Ueberschuss des zugesetzten Alkalis nicht löslich sind, sich dann als Niederschläge abscheiden; manche, wie Morphium und Apomorphin lösen sich im Ueberschusse der alkalischen Flüssigkeit auf.

Wenn man die wässerigen Auflösungen der Alkaloidsalze mit Ammoniak oder Aetzkali übersättigt und dann mit Aether, Benzol, Chloroform oder Amylalkohol ausschüttelt, so geht das frei gewordene Alkaloid meistens in diese Lösungsmittel über [1]), wenn man nun umgekehrt die Lösung eines freien Alkaloides in einem der genannten Lösungsmittel mit angesäuertem Wasser schüttelt, so wandert das Alkaloid in die wässerige Flüssigkeit über, indem

---

[1]) Morphin geht unter diesen Umständen nur spurenweise in Aether über.

das im Wasser lösliche, im Aether u. s. w. unlösliche Alkaloidsalz entsteht.

Durch vorsichtiges Abdampfen der wässerigen Lösungen, welche Alkaloidsalze enthalten, gewinnt man diese, und zwar meist deutlich krystallisirt, ebenso bleiben die freien Alkaloide meist krystallisirt zurück (falls sie überhaupt leicht krystallisiren), wenn man ihre Lösungen in Aether, Amylalkohol langsam, bei gelinder Wärme, oder, wo es angeht, bei gewöhnlicher Temperatur verdampft.

Schon Seite 52 wurden einige allgemeine Alkaloidreagentien angeführt; dieselben erzeugen selbst in sehr verdünnten Lösungen der Alkaloidsalze noch Niederschläge oder doch wenigstens Trübungen. Solche allgemeine Alkaloidreagentien sind: 1. *Phosphorwolframsäure*, 2. *Phosphormolybdänsäure*, 3. *Phosphorantimonsäure*[1]), 4. *Kaliumquecksilberjodid*[2]), 5. *Kaliumwismuthjodid*[3]), 6. *Kaliumcadmiumjodid*, 7. *Kaliumzinkjodid*, 8. *Kaliumplatincyanür*, 9. *Kaliumsilbercyanür*, 10. *Jod-Jodkalium*[4]), 11. *Gerbsäure*, 12. *Pikrinsäure*, 13. *Platinchlorid*, 14. *Goldchlorid*, 15. *Quecksilberchlorid*.

Das Verhalten der meisten dieser Reagentien gegen Lösungen von Alkaloiden ist schon Seite 52 besprochen worden, zur Ergänzung diene noch Folgendes: Die durch Phosphorantimonsäure erzeugten Niederschläge sind amorph, meistens weiss. Kaliumcadmiumjodid und Kaliumzinkjodid verhalten sich dem Kaliumquecksilberjodid ähnlich; sie erzeugen Niederschläge, die anfangs weiss und amorph sind, bei längerem Stehen unter der Flüssigkeit aber gelblich und krystallinisch werden. Kaliumplatincyanür erzeugt in den Lösungen vieler Alkaloidsalze weisse, meist krystallinische Niederschläge, welche in heissem Wasser löslich sind, beim Erkalten sich aber wieder ausscheiden. Gerbsäure erzeugt in den meisten Alkaloidlösungen farblose oder gelbliche, flockige Niederschläge; eine Ausnahme macht das Morphin, dessen Lösungen durch Gerbsäure nicht gefällt werden. Pikrinsäure fällt aus den Lösungen der Alkaloide und Alkaloidsalze, wenn dieselben nicht zu verdünnt sind, gelbe Niederschläge, die entweder sofort krystallinisch sind oder sich anfangs amorph, flockig abscheiden, aber bald krystallinisch werden. Quecksilberchlorid erzeugt in genügend concentrirten Lösungen von Alkaloiden und

---

[1]) Dieses Reagens erhält man, indem man zu 3 Volumen einer concentrirten wässerigen Lösung von phosphorsaurem Natrium 1 Volumen Antimonsuperchlorid unter fortwährendem Umschütteln zutropft.

[2]) Nach Mayer erhält man dieses Reagens durch Auflösen von 13·546 Grm. Quecksilberchlorid und 49·8 Grm. Jodkalium in so viel Wasser, dass die ganze Flüssigkeit 1 Liter ausmacht.

[3]) Diese Lösung stellt man am besten auf folgende Art dar: 1·5 Grm. frisch gefälltes basisch-salpetersaures Wismuth wird in 20 Ccm. Wasser vertheilt, die Flüssigkeit erhitzt, 7 Grm. Jodkalium und zuletzt 20 Tropfen concentrirter Salzsäure zugesetzt.

[4]) Ueber die Bereitung dieses Reagens siehe Seite 52.

deren Salzen weisse oder gelbliche Niederschläge, die meistens bald krystallinisch werden.

Nicht jedes dieser Reagentien bringt mit jedem Alkaloid einen Niederschlag hervor, aber jedes Alkaloid wird doch durch eine Anzahl der Reagentien gefällt, so z. B. erzeugt Gerbsäure in einer Morphinlösung keinen Niederschlag, während Jodjodkalium, Phosphorwolframsäure, Phosphormolybdänsäure, Kaliumquecksilberjodid, Kaliumwismuthjodid das Morphin fällen. Wenn es sich daher darum handelt, in einer Lösung die Anwesenheit eines Alkaloides zu constatiren, so müssen mehrere Proben dieser Lösung mit den wichtigsten der angeführten allgemeinen Reagentien geprüft werden.

### *Special-Reactionen der Pflanzengifte.*

Die Pflanzengifte werden bei gerichtlichen Untersuchungen aus den Untersuchungsobjecten in freiem Zustande und möglichst rein abgeschieden und an dem reinen Präparate werden dann alle Eigenschaften und Reactionen festgestellt, welche zur Bestimmung nothwendig sind, der Rest, welcher zu diesen Reactionen nicht verbraucht wurde, kann dem Gerichte als Beleg abgeliefert werden.

## Coniin.

Das *Coniin* ($C_8H_{17}N$) findet sich, wahrscheinlich an Aepfelsäure gebunden, in allen Theilen des Schierlings (Conium maculatum L.), am reichlichsten in den nicht ganz reifen Früchten. Es ist eine wasserhelle, ölige Flüssigkeit[1]) von durchdringend widrigem, an Mäuseharn erinnernden, betäubenden, zu Thränen reizenden Geruche und scharfem, tabaksähnlichen Geschmacke; sein specifisches Gewicht ist 0·886, es siedet unter gewöhnlichem Luftdrucke bei 163·5° C. und kann im Wasserstoffstrome unverändert überdestillirt werden, während das Alkaloid bei der Destillation unter Luftzutritt theilweise zersetzt und gebräunt wird. Auch bei gewöhnlicher Temperatur ist das Coniin in erheblichem Grade flüchtig. Es ist brennbar und verbrennt mit stark leuchtender und russender Flamme.

Im Wasser ist das Coniin nur wenig löslich, kaltes Wasser löst ungefähr 1%, heisses Wasser bedeutend weniger auf, deshalb wird eine kalt gesättigte, klare Coniinlösung beim Erwärmen trübe; diese Eigenschaft ist charakteristisch und kann, da sie dem Nicotin nicht zukommt, als ein wichtiges Unterscheidungsmerkmal benützt werden. Das Coniin selbst löst bei niederer Temperatur ungefähr ¼ seines Gewichtes, bei —5° C. sogar etwas mehr, als sein gleiches Gewicht an Wasser auf.

Weingeist, Aether, Petroleumäther, Benzol, Chloroform, Amylalkohol, Aceton und viele ätherische Oele lösen das Coniin leicht auf,

[1]) Bei Abschluss der Luft und des Lichtes bleibt das Coniin farblos, bei Luftzutritt zersetzt es sich bald; es wird gelb, dann braun, dickflüssig, endlich harzig, bitter schmeckend und ist dann im Wasser und Aether schwer, im Weingeist leicht löslich.

mit Weingeist scheint es sich in allen Verhältnissen zu mischen, eine Lösung von 1 Theil Coniin in 4 Theilen Weingeist mischt sich mit Wasser; Aether löst bei gewöhnlicher Temperatur $^1/_6$ seines Gewichtes an Coniin auf. Beim freiwilligen Verdunsten dieser Lösungen bleibt das Coniin in Form gelblich gefärbter, öliger Tropfen zurück.

Das Coniin ist optisch activ, es ist rechtsdrehend, sein specifisches Drehungsvermögen ist $\alpha(D) = 10{\cdot}63^0$.

Die wässerige Lösung des Coniins reagirt alkalisch, rothes Lakmuspapier wird gebläut, Curcumapapier gebräunt, auch von einer weingeistigen Coniinlösung wird Curcumapapier bleibend rothbraun gefärbt.

Säuren gegenüber verhält sich das Coniin als starke Base, es bildet mit denselben die entsprechenden Coniinsalze, welche im Wasser sehr leicht löslich, an feuchter Luft zerfliesslich und deshalb schwer krystallisirt zu erhalten sind. Die trockenen Coniinsalze sind geruchlos, ihre Lösungen aber riechen schwach nach Coniin und sind sehr unbeständig, besonders wenn sie etwas freie Säure enthalten; sie färben sich an der Luft bald roth, dann nach einander violett, grün und blau; in der Wärme geht die Zersetzung viel rascher vor sich, die Lösungen werden bald braun und scheiden braune Flocken ab. In Weingeist sind die Coniinsalze leicht löslich, in Aether nur spurenweise löslich, in Petroleumäther und Benzol sind sie unlöslich. Wenn man ein Coniinsalz mit Kalilauge oder Natronlauge versetzt, so wird das Alkaloid frei, und es tritt dessen charakteristischer Geruch auf; das frei gemachte Coniin kann der Flüssigkeit durch Ausschütteln mit Aether, Petroleumäther, Benzol oder Chloroform entzogen werden, ebenso kann man das Coniin durch Destillation am besten im Wasserstoffstrome gewinnen. Das Alkaloid geht mit den Wasserdämpfen über; war in der Lösung ein Ammonsalz enthalten, so findet sich im Destillate auch Ammoniak; um dieses vom Coniin zu trennen, neutralisirt man das Destillat mit reiner Oxalsäure, dampft bei gelinder Wärme zur Trockene ab und extrahirt den trockenen Abdampfrückstand mit Alkohol, welcher das oxalsaure Coniin löst, das oxalsaure Ammon aber ungelöst lässt; durch Verdunsten der filtrirten alkoholischen Lösung gewinnt man dann reines oxalsaures Coniin.

Wird etwas Coniin in einem Uhrglase mit wenigen Tropfen Salzsäure versetzt, so entsteht salzsaures Coniin, welches, wenn die Lösung an der Luft allmälig eintrocknet, in der Form von nadel- oder säulenförmigen, mikroskopisch kleinen Krystallen zurückbleibt, die sternförmig gruppirt oder balkengerüstähnlich in einander gewachsen sind, manchmal auch dendritisch, moos- oder schilfartig aussehen. Dragendorff hat diese Krystalle zuerst beschrieben und gezeigt, dass dieselben doppelbrechend sind, daher, mit dem Polarisationsmikroskope betrachtet, ein prachtvolles Farbenspiel zeigen. Wenn man die Krystalle des salzsauren Coniins anhaucht, so zerfliessen sie und es entwickelt sich der Coniingeruch; die zerflossene Masse wird bald wieder krystallinisch, wenn sie einige Zeit in einem Exsiccator über Chlorcalcium oder Schwefelsäure verweilt. Bei längerem Stehen an der Luft zersetzen sich die Krystalle des salzsauren Coniins und zeigen dann nicht mehr die beschriebenen Erscheinungen, sie müssen deshalb frisch, sofort nachdem sie bereitet wurden, untersucht werden. Die Krystalle von Chlorammonium, welche dem salzsauren Coniin häufig beigemengt sind[1]), kann man leicht unterscheiden, da sie in regulären Formen krystallisiren und nicht doppelbrechend sind.

Gegen die allgemeinen Reagentien ist das Coniin zum Theile sehr empfindlich. Kaliumquecksilberjodid gibt bei einer Verdünnung von 1 : 800 noch eine erkennbare Trübung, Kaliumwismuthjodid bei der Verdünnung von 1 : 4000 deutliche Trübung, bei 1 : 2000 starken orangerothen Niederschlag; Phosphormolybdänsäure gibt bei der Verdünnung von 1 : 1000 einen starken gelblichen Niederschlag; Jodjodkalium gibt bei der Verdünnung von 1 : 8000 noch einen kermesfarbenen Niederschlag, bei 1 : 10.000 noch Trübung. Gerbsäure trübt 1% Coniinlösungen nur schwach, ebenso Platinchlorid, wenn die Lösung säurefrei ist; Goldchlorid, sowie Quecksilberchlorid fällen 1% Coniinlösungen nicht, die Lösung muss, wenn diese Reagentien wirken sollen, concentrirter sein (Dragendorff).

Für den Nachweis des Coniins bei gerichtlich-chemischen Untersuchungen werden nach dessen Abscheidung am besten verwerthet: der flüssige Aggregatzustand, die Flüchtigkeit, der charakteristische Geruch, die geringe Löslichkeit im Wasser, die Trübung der kalt gesättigten wässerigen Lösung beim Erhitzen, das Verhalten gegen Salzsäure, die Eigenschaften der salzsauren Verbindung, endlich das Verhalten gegen die allgemeinen Reagentien.

## Nicotin.

Das *Nicotin* ($C_{10}H_{14}N_2$) ist der giftige Bestandtheil des Tabaks (verschiedene Arten von Nicotiana, wie N. Tabacum, rustica, macrophylla, glutinosa). Im reinen Zustande eine farblose[2]), leicht bewegliche Flüssigkeit, die besonders beim Erwärmen intensiv nach Tabak riecht und scharf, brennend, lange haftend schmeckt. Sein specifisches Gewicht ist 1·018, es ist links drehend, sein specifisches Drehungsvermögen beträgt $\alpha(D) = -161{\cdot}55^0$, bei 146° beginnt es zu destilliren, kocht aber erst bei 240° bis 250° unter theilweiser Zersetzung; mit Wasserdämpfen kann es, zumal bei Abschluss der Luft, unverändert überdestillirt werden, bei gewöhnlicher Temperatur ist es schon merklich flüchtig.

Vom Wasser wird Nicotin in jedem Verhältnisse gelöst, festes Aetzkali scheidet es aus der wässerigen Lösung ab, Alkohol, Aether, Petroleumäther, Benzol und Amylalkohol lösen Nicotin leicht auf, beim Verdunsten der Lösungen bleibt es als gelbe ölige Flüssigkeit zurück. Die Lösungen reagiren alkalisch.

---

[1]) Das aus den Untersuchungsobjecten abgeschiedene Coniin ist nämlich in der Regel ammoniakhältig, bei der Umwandlung in die salzsaure Verbindung entsteht dann natürlich auch Chlorammonium.

[2]) An der Luft wird es bald gelb und verharzt wie das Coniin.

Mit Säuren verbindet sich das Nicotin zu Salzen, welche sowohl im Wasser als im Weingeist leicht löslich, im Aether (mit Ausnahme des essigsauren Salzes) dagegen unlöslich sind. Beim Eindampfen der wässerigen Lösungen von Nicotinsalzen findet Zersetzung statt, es geht Nicotin weg. Kalilauge scheidet aus Nicotinsalzlösungen das freie Alkaloid ab, welches durch Ausschütteln mit Aether, Petroleumäther, Benzol, Chloroform, Amylalkohol in diese Lösungsmittel übergeht. Das oxalsaure Nicotin ist in Alkohol löslich.

Das salzsaure Nicotin bleibt beim Verdunsten seiner wässerigen Lösung als eine gelbe, amorphe, firnissartige Masse zurück, welche erst nach längerer Zeit, wahrscheinlich in Folge eingetretener Zersetzung, krystallisirt; die Krystalle sind dann nicht mehr salzsaures Nicotin, sondern rühren von einem Zersetzungsproducte her. Durch dieses Verhalten unterscheidet sich das Nicotin wesentlich vom Coniin.

Die allgemeinen Reagentien bringen in den Lösungen der Nicotinsalze noch bei grossen Verdünnungen Niederschläge oder wenigstens Trübungen hervor, so: Kaliumquecksilberjodid bei der Verdünnung von 1 : 15.000 noch Trübung, Kaliumwismuthjodid bei 1 : 40.000 noch deutliche Trübung, Phosphormolybdänsäure bei 1 : 40.000 schwache Trübung, Jodlösung fällt kermesfarben, Gerbsäure weiss, die Grenze der Reaction liegt bei der Verdünnung von 1 : 500, Goldchlorid fällt einen gelben flockigen, in Salzsäure schwer löslichen Niederschlag; bei einer Verdünnung von 1 : 10.000 erscheint erst nach längerem Stehen wahrnehmbare Trübung.

Quecksilberchlorid erzeugt bei 1 : 1000 noch eine weissliche Trübung. Platinchlorid erzeugt in den neutralen Nicotinsalzlösungen einen röthlichgelben, in Wasser schwer löslichen, in Alkohol und Aether unlöslichen Niederschlag, der in heissem Wasser sich löst und nach dem Erkalten herauskrystallisirt, bei einer Verdünnung von 1 : 5000 entsteht nur eine Trübung (Dragendorff).

Wird eine ätherische Nicotinlösung mit einer ätherischen Jodlösung versetzt, so scheidet sich meist zuerst ein dunkles Oel aus, das allmälig krystallinisch wird und dann setzen sich aus der Lösung grosse nadelförmige Krystalle ab, die im durchfallenden Lichte roth, im auffallenden Lichte blau sind (Roussin's Krystalle).

Das Nicotin theilt manche Eigenschaften mit dem Coniin, ist aber von demselben ziemlich leicht und jedenfalls ganz sicher zu unterscheiden durch den charakteristischen Geruch, die leichte Löslichkeit im Wasser, durch die amorphe Beschaffenheit der salzsauren Verbindung, besonders aber auch dadurch, dass die Nicotinsalzlösungen selbst bei grosser Verdünnung durch Goldchlorid und Platinchlorid gefällt werden, was bei den Coniinsalzen nur erfolgt, wenn die Lösung viel concentrirter ist.

## Aconitin.

In den verschiedenen Aconitum-Arten sind drei Alkaloide enthalten, nämlich das *Aconitin* ($C_{33}H_{43}NO_{12}$), das *Pseudoaconitin* ($C_{36}H_{49}NO_{12}$) und das *Pikraconitin* ($C_{31}H_{45}NO_{10}$), von denen das letztere nicht giftig ist, während die beiden ersten heftige Gifte sind. Die Wurzeln von *Aconitum Napellus* enthalten vorwiegend Aconitin und nur wenig Pseudoaconitin, die Wurzeln von *Aconitum ferox* dagegen viel Pseudoaconitin und wenig Aconitin. Im Handel kommen drei Sorten von Aconitin vor: das deutsche, das englische und das französische; für die Praxis haben nur diese Präparate Bedeutung, da man mit den absolut reinen Alkaloiden kaum jemals bei gerichtlichen Untersuchungen etwas zu thun hat.

Das deutsche Aconitin, aus den Wurzelknollen von *Aconitum Napellus* dargestellt, ist ein Gemenge von Aconitin, etwas Pseudoaconitin, wenig Pikraconitin und grösseren oder geringeren Mengen von Zersetzungsproducten dieser leicht zersetzbaren Basen, welche sich bei der Darstellung des Präparates bilden. Es ist ein farbloses oder schwach gelbliches, geruchloses, amorphes Pulver, von bitterem, brennenden Geschmacke; in kaltem Wasser ist es schwer löslich, in siedendem Wasser schmilzt es zunächst zu einer braunen harzartigen Masse und löst sich dann leichter als in kaltem Wasser auf; 1 Theil Aconitin löst sich in 50 Theilen siedenden Wassers, in $4^1/_4$ Theilen Alkohol, in 2 Theilen Aether, in 2·6 Theilen Chloroform, in Petroleumäther ist es unlöslich; die wässerige Lösung reagirt alkalisch.

Mit Säuren bildet das Aconitin Salze, von denen einige, besonders das salpetersaure Salz, gut krystallisiren; aus den Lösungen der Salze wird das Aconitin durch Ammoniak, sowie durch Aetzkali frei gemacht und als amorpher Niederschlag abgeschieden, der sich im Ueberschusse des Ammoniaks löst, in überschüssigem Alkali aber nicht löst.

Gegen die allgemeinen Reagentien verhalten sich die Lösungen des Aconitins und seiner Salze in folgender Weise: Phosphormolybdänsäure, Jodjodkalium, Gerbsäure, Kaliumquecksilberjodid und Goldchlorid erzeugen noch in sehr verdünnten Lösungen Niederschläge, wogegen Platinchlorid, Quecksilberchlorid und Pikrinsäure nur concentrirte Aconitinlösungen fällen.

In concentrirter Schwefelsäure löst sich das Aconitin leicht auf, die Lösung ist sofort gelb gefärbt und ändert ganz allmälig im Verlaufe von einigen Stunden ihre Farbe durch Gelbroth in Rothbraun und endlich in Violett.

Eine Lösung von Aconitin in verdünnter Phosphorsäure wird beim Eindampfen auf dem Wasserbade roth, dann violett; ähnlich wirkt verdünnte Schwefelsäure.

Reines Aconitin krystallisirt in Tafeln, schmilzt bei 193° bis 194° (Ehrenberg und Purfürst), wird von concentrirter Schwefelsäure zu einer farblosen Flüssigkeit gelöst und gibt die Reaction beim Eindampfen mit Phosphorsäure gar nicht, oder es tritt nur eine sehr schwache röthliche Färbung auf.[1])

Das sogenannte französische Aconitin stimmt in seiner chemischen Beschaffenheit und in seinen Wirkungen fast vollständig mit dem

---

[1]) Reines Aconitin schmeckt scharf, brennend, nicht bitter, der bittere Geschmack des deutschen Aconitins rührt von Pikraconitin her.

deutschen Präparate überein; das „Aconitin pure" von Duquesnel ist nahezu reines Aconitin.

Das englische, aus den Wurzelknollen von *Aconitum ferox* dargestellte Aconitin ist von dem deutschen wesentlich verschieden, enthält vorzüglich Pseudoaconitin, wenig Aconitin und Zersetzungsproducte. Dieses Präparat ist ein gelbes Pulver, welches gegen Lösungsmittel, sowie gegen die allgemeinen Reagentien dasselbe Verhalten zeigt, wie das deutsche Aconitin, nicht aber die Farbenänderung mit concentrirter Schwefelsäure und die Violettfärbung beim Eindampfen mit Phosphorsäure.

Das reine Pseudoaconitin krystallisirt in durchsichtigen Nadeln, schmilzt bei 104° C., ist in Wasser schwer, in Alkohol und Aether leicht löslich und gibt mit Salpetersäure ein gut krystallisirendes Salz; in den Lösungen der Pseudoaconitinsalze erzeugt Kaliumquecksilberjodid einen sehr schwer löslichen Niederschlag, dagegen sind die durch Jodjodkalium, Gerbsäure und Alkalien erzeugten Niederschläge nicht allzu schwer löslich; die durch Goldchlorid erzeugte Fällung ist krystallinisch.

Aconitin und Pseudoaconitin verhalten sich gegen schmelzendes Aetzkali verschieden, das letztere liefert dabei Protocatechusäure, das erstere Benzoësäure, und da deutsches Aconitin im Wesentlichen reines Aconitin, englisches dagegen vorwiegend Pseudoaconitin ist, so entspricht dieser Unterschied auch den beiden Präparaten des Handels. Wenn man in einem Silbertiegel Aetzkali mit wenigen Tropfen Wasser zum Schmelzen bringt, dann in das geschmolzene Alkali englisches Aconitin, resp. Pseudoaconitin einträgt und nun vorsichtig weiter erhitzt, bis die Masse ruhig fliesst, hierauf erkalten lässt, die erkaltete Schmelze in Wasser aufnimmt, mit Salzsäure schwach ansäuert, dann Eisenchlorid zusetzt, so wird die Flüssigkeit grün und auf vorsichtigem Zusatz von kohlensaurem Natrium blau, bei weiterem Zusatz roth oder braun. Das deutsche Aconitin zeigt diese Reaction gar nicht oder nur sehr undeutlich, weil es eben nur sehr wenig Pseudoaconitin enthält.

## Apomorphin.

Das *Apomorphin* ($C_{17} H_{17} N O_2$) ist ein Umwandlungsproduct des Morphins, aus diesem durch Erhitzen mit concentrirter Salzsäure oder mit verdünnter Schwefelsäure auf 140° C., oder durch kurz andauerndes Erhitzen mit concentrirter Chlorzinklösung auf 120—160° erhalten. Frisch dargestellt ist das Apomorphin ein amorphes, weisses Pulver, das sich an der Luft sehr bald grün färbt. Die farblose, frisch dargestellte Base ist schwer im Wasser, leicht in Alkohol, Aether, Chloroform und Amylalkohol, weniger leicht in Benzol löslich, die Lösungen sind farblos, färben sich aber bald an der Luft; das an der Luft grün gewordene Präparat gibt mit Wasser und Alkohol eine grüne, mit Aether und Benzol eine rothe, mit Chloroform eine violette Lösung.

Mit Salzsäure bildet das Apomorphin ein krystallinisches Salz, das an der Luft gleichfalls sehr bald grün wird, im Wasser leicht löslich, in Aether und Chloroform unlöslich ist; die Lösung des Salzes wird sowohl durch Kalilauge, als durch doppeltkohlensaures Natrium gefällt, im Ueberschuss der Kalilauge löst sich der Niederschlag auf, die Lösung wird an der Luft bald roth und später schwarz, aus der Lösung in überschüssiger Kalilauge geht das Alkaloid beim Ausschütteln nicht in Aether und Benzol, wohl aber in Amylalkohol und Chloroform über, diese letzteren Lösungsmittel erscheinen dann sehr dunkel gefärbt, weil sie neben dem Alkaloid auch die durch die Lauge bewirkten Zersetzungsproducte aufnehmen. Ammoniak, im Ueberschusse angewendet, löst auch Apomorphin ziemlich leicht auf, ohne es so stark zu verändern, wie Kalilauge, aus der ammoniakalischen Lösung geht das Alkaloid leicht in Aether über, der eine violette Farbe annimmt. Nach R. Otto erzeugt Barytwasser in den Lösungen der Apomorphinsalze einen anfangs weissen Niederschlag, der sich bald grünlich, dann bläulich färbt und in einem Ueberschusse von Barytwasser zu einer intensiv blauen Flüssigkeit löst, deren Farbe allmälig nach einander in Grün, Grüngelb, Braungelb, endlich in Dunkelbraun übergeht.

Die allgemeinen Reagentien verhalten sich gegen Apomorphinsalze wie folgt: Jodjodkalium fällt blutroth, Pikrinsäure gelb, Goldchlorid purpurroth, Gerbsäure gelbgrünlich, Platinchlorid gelb, Quecksilberchlorid weiss.

Das Apomorphin zeigt noch folgende Reactionen: Salpetersaures Silber wird schon bei gewöhnlicher Temperatur unter Abscheidung von metallischem Silber reducirt, auch Jodsäure wird reducirt, concentrirte Salpetersäure löst das Alkaloid zu einer tiefrothen Flüssigkeit, die bald rothbraun wird; Schwefelsäure löst es zu einer farblosen Flüssigkeit, die auf Zusatz von einer Spur Salpetersäure sofort blutroth wird; eine Auflösung von Molybdänsäure in concentrirter Schwefelsäure[1]) (Fröhde's Reagens) nimmt das Apomorphin auf und erhält dadurch eine grüne Farbe mit einem Stich in's Violette; war das Alkaloid schon durch Luftwirkung grün, so entsteht eine rein violette Färbung. Versetzt man eine wässerige Lösung von Apomorphin mit einigen Tropfen alkoholischer Jodlösung, so wird die Flüssigkeit sofort smaragdgrün, wird die grüne Flüssigkeit mit Aether geschüttelt, so färbt sich dieser purpurroth.

Eisenchlorid bewirkt in den Lösungen der Apomorphinsalze vorübergehend eine rothe Färbung, die bald in Violett und dann in Schwarz übergeht.

## Atropin.

Das *Atropin* ($C_{17}H_{23}NO_3$) kommt in allen Theilen der Tollkirsche (Atropa Belladonna L.) und des Stechapfels (Datura Stramo-

[1]) Dieses Reagens wird frisch vor dem jedesmaligen Gebrauch bereitet, indem man auf je 1 Ccm. concentr. Schwefelsäure 1 Cgrm. molybdänsaures Natrium verreibt, bis eine klare farblose Lösung erhalten wird.

nium L.) vor, wo es von *Hyoscyamin* begleitet wird. Es repräsentirt eine farblose, geruchlose, in seidenglänzenden Nadeln krystallisirte Substanz, welche intensiv und anhaltend bitter schmeckt, schwach linksdrehend ist, bei 115·5° C. schmilzt und bei vorsichtigem Erhitzen zum Theile unzersetzt sublimirt; schon beim Kochen wässeriger, sowie mit Amylalkohol bereiteter Lösungen geht mit den Dämpfen Atropin über. Das Alkaloid löst sich in 300 Theilen kalten, in 58 Theilen heissen Wassers, in 3·3 Theilen Chloroform, in 36 Theilen Aether, 40 Theilen Benzol, sehr leicht in Weingeist, sowie in Amylalkohol, dagegen nicht in Petroleumäther; die wässerige Lösung reagirt alkalisch.

Das Atropin ist sehr leicht veränderlich; im feuchten Zustande oder in Lösung der Luft ausgesetzt, zersetzt es sich bald, auch bei Einwirkung von Säuren und Alkalien oder alkalischen Erden, besonders in der Wärme findet rasch Zersetzung statt; man muss sich daher bei der Extraction und Abscheidung des Atropins aus Untersuchungsobjecten hüten, diese längere Zeit in der Wärme mit grösseren Mengen von Säuren oder Alkalien zu behandeln.

Das Atropin wird vom Wasser, dem eine Säure zugesetzt ist, sehr leicht gelöst, indem dabei das betreffende Atropinsalz entsteht; Die Atropinsalze sind zum Theile schwierig krystallisirt zu erhalten; um sie darzustellen bringt man äquivalente Mengen von Atropin und der betreffenden Säure in möglichst wenig Wasser zusammen und verdampft die erhaltene Lösung langsam, am besten unter einer Glocke über Schwefelsäure. Ueberschuss von Säure muss bei der Darstellung unbedingt vermieden werden; am leichtesten lassen sich schwefelsaures und valeriansaures Atropin, welche beide als Arzneimittel im Gebrauche sind, krystallisirt darstellen. Die Atropinsalze schmecken sehr bitter, lösen sich in Wasser und Alkohol leicht, dagegen in Aether und Chloroform nicht; aus den wässerigen Lösungen wird durch Ammoniak, Aetzkali, sowie durch die kohlensauren Alkalien das Atropin gefällt, wenn die Lösung nicht zu verdünnt ist, im Ueberschusse des Fällungsmittels löst sich das Alkaloid auf.

Gegen die Lösungen der Atropinsalze verhalten sich die allgemeinen Reagentien folgendermassen: Jodjodkalium erzeugt in 1% Lösung einen gelben, bei Verdünnung von 1 : 1000 bis 8000 einen rothbraunen Niederschlag, Phosphorwolframsäure, Phosphorantimonsäure, Phosphormolybdänsäure, Kaliumquecksilberjodid und Kaliumwismuthjodid fällen noch bei sehr grosser Verdünnung; die anderen Reagentien wirken nur bei grösserer Concentration der Atropinlösung, Gerbsäure gibt weisse Flocken, Pikrinsäure nach längerem Stehen einen gelben krystallinischen Niederschlag, der sich in überschüssiger Pikrinsäure löst, Platinchlorid erzeugt einen allmälig sich abscheidenden Niederschlag, der aus monoklinen Kryställchen besteht, Goldchlorid gibt einen schön gelb gefärbten Niederschlag, der aus mikroskopisch kleinen Aggregaten von sehr feinen Krystallblättchen besteht und bei 135° bis 137° C. schmilzt.

Das Atropin zeigt noch folgende Specialreactionen: In concentrirter Schwefelsäure löst es sich zu einer farblosen Flüssigkeit auf,

18*

welche beim Erwärmen sich braun färbt; erhitzt man über einer kleinen Flamme allmälig so weit, bis die Flüssigkeit zu dampfen beginnt, so tritt ein charakteristischer Blumengeruch auf, der nach verschiedenen Autoren verschiedenen Blüthen ähnlich riecht; die Einen beschreiben ihn als den Geruch der Orangenblüthe, die Anderen als den der Blüthe von Prunus Padus, auch von Spiraea Ulmaria. Der Geruch, welcher sich bei dieser Reaction entwickelt, ist so charakteristisch, dass ihn Jeder, der ein gutes Geruchsorgan besitzt und sich an der Reaction mit reinem Atropin eingeübt hat, sofort wieder erkennt. Nowak und Kratschmer haben empfohlen, die Schwefelsäure durch Phosphorsäure zu ersetzen und es verdient dieser Vorschlag volle Beachtung; wenn man Atropin mit einigen Tropfen syrupdicker Phosphorsäure übergiesst, so entsteht eine farblose Lösung, welche bei vorsichtigem Erhitzen über einer kleinen Flamme sich nur schwach färbt und dabei Dämpfe entwickelt, die einen angenehmen und intensiven Geruch verbreiten, der nach meinem Dafürhalten die grösste Aehnlichkeit mit dem Geruche des Benzoësäure-Aethyläthers[1]) besitzt. Lässt man die Flüssigkeit erkalten, so nimmt die Intensität des Geruches ab, ohne ganz zu verschwinden, und wenn man die Flüssigkeit auf's Neue, und zwar selbst erst nach mehreren Tagen erhitzt, so tritt der charakteristische Geruch neuerdings auf. Diese Reaction mit Phosphorsäure ist unbedingt jener mit concentrirter Schwefelsäure vorzuziehen.

Auch bei der Zersetzung des Atropins durch Chromsäure entwickelt sich ein eigenthümlicher Blüthengeruch, der aber von jenem durch concentrirte Schwefelsäure oder Phosphorsäure allein erzeugten verschieden ist; man stellt diese Reaction mit Chromsäure so an, dass man entweder auf ein kleines Porcellanschälchen einige Chromsäurekrystalle bringt, auf diese das Atropin legt und bis zur Grünfärbung vorsichtig erwärmt, oder man löst Atropin in concentr. Schwefelsäure oder syrupdicker Phosphorsäure, fügt ein Stäubchen von gepulvertem, chromsaurem Kalium hinzu, erwärmt und verdünnt noch heiss mit einigen Tropfen Wasser und riecht dann zur Probe. Wird das Golddoppelsalz mit Schwefelsäure oder Phosphorsäure erhitzt, so scheidet sich metallisches Gold ab und es tritt derselbe Geruch auf, wie bei der Reaction mit Chromsäure; offenbar wirken bei diesen Reactionen die Schwefelsäure oder Phosphorsäure und die Oxydationsmittel Chromsäure und Goldchlorid zusammen.

Vitali hat folgende empfindliche Reaction angegeben: Atropin, in einigen Tropfen rauchender Salpetersäure gelöst, hinterlässt nach dem Abdampfen der Flüssigkeit auf dem Wasserbade einen ungefärbten Rückstand, der sich nach dem Erkalten in einer Auflösung von Aetzkali in absolutem Alkohol mit violetter Farbe löst, welche bald in Kirschroth übergeht.

---

[1]) Kratschmer und Nowak finden eine grosse Aehnlichkeit mit dem Jasmingeruche.

Von besonderer Wichtigkeit und für den Nachweis bei forensischen Untersuchungen kaum zu entbehren sind die folgenden physiologischen Wirkungen des Atropins:

I. Das Atropin erweitert die Pupille, wahrscheinlich durch Lähmung des Sphincter iridis und durch Reizung des Dilatator. Man prüft diese Wirkung an einer Katze. Vor Allem überzeugt man sich, ob beide Pupillen des Versuchsthieres gleich weit sind, denn nur, wenn dies der Fall ist, kann man das Thier zu dem Versuche brauchen; man zieht das untere Lid des einen Auges ein wenig nach abwärts, tröpfelt aus einer Federspule oder einem Glasröhrchen einen Tropfen der Atropinlösung[1]) in den Bindehautsack, hält dann das untere Lid noch 1 Minute in der abgezogenen Stellung, damit die Lösung möglichst gut resorbirt werden kann und überlässt hierauf das Thier sich selbst, um von Zeit zu Zeit nachzusehen, ob die Pupille des mit Atropin behandelten Auges erweitert ist. Die Zeit, welche von der Application des Atropins bis zur beginnenden Pupillenerweiterung verstreicht, ist von der Concentration der Atropinlösung und von der Individualität des Thieres abhängig; manchmal vergeht eine Stunde, bis die Wirkung eintritt, sie hält dann lange an, so dass man sie oft genug beobachten kann. Es genügen schon minimale Mengen von Atropin, um die Dilatation der Pupille hervorzurufen und es muss diese physiologische Wirkung des Alkaloides als dessen empfindlichste Reaction bezeichnet werden.

II. Das Atropin lähmt die Hemmungsnerven des Herzens. Diese Wirkung wird am einfachsten in folgender Weise geprüft: Man bindet einen Frosch auf einem geeigneten Brettchen auf, mit der Bauchseite nach aufwärts, schneidet mit der Scheere alle Weich- und Hartgebilde weg, welche das Herz decken[2]), dann eröffnet man den Herzbeutel und lässt einige Tropfen einer wässerigen Lösung von Muscarin oder einem Muscarinsalze auf das Herz fallen. Nach einigen Secunden bis zu einer Minute macht sich die verlangsamende Wirkung des Muscarins auf die Herzthätigkeit geltend, die Herzschläge werden immer seltener, endlich bleibt das Herz ganz still und kann so, je nach der Dosis, eine bis mehrere Stunden verharren. Lässt man aber auf das durch Muscarin zum Stillstand gebrachte Herz einige Tropfen Atropinlösung fallen, so fängt dasselbe alsbald und lebhaft zu schlagen an.

Im Anhange zum Atropin müssen hier noch 2 Alkaloide besprochen werden, welche dem Atropin sowohl in ihrem chemischen Verhalten, wie auch in ihren physiologischen Wirkungen nahe verwandt sind und in der letzten Zeit auch in den Arzneischatz aufgenommen wurden. Es sind dies das Homatropin und das Hyoscin.

---

[1]) Das aus den Untersuchungsobjecten abgeschiedene freie Atropin wird für diesen Versuch in ein wenig angesäuertem Wasser gelöst, man sorge dafür, dass die Menge der Säure nur sehr gering, also der Ueberschuss möglichst klein sei, weil freie Säure sehr stark reizt.

[2]) Die dabei eintretenden Blutungen thun dem Versuche keinen Eintrag.

Das *Homatropin* ($C_{16}H_{21}NO_3$) wird künstlich dargestellt, indem man Mandelsäure und Tropin (ein Spaltungsproduct des Atropins) unter geeigneten Bedingungen auf einander wirken lässt, dass Wasser austritt. Das freie Homatropin krystallisirt aus ätherischer Lösung in farblosen, durchsichtigen Prismen, welche bei 95° bis 96° C. schmelzen und sich in Weingeist, Aether, Chloroform leicht, in Wasser schwer lösen. An der Luft zieht das Homatropin Wasser an, zerfliesst und zersetzt sich, ebenso verändert es sich allmälig in wässeriger Lösung; es bildet mit Säuren meist gut krystallisirende Salze; die salzsaure Verbindung bildet mit Goldchlorid ein in Prismen krystallisirendes, in Wasser schwer lösliches Doppelsalz. Aus den concentrirten Lösungen der Homatropinsalze fällen alkalische Laugen und Ammoniak Homatropin, das im Ueberschusse des Fällungsmittels löslich ist.

Die mit Salzsäure schwach angesäuerten Lösungen der Homatropinsalze werden durch Kaliumquecksilberjodid, sowie durch Phosphorwolframsäure weiss, durch Phosphormolybdänsäure gelb, durch Jodjodkalium braun gefällt. Das Homatropin zeigt wie das Atropin die Reaction von Vitali und wirkt auch pupillenerweiternd, doch verschwindet diese Wirkung rascher, als nach Anwendung von Atropin.

Das *Hyoscin* ($C_{17}H_{23}NO_3$) ist isomer mit dem Atropin; es findet sich im Bilsenkraut und in den Blättern von *Duboisia myoporoides*. Es wurde bisher nicht krystallisirt, sondern als farblose syrupöse Flüssigkeit erhalten, welche schwer in Wasser, dagegen sehr leicht in Weingeist, Aether, Chloroform löslich ist. Mit Säuren bildet es krystallisirende Salze; die angesäuerten Lösungen derselben werden durch Kaliumquecksilberjodid, Phosphorwolframsäure, Quecksilberjodid weiss, durch Jodjodkalium braun gefällt. Das salzsaure Hyoscin bildet mit Goldchlorid eine gelbe Doppelverbindung, welche bei 198° C. schmilzt. Das Hyoscin zeigt die Vitali'sche Reaction und wirkt pupillenerweiternd.

## Brucin.

Das *Brucin* ($C_{23}H_{26}N_2O_4$) kommt vor in den St. Ignatiusbohnen (Samen von Ignatia amara L.), in den Krähenaugen oder Brechnüssen (Samen von Strychnos Nux vomica L.), in der sogenannten falschen Angusturarinde (Rinde von Strychnos Nux vomica), sowie in verschiedenen anderen Strychnos-Arten.

Aus verdünnten Weingeist krystallisirt das Brucin in wasserhellen 4seitigen Prismen oder bei rascher Krystallisation in perlmutterglänzenden, der Borsäure ähnlichen Blättchen mit 4 Molek. Krystallwasser entsprechend der Formel: $C_{23}H_{26}N_2O_4 + 4H_2O$. Die Krystalle verwittern an der Luft, bei 100° C. verlieren sie ihr Krystallwasser vollständig. Das krystallisirte Brucin schmilzt etwas über 100° C., das entwässerte bei 178° C. Frisch krystallisirtes Brucin löst sich in 320 Theilen kalten, in 150 Theilen kochenden Wassers, verwittertes Brucin ist viel schwerer löslich, Alkohol, Amylalkohol, Chloroform und Benzol lösen es leicht auf, Petroleumäther schwierig, Aether (absoluter) gar nicht. Die Lösungen schmecken, sowie das feste Alkaloid stark bitter, die weingeistige Lösung ist linksdrehend.

Mit den Säuren bildet das Brucin Salze, die meist gut krystallisiren, im Wasser leicht löslich sind und sehr bitter schmecken; aus ihren Lösungen wird die Base durch Aetzkali, kohlensaure Alkalien, sowie durch Ammoniak gefällt, vom Ueberschusse des Ammoniaks leicht gelöst, scheidet sich aber beim Verdampfen der Lösung wieder krystallinisch ab.

Die allgemeinen Reagentien: Phosphormolybdänsäure, Jodjodkalium, Kaliumquecksilberjodid, Kaliumwismuthjodid geben bei Verdünnung der Brucinsalzlösungen von 1:5000 und darüber noch deutliche Reactionen, mit Goldchlorid, Platinchlorid, Gerbsäure entstehen bei der Verdünnung von 1 : 1000 noch Niederschläge.

Von speciellen Reactionen ist vor allen jene durch Salpetersäure hervorzuheben: Concentrirte Salpetersäure nimmt auf Zusatz von Brucin oder einem Brucinsalze eine intensiv scharlach- bis blutrothe Farbe an, welche aber nicht beständig ist, sondern bald in Rothgelb und dann (besonders wenn man erwärmt) in Gelb übergeht. Versetzt man die gelb gewordene, mit Wasser etwas verdünnte Flüssigkeit mit Zinnchlorür oder mit frisch bereitetem, farblosem Schwefelammonium, so nimmt dieselbe sofort eine lebhaft violette Farbe an; je weniger Salpetersäure man angewendet hat, desto besser gelingt diese letztere Reaction. Am schönsten und empfindlichsten gestaltet sich die Reaction der Salpetersäure auf Brucin bei folgender Ausführung: Das Brucin wird in reiner, concentrirter Schwefelsäure gelöst, wobei man eine farblose[1]) Flüssigkeit erhält, welche auf Zusatz eines Tropfens Salpetersäure oder einer Lösung von salpetersaurem Natrium zuerst blutroth und dann gelb wird; überschichtet man die das Brucin enthaltende Schwefelsäure in einer Eprouvette mit verdünnter Salpetersäure oder Salpeterlösung, so ist selbst bei sehr grosser Verdünnung an der Berührungsstelle beider Flüssigkeiten die Rothfärbung noch deutlich wahrzunehmen.

Brucin oder ein Brucinsalz löst sich in einer Auflösung von salpetersaurem Quecksilberoxydul, welche nur wenig freie Salpetersäure[2]) enthält, zu einer farblosen Flüssigkeit auf; wird diese in einem Porcellanschälchen auf dem Wasserbade erwärmt, so wird sie vom Rande her roth und hinterlässt nach dem Verdampfen einen prächtig roth gefärbten Rückstand, der seine Farbe lange behält (Flückiger).

Eine Lösung von Brucin in verdünnter Schwefelsäure färbt sich auf Zusatz eines Tröpfchens verdünnter Lösung von rothem chrom-

[1]) Wenn die Schwefelsäure nur minimale Spuren von Salpetersäure enthält, so gibt sie mit Brucin eine röthliche Lösung und dies ist bei den meisten käuflichen Sorten Schwefelsäure der Fall.

[2]) Die Lösung des Quecksilbersalzes darf nur so viel freie Salpetersäure enthalten, dass das Brucin beim Auflösen nicht sofort roth wird, sondern eine farblose Lösung gibt.

saurem Kalium sofort himbeerroth, dann orangeroth und braun (Flückiger).

Die Lösungen der Brucinsalze werden sehr schön rosenroth bis blutroth, wenn man in dieselben Chlorgas einleitet; bei Anwendung von Chlorwasser tritt die Reaction nicht so intensiv auf. Ammoniak verwandelt die Färbung in Gelb.

## Cocaïn.

Das *Cocaïn* ($C_{17}H_{21}NO_4$) findet sich in den Cocablättern (*Erythroxylon Coca* Lam.) und wird aus denselben dargestellt. Man erhält es aus weingeistiger Lösung in grossen, farblosen monoklinen Prismen, welche bei 98° C. schmelzen, bitterlich schmecken und dabei vorübergehend die Zungennerven anästhesiren. Im Wasser ist das Cocaïn sehr schwer löslich (1:700 bei 12° C.), in Weingeist, Aether, Chloroform, Petroleumäther, Schwefelkohlenstoff ist es leicht löslich. die Lösungen sind linksdrehend. Mit Säuren bildet das Cocaïn meist gut krystallisirende in Wasser und Weingeist lösliche Salze; deren wässerige Lösungen werden durch alkalische Laugen, Ammoniak und kohlensaure Alkalien gefällt, ferner werden die angesäuerten wässerigen Lösungen selbst bei grosser Verdünnung durch die meisten allgemeinen Alkaloidreagentien gefällt.

Concentrirte Lösungen der Cocaïnsalze werden durch eine Lösung von übermangansaurem Kalium gefällt, es entsteht ein violetter Niederschlag. Setzt man zu 5 Ccm. einer 1%igen Cocaïnsalzlösung nach und nach 5 Tropfen einer 5%igen Chromsäurelösung, so erzeugt jeder einfallende Tropfen einen gelben Niederschlag, der beim Umschütteln sich löst, setzt man dann zur klaren Flüssigkeit 1 Ccm. concentrirte Salzsäure, so scheidet sich ein gelber harzartiger Niederschlag ab. In concentrirter Schwefelsäure löst sich das Cocaïn zu einer farblosen Flüssigkeit auf, die beim Erwärmen sich bräunt, dabei zeigen sich am kalt gebliebenen Theil des Gefässes, in dem man erhitzt, Benzoësäurekrystalle; giesst man die braungewordene Lösung vorsichtig in Wasser, so scheidet sich Benzoësäure aus. Wird Cocaïn mit weingeistiger Kalilauge gekocht, so tritt der Geruch des Benzoësäure-Aethyläthers auf, derselbe Geruch entwickelt sich auch, wenn man Cocaïn mit rauchender Salpetersäure auf dem Wasserbade abdampft und den noch heissen Rückstand mit weingeistiger Kalilauge übergiesst. Das Cocaïn wirkt pupillenerweiternd.

## Codeïn.

Das *Codeïn* ($C_{18}H_{21}NO_3 + H_2O$) findet sich im Opium, wird aus demselben dargestellt und sowohl im freien Zustande, als in Verbindungen mit Säuren in der Therapie vielfach angewendet. Es krystallisirt aus wasserfreiem Aether in kleinen, farblosen, wasserfreien Krystallen, aus Wasser oder wasserhaltigem Aether dagegen in grossen, farblosen, durchsichtigen Krystallen mit 1 Molekül Krystallwasser, welches bei 100° fortgeht. Es ist geruchlos, schmeckt schwach bitter, reagirt alkalisch, lässt sich nicht unzersetzt sublimiren.

1 Theil Codeïn löst sich bei 15°C. in 80 Theilen, bei 43° in 27 Theilen, bei 100° in 17 Theilen Wasser; Weingeist, Aether, Chloroform lösen das Codeïn leicht, Amylalkohol löst etwa 14%, Benzol 10%, Petroleumäther löst fast nichts von Codeïn. Verdünnte Säuren, sowie Ammoniak lösen das Codeïn ziemlich reichlich, concentrirte Kali- oder Natronlauge löst es nicht, sondern fällt es aus der gesättigten wässerigen Lösung. Das Codeïn ist linksdrehend, in 80% Weingeist gelöst, $[\alpha]D = -137 \cdot 8$. Mit Säuren bildet es meist gut krystallisirende Salze. Von den allgemeinen Alkaloidreagentien geben Phosphormolybdänsäure, Kaliumwismuthjodid, Jodjodkalium, Kaliumquecksilberjodid und Gerbsäure noch in sehr verdünnten Codeïnsalzlösungen Niederschläge.

Codeïn löst sich in concentrirter Schwefelsäure zu einer farblosen Flüssigkeit, verwendet man jedoch eine Schwefelsäure, der man auf je 100 Ccm. 1 Tropfen Eisenchloridlösung (3 wasserfreies Eisenchlorid auf 10 Wasser) zugesetzt hat, so entsteht, namentlich bei gelindem Erwärmen eine blaue bis blauviolette Lösung. Wird die Lösung des Codeïns in concentrirter Schwefelsäure mit einigen Tropfen Salpetersäure versetzt, so tritt tief blutrothe Färbung auf. Die Codeïnsalze werden durch Eisenchlorid nicht blau gefärbt (Unterschied von Morphin).

## Colchicin.

Das *Colchicin* ($C_{22}H_{25}NO_6$) findet sich in allen Theilen, am reichlichsten in den Samen und Zwiebelknollen der Herbstzeitlose (Colchicum autumnale L.), sowie anderer Species von Colchicum. Es ist ein gelbliches, amorphes Pulver von eigenthümlichem, nicht angenehmem Geruche und bitterem Geschmacke; Wasser, Weingeist, Benzol und Chloroform lösen dasselbe leicht, Aether schwieriger, Petroleumäther fast gar nicht. Die wässerige Lösung reagirt neutral, ist im concentrirten Zustande gelb, im verdünnten Zustande fast farblos, schwach opalisirend, auf Zusatz einer verdünnten Mineralsäure wird sie klar und intensiv gelb. Der wässerigen Colchicinlösung wird, auch wenn sie freie Säure enthält, beim Schütteln mit Chloroform, Benzol, Aether das Colchicin entzogen, doch ist mehrmaliges Ausschütteln mit neuen Portionen dieser Lösungsmittel erforderlich, wenn man das Alkaloid vollständig entziehen will; aus alkalischen Flüssigkeiten geht das Colchicin viel schwieriger in diese Lösungsmittel über.

Es ist bis jetzt nicht gelungen, Salze des Colchicins in fester Form darzustellen; wenn solche wirklich in Lösung existiren, so zersetzen sie sich sehr leicht beim Verdampfen.

Die wässerige Lösung des reinen Colchicins ist gegen die allgemeinen Alkaloidreagentien wenig empfindlich, dagegen gibt die Lösung des Colchicins in mit Salzsäure angesäuertem Wasser folgende Reactionen: Goldchlorid erzeugt reichlichen, hellgelben Niederschlag, Phosphorwolframsäure, sowie Phosphormolybdänsäure gelben, Jodjodkalium röthlichgelben, Kaliumquecksilberjodid eigelben, Kaliumwismuthjodid orangerothen, Gerbsäure weissen Niederschlag; Quecksilberchlorid, sowie Platinchlorid fällen nicht, letzteres färbt die Flüssigkeit dunkel.

Lösungen von Chlorkalk oder unterchlorigsaurem Natrium erzeugen in der sauren Auflösung des Colchicins einen flockigen, weissen Niederschlag, auch Chlorwasser erzeugt denselben, und zwar sowohl in neutraler, als in saurer Lösung.

Concentrirte Schwefelsäure löst das Colchicin zu einer intensiv gelb gefärbten Flüssigkeit.

Concentrirte Salpetersäure färbt das Colchicin violett, mit einem Stich in's Braune; die Farbe geht bald in Braunroth, beim Verdünnen mit Wasser in Gelb über und wird dann auf Zusatz von Kalilauge roth. Wenn man Colchicin in concentrirter Schwefelsäure löst und dann ein Tröpfchen concentrirter Salpetersäure zusetzt, so tritt eine prächtige blauviolette Färbung ein, die durch Braunviolett in Gelb übergeht.

Beim Behandeln des Colchicins mit Salpetersäure oder mit Salpetersäure und Schwefelsäure tritt ein eigenthümlicher Geruch auf, der an Moschus und Juchtenleder erinnert.

## Digitalin.

Aus den Blättern des Fingerhutes (Digitalis purpurea L.) werden zwei Arzneipräparate dargestellt: das deutsche und französische Digitalin; sie sind Gemenge von mehreren chemischen Verbindungen, enthalten keinen Stickstoff und gehören nicht zu den Alkaloiden.

Das deutsche Digitalin ist ein amorphes, gelbliches Pulver, in Wasser, Weingeist, Amylalkohol vollkommen, in Aether, Benzol, Chloroform nur zum Theile, in Petroleumäther nicht löslich; die wässerige Lösung ist trübe und schäumt stark beim Schütteln (wie eine Seifenlösung), schmeckt intensiv bitter und reagirt neutral. Aus der wässerigen Lösung geht das Digitalin, sowohl bei Anwesenheit von freier Säure, als freiem Alkali in Aether und Benzol nur theilweise, dagegen in Chloroform und Amylalkohol vollständig über, während Petroleumäther aus diesen Lösungen nichts aufnimmt.

Gerbsäure erzeugt in der wässerigen Lösung, wenn dieselbe nicht zu verdünnt ist, einen weissen, flockigen Niederschlag.

In concentrirter Schwefelsäure löst sich das deutsche Digitalin zu einer röthlichbraunen Flüssigkeit, die nach längerem Stehen kirschroth wird.

Wenn man zu der frisch bereiteten Lösung des Digitalins in concentrirter Schwefelsäure, welche möglichst wenig braun gefärbt sein soll, ein Tröpfchen Bromwasser hinzufügt, so tritt alsbald violettrothe Färbung ein.

Mit Plattner'scher Galle (oder mit Fel tauri inspissatum der Apotheken) und Schwefelsäure gibt das Digitalin die sogenannte Pettenkofer'sche Gallensäure-Reaction. Dieselbe wird am zweckmässigsten in folgender Modification ausgeführt: Man löst etwa 5 bis 10 Mgrm. Plattner'scher Galle oder Fel tauri inspissatum in verdünntem Weingeist in einer Porcellanschale auf, gibt eine sehr geringe Menge Digitalin und einige Tropfen verdünnter Schwefelsäure hinzu, worauf man über dem Wasserbade eindampft. Sobald die Flüssigkeit vom Rande her eintrocknet, bildet sich ein schön roth gefärbter Rückstand, der in der Mitte, wo eine grössere Flüssigkeitsmenge verdampft, dunkelroth wird.

Das französische Digitalin ist krystallinisch, schwach gelblich gefärbt, in Wasser sehr schwer löslich (1 Theil desselben bedarf 2000 Theile kalten und 1000 Theile kochenden Wassers zur Lösung), schwer in Aether, leicht in Alkohol, sowie in Eisessig löslich. Die Lösung des französischen Digitalins in concentrirter Schwefelsäure färbt sich allmälig karminroth, die frisch bereitete Lösung wird auf Zusatz von einer Spur Bromwasser johannisbeerroth.

Nach den Untersuchungen von Schmiedeberg kommen in den käuflichen Digitalinsorten die folgenden vier wohlcharakterisirten chemischen Verbindungen vor: Digitonin, Digitalin, Digitoxin und Digitaleïn. Der Hauptbestandtheil des deutschen Digitalins ist Digitaleïn, während das französische Digitalin hauptsächlich aus Digitoxin und Digitogenin besteht.

Ueber diese vier Digitalisbestandtheile ist folgendes wesentliche bekannt: Das *Digitonin* ($C_{31} H_{52} O_{17}$) ist weiss, amorph, leicht löslich in Wasser, wenig löslich in Alkohol, sowie in einer Mischung von Alkohol und Aether, unlöslich in Aether, Chloroform, Benzol. Die wässerige Lösung schäumt stark und wird durch Bleizucker, Gerbsäure, sowie durch Bleiessig und Ammoniak gefällt. Concentrirte Salzsäure, sowie verdünnte Schwefelsäure lösen beim Kochen Digitonin zu einer violetten Flüssigkeit. Das Digitonin ist ein Glycosid und wird durch andauerndes Kochen mit verdünnter Salzsäure gespalten in Zucker und zwei amorphe Körper, das Digitoresin und Digitonein.

Schmiedeberg's *Digitalin* ($C_5 H_8 O_2$) ist krystallinisch, farblos, schwer löslich in kaltem Wasser, leicht in Alkohol und einer Mischung von Chloroform und Alkohol, schwer löslich in Aether; es ist ein Glycosid und liefert beim Kochen mit Säuren in alkoholischer Lösung Zucker und Digitaliresin.

*Digitoxin* ($C_{21} H_{32} O_7$) krystallisirt in perlmutterglänzenden Nadeln, welche in Benzol und Wasser unlöslich, in Chloroform und heissem Alkohol löslich, in Aether und kaltem Alkohol wenig löslich sind.

*Digitaleïn* unterscheidet sich vom Digitonin dadurch, dass es in kaltem, absoluten Alkohol leicht, in Aether noch leichter löslich und auch im Wasser löslich ist; es wird durch heisse Salzsäure nicht violett gefärbt.

Digitalin, Digitaleïn und Digitoxin wirken in grösseren Dosen als energische Herzgifte und die aus dem Fingerhut dargestellten Präparate, wie das deutsche und französische Digitalin, verdanken ihre Wirkungen diesen Verbindungen. Wenn bei gerichtlichen Untersuchungen Digitalin gefunden wird, so soll man dasselbe auch auf seine physiologischen Wirkungen prüfen. Die Symptome der Digitalinvergiftung sind jene, welche im Allgemeinen bei den sogenannten Herzgiften beobachtet werden. Bei Fröschen tritt, häufig erst nach längerer Zeit, Mattigkeit, lähmungsartige Schwäche, absatzweise und sehr langsame Respiration stets erst dann in Erscheinung, wenn bereits sehr intensive Veränderungen der Herzthätigkeit eingetreten sind; vereinzelt kommen Zuckungen, spontan oder reflectorisch vor. Die Erscheinungen am Herzen bestehen anfangs in einer Volumszunahme der Pulsationen (erstes Stadium der Digitaliswirkung) meist mit Verlangsamung der Herzschlagzahl verbunden; bei starken Dosen nimmt die Verlangsamung auffallend rasch zu, dann wird die Herzbewegung unregelmässig und peristaltisch und es erfolgt Stillstand des Ventrikels in outrirter Systole, so dass die Ventrikelwandungen aneinander liegen, worauf nach einiger Zeit diastolischer Stillstand der Vorhöfe folgt. Zur Zeit des Herzstillstandes können die übrigen Functionen noch vollkommen erhalten sein und der Frosch mit vollständig stillstehendem Herzen noch stundenlang umherhüpfen.[1]) Man prüft die Digitaliswirkung am besten an Rana temporaria, da bei dieser Froschspecies der systolische Herzstillstand und die demselben vorangehenden Veränderungen des Herzschlages nach den allerkleinsten Giftmengen bei hypodermatischer Application zu beobachten sind. Zwei Frösche werden nebeneinander auf Brettchen aufpräparirt, das Herz eines jeden wird blossgelegt, dass man dasselbe gut sehen kann und nun wird dem einen die mit verdünnter Essigsäure bereitete Lösung des auf Digitalin zu prüfenden Präparates, dem andern eine Digitalinlösung subcutan eingespritzt, worauf man die beschriebenen Wirkungen an beiden Thieren beobachtet, wenn in dem Untersuchungsobjecte wirklich Digitalin enthalten war.

## Hyoscyamin.

Das *Hyoscyamin* findet sich am reichlichsten im Samen, in geringerer Menge im Kraute von Hyoscyamus niger L. und Hyoscyamus albus L., ferner in den Samen von Atropa Belladonna und Datura Stramonium, sowie in den Blättern der in Australien wachsenden Pflanze Duboisia myoporoïdes.[2]) Es krystallisirt in feinen, seidenglänzenden, stern- oder büschelförmig gruppirten Nadeln[3]), ist geruchlos und schmeckt unangenehm scharf; es schmilzt bei 108·5° C. und ist linksdrehend, [(α) $D = -14·5°$] in kaltem Wasser ist es schwer, in heissem Wasser leichter löslich, in angesäuertem Wasser, in Weingeist, Chloroform, Amylalkohol und Benzol löst es sich leicht. Das Hyoscyamin neutralisirt die Säuren und

[1]) Husemann und Hilger, Die Pflanzenstoffe in chemischer, physiologischer, pharmakologischer und toxikologischer Hinsicht bearbeitet. 2. Aufl., Seite 1244.

[2]) Das aus dieser Pflanze dargestellte Alkaloid wurde früher als *Duboisin* bezeichnet, Ladenburg hat dessen Identität mit Hyoscyamin nachgewiesen.

[3]) Bisweilen scheidet es sich aus der Lösung in Wasser oder Alkohol als Gallerte ab; unreines Hyoscyamin ist amorph, zähe, schwierig auszutrocknen und riecht, so lange es feucht ist, widerlich betäubend, tabakähnlich.

bildet damit Salze, welche kaum krystallisirt erhalten werden können, nur die Doppelsalze des salzsauren Hyoscyamins mit Goldchlorid, Platinchlorid und Quecksilberchlorid krystallisiren gut.

Das Hyoscyamin ist mit dem Atropin isomer, und zeigt in Bezug auf die allgemeinen Alkaloidreactionen, sowie auf specielle Reactionen die grösste Aehnlichkeit mit demselben. Beim Erhitzen mit Schwefelsäure allein, sowie mit Schwefelsäure und chromsaurem Kalium treten dieselben Geruchserscheinungen auf, welche durch Atropin veranlasst werden; mit rauchender Salpetersäure in der Wärme behandelt, hinterlässt Hyoscyamin einen farblosen Rückstand, der sich, sowie beim Atropin in alkoholischer Kalilösung mit violetter Farbe löst.

Ladenburg hat folgende Unterschiede zwischen Atropin und Hyoscyamin ermittelt: Atropin schmilzt bei 115·5° C., Hyoscyamin schon bei 108·5° C. Das durch Goldchlorid gefällte Doppelsalz des Hyoscyamins scheidet sich auch, wie das des Atropins zuerst als eine ölige Substanz ab, die aber viel leichter krystallinisch erstarrt, als jene des Atropins; aus einer heiss gesättigten wässerigen Lösung scheidet sich beim Erkalten das Golddoppelsalz des Hyoscyamins sofort in grossen, goldglänzenden Blättchen aus, die bei 159° C. schmelzen, während eine heissgesättigte Lösung des Golddoppelsalzes vom Atropin beim Abkühlen sich zuerst trübt und dann erst kleine warzige Krystalle abscheidet, welche auch nach dem Trocknen gar nicht glänzen und schon bei 135° C. bis 137° C. schmelzen.

Auf die Pupille, sowie auf das Herz wirkt das Hyoscyamin ebenso, wie das Atropin.

## Morphin.

Das *Morphin* ($C_{17}H_{19}NO_3 + H_2O$) ist einer der wesentlichsten Bestandtheile des Opiums, in welchem es sich gebunden an Mekonsäure und Schwefelsäure findet. Es enthält im krystallisirten Zustande 1 Molekül Krystallwasser und wird entweder in Form weisser, seideglänzender Nadeln oder beim langsamen Verdunsten weingeistiger Lösungen in farblosen, halbdurchsichtigen sechsseitigen Säulen erhalten; es ist geruchlos, schmeckt im trockenen Zustande schwach, in Lösung stark bitter. Beim Erwärmen auf 120° C. entweicht das Krystallwasser vollständig, bei etwas höherer Temperatur erfolgt Schmelzung und wenn die Hitze noch weiter gesteigert wird, Zersetzung.

Das Morphin löst sich in 1000 Theilen kalten und in ungefähr 500 Theilen siedenden Wassers, in 40 Theilen kalten, in 30 Theilen siedenden absoluten Alkohols; in alkoholfreiem Aether, sowie in Benzol ist es fast unlöslich, von Chloroform sind 175 Theile erforderlich, um 1 Theil Morphin zu lösen, absolut alkoholfreies Chloroform löst viel schwieriger, alkoholhaltiges leichter auf, kalter Amylalkohol löst $^1/_4$%, heisser bedeutend mehr, Essigäther löst ungefähr $^1/_6$% auf. Verdünnte Säuren, sowie die wässerigen Lösungen der Alkalien und alkalischen Erden lösen das Morphin reichlich, von wässeriger Ammoniakflüssigkeit werden zur Lösung von 1 Theil Morphin 117 Theile erfordert. Die wässerige Morphinlösung reagirt alkalisch. Die saure wässerige Lösung, die weingeistige und die alkalische Lösung sind linksdrehend, und zwar letztere am schwächsten.

Das Morphin neutralisirt die Säuren und bildet Salze, welche meist gut krystallisirbar, geruchlos, von bitterem Geschmacke, in Wasser und Weingeist leicht löslich, in Aether, Chloroform und Amylalkohol dagegen unlöslich sind. Das salzsaure und das essigsaure Morphin werden als Arzneimittel angewendet. Das *salzsaure Morphin* ($C_{17}H_{19}NO_3, HCl + 3H_2O$) krystallisirt in weissen seideglänzenden weichen Nädelchen, welche zu Büscheln vereinigt sind; es reagirt neutral, schmeckt sehr bitter, löst sich in 25 Theilen kalten, in 1 Theil kochenden Wassers, in 60 Theilen kalten, in 10 Theilen siedenden 80%igen Weingeistes, ferner in 19 Theilen Glycerin, in 800 Theilen fetten Oeles; bei 130° geht das Krystallwasser vollständig fort. Das *essigsaure Morphin* ($C_{17}H_{19}NO_3, C_2H_4O_2 + H_2O$) erscheint, wenn seine wässerige Lösung langsam verdunstet wurde, in weissen, seideglänzenden, zu Büscheln vereinigten Nadeln, bei raschem Verdunsten dagegen als eine amorphe, farblose firnissartige Masse; es löst sich in 24 Theilen Wasser, schwieriger in Weingeist, gar nicht in Aether, die wässerige Lösung zersetzt sich beim Abdampfen unter Abgabe von Essigsäure.

Die Lösungen der Morphinsalze werden durch ätzende Alkalien, Ammoniak, kohlensaures Natrium zersetzt, Morphin wird frei und scheidet sich amorph ab, wird aber sehr bald krystallinisch. Ein Ueberschuss des Alkalis, sowie des Ammoniaks löst das Morphin auf, aus der Lösung in dem ersteren wird es durch Chlorammonium gefällt; aus der Lösung in alkalischer Lauge geht das Morphin beim Ausschütteln leicht in Amylalkohol, dagegen gar nicht in Aether, Benzol und Petroleumäther über.

Von den allgemeinen Alkaloidreagentien geben noch deutliche Reaction bei einer Verdünnung von 1:5000: Phosphormolybdänsäure, Jodjodkalium, Kaliumwismuthjodid und Goldchlorid, bei einer Verdünnung von 1:1000: Phosphorwolframsäure und Kaliumquecksilberjodid; in 1% Lösungen erzeugt Platinchlorid einen geringen Niederschlag, Quecksilberchlorid einen krystallinischen, Pikrinsäure einen reichlichen Niederschlag, Gerbsäure erzeugt nur eine schwache Trübung, die erst nach längerem Stehen etwas intensiver wird.

Von den zahlreichen Specialreactionen des Morphins sind folgende wichtig:

Concentrirte Salpetersäure löst das Morphin zu einer blutrothen Flüssigkeit auf, welche allmälig gelb wird; die gelb gewordene Lösung färbt sich auf Zusatz von Zinnchlorür oder Schwefelammonium nicht violett. Dieses letztere Verhalten dient zur Unterscheidung vom Brucin.

In concentrirter Schwefelsäure löst sich das Morphin bei gewöhnlicher Temperatur zu einer farblosen Flüssigkeit auf; wird diese farblose Lösung etwa eine Stunde lang auf dem Wasserbade, oder während weniger Secunden auf etwa 150° C. erwärmt, oder lässt man die Lösung bei gewöhnlicher Temperatur in einem bedeckten

Gefässe [1]) einen Tag lang stehen, so erfolgt, wenn man dann ein Tröpfchen Salpetersäure oder ein Körnchen Salpeter hinzufügt, prächtige Violettfärbung, die aber nicht lange anhält, sondern bald in Purpurroth übergeht und dann allmälig verblasst. Statt des Salpeters oder der Salpetersäure kann man auch chlorsaures Kalium, Chlorwasser oder unterchlorigsaures Natrium anwenden; alle diese Reagentien dürfen aber nur in sehr geringer Menge zugesetzt werden.

Wird ungefähr 1 Mgrm. Morphin in einem Porcellanschälchen mit 8 Tropfen concentrirter Schwefelsäure innig verrieben, ein kleines Körnchen arsensaures Kalium zugefügt, auch dieses verrieben und darauf die Flüssigkeit über einem kleinen Flämmchen unter Umschwenken erwärmt, so färbt sich dieselbe, sobald Säuredämpfe zu entweichen anfangen, schön blau, dann blauviolett und bei fortgesetztem Erwärmen braun. Verdünnt man vorsichtig mit wenig Wasser, so entsteht eine röthliche Färbung, bei weiterem Wasserzusatz Grünfärbung. Wenn man diese verdünnte grüne Flüssigkeit mit Aether oder Chloroform ausschüttelt, so scheiden sich diese Lösungsmittel beim ruhigen Stehen prachtvoll violett gefärbt ab.

Verreibt man eine sehr geringe Menge Morphin in einem Schälchen mit 8—10 Tropfen concentrirter Schwefelsäure und setzt man dann einen Tropfen einer Lösung von 1 Theil chlorsaurem Kalium in 50 Theile concentrirter Schwefelsäure zu, so färbt sich die Flüssigkeit schon bei gewöhnlicher Temperatur grasgrün, der Rand der Flüssigkeit ist schwach rosenroth gefärbt (J. Donath).

Die charakteristischeste Reaction ist die, welche Eisenchlorid oder schwefelsaures Eisenoxyd mit den Morphinsalzen hervorbringt; wenn man nämlich eine neutrale Lösung eines Morphinsalzes oder das Salz im festen Zustande [2]) mit einer Auflösung von Eisenchlorid, welche keine freie Salzsäure enthalten darf, versetzt, so entsteht eine dunkelblaue Färbung, die allmälig in Grün und Braun übergeht. Ist ein aus dem Untersuchungsobjecte abgeschiedenes Alkaloid zu prüfen, ob dasselbe Morphin ist, so stellt man die Reaction am besten in folgender Weise an: Eine Probe der Substanz wird in einem Porcellanschälchen durch Zusatz von einigen Tropfen sehr verdünnter Salzsäure gelöst und die Lösung auf dem Wasserbade zur Trockene verdampft, zu dem Abdampfrückstande setzt man dann einige Tropfen stark verdünnter Eisenchloridlösung (die man, wenn sie freie Säure enthält, vorher durch vorsichtigen Zusatz von einer verdünnten Lösung von kohlensaurem Natrium bis zum Eintritt schwacher Trübung neutralisirt hat [3]) hinzu, worauf, wenn Morphin zugegen, sofort die blaue Färbung eintritt. Man kann auch nach dem Vorschlage von Friedrich Mohr den Abdampfrückstand im Wasser lösen und ein

[1]) Damit sich die Flüssigkeit nicht durch Anziehen der Feuchtigkeit aus der Luft zu stark verdünne, am besten im Exsiccator.

[2]) Am besten eignen sich für diese Reaction das salzsaure und das schwefelsaure Morphin.

[3]) Am sichersten erhält man eine säurefreie Eisenchloridlösung durch Auflösen von sublimirtem Eisenchlorid in Wasser.

Kryställchen von Eisenammoniumalaun (d. i. schwefelsaures Eisenoxyd, schwefelsaures Ammonium) in die Lösung eintragen; es entsteht dann um den Krystall herum zuerst die blaue Färbung.

Morphin und dessen Salze reduciren in wässeriger Lösung die Jodsäure und scheiden aus derselben freies Jod ab. Löst man reine Jodsäure in Wasser und schüttelt diese Lösung mit Chloroform oder Schwefelkohlenstoff, so müssen diese Flüssigkeiten farblos bleiben, setzt man nun eine Morphinlösung zu, so wird zunächst die wässerige Flüssigkeit von dem sich ausscheidenden Jod gelb oder braun, und wenn man nun schüttelt, so geht das Jod in den Schwefelkohlenstoff oder in das Chloroform über, welche sich als rothe Flüssigkeitsschichte am Boden absondern.

Fröhde's Reagens färbt trockenes Morphin, sowie Morphinsalze nach einiger Zeit violett, die Färbung geht allmälig in Blau und dann in Grün, zuletzt in ein sehr blasses Roth über. Diese Reaction ist zwar sehr empfindlich, aber nicht ebenso charakteristisch für Morphin, weil auch andere Alkaloide und mehrere Glycoside sich ähnlich verhalten.

Löst man etwas Morphin in rauchender Salzsäure, setzt einige Tropfen concentrirter Schwefelsäure zu und dampft sodann auf dem Wasserbade ein, so bleibt eine rothgefärbte Flüssigkeit zurück; wenn man diese mit einigen Tropfen Salzsäure versetzt, mit Wasser ein wenig verdünnt und dann so lange doppeltkohlensaures Natrium hinzufügt, bis die Masse schwach alkalisch geworden ist, so färbt sie sich blassroth, setzt man nun ein Tröpfchen alkoholischer Jodlösung (Jodtinctur) zu, so wird die Flüssigkeit smaragdgrün, schüttelt man diese mit Aether tüchtig durch, so scheidet sich beim ruhigen Stehen der Aether roth gefärbt ab.

Das Morphin ist ein kräftiges Reductionsmittel, es reducirt rothes Blutlaugensalz zu gelbem Blutlaugensalz. Wenn man eine Lösung von Eisenchlorid mit rothem Blutlaugensalz versetzt, so entsteht eine braune Lösung, welche auf Zusatz von Morphin blau wird und nach längerem Stehen einen blauen Niederschlag von Berlinerblau abscheidet. Die Lösung des salpetersauren Silbers wird schon bei gewöhnlicher Temperatur durch Morphin und Morphinsalze reducirt, wobei sich metallisches Silber abscheidet.

## Narkotin.

Das *Narkotin* ($C_{22}H_{23}NO_7$) findet sich im Opium entweder im freien Zustande oder als Salz, welches schon durch Lösungsmittel zerlegt wird; es krystallisirt aus alkoholischen oder ätherischen Lösungen in farblosen, durchsichtigen, perlmutterglänzenden Prismen oder zu Büscheln vereinigten, häufig platten Nadeln, welche geruchlos, geschmacklos und von neutraler Reaction sind. Das Narkotin ist optisch activ, und zwar drehen die neutralen Lösungen links, die sauren Lösungen rechts. In kaltem Wasser ist das Narkotin fast unlöslich, in kochendem Wasser sehr schwer löslich, kalter Weingeist löst von dem Alkaloide ungefähr 1%, siedender Weingeist 5%;

ferner löst sich 1 Theil Narkotin in 166 Theilen kalten, in 48 Theilen siedenden Aethers, in 2·7 Theilen Chloroform, in 400 Theilen Olivenöl, in 60 Theilen Essigäther, 22 Theilen Benzol, 300 Theilen Amylalkohol; in kalter Kalilauge ist es unlöslich, in heisser Kalilauge, sowie in Kalkmilch löslich. Das Narkotin unterscheidet sich demnach wesentlich durch seine Löslichkeit in Aether und Benzol von Morphin und kann durch dieses Verhalten vom Morphin getrennt werden. Eine andere wesentliche Eigenschaft des Narkotins, durch die es vom Morphin und anderen Alkaloiden getrennt werden kann, besteht darin, dass der sauren Lösung eines Narkotinsalzes durch Ausschütteln mit Chloroform das Alkaloid entzogen wird.

Bei 176° C. schmilzt das Narkotin und erstarrt bei langsamem Erkalten zu einer strahlig krystallinischen, bei raschem Erkalten zu einer amorphen, harzartigen Masse.

Mit den Säuren verbindet sich das Narkotin zu Salzen, welche meist amorph erhalten werden, sehr bitter schmecken, sauer reagiren, in Wasser, Weingeist und Aether löslich sind. Aus den Lösungen der Salze wird das Alkaloid durch Alkalien in Form weisser, leichter Flocken gefällt, die bald krystallinisch werden, auch Ammoniak, die kohlensauren und doppeltkohlensauren Salze der Alkalien bewirken diese Fällung: das Narkotin ist im Ueberschusse dieser Fällungsmittel nicht löslich. Von den allgemeinen Alkaloidreagentien verhalten sich gegen die Lösungen der Narkotinsalze besonders die Phosphormolybdänsäure, das Kaliumquecksilberjodid, das Jodjodkalium und die Pikrinsäure empfindlich, indem sie bei Verdünnungen von 1 : 1000 bis 1 : 3000 noch Niederschläge erzeugen, während Platinchlorid und Goldchlorid erst concentrirtere Lösungen fällen.

Sehr bemerkenswerth ist das Verhalten des Narkotins gegen concentrirte Schwefelsäure; das Alkaloid löst sich darin bei gewöhnlicher Temperatur zu einer intensiv gelben Flüssigkeit, welche bei vorsichtigem Erhitzen orangegelb, dann vom Rande aus blauviolett wird und, wenn man die Hitze soweit steigert, dass die Schwefelsäure zu verdampfen anfängt, eine tief dunkelrothe Farbe annimmt; noch schöner kann man diese Farbenwandlung beobachten, wenn man das Narkotin in verdünnter Schwefelsäure löst und die Lösung allmälig eindampft.

Wenn man die Lösung des Narkotins in concentrirter Schwefelsäure eine Stunde lang stehen lässt und dann mit einer Spur Salpetersäure vermischt, so tritt eine rothe Färbung auf, welche längere Zeit an Intensität und Schönheit zunimmt.

Fröhde's Reagens wird durch Narkotin sogleich grün, dann braungrün, gelb und zuletzt röthlich gefärbt.

Anmerkung. Wenn es sich darum handelt, eine Opiumvergiftung nachzuweisen, so muss man neben Morphin und Narkotin auch noch die für das Opium charakteristische Mekonsäure aufsuchen.

Die *Mekonsäure* ($C_7 H_4 O_7 + 3 H_2 O$) krystallisirt in weissen, glänzenden Schuppen oder in Prismen, welche bei 100° C. ihr Krystallwasser verlieren und dabei undurchsichtig werden; sie schmeckt sauer, röthet Lakmus, löst sich schwer in kaltem, leicht in heissem Wasser, sowie in Weingeist, weniger gut in Aether, auch in Amylalkohol, nicht in Chloroform. Durch Bleizucker, salpetersaures Silber, salpetersaures Quecksilberoxydul und salpetersaures Quecksilberoxyd wird sie gefällt, die Niederschläge sind weiss oder gelblich.

Mit Eisenchlorid und anderen löslichen Eisenoxydsalzen färben sich Mekonsäure und ihre Salze intensiv roth. Diese Färbung verschwindet weder beim Erhitzen, noch auf Zusatz von Salzsäure (Unterschied von der Essigsäure), noch auf Zusatz von Goldchlorid (Unterschied von Schwefelcyanwasserstoff).

Beim Erwärmen wässeriger Lösungen der Mekonsäure entsteht bei Gegenwart einer freien Mineralsäure die sogenannte *Komensäure*, welche sich gegen Eisenoxydsalze gleich der Mekonsäure verhält.

Um die Mekonsäure aus einem Untersuchungsobjecte zu gewinnen, extrahirt man bei gewöhnlicher Temperatur mit Weingeist, dem etwas Salzsäure zugesetzt ist. Von dem filtrirten Auszug destillirt man auf dem Wasserbade den Alkohol ab, bis nur ungefähr $^1/_6$ der ursprünglichen Flüssigkeitsmenge übrig ist, lässt erkalten, filtrirt und verdampft auf dem Wasserbade vollständig zur Trockene, um etwa vorhandene Essigsäure und Ameisensäure zu verflüchtigen; der trockene Rückstand wird in heissem Wasser gelöst, die Lösung wird filtrirt und das Filtrat mit Magnesia gekocht, um mekonsaures Magnesium darzustellen. Die heiss filtrirte Flüssigkeit kann entweder direct, oder nachdem sie auf ein kleineres Volumen verdampft ist, zu den Reactionen benützt werden, von denen vor Allem jene mit Eisenchlorid wesentlich ist.

Bei dem geschilderten Vorgange wird wohl der grösste Theil der Mekonsäure in Komensäure verwandelt, die übrigens die Reaction mit Eisenchlorid auch gibt; wollte man unveränderte Mekonsäure abscheiden, so müsste das Object mit Wasser und nur so viel Salzsäure kalt extrahirt werden, als gerade zur sauren Reaction erfordert wird. Dem filtrirten Auszuge wäre dann durch Ausschütteln mit Amylalkohol die Mekonsäure zu entziehen, die Amylalkohol-Lösung wäre ferner mit Wasser zu waschen, dann auf dem Wasserbade zu verdampfen und der Rückstand durch Umkrystallisiren aus heissem Wasser und aus Weingeist zu reinigen, eventuell unter Zuhilfenahme von sehr wenig gereinigter Thierkohle.

## Physostigmin.

Das *Physostigmin*, auch *Eserin* ($C_{15} H_{21} N_3 O_2$) genannt, findet sich in der Calabar- oder Gottesgerichtsbohne, dem Samen einer in Calabar (Ober-Guinea) wachsenden Pflanze: Physostigma venenosum Balf. und in den Samen von Mucuna cylindrosperma. Es kommt im Handel in zwei verschiedenen Formen vor: als farblose, firnissartige Substanz, die im Exsiccator zu einem spröden Körper austrocknet und in Form farbloser Kryställchen; es ist geschmacklos, geruchlos, reagirt alkalisch und dreht links. In Wasser ist es schwierig, in Weingeist, Aether, Benzol, Chloroform, Amylalkohol und Schwefelkohlenstoff leicht löslich.

Das Physostigmin bildet mit Säuren geschmacklose Salze, die aber mit Ausnahme der salicylsauren Verbindung nur schwer im festen Zustande rein zu erhalten sind, weil sie sich leicht zersetzen. Aus alkalischer Lösung geht das Physostigmin leicht in Aether und Benzol über, nicht so aus saurer Lösung.

Phosphormolybdänsäure, Jodjodkalium und Kaliumwismuthjodid fällen selbst sehr verdünnte Physostigminlösungen.

Sehr charakteristisch ist das Verhalten der wässerigen Physostigminlösung. Dieselbe ist anfangs farblos, wird bald röthlich und nach einigen Stunden tief roth, diese Farbenänderung wird durch Erwärmen, sowie durch Zusatz von Säuren oder Alkalien wesentlich beschleunigt. Die rothgewordenen Lösungen können, wenn ihre Zersetzung nicht schon zu weit vorgeschritten ist, durch Schwefelwasserstoff, schwefelige Säure, unterschwefligsaures Natrium, sowie durch Thierkohle entfärbt werden.

Wird ein Tropfen einer Physostigminlösung mit einem Tropfen 5%iger Kali- oder Natronlauge auf einer weissen Porcellanplatte in Berührung gebracht, so tritt an der Berührungsstelle sofort eine blassrothe Färbung auf, welche nach einigen Minuten intensiv roth wird; ähnlich wirkt Barytwasser, nur erscheint bei Anwendung dieses Reagens nach dem Eintrocknen der Rückstand dunkelblau, nachdem er vorher carminroth geworden.

In concentrirter Salpetersäure löst sich das Physostigmin zu einer gelben Flüssigkeit auf.

Chlorkalklösung in geringer Menge einer Lösung von Physostigmin zugesetzt, färbt roth, Ueberschuss von Chlorkalk zerstört diese Färbung.

Sehr bemerkenswerth ist die physiologische Wirkung des Physostigmins auf das Auge, es bewirkt nämlich auffällige Verengerung der Pupille und man kann diese Wirkung, die man an einer Katze prüft, sehr wohl beim Nachweis dieses Alkaloides verwerthen.

## Pikrotoxin.

In den sogenannten Kokkelskörnern, den Früchten von Anamirta cocculus, ist ein krystallisirter Bitterstoff, das *Pikrotoxin*, enthalten. Durch eingehende Untersuchungen haben v. Barth und Kretschy dargethan, dass dieser früher für einheitlich gehaltene Körper ein Gemenge von zwei verschiedenen Verbindungen sei: dem sehr giftigen, bitter schmeckenden *Pikrotoxin* ($C_{15}H_{16}O_6$) und dem nicht giftigen, gleichfalls bitter schmeckenden *Pikrotin* ($C_{25}H_{30}O_{12}$). Die Trennung dieser beiden Substanzen ist ungemein schwierig; in der Praxis hat man es ausschliesslich mit dem Gemenge derselben zu thun.

Aus reinen Lösungen krystallisirt das Pikrotoxin in farblosen, glänzenden, meist sternförmig gruppirten Nadeln, aus gefärbten unreinen Lösungen in verfilzten Fäden, die erst allmälig zu solideren

Nadeln, bisweilen auch zu Blättchen sich umwandeln. Es ist geruchlos, schmeckt sehr bitter, reagirt neutral und ist linksdrehend, sein Schmelzpunkt liegt bei 199°—201° C.

Kaltes Wasser löst das Pikrotoxin schwer, kochendes viel leichter, siedender Weingeist löst es sehr leicht, auch Aether, Chloroform und Amylalkohol lösen es auf. Alkalische Laugen, sowie Ammoniak lösen das Pikrotoxin viel leichter als reines Wasser, Säuren fällen aus den alkalischen Lösungen die unveränderte Substanz. Das Pikrotoxin verhält sich demnach starken Basen gegenüber als eine schwache Säure.

Wässerige Lösungen des Pikrotoxins, ob dieselben neutral oder sauer sind, geben beim Ausschütteln mit Aether, Amylalkohol oder Chloroform das Pikrotoxin an diese Lösungsmittel ab und dadurch ist eine Trennung desselben von den Alkaloiden (mit Ausnahme des Colchicins) möglich. Benzol und Petroleumäther nehmen das Pikrotoxin weder aus der neutralen, noch aus der sauren wässerigen Lösung auf, ebenso nimmt es Aether aus alkalischen Lösungen nicht auf.

Die allgemeinen Reagentien Jodjodkalium, Gerbsäure, Goldchlorid, Platinchlorid, Quecksilberchlorid fällen Pikrotoxinlösungen nicht.

In concentrirter Schwefelsäure löst sich das Pikrotoxin zu einer goldgelben Flüssigkeit auf, welche sich beim Erhitzen zuerst bräunt, dann schwärzt. Setzt man der gelben Lösung in Schwefelsäure ein Stäubchen chromsaures Kalium zu, so färbt sich die Flüssigkeit violett, bei Zusatz von einer etwas grösseren Menge des chromsauren Salzes wird sie braun.

Pikrotoxin reducirt in der Wärme alkalische Kupferoxydlösung unter Abscheidung eines gelbrothen Niederschlages von Kupferoxydul, am besten führt man die Reaction mit der Fehling'schen Flüssigkeit aus (eine Lösung von Kupfervitriol wird mit überschüssiger Kali- oder Natronlauge versetzt und dann so viel Seignettesalz zugefügt, bis eine dunkelblaue klare Flüssigkeit entsteht, die auch beim Kochen klar bleiben muss und sich nicht entfärben darf). Zu der heissen Fehling'schen Lösung setzt man die auf Pikrotoxin zu prüfende Flüssigkeit, worauf sofort die Ausscheidung von Kupferoxydul eintritt, wenn Pikrotoxin vorhanden ist.

Mischt man nach dem Vorschlage von Langley das Pikrotoxin mit der dreifachen Menge von salpetersaurem Kalium und durchfeuchtet dann diese Mischung mit concentrirter Schwefelsäure, so beobachtet man zunächst keine auffallende Erscheinung; übersättigt man aber nun mit concentrirter Kali- oder Natronlauge, so entsteht vorübergehend eine ziegelrothe Färbung.

Da sowohl Pikrotoxin, als insbesondere Extracte der Kokkelskörner nicht selten dem Biere zugesetzt werden, um dasselbe bitter zu machen, so kommt man in der forensisch-chemischen Praxis bisweilen in die Lage, diesen giftigen Körper im Biere nachzuweisen; über die dazu geeignetsten Methoden wird in dem Capitel über Nahrungsmittel-Untersuchung berichtet.

## Strychnin.

Das *Strychnin* ($C_{21}H_{22}N_2O_2$) findet sich neben Brucin in den Samen der Pflanzen, welche zur Gattung Strychnos gehören und wird auch aus diesen dargestellt; man erhält dasselbe beim langsamen Verdunsten alkoholischer Lösungen in Form kleiner, weisser Prismen, bei raschem Verdampfen oder schnellem Erkalten seiner heissen Lösungen als ein körnig krystallinisches Pulver. Es ist geruchlos, schmeckt intensiv und anhaltend bitter und dieser Geschmack ist selbst bei enorm verdünnten Lösungen noch deutlich wahrnehmbar. Im Wasser ist das Strychnin sehr schwer löslich (1 Theil Strychnin braucht zur Lösung nahezu 7000 Theile kalten und 2500 Theilen siedenden Wassers), in absolutem Alkohol, sowie in absolutem Aether ist es unlöslich, in wässerigem Weingeist ist es schon bei gewöhnlicher Temperatur ziemlich gut, in der Siedehitze leicht löslich; Chloroform löst ungefähr 20%, Amylalkohol 0·55%, Benzol 0·6% seines Gewichtes an Strychnin auf. Auch in flüchtigen und fetten Oelen ist das Alkaloid merklich löslich. Beim langsamen Verdunsten der Lösungen scheidet sich das Strychnin im krystallisirten Zustande ab. Die weingeistige Lösung des Alkaloides ist stark linksdrehend, saure Lösungen besitzen ein viel geringeres Drehungsvermögen, als die des freien Strychnins.

Gegen Säuren verhält sich das Strychnin als eine kräftige Base und bildet mit ihnen Salze, die ausserordentlich bitter schmecken und meist gut krystallisiren. Die Strychninsalze sind nicht durchgehends im Wasser leicht löslich; so z. B. löst sich das chromsaure Salz nur spurenweise auf, aber von angesäuertem Wasser werden sie gelöst, in Weingeist sind sie löslich, in Aether, Benzol, Chloroform und Amylalkohol dagegen unlöslich. Das am häufigsten verwendete Salz ist das *salpetersaure Strychnin* ($C_{21}H_{22}N_2O_2, HNO_3$), welches feine, seidenglänzende, büschlig verwachsene Nadeln repräsentirt, die in 50 Theilen kalten, 2 Theilen siedenden Wassers, sowie in 60 Theilen kalten und in 2 Theilen siedenden Weingeistes (von 80%) sich zu einer klaren, neutral reagirenden Flüssigkeit lösen.

Aus den wässerigen Lösungen der Strychninsalze scheiden Ammoniak, die ätzenden Alkalien und die kohlensauren Salze der Alkalien das Strychnin ab, und es kann dasselbe durch Ausschütteln mit Aether, Chloroform, Benzol oder Amylalkohol der wässerigen Flüssigkeit entzogen werden, indem es in diese Lösungsmittel übergeht.

Von den allgemeinen Reagentien verhalten sich die Gerbsäure, Pikrinsäure, das Kaliumquecksilberjodid, Kaliumwismuthjodid und Jodjodkalium gegen Strychninsalzlösungen ausserordentlich empfindlich, Goldchlorid und Platinchlorid sind weniger empfindlich; rothes chromsaures Kalium erzeugt in der mit schwefelsäurehaltigem Wasser bereiteten Strychninlösung einen gelben krystallinischen Niederschlag von chromsaurem Strychnin, rothes Blutlaugensalz einen gelben krystallinischen Niederschlag von ferridcyanwasserstoffsaurem Strychnin. Chlorwasser erzeugt einen weissen Niederschlag (bestehend aus einem Chlorsubstitutionsproducte), der von Ammoniak gelöst wird.

Sehr charakteristisch ist das Verhalten des Strychnins gegen Schwefelsäure und gewisse Oxydationsmittel. Wenn man Strychnin in concentrirter Schwefelsäure bei gewöhnlicher Temperatur auflöst, so erhält man eine farblose Flüssigkeit, welche auf Zusatz einer sehr geringen Menge eines der Oxydationsmittel: chromsaures Kalium, Bleisuperoxyd, Mangansuperoxyd, rothes Blutlaugensalz, chlorsaures Kalium, jodsaures Kalium, Ceroxyd, blau, dann rasch hintereinander violett und kirschroth wird, und allmälig verblasst. Diese schöne Reaction tritt nur ein, wenn man nicht zu viel von dem Oxydationsmittel zusetzt, weil ein Ueberschuss desselben die Farben zerstört. In der Regel wendet man das chromsaure Kalium oder das von Sonnenschein empfohlene Ceroxyd an und man führt die Reaction auf folgende Weise aus: Das Strychnin wird in einem Uhrglase oder Porcellanschälchen in einigen Tropfen concentrirter reiner Schwefelsäure gelöst, die Lösung durch Umschwenken in dem Gefässe ausgebreitet und nun ein stecknadelkopfgrosses Körnchen von chromsaurem Kalium eingetragen, worauf man das Schälchen neigt. Die an dem Körnchen vorbeifliessende Säure löst eine Spur desselben auf, welche genügt, die blaue und violette Färbung zu erzeugen; man sieht daher so gefärbte Streifen von dem chromsauren Kalium aus herabfliessen.

Am schönsten wird diese Reaction erhalten, wenn chromsaures Strychnin oder ferridcyanwasserstoffsaures Strychnin im noch feuchten Zustande in concentrirte Schwefelsäure eingetragen werden; man erhält sofort eine prachtvoll blau gefärbte Lösung, die ganz allmälig die geschilderte Farbenwandlung durchmacht. Man löst das Strychnin, resp. die aus dem Untersuchungsobjecte abgeschiedene, auf Strychnin zu prüfende Verbindung, in wenig schwefelsäurehältigem Wasser und versetzt mit einer Auflösung von chromsaurem Kalium. Wenn sich nach einigen Stunden der Niederschlag von chromsaurem Strychnin am Boden dicht zusammengesetzt hat, giesst man vorsichtig, ohne den Niederschlag aufzurütteln, die Flüssigkeit ab, saugt die letzten Tropfen derselben durch einen seitlich angelegten Filtrirpapierstreifen ab und trägt den so erhaltenen Niederschlag direct in die concentrirte Schwefelsäure ein.

Ist die Menge des Strychnins sehr gering, so verdampft man die alkoholische oder ätherische Lösung desselben in einem kleinen Schälchen zur Trockene, giesst dann einige Tropfen verdünnte Lösung von saurem chromsauren Kalium darauf, benetzt durch Umschwenken den ganzen Abdampfrückstand und lässt nach einigen Minuten durch Neigen des Schälchens die Flüssigkeit abfliessen, worauf man das den Boden bedeckende chromsaure Strychnin mit einigen Tropfen kalten Wassers wäscht; nachdem dieses Waschwasser durch Neigen des Schälchens entfernt ist, kann man den feuchten Niederschlag in Schwefelsäure eintragen oder in dem Schälchen direct mit concentrirter Schwefelsäure übergiessen, worauf prächtige Blaufärbung erfolgt (Otto).

Das chromsaure Strychnin zersetzt sich beim Aufbewahren und zeigt nach längerer Zeit nicht mehr die Blaufärbung, wenn es mit concentrirter Schwefelsäure behandelt wird; diese Zersetzung geht nur langsam vor sich und sie bildet für den Strychninnachweis bei gerichtlichen Untersuchungen kein Hinderniss, weil man ja in diesen Fällen immer das frisch bereitete Salz sofort zur Reaction verwendet.

Will man sich des Ceroxydes bedienen, welches unter den angeführten Oxydationsmitteln für diese Reaction entschieden den Vorzug verdient, so trägt man eine sehr geringe Menge desselben in die schwefelsaure Lösung des Strychnins ein und rührt um; es tritt dann alsbald die blaue, violette und kirschrothe Färbung ein, welch letztere einige Tage erhalten bleibt. Gerade in der längeren Dauer der Farbenerscheinungen, welche durch das Ceroxyd erzielt wird, liegt ein grosser Vortheil.

Die geschilderte charakteristische Strychninreaction wird durch die Gegenwart von Morphin gestört, welches letztere ein kräftiges Reductionsmittel ist; diese Störung erfolgt jedoch nur, wenn nennenswerthe Mengen von Morphin anwesend sind. Da aus einer alkalischen wässerigen Lösung beider Alkaloide von Aether nur das Strychnin aufgenommen wird, so ist auf diesem Wege eine Trennung der beiden Alkaloide leicht möglich.

Auch durch erhebliche Mengen von Brucin wird die Strychninreaction beeinträchtigt, indem die letztere durch chromsaures Kalium erst erfolgt, wenn alles Brucin oxydirt ist. Da bei Vergiftungen mit Brechnüssen oder Ignatiusbohnen oder anderen Pflanzentheilen, welche Brucin und Strychnin neben einander enthalten, aus der Untersuchung ein Gemenge dieser beiden Alkaloide hervorgeht, so ist es wichtig, eine und die andere Trennungsmethode zu kennen. Wenn ein Gemisch von Brucin und Strychnin bei gewöhnlicher Temperatur mit absolutem Alkohol übergossen wird, so löst sich das Brucin leichter und schneller auf als das Strychnin und man kann daher, wenn nach kurzer Einwirkung des Alkohols die Lösung filtrirt wird, eine allerdings nicht scharfe, aber für die weiter vorzunehmenden Reactionen genügende Trennung bewirken.

Nach Beckurts trennt man Strychnin und Brucin von einander, indem man das Gemenge der beiden auf einem kleinen Filter so lange mit Chlorwasser betropft, als dieses noch eine Röthung veranlasst. Es bildet sich Dichlorbrucin, welches im Wasser mit rother Farbe löslich ist, das ungelöst bleibende Strychnin gibt dann die Strychninreaction rein.

Eine weitere Trennungsmethode, die für den vorliegenden Zweck genügt, besteht darin, dass man eine möglichst concentrirte wässerige Lösung der Salze beider Alkaloide (z. B. der schwefelsauren Salze) mit Ammoniak versetzt, bis die Flüssigkeit deutlich darnach riecht; es scheidet sich nur Strychnin ab und in dem Filtrate hat man das Brucin, welches durch Ausschütteln mit Aether oder Benzol gewonnen werden kann.

Die Trennung von Strychnin und Brucin kann auch mit chromsaurem Kalium vorgenommen werden. Wenn man eine schwach essigsaure wässerige Lösung der beiden Alkaloide mit der Lösung von chromsaurem Kalium versetzt, so entsteht, wenn die Lösung der Alkaloide nicht zu verdünnt ist, sofort ein Niederschlag von chromsaurem Strychnin, und es scheidet sich in kurzer Zeit das Strychnin fast vollständig in Form dieser Verbindung ab, so dass man, wenn filtrirt wird, im Filtrate nur Brucin hat; aus diesem Filtrate krystallisiren nach längerem Stehen lange gelbe Krystallnadeln.

## Veratrin.

Das *Veratrin* ($C_{32}H_{52}N_2O_8$) kommt in den Samen von Sabadilla officinalis neben anderen Alkaloiden vor. Das käufliche Veratrin ist ein weisses Pulver, das unter dem Mikroskope krystallinische Beschaffenheit zeigt; durch Umkrystallisiren aus verdünntem und dann aus starkem Weingeist kann man grosse, gut ausgebildete farblose Prismen von Veratrin erhalten, die an der Luft allmälig verwittern.

Dieses Alkaloid ist geruchlos, wenn aber nur ein Stäubchen desselben in die Nase gelangt, so erregt dasselbe heftiges Niessen; der Geschmack ist scharf, brennend, aber nicht bitter. Bei 115° C. schmilzt es zu einer öligen Flüssigkeit, die beim Erkalten zu einer durchscheinenden amorphen Masse erstarrt; durch Erhitzen über den Schmelzpunkt wird es zersetzt.

In kaltem Wasser ist das Veratrin so gut wie unlöslich, von siedendem Wasser braucht es 1000 Theile zur Lösung; gewöhnlicher Weingeist, absoluter Alkohol, sowie Chloroform lösen das Veratrin sehr leicht auf, Aether, Benzol und Amylalkohol lösen es auch noch ziemlich leicht auf, dagegen Petroleumäther, Glycerin und fette Oele bedeutend schwieriger.

Die Lösung des freien Veratrins, sowie jene seiner Salze sind optisch inactiv; die wässerige und weingeistige Lösung reagiren alkalisch.

Die Säuren werden vom Veratrin vollständig neutralisirt unter Bildung der Veratrinsalze, welche meist amorph, gummiartig und nur schwierig krystallisirt zu erhalten sind. In Folge dieser Salzbildung ist das Veratrin in angesäuertem Wasser leicht löslich.

Bemerkenswerth ist das Verhalten der wässerigen Lösung von Veratrinsalzen gegen einige Lösungsmittel: Wird eine schwach saure Lösung mit Aether oder Benzol ausgeschüttelt, so geht ein merklicher Theil des Alkaloides in diese Lösungsmittel über; ist die Lösung stark sauer, so werden derselben durch Ausschütteln mit Aether oder Benzol nur Spuren vom Alkaloid entzogen, aber Chloroform und Amylalkohol nehmen selbst aus solchen Lösungen ziemlich viel Veratrin auf. In Petroleumäther geht das Veratrin weder aus der neutralen, noch aus der sauren Lösung über.

Aus den Lösungen der Veratrinsalze fällen Ammoniak, Aetzkali, sowie Alkalicarbonate das Veratrin in Form weisser Flocken, die im Ueberschusse von Ammoniak etwas löslich sind. In den sauren Lösungen erzeugen selbst bei grosser Verdünnung: Phosphormolybdänsäure einen hellgelben, Phosphorantimonsäure einen schmutzig-weissen,

Pikrinsäure einen gelben, Jodjodkalium einen kermesfarbenen, Kaliumquecksilberjodid einen gelbweissen, Goldchlorid einen hellgelben Niederschlag, Gerbsäure erst nach längerer Zeit Flocken, die sich in warmer Salzsäure lösen, Quecksilberchlorid und Platinchlorid fällen nur bei etwas grösserer Concentration der Lösung.

Eine sehr charakteristische Reaction zeigt das Veratrin gegen Schwefelsäure. Trägt man das trockene Alkaloid in die concentrirte Säure ein, so ballt es sich zu einem harzigen, gelben Klümpchen zusammen, das sich bald zu einer hellgelben Flüssigkeit löst, die sich, wenn sie bei gewöhnlicher Temperatur stehen bleibt, allmälig orangegelb, dann blutroth und endlich dunkel kirschroth färbt. Wird die Lösung erwärmt, so geht die gelbe Farbe derselben sofort in eine dunkelrothe über.

In concentrirter Salzsäure löst sich Veratrin bei gewöhnlicher Temperatur leicht zu einer farblosen Flüssigkeit, welche sich beim Erwärmen anfangs blassroth, allmälig aber dunkelkirschroth färbt und diese Färbung viele Tage lang behält.

Eine andere charakteristische Reaction zeigt das Veratrin gegen Zucker und Schwefelsäure: Man löst in einem Porcellanschälchen etwas Veratrin in concentrirter Schwefelsäure bei gewöhnlicher Temperatur auf, indem man das Alkaloid mit einem kleinen Pistill in der Säure verreibt; in die gelbe Lösung trägt man nun etwas gepulverten Rohrzucker ein und setzt dann das Mischen durch Reiben mit dem Pistill fort. Alsbald wird die Flüssigkeit olivengrün, dann grasgrün und endlich prächtig dunkelblau.

---

# Anhang.

## Cantharidin.

Das *Cantharidin* ($C_{10}H_{12}O_4$) ist der wirksame, blasenziehende Bestandtheil der Canthariden (Lytta vesicatoria); dasselbe wirkt, innerlich genommen, sehr giftig, und da Canthariden als Aphrodisiacum und als Abortivum angewendet werden, so sind gerichtliche Untersuchungen, bei denen es sich um den Nachweis des Cantharidins, resp. der Canthariden handelt, nicht gar zu selten. Es ist das Anhydrid der *Cantharidinsäure* ($C_{10}H_{14}O_5$) und geht daher beim Behandeln mit alkalischen Flüssigkeiten in Lösung, indem sich lösliche cantharidinsaure Salze bilden. Das Cantharidin ist in kaltem Wasser sehr schwer (1 : 30.000) etwas leichter in heissem, 1% Schwefelsäure enthaltendem Wasser (1 : 15000), löslich, in Ameisensäure, Weingeist, Schwefelkohlenstoff, Aether, Benzol, Chloroform ist es leichter löslich. Aus sauren, wässerigen Lösungen kann es mit Aether, Benzol, Chloroform, Amylalkohol ausgeschüttelt werden. Die Lösungen hinterlassen beim Verdunsten das Cantharidin in Form farbloser Täfelchen, welche bei 218° C. schmelzen. Charakteristische chemische Reactionen auf das Cantharidin existiren nicht, bemerkenswerth ist dessen blasenziehende Wirkung, welche man zum Nachweis des Cantharidins verwendet. Zu diesem Zwecke wird das möglichst gereinigte Cantharidin mit einigen Tropfen Mandelöls verrieben, die Flüssigkeit mit einem kleinen Watte-Bäuschchen aufgenommen, dieses auf dem Oberarm oder auf der Brust befestigt und längere Zeit liegen gelassen. Wenn es sich um die Constatirung einer Cantharidin-Vergiftung handelt, so sind die Untersuchungsobjecte vor Allem genau zu durchsuchen, um Bruchstücke von den metallisch glänzenden grünen Flügeldecken zu finden, deren Anwesenheit einen wichtigen Fingerzeig liefert.

### *Abscheidung der Pflanzengifte aus den Untersuchungsobjecten.*

Die im Vorhergehenden aufgezählten allgemeinen und Specialreactionen lassen sich selbstverständlich nur dann direct auf ein Untersuchungsobject anwenden, wenn dasselbe ein reines Pflanzengift im freien Zustande oder ein Salz desselben repräsentirt, oder wenn eine wässerige oder weingeistige Lösung solcher Körper vorliegt. In diesem Falle hat man für die betreffenden Reactionen, welche in Lösung vorgenommen werden, den Körper in reinem oder saurem Wasser zu lösen, resp. wenn eine Lösung vorliegt, für jene Reactionen, welche die Substanz in fester Form erfordern, das Lösungsmittel bei gelinder Wärme zu verdampfen.[1])

Fälle, in denen reine Pflanzengifte in fester oder gelöster Form den Gegenstand einer gerichtlichen Untersuchung bilden, sind nicht gar zu selten; wiederholt schon wurden nach begangenen Verbrechen bei Hausdurchsuchungen Alkaloide, wie: Atropin, Morphin, Strychnin, aufgefunden und der chemischen Untersuchung zugeführt, weil die genaue Kenntniss dieser Substanzen für den Richter von Wichtigkeit war. Allerdings kommt der Gerichtschemiker viel öfter in die Lage, in Arzneien, Speisen, Getränken, in Erbrochenem, Harn, endlich in Leichentheilen, Pflanzengifte nachzuweisen. Da handelt es sich vor Allem darum, die in der Regel nur geringe Menge des Giftes aus dem grossen Volumen des Untersuchungsobjectes abzuscheiden und rein darzustellen.

Für diese letzteren Fälle hat Stas schon im Jahre 1851 anlässlich des berühmten Processes Bocarmé ein Verfahren ausgearbeitet, mit dem er aus den Organen des Vergifteten und aus Stücken eines Fussbodens Nicotin abzuscheiden und durch alle charakteristischen Reactionen als solches zu erkennen vermochte.

Das Verfahren von Stas ist, wenn auch etwas modificirt, noch heute allgemein im Gebrauche und hat sich vortrefflich bewährt. Man arbeitet darnach in folgender Weise: Breiige Untersuchungsobjecte, wie Magen- und Darminhalt, Speisen, werden direct, Organe, wie Herz, Leber, Lunge, nachdem sie vorher fein zerschnitten wurden, in eine geräumige Kochflasche gebracht und daselbst mit dem doppelten Gewichte von reinem, fuselfreiem

[1]) Für die allgemeinen Alkaloidreactionen müsste, wenn eine alkoholische Lösung vorliegt, der Alkohol auf dem Wasserbade verdampft und der Abdampfrückstand in angesäuertem Wasser gelöst werden.

Weingeist[1]), der wenigstens 90% Alkohol enthält, übergossen, worauf man von einer concentrirten wässerigen Weinsäure-Lösung tropfenweise so viel zusetzt, dass die ganze Masse nach dem Umschütteln deutlich sauer reagirt; ein bedeutender Ueberschuss von Weinsäure, der mindestens auch ganz überflüssig wäre, ist dabei zu vermeiden. Die Kochflasche wird durch 1 bis 2 Stunden auf dem Wasserbade auf 70° bis 75° C. erwärmt und damit nicht zu viel Alkohol verdampft, der Hals derselben mit einem durchbohrten Korke verschlossen, in dessen Bohrung eine etwa 1 Meter lange Glasröhre von 6—8 Mm. innerem Durchmesser steckt; in dieser Röhre condensiren sich die Alkoholdämpfe und der flüssige Alkohol tropft in die Kochflasche zurück. Nach 1 bis 2 Stunden dauerndem Erwärmen lässt man abkühlen, filtrirt[2]) durch ein mit Weingeist benetztes Filter und wäscht das Ungelöste einigemale mit Weingeist.

Bisweilen muss man Pflanzengifte in solchen Untersuchungsobjecten aufsuchen, welche schon zur Prüfung auf Blausäure und Phosphor verwendet, also mit Wasser verdünnt und angesäuert der Destillation unterworfen wurden. In einem solchen Falle wird der Destillations-Rückstand, wenn er mit einer Mineralsäure angesäuert ist, vor Allem durch Zusatz von kohlensaurem Natrium neutralisirt, hierauf mit Weinsäure angesäuert und auf dem Wasserbade bis zur breiigen Consistenz verdampft; erst dann folgt die Behandlung mit Weingeist in der oben beschriebenen Weise.

Das gesammte weingeistige Filtrat wird in einer flachen Porcellanschale auf dem Wasserbade bei gelinder Wärme eingedampft. Stas schrieb ursprünglich vor, bei diesem Eindampfen die Temperatur von 35° C. nicht zu überschreiten; in der Regel wird man ohne Schaden bei höherer Temperatur, etwa 60° C., eindampfen können und nur wenn Apomorphin, Atropin, Hyoscyamin oder Physostigmin aufzusuchen sind, muss das Eindampfen bei möglichst niederer Temperatur (am besten im Vacuum über Schwefelsäure) vorgenommen werden; in diesem Falle muss auch schon die Extraction des Untersuchungsobjectes mit Weingeist bei gewöhnlicher Temperatur geschehen.

Die Weinsäure, welche man dem Untersuchungsobjecte bis zur sauren Reaction zugesetzt hat, verwandelt die Alkaloide, wenn

---

[1]) Der käufliche, rectificirte Weingeist enthält meistens kleine Mengen von flüchtigen basischen Verbindungen, die bei gerichtlichen Untersuchungen stören. Man muss daher für solche Zwecke den Weingeist reinigen und das geschieht dadurch, dass man denselben mit Weinsäure bis zur stark sauren Reaction versetzt und dann destillirt.

[2]) Vor dem Filtriren ist die Reaction der Flüssigkeit zu prüfen; dieselbe muss sauer sein, und wenn sie nicht sauer wäre, so müsste Weinsäure zugefügt und neuerdings erwärmt werden. Wenn alkalische Massen vorliegen, die vom Weingeist schwer durchdrungen werden, so reagiren dieselben nach dem ersten Weinsäurezusatz sauer, aber sobald der Weingeist aus dem Innern der Massen die alkalisch reagirenden Substanzen herausgeholt hat, wird die Reaction entweder neutral oder alkalisch, wenn nicht genug Weinsäure vorhanden war.

solche im freien Zustande vorhanden sind, in die entsprechenden Salze und diese gehen dann bei der Extraction mit Weingeist vollständig in diesen über. Das weingeistige Filtrat enthält demnach das vorhandene Pflanzengift[1]), ausserdem Fett, harzartige Substanzen, Farbstoffe und eine Reihe anderer organischer, nicht näher zu definirender Stoffe, die man gewöhnlich als Extractivstoffe bezeichnet; die Hauptmenge der Gewebsbestandtheile der thierischen oder pflanzlichen Untersuchungsobjecte ist unlöslich zurückgeblieben.

Das Eindampfen des weingeistigen Filtrates wird so lange fortgesetzt, bis der Alkohol entfernt ist; meistens scheidet sich aus der nunmehr wässerigen Flüssigkeit Fett und harzartige Substanz aus, welche durch Filtration entfernt werden, worauf man das Filtrat weiter eindampft, bis dasselbe die Consistenz eines Syrupes angenommen hat. Dieser Syrup wird nun neuerdings mit Alkohol extrahirt, um die Pflanzengifte in Lösung zu bringen und von einer Menge fremder Stoffe, die bei der ersten Extraction in Lösung gegangen sind, zu trennen. Zu diesem Zwecke setzt man dem syrupdicken Abdampfrückstande zunächst einige Tropfen absoluten Alkohols zu, rührt um, bis die Masse gleichförmig geworden und wiederholt das Zutropfen des Alkohols und das Umrühren, bis eine flockige Ausscheidung beginnt, worauf man in einzelnen grösseren Portionen noch so lange Alkohol hinzufügt, bis die Flüssigkeit sich nicht mehr trübt; würde man den syrupdicken Abdampfrückstand auf einmal mit einer grösseren Menge Alkohol versetzen, so würden sich die im Alkohol unlöslichen Substanzen als eine zähe, zusammenhängende Masse abscheiden, welche das Eindringen des Alkohols und somit die Auflösung der im Innern befindlichen löslichen Stoffe verhindern. Die alkoholische Lösung wird wieder filtrirt und das Filtrat in gelinder Wärme verdampft; sollte dabei ein sehr beträchtlicher Abdampfrückstand erhalten werden, so kann man dessen Extraction mit absolutem Alkohol nochmals wiederholen, man wird dann möglicherweise noch etwas von den fremden Substanzen los werden.

Der nach dem Abdampfen des letzten alkoholischen Auszuges bleibende Rückstand, welcher sauer reagiren muss, wird in wenig Wasser gelöst und die Lösung in einem Schüttelkölbchen (siehe Fig. 2, Seite 50) mit reinem Aether[2]) ausgeschüttelt. Dies hat den Zweck, aus der Flüssigkeit manche verunreinigende Substanzen, wie Fett, Farbstoffe u. dgl. zu ent-

---

[1]) Auch Digitalin und Pikrotoxin gehen in den Alkohol über.

[2]) Ausser dem Aether werden zur Extraction der Pflanzengifte noch angewendet: Petroleumäther, Benzol, Chloroform und Amylalkohol. Da diese Lösungsmittel bisweilen flüchtige Basen enthalten, so müssen sie vor der Verwendung gereinigt werden. Man schüttelt sie in grossen Schüttelkolben mit verdünnter Schwefelsäure, entfernt nach dem Absetzen die letztere durch den Hahn (beim Chloroform fliesst dieses durch den Hahn ab) und destillirt diese so gereinigten Lösungsmittel aus einem gläsernen Destillirapparate.

fernen; die überwiegende Mehrzahl der Alkaloidsalze geht aus der sauren wässerigen Lösung nicht in den Aether über, indessen muss man sich doch daran erinnern, dass ausser den nicht alkaloidischen Pflanzengiften Pikrotoxin und Digitalin auch Colchicin und in geringer Menge Veratrin, selbst Spuren von Atropin aus der sauren wässerigen Lösung in den Aether übergehen.

Nachdem man die wässerige, saure Flüssigkeit mit Aether tüchtig geschüttelt hat, stellt man das Schüttelkölbchen ruhig hin, bis sich die wässerige und ätherische Flüssigkeit scharf von einander abgesondert haben, dann öffnet man zuerst oben den Stöpsel, hierauf vorsichtig den Hahn und lässt die wässerige Flüssigkeit in ein untergestelltes Kölbchen oder Becherglas abfliessen, zuerst im Strahle, dann, indem man den Hahn theilweise schliesst, tropfenweise. Wenn alle wässerige Flüssigkeit abgeflossen ist, schliesst man den Hahn vollständig und giesst durch die obere Oeffnung die ätherische Lösung in eine flache Glasschale. Das Ausschütteln der in das Schüttelkölbchen zurückgegossenen wässerigen Flüssigkeit mit neuen Portionen Aether wird in der beschriebenen Weise so oft wiederholt, bis sich der Aether nicht mehr färbt, bis er also Alles, was sich unter diesen Verhältnissen in ihm lösen kann, aufgenommen hat.

Die vereinigten ätherischen Lösungen wollen wir mit ***A***, die wässerige, saure, mit Aether ausgeschüttelte Flüssigkeit mit ***B*** bezeichnen.

Die ätherische Lösung ***A*** kann Fett, harzige Substanzen, Farbstoffe, aber auch Colchicin, Pikrotoxin, Digitalin, Cantharidin[1]), Spuren von Veratrin und Atropin, und wenn Apomorphin in dem Untersuchungsobjecte enthalten ist, auch dessen Zersetzungsproducte enthalten. Die letzteren verleihen dem Aether eine violette Färbung und weisen dadurch auf Apomorphin. Der Aether muss nun verdampft werden; man bringt die ätherische Flüssigkeit in eine seichte Glasschale und lässt sie ruhig bei Zimmertemperatur stehen, bis der Aether verdunstet ist.

---

[1]) Die Abscheidung des Cantharidins aus Untersuchungsobjecten geschieht zweckmässig nach dem folgenden bewährten Verfahren von Dragendorff: Man erwärmt die, wenn nöthig, zerkleinerten Objecte mit Kalilauge (1 Theil Aetzkali auf 12—15 Theile Wasser) bis eine gleichförmige Flüssigkeit entstanden, diese wird nach dem Erkalten mit Wasser bis zur Dünnflüssigkeit verdünnt und mit Chloroform ausgeschüttelt; nach Entfernung der abgeschiedenen Chloroformschichte wird die wässerige Flüssigkeit mit Schwefelsäure stark angesäuert, mit dem 4fachen Volumen von Alkohol (95%) versetzt, einigemale aufgekocht und heiss filtrirt; das Filtrat trübt sich beim Abkühlen, es wird daher, wenn es erkaltet ist, nochmals filtrirt und die klare Flüssigkeit durch Abdunsten von Alkohol befreit, die zurückbleibende wässerige Flüssigkeit sammt der beim Verdunsten des Alkohols an den Wandungen des Abdampfgefässes abgeschiedenen Substanz mit Chloroform ausgeschüttelt; das abgeschiedene Chloroform wird von der sauren wässerigen Flüssigkeit getrennt, dann, um anhaftende Spuren von Schwefelsäure zu entfernen, zweimal im Scheidetrichter mit destillirtem Wasser ausgeschüttelt, endlich von dem Waschwasser getrennt, filtrirt und verdunstet. Der Abdampfrückstand kann dann auf seine blasenziehende Wirkung geprüft werden (siehe Seite 297).

Der Abdampfrückstand, welcher in der Regel gelb aussieht und von fettiger oder harzartiger Beschaffenheit ist, wird mit destillirtem Wasser übergossen und auf dem Wasserbade erwärmt, wobei, wenn genug Wasser zugesetzt wurde, alles Pikrotoxin, Digitalin und Colchicin in Lösung gehen, während die verunreinigenden fetten und harzigen Substanzen ungelöst bleiben. Die wässerige Lösung wird von dem Ungelösten abfiltrirt und zunächst durch Eindampfen auf dem Wasserbade concentrirt[1]), worauf man zunächst prüft, wie sie schmeckt; Pikrotoxin schmeckt sehr stark bitter, Digitalin weniger bitter, kratzend; auch Colchicin schmeckt bitter. Eine weitere Prüfung wird mit den allgemeinen Alkaloidreagentien vorgenommen; Pikrotoxin wird durch diese Reagentien aus seinen Lösungen nicht gefällt, Digitalin wird nur durch Gerbsäure gefällt, Colchicin gibt mit den meisten allgemeinen Reagentien Niederschläge (vgl. Seite 52 und 267). Um mit dem Materiale möglichst zu sparen, saugt man von der zu prüfenden Flüssigkeit etwas in ein Capillarröhrchen[2]) und bringt dann durch Ausblasen je ein Tröpfchen auf ein Uhrglas, wo man wieder mittelst eines Capillarröhrchens das betreffende Reagens zusetzt. Die Uhrgläser stellt man auf ein mattes schwarzes Papier, um die Niederschläge besser wahrnehmen zu können.

Wenn diese Vorprüfung beendet ist, verdampft man die Lösung bei sehr gelinder Wärme zur Trockene und nimmt dann, wenn dieselbe nicht zu stark gefärbt ist, die Specialreactionen vor, welche für Digitalin, Pikrotoxin und Colchicin angegeben sind, und zwar für dasjenige der drei Gifte, dessen Anwesenheit durch die Vorprüfung wahrscheinlich gemacht wurde. Wenn die wässerige Lösung stark gefärbt ist, so muss dieselbe vor dem Eindampfen entfärbt werden, denn der dunkle Abdampfrückstand würde die Specialreactionen nicht mit der erwünschten Deutlichkeit geben; man verdünnt die wässerige Lösung, setzt tropfenweise essigsaures Blei zu, bis kein Niederschlag mehr entsteht, filtrirt ab und leitet in das klare Filtrat Schwefelwasserstoff ein, bis alles überschüssig zugesetzte Blei gefällt ist; die vom Schwefelblei abfiltrirte Flüssigkeit ist meist farblos und für die weitere Untersuchung geeignet. Man hüte sich, einen grossen Ueberschuss von essigsaurem Blei anzuwenden, weil das Schwefelblei stets etwas von den Pflanzengiften zurückhält, und wenn dasselbe in grosser Menge entsteht, das vorhandene Pflanzengift vollständig zurückhalten kann, so dass die abfiltrirte Lösung nichts mehr davon enthält.

Auch reine und kräftig entfärbende Thierkohle kann man zum Entfärben bisweilen mit Vortheil anwenden; man hat die

---

[1]) Wenn die Lösung nennenswerthe Mengen von Colchicin enthält, so ist sie deutlich gelb gefärbt.

[2]) Solche Röhrchen, die auch bei den Flammenreactionen in Anwendung kommen, stellt man sich einfach durch Ausziehen einer weiteren Röhre von der Gebläselampe her.

Lösung einfach bei gewöhnlicher Temperatur mit einer geringen Menge der gepulverten Thierkohle zu schütteln, etwa 1/4 Stunde damit in Berührung zu lassen und dann abzufiltriren. Die Anwendung der Thierkohle ist indessen nur einer erfahrenen Hand zu empfehlen, weil durch sie den Lösungen nicht nur die Farbstoffe, sondern auch die Pflanzengifte entzogen werden und bei ungeschickter Handhabung enorme Verluste an den wesentlichen Substanzen entstehen.

Die wässerige, saure Lösung ***B*** wird auf dem Wasserbade erwärmt, um den gelösten Aether zu vertreiben, nach dem Abkühlen mit Kalilauge oder Natronlauge bis zur deutlich alkalischen Reaction versetzt und im Schüttelkölbchen mehrere Male nach einander in der schon beschriebenen Weise mit Aether ausgeschüttelt. Die dabei gewonnenen vereinigten ätherischen Lösungen mögen mit ***C***, die ausgeschüttelte wässerige, alkalische Flüssigkeit mit ***D*** bezeichnet werden.

Die ätherische Lösung ***C*** kann nun mit Ausnahme des Morphins und Apomorphins die übrigen Alkaloide enthalten, nämlich die flüssigen: Coniin, Nicotin, ferner die festen: Aconitin, Atropin, Brucin, Cocain, Homatropin, Hyoscin, Hyoscyamin, Narkotin, Physostigmin, Strychnin und Veratrin, ausserdem Reste von Colchicin und Digitalin, wenn diese der sauren Lösung nicht vollständig durch Aether entzogen wurden, und ebenso Zersetzungsproducte des Apomorphins, die den Aether roth färben. Apomorphin und Morphin gehen aus der alkalischen, freies Aetzkali oder Aetznatron enthaltenden wässerigen Lösung nicht in den Aether über.

Die Lösung ***C*** wird in einem flachen Glasschälchen bei Zimmertemperatur verdampft. Aus der Beschaffenheit des Abdampfrückstandes kann man erkennen, ob ein flüssiges oder festes Alkaloid vorliegt. Coniin und Nicotin bleiben nämlich in Form mehr oder weniger gelb oder braun gefärbter öliger Tropfen von heftigem Geruche zurück, während die übrigen festen Alkaloide als feste, zum Theil krystallinische Abdampfrückstände gewonnen werden.

Hinterlässt die ätherische Lösung beim Verdampfen keinen Rückstand, dann ist die Anwesenheit eines Alkaloides ausgeschlossen; dieser Fall dürfte indessen bei der Untersuchung von Leichentheilen kaum jemals vorkommen, da in den letzteren fast ausnahmslos Ptomaïne enthalten sind, welche in den Aether übergehen; man erhält daher auch bei Abwesenheit eines Pflanzengiftes in der Regel einen Abdampfrückstand, der allerdings meistens geringfügig ist.

Vor Allem hat man nun den Abdampfrückstand der ätherischen Lösung mit den allgemeinen Alkaloidreagentien zu prüfen, denn es könnten ja möglicherweise nur andere, nicht alkaloidische Substanzen in den Aether übergegangen sein. Man bringt eine kleine Probe des Abdampfrückstandes auf ein Uhrglas, tropft 2—3 Tropfen

Wasser darauf, setzt mittelst eines Glasstabes ein winziges Tröpfchen Salzsäure zu und rührt gut um; entsteht eine klare Lösung, so kann sie direct verwendet werden, bleibt aber die Flüssigkeit selbst nach dem Erwärmen trübe, so muss sie, mit Wasser verdünnt, durch ein Filterchen filtrirt und dann auf dem Wasserbade bis auf wenige Tropfen eingedampft werden. Von dieser klaren Lösung, welche, wenn ein Alkaloid vorhanden, dasselbe als salzsaures Salz enthält, werden mittelst eines Capillarröhrchens Tröpfchen auf Uhrgläser vertheilt und daselbst mit den allgemeinen Alkaloidreagentien versetzt. Entsteht weder ein Niederschlag, noch eine Trübung, dann ist die Anwesenheit eines Alkaloides ausgeschlossen. Treten dagegen die allgemeinen Reactionen [1]) ein, dann kann ein Pflanzenalkaloid vorhanden sein und man hat nun durch Specialreactionen dasselbe zu bestimmen.

Ist das Alkaloid ölig, flüssig, so sind dessen physikalische Eigenschaften zu beobachten und die für Coniin (Seite 268) und Nicotin (Seite 270) charakteristischen Reactionen anzustellen. Nur wenn alle Eigenschaften und Reactionen für eines dieser beiden flüchtigen Alkaloide stimmen, ist man berechtigt, die Gegenwart desselben als bewiesen anzusehen.

Ist der Abdampfrückstand der ätherischen Lösung fest, dann ist vor Allem zu beurtheilen, ob er für die Specialreactionen genügend rein aussieht. Meist hat sich, wenn das Abdampfen der ätherischen Lösung recht langsam vor sich ging, oben in der Schale ein Ring von mehr oder weniger gelb oder braun gefärbter, amorpher Substanz gebildet, während am Boden der Schale die reineren Partien des Alkaloides, bisweilen einzelne ganz farblose Krystalle desselben sich abgeschieden haben. Kann man genug solcher reiner Krystalle oder Partikelchen auslesen, so verwendet man dieselben sofort für die Specialreactionen; wenn dies aber nicht der Fall, wenn der Abdampfrückstand noch zu unrein ist, dann muss eine Reinigung desselben vorgenommen werden. Zu diesem Zwecke löst man den Abdampfrückstand in Aether, giesst diese Lösung in ein Schüttelkölbchen, setzt Wasser und verdünnte Schwefelsäure bis zur sauren Reaction zu und schüttelt kräftig. Das Alkaloid verbindet sich mit der Schwefelsäure und das entstandene schwefelsaure Salz, unlöslich im Aether, geht in das Wasser über, während die verunreinigenden Substanzen grösstentheils in dem Aether bleiben. Die wässerige saure Lösung lässt man, nachdem sich die ätherische Schichte gut abgetrennt hat, abfliessen, schüttelt sie noch ein- oder zweimal mit kleinen Portionen von Aether aus, um möglichst alle Verunreinigungen zu entfernen und trennt sie schliesslich vom Aether, worauf man sie im Schüttelkölbchen mit Kalilauge oder Ammoniak alkalisch macht und neuerdings mit Aether ausschüttelt. Dieser nimmt das gereinigte

[1]) Das Eintreten der allgemeinen Reactionen allein beweist noch durchaus nicht die Gegenwart eines Pflanzenalkaloids, denn auch die Ptomaïne zeigen diese Reactionen, wie später noch ausführlich erörtert werden soll.

freie Alkaloid auf, und wenn man jetzt die ätherische Lösung, nachdem die wässerige Schichte davon getrennt ist, verdampft, so bleibt das Alkaloid meistens im genügend reinen Zustande zurück. Selten ist das Alkaloid noch so verunreinigt, dass die beschriebene Reinigung noch einmal wiederholt werden muss.

Die specielle Prüfung beginnt man damit, dass man ein kleines Partikelchen des möglichst reinen Alkaloides auf einem Uhrglase mit einem Tropfen reiner concentrirter Schwefelsäure betropft und längere Zeit beobachtet. Aconitin wird gelb, dann roth und violett; Colchicin wird und bleibt längere Zeit intensiv gelb; Narkotin wird anfangs gelb, nach $^1/_4$ Stunde röthlichgelb, nach einem Tage himbeerfarben, beim Erwärmen blauviolett und dann kirschroth (vgl. Seite 289), Physostigmin wird gelb; Veratrin wird gelb, bald darauf orangefarben, später roth. Im Gegensatze zu den genannten Alkaloiden werden Atropin, Brucin, Cocaïn, Codeïn, Homatropin, Hyoscin, Hyoscyamin und Strychnin bei gewöhnlicher Temperatur von concentrirter Schwefelsäure zu farblosen Flüssigkeiten gelöst[1]); diese farblose Lösung prüft man, indem man sie mit einer Capillare auf 2 Uhrgläser vertheilt, mit Salpetersäure auf Brucin und mit chromsaurem Kalium auf Strychnin. Fallen diese Reactionen negativ aus, so prüft man die schwefelsaure Lösung mittelst Eisenchlorid enthaltender Schwefelsäure auf Codeïn (siehe Seite 280) und wenn auch diese Reaction nicht eintritt, prüft man die schwefelsaure Lösung durch Erhitzen und nachheriges Verdünnen mit Wasser auf Cocaïn (siehe Seite 280). Tritt keine dieser Reactionen ein, dann prüft man eine neue Probe auf ihr Verhalten zur Pupille. Zu diesem Zwecke wird ein Partikelchen des Alkaloids unter Zuhilfenahme einer möglichst geringen Menge verdünnter Schwefelsäure in wenigen Tropfen Wasser gelöst und die Lösung auf das Auge einer Katze applicirt. Atropin, Homatropin, Hyoscin und Hyoscyamin wirken pupillenerweiternd. Ein Ueberschuss von Schwefelsäure bei der Bereitung der Lösung ist möglichst zu vermeiden, weil derselbe stark reizt. Wegen der leichten Veränderlichkeit des Homatropins dürfte es kaum gelingen, dasselbe aus Leichentheilen oder anderen Untersuchungsobjecten durch die complicirte und lang dauernde Abscheidungsmethode unzersetzt abzuscheiden.

Hat man durch diese Prüfung erfahren, welches Alkaloid vorliegt, so sind mit dem noch vorhandenen Reste desselben womöglich alle Reactionen, zum Mindesten aber alle wesentlichen Reactionen, sowie die wichtigen physiologischen Versuche am Thiere anzustellen; erst wenn alle Reactionen und die physiologischen Wirkungen zusammenstimmen, ist man berechtigt, die Anwesenheit des betreffenden Alkaloides in dem Untersuchungsobjecte als sicher erwiesen zu betrachten.

---

[1]) Wenn die Schwefelsäure auch nur die minimalsten Spuren von Salpetersäure enthält, wie das bei den käuflichen Präparaten fast immer der Fall ist, so wird die Brucinlösung blassroth.

Morphin und Apomorphin sind in der wässerigen alkalischen Flüssigkeit, welche mit *D* bezeichnet wurde, zu suchen, da diese beiden Alkaloide aus alkalischer Lösung nicht in den Aether übergehen, wenn die alkalische Reaction von Aetzkali oder Aetznatron herrührt; Apomorphin geht aber aus einer freies Ammoniak enthaltenden Lösung in Aether über, daher säuert man die Flüssigkeit *D* mit Salzsäure an, macht sie dann mit Ammoniak alkalisch und schüttelt sie mit Aether aus. Die so gewonnene ätherische Lösung, welche wir *E* nennen wollen, enthält das Apomorphin, sie wird zunächst von der wässerigen Flüssigkeit, welche mit *F* bezeichnet werden soll und die Morphin enthalten kann, getrennt. Die ätherische Lösung *E* wird bei gelinder Wärme verdunstet und der Abdampfrückstand auf Apomorphin geprüft [1]) (vgl. Seite 274). Die wässerige Lösung *F* wird, um aus derselben das Morphin zu gewinnen, mit Amylalkohol, in dem dieses Alkaloid relativ leicht löslich ist, ausgeschüttelt; man verfährt dabei zweckmässig so, dass man diese Lösung *F* in ein Schüttelkölbchen bringt, in einem Kölbchen eine entsprechende Menge von reinem Amylalkohol auf ungefähr 60° C. erwärmt und mit diesem ausschüttelt. Der Amylalkohol wird nach vollständiger Absonderung von der wässerigen Flüssigkeit getrennt und diese noch ein- bis zweimale mit warmem Amylalkohol ausgeschüttelt. Die vereinigten Amylalkoholauszüge werden durch ein trockenes Filter filtrirt, worauf man das klare Filtrat in einer flachen Schale auf dem Wasserbade zur Trockene verdampft. Ist der Abdampfrückstand stark gefärbt und nicht deutlich krystallinisch, so wird er gereinigt, und zwar in ähnlicher Weise, wie das früher für die Aetherextracte angegeben worden ist (vgl. Seite 304). Man löst nämlich den Abdampfrückstand in Wasser, das man mit Salzsäure oder Schwefelsäure angesäuert hat, filtrirt die Lösung, da dieselbe in der Regel von unlöslicher harziger Substanz trübe ist, schüttelt sie mit Amylalkohol aus, in welchen nur fremde Stoffe, nicht aber die Morphiumsalze übergehen, wiederholt diese Operation mit neuen Portionen von Amylalkohol ein- bis zweimale, trennt hierauf die wässerige saure Lösung, bringt dieselbe in ein reines Schüttelkölbchen, wo man sie mit Ammoniak alkalisch macht und dann mit reinem, warmem Amylalkohol wiederholt ausschüttelt. Die jetzt gewonnenen Amylalkohol-Lösungen werden abermals in einer flachen Schale auf dem Wasserbade verdampft und der Rückstand wird zuerst mit den allgemeinen Alkaloidreagentien geprüft und wenn diese ein Alkaloid anzeigen, den Specialreactionen auf Morphin (vgl. Seite 287) unterzogen.

Das soeben geschilderte Verfahren, von Stas begründet und von Otto vortheilhaft modificirt (daher Stas-Otto'sches Verfahren

[1]) Wenn Apomorphin vorhanden ist, so wird man schon in den früher durch Ausschütteln mit Aether gewonnenen ätherischen Lösungen dessen Zersetzungsproducte bemerkt haben, welche den Aether violett färben.

genannt), eignet sich insbesondere dann, wenn es sich um den Nachweis eines einzigen Pflanzengiftes handelt, vortrefflich. In der Regel kommen dem Gerichtschemiker auch nur solche Fälle vor, während jene Fälle, in denen zwei oder mehrere Pflanzengifte in einem Untersuchungsobjecte sich vorfinden, zu den Seltenheiten gehören. Bei Opiumvergiftungen tritt allerdings der Fall ein, dass mehrere Alkaloide nebeneinander vorhanden sind.

Dragendorff, welcher eingehende Untersuchungen über das Verhalten der Pflanzengifte und über die Abscheidung derselben aus verschiedenen Untersuchungsobjecten angestellt hat, construirte eine Methode, welche die Auffindung der Pflanzengifte in Leichentheilen und anderen Objecten ermöglicht und auch eine Trennung gestattet, wenn mehrere dieser Gifte gleichzeitig nebeneinander vorhanden sind.[1])

Die Methode von Dragendorff ist allgemein in Gebrauch gekommen und soll daher auch hier abgehandelt werden. Man arbeitet nach derselben in folgender Weise: Die zu untersuchenden Objecte werden, wenn nöthig (wie z. B. bei Organen), zuerst sorgfältig verkleinert, dann mit Wasser angerührt, so dass ein dünner Brei entsteht, welchem man auf je 100 Grm. des Untersuchungsobjectes 5—10 Ccm. verdünnter Schwefelsäure (aus 1 Gewichtstheil concentrirter Schwefelsäure und 5 Gewichtstheilen Wasser bereitet) zusetzt. Die so zubereitete Masse wird in einer Kochflasche oder in einer Porcellanschale auf dem Wasserbade durch einige Stunden erwärmt, wobei die Temperatur nicht über 50° C. steigen darf, ja wenn Colchicin und Digitalin vermuthet werden, ist es zweckmässig, diese Extraction mit angesäuertem Wasser bei gewöhnlicher Temperatur vorzunehmen. Die Flüssigkeit, in welcher nun die etwa vorhandenen Pflanzengifte gelöst sind, wird von den festen unlöslichen Substanzen getrennt, indem man dieselbe durch ein Stück reiner, mit destillirtem Wasser gut gewaschener Leinwand durchseihet (colirt), worauf man die Extraction des Ungelösten mit dem angesäuerten Wasser in derselben Weise noch zweimal vornimmt. Die sämmtlichen durch Coliren erhaltenen Flüssigkeiten werden durch ein angefeuchtetes Filter filtrirt. Soll der Destillationsrückstand von der Untersuchung auf Phosphor und Blausäure zur Auffindung von Pflanzengiften nach Dragendorff's Methode verwendet werden, so colirt man durch Leinen, wäscht das Unlösliche mit angesäuertem Wasser gut aus und filtrirt die vereinigten sauren Flüssigkeiten. Das saure Filtrat wird vor Allem, um einen grossen Ueberschuss von Säure zu beseitigen, mit Natronlauge vorsichtig neutralisirt und hierauf durch Zusatz weniger Tropfen Schwefelsäure deutlich sauer gemacht, worauf man die ganze Flüssigkeit auf dem Wasserbade bis zur Consistenz eines Syrups verdampft. Dieser Syrup wird unter

[1]) Die gerichtlich-chemische Ermittlung von Giften in Nahrungsmitteln, Luftgemischen, Speiseresten, Körpertheilen etc. von Dr. Georg Dragendorff, 3. Auflage, 1888. Göttingen, Vandenhoeck und Ruprecht's Verlag.

fortwährendem Umrühren mit starkem, 95%igem Weingeist versetzt; anfangs gibt man den Weingeist tropfenweise zu, später grössere Mengen, im Ganzen wendet man davon das vierfache Volumen der syrupdicken Flüssigkeit an. Würde man sofort die ganze Menge des Alkohols zu dem Syrup giessen, so würden sich die unlöslichen Stoffe als ein dichter Klumpen abscheiden, der auch die löslichen Stoffe einschliesst und für den Alkohol unzugänglich macht. Die mit Alkohol versetzte Flüssigkeit lässt man in einem verstopften Kolben 24 Stunden lang an einem 30° C. warmen Orte stehen, dann lässt man abkühlen und filtrirt von dem Ungelösten ab. Das klare Filtrat wird durch Destillation auf dem Wasserbade vom Alkohol befreit, der Rest des Alkohols wird durch Verdampfen in einer Schale bei gelinder Wärme vollständig entfernt, die rückständige Flüssigkeit mit Wasser so weit verdünnt, dass sie dünnflüssig wird, abgekühlt, dann, wenn sie trübe ist, filtrirt und hierauf im Schüttelkölbchen I. mit Petroleumäther ausgeschüttelt.[1]) Der Petroleumäther nimmt aus der Flüssigkeit vorwiegend fettige und harzige Stoffe, sowie färbende Substanzen und andere verunreinigende Körper auf, während von den hier in's Auge gefassten Pflanzengiften keines in Lösung geht. Da die Reinigung der wässerigen Flüssigkeit durch den Petroleumäther für die nachfolgende Untersuchung von Vortheil ist, so soll man das Ausschütteln mit neuen Portionen Petroleumäther noch 1—2mal wiederholen.

II. Die wässerige saure Flüssigkeit wird, wenn sie vom Petroleumäther getrennt ist, im Schüttelkölbchen mit Benzol ausgeschüttelt, das Benzol nach dem Absetzen von der wässerigen Flüssigkeit getrennt, welche noch 1—2mal mit Benzol ausgeschüttelt wird. Die vereinigten Benzolauszüge sind, wenn sie nicht ganz klar sein sollten, durch ein trockenes Filter zu filtriren und dann, auf einige grosse Uhrgläser vertheilt, bei gewöhnlicher Temperatur zu verdampfen. Der Abdampfrückstand kann enthalten: Cantharidin, Colchicin, Digitalin, Spuren von Veratrin und Physostigmin. Mit einer Probe dieses Rückstandes nimmt man, nachdem dieselbe in angesäuertem Wasser gelöst ist, die allgemeinen Alkaloidreactionen vor. Colchicin, sowie die etwa anwesenden Spuren von Veratrin oder Physostigmin geben die Alkaloidreactionen, während Digitalin durch die allgemeinen Reagentien, mit Ausnahme der Gerbsäure, nicht gefällt wird. Das Digitalin wird meistens als farbloser, undeutlich krystallinischer Rückstand erhalten, während das Colchicin amorph und gelb gefärbt ist. Man prüft den Rückstand mit concentrirter Schwefelsäure, welche Digitalin zu einer braunen, Colchicin zu einer gelben Flüssigkeit löst. Durch die Specialreactionen auf diese beiden Gifte (vgl. Seite 281 und 282) ist dann die Identität festzustellen.

---

[1]) Die auszuschüttelnde Flüssigkeit muss **unbedingt sauer** sein, weshalb man ihre Reaction prüft, bevor man das Ausschütteln beginnt.

III. Nach der Behandlung mit Benzol wird die wässerige, saure Flüssigkeit mit Chloroform ausgeschüttelt, das letztere, wenn es sich abgesondert, von der wässerigen Flüssigkeit getrennt, wenn nöthig, durch ein trockenes Filter filtrirt und bei gewöhnlicher Temperatur in flachen Schalen verdampft. In das Chloroform gehen aus der sauren Lösung über: Pikrotoxin und Digitaleïn, Spuren von Brucin, Narkotin, Physostigmin und Veratrin.

Das Pikrotoxin bleibt krystallinisch, das Digitaleïn amorph zurück; durch concentrirte Schwefelsäure wird das erstere zu einer gelben, das letztere zu einer rothbraunen Flüssigkeit gelöst. Die weiteren Specialreactionen siehe Seite 283 und 292.

IV. Die saure, wässerige Flüssigkeit wird, um darin gelöste Spuren von Chloroform zu entfernen, mit Petroleumäther ausgeschüttelt; man entfernt nach dem Absetzen die Petroleumätherschichte, macht die wässerige Flüssigkeit mit Ammoniak alkalisch und schüttelt neuerdings mit Petroleumäther aus. Nach dem Absetzen trennt man beide Flüssigkeiten von einander und verdampft den Petroleumäther auf flachen Schälchen bei gewöhnlicher Temperatur. In dieses Lösungsmittel gehen aus der ammoniakalischen Flüssigkeit bei gewöhnlicher Temperatur über: Coniin und Nicotin, geringe Mengen von Brucin, Strychnin und Veratrin. Coniin und Nicotin bleiben als ölige, heftig riechende Flüssigkeiten, die anderen Alkaloide theils krystallinisch, theils amorph zurück. Wie man Coniin und Nicotin von einander unterscheidet, ist unter den Specialreactionen dieser Alkaloide angegeben worden (Seite 269 u. 271).

Von den drei festen Alkaloiden, welche in den Petroleumäther übergehen, bleibt nach dem Verdampfen dieses Lösungsmittels das Strychnin krystallisirt, Brucin, sowie Veratrin dagegen amorph zurück. Man prüft zunächst mit concentrirter Schwefelsäure, welche Veratrin sofort gelb färbt, Strychnin, sowie Brucin aber ohne Färbung löst; wird die farblose Lösung auf Zusatz einer Spur von Salpetersäure roth, so ist Brucin vorhanden, wird die schwefelsaure Lösung durch ein Stäubchen chromsaures Kalium blau, so deutet dies auf Strychnin. Diese Reactionen geben schon wichtige Anhaltspunkte über die Natur des vorhandenen Alkaloides, ausser ihnen werden zur Bestätigung noch die wichtigen Specialreactionen angestellt (siehe Seite 279 für Brucin, Seite 294 für Strychnin, Seite 296 für Veratrin).

V. Nach der Behandlung mit Petroleumäther wird die ammoniakalische, wässerige Lösung mit Benzol ausgeschüttelt. Häufig trennt sich die wässerige Flüssigkeit nicht scharf von dem Benzol, sondern es scheidet sich unten eine geringe Schichte wässeriger Flüssigkeit ab und über derselben lagert eine gallertige Masse, eine Art Emulsion aus der wässerigen Flüssigkeit mit dem Benzol. Um in solchem Falle eine Trennung herbeizuführen, lässt man die abgesonderte wässerige Flüssigkeit zunächst abfliessen und setzt der zurückbleibenden Emulsion einige Tropfen von absolutem Alkohol zu, worauf man gelinde umschwenkt (ohne heftig zu schütteln). In der Regel trennen sich nach dem Alkoholzusatze alsbald die beiden Flüssigkeitsschichten von einander; wenn das nicht der Fall ist, so bringt man die Emulsion auf ein trockenes Filter; zuerst geht dann die wässerige Flüssigkeit und später die klare Benzollösung durch, welche man nun leicht trennen kann. Das Ausschütteln mit Benzol ist so oft zu wiederholen, bis eine Probe beim Verdampfen keinen Rückstand mehr hinterlässt, bis also alles im Benzol Lösliche ausgezogen ist. Die vereinigten, klaren Benzolauszüge werden bei gewöhnlicher Temperatur auf flachen Schalen verdampft. In das Benzol gehen aus der ammoniakalischen Lösung über: Aconitin, Atropin, Brucin, Cocaïn, Codeïn, Hyoscyamin, Narkotin, Physostigmin, Strychnin, Veratrin. Von diesen Alkaloiden bleiben nach dem Verdampfen des Benzols krystallinisch zurück: Atropin, Cocaïn, Codeïn, Hyoscyamin, Narkotin und Strychnin, amorph dagegen: Aconitin, Brucin, Physostigmin und Veratrin. Einen Theil des Rückstandes löst man in 2—3 Tropfen Wasser unter Zuhilfenahme einer Spur von verdünnter Schwefelsäure und tropft die Lösung in das Auge einer Katze.[1]) Atropin und Hyoscyamin wirken pupillenerweiternd, Physostigmin wirkt pupillenverengernd. Tritt eine Wirkung auf die Pupille nicht ein, so löst man eine neue Probe in concentrirter Schwefelsäure; Aconitin und Veratrin werden anfangs gelb, ersteres später roth, letzteres rothbraun; Brucin, Cocaïn, Codeïn und Strychnin lösen sich ohne Färbung auf (nur wenn die Schwefelsäure Spuren von Salpetersäure enthält, löst sie das Brucin mit blassrother Farbe auf) und die Lösung bleibt länger ungefärbt; chromsaures Kalium färbt bei Anwesenheit von Strychnin blauviolett, Salpetersäure färbt bei Anwesenheit von Brucin roth, eine Spur von Eisenchlorid färbt bei Anwesenheit von Codeïn blau. Bei Anwesenheit von Cocaïn bräunt sich die schwefelsaure Lösung, wenn sie erhitzt wird, und scheidet beim Verdünnen mit Wasser Benzoësäure ab. Narkotin löst sich in concentrirter Schwefelsäure zu einer farblosen Flüssigkeit, welche aber beim Stehen allmälig rosa und violett wird. Nach diesen Vorversuchen sind selbstverständlich zur vollkommenen Sicherstellung alle wichtigen Specialreactionen auf das betreffende Alkaloid auszuführen.

VI. Der Behandlung mit Benzol folgt das Ausschütteln mit Chloroform, welches auch so oft wiederholt wird, als dieses Lösungsmittel noch etwas aufnimmt, d. h. beim Verdampfen einen Rückstand hinterlässt. Bezüglich der Abscheidung des Chloroforms von der ammoniakalischen wässerigen Flüssigkeit gilt das unter V. für das Benzol Gesagte.

Die klaren Chloroformauszüge werden vereinigt und bei gewöhnlicher Temperatur verdampft. Von den hier zu besprechen-

[1]) Die Menge der anzuwendenden Schwefelsäure soll auf ein Minimum beschränkt werden, weil freie Schwefelsäure das Auge stark reizt und das Thier beim Eintropfen sehr ungeberdig macht.

den Alkaloiden nimmt das Chloroform nur etwas Morphin und Narceïn auf. Der Abdampfrückstand, wenn ein solcher bleibt, wäre demnach auf Morphin zu prüfen. Die Hauptmenge des Morphins geht übrigens in den Amylalkohol über und man könnte demnach, wenn nur die hier berücksichtigten Alkaloide in Betracht kommen, die Ausschüttlung mit Chloroform weglassen und nach dem Benzol direct zur Anwendung des Amylalkohols übergehen.

VII. Zuletzt wird die ammoniakalische Lösung mit Amylalkohol ausgeschüttelt, den man erwärmt anwendet, weil dann das Morphin wesentlich leichter darin löslich ist. Die Amylalkoholschichte ist selbst nach guter Abscheidung von der wässerigen Flüssigkeit meist trübe und muss daher durch ein trockenes Filter filtrirt werden. Das Ausschütteln mit Amylalkohol wird selbstverständlich bis zur Erschöpfung wiederholt, bis also beim Verdampfen kein nennenswerther Rückstand mehr erhalten wird. Das Verdampfen des Amylalkohols geschieht in flachen Glasschalen auf einem gut geheizten Wasserbade; da die Dämpfe des Amylalkohols sehr lästig sind, namentlich sehr zum Husten reizen, so muss das Abdampfen in einem mit gutem Abzug versehenen Raume geschehen. Der Abdampfrückstand ist meist nicht rein genug für die Anstellung der Specialreactionen, man muss denselben vielmehr in der Regel reinigen und das geschieht so, wie Seite 304 angegeben wurde. Mit der gereinigten Substanz hat man dann die Reactionen auf Morphin anzustellen.

Das Apomorphin geht bei dem Verfahren von Dragendorff aus der ammoniakalischen wässerigen Lösung in den Petroleumäther nicht über, dagegen nimmt aus der ammoniakalischen Lösung das Benzol geringe Mengen des Alkaloides auf, die Hauptmenge desselben geht aber erst in das Chloroform über und bleibt beim Verdampfen desselben als eine grüne, bisweilen harzartige Masse zurück. Wenn die saure Apomorphinlösung mit Ammoniak übersättigt wird, so nimmt sie eine violette Färbung an und beim Ausschütteln mit den verschiedenen Lösungsmitteln färbt sich der Petroleumäther nur sehr wenig, dagegen das Benzol und Chloroform intensiv roth von den aufgelösten Zersetzungsproducten des Apomorphins; diese Färbungen machen daher auf das Alkaloid aufmerksam.

Handelt es sich um den Nachweis eines einzigen bestimmten Pflanzengiftes, so kann man selbstverständlich die beim Verdampfen der Lösungsmittel Aether, Petroleumäther, Benzol u. s. w. bleibenden Rückstände direct nach den geeigneten Specialreactionen prüfen. Wäre z. B. auf Atropin zu untersuchen, so hätte man die ammoniakalische wässerige Flüssigkeit mit Aether oder Benzol auszuschütteln, nach der Trennung diese Lösungsmittel zu verdampfen und mit dem Abdampfrückstand die Wirkung auf die Pupille zu untersuchen, sowie die für Atropin charakteristischen Reactionen anzustellen, ohne sich um die übrigen unter denselben Umständen in Aether oder Benzol übergehenden Alkaloide zu kümmern.

Man kann das Verfahren von Dragendorff in der Weise abändern, dass man die Extraction des Untersuchungsobjectes mit Weingeist und Weinsäure vornimmt, wie bei dem Stas-Otto'schen Verfahren, und dass man die weitere Behandlung des alkoholischen Auszuges nach diesem letzteren Verfahren so weit fortsetzt, bis man zu dem Ausschütteln mit den verschiedenen Lösungsmitteln gelangt, wo man dann Petroleumäther, Benzol u. s. w. statt des Aethers anwendet. Diese Abänderung ist bei der Untersuchung von Leichentheilen zu empfehlen, weil nach den Untersuchungen von Guareschi und Mosso[1]) durch die Einwirkung von verdünnter Schwefelsäure auf Gehirn und Muskelsubstanz Zersetzungsproducte entstehen, welche die Reactionen der Alkaloide zeigen, sich den sogenannten Fäulnissalkaloiden analog verhalten und im Laufe der Untersuchung nicht unwesentlich stören.

Es wurde schon früher (Seite 265) angedeutet, dass bei der Fäulniss von Leichentheilen und von pflanzlichen eiweisshaltigen Substanzen durch die Wirkung der Fäulnissorganismen aus den Eiweisskörpern stickstoffhaltige, basische Verbindungen entstehen, welche in ihren physikalischen Eigenschaften, in den allgemeinen Reactionen und in einzelnen Specialreactionen, ja in ihren physiologischen Wirkungen den Pflanzenalkaloiden ähnlich sind. Man hat diese Verbindungen mit den Namen *Leichenalkaloide, Cadaveralkaloide, Ptomaine, Fäulnissalkaloide* bezeichnet. Diese Ptomaine finden sich demnach auch in Untersuchungsobjecten, wie sie bei gerichtlich-chemischen Untersuchungen gegeben sind und könnten leicht zu Verwechslungen mit Pflanzengiften führen, wenn man sich bei der Prüfung eines Präparates, das nach dem Stas-Otto'schen oder nach dem Dragendorff'schen Verfahren abgeschieden wurde, auf die allgemeinen Reactionen und auf eine oder die andere auffallende Specialreaction beschränken wollte. Es ist daher die genaue und vollständige Kenntniss der Ptomaine für den Gerichtschemiker von der grössten Bedeutung; indessen sind bis jetzt erst einige dieser Verbindungen rein dargestellt und eingehend studirt worden, von vielen kennen wir noch nicht genau die Zusammensetzung und alle Reactionen. Der Grund für diese Unvollständigkeit liegt darin, dass die Ptomaine bei der Fäulniss nur in kleinen Mengen entstehen, dass ihre vollständige Trennung von den anderen Fäulnissproducten sehr schwer ist und dass man erst vor kaum drei Decennien auf sie aufmerksam wurde. In den Sechziger-Jahren wurden zuerst vereinzelte Beobachtungen über das Vorkommen alkaloidartiger Verbindungen in Leichentheilen veröffentlicht; diese wurden bald bestätigt und regten zu systematischen Untersuchungen an. Am eingehendsten hat sich der italienische Chemiker Selmi mit dem Studium der Leichenalkaloide beschäftigt, ausser ihm verdanken wir wichtige Mit-

[1]) Journal für praktische Chemie, herausgegeben von H. Kolbe und E. v. Meyer, Neue Folge, Bd. 27, Seite 425 und Bd. 28, Seite 504.

theilungen über dieselben insbesondere: Schwanert, Gautier, Rörsch, Fassbender, Nencki, Sonnenschein, Zuelzer, Leo Liebermann, Brouardel, Boutmy, den Brüdern Salkowski, Brieger und mehreren Anderen. Th. Husemann hat eine Reihe instructiver Aufsätze über die Ptomaine in den Bänden 16, 17, 19, 20 und 21 des Archivs für Pharmacie veröffentlicht; Brieger[1]) hat die Resultate mehrjähriger mühevoller Arbeit über die chemische Natur der Ptomaine in einem selbständigen Werke niedergelegt.

Die meisten der bis jetzt dargestellten Ptomaine verhalten sich gegen die allgemeinen Alkaloidreagentien gleich den Pflanzenalkaloiden, sie werden also aus ihren Lösungen gefällt. Manche von ihnen sind flüssig und flüchtig, andere sind fest und krystallinisch, der Geruch der flüchtigen ist dem des Coniins und Nikotins bisweilen sehr ähnlich. Der Geschmack der meisten Ptomaine ist scharf, nur wenige schmecken bitter, keines so intensiv bitter, wie Atropin und Strychnin. Ueber die Löslichkeit ist Folgendes bekannt: Aus der wässerigen sauren Lösung wurde bisher durch Ausschütteln mit Petroleumäther und Benzol kein Ptomain erhalten, wohl aber durch Ausschütteln mit Aether: aus alkalischen, wässerigen Lösungen dagegen hat man sowohl mit Aether, als mit Chloroform und Amylalkohol Ptomaine ausgeschüttelt, manche jedoch gehen selbst aus alkalischer Flüssigkeit nicht in diese Lösungsmittel über und verhalten sich demnach wie Curarin.

In einzelnen Specialreactionen stimmen manche Ptomaine mit gewissen Pflanzenalkaloiden überein; so wurde ein Ptomain beobachtet, welches sich gegen Schwefelsäure und chromsaures Kalium gleich dem Strychnin verhielt, ein anderes Fäulnissalkaloid zeigte beim Auflösen in Schwefelsäure Färbungen, wie das Veratrin, und wurde beim Erwärmen mit Salzsäure, wie dieses, roth; Ptomaine, welche sich dem Digitalin ähnlich verhalten, wurden wiederholt aus Leichentheilen extrahirt, ebenso hat man schon öfter bei der Verarbeitung von Leichentheilen mit Amylalkohol ein Ptomain gewonnen, welches Aehnlichkeit mit dem Morphin zeigte, insbesondere aus Jodsäure freies Jod abschied.

Die meisten Ptomaine zeichnen sich durch energisches Reductionsvermögen aus, sie sind im Stande, momentan rothes Blutlaugensalz in gelbes zu verwandeln und erzeugen daher in der braunen Mischung der Lösungen von rothem Blutlaugensalz und Eisenchlorid einen blauen Niederschlag von Berlinerblau. Brouardel und Boutmy hatten dieses Verhalten zur Unterscheidung der Ptomaine von den Pflanzenalkaloiden vorgeschlagen, allein dieser Vorschlag war nicht annehmbar, da auch Pflanzenalkaloide, wie Atropin, Apomorphin, Morphin, Strychnin, Veratrin und andere, dieselbe Reaction hervorbringen.

Sehr bemerkenswerth sind die physiologischen Wirkungen mancher Ptomaine; einige von ihnen sind giftig, andere nicht

[1]) L. Brieger, Die Ptomaine. Berlin 1885, 1886. Aug. Hirschwald.

giftig, von den ersteren verhalten sich einige in ihren Wirkungen auf den Organismus so, wie gewisse Pflanzenalkaloide, so z. B. hat man Ptomaine gefunden, welche die Pupille dauernd erweitern, während ein von Brieger dargestelltes Ptomain die Pupille verengert.

Nach diesen kurzen Bemerkungen ist es begreiflich, dass die Ptomaine bei der Untersuchung von Leichentheilen und anderen der Fäulniss unterlegenen eiweisshaltigen Objecten unter Umständen grosse Schwierigkeiten schaffen und dass Verwechslungen mit Pflanzengiften möglich sind, wenn der Chemiker nicht genug erfahren ist und wenn ihm nicht die Eigenschaften, Reactionen und die physiologischen Wirkungen der Pflanzengifte bis in's Detail genau aus eigener Anschauung bekannt sind. Dagegen muss doch hervorgehoben werden, dass bis jetzt aus Leichentheilen und eiweisshaltigen Objecten überhaupt, welche der Fäulniss unterworfen waren, noch kein Ptomain abgeschieden wurde, welches in seinem Verhalten mit irgend einem der bekannten giftigen Pflanzenalkaloide vollkommen übereinstimmt. Man wird daher bei sorgfältiger sachkundiger Arbeit, wenn das Materiale in ausreichender Menge vorhanden ist, wohl immer im Stande sein, die giftigen Pflanzenalkaloide von den Ptomainen auseinander zu halten. Und das wird namentlich dann möglich sein, wenn man das aus dem Untersuchungsobjecte abgeschiedene Präparat, das mit einem Pflanzengifte identificirt werden soll, auf das Sorgfältigste von fremden Beimischungen reinigt und dann allen charakteristischen chemischen, eventuell auch physiologischen Reactionen unterzieht. Erst dann, wenn alle wesentlichen und charakteristischen Reactionen, die physiologische Wirkung und die physikalischen Eigenschaften mit denen eines bestimmten Pflanzengiftes übereinstimmen, darf man den Nachweis desselben als erbracht ansehen.

Früher wurde die Aehnlichkeit einzelner Specialreactionen von Ptomainen mit denen von Pflanzenalkaloiden erwähnt, es sollen nun die Unterschiede, die in diesen Fällen bestanden, mitgetheilt werden. Das strychninähnliche Ptomain war amorph und schmeckte kaum bitter, während doch selbst sehr verdünnte Strychninlösungen intensiv und dauernd bitter schmecken. Das dem Veratrin ähnliche Fäulnissalkaloid unterschied sich insbesondere durch seine physiologischen Wirkungen, die dem Digitalin ähnlichen Substanzen zeigten nicht die charakteristische Reaction mit Schwefelsäure und Brom, das dem Morphin ähnliche, durch Amylalkohol ausgeschüttelte Alkaloid zeigte nicht die Blaufärbung mit Eisenchlorid, endlich die pupillenerweiternden Ptomaine unterscheiden sich vom Atropin dadurch, dass sie beim Erhitzen mit Schwefelsäure oder Phosphorsäure nicht den für das Atropin charakteristischen Geruch verbreiten.

Die gerichtlich-chemischen Untersuchungen auf Alkaloide bieten in der Mehrzahl der Fälle weitaus grössere Schwierigkeiten, als die Untersuchungen auf die anderen giftigen Substanzen und es mag hier nochmals daran erinnert werden, dass sich an solche Untersuchungen nur ein Chemiker heranwagen darf, dem auf diesem Arbeitsgebiete reiche Erfahrung zu Gebote steht und der über genügendes experimentelles Geschick verfügt, namentlich auch im Stande ist, mit winzigen Mengen von Material sicher zu arbeiten.

---

## Anhang.

### Untersuchung von Blutflecken.

Die Aufgabe, zu entscheiden, ob verdächtige Flecken auf Wäsche, Kleidern, Geräthen, Waffen, Fussböden, Wänden u. s. w. von Blut herrühren, ist in der forensischen Praxis sehr häufig; die Lösung derselben wird in der Regel einem Gerichtsanatom und einem Gerichts-Chemiker übertragen, naturgemäss fällt dem ersteren die mikroskopische, dem letzteren die chemische Untersuchung zu. Gewöhnlich kommen bei derlei Untersuchungen folgende Fragen in Betracht: 1. Rühren die Flecken von Blut her? und 2. Ist das Blut Menschen- oder Thierblut? Nur zur Beantwortung der ersten Frage kann die Chemie beitragen, während die Beantwortung der zweiten nur auf Grund der mikroskopischen Untersuchung geschehen kann.

Das Blut enthält, wie bekannt, charakteristische Formelemente, die rothen Blutkörperchen, welche nach Form und Grösse bei verschiedenen Thierclassen von einander abweichen. In diesen Blutkörperchen finden sich die charakteristischen Farbstoffe Hämoglobin und Oxyhämoglobin.

Die Methoden, welche man zur Untersuchung der Blutflecken anwendet, bezwecken einerseits die charakteristischen Blutkörperchen, andererseits den Blutfarbstoff oder dessen charakteristische Zersetzungsproducte nachzuweisen. Das Vorhandensein von Blutkörperchen wird durch die mikroskopische Untersuchung constatirt; werden Blutkörperchen aufgefunden, so ist die Anwesenheit von Blut sicher erwiesen; Form und Grösse der Blutkörperchen, welche letztere durch Messung ermittelt werden kann, gibt in manchen Fällen auch Anhaltspunkte für die Provenienz dieses Blutes. Die mikroskopische Untersuchung gehört nicht in den Rahmen dieses Buches, sie soll daher nicht näher erörtert werden, es soll vielmehr nur von dem Nachweise des Blutfarbstoffes die Rede sein. Auch wenn man Blutkörperchen gefunden hat, wird der Nachweis des Blutfarbstoffes noch vorgenommen, er dient zur Bestätigung; im entgegengesetzten Falle, wenn die Blutkörperchen schon zerstört, also nicht mehr aufzufinden waren, gilt die Anwesenheit des Blutfarbstoffes oder eines seiner charakteristischen Zersetzungsproducte als einziger, aber auch genügender Beweis. Da sich der Blutfarbstoff lange Zeit erhält, wenn Blutflecken nicht direct dem Lichte ausgesetzt sind, und da er bei den spontan erfolgenden Zersetzungen wohl charakterisirte und gut erkennbare Producte liefert, so ist es selbst für solche Blutflecke, die Jahre alt sind, möglich, den Beweis zu liefern, dass sie von Blut herrühren. Zum Nachweis des Blutfarbstoffes auf optischem und chemischem Wege benützt man folgende Eigenschaften desselben:

Das Oxyhämoglobin, der rothe Farbstoff des arteriellen Blutes, ist im Wasser löslich, die Lösung ist roth gefärbt und zeigt, wie Hoppe-Seyler zuerst gelehrt hat, ein sehr bemerkenswerthes Verhalten gegen das Licht. Beobachtet man nämlich in der auf Seite 94 beschriebenen Weise eine concentrirte Lösung von Oxyhämoglobin mit dem Spectralapparate, so erscheint der rothe Theil des Spectrums von der Fraunhofer'schen Linie *A* bis zum letzten Viertel des Raumes zwischen den Linien *C* und *D* wenig oder gar nicht durch Absorption geschwächt, von da ab ist jedoch Alles dunkel. Verdünnt man die concentrirte Lösung allmälig mit Wasser und beobachtet dabei ununterbrochen weiter, so sieht man, dass sich zunächst das letzte Viertel zwischen *C* und *D* aufhellt; bei weiterer Verdünnung erscheint dann Grün zwischen den Linien *E* und *b*, bei noch grösserer Verdünnung auch der gelbgrüne Theil des Spectrums und endlich bleiben nur zwei ziemlich scharf begrenzte Absorptionsstreifen bestehen, welche beide zwischen den Linien *D* und *E* liegen. Der eine dieser Streifen ist schmaler und dunkler und liegt nahe an *D*, der andere ist breiter, weniger scharf begrenzt und liegt nahe vor *E*. Diese beiden für das Oxyhämoglobin sehr charakteristischen Absorptionsstreifen sind noch bei grosser Verdünnung zu erkennen, man sieht sie noch deutlich, wenn eine Lösung von 1 Grm. Oxyhämoglobin in 10 Liter Wasser in einer 1 Cm. dicken Schichte beobachtet wird. Treibt man die Verdünnung sehr weit, so verschwindet schliesslich zuerst der nahe an *E* liegende breitere Absorptionsstreifen und bei noch grösserer Verdünnung auch der zweite Streifen bei *D*.

Wenn man eine Oxyhämoglobinlösung oder eine Blutlösung, welche deutlich die beiden Absorptionsstreifen des Oxyhämoglobins zeigen, einige Zeit in einem gut verstopften Gefässe (welches damit möglichst angefüllt ist, so dass sich wenig Luft darin befindet) längere Zeit stehen lässt, oder wenn man diesen Lösungen eine reducirende Substanz, als: Schwefelammonium oder eine ammoniakalische Lösung von weinsaurem Zinnoxydul oder weinsaurem Eisenoxydul zusetzt, so ändert sich die Färbung der Blutlösung, und wenn man nun mit dem Spectralapparat beobachtet, so sieht man nicht mehr zwei Streifen, sondern ungefähr an der Stelle, welche zwischen den beiden Oxyhämoglobinstreifen liegt, einen einzigen breiten, nicht scharf begrenzten Absorptionsstreifen, welcher dem Hämoglobin zukommt. Das Oxyhämoglobin geht nämlich, wenn seine Lösung vor Luftzutritt geschützt oder mit reducirenden Substanzen versetzt wird, in Hämoglobin über, indem der Sauerstoff verbraucht wird. Schüttelt man die Hämoglobinlösung mit Luft, so nimmt sie Sauerstoff auf und zeigt wieder die beiden Streifen des Oxyhämoglobins. Die Absorptionsspectra des Oxyhämoglobins und Hämoglobins sind auf der Spectraltafel (Spectrum 6 und 7) abgebildet.

Unter gewissen Bedingungen, namentlich unter dem Einflusse oxydirender Substanzen, auch bei der Fäulniss, erleidet das Oxyhämoglobin eine eigenthümliche Veränderung, bei welcher das sogenannte Methämoglobin entsteht. Dieses ist dadurch ausgezeichnet, dass seine Lösungen einen Absorptionsstreifen im Roth zwischen den Linien *C* und *D*, und zwar etwas näher an *C*, zeigen. Dieser Streifen verschwindet bei starker Verdünnung der Lösung, ebenso auch bei Zusatz von ätzenden Alkalien; bei der Verdünnung zeigen sich auch noch zwei verwaschene Streifen zwischen den Linien *D* und *F*.

Das Methämoglobin geht auf Zusatz von Schwefelammonium in Hämoglobin und dieses beim Schütteln mit Luft in Oxyhämoglobin

Fig. 22.

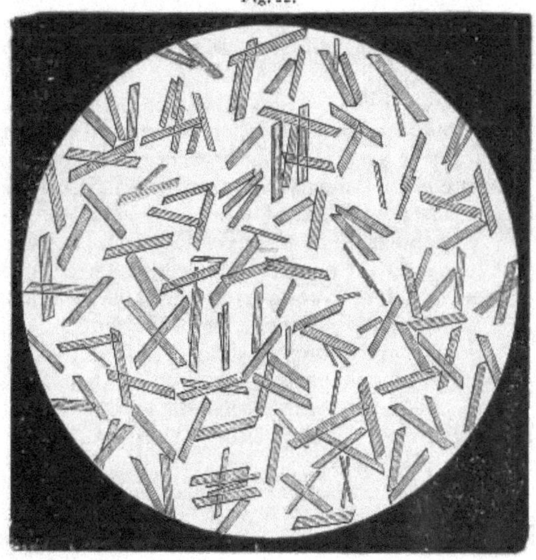

über. Auch bei der Fäulniss einer Methämoglobinlösung entsteht Hämoglobin; man kann daher das Methämoglobin leicht in Oxyhämoglobin überführen.

Durch Einwirkung von Säuren, sowie von Alkalien wird das Oxyhämoglobin gespalten in einen Eiweisskörper und Hämatin. Wenn das Oxyhämoglobin unter Zusatz einer sehr geringen Menge von Kochsalz mit Eisessig zum Kochen erhitzt wird, so erfolgt diese Spaltung rasch und man erhält in diesem Falle die salzsaure Verbindung des Hämatins, welche Hämin genannt wurde. Teichmann hat dasselbe zuerst dargestellt und gezeigt, dass es in charakteristischen braunen Krystallen auftritt, weshalb man dieselben Teichmann'sche Blutkrystalle nennt. Das Auftreten dieser Krystalle ist für den Blutnachweis sehr wichtig geworden. Fig. 22 stellt diese

Teichmann'schen oder Häminkrystalle dar, wie sie aus reinem Oxyhämoglobin durch Kochen mit Eisessig unter Zusatz von Kochsalz erhalten werden.

Sehr wichtig ist das folgende Verhalten, welches sowohl das Hämatin als auch das Oxyhämoglobin zeigen und welches zum Nachweis von Blutflecken sehr gut verwendet werden kann, wie zuerst Professor E. Hofmann gezeigt hat. Wenn man Hämatin in einer Lösung von Cyankalium löst oder wenn man Oxyhämoglobin mit der Cyankaliumlösung etwa 2 Stunden bei gewöhnlicher Temperatur stehen lässt, so nimmt die Flüssigkeit einen eigenthümlichen rothbraunen Farbenton an und zeigt dann, mit dem Spectralapparat beobachtet, einen verwaschenen Absorptionsstreifen ungefähr an der Stelle, an welcher der Streifen des Hämoglobins auftritt. Setzt man dieser Flüssigkeit einige Tropfen Schwefelammonium zu, so verschwindet dieser eine Streifen und es erscheinen zwei neue, besser begrenzte, welche den beiden Streifen des Oxyhämoglobins nahe liegen, jedoch mit denselben nicht zusammenfallen. Diese Spectralerscheinung kann man noch an Lösungen beobachten, die nur sehr schwach gefärbt sind und sie erscheint bei der Untersuchung von alten Blutflecken auch dann noch oft, wenn das Oxyhämoglobinspectrum wegen bereits vorgeschrittener Zersetzung nicht mehr wahrgenommen werden kann.

Die angegebenen Eigenschaften des Blutfarbstoffes reichen aus, um die Anwesenheit von Blut zu beweisen, wenn die mikroskopische Untersuchung kein positives Resultat ergeben hat. Man hat früher zum Nachweise von Blutflecken auch Methoden verwendet, welche auf dem Nachweis von löslichen Albuminstoffen oder von Albuminstoffen überhaupt, sowie auf dem Nachweis von Stickstoff, endlich von Eisenoxyd in der Asche beruhten; diese Methoden sind bedeutungslos geworden, sie haben für sich allein keinen Werth, und wenn man durch die mikroskopische Untersuchung Blutkörperchen nachgewiesen hat, dann sind sie ganz überflüssig.

Handelt es sich um den Nachweis von Blut in einem verdächtigen Flecken, so verfährt man zweckmässig in folgender Weise: Vor Allem wird versucht, durch Abkratzen oder Abschaben mit einer Nadel oder einem Messerchen etwas von der Substanz des Fleckens von der Unterlage abzulösen; gelingt dies, so kann man mit der abgekratzten Substanz direct alle wichtigen Proben anstellen. Ein Theilchen wird mit wenigen Tropfen Wasser übergossen und zu lösen versucht; entsteht eine mehr oder weniger deutlich roth oder gelbroth gefärbte Lösung, so wird diese in ein kleines Reagensröhrchen gegossen, vor den Spalt des Spectralapparates gebracht und beobachtet. Treten die beiden Streifen des Oxyhämoglobins auf, so setzt man der Lösung einige Tropfen Schwefelammonium zu, wartet eine Weile und beobachtet wieder, worauf man, wenn früher Oxyhämoglobin vorhanden war, nun nach erfolgter Reduction den einen verwaschenen Streifen des Hämoglobins wahrnimmt.

Ein zweites Theilchen der abgekratzten Substanz wird (gleichgiltig, ob sich die Spectra des Oxyhämoglobins und des Hämoglobins gezeigt haben oder nicht) mit Cyankaliumlösung übergossen und damit 2 Stunden stehen gelassen, sodann in einer kleinen Eprouvette zuerst für sich allein, dann nach Zusatz einiger Tropfen Schwefelammonium beobachtet; wenn Blutfarbstoff vorhanden ist, erscheint zuerst Ein Absorptionsstreifen, nach Zusatz von Schwefelammonium deren zwei (vgl. Seite 318).

Aus einem dritten Partikelchen versucht man, Teichmann'sche Krystalle darzustellen. Man verreibt die abgekratzte pulverige Substanz und eine minimale Spur von Kochsalz mit Hilfe eines Glasstabes auf einem dünnwandigen Uhrglase, setzt einige Tropfen Eisessig zu und erhitzt die Mischung über einem kleinen Flämmchen, so dass sie einmal aufkocht, dann lässt man die Essigsäure auf dem Wasserbade langsam verdampfen, befeuchtet den erkalteten Abdampfrückstand mit einem Tröpfchen Wasser und überträgt ihn durch Abkratzen auf einen Objectträger zur mikroskopischen Prüfung. Die Häminkrystalle lassen sich auch direct auf dem Objectträger darstellen; man verreibt die abgekratzte Blutspur mit einem Stäubchen Kochsalz auf dem Objectträger, setzt 1—2 Tropfen Eisessig zu, legt neben die Probe ein Kopfhaar quer über den Objectträger und nun auf dieses Haar das eine Ende des Deckgläschens, so dass dieses schief zu liegen kommt; erhitzt man nun den Objectträger über einem kleinen Flämmchen vorsichtig bis zum Aufkochen des Eisessigs und lässt dann ruhig stehen, bis der Eisessig allmälig verdampft ist, was an einem warmen Orte rasch geschieht, so sieht man, wenn Blutfarbstoff vorhanden, unter dem Mikroskope die charakteristischen Häminkrystalle. Man erhält bei diesen Versuchen, welche ja nur in sehr kleinem Massstabe ausgeführt werden, die Häminkrystalle keineswegs so deutlich ausgebildet, wie sie in Fig. 22 abgebildet sind und wie sie bei der Verarbeitung grösserer Quantitäten von Oxyhämoglobin mit Eisessig entstehen, aber auch bei den Versuchen im Kleinen treten diese Krystalle mit ihrer charakteristischen braunen Farbe und Krystallform auf; Fig. 23 bildet ein Haufwerk von Häminkrystallen ab, wie sie aus einer Probe von eingetrockneten Blut gewonnen sind.

Das Abkratzen von Blutpartikelchen gelingt häufig ganz gut, wenn die Blutflecken auf Metall, auf dichtem Holz oder auf einem dichten Gewebe sich befinden, wenn die Blutmasse ziemlich dick und oberflächlich aufliegt, also nicht zu tief eingesaugt ist. Bisweilen gelingt es aber nicht, solche Blutpartikelchen abzukratzen, besonders bei ausgewaschenen Blutflecken. In diesem Falle bleibt nichts Anderes übrig, als die verdächtigen Stellen aus den Kleidern, der Wäsche etc. herauszuschneiden und auf Uhrgläsern einerseits mit Wasser, andererseits mit Cyankaliumlösung zu übergiessen, etwa 2 Stunden damit zu digeriren und die abgegossenen Flüssigkeiten spectroskopisch zu untersuchen. Für die Häminprobe wird ein Theil der wässerigen Lösung auf einem Uhrglase bei Zimmerwärme eingetrocknet und der Rückstand mit Kochsalz und Eisessig weiter verarbeitet.

Bisweilen gelingt es nicht, nach dem angegebenen Verfahren aus Blutspuren Teichmann'sche Krystalle zu erhalten, wenn man auch durch die spectroskopische Untersuchung Blutfarbstoff nachweisen konnte. Nach den Erfahrungen von Prof. E. v. Hofmann verhindert insbesondere die Anwesenheit von Fett oder die Rostbildung an eisernen Gegenständen das Entstehen der Krystalle. Im ersteren Falle ist es daher zweckmässig, vor dem Erhitzen mit Eisessig das Object mit Aether zu waschen, um das Fett zu entfernen. Oft gelang es, wenn nach der ersten Behandlung mit Eisessig keine Häminkrystalle entstanden waren, dieselben doch noch zu erhalten, wenn diese Behandlung 3—4 Mal mit neuen Portionen Eisessig wiederholt wurde.

Fig. 23.

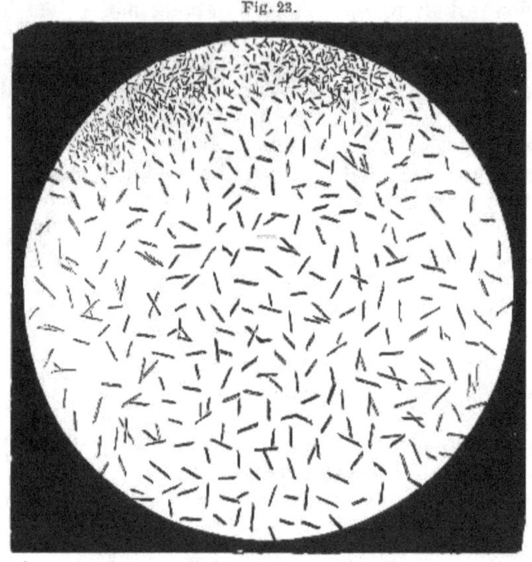

In der letzteren Zeit haben Janiček und Schöfer darauf aufmerksam gemacht, dass einerseits aus den Excrementen der Fliegen, anderseits aus zerdrückten Wanzen leicht Häminkrystalle dargestellt werden können und dass bei Behandlung mit Cyankalium das entsprechende Blutfarbstoff-Spectrum zu beobachten ist. Diese Thatsachen sind gewiss für den gerichtlichen Sachverständigen von grosser Bedeutung, weil Unkenntniss derselben leicht Irrthümer veranlassen könnten. Die sorgfältig durchgeführte mikroskopische Untersuchung liefert da oft wichtige Aufschlüsse, indem in den Excrementen der Fliegen, sowie in den von zerdrückten Wanzen herrührenden Flecken Eier, sowie charakteristische Bruchstücke dieser Thiere aufgefunden werden.

# IV. CAPITEL.

## Untersuchungen aus dem Gebiete der Hygiene, Chemie der Nahrungsmittel und Sanitätspolizei.

### Luft.

*Kohlensäurebestimmung.*

Für die Bestimmung des Kohlensäuregehaltes der Luft verdanken wir Pettenkofer eine ausgezeichnete Methode, welche darin besteht, dass man aus einem gemessenen Luftvolumen die darin enthaltene Kohlensäure durch eine gemessene Menge Barytwasser von bekanntem Gehalte absorbiren lässt und dann das nicht verbrauchte Barythydrat durch Titriren mit einer Oxalsäurelösung bestimmt. Man erfährt dadurch die zur Bindung der Kohlensäure nöthige Menge Barythydrat und kann somit die Quantität der Kohlensäure berechnen.

Diese Methode erfordert an Apparaten: 1. Eine Anzahl Glasflaschen oder Kolben von 3 bis 6 Liter Inhalt, welche bis zu ihrem Ausmündungsrande geaicht sein müssen, 2. zum Verschlusse dieser Flaschen geeignete gut und knapp schliessende Kautschukkappen, 3. einen Blasebalg, von dem man ermittelt hat, welches Luftvolumen er auf einen Stoss fördert, 4. je eine Pipette zu 25 und 100 Ccm., 5. Thermometer und Barometer, 6. eine Glashahnbürette; überdies einen schmalen mit Glasstöpsel verschliessbaren Cylinder und einige Kölbchen zum Titriren. An Reagentien sind erforderlich: Barytwasser, eine Lösung von Oxalsäure und Rosolsäurelösung oder Curcumapapier.

Das Barytwasser wird durch Auflösen von 7 Grm. krystallisirtem Barythydrat und 0·3 Grm. Chlorbaryum [1]) in 1 Liter destil-

[1]) Das Chlorbaryum wird zugesetzt, um Spuren von ätzenden Alkalien, die im Aetzbaryt enthalten sind, unschädlich zu machen. Diese Alkalien würden die Titrirung mit Oxalsäure beeinträchtigen, indem sie beim Zusatz von Oxalsäure neutrales Alkalioxalat bilden, welches sich mit dem suspendirten Baryumcarbonat umsetzt in oxalsaures Baryum und kohlensaures Alkali, welches letztere beim Zusatz von Oxalsäure wieder Oxalat bildet und neuerdings kohlensaures Baryum zer-

lirten Wassers bereitet und in der auf Seite 109 beschriebenen Weise aufbewahrt, um es vor Veränderung durch die Kohlensäure der Luft zu schützen.

Die Oxalsäurelösung erhält man durch Auflösen von 2·8636 Grm. chemisch reiner krystallisirter Oxalsäure in soviel Wasser, dass 1 Liter Flüssigkeit entsteht; 1 Ccm. dieser Lösung entspricht genau 1 Milligramm Kohlensäure. Die Oxalsäure, welche zur Bereitung dieser Lösung verwendet wird, muss lufttrocken sein, die Krystalle dürfen weder nass, noch verwittert sein.

Die Rosolsäurelösung erhält man durch Auflösen von 1 Grm. Rosolsäure in $^1/_2$ Liter 90% Weingeistes. Das Curcumapapier bereitet man aus einer filtrirten weingeistigen Tinctur der Curcumawurzel und reinem, gut ausgewaschenem Filtrirpapier, es muss vor Licht geschützt im Dunkeln aufbewahrt werden.

Soll eine Kohlensäurebestimmung ausgeführt werden, so füllt man eine geaichte, trockene, reine Flasche mit der zu untersuchenden Luft, indem man die Flasche an dem betreffenden Orte aufstellt und mittelst eines Blasebalges, dessen Rohr bis auf den Boden reicht [1]), wenigstens fünfmal so viel Luft einbläst, als die Flasche Fassungsraum besitzt [2]); sodann lässt man aus der Pipette 100 Ccm. Barytwasser einfliessen und verschliesst die Flasche sofort dicht mit einer passenden Kautschukkappe. In der Nähe der Flasche sind während der Operation Thermometer und Barometer aufgestellt, deren Stand man, sobald die Flasche gefüllt ist, abliest und notirt. Indem man das Barytwasser zu wiederholten Malen in der Flasche umschwenkt, fördert man die Absorption der Kohlensäure, welche nach 10 Minuten dauernder Einwirkung beendet ist. Nach Verlauf dieser Zeit wird die trübe Flüssigkeit in einen schmalen, trockenen Cylinder gegossen, dieser verstopft und ruhig hingestellt, damit sich das kohlensaure Baryum absetzen kann. Wenn sich die Flüssigkeit vollständig geklärt hat, hebt man von derselben mit der Pipette zwei Proben zu je 25 Ccm. ab und bringt jede derselben in ein Kölbchen, wo die Titrirung mit der Oxalsäure stattfindet, entweder unter Anwendung von Rosolsäure oder von Curcumapapier als Indicator. Von der Rosolsäurelösung setzt man dem Barytwasser nur wenige Tropfen zu, so dass eben eine deutliche Färbung erzielt wird, worauf aus der Bürette Oxalsäure so lange zugetropft wird, bis eben Entfärbung eintritt; wendet man Curcumapapier an, so wird nach jedem Zusatze der Oxalsäure mit einem dünnen Glasstäbchen ein kleiner

---

legt. Das kohlensaure Baryum darf aber bei dieser Titrirung durch die Oxalsäure nicht zersetzt werden, denn man will ja durch dieselbe nur den unverbrauchten Aetzbaryt ermitteln. Durch das Chlorbaryum werden die Alkalien in Chloride umgesetzt und somit für den vorliegenden Zweck unschädlich gemacht.

[1]) Ist das Rohr des Blasebalges zu kurz, so steckt man ein Stück Kautschukrohr an, das bis auf den Boden reicht.

[2]) Wenn man ermittelt hat, wie viel Luft durch einen Stoss aus dem Blasebalg ausgetrieben wird, so kann man leicht berechnen, wie viel Stösse gethan werden müssen, um die geforderte Luftmenge in die Flasche einzuführen.

Tropfen der zu titrirenden Barytlösung auf einen Streifen des Curcumapapieres gebracht; der Tropfen wird von seiner Peripherie aus eingesogen, seine ganze alkalische Wirkung concentrirt sich deshalb in der Peripherie, und so lange noch eine Spur von ungesättigtem Baryt vorhanden ist, erfolgt daselbst Braunfärbung, die Neutralisation ist beendet und man hat daher mit dem Zusatze von Oxalsäure aufzuhören, sobald diese Braunfärbung nicht mehr erfolgt.

Knapp vor oder nach der Kohlensäurebestimmung muss das verwendete Barytwasser auf seinen Gehalt geprüft werden; zu diesem Zwecke titrirt man 25 Ccm. desselben mit der Oxalsäurelösung.

Man weiss nun, wie viel Cubikcentimeter Oxalsäure nöthig sind, um einerseits 25 Ccm. der Barytlösung vor und andererseits nach der Kohlensäureabsorption zu neutralisiren. Die Differenz dieser beiden Zahlen multiplicirt mit 4 (weil ja 100 Ccm. Barytwasser zur Absorption verwendet und nur 25 Ccm. mit Oxalsäure titrirt wurden) ergibt jene Anzahl von Cubikcentimetern Oxalsäurelösung, welche der absorbirten Kohlensäure entspricht und drückt diese letztere direct in Milligrammen aus, weil 1 Ccm. der Oxalsäurelösung 1 Mgrm. Kohlensäure entspricht. Das Luftvolumen, in dem die Kohlensäure bestimmt wurde, entspricht dem Rauminhalt der geaichten Flasche weniger 100 Ccm., welche durch das einfliessende Barytwasser verdrängt wurden. Die gefundene Gewichtsmenge Kohlensäure lässt sich leicht auf Cubikcentimeter umrechnen, und dadurch ist man im Stande, den Kohlensäuregehalt der untersuchten Luft dem Volumen nach anzugeben. Das Volumen der untersuchten Luft wird für 0° und 760 Mm. Quecksilberdruck umgerechnet, desgleichen wird auch das Kohlensäurevolumen für diese Bedingungen berechnet. 1 Ccm. Kohlensäure, bei 0° und 760 Mm. Druck gemessen, hat ein Gewicht von 1·97 Mgrm. Die Reduction eines beliebigen Luftvolumens $V$ von der Temperatur $t$ und dem Barometerstande $b$ auf das Volumen $Vo$, welches sich auf 0° und 760 Mm. Druck bezieht, erfolgt nach der Formel: $Vo = \frac{Vb}{(1+\alpha t).760}$ worin $b$ den Barometerstand in Millimetern, $t$ die Lufttemperatur und $\alpha$ den Ausdehnungscoëfficienten der Luft = 0·00366 bedeutet.

Beispiel: In eine Flasche, welche 3000 Ccm. fasst, wird Luft mit dem Blasebalge eingetrieben, darauf werden 100 Ccm. Barytlösung eingefüllt; die Temperatur betrug 20° C., der Barometerstand 740 Mm. 25 Ccm. der Barytlösung brauchen vor dem Versuche genau 25 Ccm. Oxalsäurelösung, nach der Absorption der Kohlensäure brauchen 25 Ccm. Barytlösung nur 15 Ccm. Oxalsäure, demnach sind jetzt für 25 Ccm. Barytlösung um 10 Ccm. und für 100 Ccm. Barytlösung um 4 × 10 = 40 Ccm. Oxalsäure weniger verbraucht worden, was 40 Mgrm. Kohlensäure entspricht, die in der verwendeten Luft enthalten sind; diese Luftmenge beträgt 3000—100 = 2900 Ccm. Dieses Volumen, nach der obigen Formel reducirt, beträgt bei 0° und 760 Mm. Druck 2631·2 Ccm., 40 Mgrm. Kohlensäure

21*

nehmen unter denselben Temperatur- und Druckverhältnissen den Raum von 20·3 Ccm. ein; demnach enthalten nach dieser Untersuchung 1000 Raumtheile Luft 7·7 Raumtheile Kohlensäure.

W. Hesse[1]) hat die Pettenkofer'sche Methode etwas modificirt, um den erforderlichen Apparat leichter transportabel zu machen, so dass an Ort und Stelle die Bestimmung der Kohlensäure fertig gemacht werden könne. Er verwendet ein geringeres Luftvolumen, etwa 100 bis 500 Ccm. und, um dabei noch möglichst grosse Genauigkeit zu erzielen, verdünnte Barytlösung und verdünnte Oxalsäurelösung. Die Oxalsäurelösung bereitet er, indem er von der Pettenkofer'schen Lösung, welche im Liter 2·8636 Grm. krystallisirte Oxalsäure enthält, 100 Ccm. mit 900 Ccm. Wasser verdünnt, 1 Ccm. dieser Oxalsäurelösung entspricht 0·1 Mgrm. Kohlensäure; das Barytwasser soll so beschaffen sein, dass 10 Ccm. desselben 30 Ccm. der verdünnten Oxalsäure neutralisiren.

Mit der zu untersuchenden Luft wird ein 100—500 Ccm. fassender, geaichter Kolben durch einen Blasebalg, oder indem man ein Kautschukrohr bis auf den Boden einführt und daran so lange in Intervallen saugt, bis man annehmen kann, dass nun das Gefäss nur die umgebende Luft enthält, gefüllt, dann lässt man 10 Ccm. Barytlösung einfliessen, verschliesst mit einer Kautschukkappe, schwenkt die Flüssigkeit durch einige Minuten um, öffnet dann, tropft 1 Tropfen Rosolsäurelösung hinein und setzt auf den Hals des Kolbens einen doppelt durchbohrten Kautschukstöpsel, dessen eine Bohrung eine Glashahnbürette mit lang ausgezogener Spitze trägt, die bis in den Bauch des Kolbens hineinragt; die Bürette ist mit Oxalsäurelösung gefüllt, von der man so lange zutropfen lässt, bis eben Entfärbung eintritt. Die Rechnung wird wie bei der Pettenkofer'schen Methode ausgeführt.

Die Luft im Freien enthält in 10.000 Raumtheilen durchschnittlich 4—5 Raumtheile Kohlensäure; gute Zimmerluft, in der die Menschen sich wohl befinden, enthält nicht über 7 Kohlensäure in 10.000; Zimmerluft, welche mehr als 10 Kohlensäure in 10.000 enthält, ist für den beständigen Aufenthalt von Menschen untauglich.

## Wasser.

Es wird hier nur von der Untersuchung der Trinkwässer die Rede sein, deren Ergebnisse für die hygienische Beurtheilung in der Regel unentbehrlich sind. Diese Untersuchung zerfällt nach dem jetzt allgemein gebräuchlichen Vorgange in eine physikalische, chemische, mikroskopische und bakteriologische Untersuchung, von denen wir nur die beiden ersten behandeln wollen.

Bei dem Ansammeln von Wasser für die chemische Untersuchung sind gewisse Vorsichten zu beobachten. Vor Allem müssen

[1]) Siehe Zeitschrift für Biologie, Band 13, Seite 395.

die zu verwendenden Flaschen auf das Sorgfältigste gereinigt und zuletzt noch mit dem zu untersuchenden Wasser einigemale ausgespült werden; das Einfüllen in diese Flaschen geschieht bei Quellen oder Brunnen am besten so, dass man das Wasser direct einfliessen lässt; wo das nicht angeht, schöpft man das Wasser mit einem reinen Glasgefässe und überleert es dann in die Flaschen. Diese sollen möglichst weit angefüllt sein und mit eingeriebenen Glasstöpseln verschlossen werden; sollten Flaschen mit Glasstöpseln nicht zur Verfügung stehen, so kann man zum Verschlusse auch Korke wählen, die durch Eintauchen in geschmolzenes Paraffin mit diesem getränkt und überzogen sind.[1]) Mit der Entnahme des Wassers wird zweckmässig die physikalische Prüfung verbunden, welche Klarheit (Durchsichtigkeit), Farbe, Geruch, Geschmack und Temperatur umfasst.

Die chemische Untersuchung erstreckt sich in der Regel auf die Gesammtmenge der gelösten festen Bestandtheile (Abdampfrückstand), auf die Härte, die Schwefelsäure, das Chlor, das Ammoniak, die salpetrige Säure und Salpetersäure und auf die organischen Substanzen; bisweilen handelt es sich auch um den Nachweis von Schwefelwasserstoff, Eisen, Blei, Kupfer und Zink.

## Abdampfrückstand.

Die Bestimmung des Abdampfrückstandes wird zur Ermittlung der Gesammtmenge der im Wasser gelösten festen Bestandtheile unternommen. Zu diesem Zwecke werden 100 Ccm. Wasser in einem gewogenen cylindrischen, dünnwandigen, mit Glasstöpsel dicht verschliessbaren Wägegläschen, das auf einer Asbestplatte oder auf einer porösen Thonplatte mit einem kleinen Flämmchen erwärmt wird (Kochen ist zu vermeiden), zur Trockene verdampft und der Rückstand bis zum constanten Gewichte bei 120° C. getrocknet.

## Härte des Wassers.

Die Härte des Wassers, welche sich beim Kochen von Hülsenfrüchten, sowie durch die zersetzende Wirkung auf Seife äussert, rührt von dem Gehalte an Calcium- und Magnesiumsalzen her. Kohlensaures Calcium und Magnesium sind durch die Anwesenheit freier Kohlensäure im Wasser gelöst, kocht man daher ein Wasser, welches diese Salze enthält, so scheiden sie sich ab, indem die freie Kohlensäure entweicht; dagegen bleiben die schwefelsauren, salpetersauren Salze und die Chloride des Calciums und des Magnesiums auch nach dem Kochen gelöst, weil sie zu ihrer Lösung nicht der Kohlensäure bedürfen. Die durch den Gesammtgehalt an Calcium- und Magnesiumverbindungen bedingte Härte nennt man Gesammthärte, die durch die Carbonate dieser Metalle bedingte nennt man vorübergehende Härte (weil sie

[1]) Für die chemische Untersuchung eines Trinkwassers soll man wenigstens 2 bis 4 Liter desselben zur Verfügung haben.

durch Kochen beseitigt wird), endlich die Härte, welche von Sulfaten, Nitraten und Chloriden des Calciums und Magnesiums herrührt, bleibende Härte.

Es ist gebräuchlich, die Härte in Graden auszudrücken; in Deutschland entspricht 1 Härtegrad (deutscher Härtegrad) einem Gehalte von 1 Gewichtstheil Calciumoxyd oder der äquivalenten Menge Magnesiumoxyd, d. i. 0·714 Gewichtstheilen in 100.000 Theilen Wasser, demnach 1 Mgrm. Calciumoxyd oder 0·714 Mgrm. Magnesiumoxyd in 100 Ccm. Wasser; in Frankreich entspricht 1 Härtegrad 1 Gewichtstheil kohlensauren Calciums in 100.000 Theilen Wasser, in England 1 Grain auf 1 Gallone Wasser. Ein deutscher Härtegrad ist demnach gleichwerthig mit 1·25 englischen und mit 1·79 französischen Härtegraden. Wir werden hier unter Härtegraden schlechtweg immer die deutschen Härtegrade verstehen.

Am genauesten wird die Härte eines Wassers durch die quantitative Bestimmung seines Gehaltes an Calcium und Magnesium ermittelt.

Zu diesem Zwecke wird je nach der grösseren oder geringeren Härte[1]) $^1/_4$ bis 1 Liter des Wassers mit Salzsäure angesäuert und in einer Porcellanschale oder besser in einer Platinschale auf dem Wasserbade zur Trockene verdampft, um die Kieselsäure abzuscheiden. Der trockene Abdampfrückstand wird mit 20—30 Ccm. Wasser übergossen, dann werden 5—6 Tropfen Salzsäure zugesetzt, und nachdem die Salzmasse sich gelöst hat[2]), wird durch ein aschefreies, kleines Filter filtrirt, Schale und Filter werden 2—3 Male mit destillirtem Wasser nachgewaschen. Die filtrirte Flüssigkeit wird bis zum Sieden erhitzt, mit Ammoniak alkalisch gemacht und hierauf durch genügenden Zusatz von oxalsaurem Ammon der Kalk vollständig ausgefällt; nach 12stündigem Stehen wird der Niederschlag auf einem aschefreien Filter gesammelt und mit Wasser, dem einige Tropfen Ammoniak zugesetzt sind, gewaschen. Der Niederschlag sammt dem Filter wird zuerst in einem gewogenen Platintiegel über einer kleinen Flamme getrocknet, dann wird bei gesteigerter Hitze das Filter eingeäschert, endlich wird 10 Minuten lang vor einer Gebläselampe geglüht, der Tiegel wird dann zum Erkalten in einen Exsiccator gestellt, nach dem Erkalten gewogen, dann neuerdings 10 Minuten lang geglüht und nach dem Erkalten wieder gewogen. Wenn nach dem zweiten Glühen eine Gewichtsabnahme stattgefunden hat, so muss noch einmal geglüht werden und überhaupt so oft, bis das Gewicht nicht mehr abnimmt. Die geglühte Substanz ist Calciumoxyd.

Das Filtrat von dem oxalsauren Calcium wird noch mit Ammoniak und dann mit phosphorsaurem Natrium versetzt, um das Magnesium als phosphorsaures Magnesium-Ammonium zu fällen; nach 12 Stunden hat sich dasselbe als

[1]) Zur Orientirung, wie viel Wasser man für diese Bestimmungen verwenden soll, fällt man in der Eprouvette eine Wasserprobe mit Ammoniak und oxalsaurem Ammon; die Intensität des entstehenden Niederschlages liefert leicht den gesuchten Anhaltspunkt.

[2]) Bei gypsreichen Wässern muss soviel Wasser zugesetzt werden, bis der Gyps sich vollständig gelöst hat und nur die Flöckchen von der Kieselsäure ungelöst sind.

krystallinischer Niederschlag abgeschieden, welcher auf einem gewaschenen Filter gesammelt, mit ammoniakhaltigem Wasser (1 Vol. Ammoniakflüssigkeit, 2 Vol. Wasser) gewaschen und dann getrocknet wird. Der trockene Niederschlag wird, getrennt vom Filter, in einem gewogenen Porcellantiegel, anfangs gelinde, später durch $^1/_4$ Stunde heftig über einer Gas- oder Spiritusflamme erhitzt, man lässt dann ein wenig erkalten und trägt das Filter in den Tiegel ein, welches nunmehr bei allmälig gesteigerter Hitze eingeäschert werden muss; wenn dies geschehen, lässt man im Exsiccator erkalten und wägt; die Gewichtszunahme gibt die Menge des erhaltenen pyrophosphorsauren Magnesiums ($P_2O_7Mg_2$) an. 222 Gewichtstheile desselben entsprechen 80 Gewichtstheilen Magnesiumoxyd.

So bestimmt man also den Gesammtgehalt an Kalk und Magnesia, resp. die Gesammthärte. Um die bleibende Härte zu erfahren, erhitzt man $^1/_2$ bis 1 Liter des Wassers in einem geräumigen Glaskolben zum Sieden, kocht ungefähr 1 Stunde lang und ersetzt das verdampfende Wasser annähernd durch destillirtes Wasser; nach dem Erkalten bringt man das gekochte Wasser in einen Messkolben von $^1/_2$ Liter oder 1 Liter (je nachdem man $^1/_2$ oder 1 Liter Wasser in Arbeit genommen hat), spült mit destillirtem Wasser nach, bis zur Marke, schüttelt gut um und filtrirt durch ein trockenes (nicht angefeuchtetes) Filter. Von dem Filtrate wird eine bestimmte Menge abgemessen (400 oder 900 Ccm., je nachdem $^1/_2$ oder 1 Liter Wasser genommen wurde) und in derselben Kalk und Magnesia, wie oben beschrieben, bestimmt.

Beispiel. 1 Liter Wasser ergab: 0·100 Grm. Calciumoxyd und 0·0991 Grm. pyrophosphorsaures Magnesium, entsprechend 0·0357 Grm. Magnesiumoxyd, gleichwerthig mit 0·05 Grm. Calciumoxyd; auf 100 Ccm. Wasser kommen 0·15 Grm. Calciumoxyd und die Gesammthärte beträgt somit 15 deutsche Härtegrade. 1 Liter desselben Wassers wurde gekocht, wieder auf 1 Liter mit destillirtem Wasser aufgefüllt, filtrirt, vom Filtrate $^1/_2$ Liter zur Kalk- und Magnesiabestimmung verwendet. Es wurden gefunden 0·04 Grm. Calciumoxyd und 0·028 Grm. pyrophosphorsaures Magnesium, entsprechend 0·01 Grm. Magnesiumoxyd, gleichwerthig mit 0·014 Grm. Calciumoxyd. Auf 1 Liter des gekochten Wassers kommen demnach insgesammt 0·054 Grm. Kalk, auf 100 Ccm. 5·4 Mgrm., daher die permanente Härte 5·4, die vorübergehende Härte 9·6 Grade.

In vielen Fällen genügt ein weniger genaues Resultat, als es die beschriebene umständliche Methode der Kalk- und Magnesiabestimmung liefert, und dann wird die Härte nach einem zuerst von Clark angegebenen, später modificirten Verfahren bestimmt. Dieses Verfahren beruht darauf, dass eine wässerige Seifenlösung die in einem Wasser gelösten Calcium- und Magnesiumsalze zersetzt und in unlösliche fettsaure Verbindungen umwandelt, so dass erst nach vollständiger Ausfällung des Calciums und Magnesiums die im Ueberschusse zugesetzte Seife unverändert bleibt und beim Schütteln zur Bildung des charakteristischen Seifenschaumes führt. Wenn ich also eine gemessene Menge eines kalk- und magnesiahaltigen Wassers mit Seifenlösung in kleinen Portionen versetze, so wird nach den ersten Portionen die Flüssigkeit beim Schütteln nicht den charakteristischen Seifenschaum zeigen, dieser wird erst nach Ausfällung des gesammten Calciums und Magnesiums und nach Zusatz eines Ueberschusses von Seifenlösung auftreten. Kenne ich das Volumen der zugesetzten Seifenlösung und weiss ich, wie viel Calciumoxyd 1 Ccm. derselben zu fällen vermag, so habe ich alle zur Berechnung der Härte erforderlichen Daten.

Die Clark'sche Methode wird jetzt gewöhnlich in der folgenden von Faiszt und Knausz herrührenden Modification angewendet:

An Reagentien werden gebraucht: eine Chlorbaryumlösung von bekanntem Gehalte und eine titrirte Seifenlösung. Die Chlorbaryumlösung wird durch Auflösen von 0·523 Grm. reinem, krystallisirtem Chlorbaryum ($Ba\,Cl_2 + 2\,H_2\,O$) in destillirtem Wasser zu 1 Liter Flüssigkeit dargestellt. Diese Menge Chlorbaryum entspricht 0·12 Grm. Calciumoxyd, die Lösung repräsentirt daher 12 deutsche Härtegrade.

Die erforderliche Seife erhält man auf folgende Weise: 150 Grm. Emplastr. diachyl. simpl. werden in einer Porcellanschale auf dem Wasserbade erweicht und sodann mit 40 Grm. von reinem kohlensauren Kalium zu einer gleichförmigen Masse verrieben; diese behandelt man in der Wärme mit starkem Alkohol, lässt absetzen, filtrirt und destillirt von dem Filtrate den Weingeist ab, den Destillationsrückstand trocknet man auf dem Wasserbade. Von dieser Kaliseife löst man 20 Theile in 1000 Theilen verdünnten Weingeistes (von 56 Volumprocenten) auf und filtrirt die Lösung, wenn sie nicht vollkommen klar sein sollte. Um dieser Seifenlösung die richtige Concentration zu geben, wird sie in folgender Weise geprüft: In eine mit Glasstöpsel verschliessbare Flasche bringt man 100 Ccm. der erwähnten Chlorbaryumlösung und lässt aus einer Bürette in einzelnen Portionen (welche anfangs mehrere Cubikcentimeter, später nur wenige, endlich einzelne Tropfen betragen) Seifenlösung zufliessen, bis nach kräftigem Schütteln ein dichter Schaum entsteht, der sich auf der Oberfläche der Flüssigkeit 5 Minuten lang erhält. Die Anzahl der verbrauchten Ccm. Seifenlösung wird abgelesen, der Versuch wird wiederholt und das arithmetische Mittel gerechnet. Wenn die Seifenlösung richtig bereitet ist, so wird man für 100 Ccm. Chlorbaryumlösung weniger als 45 Ccm. Seifenlösung verbrauchen. Da die Seifenlösung von der Concentration sein soll, dass 45 Ccm. derselben hinreichen, um mit 100 Ccm. Chlorbaryumlösung den charakteristischen Schaum hervorzurufen, so hat man nach dem Ergebnisse der beiden Proben die Seifenlösung entsprechend mit 56%igem Weingeist zu verdünnen. Wären z. B. für 100 Ccm. Chlorbaryumlösung nur 42 Ccm. Seifenlösung verbraucht worden, so hätte man je 42 Ccm. der letzteren mit 3 Ccm. Weingeist von 56% oder, um 1 Liter zu erhalten, 933·3 Ccm. Seifenlösung mit 66·7 Ccm. 56% Weingeistes zu verdünnen. Nach der Verdünnung prüft man noch einmal, es müssen dann genau 45 Ccm. der Seifenlösung verbraucht werden, um mit 100 Ccm. Chlorbaryumlösung den bleibenden Schaum hervorzurufen.[1])

---

[1]) Es muss ausdrücklich hervorgehoben werden, dass schon nach dem Zusatz weniger Cubikcentimeter Seifenlösung, lange vor Beendigung der Reaction, beim Schütteln ein Schaum entsteht, dieser zerrinnt aber bald; der charakteristische Schaum muss sich mindestens 5 Minuten lang erhalten.

Versuche mit Chlorbaryumlösungen verschiedener Concentration haben ergeben, dass der Verbrauch der Seifenlösung bis zur Schaumbildung nicht proportional der Härte zunimmt, wie aus folgender Tabelle ersichtlich ist:

| Verbrauchte Seifenlösung | Härtegrade | 1 Ccm. Seifenlösung entspricht: |
|---|---|---|
| 3·4 Ccm. | 0·5 | |
| 5·4 „ | 1·0 | 0·25 Härtegraden |
| 7·4 „ | 1·5 | |
| 9·4 „ | 2·0 | |
| 11·3 „ | 2·5 | |
| 13·2 „ | 3·0 | |
| 15·1 „ | 3·5 | 0·26 Härtegraden |
| 17·0 „ | 4·0 | |
| 18·9 „ | 4·5 | |
| 20·8 „ | 5·0 | |
| 22·6 „ | 5·5 | |
| 24·4 „ | 6·0 | |
| 26·2 „ | 6·5 | 0·277 Härtegraden |
| 28·0 „ | 7·0 | |
| 29·8 „ | 7·5 | |
| 31·6 „ | 8·0 | |
| 33·3 „ | 8·5 | |
| 35·0 „ | 9·0 | |
| 36·7 „ | 9·5 | 0·294 Härtegraden |
| 38·4 „ | 10·0 | |
| 40·1 „ | 10·5 | |
| 41·8 „ | 11·0 | |
| 43·4 „ | 11·5 | 0·31 Härtegraden. |
| 45·0 „ | 12·0 | |

Diese Tabelle muss daher bei der Berechnung der Härte berücksichtigt werden.

## *Ausführung der Härtebestimmung.*

I. Bestimmung der Gesammthärte. 20 Ccm. des zu untersuchenden Wassers werden in einer Eprouvette mit 6 Ccm. Seifenlösung versetzt und geschüttelt; je nach der Härte des Wassers wird dann blos ein Opalisiren, eine schwache oder stärkere Trübung oder ein voluminöser Niederschlag entstehen, dem entsprechend ist die Wassermenge für die Härtebestimmung zu wählen und entweder unverdünnt oder in einem bestimmten Verhältnisse mit destillirtem Wasser verdünnt, anzuwenden. Um nämlich richtige Resultate zu erhalten, sollen für 100 Ccm. Wasser nicht weniger als 20 und nicht mehr als 45 Ccm. Seifenlösung verbraucht werden. Man wird demnach von sehr weichem Wasser 100 Ccm. im unverdünnten Zustande verwenden, von weniger weichem Wasser 50 Ccm. mit ebenso viel destillirtem Wasser verdünnt, von härteren Wässern 20 Ccm. und 80 Ccm. destillirtes Wasser, ja selbst nur 10 Ccm. und 90 Ccm. destillirtes Wasser. Das unverdünnte oder in entsprechendem Verhältnisse verdünnte Wasser bringt man in die mit Glasstöpsel zu verschliessende Flasche und setzt darauf aus der Bürette anfangs grössere Portionen, später je 1 Ccm. Seifenlösung zu, bis der beim Schütteln entstehende Schaum bleibt. Man wird bei diesem ersten

Versuche, da man selbst gegen Ende der Operation je 1 Ccm. Seifenlösung zusetzt, rasch zum Ziele kommen, aber leicht einen Ueberschuss von Seife verwenden, deshalb führt man einen zweiten Versuch aus, bei dem man die Hauptmenge der Seifenlösung, welche das erstemal gebraucht wurde, auf einmal zusetzt und den Rest (etwa 1—2 Ccm.) tropfenweise. Sollten bei dem ersten Versuche mehr als 45 Ccm. Seifenlösung verbraucht worden sein, so müsste das Wasser für den zweiten Versuch mit destillirtem Wasser verdünnt werden.

Nach dem Ergebniss des zweiten Versuches berechnet man mit Hilfe der Tabelle die Härte des Wassers. Kommt die Zahl der verbrauchten Cubikcentimeter Seifenlösung in der Tabelle selbst vor, so hat man nur die zugehörige Härte abzulesen, wären z. B. für 100 Ccm. unverdünnten Wassers 35 Ccm. Seifenlösung verbraucht worden, so betrüge die Härte desselben 9 Grade. Wenn die Zahl der verbrauchten Cubikcentimeter Seifenlösung nicht in der Tabelle vorkommt, so bildet man mit der nächst niederen Zahl die Differenz, entnimmt dann für die niedere Zahl, sowie für die Differenz die entsprechenden Härtegrade und addirt beide. Es wären z. B. für 100 Ccm. Wasser 36·5 Ccm. Seifenlösung verbraucht worden; diese Zahl kommt in der Tabelle nicht vor, die nächst niedere Zahl ist 35, ihr entspricht eine Härte von 9 Graden, die Differenz 36·5—35 beträgt 1·5. Bei dem Verbrauch zwischen 33·3 und 41·8 Ccm. entspricht aber 1 Ccm. Seifenlösung 0·294 Härtegraden, daher entsprechen 1·5 Ccm. 0·441 Härtegraden und dem Wasser kommt somit eine Härte von 9 + 0·441 = 9·441 Graden zu.

Ist das Wasser zu der Bestimmung im verdünnten Zustande angewendet worden, so müsste man die gefundene Härte entsprechend dem Verdünnungsgrade erhöhen, bei einer Verdünnung von 50 auf 100 verdoppeln, bei einer Verdünnung von 10 auf 100 verzehnfachen u. s. w.

II. Bestimmung der bleibenden Härte. Für diesen Zweck wird das durch Kochen von den Carbonaten des Calciums und Magnesiums befreite und filtrirte Wasser (siehe Seite 327) in der soeben beschriebenen Weise mit Seifenlösung geprüft, wobei eventuell vorher mit destillirtem Wasser zu verdünnen ist.

### *Bestimmung der Schwefelsäure.*

**Die Schwefelsäure wird am besten gewichtsanalytisch bestimmt, indem man dieselbe als schwefelsaures Baryum fällt, den Niederschlag wäscht, glüht und wägt.**

250 Ccm. Wasser werden mit Salzsäure angesäuert, zum Kochen erhitzt und noch kochend heiss mit einer Lösung von Chlorbaryum gefällt, wobei ein grosser Ueberschuss des letzteren zu vermeiden ist. Nachdem sich der Niederschlag abgesetzt und die darüber stehende Flüssigkeit vollkommen geklärt hat, giesst man diese vorsichtig, ohne den Niederschlag aufzurühren, durch ein aschefreies Filter, gibt auf den Niederschlag einige Tropfen Salzsäure und heisses destillirtes Wasser (etwa 200 Ccm.), lässt absetzen, giesst die klare Flüssigkeit wieder durch's Filter, wiederholt dieses Waschen durch Decantiren mit etwas Salzsäure und heissem Wasser noch einmal und bringt schliesslich den Niederschlag in der bei quantitativen Analysen gebräuchlichen Weise auf das Filter, wo er noch so lange mit destillirtem Wasser gewaschen wird, bis das Filtrat mit verdünnter Schwefelsäure keine Trübung mehr gibt. Der Niederschlag wird auf dem Filter getrocknet, dann möglichst vollständig vom Filter getrennt und in

einem gewogenen Platintiegel geglüht, das zusammengelegte Filter mit den daran haftenden Stäubchen Baryumsulfat legt man auf den Niederschlag in den Tiegel und verascht dasselbe langsam vollständig; nachdem der Tiegelinhalt rein weiss geworden, lässt man im Exsiccator erkalten und wägt. Für je 233 Gewichtstheile des gewogenen Baryumsulfates sind 80 Gewichtstheile Schwefelsäureanhydrid, resp. 98 Gewichtstheile Schwefelsäure in Rechnung zu bringen.

## *Bestimmung des Chlors.*

Das Chlor, welches in den Trinkwässern vorwiegend als Chlornatrium enthalten ist, bestimmt man am besten massanalytisch. 500 bis 1000 Ccm. des Wassers werden zu diesem Zwecke in einer Porcellanschale auf dem Wasserbade bis auf etwa 50 Ccm. verdampft und die so concentrirte Flüssigkeit, ohne sie vorher zu filtriren, nach der Methode von Mohr (siehe Seite 135) mit Zehntelnormal-Silberlösung titrirt. Ist das Wasser reich an Kochsalz, was man bei der qualitativen Prüfung mit Salpetersäure und salpetersaurem Silber erkennt, so kann das Abdampfen entfallen.

## *Bestimmung der Salpetersäure.*

Qualitativ prüft man auf Salpetersäure die Wässer entweder mit Eisenvitriol oder mit Brucin, oder mit Diphenylamin (siehe Seite 253).

Soll die Salpetersäure sehr genau quantitativ bestimmt werden, so geht man nach der v. Dumreicher'schen Methode vor. 100 bis 500 Ccm. Wasser (je nachdem dasselbe starke oder schwache Reaction auf Salpetersäure zeigte) werden mit einigen Tropfen reiner, namentlich salpeterfreier [1]) Natronlauge versetzt und auf dem Wasserbade bis auf 5—10 Ccm. eingedampft [2]); die concentrirte Flüssigkeit wird ohne vorherige Filtration mit Zinnchlorür etc. behandelt, wie Seite 118 und 119 beschrieben wurde.

Kommt es bei der Bestimmung der Salpetersäure nicht auf grosse Genauigkeit an, dann wählt man eine expeditivere Methode, welche zuerst von Marx angegeben, später aber mannigfach modificirt worden ist.

*Princip der Methode.* Wird die Lösung eines salpetersauren Salzes mit dem doppelten Volumen concentrirter Schwefelsäure gemischt, so wird die Salpetersäure frei, und diese heisse Flüssigkeit oxydirt zugesetzten Indigofarbstoff, wobei derselbe, so lange noch Salpetersäure vorhanden, entfärbt wird. Verwendet man daher eine Indigolösung, von der man weiss, wie viel 1 Ccm. zur Entfärbung Salpetersäure verbraucht, und setzt man der Probe so lange von derselben zu, bis die Flüssigkeit blau bleibt, so bildet die verbrauchte Menge Indigolösung ein Mass für die vorhandene Salpetersäure.

---

[1]) Die Natronlauge muss auf Salpetersäure geprüft werden, weil das käufliche Aetznatron häufig Salpeter enthält.

[2]) Dies geschieht, um etwa vorhandenes Ammoniak zu entfernen.

Das Verhältniss von Indigo und der zur Oxydation, resp. Entfärbung desselben nöthigen Salpetersäure bleibt erfahrungsgemäss nur dann gleich, wenn die Versuche unter den gleichen Bedingungen angestellt werden. Verdünnung, Temperatur, Schwefelsäuremenge und der Umstand, ob man die Indigolösung vor oder nach der Schwefelsäure zusetzt, üben einen bemerkenswerthen Einfluss. Leicht oxydirbare Substanzen beeinträchtigen die Salpetersäurebestimmung, weil sie auch von der Salpetersäure oxydirt werden, auch grössere Mengen von Chloriden wirken störend, dagegen sind die geringen Mengen der Chloride, welche in Brunnenwässern oder Flusswässern in der Regel vorkommen, ohne Belang. Salpetrige Säure oxydirt wie die Salpetersäure den Indigo, daher muss man, wenn sie in nennenswerther Menge vorhanden ist, eine Correctur anbringen, für je einen Theil salpetriger Säure hat man von der mittelst Indigo gefundenen Salpetersäuremenge 0·473 Theile abzuziehen.

Die bei der Oxydation des Indigos entstehenden Producte geben eine gelbe Lösung, daher wird die Flüssigkeit, wenn überschüssige Indigolösung zugefügt wird, nicht blau, sondern braun, bei weiterem Zusatz olivengrün, bei noch grösserem Ueberschuss grün. Um gleichmässige Resultate zu erzielen, muss man daher bei den einzelnen Prüfungen und Bestimmungen stets Indigolösung so lange zusetzen, bis die Flüssigkeit einen bestimmten Farbenton erlangt hat.

Erfordernisse. 1. Eine Auflösung von reinem salpetersauren Kalium, welche davon genau 1·8724 Grm. im Liter, demnach 1 Mgrm. Salpetersäureanhydrid im Cubikcentimeter enthält. — 2. Eine Indigolösung, von der 6 bis 8 Ccm. 1 Mgrm. Salpetersäureanhydrid entsprechen. Dieselbe wird durch Auflösen von Indigocarmin (beste käufliche Sorte) in Wasser dargestellt oder besser noch, indem man 1 Grm. fein gepulvertes Indigoblau (Indigotin) in kleinen Portionen in 6 Grm. abgekühlte rauchende Schwefelsäure einträgt, dann noch ebenso viel gewöhnliche concentrirte Schwefelsäure zusetzt, die Flüssigkeit einige Stunden stehen lässt, dann mit Wasser auf $1^1/_2$ Liter verdünnt und filtrirt. 3. Chemisch reine concentrirte Schwefelsäure.

Ausführung. Um möglichst genaue Resultate zu erzielen, arbeitet man nach dem Vorschlage von Fresenius folgendermassen:

*I. Vorversuch.* 25 Ccm. des Wassers werden in einen 200 Ccm. fassenden Kolben mit 50 Ccm. concentrirter Schwefelsäure gemischt, worauf man möglichst rasch aus der Bürette Indigolösung zufliessen lässt, bis eben dauernd Grünfärbung eintritt. Wenn nicht mehr als 20 Ccm. Indigolösung verbraucht wurden, so kann ein zweiter Versuch mit dem unverdünnten Wasser angestellt werden, im entgegengesetzten Falle ist das Wasser mit der entsprechenden Menge von destillirtem Wasser zu verdünnen und mit 25 Ccm. des verdünnten Wassers der Vorversuch zu wiederholen.

*II. Versuch. a)* 25 Ccm. des ursprünglichen oder entsprechend verdünnten Wassers werden mit so viel Indigolösung versetzt, als bei dem Vorversuche verbraucht wurde, dann wird das doppelte Volumen der gesammten Flüssigkeit (nämlich Wasser + Indigolösung) an concentrirter Schwefelsäure hinzugefügt und aus der Bürette noch so viel Indigolösung, dass die Flüssigkeit eben grün wird und so bleibt.

*b)* Es ist gut, den Versuch *a)* in der Weise zu wiederholen, dass man zu dem ursprünglichen oder verdünnten Wasser nur um $^1/_2$ Ccm. Indigolösung weniger zusetzt, als in *a)* verbraucht wurde, hierauf das dem Wasser + Indigolösung gleiche Schwefelsäurevolumen hinzufügt und nun wie in *a)* fertig titrirt. Die in diesem Versuche *b)* ermittelte Menge der Indigolösung ist der Berechnung des Salpetersäuregehaltes als die richtige zu Grunde zu legen.

Titerbestimmung der Indigolösung. Vor Beginn der Salpetersäurebestimmung wird annähernd der Werth der Indigolösung folgendermassen bestimmt: 3 Ccm. Salpeterlösung (entsprechend 0·003 Grm. Salpetersäureanhydrid) werden mit destillirtem Wasser auf 25 Ccm. verdünnt, darauf mit 50 Ccm. concentrirter Schwefelsäure versetzt, worauf man aus der Bürette Indigolösung bis zur bleibenden Grünfärbung zufliessen lässt und abliest. Wie schon erwähnt wurde, sollen 6—8 Ccm. Indigolösung 1 Mgrm. Salpetersäureanhydrid entsprechen; man müsste also bei diesem Versuche 18—24 Ccm. Indigolösung verbrauchen; würde sich die Lösung zu verdünnt oder zu concentrirt erweisen, so müsste im ersten Falle noch concentrirte Indigolösung oder Indigocarmin, im letzteren Falle Wasser zugesetzt werden, worauf mit 3 Ccm. Salpeterlösung neuerdings der Vorversuch auszuführen wäre.

Ist so der Werth der Indigolösung annähernd festgestellt, so berechnet man, wie viel Salpeterlösung der in dem Versuche *b)* verbrauchten Indigomenge entspricht; das Zehnfache der durch diese Rechnung gefundenen Menge Salpeterlösung wird abgemessen, auf 250 Ccm. mit destillirtem Wasser verdünnt, und von dieser verdünnten Salpeterlösung werden nun 25 Ccm. genau so behandelt, wie oben unter *b)* beschrieben. Aus dem Versuchsergebniss wird der genaue Wirkungswerth der Indigolösung berechnet.

Beispiel. Bei der ersten Prüfung der Indigolösung werden für 3 Ccm. Salpeterlösung verbraucht 18 Ccm. Indigolösung, somit entspricht 1 Ccm. Indigolösung 0·003 : 18 = 0·00017 Grm. Salpetersäureanhydrid.

Bei dem Vorversuche brauchen 25 Ccm. Wasser 15 Ccm. Indigolösung, beim Versuche *a)* dagegen 16·5 und bei der Wiederholung 17 Ccm. Indigolösung. Zur Titerbestimmung werden, da 17 Ccm. Indigolösung nach ihrem approximativen Werthe 17 × 0·00017 = 0·00289 Grm. Salpetersäureanhydrid entsprechen, 28·9 Ccm. Salpeterlösung auf 250 Ccm. verdünnt und davon 25 Ccm. mit 16·5 Ccm. Indigolösung (½ Ccm. weniger als beim Versuch *b)* und darauf mit 25 + 16·5 = 41·5 Ccm. Schwefelsäure versetzt, worauf noch 0·3 Ccm., also zusammen 16·8 Ccm. Indigolösung, verbraucht werden, d. i. sehr näherungsweise so viel, als bei der Untersuchung des Wassers. Es entsprechen demnach 16·8 Ccm. Indigolösung der in 25 Ccm. der verdünnten Salpeterlösung enthaltenen Menge Salpetersäureanhydrid, nämlich 2·89 Mgrm., und somit entspricht 1 Ccm. Indigolösung 0·172 Mgrm. Salpetersäureanhydrid. Nun wurden für 25 Ccm. Wasser bei dem Versuche *b)* 17 Ccm. Indigolösung verbraucht, daher enthält das Wasser in 25 Ccm. 2·924 Mgrm., in 1 Liter 116·96 Mgrm. Salpetersäureanhydrid.

Die Indigolösung zersetzt sich leicht, man muss deshalb ihren Titre vor jeder Salpetersäurebestimmung frisch bestimmen.

### *Bestimmung der salpetrigen Säure.*

Die salpetrige Säure wird leicht und sicher entweder mit Jodzinksstärke oder mit Metaphenylendiamin nachgewiesen. Bei Anwendung der ersten Reaction werden ungefähr 100 Ccm. Wasser mit verdünnter Schwefelsäure stark angesäuert und hierauf mit 2—3 Ccm. Jodzinkstärkelösung [1]) versetzt. Bei Gegenwart von salpetriger Säure wird die Flüssigkeit je nach deren Menge sofort oder nach einiger Zeit violett bis blau.

Will man die salpetrige Säure mit Metaphenylendiamin nachweisen, so werden ungefähr 100 Ccm. Wasser mit verdünnter Schwefelsäure angesäuert und hierauf mit einer farblosen Lösung von schwefelsaurem Metaphenylendiamin versetzt; bei Anwesenheit von salpetriger Säure färbt sich die Flüssigkeit gelb bis gelbbraun. Der Nachweis der salpetrigen Säure mit Metaphenylendiamin verdient vor jenem mit Jodzinkstärke entschieden den Vorzug.

In der Regel genügt der qualitative Nachweis der salpetrigen Säure, sollte bei Anwesenheit grösserer Mengen derselben eine quantitative Bestimmung erwünscht sein, so kann diese, wie folgt, mit übermangansaurem Kalium ausgeführt werden:

Princip der Methode. Salpetrige Säure wird durch übermangansaures Kalium in saurer Lösung zu Salpetersäure oxydirt, versetzt man daher die Lösung eines salpetrigsauren Salzes mit übermangansaurem Kalium im Ueberschusse, dann mit verdünnter Schwefelsäure, so wird ein Theil des übermangansauren Kaliums reducirt; wie viel das beträgt, erfährt man, indem man den Ueberschuss mit einem Eisenoxydulsalze bestimmt.

Erfordernisse. 1. Eine frisch bereitete Lösung von reinem, nicht oxydirtem schwefelsauren Eisenoxydulammon, welche 3·92 Grm. des krystallisirten Salzes im Liter enthält. [2]) 2. Eine dieser Eisenlösung gleichwerthige Lösung von übermangansaurem Kalium; 10 Ccm. derselben, mit verdünnter Schwefelsäure angesäuert, müssen genau 10 Ccm. der Eisenlösung brauchen, um eben entfärbt zu werden. 1 Ccm. dieser Lösung des übermangansauren Kaliums oxydirt 0·19 Mgrm. Salpetrigsäure-Anhydrid.

Ausführung. Man versetzt 100 Ccm. des Wassers mit einem Ueberschusse der Chamäleonlösung (also je nach dem Gehalt an salpetriger Säure mit 5, 10 bis 20 Ccm.), fügt 5 bis 10 Ccm. verdünnter reiner Schwefelsäure (1 : 5) hinzu, dann von der Eisenlösung aus der Bürette so viel, dass Entfärbung eintritt, hierauf nochmals von der Chamäleonlösung tropfenweise so viel, dass die Flüssigkeit bleibend blassroth wird. Die Differenz zwischen der Menge der Chamäleonlösung und jener der Eisenlösung ergibt die zur Oxydation der salpetrigen Säure verbrauchte Chamäleonmenge; je 1 Ccm. der letzteren entspricht, wie schon oben erörtert, 0·19 Mgrm. Salpetrigsäure-Anhydrid.

Beispiel. 100 Ccm. Wasser werden mit 15 Ccm. Chamäleonlösung, 10 Ccm. verdünnte Schwefelsäure und 10 Ccm. Eisenlösung versetzt, worauf sofort

---

[1]) Bereitung der Jodzinkstärkelösung: 1 Grm. Stärkemehl wird mit ein wenig Wasser verrieben, einer siedenden Lösung von 5 Grm. Chlorzink in 25 Ccm. Wasser zugesetzt und damit bis zur vollständigen Lösung der Stärke gekocht, wobei das verdampfende Wasser zeitweilig ersetzt wird. Wenn die Stärke gelöst ist, lässt man erkalten, setzt 0·5 Grm. Jodzink zu und verdünnt mit destillirtem Wasser auf 250 Ccm. Dieses Reagens darf beim Ansäuern mit verdünnter Schwefelsäure nicht blau werden.

[2]) Man löst die abgewogene Menge des Salzes unter Zusatz von verdünnter Schwefelsäure in ausgekochtem, erkaltetem Wasser auf und verdünnt im Messkolben auf 1 Liter; die Lösung hält sich nicht und muss daher frisch bereitet werden.

Entfärbung eintritt, auf weiteren Zusatz von 0·5 Ccm. Chamäleonlösung tritt wieder Rothfärbung ein. Es wurden demnach 15·5—10 = 5·5 Ccm. Chamäleonlösung verbraucht, und die in 100 Ccm. Wasser enthaltene Menge salpetriger Säure beträgt demnach 5·5 × 0·19 = 1·045 Mgrm.

Diese Methode gibt nur brauchbare Resultate, wenn 100 Ccm. des Wassers wenigstens 1 Mgrm. salpetriger Säure enthalten.

### *Bestimmung des Ammoniaks.*

Zum qualitativen Nachweise des Ammoniaks in Wässern eignet sich am besten das Nessler'sche Reagens, dessen Bereitungsweise auf Seite 263 mitgetheilt wurde. Die natürlichen Wässer können aber mit diesem Reagens nicht direct geprüft werden, sondern es müssen vorher die in ihnen enthaltenen Calcium- und Magnesiumverbindungen abgeschieden werden, weil sie die Reaction beeinträchtigen. Zu diesem Behufe bringt man $^1/_2$ Liter Wasser in eine reine Flasche mit Glasstöpsel[1]), setzt 4 Ccm. einer Lösung von kohlensaurem Natrium (1 : 2) und 2 Ccm. Natronlauge (1 : 2) zu, verstopft die Flasche, schüttelt gut um und lässt absetzen.[2]) Nach 12 bis 24 Stunden hat sich der Niederschlag gut abgesetzt; man giesst von der Flüssigkeit vorsichtig etwa 100 Ccm. klar ab in ein Becherglas, stellt dasselbe auf weisses Papier und setzt der Flüssigkeit 2 Ccm. von dem Nessler'schen Reagens zu, worauf man umrührt und die Flüssigkeit von oben her ansieht; färbt sich die Flüssigkeit gelb, gelbroth, oder entsteht ein gelbrother Niederschlag, so ist Ammoniak vorhanden, bleibt sie ungefärbt, so ist Ammoniak ausgeschlossen.

Soll das Ammoniak quantitativ bestimmt werden, so destillirt man es aus einer grössern Wassermenge nach Zusatz von Alkali ab und titrirt im Destillate oder man wendet eine colorimetrische Methode mit Nessler's Reagens an.

Bestimmung auf massanalytischem Wege. Eine grössere Wassermenge (1 bis 5 Liter) wird mit reiner verdünnter Schwefelsäure angesäuert und in einer sorgfältig ausgewaschenen Retorte über freiem Feuer bis auf $^1/_4$ Liter verdampft.[3]) Die concentrirte Flüssigkeit wird nach dem auf Seite 115 beschriebenen Verfahren weiter verarbeitet.

Bestimmung auf colorimetrischem Wege. Diese Methode beruht darauf, dass ein Wasser durch das Nessler'sche Reagens um so intensiver gefärbt wird, je mehr Ammoniak es enthält. Wenn zwei Wasserproben bei gleicher Behandlung durch Zusatz gleicher Mengen von Nessler'schem Reagens gleich

[1]) Die Flasche ist vor dem Gebrauche, um etwa vorhandene Ammoniakspuren zu entfernen, sorgfältigst mit reinem Wasser auszuwaschen.

[2]) Hat man diese Lösungen vorräthig, so können sie leicht aus der Laboratoriumsluft Spuren von Ammoniak aufgenommen haben, sie sollen daher vor dem Gebrauche ausgekocht werden; zweckmässiger ist es, die Lösungen zu jedesmaligem Gebrauche frisch mit ausgekochtem Wasser zu bereiten.

[3]) Alle verwendeten Reagentien müssen ammoniakfrei sein und alle Gefässe gut mit destillirtem Wasser gewaschen sein, um anhaftende Ammoniakspuren zu entfernen. Das Eindampfen geschieht in einer Retorte, um Verunreinigung mit Ammoniak aus der Luft zu verhindern.

intensiv gefärbt werden, so enthalten sie gleich viel Ammoniak. Indem man daher eine gemessene Wassermenge einerseits, und eine gleichgrosse Menge einer sehr verdünnten Salmiaklösung von genau bekanntem Gehalte anderseits, jede mit derselben Quantität von Nessler'schem Reagens versetzt, die Färbung beider Flüssigkeiten vergleicht und die Concentration der Salmiaklösung so lange durch Verdünnen oder Zusatz von concentrirter Lösung variirt, bis die Färbung beider Flüssigkeiten gleich ist, kann man den Ammoniakgehalt des Wassers finden.

Man bedarf demnach einer Chlorammoniumlösung von bekanntem Gehalte; zunächst macht man eine concentrirtere Lösung, welche im Liter 3·15 Grm. reines, trockenes Chlorammonium enthält, aus dieser stellt man sich die verdünntere Lösung dar, indem man 10 Ccm. mit 990 Ccm. destillirten Wassers verdünnt. Die concentrirte Lösung enthält 1 Mgrm., die verdünnte 0·01 Mgrm. Ammoniak im Cubikcentimeter.

Man stellt nun zwei gleich weite und gleich hohe Cylinder aus weissem Glase auf weisses Papier, füllt in den einen Cylinder 100 Ccm. des klaren, mit kohlensaurem Natrium und Aetznatron ausgefällten Wassers und setzt 2 Ccm. von dem Nessler'schen Reagens zu, in den zweiten Cylinder bringt man 10 Ccm. der verdünnten Salmiaklösung, füllt mit destillirtem Wasser bis zu 100 Ccm. auf und setzt auch hier 2 Ccm. Nessler'sches Reagens zu, dann rührt man in beiden Cylindern gut um und vergleicht die Farbentöne der beiden Flüssigkeiten. Stimmen dieselben genau überein, so enthält das Wasser ebensoviel Ammoniak als die Salmiaklösung, d. h. 10mal 0·01 = 0·1 Mgrm. Ammoniak in 100 Ccm.; sind die Flüssigkeiten nicht gleich gefärbt, so ist für die weiteren Versuche die Concentration der Salmiaklösung entsprechend abzuändern, und zwar hat man, wenn sie weniger gefärbt war, als das Wasser, mehr als 10 Ccm., im entgegengesetzten Falle weniger von der oben angeführten Salmiaklösung zu nehmen. Diese Abänderung muss selbstverständlich so lange fortgesetzt werden, bis die beiden Flüssigkeiten gleich gefärbt erscheinen.

Nur innerhalb der Grenzen von 0·1 und 0·005 Mgrm. Ammoniak in 100 Ccm. Flüssigkeit lassen sich bei dieser colorimetrischen Methode noch geringe Farbenunterschiede erkennen, enthält ein Wasser mehr als 0·1 Mgrm. Ammoniak in 100 Ccm., so muss es vor dem Versuch entsprechend verdünnt werden; Wässer mit weniger als 0·005 Mgrm. Ammoniak in 100 Ccm. lassen sich nicht direct für diese Methode verwenden.

### *Bestimmung der organischen Substanzen.*

Zum qualitativen Nachweis organischer Stoffe werden etwa 100 Ccm. Wasser in einem dünnwandigen Porcellanschälchen auf dem Wasserbade, möglichst vor Staub geschützt, zur Trockene verdampft und der Trockenrückstand wird allmälig bis zum schwachen Glühen erhitzt. Ist organische Substanz vorhanden, so bräunt oder schwärzt sich der Abdampfrückstand in Folge der eintretenden Verkohlung.

Eine allen Anforderungen entsprechende Methode zur quantitativen Bestimmung der organischen Substanzen in Wässern besitzen wir dermalen noch nicht, vor Allem deshalb, weil das, was wir organische Substanz der natürlichen Wässer nennen, ein Gemenge der verschiedenartigsten Verbindungen ist, welche letzteren wir nicht zu isoliren vermögen. Da diese organischen Substanzen in saurer Flüssigkeit Uebermangansäure reduciren, so benützt man die Menge von übermangansaurem Kalium, welche durch eine bestimmte Wassermenge reducirt wird, als Mass für den Gehalt an organischer Substanz. Das Resultat wird so ausgedrückt, dass man entweder angibt, wie viel übermangansaures Kalium von 100 Ccm. Wasser reducirt wird, oder die Menge des bei der Oxydation von der Uebermangansäure abgegebenen Sauerstoffes oder endlich, dass man die dem verbrauchten Chamäleon entsprechende Oxalsäuremenge als organische Substanz anführt.

Für solche Bestimmungen braucht man eine verdünnte Lösung von übermangansaurem Kalium und eine Lösung von Oxalsäure. Diese stellt man dar durch Auflösen von 0·63 Grm. reiner krystallisirter Oxalsäure, resp. 0·4 Grm. übermangansauren Kaliums auf je 1 Liter. Man bringt 20 Ccm. Oxalsäurelösung in ein Kochkölbchen, setzt 2 Ccm. verdünnte Schwefelsäure zu, erwärmt auf circa 60° C. und setzt dann aus der Glashahnbürette so lange Chamäleonlösung zu, bis die Flüssigkeit bleibend blassroth erscheint. Es soll die Oxalsäurelösung mit der Chamäleonlösung correspondiren, d. h. bei diesem Versuche sollen von beiden gleich grosse Volumina verbraucht werden; ist die Chamäleonlösung zu concentrirt, so hat man sie entsprechend zu verdünnen. 1 Ccm. der Chamäleonlösung, welche durch 1 Ccm. der Oxalsäurelösung entfärbt wird, enthält dann (da 158 Theile übermangansaures Kalium 315 Theile krystallisirter Oxalsäure oxydiren) 0·000316 Grm. übermangansaures Kalium, gibt bei der Oxydation 0·00008 Grm. Sauerstoff ab und entspricht 0·00063 Grm. Oxalsäure.

Ausführung. 100 Ccm. Wasser werden in einem Kochkolben mit 5 Ccm. verdünnter Schwefelsäure (1 Vol. concentrirte reine Schwefelsäure auf 3 Vol. Wasser) und dann aus der Glashahnbürette mit so viel Chamäleonlösung versetzt, dass die Flüssigkeit stark roth gefärbt erscheint; dann erhitzt man zum Sieden und kocht 10 Minuten lang [1]), worauf man den Kolben vom Feuer entfernt und der Flüssigkeit aus der Bürette Oxalsäurelösung bis zur vollständigen Entfärbung und hierauf wieder aus der Bürette von der Chamäleonlösung zusetzt, bis die Flüssigkeit bleibend blassroth ist. Die Differenz zwischen der Anzahl der verbrauchten Cubikcentimeter Chamäleonlösung und Oxalsäurelösung entspricht der zur Oxydation der organischen Substanz verbrauchten Chamäleonmenge.

Beispiel. 100 Ccm. Wasser wurden mit 5 Ccm. verdünnter Schwefelsäure und 40 Ccm. Chamäleonlösung versetzt, darauf 10 Minuten lang gekocht, dann mit 10 Ccm. Oxalsäurelösung versetzt und nun wurden bis zum Eintritte bleibender Röthung noch 5 Ccm. Chamäleon verbraucht. Im Ganzen wurden also 45 Ccm. Chamäleon und 10 Ccm. Oxalsäure zugesetzt, also zur Oxydation der organischen Substanz 45—10 = 35 Ccm. Chamäleon verbraucht; diese entsprechen aber, wenn sie genau die oben angeführte Concentration besitzen [2]): 0·01106 Grm. übermangansaures Kalium, 0·0028 Grm. Sauerstoff und 0·02205 Grm. Oxalsäure und wir werden demnach sagen: 100 Ccm. des untersuchten Wassers enthalten 0·02205 Grm. organischer Substanz (als Oxalsäure berechnet) und brauchen zur

[1]) Diese Kochdauer muss genau eingehalten werden, weil nur unter dieser Bedingung übereinstimmende Resultate zu erhalten sind.

[2]) Die Lösung der Oxalsäure, sowie jene des Chamäleons halten sich nicht lange unverändert, sie müssen daher von Zeit zu Zeit frisch bereitet werden.

Oxydation derselben 0·01106 Grm. übermangansaures Kalium, resp. 0·0028 Grm. Sauerstoff.

Da auch Eisenoxydulsalze, salpetrige Säure, sowie Schwefelwasserstoff das Chamäleon reduciren, so entspricht, wenn diese Verbindungen in dem zu untersuchenden Wasser enthalten sind, die Menge des verbrauchten Chamäleons nicht ganz der organischen Substanz.

### *Prüfung auf Eisen.*

Das Eisen kommt in den Wässern in der Form der Eisenoxydul- und der Eisenoxydverbindungen vor. Auf Oxydul prüft man, indem man in einem Cylinder etwa 50 Ccm. des Wassers mit wenig Salzsäure ansäuert und mit einigen Tropfen einer frisch bereiteten Lösung von rothem Blutlaugensalz versetzt; bei Gegenwart von Eisenoxydul entsteht ein blauer Niederschlag von Turnbulls-Blau. Auf Eisenoxyd prüft man das angesäuerte Wasser mit gelbem Blutlaugensalz, welches, wenn Eisenoxyd vorhanden, einen blauen Niederschlag von Berlinerblau erzeugt. In der Regel ist der Eisengehalt der hier in Betracht kommenden Wässer nur gering, so dass auf Zusatz von rothem, resp. gelbem Blutlaugensalz nur eine grünliche oder bläuliche Färbung auftritt und erst nach langem Stehen Flöckchen des blauen Niederschlages sich absetzen.

### *Prüfung auf Blei, Kupfer und Zink.*

Auf diese Metalle, welche aus den Röhrenleitungen, sowie aus den Aufbewahrungsgefässen in das Wasser gelangen können, prüft man wie folgt:

1 Liter des zu untersuchenden Wassers wird mit Salzsäure angesäuert und auf $^{1}/_{4}$ Liter eingedampft, darauf leitet man in die Flüssigkeit Schwefelwasserstoff, bis sie deutlich darnach riecht. Ist Blei oder Kupfer vorhanden, so entsteht ein braunschwarzer Niederschlag oder doch eine bräunliche Färbung und im letzteren Falle scheidet sich nach einigen Stunden der braune Niederschlag flockig ab. Dieser Niederschlag wird auf einem kleinen aschefreien Filter gesammelt und mit schwefelwasserstoffhaltigem Wasser gewaschen, dann wird das Filter sammt dem Niederschlage in einem Porcellantiegel anfangs gelinde, später stärker und bis zur vollständigen Veraschung des Filters erhitzt. Der Glührückstand wird in einigen Tropfen verdünnter Salpetersäure gelöst, die Lösung auf dem Wasserbade zur Trockene verdampft, der Abdampfrückstand in einigen Tropfen Wasser gelöst. Diese Lösung vertheilt man mittelst einer Capillarröhre auf mehrere Uhrgläser und prüft auf Blei: 1. mit verdünnter Schwefelsäure (weisser Niederschlag), 2. mit chromsaurem Kalium (gelber Niederschlag); ferner prüft man auf Kupfer: 1. mit Ammoniak (blaue Färbung), 2. mit gelbem Blutlaugensalz (rothbraune Färbung oder solcher Niederschlag).

In der vom Schwefelblei, resp. Schwefelkupfer abfiltrirten Flüssigkeit, oder wenn Schwefelwasserstoff keinen Niederschlag hervorbrachte, in dem mit Salzsäure eingedampften Wasser wird das Zink nachgewiesen, indem man mit Ammoniak übersättigt und Schwefelammonium zugesetzt. Bei Anwesenheit von Zink entsteht ein weisser Niederschlag von Schwefelzink, der noch nach den auf Seite 210 angegebenen Reactionen geprüft werden kann.

Ob ein Wasser als Trinkwasser verwendbar ist, lässt sich nach dessen physikalischen Eigenschaften und nach dem Ergebniss der chemischen, eventuell bacteriologischen Untersuchung beurtheilen. Ein tadelloses Trinkwasser muss farblos, vollkommen klar, geruchlos und wohlschmeckend sein; seine Temperatur soll von der mittleren Jahrestemperatur des Ortes der Entnahme nicht viel abweichen und sie soll im Laufe des Jahres nur wenig schwanken. Der Gehalt an gelösten festen Bestandtheilen soll möglichst constant bleiben, nur wenig sich ändern; der Gehalt an organischen Stoffen, Chloriden, Sulfaten und Nitraten soll gering sein, die Härte soll 20 deutsche Grade nicht übersteigen und weder hauptsächlich durch Magnesiumsalze, noch durch schwefelsaures Calcium bedingt sein. Grundwasser, das als Trinkwasser verwendet werden soll, darf auch nicht Spuren von Ammoniak und salpetriger Säure enthalten; selbstverständlich muss ein Trinkwasser frei von gesundheitsschädlichen Substanzen sein. Wässer, die gefärbt oder trübe sind, auffallend riechen oder schmecken, dürfen als Trinkwässer nicht verwendet werden.

Für die Beurtheilung der Wässer nach ihrer chemischen Zusammensetzung hat man sogenannte Grenzwerthe aufgestellt, die wohl nicht unter allen Umständen Geltung haben können, aber in vielen Fällen doch werthvolle Anhaltspunkte bieten. Darnach darf ein brauchbares Trinkwasser in 100.000 Theilen enthalten: höchstens 50 Theile fester Substanzen (Abdampfrückstand), 2—3 Theile Chlor, 8—10 Theile Schwefelsäure, 0·5—1·5 Salpetersäure; die Härte soll höchstens 20 deutsche Grade betragen und die in 100.000 Theilen des Wassers enthaltene organische Substanz soll nicht mehr als 0·8—1 Theil übermangansaures Kalium reduciren.

## Milch.[1]

Die normale Kuhmilch ist eine weisse bis gelbliche, undurchsichtige Flüssigkeit, welche angenehm süsslich schmeckt und einen schwachen, eigenthümlichen Geruch besitzt. Sie reagirt amphoter, gerinnt bei der Einwirkung von Labferment zu einer Gallerte, welche allmälig hellgelbes Serum ausstösst. Das specifische Gewicht der Kuhmilch liegt in der Regel innerhalb der engen Grenzen von 1·029—1·033 bei 15° C. Ihre wesentlichen Bestandtheile sind: Wasser, Caseïn, Albumin (und zwar Lactalbumin), Fett, Milchzucker und Salze. Die quantitative Zusammensetzung unterliegt bedeutenden Schwankungen, bedingt durch Alter, Individualität, Rasse und Geschlechtsleben der Kühe, ferner durch die Lactationsperiode, die Art des Melkens, die Körperbewegung, die äussere Temperatur und Witterung, die Viehhaltung und ganz besonders durch Art und Menge des Futters. Aus den Resultaten

[1]) Es wird hier nur die Kuhmilch berücksichtigt.

22*

von ungefähr 800 Milchanalysen hat J. König folgende mittlere Zusammensetzung berechnet:

| | | | |
|---|---|---|---|
| Wasser | 87·17% | Fett | 3·69 % |
| Caseïn | 3·02 „ | Milchzucker | 4·88 „ |
| Albumin | 0·53 „ | Salze | 0·71 „ |
| Stickstoffsubstanz[1]) | 3·55 „ | Specifisches Gewicht | 1·0315 „ |

Die Salze der Kuhmilch (Milchasche) sind durchschnittlich, wie folgt, zusammengesetzt:

| | | | |
|---|---|---|---|
| Kaliumoxyd | 24·65% | Eisenoxyd | 0·29% |
| Natriumoxyd | 8·18 „ | Phosphorsäure | 26·28 „ |
| Calciumoxyd | 22·42 „ | Schwefelsäure | 2·52 „ |
| Magnesiumoxyd | 2·59 „ | Chlor | 13·95 „ |

Für die Untersuchung der Milch, durch welche einerseits deren Zusammensetzung ermittelt, anderseits eventuelle Verfälschung nachgewiesen werden soll, existiren zahlreiche Methoden, von denen die expeditiven, allerdings weniger genauen, hauptsächlich der Marktpolizei dienen, während bei genauen, entscheidenden Untersuchungen die exacten Methoden angewendet werden. Hier wird nur von den letzteren die Rede sein.

Für jede Art der Untersuchung ist es von Wichtigkeit, die Milch im möglichst frischen Zustande zu verwenden, also sogleich nach der Uebernahme der Prüfung zuzuführen, ferner auf die Probenahme die nöthige Sorgfalt zu verwenden, insbesondere eine gründliche Durchmischung vorzunehmen, indem man die Milch wiederholt aus einem Gefässe in ein anderes übergiesst, um die obere fettreiche Schichte mit der unteren fettarmen gleichmässig zu mischen.

### *Bestimmung des specifischen Gewichtes.*

Dieselbe wird fast ausschliesslich mit dem sogenannten „Lactodensimeter" vorgenommen, d. i. ein Aräometer, dessen Scala nur die Zahlen der 2. und 3. Decimalstelle angibt; liest man z. B. an der Scala 31 ab, so bedeutet dies ein specifisches Gewicht von 1·031. Die Lactodensimeter sind für die Temperatur von 15° C. eingerichtet, daher soll die Milch bei der Bestimmung ihres specifischen Gewichtes diese Temperatur haben oder man muss die Temperatur genau bestimmen und das am Lactodensimeter abgelesene specifische Gewicht nach einer der beiden Tabellen (Seite 342 und 343), je nachdem ganze (nicht abgerahmte) oder abgerahmte (blaue) Milch vorliegt, corrigiren. Selbstverständlich kann man das specifische Gewicht der Milch auch mit dem Pyknometer bestimmen.

### *Bestimmung der Trockensubstanz.*

Man bringt ungefähr 15 Grm. ausgeglühten Sand und ein kleines Glasstäbchen in ein Porcellanschälchen, wägt, gibt ungefähr 5 Ccm. Milch darauf, wägt wieder, verdampft unter zeitweiligem Umrühren

[1]) Gesammtmenge der Eiweisskörper.

auf dem Wasserbade und trocknet bei 105° bis zum constanten Gewichte. Dadurch erfährt man die Menge der angewandten Milch und ihrer Trockensubstanz.

Adams hat empfohlen, die Milch von einem spiralig aufgerollten Filtrirpapierstreifen aufsaugen zu lassen und dann einzutrocknen. Man rollt einen Streifen aus dickem, porösem Filtrirpapier (56 Cm. lang, 6·5 Cm. breit) um einen Glasstab, so dass die äusserste Windung 2·5 Cm. Durchmesser hat, trocknet und wägt in einem Wägegläschen und stellt denselben in ein anderes geeignetes Wägegläschen, in dem man circa 5 Ccm. Milch genau abgewogen hat. Ist die Hauptmenge der Milch aufgesaugt, so nimmt man die Spirale aus dem Gläschen, wägt die darin verbliebene Milch zurück und weiss somit, wieviel Milch das Papier enthält. Die Papierspirale stellt man auf das trocken gebliebene Ende in einen Trockenschrank und trocknet bei 100—105° bis zum constanten Gewichte. Die Gewichtszunahme der Papierspirale entspricht der Trockensubstanz jener Milchmenge, welche von dem Papier aufgesaugt wurde.

Der auf eine oder die andere Art erhaltene Trockenrückstand kann, nachdem er gewogen ist, zur gewichtsanalytischen Fettbestimmung verwendet werden.

## *Fettbestimmung.*

Zur Bestimmung des Fettgehaltes der Milch wird jetzt gewöhnlich eine der folgenden Methoden verwendet:

*Gewichtsanalytische Methoden.* I. Extraction der eingedampften Milch mit Aether. 10 Ccm. Milch werden genau abgemessen, in einer etwa 100 Ccm. fassenden Porcellanschale mit 20 Grm. gebranntem Gyps oder Quarzsand innig gemischt und die entstandene feuchte Masse wird auf dem Wasserbade genügend ausgetrocknet. Die trockene Masse wird zerrieben, in eine Hülse aus Filtrirpapier gebracht, mit etwas Gyps oder Sand nachgespült, um Verlust zu vermeiden und dann mit Aether extrahirt. Die Papierhülse fertigt man nach Soxhlet so an: Man rollt um einen cylindrischen Holzstab, dessen Durchmesser 4 Mm. geringer ist, als jener des Extractions-Cylinders, ein Stück Filtrirpapier zweimal herum, lässt über die ebene Basis des Holzcylinders ein dem Durchmesser desselben entsprechendes Stück der gebildeten Rolle hervorstehen, biegt dieses wie beim Schliessen eines Paquets um und ebnet den gebildeten Boden der Hülse durch kräftiges Aufdrücken.[1]) Der Aether filtrirt durch eine solche Papierhülse so klar, wie durch ein gewöhnliches Filter. Nach dem Einfüllen der Gypsmasse legt man etwas entfettete Baumwolle in die Hülse oben auf, um ein Herausschleudern des Pulvers durch die einfallenden Aethertropfen zu verhindern. Fig. 24 stellt einen Apparat dar, welcher zur Extraction des Fettes aus der mit Gyps eingedampften Milch dient; die Einrichtung dieses Apparates ist aus der Zeichnung leicht verständlich. *A* ist ein Kölbchen, welches zur Aufnahme der Fettlösung dient und vor der Operation getrocknet gewogen wurde, *B* ist der Extractionscylinder, unten mit einem lockeren Pfropf aus entfetteter Baumwolle versehen, auf welche die mit der Gypsmasse gefüllte Papierhülse zu stehen

[1]) Es kommen jetzt auch fertige Hülsen aus Filtrirpapier in den Handel.

## Correctionstabelle für abgerahmte (blaue) Milch.

Wärmegrade der Milch.

| Grade des Milchprobers (Lactodensimeter). | 0 | 1 | 2 | 3 | 4 | 5 | 6 | 7 | 8 | 9 | 10 | 11 | 12 | 13 | 14 | 15 | 16 | 17 | 18 | 19 | 20 | 21 | 22 | 23 | 24 | 25 | 26 | 27 | 28 | 29 | 30 |
|---|---|---|---|---|---|---|---|---|---|---|---|---|---|---|---|---|---|---|---|---|---|---|---|---|---|---|---|---|---|---|---|
| **18** | 17·2 | 17·2 | 17·2 | 17·2 | 17·2 | 17·3 | 17·3 | 17·3 | 17·3 | 17·4 | 17·5 | 17·6 | 17·7 | 17·8 | 17·9 | 18 | 18·1 | 18·2 | 18·4 | 18·6 | 18·8 | 18·9 | 19·1 | 19·3 | 19·5 | 19·7 | 19·9 | 20·1 | 20·3 | 20·5 | 20·7 |
| **19** | 18·2 | 18·2 | 18·2 | 18·2 | 18·2 | 18·3 | 18·3 | 18·3 | 18·3 | 18·4 | 18·5 | 18·6 | 18·7 | 18·8 | 18·9 | 19 | 19·1 | 19·2 | 19·4 | 19·6 | 19·8 | 19·9 | 20·1 | 20·3 | 20·5 | 20·7 | 20·9 | 21·1 | 21·3 | 21·5 | 21·7 |
| **20** | 19·2 | 19·2 | 19·2 | 19·2 | 19·2 | 19·3 | 19·3 | 19·3 | 19·3 | 19·4 | 19·5 | 19·6 | 19·7 | 19·8 | 19·9 | 20 | 20·1 | 20·2 | 20·4 | 20·6 | 20·8 | 20·9 | 21·1 | 21·3 | 21·5 | 21·7 | 21·9 | 22·1 | 22·3 | 22·5 | 22·7 |
| **21** | 20·2 | 20·2 | 20·2 | 20·2 | 20·2 | 20·3 | 20·3 | 20·3 | 20·3 | 20·4 | 20·5 | 20·6 | 20·7 | 20·8 | 20·9 | 21 | 21·1 | 21·2 | 21·4 | 21·6 | 21·8 | 21·9 | 22·1 | 22·3 | 22·5 | 22·7 | 22·9 | 23·1 | 23·3 | 23·5 | 23·7 |
| **22** | 21·1 | 21·1 | 21·2 | 21·2 | 21·2 | 21·3 | 21·3 | 21·3 | 21·3 | 21·4 | 21·5 | 21·6 | 21·7 | 21·8 | 21·9 | 22 | 22·1 | 22·2 | 22·4 | 22·6 | 22·8 | 22·9 | 23·1 | 23·3 | 23·5 | 23·7 | 23·9 | 24·1 | 24·3 | 24·5 | 24·7 |
| **23** | 22 | 22 | 22 | 22 | 22·1 | 22·2 | 22·3 | 22·3 | 22·3 | 22·4 | 22·5 | 22·6 | 22·7 | 22·8 | 22·9 | 23 | 23·1 | 23·2 | 23·4 | 23·6 | 23·8 | 23·9 | 24·1 | 24·3 | 24·5 | 24·7 | 24·9 | 25·1 | 25·3 | 25·5 | 25·7 |
| **24** | 22·9 | 22·9 | 22·9 | 22·9 | 23 | 23·1 | 23·2 | 23·2 | 23·2 | 23·3 | 23·4 | 23·5 | 23·6 | 23·7 | 23·9 | 24 | 24·1 | 24·2 | 24·4 | 24·6 | 24·8 | 24·9 | 25·1 | 25·3 | 25·5 | 25·7 | 25·9 | 26·1 | 26·3 | 26·5 | 26·7 |
| **25** | 23·8 | 23·8 | 23·8 | 23·8 | 23·9 | 24 | 24·1 | 24·1 | 24·1 | 24·2 | 24·3 | 24·4 | 24·5 | 24·6 | 24·8 | 25 | 25·1 | 25·2 | 25·4 | 25·6 | 25·8 | 25·9 | 26·1 | 26·3 | 26·5 | 26·7 | 26·9 | 27·1 | 27·3 | 27·5 | 27·7 |
| **26** | 24·8 | 24·8 | 24·8 | 24·8 | 24·9 | 25 | 25·1 | 25·1 | 25·1 | 25·2 | 25·3 | 25·4 | 25·5 | 25·6 | 25·8 | 26 | 26·1 | 26·3 | 26·5 | 26·7 | 26·9 | 27 | 27·2 | 27·4 | 27·6 | 27·8 | 28 | 28·2 | 28·4 | 28·6 | 28·8 |
| **27** | 25·8 | 25·8 | 25·8 | 25·8 | 25·9 | 26 | 26·1 | 26·1 | 26·1 | 26·2 | 26·3 | 26·4 | 26·5 | 26·6 | 26·8 | 27 | 27·1 | 27·3 | 27·5 | 27·7 | 27·9 | 28·1 | 28·3 | 28·5 | 28·7 | 28·9 | 29·1 | 29·3 | 29·5 | 29·7 | 29·9 |
| **28** | 26·8 | 26·8 | 26·8 | 26·8 | 26·9 | 27 | 27·1 | 27·1 | 27·1 | 27·2 | 27·3 | 27·4 | 27·5 | 27·6 | 27·8 | 28 | 28·1 | 28·3 | 28·5 | 28·7 | 28·9 | 29·1 | 29·3 | 29·5 | 29·7 | 29·9 | 30·1 | 30·3 | 30·5 | 30·7 | 31 |
| **29** | 27·8 | 27·8 | 27·8 | 27·8 | 27·9 | 28 | 28·1 | 28·1 | 28·1 | 28·2 | 28·3 | 28·4 | 28·5 | 28·6 | 28·8 | 29 | 29·1 | 29·3 | 29·5 | 29·7 | 29·9 | 30·1 | 30·3 | 30·5 | 30·7 | 30·9 | 31·1 | 31·3 | 31·5 | 31·7 | 32 |
| **30** | 28·7 | 28·7 | 28·7 | 28·7 | 28·8 | 28·9 | 29 | 29 | 29·1 | 29·2 | 29·3 | 29·4 | 29·5 | 29·6 | 29·8 | 30 | 30·1 | 30·3 | 30·5 | 30·7 | 30·9 | 31·1 | 31·3 | 31·5 | 31·7 | 31·9 | 32·1 | 32·3 | 32·5 | 32·7 | 33 |
| **31** | 29·7 | 29·7 | 29·7 | 29·7 | 29·8 | 29·9 | 30 | 30 | 30·1 | 30·2 | 30·3 | 30·4 | 30·5 | 30·6 | 30·8 | 31 | 31·2 | 31·4 | 31·6 | 31·8 | 32 | 32·2 | 32·4 | 32·6 | 32·8 | 33 | 33·2 | 33·4 | 33·6 | 33·9 | 34·1 |
| **32** | 30·7 | 30·7 | 30·7 | 30·7 | 30·8 | 30·9 | 31 | 31 | 31·1 | 31·2 | 31·3 | 31·4 | 31·5 | 31·6 | 31·8 | 32 | 32·2 | 32·4 | 32·6 | 32·8 | 33 | 33·2 | 33·4 | 33·6 | 33·9 | 34·1 | 34·3 | 34·5 | 34·7 | 35 | 35·2 |
| **33** | 31·7 | 31·7 | 31·7 | 31·7 | 31·8 | 31·9 | 32 | 32 | 32·1 | 32·2 | 32·3 | 32·4 | 32·5 | 32·6 | 32·8 | 33 | 33·2 | 33·4 | 33·6 | 33·8 | 34 | 34·2 | 34·4 | 34·6 | 34·9 | 35·2 | 35·4 | 35·6 | 35·8 | 36·1 | 36·3 |
| **34** | 32·6 | 32·6 | 32·6 | 32·7 | 32·8 | 32·9 | 32·9 | 33 | 33·1 | 33·2 | 33·3 | 33·4 | 33·5 | 33·6 | 33·8 | 34 | 34·2 | 34·4 | 34·6 | 34·8 | 35 | 35·2 | 35·4 | 35·6 | 35·9 | 36·2 | 36·4 | 36·7 | 36·9 | 37·2 | 37·4 |
| **35** | 33·5 | 33·5 | 33·5 | 33·6 | 33·7 | 33·8 | 33·8 | 33·9 | 34 | 34·1 | 34·2 | 34·3 | 34·4 | 34·6 | 34·8 | 35 | 35·2 | 35·4 | 35·6 | 35·8 | 36 | 36·2 | 36·4 | 36·6 | 36·9 | 37·2 | 37·4 | 37·7 | 38 | 38·3 | 38·5 |
| **36** | 34·4 | 34·5 | 34·5 | 34·6 | 34·7 | 34·8 | 34·8 | 34·9 | 35 | 35·1 | 35·2 | 35·3 | 35·4 | 35·6 | 35·8 | 36 | 36·2 | 36·4 | 36·6 | 36·9 | 37·1 | 37·3 | 37·5 | 37·7 | 38 | 38·3 | 38·5 | 38·8 | 39·1 | 39·4 | 39·7 |
| **37** | 35·3 | 35·4 | 35·5 | 35·6 | 35·7 | 35·8 | 35·8 | 35·9 | 36 | 36·1 | 36·2 | 36·3 | 36·4 | 36·6 | 36·8 | 37 | 37·2 | 37·4 | 37·6 | 37·9 | 38·2 | 38·4 | 38·6 | 38·8 | 39·1 | 39·4 | 39·6 | 39·9 | 40·2 | 40·5 | 40·8 |
| **38** | 36·2 | 36·3 | 36·4 | 36·5 | 36·6 | 36·7 | 36·8 | 36·9 | 37 | 37·1 | 37·2 | 37·3 | 37·4 | 37·6 | 37·8 | 38 | 38·2 | 38·4 | 38·6 | 38·9 | 39·2 | 39·4 | 39·7 | 39·9 | 40·2 | 40·5 | 40·7 | 41 | 41·3 | 41·6 | 41·9 |
| **39** | 37·1 | 37·2 | 37·3 | 37·4 | 37·5 | 37·6 | 37·7 | 37·8 | 37·9 | 38 | 38·2 | 38·3 | 38·4 | 38·6 | 38·8 | 39 | 39·2 | 39·4 | 39·6 | 39·9 | 40·2 | 40·4 | 40·7 | 41 | 41·3 | 41·6 | 41·8 | 42·1 | 42·4 | 42·7 | 43 |
| **40** | 38 | 38·1 | 38·2 | 38·3 | 38·4 | 38·5 | 38·6 | 38·7 | 38·8 | 38·9 | 39·1 | 39·2 | 39·4 | 39·6 | 39·8 | 40 | 40·2 | 40·4 | 40·6 | 40·9 | 41·2 | 41·4 | 41·7 | 42 | 42·3 | 42·6 | 42·9 | 43·2 | 43·5 | 43·8 | 44·1 |

## Correctionstabelle für ganze (nicht abgerahmte) Milch.

Wärmegrade der Milch.

| Grade des Milchprobers (Lactodensimeter). | 0 | 1 | 2 | 3 | 4 | 5 | 6 | 7 | 8 | 9 | 10 | 11 | 12 | 13 | 14 | 15 | 16 | 17 | 18 | 19 | 20 | 21 | 22 | 23 | 24 | 25 | 26 | 27 | 28 | 29 | 30 |
|---|---|---|---|---|---|---|---|---|---|---|---|---|---|---|---|---|---|---|---|---|---|---|---|---|---|---|---|---|---|---|---|
| 14 | 12·9 | 12·9 | 12·9 | 13 | 13 | 13·1 | 13·1 | 13·1 | 13·2 | 13·3 | 13·4 | 13·5 | 13·6 | 13·7 | 13·8 | 14 | 14·1 | 14·2 | 14·4 | 14·6 | 14·8 | 15 | 15·2 | 15·4 | 15·6 | 15·8 | 16 | 16·2 | 16·4 | 16·6 | 16·8 |
| 15 | 13·9 | 13·9 | 13·9 | 14 | 14 | 14·1 | 14·1 | 14·1 | 14·2 | 14·3 | 14·4 | 14·5 | 14·6 | 14·7 | 14·8 | 15 | 15·1 | 15·2 | 15·4 | 15·6 | 15·8 | 16 | 16·2 | 16·4 | 16·6 | 16·8 | 17 | 17·2 | 17·4 | 17·6 | 17·8 |
| 16 | 14·9 | 14·9 | 14·9 | 15 | 15 | 15·1 | 15·1 | 15·1 | 15·2 | 15·3 | 15·4 | 15·5 | 15·6 | 15·7 | 15·8 | 16 | 16·1 | 16·3 | 16·5 | 16·7 | 16·9 | 17·1 | 17·3 | 17·5 | 17·7 | 17·9 | 18·1 | 18·3 | 18·5 | 18·7 | 18·9 |
| 17 | 15·9 | 15·9 | 15·9 | 16 | 16 | 16·1 | 16·1 | 16·1 | 16·2 | 16·3 | 16·4 | 16·5 | 16·6 | 16·7 | 16·8 | 17 | 17·1 | 17·3 | 17·5 | 17·7 | 17·9 | 18·1 | 18·3 | 18·5 | 18·7 | 18·9 | 19·1 | 19·3 | 19·5 | 19·7 | 20 |
| 18 | 16·9 | 16·9 | 16·9 | 17 | 17 | 17·1 | 17·1 | 17·1 | 17·2 | 17·3 | 17·4 | 17·5 | 17·6 | 17·7 | 17·8 | 18 | 18·1 | 18·3 | 18·5 | 18·7 | 18·9 | 19·1 | 19·3 | 19·5 | 19·7 | 19·9 | 20·1 | 20·3 | 20·5 | 20·7 | 21 |
| 19 | 17·8 | 17·8 | 17·8 | 17·9 | 17·9 | 18 | 18·1 | 18·1 | 18·2 | 18·3 | 18·4 | 18·5 | 18·6 | 18·7 | 18·8 | 19 | 19·1 | 19·3 | 19·5 | 19·7 | 19·9 | 20·1 | 20·3 | 20·5 | 20·7 | 20·9 | 21·1 | 21·3 | 21·5 | 21·7 | 22 |
| 20 | 18·7 | 18·7 | 18·7 | 18·8 | 18·8 | 18·9 | 19 | 19 | 19·1 | 19·2 | 19·3 | 19·4 | 19·5 | 19·6 | 19·8 | 20 | 20·1 | 20·3 | 20·5 | 20·7 | 20·9 | 21·1 | 21·3 | 21·5 | 21·7 | 21·9 | 22·1 | 22·3 | 22·5 | 22·7 | 23 |
| 21 | 19·6 | 19·6 | 19·7 | 19·7 | 19·7 | 19·8 | 19·9 | 20 | 20·1 | 20·2 | 20·3 | 20·4 | 20·5 | 20·6 | 20·8 | 21 | 21·2 | 21·4 | 21·6 | 21·8 | 22 | 22·2 | 22·4 | 22·6 | 22·8 | 23 | 23·2 | 23·4 | 23·6 | 23·8 | 24·1 |
| 22 | 20·6 | 20·6 | 20·7 | 20·7 | 20·7 | 20·8 | 20·9 | 21 | 21·1 | 21·2 | 21·3 | 21·4 | 21·5 | 21·6 | 21·8 | 22 | 22·2 | 22·4 | 22·6 | 22·8 | 23 | 23·2 | 23·4 | 23·6 | 23·8 | 24·1 | 24·3 | 24·5 | 24·7 | 24·9 | 25·2 |
| 23 | 21·5 | 21·5 | 21·6 | 21·7 | 21·7 | 21·8 | 21·9 | 22 | 22·1 | 22·2 | 22·3 | 22·4 | 22·5 | 22·6 | 22·8 | 23 | 23·2 | 23·4 | 23·6 | 23·8 | 24 | 24·2 | 24·4 | 24·6 | 24·8 | 25·1 | 25·3 | 25·5 | 25·7 | 26 | 26·3 |
| 24 | 22·4 | 22·4 | 22·5 | 22·6 | 22·7 | 22·8 | 22·9 | 23 | 23·1 | 23·2 | 23·3 | 23·4 | 23·5 | 23·6 | 23·8 | 24 | 24·2 | 24·4 | 24·6 | 24·8 | 25 | 25·2 | 25·4 | 25·6 | 25·8 | 26·1 | 26·3 | 26·5 | 26·7 | 27 | 27·3 |
| 25 | 23·3 | 23·3 | 23·4 | 23·5 | 23·6 | 23·7 | 23·8 | 23·9 | 24 | 24·1 | 24·2 | 24·3 | 24·5 | 24·6 | 24·8 | 25 | 25·2 | 25·4 | 25·6 | 25·8 | 26 | 26·2 | 26·4 | 26·6 | 26·8 | 27·1 | 27·3 | 27·5 | 27·7 | 28 | 28·3 |
| 26 | 24·3 | 24·3 | 24·4 | 24·5 | 24·6 | 24·7 | 24·8 | 24·9 | 25 | 25·1 | 25·2 | 25·3 | 25·5 | 25·6 | 25·8 | 26 | 26·2 | 26·4 | 26·6 | 26·9 | 27·1 | 27·3 | 27·5 | 27·7 | 27·9 | 28·2 | 28·4 | 28·6 | 28·9 | 29·2 | 29·5 |
| 27 | 25·2 | 25·3 | 25·4 | 25·5 | 25·6 | 25·7 | 25·8 | 25·9 | 26 | 26·1 | 26·2 | 26·3 | 26·5 | 26·6 | 26·8 | 27 | 27·2 | 27·4 | 27·6 | 27·9 | 28·2 | 28·4 | 28·6 | 28·8 | 29 | 29·3 | 29·5 | 29·7 | 30 | 30·3 | 30·6 |
| 28 | 26·1 | 26·2 | 26·3 | 26·4 | 26·5 | 26·6 | 26·7 | 26·8 | 26·9 | 27 | 27·1 | 27·2 | 27·4 | 27·6 | 27·8 | 28 | 28·2 | 28·4 | 28·6 | 28·9 | 29·2 | 29·4 | 29·6 | 29·9 | 30·1 | 30·4 | 30·6 | 30·8 | 31·1 | 31·4 | 31·7 |
| 29 | 27 | 27·1 | 27·2 | 27·3 | 27·4 | 27·5 | 27·6 | 27·7 | 27·8 | 27·9 | 28·1 | 28·2 | 28·4 | 28·6 | 28·8 | 29 | 29·2 | 29·4 | 29·6 | 29·9 | 30·2 | 30·4 | 30·6 | 30·9 | 31·2 | 31·5 | 31·7 | 31·9 | 32·2 | 32·5 | 32·8 |
| 30 | 27·9 | 28 | 28·1 | 28·2 | 28·3 | 28·4 | 28·5 | 28·6 | 28·7 | 28·8 | 29 | 29·2 | 29·4 | 29·6 | 29·8 | 30 | 30·2 | 30·4 | 30·6 | 30·9 | 31·2 | 31·4 | 31·6 | 31·9 | 32·2 | 32·5 | 32·7 | 33 | 33·3 | 33·6 | 33·9 |
| 31 | 28·8 | 28·9 | 29 | 29·1 | 29·2 | 29·3 | 29·5 | 29·6 | 29·7 | 29·8 | 30 | 30·2 | 30·4 | 30·6 | 30·8 | 31 | 31·2 | 31·4 | 31·7 | 32 | 32·3 | 32·5 | 32·7 | 33 | 33·3 | 33·6 | 33·8 | 34·1 | 34·4 | 34·7 | 35·1 |
| 32 | 29·7 | 29·8 | 29·9 | 30 | 30·1 | 30·3 | 30·4 | 30·5 | 30·6 | 30·8 | 31 | 31·2 | 31·4 | 31·6 | 31·8 | 32 | 32·2 | 32·4 | 32·7 | 33 | 33·3 | 33·6 | 33·8 | 34·1 | 34·4 | 34·7 | 34·9 | 35·2 | 35·5 | 35·8 | 36·2 |
| 33 | 30·6 | 30·7 | 30·8 | 30·9 | 31 | 31·2 | 31·3 | 31·4 | 31·6 | 31·8 | 32 | 32·2 | 32·4 | 32·6 | 32·8 | 33 | 33·2 | 33·4 | 33·7 | 34 | 34·3 | 34·6 | 34·9 | 35·2 | 35·5 | 35·8 | 36 | 36·3 | 36·6 | 36·9 | 37·3 |
| 34 | 31·5 | 31·6 | 31·7 | 31·8 | 31·9 | 32·1 | 32·2 | 32·3 | 32·5 | 32·7 | 32·9 | 33·1 | 33·3 | 33·5 | 33·8 | 34 | 34·2 | 34·4 | 34·7 | 35 | 35·3 | 35·6 | 35·9 | 36·2 | 36·5 | 36·8 | 37·1 | 37·4 | 37·7 | 38 | 38·4 |
| 35 | 32·4 | 32·5 | 32·6 | 32·7 | 32·8 | 33 | 33·1 | 33·2 | 33·4 | 33·6 | 33·8 | 34 | 34·2 | 34·4 | 34·7 | 35 | 35·2 | 35·4 | 35·7 | 36 | 36·3 | 36·6 | 36·9 | 37·2 | 37·5 | 37·8 | 38·1 | 38·4 | 38·7 | 39·1 | 39·5 |

kommt, das Rohr *a* leitet die Aetherdämpfe von *A* nach *B*; *C* ist ein Kühlapparat, *b* und *c* sind die Zu- und Ableitungsröhren für das Kühlwasser. Wenn der Apparat zusammengestellt und gefüllt ist, giesst man etwa 100 Ccm. Aether durch das Kühlrohr in *B* und zündet unter dem Wasserbad eine kleine Flamme an, welche das Wasser auf ungefähr 70° C. erwärmt. Der Aether nimmt Fett auf und tropft allmälig nach *A*, dort verdampft er, kommt als Dampf nach *B* und in das Kühlrohr, condensirt sich dort und gelangt tropfbar flüssig wieder nach *B* und *A*. Nach zweistündiger gut geleiteter Extraction befindet sich alles Fett in *A*. Man nimmt den Apparat auseinander, erwärmt *A* auf dem Wasserbade und schliesslich im Luftbade auf 110° C., um das Fett zu trocknen und wägt. Trocknen und Wägen wird bis zur Constanz des Gewichtes fortgesetzt. Die Gewichtszunahme des Kolbens *A* entspricht der Fettmenge, welche in den 10 Ccm. der verwendeten Milch enthalten ist. Wie schon erwähnt wurde, kann für die Fettbestimmung auch der Abdampf-Rückstand von der Trockensubstanzbestimmung verwendet werden.

Fig. 24.

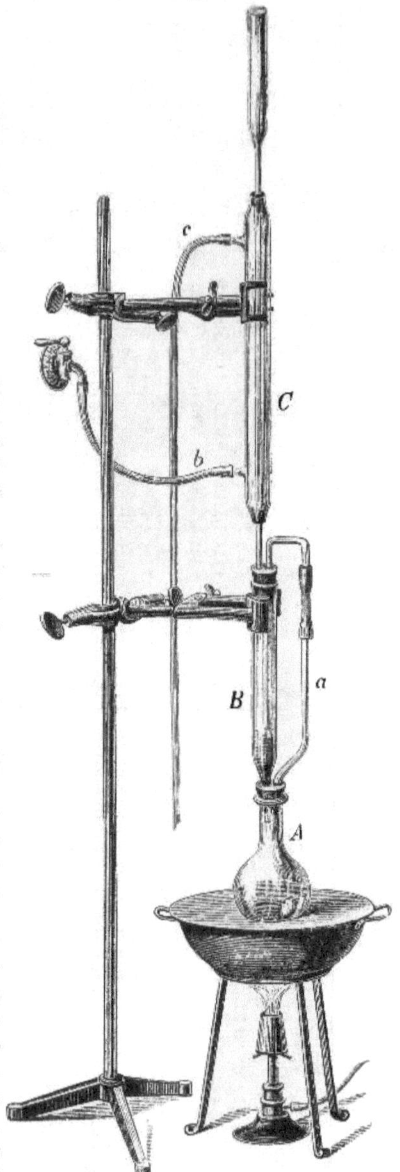


II. Ausschütteln der Milch mit Aether. 20 Ccm. Milch werden mit 1 Ccm. Kalilauge von 1·27 spec. Gew. und 80 Ccm. Aether versetzt, der bereits mit Wasser gesättigt ist. Man schüttelt wiederholt gut um und lässt die Flüssigkeit in verschlossener Flasche stehen, bis die ätherische Lösung sich klar abgeschieden hat; dann giesst man so viel als möglich von der klaren Aetherfettlösung rasch in einen Messcylinder ab (meist gelingt es, 60 Ccm. rasch und klar abzugiessen), liest das Volumen ab, bringt in ein gewogenes Bechergläschen, spült den Messcylinder mit kleinen Aetherportionen 2- bis 3mal nach, lässt dann den Aether bei gelinder Wärme verdampfen, trocknet im Luftbade bei 110° und wägt. Aus der Fettmenge, welche die abgegossene Aetherlösung lieferte, rechnet man den Fettgehalt für 80 Ccm. des Aethers und dieser entspricht den 20 Ccm. Milch, welche verwendet wurden. Die Mischung von Milch und Kalilauge nimmt so wenig Aether auf, dass eine Correction unnöthig ist. — Diese Methode rührt von Hoppe-Seyler her.

*Aräometrische Methode von Soxhlet.* Das Princip derselben besteht in Folgendem: Schüttelt man gemessene Mengen von Milch, Kalilauge und Aether zusammen, so löst sich das Fett vollständig im Aether und sammelt sich nach kurzem Stehen als klare Aetherfettlösung an der Oberfläche. Ein kleiner Theil des Aethers bleibt in der wässerigen Flüssigkeit gelöst, ohne jedoch Fett in Auflösung zu halten. Die gelöst bleibende Aethermenge ist unter Einhaltung einer Massregel constant; die übrige Menge bildet mit dem Milchfett eine Lösung, die um so concentrirter ist, je mehr Fett die Milch enthielt. Die Concentration dieser Aetherfettlösung, resp. deren Fettgehalt, kann durch Bestimmung des specifischen Gewichtes ermittelt werden, u. zw. ebenso genau und sicher, wie der Alkoholgehalt wässrigen Weingeistes durch das Alkoholometer, da die Differenz zwischen dem specifischen Gewichte von Fett und Aether ebenso gross ist, wie die von Alkohol und Wasser.

Erfordernisse: 1. Der Apparat zur Dichtenbestimmung nebst drei Pipetten zum Abmessen von Milch, Kalilauge und Aether, ferner mehrere Schüttelflaschen. 2. Kalilauge vom spec. Gew. 1·26—1·27, welche durch Auflösen von 400 Grm. Aetzkali in $1/2$ Liter Wasser und Verdünnen der erkalteten Lösung auf 1 Liter erhalten wird. 3. Wasserhaltiger Aether. Man schüttelt käuflichen Aether mit 0·1—0·2 Raumth. Wasser bei gewöhnlicher Temperatur mehrere Male kräftig durch und giesst den Aether vom Wasser ab. 4. Gewöhnlicher Aether. 5. Ein Topf von mindestens 4 Liter Inhalt mit Wasser, welches man auf die Temperatur von 17—18° C. zu bringen hat. Bei warmer Zimmertemperatur nimmt man 17°, bei kühler 18° als Anfangstemperatur.

Ausführung. Von der gründlich gemischten Milch, welche auf $17\frac{1}{2}$° C. (17—18°) abgekühlt, resp. erwärmt wurde, misst man mit der grossen Pipette 200 Ccm. ab, lässt dieselbe in eine der Schüttelflaschen von 300 Ccm. Inhalt auslaufen und bläst die Pipette schliesslich aus. Auf gleiche Weise misst man 10 Ccm. der Kalilauge ab, setzt sie der Milch zu, schüttelt gut um und fügt endlich noch aus der geeigneten Pipette 60 Ccm. wasserhaltigen Aethers zu, der eine Temperatur von 16·5—18·5° C. (17·5° C. normal) haben soll. Nachdem die Flasche gut mittelst eines Korkes oder besser Kautschukstöpsels verschlossen wurde, schüttelt man dieselbe $1/2$ Minute heftig durch, setzt sie in das Gefäss mit Wasser von 17—18° C. und schüttelt $1/4$ Stunde lang von $1/2$ zu $1/2$ Minute die Flasche ganz leicht durch, indem man jedesmal 3—4 Stösse in senkrechter Richtung macht. Nach weiterem viertelstündigen ruhigen Stehen hat sich im oberen verjüngten Theile der Flasche eine klare Schicht angesammelt. Die Ansammlung und Klärung dieser Schicht wird beschleunigt, wenn man in der letzten Zeit dem Inhalt der Flasche eine schwach drehende Bewegung verleiht. Es ist gleichgiltig, ob sich die ganze Fettlösung an der Oberfläche angesammelt hat oder nur ein Theil, wenn dieser nur genügend ist, um die Senkspindel zum Schwimmen zu bringen. Die Lösung muss vollkommen klar sein. Bei sehr fettreicher Milch ($4\frac{1}{2}$—5%) dauert die Abscheidung länger, als die angegebene Zeit, manchmal, aber ausnahmsweise 1—2 Stunden. In solchen Fällen, wie überhaupt, wenn man ein genügend grosses Wassergefäss hat, ist es zweckmässig, die wohlverschlossenen Flaschen horizontal zu legen; der Weg wird den aufsteigenden Tröpfchen dadurch bedeutend abgekürzt und die Ansammlung einer Schicht begünstigt. Nach der Aufrechtstellung der Flaschen empfiehlt es sich auch hier, die Klärung durch die angeführte drehende Bewegung zu unterstützen. Durch Centrifugiren lässt sich in sehr kurzer Zeit eine Scheidung der beiden Flüssigkeitsschichten erzielen.

Der in Fig. 25 abgebildete Apparat dient zur Dichtebestimmung der Fettlösung. Das Stativ trägt mittelst verstellbarer Muffe einen Halter für das Kühlrohr *A*, an dessen Ablaufröhren sich kurze Kautschukschläuche befinden. Der Träger des Kühlrohres ist um die wagrechte Axe drehbar, so dass das genannte Rohr in horizontale Lage gebracht werden kann. Centrisch in dem Kühlrohr befestigt ist ein Glasrohr *B*, welches um 2 Mm. weiter ist als der Schwimmkörper des Aräometers, zu dessen Aufnahme es bestimmt ist. Um ein Verschliessen des unteren Theiles durch das Aräometer oder ein Festklemmen des letzteren zu verhindern, sind an dem unteren Ende drei nach innen gerichtete Spitzen angebracht. Das obere offene Ende ist mittelst eines Korkes zu verschliessen.

Das Aräometer *C* trägt auf der Scala des Stengels die Grade 66 bis 43, welche den spec. Gew. 0·766—0·743 bei $17^1/_2{}^0$ C. entsprechen; die ganzen Grade sind durch einen feineren und kleineren Strich in halbe getheilt.

Im Schwimmkörper des Aräometers befindet sich ein in $^1/_5$-Grade nach Celsius getheiltes Thermometer, welches noch $^1/_{10}{}^0$ abzulesen gestattet. An die verengte Verlängerung des Rohres *B*, welches aus dem untersten Ende des Kühlrohres *A* herausragt, ist mittelst eines kurzen Kautschukschlauches ein knieförmig gebogenes Glasrohr *D* befestigt, welches durch die eine Bohrung eines konischen Korkstöpsels *E* geht; durch die andere Bohrung des letzteren geht gleichfalls ein Knierohr *F* mit kürzerem senkrechten Schenkel. Der Kautschukschlauch kann durch einen Quetschhahn zugeklemmt werden.

Der Apparat wird in folgender Weise benützt: Man taucht den Kautschukschlauch des unteren Ablaufrohres von *B* in das Gefäss mit Wasser, saugt am oberen Schlauch, bis der Raum zwischen *A* und *B* sich mit Wasser gefüllt hat und verschliesst dann, indem man beide Schlauchenden durch ein Glasröhrchen vereinigt. Man entfernt nun den Stöpsel der Schüttelflasche, steckt an dessen Stelle den Kork *E* in die Mündung und schiebt den langen Schenkel *H* des Knierohres so weit herunter, dass dessen Ende bis nahe an die untere Grenze der Aetherfettschicht eintaucht, wie es in der Fig. 25 dargestellt ist. Nachdem man den kleinen Kautschukblasebalg an das kurze Knierohr *F* gesteckt und den Kork in der Röhre *B* gelüftet hat, öffnet man den Quetschhahn und drückt möglichst sanft den Kautschukballon *G*. Die klare Fettlösung steigt nun in *B* auf und hebt das Aräometer; wenn letzteres schwimmt, schliesst man den Quetschhahn und befestigt den Kork in *B*, um Verdunstung des Aethers zu verhindern. Man wartet 1—2 Minuten, bis Temperaturausgleichung stattgefunden hat und liest dann den Stand der Scala ab, nachdem man die Spindel möglichst in die Mitte der Flüssigkeit gebracht hat, was durch Neigen des Rohres *A* am beweglichen Halter und durch Drehen an der Schraube des Stativfusses leicht gelingt. Es wird jene Stelle der Scala abgelesen, welche mit dem mittleren Theile der vertieft gekrümmten unteren Linie der Flüssigkeitsoberfläche zusammenfällt. Auf diese Weise lassen sich leicht Fünftel der halben Grade, also Zehntelgrade, d. i. Einheiten der vierten Decimalstelle, ablesen. Da das specifische Gewicht durch höhere Temperatur verringert, durch niedrigere erhöht wird, so muss die Temperatur bei der Bestimmung des specifischen Gewichtes der Aetherfettlösung berück-

Fig. 25.

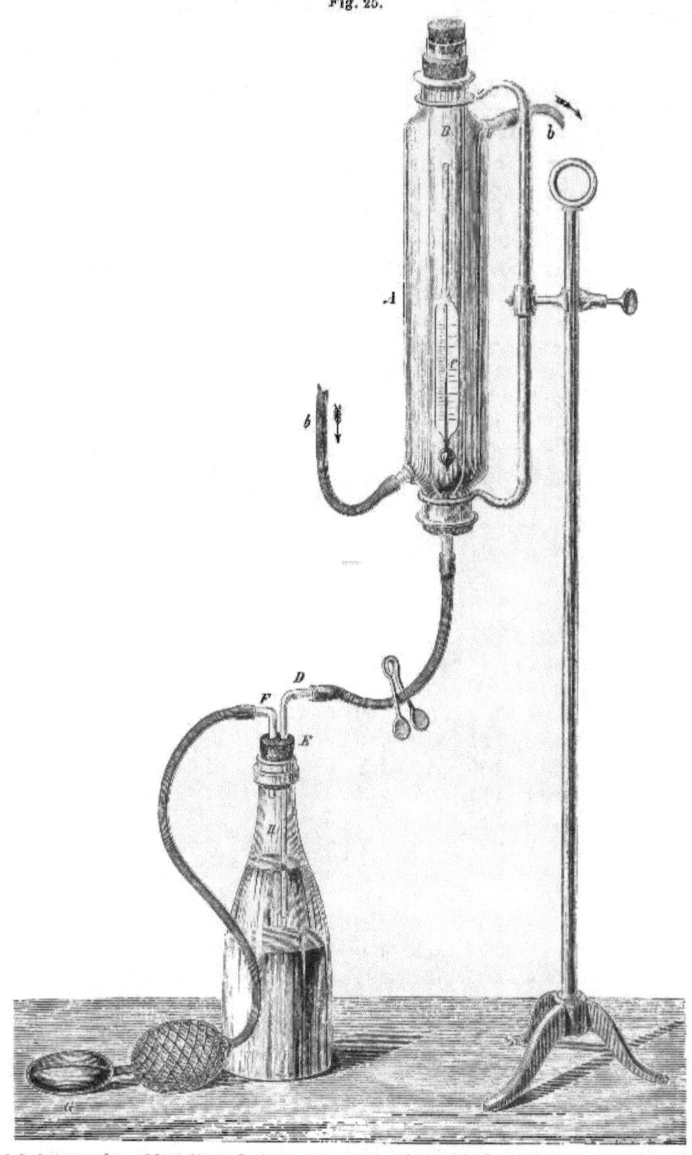

sichtigt werden. Man liest deshalb kurz vor oder nach der Aräometerablesung die Temperatur der Flüssigkeit an dem Thermometer im Schwimmkörper auf $^1/_{10}$ ° C.

## Tabelle,

angebend den Fettgehalt der Milch in Gewichtsprocenten nach dem specifischen Gewicht der Aetherfettlösung bei 17·5° C.[1])

| Spec. Gew. | Fett % | Spec. Gew. | Fett % | Spec. Gew. | Fett % | Spec. Gew. | Fett % | Spec. Gew. | Fett % | Spec. Gew. | Fett % |
|---|---|---|---|---|---|---|---|---|---|---|---|
| **43** | 2·07 | **47** | 2·52 | **51** | 3·00 | **55** | 3·49 | **59** | 4·03 | **63** | 4·63 |
| 43·1 | 2·08 | 47·1 | 2·54 | 51·1 | 3·01 | 55·1 | 3·51 | 59·1 | 4·04 | 63·1 | 4·64 |
| 43·2 | 2·09 | 47·2 | 2·55 | 51·2 | 3·03 | 55·2 | 3·52 | 59·2 | 4·06 | 63·2 | 4·66 |
| 43·3 | 2·10 | 47·3 | 2·56 | 51·3 | 3·04 | 55·3 | 3·53 | 59·3 | 4·07 | 63·3 | 4·67 |
| 43·4 | 2·11 | 47·4 | 2·57 | 51·4 | 3·05 | 55·4 | 3·55 | 59·4 | 4·09 | 63·4 | 4·69 |
| 43·5 | 2·12 | 47·5 | 2·58 | 51·5 | 3·06 | 55·5 | 3·56 | 59·5 | 4·11 | 63·5 | 4·70 |
| 43·6 | 2·13 | 47·6 | 2·60 | 51·6 | 3·08 | 55·6 | 3·57 | 59·6 | 4·12 | 63·6 | 4·71 |
| 43·7 | 2·14 | 47·7 | 2·61 | 51·7 | 3·09 | 55·7 | 3·59 | 59·7 | 4·14 | 63·7 | 4·73 |
| 43·8 | 2·16 | 47·8 | 2·62 | 51·8 | 3·10 | 55·8 | 3·60 | 59·8 | 4·15 | 63·8 | 4·75 |
| 43·9 | 2·17 | 47·9 | 2·63 | 51·9 | 3·11 | 55·9 | 3·61 | 59·9 | 4·16 | 63·9 | 4·77 |
| **44** | 2·18 | **48** | 2·64 | **52** | 3·12 | **56** | 3·63 | **60** | 4·18 | **64** | 4·79 |
| 44·1 | 2·19 | 48·1 | 2·66 | 52·1 | 3·14 | 56·1 | 3·64 | 60·1 | 4·19 | 64·1 | 4·80 |
| 44·2 | 2·20 | 48·2 | 2·67 | 52·2 | 3·15 | 56·2 | 3·65 | 60·2 | 4·20 | 64·2 | 4·82 |
| 44·3 | 2·22 | 48·3 | 2·68 | 52·3 | 3·16 | 56·3 | 3·67 | 60·3 | 4·21 | 64·3 | 4·84 |
| 44·4 | 2·23 | 48·4 | 2·70 | 52·4 | 3·17 | 56·4 | 3·68 | 60·4 | 4·23 | 64·4 | 4·85 |
| 44·5 | 2·24 | 48·5 | 2·71 | 52·5 | 3·18 | 56·5 | 3·69 | 60·5 | 4·24 | 64·5 | 4·87 |
| 44·6 | 2·25 | 48·6 | 2·72 | 52·6 | 3·20 | 56·6 | 3·71 | 60·6 | 4·26 | 64·6 | 4·88 |
| 44·7 | 2·26 | 48·7 | 2·73 | 52·7 | 3·21 | 56·7 | 3·72 | 60·7 | 4·27 | 64·7 | 4·90 |
| 44·8 | 2·27 | 48·8 | 2·74 | 52·8 | 3·22 | 56·8 | 3·73 | 60·8 | 4·29 | 64·8 | 4·92 |
| 44·9 | 2·28 | 48·9 | 2·75 | 52·9 | 3·23 | 56·9 | 3·74 | 60·9 | 4·30 | 64·9 | 4·93 |
| **45** | 2·30 | **49** | 2·76 | **53** | 3·25 | **57** | 3·75 | **61** | 4·32 | **65** | 4·95 |
| 45·1 | 2·31 | 49·1 | 2·77 | 53·1 | 3·26 | 57·1 | 3·76 | 61·1 | 4·33 | 65·1 | 4·97 |
| 45·2 | 2·32 | 49·2 | 2·78 | 53·2 | 3·27 | 57·2 | 3·78 | 61·2 | 4·35 | 65·2 | 4·98 |
| 45·3 | 2·33 | 49·3 | 2·79 | 53·3 | 3·28 | 57·3 | 3·80 | 61·3 | 4·36 | 65·3 | 5·00 |
| 45·4 | 2·34 | 49·4 | 2·80 | 53·4 | 3·29 | 57·4 | 3·81 | 61·4 | 4·37 | 65·4 | 5·02 |
| 45·5 | 2·35 | 49·5 | 2·81 | 53·5 | 3·30 | 57·5 | 3·82 | 61·5 | 4·39 | 65·5 | 5·04 |
| 45·6 | 2·36 | 49·6 | 2·83 | 53·6 | 3·31 | 57·6 | 3·84 | 61·6 | 4·40 | 65·6 | 5·05 |
| 45·7 | 2·37 | 49·7 | 2·84 | 53·7 | 3·33 | 57·7 | 3·85 | 61·7 | 4·42 | 65·7 | 5·07 |
| 45·8 | 2·38 | 49·8 | 2·86 | 53·8 | 3·34 | 57·8 | 3·87 | 61·8 | 4·44 | 65·8 | 5·09 |
| 45·9 | 2·39 | 49·9 | 2·87 | 53·9 | 3·35 | 57·9 | 3·88 | 61·9 | 4·46 | 65·9 | 5·11 |
| **46** | 2·40 | **50** | 2·88 | **54** | 3·37 | **58** | 3·90 | **62** | 4·47 | **66** | 5·12 |
| 46·1 | 2·42 | 50·1 | 2·90 | 54·1 | 3·38 | 58·1 | 3·91 | 62·1 | 4·48 | | |
| 46·2 | 2·43 | 50·2 | 2·91 | 54·2 | 3·39 | 58·2 | 3·92 | 62·2 | 4·50 | | |
| 46·3 | 2·44 | 50·3 | 2·92 | 54·3 | 3·40 | 58·3 | 3·93 | 62·3 | 4·52 | | |
| 46·4 | 2·45 | 50·4 | 2·93 | 54·4 | 3·41 | 58·4 | 3·95 | 62·4 | 4·53 | | |
| 46·5 | 2·46 | 50·5 | 2·94 | 54·5 | 3·43 | 58·5 | 3·96 | 62·5 | 4·55 | | |
| 46·6 | 2·47 | 50·6 | 2·96 | 54·6 | 3·45 | 58·6 | 3·98 | 62·6 | 4·56 | | |
| 46·7 | 2·49 | 50·7 | 2·97 | 54·7 | 3·46 | 58·7 | 3·99 | 62·7 | 4·58 | | |
| 46·8 | 2·50 | 50·8 | 2·98 | 54·8 | 3·47 | 58·8 | 4·01 | 62·8 | 4·59 | | |
| 46·9 | 2·51 | 50·9 | 2·99 | 54·9 | 3·48 | 58·9 | 4·02 | 62·9 | 4·61 | | |

[1]) Anstatt der vollständigen Zahlen für das specifische Gewicht sind entsprechend den Angaben der Spindel-Scala nur die 2., 3. und 4. Decimalstelle hier angeführt und entspricht z. B. die Zahl 43·0 dem specifischen Gewicht 0·7430.

genau ab. War die Temperatur genau 17·5° C., so ist die Angabe des Aräometers ohne weiters richtig, im anderen Falle hat man das abgelesene specifische Gewicht auf das richtige bei 17·5° C. zu reduciren, was sehr einfach ist. Man zählt für jeden Grad Celsius, den das Thermometer mehr zeigt als 17·5° C., einen Grad zum abgelesenen Aräometerstand hinzu und zieht für jeden Grad Celsius, den es weniger als 17·5° C. zeigt, einen Grad von der Aräometerangabe ab. Die Temperatur des Kühlwassers darf zwischen 16·5 und 18·5° C. schwanken. Aus dem für 17·5° C. gefundenen specifischen Gewichte ergibt sich der Fettgehalt direct in Gewichtsprocenten aus der vorhergehenden Tabelle.

Um nach Beendigung einer Untersuchung den Apparat für die folgende Bestimmung in Stand zu setzen, lüftet man den Kork der Schüttelflasche und lässt die Fettlösung in dieselbe zurückfliessen. Hierauf füllt man das Rohr *B* mit gewöhnlichem Aether zweckmässig mittelst der dem Apparate beigegebenen Spritzflasche und lässt auch diesen abfliessen. Knierohr, Schlauch, Rohr *B* und Aräometer werden nun vollständig ausgetrocknet, dadurch, dass man mittelst des Kautschukblasebalges, den man an den langen Schenkel *H* befestigt hat, einen kräftigen Luftstrom durch den Apparat treibt. Dabei neigt man, um ein Anlegen des Schwimmkörpers an das Innenrohr unschädlich zu machen, das Rohr *A* mit dem drehbaren Träger vor- und rückwärts, dreht *A* auch einmal in den Ringen um seine Längsaxe und bekommt so den Apparat rasch rein und trocken.

Diese Methode ist expeditiv und liefert bei einiger Uebung und richtiger Handhabung ausgezeichnete Resultate. Der Apparat ist sammt allen zur Bestimmung gehörigen Utensilien in ausgezeichneter Ausführung bei dem Mechaniker Johannes Greiner in München zu haben.

*Dr. N. Gerber's Acid-Butyrometrie.* In neuester Zeit sind Methoden zur Fettbestimmung der Milch vorgeschlagen worden, welche darauf beruhen, dass man das Fett durch Behandlung der Milch mit einer Säure und durch darauffolgendes Centrifugiren abscheidet und im flüssigen Zustande dem Volumen nach bestimmt. Am einfachsten ist das hierhergehörige „acid-butyrometrische" Verfahren von Dr. N. Gerber, das bei einiger Uebung in sehr kurzer Zeit genaue Resultate liefert und berufen ist, alle complicirten Methoden an Milchfettbestimmung zu verdrängen. Die Ausführung der Fettbestimmung nach diesem Verfahren gestaltet sich folgendermassen.[1]) In das Butyrometer (Fig. 26) werden mittelst

Fig. 26. Fig. 27.

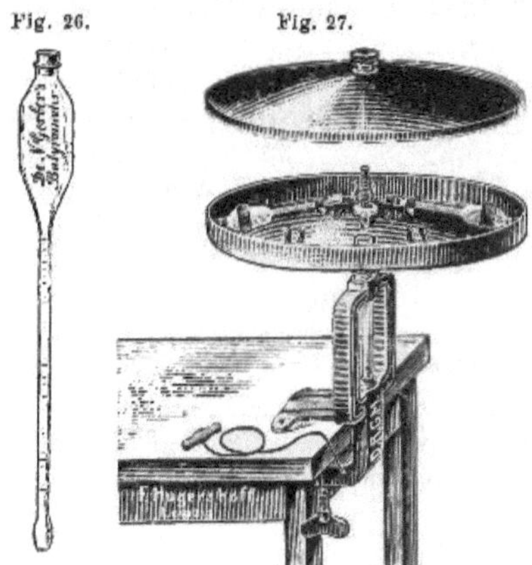


[1]) Alle für die Acid-Butyrometrie von Dr. N. Gerber erforderlichen Apparate liefert in der besten Beschaffenheit die Firma F. Hugershoff in Leipzig.

genau geaichter Pipetten nacheinander 10 Ccm. reine Schwefelsäure (vom specifischen Gewicht 1·820—1·825 bei 15°), dann 1 Ccm. Amylalkohol, endlich 11 Ccm. von der gut gemischten Milch [1]) eingefüllt, darauf wird die Mündung mit einem Kautschukstöpsel fest verstopft und der Apparat solange geschüttelt, bis gleichmässige Lösung erfolgt ist. Dann legt man das Butyrometer in die Centrifuge (Fig. 27), setzt diese in Bewegung und entnimmt, wenn sie zur Ruhe gekommen, das Butyrometer, um es in ein Wasserbad von 60° zu bringen und dann bei dieser Temperatur die Ablesung der scharf abgetrennten Fettschichte an der Scala vorzunehmen. Ein Scalentheil bedeutet 0·1% Fett.

Es kann hier von einer detaillirteren Beschreibung des Verfahrens abgesehen werden, da eine solche jedem Apparate beigegeben wird.

### *Bestimmung des Milchzuckers.*

1. Durch Circumpolarisation. 50 Ccm. Milch werden mit 25 Ccm. Bleiessig zum Kochen erhitzt, nach dem Erkalten mit Wasser zu 100 Ccm. verdünnt; dann wird durch ein trockenes Filter filtrirt und das vollkommen klare Filtrat in einem 200 Mm. langen Rohre auf sein Drehungsvermögen geprüft. Im Ventzke'schen Apparate bedeutet dann ein Grad Drehung 0·326 Grm. Milchzucker, im Laurent'schen Apparate 0·94 Grm., für die Soleil'sche Scala ist der Werth 0·205. Da 50 Ccm. Milch auf 100 Ccm. verdünnt wurden, so sind die beobachteten Werthe zu verdoppeln.

2. Durch Reduction alkalischer Kupferlösung nach Soxhlet. 25 Ccm. Milch werden mit 400 Ccm. Wasser verdünnt, dann mit 10 Ccm. Kupfervitriollösung (34·63 Grm. krystall. Kupfervitriol pro Liter) und mit 6·5—7·5 Ccm. Natronlauge (10·2 Grm. Aetznatron pro Liter) versetzt und umgeschüttelt. Die Flüssigkeit muss neutral oder schwach sauer reagiren, sie darf etwas Kupfer in Lösung enthalten. Man verdünnt mit Wasser genau auf 500 und filtrirt durch ein trockenes Filter. Von diesem Filtrate werden 100 Ccm. mit 25 Ccm. Kupferlösung [2]) und 25 Ccm. Seignettsalz-Natronlauge [3]) versetzt, in einer Porcellanschale oder in einer Erlenmeyer'schen Kochflasche zum Sieden erhitzt und durch 6 Minuten im Sieden erhalten. Das ausgeschiedene Kupferoxydul bringt man quantitativ in ein getrocknetes und gewogenes Soxhlet'sches Reductionsröhrchen auf Asbest. Dieses Röhrchen, welches aus Kaliglas hergestellt ist, hat ungefähr die Form des Glaswollfilters (Seite 165), nur ist es bedeutend enger; der zum Beschicken dieses Röhrchens verwendete Asbest ist vorher mit heisser Natronlauge, dann mit Salpetersäure, endlich durch dauerndes Waschen mit heissem Wasser zu

---

[1]) Schwefelsäure, Amylalkohol und Milch sollen genau die Temperatur 15° C. haben.

[2]) 34·63 Grm. reinen, lufttrockenen (nicht verwitterten!) Kupfervitriols werden in destillirtem Wasser zu 500 Ccm. gelöst.

[3]) 173 Grm. Seignettsalz werden in 400 Ccm. Wasser gelöst, dann werden 51·6 Grm. Aetznatron zugesetzt, worauf man auf 500 Ccm. verdünnt.

reinigen. Das in dem Röhrchen angesammelte Kupferoxydul wird mit Wasser gut gewaschen, das Wasser wird dann mit Alkohol, dieser mit Aether verdrängt, worauf man trocknet und das Kupferoxydul unter gelindem Erhitzen im Wasserstoffstrome reducirt. Das trockene Röhrchen wird sammt dem Kupfer wieder gewogen. Die Tabelle auf Seite 352 gibt die den gewogenen Kupfermengen entsprechenden Quantitäten von Milchzucker an, sie entsprechen bei unserem Verfahren 5 Ccm. Milch.

### *Bestimmung des Gesammtstickstoffes.*

Diese wird am zweckmässigsten nach Kjeldahl ausgeführt. 20 Grm. Milch werden in einem langhalsigen Kölbchen bis nahe zur Trockene verdampft, dann werden 20 Ccm. einer Mischung von 2 Vol. englischer und 1 Vol. rauchender Schwefelsäure und 1 Tropfen metallisches Quecksilber zugesetzt, worauf man im Asbestbade oder Sandbade solange erhitzt, bis die anfangs kohlschwarze Flüssigkeit farblos oder blassgelb geworden ist; dann lässt man erkalten und bestimmt das entstandene Ammoniak mittelst des Apparates, welcher Fig. 13 (Seite 116) abgebildet ist. Zum Austreiben des Ammoniaks verwendet man 80 Ccm. einer Natronlauge vom specifischen Gewichte 1·35, ferner setzt man zur Ausfällung des Quecksilbers 25 Ccm. einer 4%igen Schwefelkaliumlösung zu. Das durch Destillation abgeschiedene Ammoniak wird massanalytisch bestimmt und aus der gefundenen Menge die entsprechende Stickstoffmenge berechnet. Der Gesammtstickstoff dient in der Regel zur Berechnung der Gesammtmenge der Eiweisskörper; für diese Rechnung wird der gefundene Stickstoff mit 6·5 multiplicirt.

### *Bestimmung der Asche.*

20 Grm. Milch werden in einem tarirten Porcellantiegel von entsprechender Grösse abgewogen und vorsichtig über einem kleinen Flämmchen zur Trockene verdampft, der Trockenrückstand wird dann durch fortgesetztes stärkeres Erhitzen bei Luftzutritt verkohlt und schliesslich eingeäschert. Wenn die Asche weiss geworden, also die Kohle vollständig verbrannt ist, lässt man erkalten und wägt. Das Verbrennen der Kohle geht oft, besonders gegen Ende der Operation, äusserst langsam vor sich; man beschleunigt es, indem man erkalten lässt, den Inhalt des Tiegels mit einigen Tropfen Wasser befeuchtet, vorsichtig eintrocknet, dann gelinde glüht und dieses Verfahren eventuell noch einmal wiederholt.

### *Prüfung auf Stärke, Kreide, Gyps, Salicylsäure, Benzoësäure, Borax, Borsäure und Alkalicarbonate.*

Stärke, Weizenmehl, Gyps, Kreide sind schon öfter in der Milch gefunden worden, ihr Zusatz soll die Milch consistenter machen. Salicylsäure, Benzoësäure, Borsäure und Alkalicarbonate werden der Milch zugesetzt, um sie vor dem Verderben zu schützen. Der Nachweis aller dieser Substanzen bietet keine Schwierigkeit.

## Bestimmung des Milchzuckers nach Fr. Soxhlet.

| Kupfer mg | Milchzucker mg | Kupfer mg | Milchzucker mg | Kupfer mg | Milchzucker mg | Kupfer mg | Milchzucker mg | Kupfer mg | Milchzucker mg | Kupfer mg | Milchzucker mg |
|---|---|---|---|---|---|---|---|---|---|---|---|
| 100 | 71·6 | 151 | 109·6 | 201 | 147·7 | 251 | 185·5 | 301 | 225·2 | 351 | 264·7 |
| 101 | 72·4 | 152 | 110·3 | 202 | 148·5 | 252 | 186·3 | 302 | 225·9 | 352 | 265·5 |
| 102 | 73·1 | 153 | 111·1 | 203 | 149·2 | 253 | 187·1 | 303 | 226·7 | 353 | 266·3 |
| 103 | 73·8 | 154 | 111·9 | 204 | 150·0 | 254 | 187·9 | 304 | 227·5 | 354 | 267·2 |
| 104 | 74·6 | 155 | 112·6 | 205 | 150·7 | 255 | 188·7 | 305 | 228·3 | 355 | 268·0 |
| 105 | 75·3 | 156 | 113·4 | 206 | 151·5 | 256 | 189·4 | 306 | 229·1 | 356 | 268·8 |
| 106 | 76·1 | 157 | 114·1 | 207 | 152·2 | 257 | 190·2 | 307 | 229·8 | 357 | 269·6 |
| 107 | 76·8 | 158 | 114·9 | 208 | 153·0 | 258 | 191·0 | 308 | 230·6 | 358 | 270·3 |
| 108 | 77·6 | 159 | 115·6 | 209 | 153·7 | 259 | 191·8 | 309 | 231·4 | 359 | 271·2 |
| 109 | 78·3 | 160 | 116·4 | 210 | 154·5 | 260 | 192·5 | 310 | 232·2 | 360 | 272·1 |
| 110 | 79·0 | 161 | 117·1 | 211 | 155·2 | 261 | 193·3 | 311 | 232·9 | 361 | 272·9 |
| 111 | 79·8 | 162 | 117·9 | 212 | 156·0 | 262 | 194·1 | 312 | 233·7 | 362 | 273·7 |
| 112 | 80·5 | 163 | 118·6 | 213 | 156·7 | 263 | 194·9 | 313 | 234·5 | 363 | 274·5 |
| 113 | 81·3 | 164 | 119·4 | 214 | 157·5 | 264 | 195·7 | 314 | 235·3 | 364 | 275·3 |
| 114 | 82·0 | 165 | 120·2 | 215 | 158·2 | 265 | 196·4 | 315 | 236·1 | 365 | 276·2 |
| 115 | 82·7 | 166 | 120·9 | 216 | 159·0 | 266 | 197·2 | 316 | 236·8 | 366 | 277·1 |
| 116 | 83·5 | 167 | 121·7 | 217 | 159·7 | 267 | 198·0 | 317 | 237·6 | 367 | 277·9 |
| 117 | 84·2 | 168 | 122·4 | 218 | 160·4 | 268 | 198·8 | 318 | 238·4 | 368 | 278·8 |
| 118 | 85·0 | 169 | 123·2 | 219 | 161·2 | 269 | 199·1 | 319 | 239·2 | 369 | 279·6 |
| 119 | 85·7 | 170 | 123·9 | 220 | 161·9 | 270 | 200·3 | 320 | 240·0 | 370 | 280·5 |
| 120 | 86·4 | 171 | 124·7 | 221 | 162·7 | 271 | 201·1 | 321 | 240·7 | 371 | 281·4 |
| 121 | 87·2 | 172 | 125·5 | 222 | 163·4 | 272 | 201·9 | 322 | 241·5 | 372 | 282·2 |
| 122 | 87·9 | 173 | 126·2 | 223 | 164·2 | 273 | 202·7 | 323 | 242·3 | 373 | 283·1 |
| 123 | 88·7 | 174 | 127·0 | 224 | 164·9 | 274 | 203·5 | 324 | 243·1 | 374 | 283·9 |
| 124 | 89·4 | 175 | 127·8 | 225 | 165·7 | 275 | 204·3 | 325 | 243·9 | 375 | 284·8 |
| 125 | 90·1 | 176 | 128·5 | 226 | 166·4 | 276 | 205·1 | 326 | 244·6 | 376 | 285·7 |
| 126 | 90·9 | 177 | 129·3 | 227 | 167·2 | 277 | 205·9 | 327 | 245·4 | 377 | 286·5 |
| 127 | 91·6 | 178 | 130·1 | 228 | 167·9 | 278 | 206·7 | 328 | 246·2 | 378 | 287·4 |
| 128 | 92·4 | 179 | 130·8 | 229 | 168·6 | 279 | 207·5 | 329 | 247·0 | 379 | 288·2 |
| 129 | 93·1 | 180 | 131·6 | 230 | 169·4 | 280 | 208·3 | 330 | 247·7 | 380 | 289·1 |
| 130 | 93·8 | 181 | 132·4 | 231 | 170·1 | 281 | 209·1 | 331 | 248·5 | 381 | 289·9 |
| 131 | 94·6 | 182 | 133·1 | 232 | 170·7 | 282 | 209·9 | 332 | 249·2 | 382 | 290·8 |
| 132 | 95·3 | 183 | 133·9 | 233 | 171·6 | 283 | 210·7 | 333 | 250·0 | 383 | 291·7 |
| 133 | 96·1 | 184 | 134·7 | 234 | 172·4 | 284 | 211·5 | 334 | 250·8 | 384 | 292·5 |
| 134 | 96·9 | 185 | 135·4 | 235 | 173·1 | 285 | 212·3 | 335 | 251·6 | 385 | 293·4 |
| 135 | 97·6 | 186 | 136·2 | 236 | 173·9 | 286 | 213·1 | 336 | 252·5 | 386 | 294·2 |
| 136 | 98·3 | 187 | 137·0 | 237 | 174·6 | 287 | 213·9 | 337 | 253·3 | 387 | 295·1 |
| 137 | 99·1 | 188 | 137·8 | 238 | 175·4 | 288 | 214·7 | 338 | 254·1 | 388 | 296·0 |
| 138 | 99·9 | 189 | 138·5 | 239 | 176·2 | 289 | 215·5 | 339 | 254·9 | 389 | 296·8 |
| 139 | 100·5 | 190 | 139·3 | 240 | 176·9 | 290 | 216·3 | 340 | 255·7 | 390 | 297·7 |
| 140 | 101·3 | 191 | 140·0 | 241 | 177·7 | 291 | 217·1 | 341 | 256·5 | 391 | 298·5 |
| 141 | 102·0 | 192 | 140·8 | 242 | 178·5 | 292 | 217·9 | 342 | 257·4 | 392 | 299·4 |
| 142 | 102·8 | 193 | 141·6 | 243 | 179·3 | 293 | 218·7 | 343 | 258·2 | 393 | 300·3 |
| 143 | 103·5 | 194 | 142·3 | 244 | 180·1 | 294 | 219·5 | 344 | 259·0 | 394 | 301·1 |
| 144 | 104·3 | 195 | 143·1 | 245 | 180·8 | 295 | 220·3 | 345 | 259·8 | 395 | 302·0 |
| 145 | 105·1 | 196 | 143·9 | 246 | 181·6 | 296 | 221·1 | 346 | 260·6 | 396 | 302·8 |
| 146 | 105·8 | 197 | 144·6 | 247 | 182·4 | 297 | 221·9 | 347 | 261·4 | 397 | 303·7 |
| 147 | 106·6 | 198 | 145·4 | 248 | 183·2 | 298 | 222·7 | 348 | 262·3 | 398 | 304·6 |
| 148 | 107·3 | 199 | 146·2 | 249 | 184·0 | 299 | 223·5 | 349 | 263·1 | 399 | 305·4 |
| 149 | 108·1 | 200 | 146·9 | 250 | 184·8 | 300 | 224·4 | 350 | 263·9 | 400 | 306·3 |
| 150 | 108·8 | | | | | | | | | | |

Nachweis von Stärke. Eine Probe der Milch mit Jodjodkaliumlösung versetzt, färbt sich bei Anwesenheit von Stärke intensiv blau.

Nachweis von Kreide und Gyps. Bleibt die Milch in einem hohen Glascylinder längere Zeit ruhig stehen, so setzen sich diese Substanzen ab; man kann die Milch abgiessen, den Bodensatz durch Decantation einigemale mit Wasser waschen und dann nach den Regeln der qualitativen Analyse untersuchen.

Nachweis von Salicylsäure. 100—200 Ccm. Milch werden in gelinder Wärme mit einigen Tropfen verdünnter Schwefelsäure versetzt, bis Gerinnung eintritt; dann wird das Coagulum abfiltrirt, das Filtrat auf die Hälfte eingedampft und nach dem Erkalten mit Aether ausgeschüttelt, die ätherische Lösung wird in einem flachen Schälchen bei gewöhnlicher Temperatur an der Luft verdampft und der Rückstand mit einigen Tropfen neutraler Eisenchloridlösung versetzt. Bei Anwesenheit von Salicylsäure entsteht alsbald eine violette Färbung.

Nachweis der Benzoësäure. Nach Meissl verfährt man folgendermassen: $^1/_4$—$^1/_2$ Liter Milch werden mit einigen Tropfen Kalk- oder Barytwasser alkalisch gemacht, bis auf ein Viertel abgedampft, mit gebranntem Gyps zu einem Brei angerührt und auf dem Wasserbade eingetrocknet. Von condensirter Milch werden 100—150 Grm. direct mit einigen Tropfen Barytwassser und mit Gyps versetzt. Die trockene Masse wird gepulvert, mit verdünnter Schwefelsäure befeuchtet und drei- bis viermal mit kaltem 50$^0/_0$igen Weingeist ausgeschüttelt, wodurch Benzoësäure in Lösung geht, vom Fett aber höchstens Spuren aufgenommen werden; die sauren Flüssigkeiten werden filtrirt, mit Barytwasser neutralisirt und auf ein kleines Volumen abgedampft; die concentrirte Flüssigkeit wird nach dem Erkalten mit Schwefelsäure angesäuert und mit Aether ausgeschüttelt, der die Benzoësäure aufnimmt. Man lässt die ätherische Lösung bei gewöhnlicher Temperatur in einem Schälchen verdampfen und prüft den Rückstand auf Benzoësäure (siehe Seite 45).

Nachweis der Borsäure. 5—10 Ccm. Milch werden in einem Platintiegel über einer kleinen Flamme auf ein Viertel ihres Volumens eingedampft, dann werden etwa 3 Tropfen concentrirte Schwefelsäure und 5 bis 10 Tropfen rauchende Flusssäure zugesetzt, worauf man weiter eindampft und über die Mündung des Platintiegels horizontal die nicht leuchtende Flamme eines Bunsen-schen Brenners streichen lässt. Ist auch nur sehr wenig Borsäure vorhanden, so tritt bald Grünfärbung der Flamme auf. Die Reaction ist sehr empfindlich und verlässlich, man muss aber das Eindampfen nach dem Säurezusatz und die Einwirkung der entweichenden Dämpfe auf die Flamme bis zum Trockenwerden fortsetzen.

Nachweis der Alkalicarbonate (kohlensaures Natrium, kohlensaures Kalium und die Bicarbonate). Nach E. Schmidt werden 10 Ccm. Milch mit ebensoviel Alkohol und einigen Tropfen einer 1$^0/_0$ Rosolsäurelösung gemischt; reine Milch erscheint dann bräunlichgelb, während Milch, welche Alkalicarbonat enthält, eine rothe Färbung annimmt.

## Butter.

Das durch mechanische Operationen (Buttern) aus der Milch abgeschiedene Fett (Kuhbutter, Butter schlechtweg) ist von salbenartiger Consistenz, je nach der Art des Futters weiss bis hochgelb gefärbt, im frischen Zustande von angenehm süsslich-mildem Geschmacke und angenehmem, specifischen Geruche. Das spec. Gew. bei 100° C. (bezogen auf Wasser von 15° C.) beträgt 0·866—0·868, der Schmelzpunkt liegt bei 31°—37°, der Erstarrungspunkt bei 20°C.

Die käufliche Butter ist nicht reines Butterfett, sondern enthält von ihrer Bereitung her Bestandtheile der Milch, wie Wasser, Eiweisskörper, Milchzucker, Milchsäure, Aschenbestandtheile der Milch, ferner oft Kochsalz in grösserer Menge, welches als Conservirungsmittel zugesetzt wird. Nach zahlreichen Analysen schwankt die Zusammensetzung der Marktbutter innerhalb folgender Grenzen (König):

| | Wasser | Fett | Caseïn | Milchzucker | Milchsäure | Salze |
|---|---|---|---|---|---|---|
| Minimum | 4·15 | 69·96 | 0·19 | 0·45 | | 0·02 % |
| Maximum | 35·12 | 86·15 | 4·78 | 1·16 | | 15·08 „ |
| Mittel | 13·59 | 84·39 | 0·74 | 0·50 | 0·12 | 0·66[1] „ |

Das Butterfett ist gegenüber allen anderen thierischen Fetten dadurch charakterisirt, dass es neben den Glyceriden der Oelsäure, Palmitin- und Stearinsäure eine erhebliche Menge von den Glyceriden der niederen, flüchtigen Fettsäuren (Buttersäure, Capron-, Capryl- und Caprinsäure) enthält. Diese specifische Zusammensetzung der Butter bildet die Grundlage für verschiedene Methoden, welche zur Prüfung auf Beimischung anderer Fette verwendet werden.

Gute Butter soll nicht mehr als 15% Wasser und höchstens 10% Kochsalz enthalten, dieses soll möglichst rein und in dem Wasser der Butter gelöst sein.

Als Verfälschungen der Butter sind besonders hervorzuheben: hoher Wassergehalt, hoher Salzgehalt, Zusatz von Farbstoffen und Conservirungsmitteln, wie z. B. Salicylsäure, Borax, Borsäure, ferner Zusatz von Mehl, Kartoffelbrei und verschiedenen Fetten, wie Talg, Sesamöl, Cottonöl, Cocos- und Palmfett, besonders aber von Margarin.

Die Untersuchung der Butter bezieht sich zuneist auf den Wassergehalt, Fettgehalt, auf fremde Beimischungen und auf die Rancidität.

### *Bestimmung des Wassergehaltes.*

In einem tarirten Schälchen, welches ausgeglühten und erkalteten Seesand oder Bimsstein in genügender Menge (zum Aufsaugen) enthält, werden circa 5 Grm. Butter abgewogen, dann bei 100°—105° zum constanten Gewichte getrocknet. Der Gewichtsverlust gibt den Wassergehalt.

### *Fettbestimmung.*

1. Der Trockenrückstand von der Wasserbestimmung wird ohne Verlust in einen Aether-Extractionsapparat (Seite 344) gebracht und die Fettbestimmung

[1]) Für die Berechnung dieses Mittelwerthes wurden nur Analysen herangezogen, welche einen unter 2% liegenden Salzgehalt ergeben haben.

in derselben Weise ausgeführt, wie das bei der Fettbestimmung in der Milch auseinandergesetzt wurde.

2. Mit Vortheil kann zur Bestimmung des Fettgehaltes der Butter das Seite 349 beschriebene acid-butyrometrische Verfahren von Gerber verwendet werden.

Von der zu untersuchenden Butter wird in dem Becherchen Fig. 28, das man damit anfüllt, eine Portion abgewogen, hierauf das Becherchen mittelst des Kautschukstöpsels, in welchem es steckt, in dem beiderseits offenen Butyrometer, Fig. 29, gut befestigt, dann werden in den letzteren nach einander eingebracht: 12 Ccm. destillirtes Wasser, 1 Ccm. Amylalkohol und 6·5 Ccm. Schwefelsäure, worauf man verstopft, gut umschüttelt und die heisse Flüssigkeit sofort centrifugirt. Nach dem Centrifugiren wird der Apparat aufrecht in das auf 60° erwärmte Wasserbad gestellt und die gut abgeschiedene Fettschichte abgelesen. Je 1 Theilstrich bedeutet 1% Fett für 1 Grm. verwendeter Butter.

Fig. 29.

Fig. 28.

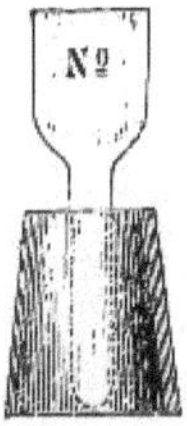

Beispiel: Man hätte 0·5 Grm. Butter in dem Becherchen abgewogen und nach dem Centrifugiren 40 Theilstriche Fettschichte abgelesen.

$$0·5 : 40 = 1 : x; \; x = 80\%.$$

### Bestimmung des Salzgehaltes.

5 Grm. Butter werden getrocknet, auf einem Filter mittelst trockenem Aether von der Hauptmenge des Fettes befreit, dann wird das Filter im gewogenen Tiegel eingeäschert und die Asche gewogen. Den Kochsalzgehalt speciell ermittelt man, indem man einen gemessenen Theil des auf ein bestimmtes Volumen verdünnten wässerigen Auszuges der Asche mit Silberlösung titrirt (Seite 132 und 133).

### Prüfung auf Stärke, Salicylsäure und Borsäure.

Stärke wird in dem mit Aether erschöpften Rückstande durch Betupfen mit Jodlösung nachgewiesen. Salicylsäure, freie Borsäure, sowie Borax werden durch Auskochen der Butter mit Wasser in Lösung gebracht und darin, sowie bei der Milch beschriebenen wurde, nachgewiesen.

### Prüfung auf fremde Fette.

Diese Prüfung, welche einen indirecten Nachweis fremder Fette verfolgt, beruht auf der schon erwähnten besonderen Zusammensetzung des Butterfettes, der zu Folge 1. der Procentgehalt an flüchtigen Säuren bei der Butter grösser ist als bei anderen Fetten (Reichert-Meissl), 2. zur Verseifung von 1 Grm. reinem Butterfett im Mittel 227 Mgrm. Aetzkali, zur Verseifung von je 1 Grm. anderer Fette im Mittel 195·5 Mgrm. verbraucht werden (Köttsdorfer), 3. der Procentgehalt an im Wasser unlöslichen Fettsäuren bei der Butter weit geringer ist, als bei allen anderen bisher untersuchten natürlichen Fetten (Hehner).

### *Bestimmung der Reichert-Meissl'schen Zahl.*

Diese Zahl gibt an, wie viel Cubikcentimeter Zehntel Normal-Natronlauge zur Sättigung der aus 5 Grm. Butter abgeschiedenen flüchtigen Fettsäuren erfordert werden; man findet dieselbe auf folgende Weise: 5 Grm. durch Filtration gereinigtes Butterfett werden in einer Kochflasche (von 300—400 Ccm. Inhalt) mit 2 Grm. Aetzkali und 40 Ccm. 80%igem Weingeist am Rückflusskühler im Wasserbade erhitzt, bis das Fett verseift ist, was man an der klaren Lösung desselben erkennt. Der Alkohol wird dann abdestillirt, der letzte Rest desselben durch Einblasen von Luft in den Kolben entfernt, die entstandene Seife in 100 Ccm. Wasser gelöst, mit 40 Ccm. 10%iger Schwefelsäure angesäuert, worauf man unter Zugabe einiger kleiner Bimssteinstückchen bei guter Kühlung genau 110 Ccm. abdestillirt. Das Destillat wird durch ein trockenes Filter filtrirt, von dem Filtrate werden genau 100 Ccm. abgemessen und unter Anwendung von Phenolphtaleïn oder Rosolsäure mit Zehntel Normal-Natronlauge titrirt. Da man von den 110 Ccm. des Destillates nur 100 Ccm. zur Titrirung verwendet, so ist der verbrauchten Anzahl von Cubikcentimetern $^1/_{10}$ Normallauge noch der zehnte Theil derselben zuzuzählen, um die den verwendeten 5 Grm. Butterfett entsprechende Menge der Lauge zu erhalten. Die Reichert-Meissl'sche Zahl beträgt für normale Butter 26—32, für Cocosfett 7·4, für Margarin und andere Fette im Mittel 3.

### *Bestimmung der Köttsdorfer'schen Zahl.*

Diese Zahl gibt an, wie viel Milligramm Aetzkali zur Verseifung von 1 Grm. Fett erforderlich sind. 1—2 Grm. filtrirtes Butterfett werden in einem Kochfläschchen mit 25 Ccm. $^1/_2$ Normal-Kalilauge (weingeistiger) auf dem Wasserbade am Rückflusskühler bis zur vollständigen Verseifung (circa $^1/_4$ Stunde) erwärmt und nach dem Erkalten mit Phenolphtaleïnlösung versetzt und sodann mit $^1/_2$ Normal-Salzsäure bis zur Neutralisation titrirt. Die Anzahl der Milligramme des für 1 Grm. Fett verbrauchten Aetzkalis ergibt sich aus der Menge der angewandten Lauge und der zum Zurücktitriren verbrauchten Säure. Für reines Butterfett beträgt die Köttsdorfer'sche Zahl im Mittel 227, für die anderen Fette etwa 195·5.

### *Bestimmung der Hehner'schen Zahl.*

Diese Zahl gibt den Procentgehalt an festen, nicht flüchtigen Fettsäuren an. 3—4 Grm. Fett werden in einer Porcellanschale mit 50 Ccm. Weingeist und 2 Grm. Aetzkali auf dem Wasserbade verseift, dann wird der Alkohol verjagt, der Rückstand in 100 Ccm. heissen Wassers gelöst und mit verdünnter Schwefelsäure zersetzt. Die abgeschiedenen Fettsäuren werden auf einem bei 100° C. getrockneten, gewogenen Filter gesammelt, zuerst mit heissem, dann mit kaltem Wasser bis zum Verschwinden der sauren Reaction gewaschen, dann in einem Wägegläschen getrocknet und gewogen. Für reines Butterfett beträgt die Hehner'sche Zahl im Mittel 87·5, für die meisten Fette und Oele 95—97.

### *Bestimmung des Ranciditätsgrades.*

Die Rancidität wird gewöhnlich nach dem Gehalte an freien Säuren beurtheilt. Die Bestimmung der freien Säuren geschieht auf folgende Weise: Man löst 5—10 Grm. filtrirtes Butterfett in einem Gemisch von 20 Ccm. Aether und 10 Ccm. Alkohol, versetzt mit 1 Ccm. Phenolphtaleïnlösung und titrirt mit $^1/_{10}$

normal-alkoholischer Kalilauge. Von der verbrauchten Anzahl Cubikcentimeter Lauge wird die Zahl der Cubikcentimeter Lauge abgezogen, welche man bei einem Titrirversuch mit der gleichen Menge Alkohol und Aether allein verbraucht hat. Je 1 Ccm. verbrauchter Normallauge für 100 Grm. Fett entspricht Einem Ranciditätsgrade. Eine Butter, welche mehr als 8 Ranciditätsgrade zeigt, ist also stark ranzig, eine solche mit mehr als 12 Ranciditätsgraden als ungeniessbar anzusehen.

### *Prüfung auf fremde Farbstoffe.*

Von solchen sind besonders Curcuma, Orleans und Dinitrokresolkalium (Victoriagelb) zu berücksichtigen. 50—100 Grm. Butter werden in einem Kochkolben mit 100—200 Ccm. Wasser erwärmt und nach dem Schmelzen anhaltend geschüttelt, die wässrige Flüssigkeit wird durch ein angefeuchtetes Filter filtrirt und sodann geprüft:

1. Bei Gegenwart von Curcumafarbstoff bewirkt Ammoniak, sowie Kalilauge rothbraune Färbung, ebenso Borsäure.

2. Bei Gegenwart von Orleans bewirkt Zusatz von concentrirter Schwefelsäure zu der stark eingedampften Flüssigkeit Blaufärbung.

3. Bei Gegenwart von Victoriagelb scheidet sich auf Zusatz von Salzsäure ein krystallinischer Niederschlag von Binitrokresol ab unter gleichzeitiger Entfärbung der Flüssigkeit.

## Käse.

Die Untersuchung der Käse kann sich auf den Wassergehalt, Fettgehalt, Gesammtstickstoff, Salzgehalt, auf Farbstoffe und andere fremde Zusätze erstrecken. Je nach der Consistenz des Käses wird derselbe für die Untersuchung gleichförmig zerrieben oder durchgeknetet, worauf dann die erforderlichen Mengen abgewogen werden. Die Wasserbestimmung erfolgt durch Trocknen bei 100°—105°; zweckmässig wird dafür der Käse mit einer abgewogenen Sandportion innig gemengt. Die Fettbestimmung geschieht im Aetherextractionsapparate oder nach dem butyrometrischen Verfahren von Gerber. Die Bestimmung des Gesammtstickstoffes wird nach Kjeldahl ausgeführt. Es geht hier nicht an, aus dem gefundenen Stickstoff den Eiweissgehalt zu berechnen, weil die verschiedenen Käsesorten ausser den Eiweisskörpern beträchtliche Mengen anderer stickstoffhaltiger Verbindungen enthalten. Der Gehalt an Salzen wird durch Einäschern einer gewogenen Probe bestimmt; in der Asche kann man durch Titriren mit Silberlösung den Kochsalzgehalt ermitteln. In der Asche sind auch Metalle, wie Kupfer, Blei, Zinn, zu suchen. Der Nachweis von Farbstoffen, sowie von stärkmehlhältigen Substanzen erfolgt so, wie bei der Untersuchung von Milch und Butter.

## Mehl.

Bei der Untersuchung der Mehle nimmt die mikroskopische Prüfung den ersten Rang ein, die chemische Prüfung ergänzt dieselbe; sie erstreckt sich zumeist nur auf die Ermittelung des Wassergehaltes und mineralischer Beimengungen, wie Sand, Gyps,

Kreide, Porcellanthon, Schwerspath, Alaun, Kupfer- und Zinkverbindungen, sowie auf den Nachweis von Mutterkorn, Kornraden, Taumellolch und Wicken.

Den Wassergehalt findet man, indem man 3—5 Grm. Mehl in einem tarirten Porcellantiegel genau abwägt und dann in einem Trockenkasten bei 100°—105° C. bis zum constanten Gewichte trocknet. Der Gewichtsverlust beim Trocknen repräsentirt den Wassergehalt des Mehles; derselbe übersteigt bei tadellosem Mehle niemals 15%.

Den Gehalt an mineralischen Bestandtheilen, resp. Beimengungen, erfährt man durch das Einäschern einer gewogenen Mehlportion und Wägen der Aschenmenge. 5 Grm. Mehl werden in einem tarirten Porcellantiegel genau abgewogen und dann zuerst gelinde, später stärker, u. zw. stets bei unbedecktem Tiegel, erhitzt, bis alle Kohle verbrannt und die Asche weiss geworden ist. Nach dem Erkalten wird gewogen. Die Aschenmenge eines tadellosen Mehles beträgt nicht über 2%, wobei schon die bei der Bereitung unvermeidlich hinzukommenden mineralischen Stoffe eingerechnet sind. Eine qualitative Analyse der Asche wird über die Natur der Beimengung Aufschluss geben; dabei sind besonders die oben aufgezählten Substanzen zu berücksichtigen.

Man kann die Abscheidung mineralischer Beimengungen aus dem Mehl auch noch anders bewerkstelligen: 5 Grm. getrocknetes Mehl werden mit 30 Ccm. Chloroform in einem schmalen hohen Cylinder tüchtig geschüttelt, dann setzt man 30 Tropfen Wasser zu, schüttelt abermals und lässt hierauf ruhig stehen. Das Mehl steigt allmälig empor, während sich die mineralischen Stoffe zu Boden setzen. Durch Abgiessen des Chloroforms gewinnt man die letzteren und kann sie direct der qualitativen Analyse unterziehen.

Zum Nachweis von Unkrautsamen und Mutterkorn verfährt man zweckmässig nach Prof. A. Vogl folgendermassen: 2 Grm. Mehl werden mit 10 Ccm. 70%igen Weingeist, der 5% Salzsäure enthält, in einer Eprouvette anhaltend geschüttelt, worauf man die Mischung ruhig stehen lässt. Hat man reines Weizen- oder Roggenmehl vor sich, so bleibt sowohl dieses, als die darüber stehende Flüssigkeit farblos, nur bei grobem Mehl färbt sich die Flüssigkeit gelblich; Gerstenmehl, Hafermehl, Erbsen- und Maismehl liefern eine blassgelbe Flüssigkeit, bei Gegenwart von Kornraden und Taumellolch wird sie tief orangegelb, bei Anwesenheit von Wickenmehl schön purpurroth, durch Mutterkorn blutroth.

## Brot.

Die chemische Untersuchung der aus Roggen- oder Weizenmehl hergestellten Brotsorten erstreckt sich in der Regel nur auf die Bestimmung des Wasser- und Aschengehaltes und auf Beimengungen von Alaun, Kupfervitriol und Zinkvitriol, welche letzteren bisweilen verdorbenem Mehle vor der Brotbereitung zugesetzt werden.

Den Wassergehalt ermittelt man durch Trocknen eines gewogenen Brotstückes bei 100°—105° C. bis zum constanten Gewichte und den Aschengehalt durch Einäschern eines gewogenen Brotstückes und Wägen der Asche. Tadelloses Brot enthält im frischen Zustande bis 50%, später 30—40% Wasser, Roggenbrot enthält höchstens 3%, Weizenbrot 2·5% Asche.

Kupfer, Zink und Aluminium sind in der Asche durch die geeigneten Reactionen leicht nachzuweisen. Alaun lässt sich übrigens nach Horsley leicht in dem Brote direct nachweisen, wie folgt: Man bereitet sich durch Digeriren von 1 Grm. Campecheholz mit 20 Grm. Holzgeist eine Tinctur; von dieser werden 10 Ccm. mit 150 Ccm. Wasser und 10 Ccm. einer gesättigten Lösung von kohlensaurem Ammon gemischt, und das zu untersuchende Brot wird in diese Mischung eingetaucht und 6 Minuten darin gelassen, worauf man es an der Luft trocknen lässt. Bei Anwesenheit von Alaun wird das Brot nach 2—3 Stunden blau; reines, alaunfreies Brot wird braun.

## Conditorwaaren und Lebkuchen.

Die von den Zuckerbäckern und Lebzeltern erzeugten Gebäcke sind sehr häufig gefärbt oder mit einer gefärbten Verzierung versehen. Zum Färben dieser Objecte werden leider bisweilen sehr giftige Farben, wie Chromgelb, Auripigment, Grünspan, Schweinfurter Grün, basisch kohlensaures Kupfer, Bleiweiss, Zinkweiss, Fuchsin und andere Theerfarben benützt. Es ist daher oft genug Aufgabe der Chemie, in verdächtigen Conditor- und Lebzelterwaaren Arsen, Kupfer, Blei, Zink und Fuchsin nachzuweisen.

Den Nachweis von Arsen führt man in solchen Fällen am besten nach der Methode von Schneider aus (siehe Seite 244). Das beim Destilliren des Untersuchungsobjectes mit Kochsalz und Schwefelsäure erhaltene Destillat wird im Marsh'schen Apparate geprüft.

Auf Fuchsin und andere Theerfarben untersucht man den wässrigen filtrirten Auszug der Gebäcke nach den für die Prüfung des Weins auf Theerfarbstoffe angegebenen Methoden.

Kupfer, Blei, Zink werden in der Asche gesucht. Man verbrennt in einem unbedeckten Porcellantiegel einige Stücke von dem Gebäcke vollständig bei möglichst geringer Hitze, löst die Asche in verdünnter Salpetersäure und untersucht sie nach den Regeln der qualitativen Analyse.

## Conservirte Früchte und Gemüse.

Das Einsieden der Früchte mit Zucker geschieht bisweilen in kupfernen, unverzinnten Gefässen, auch wohl in glasirten und emaillirten Geschirren, deren Glasur und Email bleihaltig ist; in diesen Fällen können die fertigen Producte kupfer- oder bleihaltig sein. Den conservirten grünen Gemüsen wird häufig Kupfervitriol oder Grünspan zugesetzt, damit dieselben eine schön grüne Farbe bekommen. Werden die Conserven in Blechbüchsen aufbewahrt, so sind sie in der Regel mehr oder weniger zinnhaltig. Um die Haltbarkeit der Conserven zu erhöhen, werden denselben nicht selten beträchtliche Mengen von Salicylsäure, Borax oder Borsäure zugesetzt.

Die Prüfung auf Kupfer, Blei und Zinn in derlei Objecten wird am verlässlichsten in der Asche ausgeführt; man trocknet zunächst eine Quantität der zu untersuchenden Conserve, dampft etwa vorhandene Flüssigkeit ab und äschert in einem unbedeckten Porcellantiegel ein; die Asche löst man in Salzsäure oder verdünnter Salpetersäure und prüft die Lösung zuerst mit Schwefelwasserstoffwasser, und wenn dieses einen gelben oder braunschwarzen Niederschlag oder eine solche Trübung erzeugt, mit den Specialreagentien auf Kupfer, Blei und Zinn. Das Kupfer kann man oft schon dadurch nachweisen, dass man die Flüssigkeit (Essig) von den festen Theilen abfiltrirt und mit einem blanken Eisengegenstande, z. B. einer Stricknadel, längere Zeit in Berührung lässt, man findet dann an der Nadel einen kupferrothen Ueberzug.

Zum Nachweise der Salicylsäure und Borsäure bereitet man sich zunächst einen wässrigen Auszug der zu untersuchenden Conserve und prüft denselben nach den für die Untersuchung der Milch und des Weins auf diese beiden Säuren angegebenen Methoden.

## Honig.

Der Honig ist im frischen Zustande dickflüssig, je nach seiner Provenienz fast farblos, gelb bis dunkelgelb, ja selbst braun (Tannenhonig), von angenehmem Geruch und intensiv süssem Geschmacke; nach längerem Stehen, besonders bei niederen Temperaturen, scheidet sich krystallisirter Zucker aus. Die wesentlichsten Bestandtheile des Honigs sind Dextrose und Lävulose, von denen die letztere gewöhnlich überwiegt; daher ist reiner Blüthenhonig linksdrehend, es kommen aber auch bisweilen Coniferenhonige vor, die rechts drehen, da sie eine rechtsdrehende dextrinartige Substanz (Gallisin) enthalten.

König gibt für den Honig folgende mittlere Zusammensetzung an:

| | |
|---|---|
| Wasser | 20·60 % |
| Stickstoffhaltige Substanzen | 0·76 „ |
| Lävulose | 38·65 „ |
| Dextrose | 34·48 „ |
| Rohrzucker | 1·76 „ |
| Gummi | 0·22 „ |
| Pollen und Wachs | 0·71 „ |
| Andere Substanzen (Nichtzucker) | 2·82 „ |
| Asche | 0·25 „ |
| Phosphorsäure | 0·028 „ |
| Ameisensäure, Spur bis | 0·20 „ |

Der in den Handel gebrachte Honig ist häufig verfälscht, und zwar durch Zusatz von Wasser, Rohrzucker, Stärkezuckersyrup, selten durch Zusatz von Mehl, Tragant, Leim, Glycerin und Mineralsubstanzen, wie Gyps, Kreide, Thon.

Wasserzusatz ist durch eine Wasserbestimmung zu ermitteln, die man durch Eintrocknen einer gewogenen Honigportion mit Sand vornimmt. Der Wassergehalt erreicht bei unverfälschtem Honig nicht 25%.

Mineralsubstanzen werden durch Einäschern einer gewogenen Honigmenge, Wägen und Analysiren der Asche nachgewiesen. Wird mehr als 1% Asche gefunden, so deutet dies auf einen Zusatz an Mineralsubstanzen.

Zusatz von Mehl oder amylumhaltigen Substanzen überhaupt erkennt man, wenn man 1 Th. Honig in 2 Th. Wasser löst, diese Lösung mit 4 Th. Weingeist versetzt, dann längere Zeit ruhig stehen lässt und den von der Flüssigkeit getrennten Bodensatz mit Jodlösung prüft.

Zusatz von Rohrzucker und Stärkezucker (resp. Stärkezuckersyrup) kann man erkennen durch Polarisation einer 20°/₀igen Lösung des zu untersuchenden Honigs und durch darauffolgende Polarisation der invertirten Lösung. Reiner Honig dreht in der Regel links, nach der Inversion wird die Linksdrehung grösser. Enthält der Honig Rohrzucker, so dreht er rechts, nach der Inversion links. Enthält der Honig Stärkezucker, so dreht er vor und nach der Inversion rechts. Dabei ist allerdings zu berücksichtigen, dass Tannenhonige wegen ihres grösseren Gehaltes an Gallisin (Dextrin) rechtsdrehend sind, und dass natürlicher Honig bisweilen mehrere Procente Rohrzucker enthält. Stärkezuckerzusatz lässt sich, da derselbe in der Regel grössere Mengen von Dextrin enthält, auch dadurch nachweisen, dass man die Honiglösung mit Reinhefe vergähren lässt. Zeigt die Lösung in der ursprünglichen Concentration von 20% auch nach der Gährung noch beträchtliche Rechtsdrehung, so kann man auf Stärkezuckerzusatz schliessen.[1])

## Wein.

Für die Beurtheilung der Weine hat sich die Untersuchung meistens zu erstrecken auf: das specifische Gewicht, den Gehalt an Alkohol, Extract, Glycerin, Mineralstoffe, freie Säure, Schwefelsäure, Gesammtstickstoff, schweflige Säure, ferner auf den Nachweis von Salicylsäure, Borsäure, Saccharin und Theerfarbstoffe.

Das specifische Gewicht ist mittelst des Pyknometers bei 15° C. zu bestimmen.

Der Alkoholgehalt wird durch Destillation und Prüfung des Destillates ermittelt. 100 Ccm. Wein werden mit 50 Ccm. Wasser versetzt und diese Mischung aus einer Kochflasche oder Retorte, welche mit einem Liebig'schen Kühler verbunden sind, bei guter Kühlung destillirt; als Vorlage benützt man ein 100 Ccm. Kölbchen mit Marke. Man destillirt, bis 90 Ccm. Destillat übergegangen sind, dann verdünnt man das Destillat mit destillirtem Wasser auf 100 Ccm., bringt dasselbe auf 15° C., bestimmt mittelst des Pyknometers das specifische Gewicht und berechnet daraus den Alkoholgehalt.[2])

Der Extractgehalt ergibt sich durch Eindampfen von 50 Ccm. Wein (bei 15° C. gemessen) in einer Platinschale (von circa 85 Mm. Durchmesser, 20 Mm. Höhe und 75 Ccm. Inhalt) auf dem Wasserbade, Trocknen des Abdampfrückstandes bei 100° C. während 2½ Stunden und Wägen, nachdem die Schale im Exsiccator erkaltet ist.

Der Glyceringehalt wird auf folgende Weise bestimmt: 100 Ccm. Wein werden in einer Porcellanschale auf dem Wasserbade bis auf ungefähr 10 Ccm. verdampft, dann wird Kalkmilch bis zur deutlich alkalischen Reaction und etwas Quarzsand zugegeben und nun eingetrocknet. Den Rückstand verreibt man mit 50 Ccm. 96°/₀igem Weingeist, kocht einmal auf und wäscht das Ungelöste mit heissem Weingeist nach; die Gesammtmenge von Filtrat und Waschflüssigkeit beträgt 100—200 Ccm. Diese alkoholische Flüssigkeit verdampft man auf dem

[1]) Falls reiner Traubenzucker zugesetzt worden ist, ist diese Gährprobe selbstverständlich unbrauchbar.

[2]) Sehr expeditiv, wenn auch etwas weniger genau, gestaltet sich die Alkoholbestimmung mittelst Geissler's Vaporimeter. Diesem Apparate wird eine Gebrauchsanweisung beigegeben, welche dessen Handhabung erläutert.

Wasserbade bis zur Zähflüssigkeit (selbstverständlich kann man den Weingeist auch durch Abdestilliren wiedergewinnen), spült den Abdampfrückstand sodann mit 10 Ccm. absolutem Alkohol quantitativ in ein verstopfbares Fläschchen, setzt 15 Ccm. Aether zu und lässt bis zur vollständigen Klärung ruhig stehen; die klare Flüssigkeit verdampft man in einem tarirten, mit Glasstöpsel verschliessbaren Wägegläschen bis zur Syrupconsistenz, trocknet 1 Stunde lang bei 100° und wägt das Gläschen sammt dem Glycerin.

Süssweine werden wie folgt behandelt: Zu 50 Ccm. Süsswein setzt man eine genügende Menge von pulverigem gelöschten Kalk, so dass stark alkalische Reaction auftritt, dann gibt man etwas Quarzsand zu und erwärmt in einer Kochflasche unter öfterem Umschütteln auf dem Wasserbade: nach dem Erkalten setzt man 100 Ccm. 96%igen Weingeist zu, lässt den entstehenden Niederschlag absetzen, filtrirt und wäscht mit Weingeist nach. Das gesammte Filtrat wird verdampft und weiter, wie oben beschrieben, behandelt.

Die Gesammtmenge der Mineralstoffe ergibt sich aus einer Aschenbestimmung. 50 Ccm. Wein werden in einem gewogenen Tiegel zunächst vorsichtig zur Trockene verdampft, dann wird die Temperatur allmälig gesteigert, schliesslich wird die Kohle durch gelindes Glühen verbrannt, so dass reine Asche zurückbleibt. Sollten die letzten Reste der Kohle schwer verbrennen, so befeuchtet man nach dem Erkalten die kohlige Asche mit wenig Tropfen Wasser, verdampft und glüht und wiederholt dies eventuell noch einmal.

Die Gesammtmenge der sauer reagirenden Bestandtheile findet man, indem man 10—20 Ccm. Wein mit Zehntelnormal-Natronlauge titrirt, wobei man empfindliches Lakmuspapier als Indicator anwendet. Nach jedem Zusatz von Lauge bringt man 1 Tröpfchen der Flüssigkeit auf einen Streifen des Lakmuspapieres und beobachtet die eintretende Reaction; es wird so lange Lauge zugesetzt, bis bei der Probe eben Blaufärbung eintritt. Aus der Menge der verbrauchten Zehntelnormallauge berechnet man die vorhandene Säuremenge, und zwar ist es gebräuchlich, auf Weinsäure zu rechnen; 1 Ccm. Zehntelnormallauge entspricht 0·0075 Grm. Weinsäure.

Die Schwefelsäure wird unter Anwendung von 50—100 Ccm. Wein durch Chlorbaryum als Baryumsulfat abgeschieden und der Niederschlag im Uebrigen weiter behandelt, wie das bei der Bestimmung der Schwefelsäure im Wasser (Seite 330) angegeben ist.

Der Gesammt-Stickstoffgehalt wird nach Kjeldahl's Methode bestimmt; man verwendet dafür 50 Ccm. Wein.

Nachweis der schwefligen Säure. Man destillirt in einem kleinen gläsernen Destillirapparate von 50 Ccm. Wein etwa 2 Ccm. ab; ist schweflige Säure in dem Wein enthalten, so ist sie in das Destillat übergegangen und findet sich in demselben. Ein Theil des Destillates wird mit einigen Tropfen einer neutralen Lösung von salpetersaurem Silber versetzt. Wenn auch nur Spuren von schwefliger Säure zugegen sind, so wird die Flüssigkeit opalisirend, bei erheblichen Mengen entsteht ein weisser Niederschlag von schwefligsaurem Silber, der sich auf Zusatz von Salpetersäure löst. Einer anderen Portion des Destillates setzt man tropfenweise eine verdünnte Lösung von übermangansaurem Kalium zu; sie wird bei Anwesenheit von schwefliger Säure entfärbt. Zu einer dritten Probe setzt man etwas Jodstärke (aus verdünntem Stärkekleister und wenigen Tropfen

Jodtinctur bereitet). Die blaue Färbung verschwindet bei Gegenwart von schwefliger Säure sofort.

Eine sehr einfache Methode zum Nachweis der schwefligen Säure besteht in der Reduction derselben zu Schwefelwasserstoff, der sehr leicht durch Bleisalze erkannt wird. Man füllt einen schmalen, etwa 15—20 Cm. hohen Glascylinder ungefähr zur Hälfte mit dem zu prüfenden Weine, setzt etwa 1 Grm. Zinkstaub und einige Cubikcentimeter verdünnter Salzsäure zu und hängt in dem oberen Theile des Cylinders einen mit Bleizuckerlösung getränkten Streifen von Filtrirpapier auf. Ist schweflige Säure vorhanden, so wird dieselbe zu Schwefelwasserstoff reducirt, welcher aus der Flüssigkeit zum Theile entweicht, und sobald er mit dem Bleizuckerpapiere zusammenkommt, dasselbe bräunt oder schwärzt. Durch einen Parallelversuch, den man mit dem Zinkstaub, mit verdünnter Salzsäure und destillirtem Wasser in ganz gleicher Weise anstellt, muss man sich von der Reinheit der verwendeten Reagentien überzeugen, weil der Zinkstaub bisweilen Schwefelzink enthält und dann mit Salzsäure Schwefelwasserstoff entwickelt.

Handelt es sich um die quantitative Bestimmung der in einem Weine vorhandenen schwefligen Säure, so versetzt man 100 Ccm. der Weinprobe mit einigen Cubikcentimetern verdünnter Phosphorsäure und destillirt aus einer Kochflasche oder Retorte, durch welche man einen langsamen Strom von Kohlensäure leitet, bei guter Kühlung ein Drittel ab. In die Vorlage hat man 5 Ccm. Zehntelnormal-Jodlösung (behufs Oxydation der schwefligen Säure zu Schwefelsäure) gebracht. Nach beendeter Destillation setzt man etwas Salzsäure zu dem noch freies Jod enthaltenden Destillate, fällt mit Chlorbaryum und verfährt weiter nach Seite 330. Die vorgelegte Jodlösung muss selbstverständlich vollkommen frei von Schwefelsäure sein und muss daher vor ihrer Verwendung geprüft werden.

Nachweis der S a l i c y l s ä u r e. 100 Ccm. Wein werden 2—3mal im Schüttelkölbchen mit Chloroform ausgeschüttelt, nach dem Absetzen der Chloroformschichte wird diese abgelassen. Das gesammte Chloroform wird durch ein trockenes Filter filtrirt und in einer flachen Schale verdunstet, der Rückstand wird mit einer verdünnten Lösung von Eisenchlorid geprüft; bei Gegenwart von Salicylsäure tritt Violettfärbung ein. Man kann auch mit Schwefelkohlenstoff ausschütteln, den abgeschiedenen Schwefelkohlenstoff durch ein trockenes Filter filtriren und dann direct mit einer sehr verdünnten Eisenchloridlösung schütteln, wobei, wenn Salicylsäure vorhanden ist, Violettfärbung erfolgt.

Zum Nachweise sehr geringer Mengen von Salicylsäure empfiehlt R ö s e folgendes sehr empfehlenswerthe Verfahren: 50 Ccm. Wein werden mit 25 Ccm. Aether und 25 Ccm. Petroleumäther im Schüttelkölbchen tüchtig durchgeschüttelt, dann lässt man absetzen und hierauf die wässrige Flüssigkeit ablaufen, die ätherische Flüssigkeit filtrirt man durch ein trockenes Filter in ein Kölbchen und destillirt Aether und Petroleumäther bis auf etwa 3—5 Ccm. ab, dann giesst man zu dem noch heissen Kolbeninhalt 3 Ccm. Wasser zu, schüttelt gut um, setzt einige Tropfen verdünnter Eisenchloridlösung zu und filtrirt nun durch ein mit Wasser angefeuchtetes Filter, durch das nur die wässrige Flüssigkeit abläuft. Bei Gegenwart von selbst nur sehr geringen Mengen Salicylsäure ist das wässrige Filtrat violett.

Der Nachweis der B o r s ä u r e geschieht zweckmässig nach der Methode, welche Seite 353 für die Prüfung der Milch auf Borsäure angegeben ist.

Nachweis des Saccharins. 100 Ccm. Wein werden zweimal nacheinander mit je 50 Ccm. einer Mischung von gleichen Raumtheilen Aether und Petroleumäther im Schüttelkölbchen ausgeschüttelt. Die von der wässrigen Flüssigkeit getrennten ätherischen Auszüge werden durch ein trockenes Filter filtrirt und aus dem Filtrate wird Aether und Petroleumäther abdestillirt. War Saccharin im Weine vorhanden, so schmeckt der Destillationsrückstand süss. Man prüft diesen Rückstand noch weiter wie folgt: Er wird in einigen Tropfen Natronlauge gelöst, die Lösungen in einen Silbertiegel gespült, verdampft und der Trockenrückstand mit 1 Grm. Aetznatron etwa $^1/_2$ Stunde lang bei 250° geschmolzen. Nach dem Erkalten wird die Schmelze in wenig Wasser gelöst, die Lösung mit verdünnter Schwefelsäure angesäuert und sodann mit Aether ausgeschüttelt, der die aus dem Saccharin beim Schmelzen mit Aetznatron gebildete Salicylsäure aufnimmt. Man verdampft den Aether in einem Schälchen und prüft den Rückstand mit verdünnter Eisenchloridlösung. War Saccharin in dem Weine vorhanden, so tritt die Salicylsäure-Reaction, d. h. Violettfärbung ein.

Nachweis der Theerfarbstoffe. Rothweine, die häufig mit verschiedenen Theerfarben versetzt sind, werden systematisch, wie folgt, untersucht:

I. 50—100 Ccm. des Weines werden mit 5—10 Ccm. 10%iger Kaliumbisulfatlösung 5 Minuten lang mit einigen weissen Wollfäden gekocht; nach dieser Behandlung werden die Wollfäden mit Wasser gewaschen und darauf mit wässriger Ammoniakflüssigkeit behandelt. Enthält der Wein einen Theerfarbstoff, so erscheint die Wolle schon nach dem Kochen mit der Kaliumbisulfatlösung intensiver roth, als dies bei reinem Wein der Fall ist und nach der Behandlung mit Ammoniak wird der Wollfaden nicht schmutzig-grünlich, sondern er bleibt entweder roth oder er wird gelblich und nach abermaliger Behandlung mit Wasser und Auswaschen des Ammoniaks wieder roth. Soll die Natur des fremden Farbstoffes ermittelt werden, so wäscht man die gefärbte Wolle mit verdünnter Weinsäurelösung, um die Weinfarbstoffe zu beseitigen, und presst dann zwischen Filtrirpapier ab, dann betropft man die so präparirten Wollfäden in einer Eprouvette mit concentrirter Schwefelsäure, wobei man in der Regel schon die charakteristischen Reactionen der verschiedenen Diazokörper beobachtet; sollte jedoch die Wolle dabei schmutzig grün werden, so müsste man für die weitere Prüfung den Farbstoff von der Wolle trennen. Zu diesem Zwecke wird die Wolle mit soviel Schwefelsäure übergossen, dass sie davon ganz bedeckt ist und 5—10 Minuten damit in Berührung gelassen, dann setzt man 10 Ccm. Wasser zu, nimmt die Wolle aus der Flüssigkeit heraus, übersättigt die Flüssigkeit mit Ammoniak und fügt nach dem Erkalten 5—10 Ccm. Amylalkohol und einige Tropfen Weingeist zu, worauf man gelinde umschüttelt. Nach dem Absetzen wird die alkoholische Schichte mit einer Pipette abgesaugt, durch ein trockenes Filter filtrirt, in einem Porcellanschälchen vollständig zur Trockene verdampft und der rothe Rückstand mit einigen Tropfen concentrirter Schwefelsäure versetzt, wobei man je nach der Natur des Farbstoffes verschiedene Reactionen beobachtet. Bisweilen empfiehlt es sich, so zu verfahren, dass man die filtrirte amylalkoholische Flüssigkeit mit Wasser ausschüttelt, die wässrige Lösung (welche nun den Farbstoff enthält), nach Entfernung des Amylalkohols verdampft und den Rückstand dann weiter, wie oben angegeben, prüft.

II. 50 Ccm. Wein werden mit Bleiessig ausgefällt und sodann filtrirt. Bei reinem Wein erscheint das Filtrat ungefärbt, bei Gegenwart gewisser Theerfarbstoffe dagegen gefärbt. Diese Probe dient also auch zur Orientirung.

III. Von dem zu untersuchenden Wein wird eine Probe, so wie sie ist, und eine zweite Probe nach Uebersättigen mit Ammoniak mit Aether ausgeschüttelt. Man verwendet dafür je 100 Ccm. Wein, 30 Ccm. Aether und für die zweite Probe noch 5 Ccm. Ammoniak. Das Ausschütteln soll, um eine gute Abscheidung der Aetherschichte zu erzielen, in engen Cylindern vorgenommen werden, die mit Glasstöpsel zu verschliessen sind. Von der ätherischen Schichte werden etwa 20 Ccm. mit einer Pipette abgehoben und in eine Porcellanschale gebracht, in die man einen Wollfaden gelegt hat. Enthält der Wein weder Fuchsin, noch einen anderen Theerfarbstoff, so ist die Wolle nach dem Verdunsten des Aethers von der ammoniakalischen Weinprobe rein weiss geblieben, bei der nicht mit Ammoniak versetzten Weinprobe dagegen etwas bräunlich geworden. Fuchsin gibt sich dadurch zu erkennen, dass die mit dem Aether von der ammoniakalischen Probe behandelte Wolle nach dem Eintrocknen schön roth wird. Das sogenannte Säurefuchsin ist auf diesem Wege nicht deutlich nachzuweisen.

IV. Genau nach Einhaltung der in III. für die Aetherprobe gegebenen Vorschriften sind weitere Proben mit Amylalkohol auszuführen, und zwar mit dem Weine, wie er ist, dann mit angesäuertem, endlich mit ammoniakalischem Weine. Nimmt der Amylalkohol aus dem ursprünglichen Weine viel Farbstoff auf, so ist der Wein jedenfalls verdächtig. Gibt der ammoniakalische Wein eine gefärbte Ausschüttlung mit Amylalkohol, so ist sicher ein Theerfarbstoff vorhanden, schwieriger ist die Entscheidung beim angesäuerten Wein, da auch viel reiner Weinfarbstoff in den Amylalkohol übergeht; in diesem Fall muss man den Amylalkohol mit Wasser ausschütteln, welches den Theerfarbstoff rascher aufnimmt als den Weinfarbstoff. Die so erhaltene wässrige Ausschüttlung kann dann weiter geprüft werden.

V. 10 Ccm. Wein werden bei gewöhnlicher Temperatur mit 0·2 Grm. gelbem Quecksilberoxyd[1]) in einer Eprouvette 1 Minute lang kräftig geschüttelt, dann wird durch ein doppeltes, eventuell dreifaches mit Wasser angefeuchtetes Filter filtrirt. Eine zweite Probe führt man mit denselben Quantitäten so aus, dass man die Flüssigkeit erwärmt und einmal aufkochen lässt und nach dem Absetzen filtrirt. Ist das Filtrat trübe, so muss es nochmals auf das Filter aufgegossen werden. Erscheint das Filtrat gefärbt, so deutet das auf die Anwesenheit eines Theerfarbstoffes. Einige Theerfarbstoffe entziehen sich bei dieser Probe dem Nachweise.

Prüfung auf Blei. Eine absichtliche Verfälschung des Weins durch Zusatz von Bleisalzen (Bleizucker), wie sie in früherer Zeit öfter vorgekommen sein soll, dürfte sich wohl heut zu Tage nicht mehr ereignen, dagegen könnte Blei in einen Wein zufällig gelangen, z. B. von dem zum Reinigen der Gefässe häufig angewendeten Schrott.

Durch Schwefelwasserstoff lässt sich das Blei aus dem Wein direct abscheiden; man versetzt also 100—500 Ccm. Wein mit frisch bereitetem Schwefelwasserstoffwasser, lässt einige Stunden stehen, filtrirt den Niederschlag, wenn ein solcher entstanden, ab, wäscht ihn mit schwefelwasserstoffhaltigem Wasser aus und prüft ihn am zweckmässigsten vor dem Löthrohre oder mit Hilfe der Flammenreactionen auf Blei.

---

[1]) Rothes Quecksilberoxyd ist für diesen Versuch unbrauchbar.

## Bier.

Für die Beurtheilung des Bieres erstreckt sich die Untersuchung zumeist auf die Bestimmung des specifischen Gewichtes, des Gehaltes an Alkohol, Extract, Gesammtstickstoff, Säure, Glycerin, Mineralstoffe (darunter besonders speciell Phosphorsäure), ferner auf den Nachweis von Saccharin, Salicylsäure, Borsäure, schwefliger Säure und bitterschmeckenden Substanzen, welche dem Hopfen substituirt werden, von denen die bedenklichsten Pikrinsäure, Pikrotoxin und Strychnin, resp. diese beiden letzteren enthaltende Pflanzentheile sind.

Das specifische Gewicht wird wie beim Wein 15° C. mit dem Pyknometer bestimmt, man verwendet dazu von Kohlensäure befreites Bier, welches man durch Schütteln des Bieres in offenen Kölbchen und durch Evacuiren mittelst einer Wasserluftpumpe herstellt.

Die Bestimmungen des Alkohols, des Extractgehaltes, des Gesammtstickstoffes, der Säure, der Mineralstoffe (Asche), sowie der Nachweis der schwefligen Säure, Borsäure, Saccharin und Salicylsäure können nach den für die Untersuchung des Weines angegebenen Methoden vorgenommen werden.

Die Bestimmung des Glycerins geschieht, wie folgt: 50 Ccm. entkohlensäuertes Bier werden auf dem Wasserbad erwärmt, bis die letzten Spuren von Kohlensäure entfernt sind, dann setzt man 3 Grm. Aetzkalk zu, dampft zur Syrupconsistenz ein, fügt 10 Grm. Seesand hinzu und trocknet so weit ein, dass die Masse sich von den Wandungen der Abdampfschale ablösen lässt; diese Masse kocht man wiederholt mit 90% Weingeist, wobei man im Ganzen 150 Ccm. verwendet; die filtrirte alkoholische Flüssigkeit wird vom Alkohol befreit, der Rückstand mit 10 Ccm. absoluten Alkohols aufgenommen, worauf man dreimal nacheinander je 5 Ccm. Aether zusetzt, dann absetzen lässt, die klare Lösung abgiesst und verdampft. Den Rückstand behandelt man noch einmal, eventuell zweimal mit Alkohol-Aether (2 : 3) in derselben Weise. Schliesslich wird die Glycerinlösung in einer tarirten Platinschale zur Trockene verdampft, der Rückstand 1 Stunde bei 100° getrocknet, gewogen, worauf man einäschert, die Asche wägt und von dem gewogenen Glycerin abzieht.

Die Bestimmung der Phosphorsäure wird nach der Molybdänmethode ausgeführt: 50 oder 100 Ccm. Bier werden unter Zusatz von 0·5 Grm. kohlensaurem Natrium zur Trockene verdampft, der Trockenrückstand wird eingeäschert, die Asche mit verdünnter Salpetersäure gelöst, die Lösung filtrirt. Diese Lösung wird mit soviel salpetersaurem Ammon versetzt, dass die Flüssigkeit 15% davon enthält, dann werden für je 0·1 Grm. Phosphorsäure mindestens 50 Ccm. Molybdänlösung[1]) zugesetzt, worauf man auf 80° bis 90° erhitzt, 2 Stunden stehen lässt, dann den Niederschlag abfiltrirt und mit Ammonnitratlösung (10%) wäscht; der Niederschlag wird auf dem Filter mit $2^1/_2$% Ammoniakflüssigkeit gelöst, das Filter nachgewaschen, so dass das Filtrat etwa 75 Ccm. beträgt und mit Salzsäure annähernd neutralisirt. Nach dem Erkalten

[1]) 150 Grm. krystallisirten molybdänsauren Ammons werden in destillirtem Wasser zu 1 Liter Flüssigkeit gelöst, worauf man 1 Liter reine Salpetersäure von 1·2 spec. Gew. zusetzt und umschüttelt.

setzt man auf je 0·1 Grm. Phosphorsäure 10 Ccm. Magnesiamixtur[1]) unter stetem Umrühren zu, fügt $^1/_3$ Vol. Ammoniak zu und lässt 2 Stunden bedeckt stehen. Nun filtrirt man den Niederschlag auf einem aschefreien Filter ab, wäscht mit $2^1/_2$% Ammoniakflüssigkeit bis zum Verschwinden der Chlorreaction, trocknet den Niederschlag und behandelt ihn weiter so, wie das bei der Bestimmung des Magnesiums im Wasser (Seite 326) angegeben ist.

Prüfung auf Pikrinsäure. Man verfährt zweckmässig nach Fleck auf folgende Weise: $^1/_2$ Liter des Bieres wird auf dem Wasserbade bis zur Syrupconsistenz verdampft, der Syrup mit dem zehnfachen Volumen absoluten Alkohols versetzt und die Flüssigkeit filtrirt; das Filtrat wird auf dem Wasserbade zur Trockene verdampft, der Abdampfrückstand einigemale mit Wasser ausgekocht, die erhaltenen filtrirten Flüssigkeiten werden wieder eingedampft und der Trockenrückstand mit Aether extrahirt, welcher die Pikrinsäure löst und sie nach dem Verdunsten in gelben Blättchen oder Nadeln krystallisirt zurücklässt. Die so dargestellte Pikrinsäure löst man nun in Wasser und macht mit der Lösung folgende zwei Proben: 1. Man taucht Fäden von Schafwolle oder Seide ein; dieselben färben sich in der Pikrinsäurelösung intensiv gelb und die Farbe ist durch Wasser nicht wegzuwaschen. 2. Man setzt der Lösung etwas Cyankalium zu und erwärmt; es tritt eine blutrothe Färbung auf, indem Isopurpursäure entsteht.

Prüfung auf Strychnin und Pikrotoxin. Nach Dragendorff verfährt man zur Abscheidung dieser Körper, die aus den bei der Bierbereitung bisweilen zugesetzten Kokkelskörnern und Brechnüssen in das Bier gelangen, wie folgt: Ungefähr 2 Liter Bier werden auf dem Wasserbade bis auf die Hälfte verdampft, die noch heisse Flüssigkeit wird mit Bleiessig und etwas Ammoniak vollständig ausgefällt und darauf rasch filtrirt, der Niederschlag wird nicht ausgewaschen. Aus dem Filtrate wird durch verdünnte Schwefelsäure das überschüssig zugesetzte Blei gefällt und die Flüssigkeit wird von dem schwefelsauren Blei abfiltrirt.

Da durch Bleiessig und Ammoniak die Hopfenbestandtheile vollständig gefällt werden, so darf dieses Filtrat, wenn das Bier rein war, nicht mehr bitter schmecken. Das Filtrat wird nun mit Ammoniak so lange versetzt, bis Methylviolett dadurch nicht mehr blau gefärbt wird, dann ist alle Schwefelsäure und auch wohl ein Theil der Essigsäure neutralisirt; nunmehr verdampft man auf dem Wasserbade bis zu einem Volumen von $^1/_4$ Liter, setzt 1 Liter absoluten Alkohol zu, um Dextrin und andere Stoffe zu fällen, stellt in einer verstopften Flasche 24 Stunden lang an einen kühlen Ort und filtrirt dann. Von dem Filtrate wird der Alkohol abdestillirt und die rückständige, wässrige, sauer reagirende Flüssigkeit wird nach dem Erkalten mit Chloroform wiederholt ausgeschüttelt, die Chloroformlösung wird, wenn sie sich nicht klar abscheidet, durch ein trockenes Filter filtrirt, das Chloroform wird abdestillirt und der Destillationsrückstand wird dann in der auf Seite 302 beschriebenen Weise gereinigt und den Reactionen auf Pikrotoxin unterzogen (vgl. Seite 291).

Die vom Chloroform getrennte wässrige Flüssigkeit wird mit Ammoniak alkalisch gemacht und mit Benzol ausgeschüttelt. Auch die Benzollösung wird, wenn sie sich nicht ganz klar abscheidet, durch ein trockenes Filter filtrirt, das Benzol wird verdunstet und der Rückstand auf Strychnin geprüft (vgl. Seite 293).

[1]) 110 Grm. Chlormagnesium und 140 Grm. Chlorammonium werden in 1300 Ccm. Wasser gelöst, die Lösung mit Ammoniakflüssigkeit bis auf 2 Liter verdünnt.

## Branntweine und Liqueure.

Bei der Untersuchung der hierher gehörigen alkoholhaltigen Flüssigkeiten handelt es sich zumeist um die Bestimmung des Gehaltes an Alkohol, des Extractes, der Fuselöle, ferner um den Nachweis von Saccharin, Blausäure, Nitrobenzol, Aldehyd, Furfurol, Kupfer und anderen Metallen, Theerfarbstoffen.

Für Alkohol, Extract, Saccharin und Theerfarbstoffe gelten die beim Wein angeführten Methoden.

Nachweis der Blausäure. Die auf Blausäure zu untersuchende Flüssigkeit wird nach dem Ansäuern mit Weinsäure destillirt und in dem ersten Antheile des Destillates die Blausäure nach den auf Seite 158 angegebenen Methoden gesucht.

Nachweis des Nitrobenzols. Enthält ein Liqueur oder Branntwein auch nur sehr geringe Mengen von Nitrobenzol, so verräth sich dieses schon durch seinen Geruch, den man am besten wahrnimmt, wenn man einige Tropfen auf den beiden Handflächen verreibt und, indem die Flüssigkeit an der Luft verdunstet, von Zeit zu Zeit dazu riecht. Der chemische Nachweis ist einfach und sicher und lässt noch minimale Spuren von Nitrobenzol erkennen. Man versetzt in einem Kölbchen 100 Ccm. des Liqueurs oder Branntweines mit 1—2 Grm. Zinkstaub und 2—3 Ccm. concentrirter Salzsäure, schüttelt wiederholt um und lässt diese Substanzen 1 Stunde lang auf einander wirken, um das Nitrobenzol vollständig zu Anilin zu reduciren; hierauf filtrirt man von dem ungelösten Zinkstaub ab und dampft das Filtrat auf dem Wasserbade bis zur Hälfte ein. Nach dem Auskühlen bringt man die Flüssigkeit in ein Schüttelkölbchen, setzt Natronlauge im Ueberschusse zu (bis sich das anfangs abgeschiedene Zinkoxydhydrat wieder gelöst hat) und schüttelt mit Aether aus; die ätherische Lösung wird getrennt und in einem flachen Schälchen bei gewöhnlicher Temperatur an der Luft verdunstet. War Nitrobenzol in dem untersuchten Liqueur vorhanden, so bleibt nun beim Verdunsten der ätherischen Lösung freies Anilin zurück, welches in folgender Weise nachzuweisen ist: Das Schälchen wird mit 2—3 Ccm. Wasser ausgespült, die grössere Hälfte der erhaltenen Lösung wird tropfenweise mit einer Auflösung von Chlorkalk oder unterchlorigsaurem Natrium versetzt; ist Anilin vorhanden, so färbt sich die Flüssigkeit violett. Die kleinere Hälfte wird mit einem Tropfen Salzsäure angesäuert und in diese Flüssigkeit ein Fichtenspahn getaucht; derselbe färbt sich alsbald intensiv gelb, wenn auch nur Spuren von Anilin vorhanden sind.

Wäre zu vermuthen, dass in dem Liqueur oder Branntwein Anilinsalze gelöst sind, so müsste man denselben mit Wasser verdünnen, destilliren und das Destillat in der beschriebenen Weise auf Nitrobenzol prüfen.

Nachweis des Aldehyds. 50 Ccm. Branntwein oder Destillat von Liqueur werden mit einigen Cubikcentimetern verdünnter durch schweflige Säure eben entfärbten Fuchsinlösung versetzt. Bei Gegenwart von Aldehyd wird die Flüssigkeit roth.

Nachweis des Furfuroles. 10 Ccm. Branntwein oder Liqueurdestillat werden mit 10 Tropfen Anilinöl und 2—3 Tropfen Salzsäure oder Essigsäure versetzt. Bei Gegenwart von Furfurol färbt sich die Flüssigkeit rosaroth.

Bestimmung der Fuselöle. Die von Röse angegebene, seither etwas modificirte Methode beruht darauf, dass Chloroform aus einer wässerigen Lösung von Aethylalkohol und Fuselölen nur die letzteren in grösserer Menge aufzulösen vermag. Man misst bei 15° genau 200 Ccm. des zu untersuchenden Branntweins ab, bringt ihn in einen Destillirkolben, gibt etwas Kalilauge zu und destillirt bei guter Kühlung $^4/_5$ der Flüssigkeit ab; das Destillat verdünnt man mit destillirtem Wasser, so dass es bei 15° genau das Volumen von 200 Ccm. hat; nun bestimmt man pyknometrisch das spec. Gew. und berechnet genau, wie viel Vol. % Alkohol dasselbe enthält. Für die weitere Prüfung muss die Flüssigkeit genau 30 Vol. % Alkohol enthalten, man verdünnt deshalb nach der folgenden Tabelle:

| Zu 100 Ccm. Alkohol vom Vol.%Gehalt | sind zuzusetzen Wasser Ccm. | Zu 100 Ccm. Alkohol vom Vol.%Gehalt | sind zuzusetzen Wasser Ccm. | Zu 100 Ccm. Alkohol vom Vol.%Gehalt | sind zuzusetzen Wasser Ccm. | Zu 100 Ccm. Alkohol vom Vol.%Gehalt | sind zuzusetzen Wasser Ccm. |
|---|---|---|---|---|---|---|---|
| 30 | 0·0 | 44 | 47·1 | 58 | 94·9 | 72 | 143·2 |
| 31 | 3·3 | 45 | 50·5 | 59 | 98·3 | 73 | 146·7 |
| 32 | 6·6 | 46 | 53·9 | 60 | 101·8 | 74 | 150·2 |
| 33 | 10·0 | 47 | 57·3 | 61 | 105·2 | 75 | 153·6 |
| 34 | 13·4 | 48 | 60·7 | 62 | 108·6 | 76 | 157·1 |
| 35 | 16·7 | 49 | 64·1 | 63 | 112·1 | 77 | 160·6 |
| 36 | 20·1 | 50 | 67·5 | 64 | 115·5 | 78 | 164·1 |
| 37 | 23·4 | 51 | 70·9 | 65 | 119·9 | 79 | 167·6 |
| 38 | 26·8 | 52 | 74·3 | 66 | 122·4 | 80 | 171·1 |
| 39 | 30·2 | 53 | 77·7 | 67 | 125·9 | 81 | 174·6 |
| 40 | 33·5 | 54 | 81·2 | 68 | 129·4 | 82 | 178·1 |
| 41 | 36·9 | 55 | 84·6 | 69 | 132·8 | 83 | 181·6 |
| 42 | 40·3 | 56 | 88·0 | 70 | 136·3 | 84 | 185·1 |
| 43 | 43·7 | 57 | 91·4 | 71 | 139·7 | 85 | 188·6 |

Enthält das Untersuchungsobject weniger als 30 Vol. % Alkohol, so muss man reinen absoluten Alkohol zusetzen, dessen Menge für 100 Ccm. nach der Formel $x = \frac{300-10v}{7}$ berechnet wird, worin v den Vol. % Gehalt des Destillates ausdrückt.

Fig. 30.

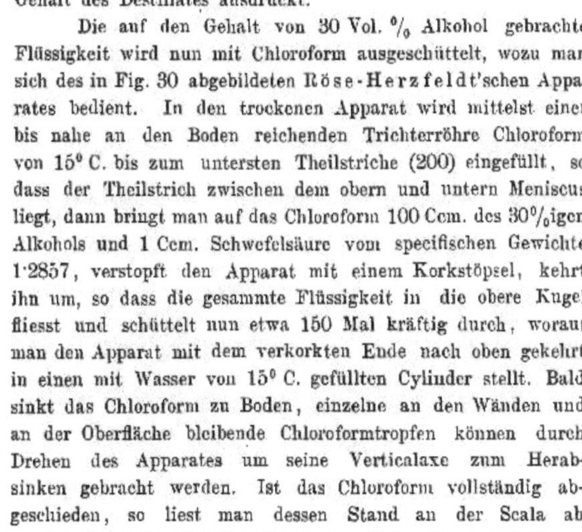

Die auf den Gehalt von 30 Vol. % Alkohol gebrachte Flüssigkeit wird nun mit Chloroform ausgeschüttelt, wozu man sich des in Fig. 30 abgebildeten Röse-Herzfeldt'schen Apparates bedient. In den trockenen Apparat wird mittelst einer bis nahe an den Boden reichenden Trichterröhre Chloroform von 15° C. bis zum untersten Theilstriche (200) eingefüllt, so dass der Theilstrich zwischen dem obern und untern Meniscus liegt, dann bringt man auf das Chloroform 100 Ccm. des 30%igen Alkohols und 1 Ccm. Schwefelsäure vom specifischen Gewichte 1·2857, verstopft den Apparat mit einem Korkstöpsel, kehrt ihn um, so dass die gesammte Flüssigkeit in die obere Kugel fliesst und schüttelt nun etwa 150 Mal kräftig durch, worauf man den Apparat mit dem verkorkten Ende nach oben gekehrt in einen mit Wasser von 15° C. gefüllten Cylinder stellt. Bald sinkt das Chloroform zu Boden, einzelne an den Wänden und an der Oberfläche bleibende Chloroformtropfen können durch Drehen des Apparates um seine Verticalaxe zum Herabsinken gebracht werden. Ist das Chloroform vollständig abgeschieden, so liest man dessen Stand an der Scala ab und entnimmt aus der folgenden Tabelle direct den Volum-Procentgehalt an Fuselöl.

| Abgelesen Ccm. | Volumprocent Fuselöl | Abgelesen Ccm. | Volumprocent Fuselöl |
|---|---|---|---|
| 21·64 | 0·000 | 21·96 | 0·2122 |
| 21·66 | 0·0133 | 21·98 | 0·2255 |
| 21·68 | 0·0265 | 22·00 | 0·2387 |
| 21·70 | 0·0398 | 22·02 | 0·2520 |
| 21·72 | 0·05305 | 22·04 | 0·26524 |
| 21·74 | 0·0663 | 22·06 | 0·2785 |
| 21·76 | 0·0796 | 22·08 | 0·2918 |
| 21·78 | 0·0928 | 22·10 | 0·3050 |
| 21·80 | 0·1061 | 22·12 | 0·3183 |
| 21·82 | 0·1194 | 22·14 | 0·3316 |
| 21·84 | 0·1326 | 22·16 | 0·3448 |
| 21·86 | 0·1459 | 22·18 | 0·3581 |
| 21·88 | 0·15914 | 22·20 | 0·37134 |
| 21·90 | 0·1724 | 22·22 | 0·3846 |
| 21·92 | 0·1857 | 22·24 | 0·3979 |
| 21·94 | 0·1989 | 22·26 | 0·4111 |
| | | 22·28 | 0·4244 |

Kupfer und andere Metalle werden nachgewiesen, indem man etwa 100 Ccm. des Branntweines oder Liqueures verdampft, den Rückstand einäschert und die Asche nach den Regeln der qualitativen Analyse prüft.

## Essig.

Die Untersuchung des Essigs kann sich einerseits auf dessen Gehalt an Essigsäure, anderseits auf schädliche Beimengungen, und zwar vorzüglich auf Mineralsäuren, giftige Metalle, wie Kupfer, Blei, endlich auf scharfe Stoffe aus Pflanzentheilen, wie Pfeffer, Ingwer u. dgl. beziehen.

Der Gehalt an Essigsäure wird auf massanalytischem Wege bestimmt (vgl. Seite 119).

Freie Mineralsäuren, wie Schwefelsäure, Salzsäure weist man mit Methylviolett nach (vgl. Seite 251). Man mischt 20 Ccm. des zu untersuchenden Essigs mit wenigen Tropfen einer Auflösung von Methylviolett; bei Gegenwart einer freien Mineralsäure tritt blaue, bis blaugrüne Färbung ein, Essigsäure ändert die Farbe des Methylvioletts nicht.

Freie Schwefelsäure wird in folgender Weise nachgewiesen: 10 bis 20 Ccm. Essig bringt man in eine kleine Porcellanschale, setzt ein erbsengrosses Stück Rohrzucker zu und verdampft auf dem Wasserbade. Ist freie Schwefelsäure vorhanden, so wirkt dieselbe, sobald die Flüssigkeit bis auf wenige Tropfen verdampft ist, verkohlend auf den Zucker, und wenn die Flüssigkeit ganz eingetrocknet ist, so bleibt ein dunkelschwarzbrauner oder schwarzer Rückstand, während reiner Essig unter diesen Verhältnissen einen gelben oder schwach braungelben Abdampfrückstand liefert.

Scharfe Pflanzenstoffe, wie Extracte von Pfeffer, Ingwer u. dgl., erkennt man am besten am Geschmacke, den man an einer Essigportion prüft, die vorher mit kohlensaurem Natrium genau neutralisirt wurde.

Auf Blei und Kupfer, welche durch Berührung mit dem Essig in Lösung gehen können, prüft man den Essig (entweder direct, oder wenn es sich um minimale Spuren handelt, nach vorausgegangenem Eindampfen) zuerst mit Schwefelwasserstoffwasser, und wenn dies einen braunschwarzen Niederschlag oder solche Trübung gibt, mit den entsprechenden Specialreagentien (siehe qualit. Analyse).

## Untersuchung von Schminken.

Bei der Untersuchung der pulverigen oder flüssigen Schminken kommen vor Allem Bleiweiss, basisch salpetersaures Wismuth und Zinkoxyd in Betracht, die entweder mit Amylum oder mit Talkpulver und eventuell mit Carmin vermengt sind.

Durch Erhitzen einer Probe im Porcellantiegel erfährt man, ob organische Substanz (Amylum) vorhanden, und wenn dies der Fall, äschert man eine grössere Menge des Pulvers, oder wenn die Schminke flüssig ist, des durch Filtration gewonnenen Bodensatzes ein; im entgegengesetzten Falle, wenn organische Substanz nicht vorhanden ist, kann direct weiter geprüft werden. Asche oder ursprüngliche Schminke wird dann mit stark verdünnter Salpetersäure erwärmt, und wenn die Lösung nicht klar ist, filtrirt. Das verdünnte Filtrat prüft man zuerst mit Schwefelwasserstoffwasser; entsteht ein schwarzer Niederschlag, so wird in einer neuen Probe mit verdünnter Schwefelsäure auf Blei und mit Kochsalz und viel Wasser auf Wismuth geprüft. Erzeugt Schwefelwasserstoff keinen Niederschlag, so neutralisirt man eine Probe der salpetersauren Lösung mit Ammoniak und setzt Schwefelammonium zu; bei Anwesenheit von Zink muss dann ein weisser Niederschlag entstehen; mit dem Reste der Lösung kann man noch die anderen Reactionen auf Zink (vgl. Seite 209) vornehmen.

## Untersuchung von Salben auf Metallgifte.

Cosmetische Salben enthalten häufig giftige Metallpräparate, und zwar insbesondere Verbindungen von Blei, Wismuth, Quecksilber, Zink. Um diese Metalle nachweisen zu können, muss man sie vom Fett trennen; dies gelingt für Blei, Wismuth und Zink einfach dadurch, dass man die Salbe in einem Porcellantiegel erhitzt, bis alles Fett verbrannt ist; die Asche kann dann entweder auf nassem Wege, oder mit dem Löthrohre, oder mit Hilfe der Flammenreactionen untersucht werden. Da das Quecksilber bei dieser Procedur sich verflüchtigen würde und man im Vorhinein nicht weiss, welches Metall vorhanden ist, so trennt man Fett und Metallverbindung zweckmässig auf folgende Weise:

Einige Gramme der Salbe werden in einer Porcellanschale mit stark verdünnter Salpetersäure (1 Säure, 8—10 Wasser) auf dem Wasserbade unter Umrühren 5—10 Minuten lang erwärmt, dann lässt man bis zum Erstarren des Fettes erkalten, filtrirt die wässrige Lösung ab, prüft zuerst mit Schwefelwasserstoff, dann mit Schwefelammonium, und wenn diese allgemeinen Reagentien Niederschläge geben, untersucht man mit den Specialreactionen weiter. Quecksilber

24*

wird am besten im Kölbchen als Metall nachgewiesen, man verdampft etwas von der salpetersauren Lösung zur Trockene, mengt den Rückstand mit Soda und glüht.

## Untersuchung von Haarfärbemitteln.

Dieselben repräsentiren in der Regel Lösungen von Metallsalzen, die mit Wasser oder verdünntem Weingeist bereitet und mit Glycerin und wohlriechenden Oelen versetzt sind und häufig auch fein vertheilten, gefällten Schwefel (Schwefelmilch) suspendirt enthalten, der sich beim ruhigen Stehen als Bodensatz ablagert. Bei der Untersuchung solcher Haarfärbemittel handelt es sich zumeist um den Nachweis von Blei, Kupfer und Silber; das Blei ist in ihnen als Bleizucker, das Kupfer als Kupfervitriol oder essigsaures Salz, das Silber als salpetersaures Salz gelöst, nur selten ist das Blei als unlösliches kohlensaures Salz (Bleiweiss) neben der Schwefelmilch suspendirt und setzt sich dann beim Stehen auch ab.

Man filtrirt, wenn ein Bodensatz vorhanden ist, ab und untersucht das Filtrat und das auf dem Filter Befindliche getrennt. Das Filtrat wird vor Allem angesäuert und mit Schwefelwasserstoff geprüft; entsteht ein schwarzer Niederschlag, so wird in einer zweiten Probe nach den Regeln der qualitativen Analyse auf Silber, Blei und Kupfer reagirt.

Der auf dem Filter gesammelte Bodensatz wird mit Wasser gewaschen und dann in einem Porcellantiegel erhitzt; besteht er nur aus Schwefel, so verbrennt er ohne Rückstand und entwickelt dabei den Geruch nach schwefliger Säure; bleibt ein Rückstand, so löst man ihn in verdünnter Salpetersäure und prüft auf nassem Wege oder man prüft vor dem Löthrohre oder mit Hilfe der Flammenreactionen.

## Prüfung von Tapeten, bunten Papieren, künstlichen Blumen und gefärbten Geweben auf Arsen.

Tapeten, bunte Papiere, künstliche Blumen und gefärbte Gewebe enthalten nicht selten arsenhaltige Farben, wie Schweinfurter Grün, arsenhaltiges Fuchsin u. dgl., die Gewebe auch arsenhaltige Beizen.

Die Prüfung auf Arsen wird mit dem Marsh'schen Apparate vorgenommen (vergl. Seite 229). Man behandelt die zerschnittenen Objecte etwa 5 Minuten mit verdünnter Salzsäure in der Wärme, filtrirt ab und trägt das Filtrat direct in den Marsh'schen Apparat ein.

## Untersuchung von Kautschukwaaren.

Sehr viele Kautschukwaaren, wie allerlei Spielzeug für Kinder, ja selbst Saugduten werden mit erheblichen Mengen von Bleiweiss oder Zinkweiss versetzt, ich habe selbst einmal in Saugduten über 40% Zinkoxyd gefunden.

Das Verfahren, um Blei und Zink im Kautschuk nachzuweisen, ist einfach; man verbrennt den betreffenden Kautschukgegenstand bei möglichst niederer Temperatur in einem unbedeckten Porcellantiegel, löst die zurückbleibende Asche in sehr verdünnter Salpetersäure, prüft die Lösung zuerst mit Schwefelwasserstoff und Schwefelammonium, und wenn diese Reagentien Niederschläge geben, mit den entsprechenden Specialreagentien.

## Untersuchung glasirter und emaillirter Geschirre.

Die sanitätspolizeiliche Untersuchung glasirter oder emaillirter Geschirre aus Thon oder Eisen, welche zur Bereitung und Aufbewahrung von Speisen und Getränken dienen, beschränkt sich darauf, festzustellen, ob die Glasur Bleioxyd, und wenn sie grün gefärbt ist, auch Kupferoxyd in solchem Zustande enthält, dass bei der Bereitung und beim Aufbewahren von Speisen und Getränken diese von den giftigen Metalloxyden etwas aufnehmen können.

Enthalten Glasuren oder Email überschüssiges, nicht mit Kieselsäure verbundenes Bleioxyd, so sind sie sehr leicht schmelzbar und erscheinen dann ungleichförmig aufgetragen, fleckig, uneben, stellenweise dicker, stellenweise sehr dünn. War die Hitze beim Einbrennen zu schwach, so ist die Oberfläche rauh, matt glänzend und in der geschmolzenen Masse zeigen sich zahlreiche nicht geschmolzene Theilchen. Löcher, Poren, sowie rissige Beschaffenheit der Glasur beweisen, dass diese sich anders ausdehnt, als die Masse, aus der das Geschirr gemacht ist.

Glasuren und Emails, deren Bleioxyd vollständig an Kieselsäure und die übrigen Bestandtheile chemisch gebunden ist, widerstehen selbst der 24stündigen Einwirkung von 6—8%iger Essigsäure, d. h. sie geben an diese kein Blei ab und sie werden auch weder durch Schwefelwasserstoff, noch durch Schwefelammonium geschwärzt oder gebräunt. Dagegen geben Glasuren und Emails, welche unverbundenes Bleioxyd enthalten, an heisse 6—8%ige Essigsäure schon Blei ab, wenn dieselbe auch nur 10—15 Minuten lang einwirkt und Schwefelwasserstoffwasser, sowie Schwefelammonium erzeugt auf ihnen, wenn sie licht sind, eine dunkle Färbung, die entweder ausgebreitet oder, wenn der Glasur- und Emailsatz nicht vollständig geschmolzen und unvollständig eingebrannt ist, nur an einzelnen umschriebenen Stellen, selbst nur in Form von Punkten auftritt.

Grüne Glasuren, welche Kupferoxyd enthalten, geben, wenn das Kupferoxyd vollständig gebunden ist, nichts davon an Essigsäure ab, enthalten sie jedoch unverbundenes Kupferoxyd, so wird dasselbe von heisser Essigsäure gelöst.

Die Prüfung glasirter oder emaillirter Geschirre geschieht demnach in folgender Weise: Man giesst in das Gefäss, wenn die Glasur licht gefärbt ist, frisch bereitetes Schwefelwasserstoffwasser und schwenkt um, so dass alle Theile der Wandung benetzt werden; zeigt sich an keiner Stelle Dunkelfärbung, so ist die Glasur gut, besonders, wenn sie sich auch gegen Schwefelammonium so verhält. Zeigt sich aber Dunkelfärbung, so giesst man das Schwefelwasserstoffwasser aus, spült das Gefäss mit destillirtem Wasser gut aus, bringt in dasselbe 6—8%ige Essigsäure, erhitzt zum Kochen und erhält darin eine Viertelstunde, dann giesst man die Flüssigkeit in Reagensgläser und prüft mit Schwefelwasserstoff, ferner mit verdünnter Schwefelsäure auf Blei, dann eine Probe mit Ammoniak und eine andere Probe mit gelbem Blutlaugensalz auf Kupfer. Bei Geschirren, welche eine dunkle Glasur haben, muss man sofort mit der Essigprobe beginnen, weil man eine Bräunung durch Schwefelwasserstoff an ihnen nicht wahrnehmen kann.

## Zinngeschirr, Verzinnung, Zinnfolie.

Bei der Untersuchung von Essgeschirren, Essgeräthen, verzinnten Kupfer- und Messinggefässen[1]), endlich von Zinnfolie, oder Stanniol kommt es stets darauf an, einen Bleigehalt qualitativ oder quantitativ nachzuweisen, weil dieser bei der Bereitung oder Aufbewahrung von Speisen und Getränken verhängnissvoll werden kann.

Die Methode zum Nachweis und zur quantitativen Bestimmung des Bleis beruht darauf, dass eine Legirung der beiden Metalle beim Behandeln mit Salpetersäure in Zinnoxyd und in salpetersaures Blei umgewandelt wird; ersteres ist im Wasser unlöslich, letzteres löslich.

Man übergiesst das zu prüfende Zinn in einem Kolben mit concentrirter Salpetersäure, erwärmt so lange, bis keine braunen Dämpfe mehr entweichen giesst dann das Ganze in eine Porcellanschale und dampft bis zur Consistenz eines dicken Breies ein, worauf man mit Wasser stark verdünnt und filtrirt; im Filtrate prüft man mit verdünnter Schwefelsäure auf Blei. Wenn es sich um eine quantitative Bestimmung des Bleies handelt, so wird das Zinn gewogen und das aus dem Filtrate abgeschiedene schwefelsaure Blei auch nach entsprechender Behandlung gewogen (siehe Seite 226).

[1]) Auch die Büchsen aus verzinntem Blech (Weissblech), welche in neuerer Zeit so vielfach zur Aufbewahrung und Versendung der verschiedensten Conserven verwendet werden, kommen hier in Betracht.

# V. CAPITEL.

## Prüfung der in der Pharmacopoea austriaca ed. VII. und in der 3. Ausgabe des Arzneibuches für das Deutsche Reich enthaltenen chemischen Arzneipräparate.

In diesem Capitel sind die Angaben über die chemischen und physikalischen Eigenschaften der officinellen chemischen Arzneipräparate, sowie die vorgeschriebenen Prüfungsmethoden zusammengestellt. Wie schon der Titel sagt, ist sowohl die 7. Ausgabe der österr. Pharmakopöe, als auch die 3. Ausgabe des Arzneibuches für das Deutsche Reich berücksichtigt. Unter **I.** sind die Angaben der österr. Pharmakopöe, unter **II.** jene des deutschen Arzneibuches enthalten. Der Text ist, um Raum zu sparen, wo es anging, gekürzt; ferner ist, um Wiederholungen zu vermeiden, das Gemeinsame für jedes Präparat nur einmal angeführt. Dadurch wurde es oft nöthig, den Text in zwei Theile zu zerlegen, welche mit **1** und **2** bezeichnet sind. Unter **I. 1.** ist dann das der österr. Pharmakopöe und dem deutschen Arzneibuch Gemeinsame, unter **2.** das in der österr. Pharmakopöe enthaltene, vom deutschen Arzneibuch Abweichende enthalten. Bei **II.** findet sich dann der Satz: „ausser **I. 1.** noch:“, d. h. ausser den Angaben und Methoden der österr. Pharmakopöe, die unter **I. 1.** aufgezählt sind, verlangt das deutsche Arzneibuch noch das im Folgenden Enthaltene.

Am Schlusse des Capitels sind die häufigen Reactionen, nach denen die Präparate geprüft werden, kurz besprochen.

**Acetanilidum, Antifebrin. II.** siehe Antifebrinum.

**Acetum, Essig. I. 1.** Klare, fast farblose Flüssigkeit vom sauren Geschmacke und Geruche der Essigsäure, 6% Essigsäure enthaltend. Der Gehalt an Essigsäure wird auf massanalytischem Wege bestimmt. Schwefelwasserstoff darf keine Aenderung hervorbringen. Der Verdampfungsrückstand sei gering und zeige nach dem Glühen alkalische Reaction. **2.** Das spec. Gewicht betrage ungefähr 1·008. Mit Soda neutralisirt, darf der Essig weder scharf, noch brenzlich schmecken.

**II.** ausser **I. 1.** noch: 20 Ccm. Essig mit 0·5 Ccm. Baryumnitratlösung und 1 Ccm. Zehntelnormalsilberlösung versetzt, müssen ein chlor- wie schwefelsäurefreies Filtrat geben. Mit Eisenvitriollösung und concentrirter Schwefelsäure darf keine Salpetersäurereaction erhalten werden. Der Verdampfungsrückstand von 100 Ccm. Essig soll nicht mehr als 1·5 Grm. betragen und keinen scharfen Geschmack zeigen.

**Acidum aceticum concentratum, concentrirte Essigsäure. I. 1.** Klare, farblose, brennbare, flüchtige und ätzende Flüssigkeit von stechend saurem Geruche, in der Kälte krystallisirend, in jedem Verhältnisse mit Wasser, Weingeist, Aether mischbar, bei etwa 117° siedend. Sie soll mindestens 96% Essigsäurehydrat enthalten. Die Bestimmung des Gehaltes wird auf massanalytischem Wege vorgenommen. **2.** Das spec. Gewicht betrage 1·06. Mit der zehnfachen Menge Wassers verdünnt, darf die Flüssigkeit weder durch Schwefelwasserstoff, auch nicht nach Zusatz von Ammoniak, noch durch Baryumnitrat oder Silbernitrat getrübt werden. Wird 1 Ccm. mit 15 Ccm. Wasser und 1 Ccm. einer 1‰ Kaliumpermanganatlösung vermischt, so darf die rothe Flüssigkeit innerhalb 10 Minuten nicht verblassen.

**II. Acidum aceticum, Essigsäure.** Ausser **I. 1.** noch: Das specifische Gewicht betrage nicht über 1·064. Die durch Vermischen von 1 Ccm. Essigsäure mit 3 Ccm. Zinnchlorürlösung erhaltene Flüssigkeit muss während einer Stunde ungefärbt bleiben. Mit 20 Theilen Wasser verdünnt, dürfen Schwefelwasserstoff, Baryumnitrat wie Silbernitrat keine Aenderung bewirken. Werden 5 Ccm. Essigsäure mit 15 Ccm. Wasser und 1 Ccm. einer 1‰ Kaliumpermanganatlösung vermischt, so muss während 10 Minuten die Flüssigkeit roth gefärbt bleiben.

**Acidum arsenicosum, arsenige Säure. I. 1.** Meist weisse, undurchsichtige, innen glasartige, farblose, mehr oder weniger durchsichtige Stücke, in einer Glasröhre erhitzt, vollständig flüchtig unter Bildung eines weissen krystallinischen Sublimates; auf glühender Kohle erhitzt, Knoblauchgeruch entwickelnd. Sie soll bei gelinder Wärme in 10 Th. Ammoniak sich vollständig lösen, die Lösung, mit Salzsäure übersättigt, darf nicht gelb werden und keinen Niederschlag geben. **2.** Die mit Salzsäure angesäuerte ammoniakalische Lösung gibt mit Schwefelwasserstoff sogleich einen gelben in Ammoniak, sowie kohlensaurem Ammon löslichen Niederschlag.

**II.** ausser **I. 1.** noch: In 15 Th. siedenden Wassers, wenn auch langsam löslich. Werden 0·5 Grm. arsenige Säure mit 3 Grm. Kaliumcarbonat in 20 Ccm. siedenden Wassers gelöst, nach dem Erkalten auf 100 Ccm. verdünnt, so müssen 10 Ccm. dieser Lösung 10 Ccm. Zehntelnormal-Jodlösung entfärben.

**Acidum benzoicum, Benzoësäure. I. 1.** Durch Sublimation aus Benzoë gewonnene Krystalle, weiss bis bräunlichgelb, blättchen- oder nadelförmig, seidenglänzend, von säuerlichem Geschmack und benzoëartigem Geruch. (**II.** Benzoësäure darf weder ausgesprochen brandig noch harnartig riechen.) In kaltem Wasser schwer (**II.** in circa 370 Th.), in heissem Wasser, Weingeist, Aether, Chloroform und Petroleumäther leicht löslich, mit Wasserdämpfen vollständig flüchtig. Beim Erhitzen schmilzt Benzoësäure zu einer gelben bis bräunlichen Flüssigkeit unter Entwicklung von zum Husten reizenden Dämpfen und verdampft dann vollständig ohne Rückstand. Krystalle der Benzoësäure dürfen beim Erwärmen mit einer concentrirten Lösung von Kaliumpermanganat keinen Geruch nach Bittermandelöl entwickeln. **2.** Die heisse wässrige Lösung trübt sich beim Erkalten milchig, bevor sich die nadelförmigen Krystalle ausbilden; in der kaltgesättigten wässrigen Lösung entsteht durch Zusatz von Eisenchlorid eine gelbliche Fällung, die beim Kochen stärker wird, auf Zusatz von Salzsäure verschwindet. Krystalle der Benzoësäure dürfen beim Erwärmen mit Kalilauge keinen Ammoniakgeruch entwickeln.

**II.** ausser **I. 1.** noch: Zu siedendem Wasser im Ueberschusse gefügt, schmilzt der ungelöste Rest zu einer unter dem Wasser sich abscheidenden gelblichen bis bräunlichen Flüssigkeit. 50 Ccm. der kaltgesättigten wässrigen Lösung geben auf Zusatz von 1 Ccm. Normal-Kalilauge und einigen Tropfen Eisenchlorid einen schmutzig rothen, auf Zutropfen von Bleiessig einen gelben Niederschlag. 0·1 Grm. Benzoësäure soll mit 1 Ccm. Ammoniak eine gelbe bis bräunliche trübe Lösung geben, aus der durch Zusatz von 2 Ccm. verdünnter Schwefelsäure die Benzoësäure wieder ausgeschieden wird; wird diese Flüssigkeit mit 5 Ccm. Kaliumpermanganatlösung vermischt, so muss sie nach 8 Stunden fast farblos erscheinen. 0·2 Grm. Benzoësäure mit 0·3 Grm. Calciumcarbonat gemischt und nach Zusatz von etwas Wasser eingetrocknet und geglüht, müssen einen Rückstand hinterlassen, der, in Salpetersäure gelöst und mit Wasser zu 10 Ccm. verdünnt, durch Silbernitratlösung nur schwach opalisirend getrübt werden darf.

**Acidum boricum**, **Borsäure**. **I. 1.** Farblose, schwach glänzende, fettig anzufühlende, schuppenförmige Krystalle, in kaltem Wasser schwer (**II.** in 25 Th.), in heissem Wasser (**II.** in 3 Th. siedendem Wasser) und Weingeist (**II.** in circa 15 Th.) und Glycerin löslich. Die weingeistige Lösung (**II.** 1 = 16, wie die Lösung in Glycerin 1 = 40) brennt mit grüner Flamme. Auch nach Zusatz von Salzsäure wird Curcumapapier nach dem Trocknen rothbraun gefärbt. Die wässrige Lösung darf weder durch Schwefelwasserstoff, noch durch Baryumnitrat, Silbernitrat oder nach der Neutralisation mit Ammoniak durch Schwefelammonium verändert werden. **2.** Die Lösung in concentrirter Schwefelsäure darf beim Eintragen eines Eisenvitriolkrystalles diesen nicht mit einer rothbraunen Zone umgeben.

**II.** ausser **I. 1.** noch: Die dem Curcumapapier ertheilte Rothfärbung geht auf Besprengen mit Ammoniak in Blauschwarz über. Oxalsaures Ammon, wie Natriumphosphat und Ammoniak dürfen keine Veränderung bewirken. 50 Ccm. einer 2% unter Salzsäurezusatz bereiteten wässrigen Lösung dürfen durch 0·5 Ccm. Ferrocyankaliumlösung nicht sofort gebläut werden.

**Acidum carbolicum**, **Carbolsäure**. **I. 1.** Farblose, charakteristisch riechende, ätzende, neutral reagirende nadelförmige Krystalle (**II.** oder eine weisse krystallinische Masse). Angezündet (**II.** mit weisser Flamme), ohne einen Rückstand zu hinterlassen, brennbar, in 15 Th. Wasser, in jedem Verhältniss in Aether, Weingeist, Glycerin, Chloroform, Schwefelkohlenstoff, Kali- und Natronlauge löslich. Bromwasser gibt in einer aus 1 Th. Carbolsäure auf 50.000 Th. Wasser bestehenden Lösung einen weissen, flockigen Niederschlag. **2.** Mit der Zeit färbt sich Carbolsäure röthlich oder braun; aus der Luft zieht sie Feuchtigkeit an und zerfliesst. Der Schmelzp. beträgt 37—40°, der Siedep. 182—184°. Die wässrige Lösung wird durch Eisenchlorid blau gefärbt.

**II.** ausser **I. 1.** noch: 20 Th. Carbolsäure, in 10 Th. Weingeist gelöst, geben mit 1 Th. Eisenchlorid eine schmutziggrüne Flüssigkeit, welche beim Verdünnen mit Wasser bis zu 1000 Th., noch eine schön violette, ziemlich beständige Färbung annimmt. Bei 40—42° schmilzt Carbolsäure zu einer stark lichtbrechenden Flüssigkeit, welche bei etwa 178—182° siedet.

**Acidum chromicum**, **Chromsäure**. **I. 1.** Sehr hygroskopische, purpurrothe, prismatische Krystalle, in Wasser leicht löslich. **2.** Schmilzt beim Erhitzen und verwandelt sich unter Sauerstoffabgabe in grünes Chromoxyd, entzündet Aether und 90%igen Weingeist.

**II.** ausser **I. 1.** noch: Chromsäure entwickelt Chlor beim Erwärmen mit Salzsäure. Die 1%ige wässrige, mit Salzsäure angesäuerte Lösung darf durch Baryumnitrat nicht verändert werden. Der Glührückstand der Chromsäure darf an Wasser nichts abgeben.

**Acidum citricum**, **Citronensäure**. **I.** und **II.** Farblose, luftbeständige Krystalle, welche bei gelinder Wärme verwittern, bei höherer Temperatur schmelzen und schliesslich verkohlen. Bei fortgesetztem Erhitzen darf kein wägbarer Rückstand bleiben. In Wasser (**II.** in 0·54 Th.) und Weingeist (**II.** in 1 Th.) leicht, schwieriger in Aether (**II.** in circa 50 Th.) löslich. 1 Ccm. einer circa 10%igen wässrigen Lösung bleibt nach der Neutralisation mit Kalkwasser klar, lässt aber beim Kochen einen weissen Niederschlag fallen, der sich beim Abkühlen (in einem verschlossenen Gefässe) wieder vollständig löst. Citronensäure (**II.** 1 Grm.), in der acht- bis zehnfachen Menge (**II.** in 10 Ccm.) concentrirter Schwefelsäure gelöst, soll sich beim Erwärmen auf 100° (während einer Stunde) nur gelb, nicht rothbraun oder braun färben. Die wässrige Lösung derselben darf durch Baryumnitrat, Ammoniumoxalat, ferner durch Schwefelwasserstoff auch nach Zusatz von Ammoniak keine Veränderung erleiden.

**Acidum formicicum**, **Ameisensäure**. **II.** Klare, farblose, flüchtige Flüssigkeit, welche einen stechenden, nicht brenzlichen Geruch und stark sauren Geschmack besitzt; 24—25% Ameisensäure enthaltend. Spec. Gewicht 1·060 bis 1·063. Mit Bleiessig vermischt, gibt Ameisensäure einen weissen, krystallinischen

Niederschlag. Die durch Sättigung der mit 5 Th. Wasser verdünnten Säure mit gelbem Quecksilberoxyd sich bildende klare Flüssigkeit lässt beim Erhitzen unter Gasentwicklung einen weissen, schnell grau werdenden und schliesslich sich zu glänzenden Metallkügelchen vereinigenden Niederschlag fallen. Mit Kalilauge neutralisirte Ameisensäure zeige keinen stechenden oder brenzlichen Geruch. Mit 5 Th. Wasser verdünnte Säure werde weder durch Silbernitrat, noch, nach der Neutralisation mit Ammoniak, durch Calciumchlorid, noch durch Schwefelwasserstoff verändert. 1 Ccm. Ameisensäure mit 5 Ccm. Wasser verdünnt und mit 1·5 Grm. gelbem Quecksilberoxyd unter wiederholtem Umschütteln so lange im Wasserbade erhitzt, bis keine Gasentwicklung mehr stattfindet, gebe ein neutrales Filtrat. 5 Ccm. Ameisensäure sollen 28—29 Ccm. Normalkalilauge sättigen.

**Acidum hydrochloricum concentratum, concentrirte Chlorwasserstoffsäure. I. 1.** Klare, farblose, stechend sauer riechende, in der Wärme vollständig flüchtige Flüssigkeit. Mit Silbernitrat entsteht ein weisser, flockiger Niederschlag, der in Ammoniak leicht löslich ist. Beim Erwärmen mit Braunstein wird Chlor entwickelt. Mit 5 Raumth. Wasser verdünnt, darf die Flüssigkeit durch salpetersaures Baryum, selbst nach Zusatz von Jodlösung bis zur Gelbfärbung, nicht getrübt werden, ebensowenig darf durch Zusatz von Jodzinkstärke eine Blaufärbung eintreten. **2.** Das spec. Gew. betrage 1·12, entspr. einem Gehalte von 23·86% Chlorwasserstoff, der volumetrisch zu bestimmen ist. Mit der 5fachen Volummenge Wassers verdünnt, darf die Salzsäure, mit Schwefelwasserstoffgas gesättigt, auch nach längerem Erwärmen im bedeckten Gefässe keine Gelbfärbung annehmen und keinen gelben Niederschlag absetzen. Nach dem Neutralisiren mit Ammoniak darf Schwefelammonium keine Veränderung hervorbringen.

**II. Acidum hydrochloricum, Salzsäure.** Ausser **I. 1.** noch: das spec. Gew. betrage 1·124, entspr. einem nach volumetrischer Methode zu bestimmenden Gehalte von 25% Chlorwasserstoff. Wird 1 Ccm. Salzsäure mit 3 Ccm. Zinnchlorürlösung versetzt, so darf im Laufe einer Stunde keine Färbung eintreten. 10 Ccm. einer mit Wasser verdünnten Salzsäure (1 = 10) dürfen durch Zusatz von 0·5 Ccm. Ferrocyankaliumlösung nicht sofort verändert werden.

**Acidum lacticum, Milchsäure. I.** Klare, farblose oder schwach gelbliche, geruchlose, syrupdicke, rein sauer schmeckende Flüssigkeit von 1·21—1·22 spec. Gew., in jedem Verhältnisse mit Wasser, Weingeist und Aether mischbar, beim Erwärmen mit Kaliumpermanganat Aldehydgeruch gebend, bei starker Hitze verkohlend und mit leuchtender Flamme ohne Rückstand verbrennend. Milchsäure entwickle bei gelindem Erwärmen keinen Geruch nach Fettsäuren und färbe, wenn sie in einem zuvor mit Schwefelsäure ausgespülten Glase über 1 Raumth. Schwefelsäure geschichtet wird, die letztere nicht. In 10 Th. Wasser gelöst, darf sie weder durch Schwefelwasserstoff, noch durch Baryumnitrat, Silbernitrat oder Ammoniumoxalat, oder überschüssiges Kalkwasser — durch letzteres auch nicht beim Erhitzen — verändert werden.

**II.** ausser **I.** noch: 2 Ccm. Aether dürfen, wenn ihnen 1 Ccm. Milchsäure tropfenweise zugemischt wird, weder vorübergehend noch dauernd eine Trübung erleiden.

**Acidum nitricum concentratum, Concentrirte Salpetersäure. I.** Klare, farblose, flüchtige Flüssigkeit, spec. Gew. 1·3, löst Kupfer unter Entwicklung rothbrauner Dämpfe. Mit dem 10fachen Vol. Wasser verdünnt, darf sie weder durch Schwefelwasserstoff, noch nach Zusatz von Weinsäure, von überschüssigem Ammoniak und Schwefelammonium verändert, noch durch salpetersaures Baryum oder Silber getrübt werden. Mit der 5fachen Wassermenge verdünnt und einigen Tropfen Chloroform geschüttelt, darf dieses nicht violett werden, auch wenn man ein wenig Zinnfolie zugesetzt und erwärmt hat. 5 Ccm. der verdünnten Säure sollen mit 5 Tropfen einer 1‰igen Kaliumpermanganatlösung versetzt, bleibend violettroth gefärbt werden. Die Säure soll 47·45% Salpetersäure enthalten, daher 10 Ccm. derselben, auf 500 Ccm. mit Wasser verdünnt, eine Flüssigkeit geben sollen, von der 10 Ccm. 19·6 Ccm. der Zehntelnormal-acidimetrischen Lösung neutralisirt werden.

**II. Acidum nitricum.** Klare, farblose, in der Wärme flüchtige Flüssigkeit von 1·153 spec. Gew. und einem Gehalte an Salpetersäure von 25%. Mit 5 Raumth. Wasser verdünnt, bleibe die Flüssigkeit durch Schwefelwasserstoff und Silbernitrat unverändert, Baryumnitrat soll innerhalb 5 Minuten höchstens eine Opalescenz hervorrufen. Die mit 2 Raumth. Wasser verdünnte Säure darf, mit wenig Chloroform geschüttelt, auch nach Zusatz eines in die Säureschicht hineinragenden Stückchens Zink nicht violett gefärbt werden. 10 Ccm. der mit Wasser auf das zehnfache Volum verdünnten Säure dürfen durch Zusatz von 0·5 Ccm. Ferrocyankaliumlösung nicht sofort verändert werden. Der Gehalt an Salpetersäure wird durch Titration ermittelt.

**Acidum nitricum crudum, rohe Salpetersäure. II.** Klare, farblose oder gelblich gefärbte, in der Wärme vollständig flüchtige und an der Luft rauchende Flüssigkeit von 1·38—1·40 spec. Gew. und einem Gehalt von mindestens 61% Salpetersäure.

**Acidum nitrico-nitrosum, salpetrige Salpetersäure. I.** Klare, röthlichbraune, vollständig flüchtige Flüssigkeit, die erstickende rothbraune Dämpfe ausstösst. Ihr geringstes spec. Gew. betrage 1·45—1·50. Mit der 50fachen Volummenge Wasser verdünnt, darf sie durch Baryumnitrat und Silbernitrat erst nach 5 Minuten getrübt werden.

**II. Acidum nitricum fumans, rauchende Salpetersäure.** Klare, rothbraune, in der Wärme flüchtige, erstickende gelbrothe Dämpfe ausstossende Flüssigkeit. Spec. Gew. 1·45—1·50.

**Acidum phosphoricum, Phosphorsäure. I. 1.** Klare, farb- und geruchlose Flüssigkeit. Auf Zusatz von Silbernitrat entsteht erst nach dem Neutralisiren mit Ammoniak oder Natriumcarbonat ein gelber, im Ueberschusse von Säure wie von Ammoniak löslicher Niederschlag. Schwefelwasserstoff darf keine gelbe oder schwarzbraune Färbung wie keinen ähnlichen Niederschlag hervorbringen. Mit Wasser entsprechend verdünnt, bis eine circa 6%ige Säure erhalten wird, müssen die Reactionen mit salpetersaurem Baryum, oxalsaurem Ammon und Ammoniak negativ ausfallen. Wird concentrirte Schwefelsäure zugemischt und die Flüssigkeit mit Eisenvitriollösung überschichtet, so darf an der Berührungsstelle keine Braunfärbung auftreten. **2.** Salpetersaures Silber und Ammoniak im Ueberschusse dürfen, auch beim Sieden der Flüssigkeit, keine Schwarzfärbung oder Fällung eines schwarzen Niederschlages bewirken. Beim Vermischen mit der 6fachen Menge Weingeist muss eine klare Flüssigkeit resultiren. Auf einem Platinschälchen verdampft, darf nach starkem Erhitzen nur ein geringer Rückstand bleiben. Im Marsh'schen Apparate geprüft, darf auch nicht eine Spur eines Arsenspiegels auftreten. Das spec. Gew. betrage 1·094, der Gehalt an Orthophosphorsäure 16·66%; daher müssen 5 Ccm. mit 1 Grm. frisch geglühten Magnesiumoxyd zur Trockne verdampft und geglüht, 1·66 Grm. Rückstand hinterlassen.

**II.** ausser **I. 1.** noch: 1 Ccm. Phosphorsäure mit 3 Ccm. Zinnchlorürlösung vermischt, muss im Laufe einer Stunde ungefärbt bleiben. Silbernitrat darf weder in der Kälte, noch in der Wärme verändern. Mit 4 Raumth. Weingeist gemischt, bleibe die Säure klar. Sie soll ein spec. Gewicht von 1·154 aufweisen und 25% Phosphorsäure enthalten.

**Acidum pyrogallicum, Pyrogallussäure. I. 1.** Sehr leichte, weisse glänzende Blättchen (**II.** oder Nadeln) von herbem, hernach bitterem, phenolähnlichem (**II.** von bitterem) Geschmack, im Wasser (**II.** in 1·7 Th.), Weingeist (**II.** in 1 Th.) und Aether (**II.** in 1·2 Th.) leicht löslich, bei 130° (**II.** 131°) schmelzend, bei vorsichtigem Erhitzen ohne Rückstand sublimirend. Die wässrige Lösung ist fast neutral (**II.** klar, farblos und neutral, bräunt sich allmälig an der Luft und reagirt dann sauer). Ueberschüssiges Kalkwasser färbt die wässrige Lösung zunächst violett, dann unter Trübung braun bis schwarz. Aus Silbernitratlösung wird durch Pyrogallussäure metallisches Silber abgeschieden. **2.** Die wässrige Lösung wird durch Eisenchlorid zuerst braungrün, dann braunroth, durch verdünnte Eisenvitriollösung bläulich, durch concentrirte blau gefärbt. Kalilauge färbt gelb, welche Färbung bald, besonders beim Schütteln, in braunschwarz übergeht.

**II. Pyrogallolum, Pyrogallol.** Ausser **I. 1.** noch: Die frisch bereitete wässrige Lösung wird durch eine frisch bereitete Eisenvitriollösung indigoblau, durch Eisenchlorid braunroth gefärbt.

**Acidum salicylicum, Salicylsäure. I. 1.** Weisse nadelförmige Krystalle oder ein lockeres, weisses, krystallinisches, geruchloses Pulver von süsslich-saurem Geschmacke; in kaltem Wasser sehr schwer (**II.** in etwa 500 Th.), etwas leichter in heissem Wasser (**II.** in 15 Th. siedenden Wassers) und Chloroform, sehr leicht löslich in Weingeist und Aether. Schmelzpunkt circa 156°—157°. Eisenchlorid färbt die wässrige Lösung violett. Die 10%ige weingeistige Lösung soll sich auf Zusatz von Silbernitrat und einigen Tropfen Salpetersäure nicht verändern, beim Verdunsten der weingeistigen Lösung bleibe ein ungefärbter Rückstand; die Lösung in concentrirter Schwefelsäure sei farblos. **2.** Salicylsäure löst sich in warmem Glycerin und verflüchtigt mit den Wasserdämpfen. Mit Kalk erhitzt, entweicht Phenol.

**II.** ausser **I. 1.** noch: Bei vorsichtigem Erhitzen über den Schmelzpunkt verflüchtigt sie unzersetzt, bei raschem Erhitzen unter Phenolgeruch, ohne Hinterlassung eines wägbaren Rückstandes. Wird eine kalt bereitete Lösung der Säure nach Zusatz eines Ueberschusses von Sodalösung mit Aether geschüttelt, so darf letzterer beim Verdunsten einen nur unbedeutenden, nicht nach Phenol riechenden Rückstand hinterlassen.

**Acidum sulfuricum concentratum, concentrirte Schwefelsäure. I. 1.** Farb- und geruchlose, ölige, in der Hitze flüchtige Flüssigkeit vom spec. Gew. 1·84 (**II.** 1·836—1·84). Die mit Wasser verdünnte Flüssigkeit gibt mit salpetersaurem Baryum einen in Säuren unlöslichen Niederschlag. Die mit dem 5fachen Volum Weingeist vorsichtig verdünnte Flüssigkeit muss längere Zeit klar bleiben. Die mit Wasser stark (**II.** mit 20 Th. Wasser) verdünnte Säure darf weder durch Schwefelwasserstoff, durch Ammoniak und Schwefelammonium, noch durch Silbernitrat verändert werden. Beim Ueberschichten mit Eisenvitriollösung darf keine gefärbte Zone entstehen. **2.** 10 Ccm. der Säure sollen nach dem Verdünnen mit der 10fachen Wassermenge durch 3—4 Tropfen 1%₀ Permanganatlösung einige Zeit roth gefärbt bleiben. Im Marsh'schen Apparate geprüft, muss sie sich als vollkommen arsenfrei erweisen. Der Gehalt an Schwefelsäure betrage mindestens 96% (**II.** 94—98%), derselbe wird massanalytisch bestimmt.

**II. Acidum sulfuricum, Schwefelsäure.** Ausser **I. 1.** noch: Wird 1 Ccm. eines erkalteten Gemisches aus 1 Raumth. Schwefelsäure und 2 Raumth. Wasser in 3 Ccm. Zinnchlorürlösung gegossen, so darf im Laufe einer Stunde eine Färbung nicht eintreten. 10 Ccm. der mit 5 Raumth. Wasser vermischten Säure dürfen, mit 3 bis 4 Tropfen 1%₀ Kaliumpermanganatlösung versetzt, letztere in der Kälte nicht sogleich entfärben. Werden 2 Ccm. Schwefelsäure mit 2 Ccm. Salzsäure, in der ein Körnchen Natriumsulfit gelöst ist, überschichtet, so darf weder eine röthliche Zwischenzone, noch beim Erwärmen eine roth gefärbte Ausscheidung entstehen.

**Acidum tannicum, Gerbsäure. I. 1.** Weisses bis blassgelbes Pulver oder glänzende, kaum gefärbte, lockere Blättchen von zusammenziehendem Geschmacke, mit Wasser und Weingeist sauer reagirende (**II.** eigenthümlich, nicht ätherartig riechende) Lösungen gebend, in reinem Aether unlöslich, in Glycerin löslich. Eisenchlorid bewirkt einen blauschwarzen, durch Schwefelsäure verschwindenden Niederschlag. Auf dem Platinblech erhitzt, hinterlasse sie keinen (**II.** wägbaren) Rückstand. **2.** In der 5fachen Wassermenge gelöst, muss die Flüssigkeit auf Zusatz des gleichen Volums Weingeist klar bleiben, darf auch nach weiterem Zusatz eines halben Volums Aether nicht getrübt werden.

**II.** Gerbsäure ist in 1 Th. Wasser, 2 Th. Weingeist, 8 Th. Glycerin löslich. Aus der 20%igen wässrigen Lösung wird sie durch Zusatz von Schwefelsäure oder Chlornatrium ausgeschieden. Die wässrige Lösung (1 = 6) muss auf Zusatz von 1 Raumth. Weingeist klar bleiben; 1 Raumth. der entstandenen weingeistigen Flüssigkeit darf auch durch Hinzufügung von 1 Raumth. Aether nicht getrübt werden.

**Acidum tartaricum, Weinsäure. I. 1.** Säulen- oder tafelförmige, farblose, durchsichtige, oft in Krusten zusammenhängende, luftbeständige Krystalle, in Wasser (**II.** in 0·8 Th.) und Weingeist (**II.** in 2·5 Th.) leicht löslich. Erhitzt tritt unter Caramelgeruch Verkohlung ein, der Aschenrückstand sei sehr gering. Die wässrige Lösung (**II.** 1 = 3) gibt mit Kaliumacetat krystallinische Fällung. Die 10%ige wässrige Lösung darf durch Gypswasser, Schwefelwasserstoff, salpetersaures Baryum, oxalsaures Ammon nach Neutralisation mit Ammoniak nicht verändert werden. **2.** Die wässrige Lösung (1 : 2) muss nach dem Zusatz von Schwefelwasserstoff auch nach Neutralisiren mit Ammoniak ungefärbt bleiben.

**II.** ausser **I. 1.** noch: Wässrige Weinsäurelösung (1 = 3) gibt mit überschüssigem Kalkwasser einen anfangs flockigen, bald krystallinisch werdenden, in Chlorammon und Natronlauge löslichen Niederschlag, der aus letzterer Lösung beim Kochen gelatinös sich abscheidet, beim Erkalten wieder löst.

**Acidum trichloraceticum, Trichloressigsäure. II.** Farblose, leicht zerfliessliche, rhomboedrische Krystalle von schwach stechendem Geruche und stark saurer Reaction, in Wasser, Weingeist und Aether löslich, bei etwa 55° schmelzend, bei etwa 195° siedend und ohne Rückstand sich verflüchtigend. Die Krystalle entwickeln, mit überschüssigem Natriumcarbonat erwärmt, Chloroform. 10 Ccm. der wässrigen Lösung (1 = 10), mit 2 Tropfen Zehntelnormal-Silbernitratlösung versetzt, dürfen nur schwach opalisirend getrübt werden.

**Aether. I.** Klare, farblose, äusserst flüchtige, eigenthümlich riechende Flüssigkeit, spec. Gew. 0·725, Siedep. 34—36° C. Wird Aether mit dem gleichen Volumen Wasser und einigen Tropfen Lakmustinctur geschüttelt, so darf das Volumen des Wassers nur um ein Zehntel zunehmen, die Lakmustinctur darf nicht roth werden. Mit Aether getränktes Filtrirpapier darf nach dem Verdunsten des Aethers nicht nach Wein- oder Fuselöl riechen.

**II.** Klare, farblose, leicht bewegliche, eigenthümlich riechende und schmeckende, leicht flüchtige, bei 35° C. siedende, in jedem Verhältnisse mit Weingeist und fetten Oelen mischbare Flüssigkeit. Spec. Gew. 0·720. Filtrirpapier, mit Aether getränkt, darf nach dessen Verdunsten nicht riechen. Der nach Verdunstung von 5 Ccm. Aether in einem Schälchen bleibende Rückstand darf blaues Lakmuspapier nicht röthen. Aetzkali, mit Aether übergossen, darf sich innerhalb $^1/_2$ Stunde nicht gelb färben. 10 Ccm. Aether mit 1 Ccm. Jodkaliumlösung in einem vollen, geschlossenen Glasstöpselglase häufig geschüttelt, dürfen sich im zerstreuten Tageslichte innerhalb 1 Stunde nicht färben.

**Aether aceticus, Essigäther. I. 1.** Klare, farblose, eigenthümlich erfrischend riechende, flüchtige Flüssigkeit, mit Weingeist und Aether in jedem Verhältniss mischbar, Siedep. 74°—76°. Blauer Lakmusfarbstoff darf durch Essigäther nicht sofort geröthet werden. 1 Vol. Wasser mit 1 Vol. Essigäther geschüttelt, darf nur um $^1/_{10}$ zunehmen. **2.** Spec. Gew. 0·90.

**II.** ausser **I. 1.** noch: Spec. Gew. 0·900—0·904; Filtrirpapier, mit Essigäther getränkt, darf gegen Ende der Verdunstung nicht nach fremden Aetherarten riechen. Wird 1 Vol. Essigäther auf 1 Vol. Schwefelsäure geschichtet, so darf sich keine gefärbte Zone zeigen.

**Aether bromatus, Aethylbromid. II.** Klare, farblose, flüchtige, stark lichtbrechende, angenehm ätherisch riechende, neutrale, in Wasser unlösliche, in Weingeist und Aether lösliche, bei 38—40° siedende Flüssigkeit von 1·445 bis 1·450 spec. Gew. 5 Ccm. Aethylbromid, mit 5 Ccm. Schwefelsäure geschüttelt, dürfen letztere binnen 1 Stunde nicht gelb färben. Werden 5 Ccm. Aethylbromid mit 5 Ccm. Wasser geschüttelt, dann 2·5 Ccm. Wasser abgehoben, so muss dieses auf Zusatz von 1 Tropfen Silbernitratlösung 5 Minuten klar bleiben und darf nach längerer Zeit nur schwach opalisiren.

**Agaricinum, Agaricin. II.** Weisses Pulver von schwachem Geruche und Geschmacke, gegen 140° zu einer gelblichen Flüssigkeit schmelzend, bei stärkerem Erhitzen weisse, nach Caramel riechende Dämpfe ausstossend, verkohlend, in der Glühhitze ohne Rückstand verbrennend; wenig löslich in kaltem Wasser, in heissem Wasser quellend, beim Sieden zu einer stark schäumenden, nicht ganz klaren, Lakmus schwach röthenden Flüssigkeit löslich, die sich beim Erkalten trübt. Agaricin löst sich in 130 Th. kaltem, in 10 Th. heissem Weingeist, noch leichter in heisser Essigsäure, wenig in Aether, kaum in Chloroform; Kalilauge löst es zu einer beim Schütteln stark schäumenden Flüssigkeit.

**Alumen, Alaun. I.** Octaedrische, farblose, an der Luft wenig verwitternde Krystalle von süsslich zusammenziehendem Geschmacke und saurer Reaction; in ungefähr 10 Th. kaltem, leichter in heissem Wasser löslich. Beim Erhitzen verlieren sie Wasser und hinterlassen eine weisse, schwammige Masse, beim Glühen geht Schwefelsäure weg; die Flamme färben sie violett. Kalilauge erzeugt in Alaunlösung einen weissen, gallertartigen, in überschüssiger Lauge löslichen

Niederschlag; diese Lösung darf beim Erhitzen nicht nach Ammoniak riechen und durch Schwefelwasserstoff nicht getrübt werden, auch die wässrige Alaunlösung darf sich mit Schwefelwasserstoff nicht trüben.

**II. Kalialaun.** Farblose, durchscheinende, harte, octaedrische Krystalle oder Bruchstücke, häufig oberflächlich bestäubt, in 10·5 Th. Wasser löslich, in Weingeist unlöslich. Die wässrige Lösung reagirt sauer, schmeckt zusammenziehend, gibt mit Natronlauge einen weissen, gallertartigen, im Ueberschusse der Lauge löslichen Niederschlag, der auf genügenden Zusatz von Chlorammonium wieder erscheint. In gesättigter wässriger Alaunlösung erzeugt Weinsäure beim Schütteln innerhalb $^1/_2$ Stunde einen krystallinischen Niederschlag. Eine $5^0/_0$ige wässrige Alaunlösung darf durch Schwefelwasserstoff nicht verändert werden, 20 Ccm. derselben dürfen durch $^1/_2$ Ccm. Ferrocyankaliumlösung nicht sofort bläulich gefärbt werden. Eine Mischung von 1 Grm. Kalialaun mit 1 Ccm. Wasser und 3 Ccm. Natronlauge erhitzt, darf nicht nach Ammoniak riechen.

**Alumen ustum, gebrannter Alaun. I.** Weisses, in 25 Th. Wasser langsam, aber klar sich lösendes Pulver, dessen wässrige Lösung sich gegen Reagentien wie Lösung von gewöhnlichem Alaun verhalten soll.

**II.** Weisses Pulver, das bei gelindem Glühen $10^0/_0$ an Gewicht verlieren darf und sich langsam in 30 Th. Wasser fast vollständig lösen muss; die Lösung zeige die Reactionen des Kalialauns.

**Aluminium aceticum solutum, Essigsaure Aluminiumlösung. I.** Klare, farblose, süsslich zusammenziehend schmeckende, sauer reagirende, schwach nach Essigsäure riechende Flüssigkeit; spec. Gew. 1·044—1·046, enthält ungefähr $8^0/_0$ basisch essigsaures Aluminium. Eine Probe der Lösung, mit $^1/_{50}$ ihres Gewichts an Kaliumsulfat versetzt, gerinnt beim Erwärmen, wird aber nach dem Erkalten bald wieder klar, mit dem doppelten Volumen Weingeist vermischt, darf sie sich nur trüben, durch Schwefelwasserstoff darf sie nicht verändert werden.

**II. Liquor aluminii acetici** ausser wie in **I.** noch: 10 Grm., mit Ammoniak gefällt, geben 0·25—0·30 Grm. Aluminiumoxyd.

**Aluminium sulfuricum, schwefelsaures Aluminium. I. 1.** Weisse, krystallinische Stücke, welche in kaltem Wasser leicht, noch leichter in heissem Wasser, in Weingeist nicht löslich sind. Die wässrige Lösung ragirt sauer, schmeckt sauer zusammenziehend, gibt mit Baryumnitrat einen weissen, in Salzsäure unlöslichen, mit Kalilauge einen farblosen, gallertigen, im Ueberschusse der Lauge löslichen Niederschlag. **2.** Die wässrige Lösung des schwefelsauren Aluminiums darf durch Schwefelwasserstoff weder gefärbt, noch getrübt werden und der sodann auf Zusatz von Ammoniak entstehende Niederschlag muss weiss sein; die wässrige Lösung darf durch Ferrocyankalium nicht blau gefärbt werden und muss nach Ausfällen mit Ammoniak ein Filtrat geben, das durch Schwefelammonium nicht getrübt wird.

**II.** ausser **I. 1.** noch: Die filtrirte $10^0/_0$ige wässrige Lösung sei farblos, werde durch Schwefelwasserstoff nicht verändert und auf Zusatz einer gleichen Menge von Zehntelnormal-Natriumthiosulfatlösung nach 5 Minuten nur opalisirend getrübt; 20 Ccm. der $5^0/_0$igen wässrigen Lösung dürfen durch Zusatz von 0·5 Ccm. Ferrocyankaliumlösung nicht sofort gebläut werden.

**Ammonia, Ammoniak. I. 1.** Klare, farblose, vollkommen flüchtige, eigenthümlich stechend riechende, ätzend schmeckende Flüssigkeit von alkalischer Reaction; spec. Gew. 0·96, Ammoniakgehalt: $10^0/_0$. Bildet beim Annähern von Salzsäure dichte weisse Nebel. Mit Salpetersäure übersättigt und zur Trockene verdampft, soll sie einen farblosen, bei stärkerem Erhitzen flüchtigen Rückstand geben. **2.** Nach Uebersättigen mit Essigsäure darf weder Schwefelwasserstoff, noch oxalsaures Ammon, nach dem Ansäuern mit Salpetersäure weder salpetersaures Baryum, noch salpetersaures Silber eine Trübung erzeugen. Werden 5 Ccm. Ammoniak mit Wasser auf 100 Ccm. verdünnt, davon 10 Ccm. genommen, so müssen diese 28·2 Ccm. der alkalimetrischen Lösung zur Neutralisation verbrauchen.

**II. Liquor ammonii caustici, Ammoniakflüssigkeit.** Ausser **I. 1.** noch: Mit 4 Raumth. Kalkwasser gemischt, darf die Flüssigkeit nicht trüb werden, mit 2 Raumth. Wasser verdünnt, weder durch Schwefelwasserstoff, noch durch oxalsaures Ammon verändert werden. Ammoniakflüssigkeit mit Essigsäure angesäuert darf durch salpetersaures Baryum nicht verändert werden, mit Salpetersäure angesäuert durch salpetersaures Silber nur opalisirend getrübt werden. 5 Ccm. Ammoniak sollen zur Sättigung 28—28·2 Ccm. Normalsalzsäure verbrauchen.

**Ammonium aceticum solutum, Lösung von essigsaurem Ammonium. I. 1.** Klare, farblose, neutrale, oder kaum saure Flüssigkeit, flüchtig, darf durch Schwefelwasserstoff nicht getrübt werden.

**II. Liquor ammonii acetici.** Ausser **I. 1.** noch: 15% Ammoniumacetat enthaltend. Darf durch salpetersaures Baryum nicht verändert, nach dem Ansäuern mit Salpetersäure durch salpetersaures Silber nur opalisirend getrübt werden.

**II. Ammonium bromatum, Bromammonium. I. 1.** Weisses, krystallinisches, in Wasser leicht, in Weingeist schwerer lösliches, beim Erhitzen völlig flüchtiges Pulver; die wässrige Lösung von neutraler Reaction entwickelt auf Zusatz von Kalilauge Ammoniakgeruch, dieselbe mit einigen Tropfen Chlorwasser und Chloroform geschüttelt, liefert eine gelbrothe Chloroformschichte. Das Salz soll, mit verdünnter Schwefelsäure befeuchtet, nicht sofort gelb werden. **2.** 5 Ccm. einer 10%igen wässrigen Lösung sollen, mit einem Tropfen Eisenchloridlösung und etwas Chloroform geschüttelt, dieses nicht violett färben. 0·2 Grm. des bei 100° getrockneten Salzes in 10 Ccm. Wasser gelöst, mit wenig neutralem chromsauren Kalium versetzt, sollen, damit der Niederschlag bleibend roth wird, nicht unter 20, nicht über 21 Ccm. Zehntelnormal-Silberlösung erfordern.

**II.** ausser **I. 1.** noch: Die 10%ige wässrige Lösung werde weder durch Schwefelwasserstoff, noch durch salpetersaures Baryum, noch durch verdünnte Schwefelsäure verändert. 20 Ccm. der 5%igen wässrigen Lösung dürfen durch 0·5 Ccm. Ferrocyankaliumlösung nicht sofort gebläut werden. 10 Ccm. der wässrigen Lösung (3 Grm. = 100 Ccm.) des bei 100° getrockneten Salzes dürfen nach Zusatz von wenig chromsaurem Kalium nicht mehr 30·9 Ccm. Zehntelnormal-Silberlösung bis zur bleibenden Röthung verbrauchen.

**Ammonium carbonicum, kohlensaures Ammonium. I.** und **II.** Krystallinische, harte, durchscheinende, farblose Stücke von ammoniakalischem Geruche, an der Luft verwitternd, daher häufig oberflächlich pulvrig bestäubt, in der Hitze vollständig flüchtig, in Wasser leicht löslich (**II.** in 5 Th. Wasser langsam, aber vollständig löslich), mit Säuren aufbrausend. Die mit Salpetersäure angesäuerte Lösung darf durch Silbernitrat nicht gebräunt und nach einiger Zeit nicht mehr, als opalisirend getrübt werden; die mit Essigsäure angesäuerte Lösung darf weder durch Schwefelwasserstoff, noch durch salpetersaures Baryum, noch durch oxalsaures Ammon verändert werden. 1 Grm. des Salzes mit Salpetersäure übersättigt, auf dem Wasserbade zur Trockne verdampft, muss einen farblosen, in der Hitze flüchtigen Rückstand geben.

**Ammonium chloratum, Chlorammonium. I.** Weisses, krystallinisches, geruchloses, in kaltem Wasser leicht, in heissem noch leichter lösliches, in Weingeist kaum lösliches, beim Erhitzen flüchtiges Pulver (**II.** oder weisse harte, fasrig krystallinische Kuchen). Die wässrige, neutral reagirende Lösung entwickelt auf Zusatz von Kalilauge in der Wärme Ammoniak und gibt mit Silbernitrat einen weissen, käsigen, in Ammoniak leicht löslichen Niederschlag. Eine 5%ige wässrige Lösung darf weder durch Schwefelwasserstoff, noch durch salpetersaures Baryum, noch durch verdünnte Schwefelsäure (**II.** noch durch oxalsaures Ammon) verändert, noch mit Salzsäure angesäuert durch Eisenchlorid geröthet werden. 1 Grm. des Salzes mit wenig Salpetersäure im Wasserbade zur Trockne verdampft, muss einen weissen, beim Glühen ohne Färbung flüchtigen Rückstand geben. **2.** Schwefelammonium darf keinen schwarzen Niederschlag, höchstens eine wenig grüne Färbung erzeugen.

**II.** ausser **I. 1.** noch: In 3 Th. kaltem, 1 Th. siedendem Wasser löslich. 20 Ccm. der 5%igen Lösung dürfen durch 0·5 Ccm. Ferrocyankaliumlösung nicht sofort gebläut werden.

**Ammonium chloratum ferratum, Eisensalmiak. II.** Rothgelbes an der Luft feucht werdendes, in Wasser leicht lösliches Pulver, in 100 Th. ungefähr 2·5 Th. Eisen enthaltend. 10 Ccm. einer wässrigen Lösung, welche in 100 Ccm. 5·6 Grm. Eisensalmiak enthält, werden nach Zusatz von 3 Ccm. Salzsäure kurze Zeit zum Sieden erhitzt und, nahezu erkaltet, mit 0·3 Grm. Kaliumjodid versetzt, und hierauf 1/2 Stunde bei einer 40° nicht übersteigenden Wärme in einem geschlossenen

Gefässe zur Seite gestellt; es müssen alsdann 2·5—2·7 Ccm. Zehntelnormal-Natriumthiosulfatlösung zur Bindung des ausgeschiedenen Jods verbraucht werden.

**Amylenum hydratum, Amylenhydrat. II.** Klare, farblose, flüchtige, neutrale Flüssigkeit von eigenthümlichem, ätherisch-gewürzhaftem Geruche und brennendem Geschmacke, in 8 Th. Wasser löslich, mit Weingeist, Aether, Chloroform, Petroleumbenzin, Glycerin und fetten Oelen klar mischbar, bei 99—103° siedend. Spec. Gew. 0·815—0·820. 20 Ccm. der wässrigen Lösung (1 = 20) dürfen nach Zusatz von 2 Tropfen Kaliumpermanganatlösung dieselbe innerhalb 10 Minuten nicht entfärben. Wird die wässrige Lösung (1 = 20) mit Silbernitratlösung, welche zuvor mit Ammoniakflüssigkeit übersättigt ist, 10 Minuten im Wasserbade erwärmt, so darf sie auf diese nicht reducirend wirken.

**Amylium nitrosum, Amylnitrit. I. 1.** Klare, gelbliche, flüchtige, fruchtartig riechende, brennend gewürzhaft schmeckende, in Wasser kaum lösliche, in Weingeist und Aether in allen Verhältnissen lösliche Flüssigkeit, angezündet mit gelber, leuchtender, russender Flamme verbrennend. Spec. Gew. 0·902 (**II.** 0·87—0·88). Siedep. 95—98° (**II.** 97—99°). **2.** Die Reaction sei neutral oder höchstens schwach sauer. Wird Eisenvitriollösung mit Amylnitrit überschichtet, so tritt an der Berührungsstelle beider Flüssigkeiten Braunfärbung auf. Wird ein Volum Amylnitrit mit 3 Volum einer Mischung aus gleichen Theilen Ammoniak und absolutem Alkohol mit etwas salpetersaurem Silber gelinde erwärmt, so darf sich die Flüssigkeit weder braun, noch schwarz färben. Werden gleiche Volumina Amylnitrit und Wasser mit einander geschüttelt, so soll das Volumen des einen wie des anderen nicht erheblich verändert werden.

**II.** Ausser **I. 1.** noch: 5 Ccm. Amylnitrit mit 1 Ccm. Wasser und 0·1 Ccm. Ammoniakflüssigkeit geschüttelt, müssen alkalisch bleiben. 1 Ccm. Amylnitrit mit 1·5 Ccm. Silbernitratlösung, 1·5 Ccm. absol. Alkohol und einigen Tropfen Ammoniak gelinde erwärmt, darf sich nicht bräunen oder schwärzen. Auf 0° abgekühlt, darf sich Amylnitrit nicht trüben.

**Antifebrinum, Antifebrin. I. 1.** Krystallinische, farb- und geruchlose, fettglänzende, neutral reagirende, schwach brennend schmeckende Blättchen, in kaltem Wasser schwer (**II.** in 194 Th.), in heissem leichter (**II.** in 18 Th.), leicht in Aether und Weingeist (**II.** in 3·5 Th.) löslich. Schmelzp. 112° (**II.** 113°). Siedep. 295°, verbrennt ohne Rückstand, in concentrirter Schwefelsäure farblos löslich. **2.** Beim Kochen mit concentrirter Kalilauge scheidet sich Anilin ab. Wird Antifebrin mit Aetzkali in der Eprouvette geschmolzen, so scheidet sich oben gelbliches Anilinöl aus; löst man nach dem Erkalten in Wasser, säuert mit Schwefelsäure an und setzt einige Tropfen Chlorwasser zu, so tritt Violettfärbung auf.

**II. Acetanilidum.** Ausser **I. 1.** noch: In Chloroform leicht löslich. Die kalt gesättigte wässrige Lösung darf durch Eisenchlorid nicht gefärbt werden. Antifebrin mit Kalilauge erhitzt gibt aromatisch riechende Dämpfe, auf Zusatz einiger Tropfen Chloroform und weiteres Erhitzen tritt der widerliche Isonitrilgeruch auf. 0·1 Grm. Antifebrin mit 1 Ccm. Salzsäure 1 Minute lang gekocht soll eine klare Lösung geben, die nach Zusatz von 2 Ccm. Carbolsäurelösung durch Chlorkalk zwiebelroth getrübt, nach Uebersättigen mit Ammoniak indigblau gefärbt wird.

**Antipyrinum, Antipyrin. I.** Weisses, krystallinisches, bitter schmeckendes, geruchloses Pulver, oder krystallinische, fettglänzende Blättchen, in Wasser, Weingeist, Chloroform sehr leicht, in Aether viel schwieriger löslich, neutral reagirend, bei 111—113° schmelzend, beim Erhitzen ohne Rückstand verbrennend. Die wässrige Lösung wird auf Zusatz von 1 Tropfen Eisenchloridlösung sattroth, auf Zusatz von einigen Tropfen concentrirter Schwefelsäure gelblich; die verdünnte wässrige Lösung färbt sich auf Zusatz einer mit Schwefelsäure angesäuerten Lösung von salpetrigsaurem Kalium blaugrün.

**II.** Tafelförmige, farblose Krystalle von kaum wahrnehmbarem Geruche und milde bitterem Geschmacke, bei 113° schmelzend. 1 Th. Antipyrin löst sich in weniger als 1 Th. kaltem Wasser, in etwa 1 Th. Weingeist, in 1 Th. Chloroform, in etwa 50 Th. Aether. Die 1% wässrige Lösung gibt mit Gerbsäurelösung reichliche weisse Fällung. 2 Ccm. dieser Lösung werden durch 2 Tropfen rauchender Salpetersäure grün und durch einen, nach dem Erhitzen zum Sieden zugesetzten, weiteren Tropfen dieser Säure roth gefärbt. 2 Ccm. einer 1‰ Lösung geben mit 1 Tropfen Eisenchloridlösung eine tiefrothe Färbung, welche auf Zusatz von 10 Tropfen Schwefelsäure in hellgelb übergeht. Die wässrige Lösung des Antipyrins (1 = 2) sei neutral, farblos, frei von scharfem Geschmacke und werde durch Schwefelwasserstoffwasser nicht verändert. Erhitzt, darf Antipyrin einen Rückstand nicht hinterlassen.

**Apomorphinum hydrochloricum, salzsaures Apomorphin. I. 1.** Krystallinisches, grauweisses, in Wasser und Weingeist (**II.** etwa 40 Th.) lösliches, in Aether und Chloroform fast unlösliches Pulver, das an feuchter Luft und am Lichte bald grün, auf Zusatz von Salpetersäure blutroth wird. Die wässrige Lösung ist neutral und farblos oder wenig gefärbt, nimmt allmälig, rasch beim Erwärmen, grüne Färbung und alkalische Reaction an (**II.** ein Präparat, das mit 100 Th. Wasser smaragdgrüne Lösung gibt, ist unbrauchbar). Beim Erhitzen verbrennt das Präparat ohne Rückstand. **2.** Die wässrige Lösung wird auf Zusatz von Kalilauge bald braunschwarz, durch Eisenchlorid wird sie amethystfarben.

**II.** Ausser **I. 1.** noch: Die Lösung in Natronlauge wird an der Luft bald purpurroth, dann schwarz. Der durch Natriumbicarbonatlösung aus der wässrigen Lösung gefällte Niederschlag färbt sich an der Luft bald grün, löst sich dann in Aether zu einer purpurvioletten, in Chloroform zu einer blauvioletten Flüssigkeit. Silbernitratlösung wird von der mit Ammoniak versetzten wässrigen Lösung des Apomorphinsalzes sofort reducirt. Beim Schütteln des trockenen Salzes mit Aether darf dieser nicht oder nur blass röthlich gefärbt werden.

**Aqua Chlori, Chlorwasser. I.** Es sei klar, grünlichgelb, von Chlorgeruch und zerstöre rasch Pflanzenfarbstoffe.

**II. Aqua chlorata.** Klare, gelbgrüne, in der Wärme flüchtige, erstickend riechende Flüssigkeit, welche Lakmuspapier sofort bleicht und mindestens 4‰ Chlor enthält. 25 Grm. Chlorwasser, der Lösung von 1 Grm. Jodkalium zugesetzt, müssen so viel Jod abscheiden, dass zu dessen Bindung mindestens 28·2 Ccm. Zehntelnormal-Natriumthiosulfatlösung verbraucht werden.

**Araroba depurata, gereinigte Araroba. I. 1.** Krystallinisches, leichtes, goldgelbes, geruch- und geschmackloses Pulver. Mit heissem Wasser geschüttelt (**II.** mit 200 Th. Wasser gekocht) gibt es nach dem Filtriren eine gelbliche (**II.** schwach braunröthliche, geschmacklose) neutrale Flüssigkeit, die durch Eisenchlorid nicht gefärbt wird. Mit Ammoniak wird es roth, in heissem Weingeist (**II.** 150 Th.) löst es sich grösstentheils zu goldgelber Flüssigkeit. Erhitzt, schmilzt es, stösst gelbe Dämpfe aus, verkohlt und verbrennt schliesslich ohne Rückstand. **2.** In concentrirter Schwefelsäure löst es sich zu einer rothbraunen, in Kalilauge zu einer kirschrothen Flüssigkeit, welche, mit Wasser verdünnt, grün fluorescirt.

**II. Chrysarobinum, Chrysarobin** ausser **I. 1.** noch: In warmem Chloroform und Schwefelkohlenstoff bis auf einen geringen Rückstand löslich. Auf Schwefelsäure gestreut, gebe Chrysarobin eine röthlichgelbe Lösung. Wird 0·01 Grm. Chrysarobin auf 1 Tropfen rauchender Salpetersäure gebracht und die rothe Lösung in dünner Schichte mit Ammoniak betupft, so entsteht Violettfärbung.

**Argentum nitricum crystallisatum, krystallisirtes salpetersaures Silber. I. 1.** Tafelförmige, durchsichtige, farblose, sehr leicht in Wasser, schwerer in Weingeist lösliche Krystalle. Die wässrige Lösung ist neutral, gibt mit Salzsäure einen weissen, käsigen Niederschlag, der sich in überschüssigem Ammoniak leicht, klar und farblos löst. 10%ige Lösung, mit dem 4fachen Vol. verdünnter Schwefelsäure zum Kochen erhitzt, darf sich nicht trüben, dieselbe Lösung, mit Salzsäure ausgefällt, muss ein Filtrat liefern, das beim Verdampfen keinen Rückstand hinterlässt. **2.** Die wässrige 10%ige Lösung darf mit salpetersaurem Baryum nur leicht opalisiren; nach der Ausfällung des Silbers durch Salzsäure darf Ammoniak, sowie Schwefelwasserstoff das Filtrat weder färben, noch trüben.

**Argentum nitricum fusum, geschmolzenes salpetersaures Silber. I.** Weisse oder aschgraue Stäbchen von krystallinisch-strahligem Bruche, die sich gegen Reagentien wie das krystallisirte salpetersaure Silber zu verhalten haben.

**II. Argentum nitricum, Silbernitrat.** Ausser **I. 1.** beim krystallisirten Silbernitrat noch: Weisse, glänzende oder grauweisse schmelzbare Stäbchen mit krystallinisch strahligem Bruche, in 0·6 Th. Wasser, etwa 10 Th. Weingeist und einer genügenden Menge Ammoniak klar und farblos löslich. Der durch Salzsäure entstehende Niederschlag ist in Salpetersäure unlöslich.

**Argentum nitricum cum Kalio nitrico, salpeterhaltiges Silbernitrat. I.** Weisse, harte Stäbchen, am Bruche kaum krystallinisch. 1 Grm., in 20 Ccm. Wasser gelöst, soll nach Ausfällen mit 0·11 Grm. Chlornatrium ein Filtrat geben, das durch Silbernitrat nicht getrübt wird.

**II.** Weisse oder grauweisse, im Bruche porcellanartige, kaum krystallinische Stäbchen. 1 Grm., in 10 Ccm. Wasser gelöst, mit 10 Tropfen Kaliumchromatlösung und 20 Ccm. Zehntelnormal-Chlornatriumlösung gemischt, darf nur 0·5—1 Ccm. Zehntelnormal-Silberlösung zur Rothfärbung brauchen.

**Atropinum sulfuricum, schwefelsaures Atropin. I. 1.** Weisses krystallinisches, leicht in Wasser (**II.** in 1 Th.) und in Weingeist (**II.** in 3 Th.), in Aether und Chloroform unlösliches (**II.** fast unlösliches) Pulver. Die farblose, neutrale wässrige Lösung schmeckt bei 1000facher Verdünnung ekelerregend bitter (**II.** anhaltend kratzend). **2.** Eine 5%ige Lösung wird durch einige Tropfen Kalilauge, nicht aber durch Ammoniak oder kohlensaures Ammon getrübt. **3.** Eine kleine Menge schwefelsauren Atropins (**II.** 0·01 Grm.) mit einigen Tropfen (**II.** 5 Tropfen) rauchender Salpetersäure auf dem Wasserbade zur Trockne verdampft, gibt einen Rückstand, der nach dem Erkalten auf Zusatz eines Tropfens weingeistiger Kalilauge sofort violett und später roth wird. 1 Mgrm. (**II.** 0·01 Grm.) schwefelsaures Atropin in der Eprouvette bis zum Auftreten weisser Dämpfe erhitzt, dann mit 1·5 Grm. (**II.** 1·5 Ccm.) concentrirter Schwefelsäure bis zur beginnenden Bräunung erhitzt, entwickelt auf vorsichtigen Zusatz von 2 Ccm. Wasser einen angenehmen Geruch, der auf Zusatz von einem Körnchen Kaliumpermanganat in den des Bittermandelöls übergeht.

**II.** ausser **I. 1.** und **I. 3.** noch: Schmelzpunkt 183° C., das Präparat sei aus Atropin vom Schmelzpunkte 115·5° C. bereitet. Die wässrige Lösung (1 = 60) werde durch Natronlauge, nicht durch Ammoniak getrübt. Schwefelsäure löse zu farbloser Flüssigkeit, die auch auf Zusatz von Salpetersäure ungefärbt bleibt. Bei Luftzutritt verbrenne es ohne Rückstand.

**Auro-Natrium chloratum, Natriumgoldchlorid. II.** Goldgelbes Pulver, in 2 Th. Wasser vollständig, in Weingeist nur zum Theile löslich, beim Glühen wird es unter Abscheidung von Gold zersetzt. Es darf bei Annäherung von Ammoniak nicht weisse Nebel geben. 100 Th., vorsichtig im Porcellantiegel erhitzt, müssen nach dem Auslaugen des Glührückstandes mit Wasser mindestens 30 Th. Gold hinterlassen.

**Bismuthum subnitricum, basisch salpetersaures Wismuth. I. 1.** Weisses, krystallinisches, sauer reagirendes Pulver, das beim Erhitzen zuerst Wasserdämpfe, dann gelbrothe Dämpfe abgibt und gelbes Wismuthoxyd hinterlässt. (**II.** verliert bei 120° 3—5% an Gewicht, der Glührückstand beträgt 79—82%.) **2.** Mit Kalilauge erhitzt, darf es nicht Ammoniak abgeben, in verdünnter Salpetersäure soll es sich ohne Aufbrausen lösen; diese mit wenig Wasser verdünnte Lösung darf weder durch salpetersaures Silber, noch durch salpetersaures Baryum, noch durch verdünnte Schwefelsäure verändert werden. Das Präparat muss sich in verdünnter Schwefelsäure klar lösen, überschüssiges Ammoniak muss aus dieser Lösung einen weissen Niederschlag fällen und das Filtrat davon muss farblos sein und darf durch Schwefelwasserstoff nicht getrübt werden. 1 Grm. des Präparates, mit Schwefelsäure bis zum Auftreten von Schwefelsäuredämpfen erhitzt, sodann im Marsh'schen Apparate geprüft, darf nicht die Spur eines Arsenspiegels geben.

**II.** ausser **I. 1.** noch: 0·5 Grm. des Präparates lösen sich in 25 Ccm. verdünnter Schwefelsäure in der Kälte ohne Entwicklung von Kohlensäure klar auf. Diese Lösung gebe, mit Ammoniak ausgefällt, ein farbloses Filtrat, ferner gebe es nach dem Verdünnen mit Wasser und Ausfällen mit Schwefelwasserstoff ein Filtrat, das nach dem Eindampfen einen wägbaren Rückstand nicht hinterlässt. Wird 1 Grm. des Präparates bis zum Aufhören der Dampfbildung erhitzt, nach dem Erkalten zerrieben, in 3 Ccm. Zinnchlorürlösung gelöst, so darf innerhalb einer Stunde eine Färbung nicht eintreten. 0·5 Grm., in 5 Ccm. Salpetersäure gelöst, geben eine klare Flüssigkeit, welche durch 0·5 Ccm. Silberlösung höchstens opalisirend getrübt, durch 0·5 Ccm. einer mit der gleichen Gewichtsmenge Wasser verdünnten Baryumnitratlösung nicht verändert werde. Mit überschüssiger Natronlauge erwärmt, darf das Präparat nicht Ammoniak abgeben.

**Borax, Natriumborat. II.** Siehe: **Natrium boracicum.**

**Bromum, Brom. II.** Dunkelrothbraune, flüchtige Flüssigkeit, vom spec. Gew. 2·9—3; bei gewöhnlicher Temperatur gelbrothe Dämpfe bildend, in 30 Th. Wasser, leicht in Weingeist, Aether, Schwefelkohlenstoff und Chloroform mit tiefrothgelber Farbe löslich. Es löse sich in Natronlauge zu einer dauernd klar bleibenden Flüssigkeit auf. Die gesättigte wässrige Lösung mit überschüssigem Eisenpulver geschüttelt, gebe eine Flüssigkeit, die nach Zusatz von Eisenchlorid und Stärkelösung nicht gebläut werde.

**Calcaria chlorata, Chlorkalk. II.** Siehe Calcium hypochlorosum.

**Calcium carbonicum praecipitatum, gefälltes kohlensaures Calcium. I.** Weisses, krystallinisches, sehr zartes, in Wasser fast unlösliches, in verdünnter Essigsäure unter Aufbrausen vollständig lösliches Pulver; aus der Lösung fällt oxalsaures Ammon einen weissen Niederschlag. Wird es mit destillirtem Wasser geschüttelt und dann filtrirt, so soll das Filtrat höchstens sehr schwach alkalisch reagiren und beim Verdampfen nur einen sehr geringen Rückstand hinterlassen. Die mit Salzsäure hergestellte Lösung darf durch Schwefelwasserstoff nicht verändert und nach Neutralisation mit Ammoniak durch Schwefelammonium nicht gefällt werden.

**Calcium carbonicum purum, reines kohlensaures Calcium. I.** Sehr zartes, krystallinisches, weisses, geschmackloses, in Wasser unlösliches Pulver, das demselben beim Schütteln damit weder alkalische Reaction, noch etwas Lösliches mittheilen darf. Die mit 50 Th. destillirten Wassers und der genügenden Menge Salzsäure bereitete Lösung wird nach dem Uebersättigen mit Ammoniak durch überschüssiges oxalsaures Ammon weiss gefällt, die von dem Niederschlage abfiltrirte Flüssigkeit darf durch phosphorsaures Natrium auch nach längerem Stehen nicht getrübt werden. Die mit Salzsäure bereitete Lösung darf durch Schwefelwasserstoffwasser nicht getrübt, nach Neutralisation mit Ammoniak durch Schwefelammonium weder gefällt, noch grün gefärbt werden. Die mit verdünnter Salpetersäure dargestellte 2%ige Lösung soll nach Zusatz von salpetersaurem Baryum, sowie von salpetersaurem Silber klar bleiben.

**II. Calcium carbonicum praecipitatum.** Weisses, mikrokrystallinisches, in Wasser fast unlösliches Pulver, in Essigsäure unter Aufbrausen löslich, diese Lösung wird durch oxalsaures Ammon weiss gefällt. 1 Th. des Präparates mit 50 Th. Wasser geschüttelt gebe ein Filtrat, das nicht alkalisch reagirt und keinen wägbaren Abdampfrückstand liefert. Die 2%ige mit Essigsäure dargestellte Lösung darf durch Baryumnitrat nicht sofort verändert, durch Silbernitrat nur opalisirend getrübt werden. Die 2%ige salzsaure Lösung darf durch Uebersättigen mit Ammoniak nicht getrübt werden. Eine aus 1 Grm. mit Salzsäure bereitete 2%ige Lösung darf durch 0·5 Ccm. Ferrocyankaliumlösung nicht verändert werden.

**Calcium hypochlorosum, unterchlorigsaures Calcium. I.** Weisses, nach Chlor riechendes, herb schmeckendes, hygroskopisches, in Wasser zum Theile lösliches Pulver, in Säuren unter Chlorentwicklung fast vollständig löslich. Es soll mindestens 20% wirksames Chlor enthalten; daher soll die blaue Farbe der Indigocarminlösung grün oder gelbbraun werden, wenn man 2—3 Tropfen einer solchen Lösung folgender Mischung zusetzt: 1 Grm. unterchlorigsauren Calciums, 100 Grm. destillirten Wassers, 275 Mgrm. arseniger Säure, welche in der nöthigen Menge verdünnter Salzsäure gelöst wurde.

**II. Calcaria chlorata, Chlorkalk.** Weisses oder weissliches Pulver von chlorähnlichem Geruche, in Wasser nur theilweise löslich, mindestens 25% wirksames Chlor enthaltend. Es gibt mit Essigsäure unter Chlorentwicklung eine Lösung, welche mit Wasser verdünnt und filtrirt, durch oxalsaures Ammon weiss gefällt wird. Werden 0·5 Grm. mit einer Lösung von 1 Grm. Jodkalium in 20 Ccm. Wasser gemischt und mit 20 Tropfen Salzsäure angesäuert, so muss das ausgeschiedene Jod wenigstens 35·2 Ccm. Zehntelnormal-Natriumthiosulfatlösung zur Bindung erfordern.

**Calcium phosphoricum, phosphorsaures Calcium. I. 1.** Leichtes, weisses, krystallinisches, in Wasser unlösliches, in kalter Essigsäure schwer, in verdünnter Salzsäure, sowie Salpetersäure ohne Aufbrausen leicht lösliches Pulver. Die mit verdünnter Salpetersäure bereitete Lösung (**II.** 5%) gibt mit salpetersaurem Silber nach vorsichtiger Neutralisation mit Ammoniak einen gelben, sowohl in Ammoniak, als in Salpetersäure löslichen Niederschlag (**II.** diese salpetersaure Lösung gibt auf Zusatz eines Ueberschusses von essigsaurem Natrium mit oxalsaurem Ammon einen weissen Niederschlag). **2.** Die salpetersaure Lösung darf durch Baryumnitrat nicht verändert, durch Silbernitrat nur schwach getrübt werden, sie muss durch Zusatz von Ammoniak und Schwefelammonium rein weiss gefällt werden. Im Marsh'schen Apparate geprüft, darf das Präparat auch nicht die Spur eines Arsenspiegels geben.

**II.** ausser **I. 1.** noch: Mit Silbernitratlösung befeuchtet werde Calciumphosphat gelb, dies geschieht jedoch nicht, wenn das Präparat zuvor auf Platinblech längere Zeit geglüht war. Wird 1 Grm. Calciumphosphat mit 3 Ccm. Zinnchlorürlösung geschüttelt, so darf innerhalb 1 Stunde eine Färbung nicht eintreten. Wird das Präparat mit 20 Th. Wasser geschüttelt, so darf das davon erhaltene mit Essigsäure angesäuerte Filtrat durch Baryumnitrat nicht verändert werden. Die mit Salpetersäure bereitete 5%ige Lösung darf durch Silbernitrat nach 2 Minuten nur opalisirend getrübt werden und muss mit überschüssigem Ammoniak und Schwefelwasserstoff einen rein weissen Niederschlag geben. Der Glühverlust betrage 25—26%.

**Cerussa, Bleiweiss. II.** Siehe: Plumbum carbonicum.

**Chininum bisulfuricum, saures schwefelsaures Chinin. I.** Prismatische, weisse, glänzende Krystalle von bitterem Geschmacke, an der Luft wenig verwitternd, in Wasser leichter, als in Weingeist löslich. Die sauer reagirende wässrige Lösung fluorescirt bläulich. Die wässrige Lösung färbt sich auf Zusatz von Chlorwasser und Ammoniak grün und gibt mit Baryumnitrat einen weissen, in Säuren unlöslichen Niederschlag. Durch salpetersaures Silber darf sie nicht getrübt werden. Das Präparat darf sich durch Befeuchten mit concentrirter Schwefelsäure oder Salpetersäure nicht färben. Wird 0·1 Grm. des Salzes in 50 Ccm. Wasser gelöst, so dürfen 5 Ccm. der Lösung höchstens 4 Ccm. Ammoniak verbrauchen, damit der anfänglich entstehende Niederschlag sich vollständig löse.

**Chininum ferro-citricum, citronensaures Eisenchinin. I. 1.** Glänzende, durchscheinende, rothbraune Blättchen von bitterem und eisenartigem Geschmacke, in Wasser langsam, aber in jedem Verhältnisse löslich, in Weingeist nur wenig löslich. **2.** Die wässrige Lösung wird durch Ferrocyankalium blau gefällt. Wird die wässrige Lösung mit Natronlauge versetzt, dann mit dem gleichen Volumen Aether geschüttelt, die Aetherschichte abgehoben und verdunstet, so bleibt ein Rückstand von Chinin, das in salzsäurehaltigem Wasser gelöst, mit Chlorwasser und Ammoniak versetzt, eine grüne Flüssigkeit liefert.

**II.** Ausser **I. 1.** noch: In 100 Th. 9—10 Th. Chinin enthaltend. Die mit Salzsäure angesäuerte wässrige Lösung gibt sowohl mit Ferrocyankalium, als mit Ferricyankalium eine blaue, mit Jodlösung eine braune Fällung. Wird 1 Grm. Eisenchinincitrat in 4 Ccm. Wasser gelöst, die Lösung mit Natronlauge stark alkalisch gemacht und alsdann dreimal mit je 7 Ccm. Aether ausgeschüttelt, so liefere die abgehobene, ätherische Schicht nach dem Verdunsten und Trocknen des Rückstandes bei 100° mindestens 0·09 Grm. Chinin. Wird das aus einer grösseren Menge Eisenchinincitrat abgeschiedene Chinin in Chininsulfat übergeführt, so muss das letztere der für dieses Salz vorgeschriebenen Probe entsprechen.

**Chininum hydrochloricum, salzsaures Chinin. I. 1.** Weisse, nadelförmige, seidenglänzende Krystalle von bitterem Geschmack, welche in 34 Th. Wasser, leichter in Weingeist (**II.** in 3 Th.) und auch in Chloroform löslich sind. Die neutrale, farblose, wässrige Lösung fluorescirt nicht, färbt sich auf Zusatz von Chlorwasser und Ammoniak grün. Silbernitrat erzeugt in der mit Salpetersäure angesäuerten Lösung einen weissen Niederschlag. Bei Luftzutritt erhitzt, verbrenne es ohne Rückstand. Die wässrige Lösung (**II.** 2%) soll weder durch Baryumnitrat getrübt (**II.** nur sehr wenig) noch durch verdünnte Schwefelsäure verändert werden. **2.** 0·2 Grm. des Salzes in 10 Ccm. Wasser gelöst, mit einigen Tropfen Salpetersäure und 5 Ccm. der Zehntelnormal-Silberlösung versetzt, müssen nach dem Erhitzen zum Sieden ein Filtrat liefern, das weder durch Silbernitrat, noch durch Salzsäure erheblich getrübt wird. Wird das Präparat mit Salpetersäure oder Eisenchlorid benetzt, so darf es sich nicht färben.

**II.** Ausser **I. 1.** noch: 0·05 Grm. des Salzes mit 10 Tropfen Schwefelsäure und 1 Tropfen Salpetersäure gemischt, zeigen keine rothgelbe Färbung. 1 Grm.

des Salzes verliere beim Erwärmen auf 100° C. nicht mehr als 0·09 Grm. an Gewicht. 2 Grm. Chininhydrochlorid werden in 20 Ccm. Wasser von 60° gelöst; die Lösung werde mit 1 Grm. zerriebenem, unverwittertem Natriumsulfat versetzt, und die Masse gleichmässig durchgearbeitet. Nach dem Erkalten bleibe die Masse, unter zeitweiligem Umrühren, eine halbe Stunde bei 15° stehen; hierauf werde durch ein aus bestem Filtrirpapier gefertigtes Filter von 7 Cm. Durchmesser filtrirt und von dem 15° zeigenden Filtrate 5 Ccm. in einem trockenen Probirrohre mit Ammoniak von 15° versetzt, bis der entstandene Niederschlag wieder klar gelöst ist. Die hierzu erforderliche Menge Ammoniak darf nicht mehr als 4 Ccm. betragen.

**Chininum sulfuricum, schwefelsaures Chinin. I. 1.** Sehr zarte, weisse, seidenglänzende Krystallnadeln von bitterem Geschmacke, an trockener Luft verwitternd, an feuchter Wasser anziehend; sie lösen sich nicht schwer in heissem Weingeist (**II.** in 6 Th.), in heissem Wasser wenig (**II.** in 25 Th.), in kaltem Wasser sehr schwer (**II.** in etwa 800 Th.). Die neutrale wässrige Lösung fluorescirt nicht, nach Zusatz von 1 Tropfen verdünnter Schwefelsäure fluorescirt sie aber blau. Wird der kalt gesättigten wässrigen Lösung etwas Chlorwasser (**II.** 5 : 1) und dann Ammoniak zugesetzt, so entsteht eine grüne Färbung. Die wässrige Lösung gibt mit Baryumnitrat einen weissen, in Säuren unlöslichen Niederschlag, durch Silbernitrat keine Veränderung. Das Präparat, mit concentrirter Schwefelsäure oder Salpetersäure benetzt, darf sich nicht färben. Wird 1 Grm. des Präparates in 7 Ccm. einer Mischung von 1 Vol. absoluten Alkohol und 2 Vol. Chloroform bei 40 — 50° gelöst, so muss die Lösung auch nach dem Erkalten klar bleiben. Bei 100° muss schwefelsaures Chinin mindestens 85% Trockenrückstand geben. An der Luft erhitzt, muss es ohne Rückstand verbrennen. **2.** 2 Grm. des Präparates mit 20 Ccm. Wasser unter dauerndem Schütteln im Wasserbade auf 60° erwärmt, dann 1 Stunde bei Seite gestellt, sodann $^1/_2$ Stunde lang genau auf 15° abgekühlt, hierauf durch ein trockenes Filter filtrirt, 5 Ccm. des Filtrates werden nach und nach mit 7·5 Ccm. Ammoniak versetzt; der anfänglich entstandene Niederschlag soll sich vollständig lösen.

**II.** ausser **I. 1.** noch: 2 Grm. schwefelsaures Chinin, welches bei 40° bis 50° völlig verwittert ist, übergiesse man in der Eprouvette mit 20 Ccm. Wasser und stelle sie $^1/_2$ Stunde lang unter häufigem Umschütteln in ein Wasserbad von 60—65° C. Dann stelle man in Wasser von 15° C. und lasse unter häufigem Schütteln 2 Stunden darin. Alsdann filtrire man, vom klaren Filtrate, das 15° C. zeigen muss, nehme man 5 Ccm. und setze allmälig Ammoniakflüssigkeit von derselben Temperatur zu. Die zur Lösung des anfangs entstehenden Niederschlages nöthige Menge betrage nur 4 Ccm.

**Chininum tannicum, gerbsaures Chinin. I.** Grauweisses oder gelbliches, geruchloses Pulver von zusammenziehendem, schwach bitterem Geschmacke, in ungefähr 30 Th. siedendem, in 800 Th. kaltem Wasser, leicht in Weingeist löslich; beim Erwärmen mit Wasser ballt es sich zusammen. Die wässrige Lösung wird durch Eisenchlorid schwarzblau. Wird aus der weingeistigen Lösung durch Bleiessig die Gerbsäure, hierauf aus dem Filtrate mit verdünnter Schwefelsäure das Blei gefällt, so zeigt das Filtrat nach dem Verdunsten des Weingeistes auf Zusatz von Chlorwasser und Ammoniak die grüne Chininreaction. Beim Erhitzen soll das Präparat ohne Rückstand verbrennen.

**II.** Gelblich weisses, amorphes, geruchloses, kaum bitter und kaum zusammenziehend schmeckendes Pulver, das 30 — 32% Chinin enthält; in Wasser ist es nur wenig, in Weingeist etwas mehr löslich. Die Lösungen werden durch Eisenchlorid blauschwarz gefärbt. Ein unter Zusatz von Salpetersäure bereiteter wässriger filtrirter Auszug soll durch Schwefelwasserstoff nicht verändert, durch Silbernitrat und Baryumnitrat nicht sofort getrübt werden. Wird 1 Grm. des Präparates in 4 Ccm. Wasser suspendirt, mit Natronlauge stark alkalisch gemacht, hierauf die Mischung dreimal mit je 7 Ccm. Aether ausgeschüttelt, so soll nach dem Verdunsten des Aethers mindestens 0·3 Grm. bei 100° getrocknetes Chinin erhalten werden. Dieses Chinin, in Chininsulfat verwandelt, muss sich so verhalten, wie es für dieses Präparat vorgeschrieben ist. 1 Grm. gerbsaures Chinin bei Luftzutritt erhitzt, darf keinen wägbaren Rückstand hinterlassen.

**Chloralum formamidatum, Chloralformamid. II.** Weisse, glänzende, geruchlose Krystalle von schwach bitterem Geschmacke, bei 114 bis 115° schmelzend, langsam in etwa 20 Th. kaltem Wasser, sowie in 1·5 Th. Weingeist löslich. Beim Erwärmen mit Natronlauge geben die Krystalle eine trübe, unter Abscheidung von Chloroform sich klärende Lösung. Die Lösung von Chloralformamid in Weingeist (1 = 10) darf blaues Lakmuspapier nicht röthen und sich auf Zusatz von Silbernitratlösung nicht sofort verändern. Erhitzt, sei Chloralformamid flüchtig, ohne brennbare Dämpfe zu entwickeln.

**Chloralum hydratum, Chloralhydrat. I. 1.** Trockene, durchsichtige, farblose, luftbeständige Krystalle von neutraler oder fast neutraler Reaction, würzigem Geruche (**II.** stechendem Geruche), von scharfem, herb bitterlichem Geschmacke (**II.** schwach bitterem, ätzendem Geschmacke), bei 58° schmelzend, leicht in Wasser, Weingeist und Aether löslich (**II.** weniger in fetten Oelen und Schwefelkohlenstoff, langsam in 5 Th. Chloroform löslich). Erhitzt, ohne Entwicklung brennbarer Dämpfe, flüchtig. **2.** Die wässrige Lösung trübt sich auf Zusatz von Kalilauge und wird nach Ausscheidung von Chloroform wieder klar; durch salpetersaures Silber soll sie kaum verändert werden. Chloralhydrat, mit concentrirter Schwefelsäure gelinde erwärmt, soll weder Salzsäuredämpfe entwickeln, noch sich braun färben.

**II.** ausser **I. 1.** noch: Beim Erwärmen mit Natronlauge geben die Krystalle eine trübe, unter Abscheidung von Chloroform sich klärende Lösung. Die Lösung von 1 Grm. Chloralhydrat in 10 Ccm. Weingeist darf blaues Lakmuspapier erst beim Eintrocknen schwach röthen und durch Silbernitrat nicht sofort verändert werden.

**Chloroformium, Chloroform. I. 1.** Klare, farblose, flüchtige, eigenthümlich riechende, süsslich schmeckende Flüssigkeit; Siedep. 60—62°, spec. Gew. 1·485—1·50 (**II.** 1·485—1·489). In Wasser sehr wenig, in Weingeist, Aether, fetten und ätherischen Oelen leicht löslich. **2.** Wird Chloroform mit weingeistiger Kalilauge und schwefelsaurem Anilin erwärmt, so entsteht ein durchdringender, unangenehmer Geruch. Das Chloroform soll sich auf der Handfläche rasch verflüchtigen, ohne einen erstickenden, empyreumatischen oder fuselölartigen Geruch zurückzulassen. Mit dem doppelten Volumen Wassers geschüttelt, soll es blaue Lakmustinctur nicht röthen und Silbernitrat nicht trüben; mit wässriger Jodkaliumlösung geschüttelt, soll es nicht violett werden. Chloroform, in einer trockenen Eprouvette mit dem gleichen Volumen concentrirter Schwefelsäure geschüttelt, muss während 1 Stunde farblos bleiben.

**II.** ausser **I. 1.** noch: Mit 2 Raumth. Chloroform geschütteltes Wasser darf blaues Lakmuspapier nicht röthen, auch eine Trübung nicht hervorrufen, wenn es vorsichtig über eine mit gleichviel Wasser verdünnte Silbernitratlösung geschichtet wird. Wird Chloroform mit Jodzinkstärkelösung geschüttelt, so darf weder eine Bläuung derselben, noch eine Färbung des Chloroforms eintreten. Von dem erstickenden Phosgengeruche sei Chloroform frei. Bestes Filtrirpapier, mit Chloroform getränkt, darf nach dem Verdunsten des letzteren keinen Geruch mehr abgeben. 20 Ccm. Chloroform sollen bei häufigem Schütteln mit 15 Ccm. Schwefelsäure in einem 3 Cm. weiten, vorher mit Schwefelsäure gespülten Glase mit Glasstöpsel innerhalb einer Stunde die Schwefelsäure nicht färben.

**Chrysarobinum, Chrysarobin. II.** Siehe Araroba depurata.

**Cocaïnum hydrochloricum, salzsaures Cocaïn. I. 1.** Weisses, krystallinisches Pulver, oder farblose, geruchlose, wasserfreie, nadelförmige Krystalle von bitterem Geschmack, vorübergehende Unempfindlichkeit der Zunge hervorrufend; in Wasser, Weingeist, Aether, Chloroform leicht löslich, neutral reagirend. **2.** 0·05 Grm. des Präparates sollen sich in 1 Ccm. Schwefelsäure farblos lösen, wird diese Lösung 2—3 Minuten auf 100—150° erhitzt, dann in 3—4 Ccm. Wasser gegossen, so scheiden sich Krystalle von Benzoësäure aus, und es tritt ein angenehmer Geruch auf. Die Lösung von 0·01 salzsaurem Cocaïn in 0·5 Ccm. Wasser färbt sich auf Zusatz eines Tropfens 1‰ Kaliumpermanganatlösung auf kurze Zeit roth, auf Zusatz von 3—4 Tropfen hält die Färbung länger an, ohne dass Manganhyperoxyd sich ausscheidet. Eine concentrirte Cocaïnlösung, mit einer 1%igen Kaliumpermanganatlösung versetzt, scheidet einen violetten krystallinischen Niederschlag von übermangansaurem Cocaïn ab. Die wässrige Lösung soll durch einen Tropfen Eisenchloridlösung gelb, nicht aber grün oder blau gefärbt werden.

**II.** ausser **I. 1.** noch: Die wässrige, mit Salzsäure angesäuerte Lösung wird durch Quecksilberchlorid weiss, durch Jodlösung braun, durch Kalilauge weiss gefällt, die letztere Fällung ist in Weingeist und Aether leicht löslich. 0·1 Grm. des Salzes löse sich sowohl in 1 Ccm. Schwefelsäure, wie in 1 Ccm. Salpetersäure farblos auf. Die Lösung von 0·1 Grm. salzsauren Cocaïns in 5 Ccm. Wasser und 3 Tropfen verdünnter Schwefelsäure werde durch 1 Tropfen 1%iger Kaliumpermanganatlösung violett gefärbt; bei Ausschluss von Staub soll diese Färbung in ½ Stunde kaum abnehmen. Erhitzt, soll das salzsaure Cocaïn ohne Rückstand verbrennen.

**Codeïnum phosphoricum, Kodeïnphosphat. II.** Feine, weisse, bitter schmeckende Nadeln, welche sich leicht in Wasser, schwerer in Weingeist lösen. Die wässrige Lösung reagirt schwach sauer. Bei 100° verliert das Kodeïnphosphat nahezu 8% an Gewicht. 0·01 Grm. Kodeïnphosphat liefert mit 10 Ccm. Schwefelsäure beim Erwärmen eine farblose Lösung. Verwendet man jedoch hierzu Schwefelsäure, welche in 100 Ccm. einen Tropfen Eisenchloridlösung enthält, so färbt sich die Lösung blau oder violett. In der wässrigen Lösung des Kodeïnphosphats (1 = 20) ruft Silbernitratlösung einen gelben, Kalilauge einen weissen Niederschlag hervor. Die Lösung eines Körnchens Kaliumferricyanids in 10 Ccm. Wasser, mit 1 Tropfen Eisenchloridlösung versetzt, werde durch 1 Ccm. der wässrigen Kodeïnphosphatlösung (1 = 100) nicht sofort blau gefärbt. Die wässrige, mit Salpetersäure angesäuerte Lösung des Kodeïnphosphats (1 = 20) werde durch Silbernitratlösung nicht verändert, durch Baryumnitratlösung nicht sogleich getrübt.

**Coffeïnum, Koffeïn. I.** Lange, biegsame, nadelförmige, seidenglänzende, farblose Krystalle, die beim Erhitzen schmelzen und ohne Rückstand verdampfen; sie lösen sich leicht in warmem, schwerer in kaltem Wasser, auch in Chloroform, weniger leicht in Weingeist, wenig in Aether; die neutrale wässrige Lösung schmeckt etwas bitter. Wird eine Lösung von Koffeïn in Chlorwasser auf dem Wasserbade verdampft, so bleibt ein röthlichgelber Rückstand, der bei Einwirkung von Ammoniakdämpfen purpurroth wird. Koffeïn darf sich beim Befeuchten mit Schwefelsäure nicht färben.

**II.** Weisse, glänzende, biegsame Nadeln, mit 80 Th. Wasser eine farblose, neutrale, schwach bitter schmeckende Lösung gebend. 1 Th. Koffeïn wird von 2 Th. siedendem Wasser zu einer Flüssigkeit gelöst, die beim Erkalten zu einem Krystallbrei erstarrt. Koffeïn löst sich in nahezu 50 Th. Weingeist und in 9 Th. Chloroform; in Aether ist es wenig löslich. An der Luft verliert es einen Theil seines Krystallwassers; bei 100° wird es wasserfrei. Es schmilzt bei 230·5°, beginnt jedoch schon bei wenig über 100° sich in geringer Menge zu verflüchtigen und bereits bei 180° ohne Rückstand zu sublimiren. Wird eine Lösung von 1 Th. Koffeïn in 10 Th. Chlorwasser auf dem Wasserbade eingedampft, so verbleibt ein gelbrother Rückstand, welcher bei sofortiger Einwirkung von wenig Ammoniakflüssigkeit schön purpurroth gefärbt wird. Eine kalt gesättigte wässrige Lösung von Koffeïn werde durch Chlorwasser oder Jodlösung nicht getrübt, durch Ammoniakflüssigkeit nicht gefärbt. Schwefelsäure und Salpetersäure sollen mit Koffeïn keine Färbung geben. Gerbsäurelösung ruft in der wässrigen Koffeïnlösung einen starken Niederschlag hervor, welcher sich jedoch in einem Ueberschusse des Fällungsmittels wieder auflöst.

**Cuprum sulfuricum, schwefelsaures Kupfer. I.** und **II.** Blaue, durchsichtige, an der Luft wenig verwitternde, in Wasser leicht (**II.** in 3·5 Th. kalten, 1 Th. siedenden Wassers, nicht in Weingeist) lösliche Krystalle. Die wässrige, sauer reagirende Lösung gibt mit Baryumnitrat einen weissen, in Säuren unlöslichen Niederschlag, sie gibt mit überschüssigem Ammoniak eine klare, tiefblaue Lösung. Die wässrige (**I.** mit Salzsäure schwach angesäuerte) Lösung gibt, mit Schwefelwasserstoff ausgefällt, einen braunschwarzen Niederschlag; die von demselben abfiltrirte Flüssigkeit soll farblos sein (**II.** durch Ammoniak nicht gefärbt werden) und beim Abdampfen keinen feuerbeständigen Rückstand hinterlassen.

**Ferrum carbonicum saccharatum, gezuckertes kohlensaures Eisen. I.** Graugrünes, süss, eisenhaft schmeckendes, in Salzsäure unter Aufbrausen zu einer grüngelben Flüssigkeit lösliches Pulver; diese Lösung darf durch Schwefelwasserstoff weder gefärbt, noch gefällt werden. Die mit der ausreichenden Menge Salzsäure bereitete wässrige Lösung darf durch salpetersaures Baryum nicht sofort getrübt werden. 1 Grm. des Präparates unter wiederholtem Befeuchten mit Salpetersäure in einem Tiegel geglüht, muss mindestens 0·22 Grm. Eisenoxyd als Rückstand liefern. Die Prüfung im Marsh'schen Apparate darf nicht die Spur eines Arsenspiegels ergeben.

**II.** Ein grünlichgraues, mittelfeines Pulver, süss und schwach nach Eisen schmeckend, in 100 Th. 9·5—10 Th. Eisen enthaltend; in Salzsäure unter reichlicher Kohlensäureentwicklung zu einer grünlichgelben Flüssigkeit löslich. Die mit Wasser verdünnte Lösung gibt sowohl mit Kaliumferrocyanidlösung als mit Kaliumferricyanidlösung einen blauen Niederschlag. Die mit Hilfe einer möglichst geringen Menge Salzsäure dargestellte wässrige Lösung (1 = 50) darf durch Baryumnitrat kaum getrübt werden. 1 Grm. werde in 10 Ccm. verdünnter Schwefelsäure in der Wärme gelöst, nach dem Erkalten mit Kaliumpermanganatlösung bis zur vorübergehend bleibenden Röthung und darauf mit 1 Grm. Kaliumjodid versetzt. Diese Mischung werde bei einer 40° nicht übersteigenden Wärme eine halbe Stunde im geschlossenen Gefässe stehen gelassen; es müssen alsdann nach dem Erkalten zur Bindung des ausgeschiedenen Jods 17—17·8 Ccm. der Zehntelnormal-Natriumthiosulfatlösung verbraucht werden.

**Ferrum citricum ammoniatum, citronensaures Eisenammonium. I.** Braunrothe, glänzende, amorphe, in kaltem Wasser leicht lösliche Blättchen. Die Lösung trübt sich nicht beim Kochen; durch Kalilauge, nicht aber durch Ammoniak entsteht ein rothbrauner Niederschlag, beim Kochen entwickelt sich Ammoniak. Ferrocyankalium erzeugt in der wässrigen Lösung erst auf Zusatz von Salzsäure einen blauen Niederschlag, Ferricyankalium darf die Lösung nicht verändern. Sowohl Salzsäure, als Salpetersäure erzeugen in der kalten wässrigen Lösung einen gelben, beim Erwärmen, jedenfalls nach Zusatz von Wasser, löslichen Niederschlag. Werden 2 Grm. des Präparates in 10 Ccm. Wasser und 10 Ccm. verdünnter Schwefelsäure gelöst, erwärmt, nach dem Erkalten zweimal mit je 20 Ccm. Aether ausgeschüttelt, so hinterlässt der abgehobene Aether nach dem Verdunsten Citronensäure, welche bei 100° getrocknet und mit der zehnfachen Menge concentrirter Schwefelsäure auf 100° erwärmt, eine gelbe, nicht aber eine braune Lösung, auch bei fortgesetztem Erwärmen, geben darf. Die wässrige mit Salpetersäure angesäuerte Lösung darf durch Silbernitrat nur spurenweise, durch Baryumnitrat gar nicht getrübt werden. Die Probe im Marsh'schen Apparate darf auch nicht die Spur eines Arsenspiegels geben.

**Ferrum citricum oxydatum, Eisencitrat. II.** Dünne, durchscheinende, rubinrothe Blättchen von schwachem Eisengeschmack, beim Erhitzen unter Entwicklung eines eigenartigen Geruches und Hinterlassung von Eisenoxyd verkohlend, 19—20% Eisen enthaltend. Eisencitrat ist im siedenden Wasser leicht, in kaltem Wasser nur langsam, aber vollständig löslich; die Lösungen röthen blaues Lakmuspapier. Die wässrige Lösung (1 = 10) gibt mit Kaliumferrocyanid einen tiefblauen Niederschlag, mit überschüssiger Kalilauge einen gelbrothen Niederschlag, sowie ein Filtrat, welches nach schwachem Ansäuern mit Essigsäure auf Zusatz von Calciumchloridlösung in der Siedehitze allmälig eine weisse, krystallinische Ausscheidung liefert. Eine Lösung von Eisencitrat in Wasser (1 = 10) werde durch Silbernitrat, nach Zusatz von Salpetersäure, nur opalisirend getrübt, und gebe mit Kaliumferricyanid keine Veränderung oder höchstens eine blaugrüne Färbung, liefere ferner nach Ausfällung des Eisens mit überschüssiger Kalilauge ein Filtrat, welches nach schwachem Ansäuern mit Essigsäure bei längerem Stehen eine krystallinische Ausscheidung nicht bilde. Eisencitrat gebe beim Glühen einen Rückstand, welcher feuchtes rothes Lakmuspapier nicht bläut. 0·5 Grm. Eisencitrat werden in 2 Ccm. Salzsäure und 15 Ccm. Wasser in der Wärme gelöst und 1 Grm. Kaliumjodid zugesetzt. Diese Mischung werde bei einer 40° nicht übersteigenden Wärme im geschlossenen Gefässe eine halbe Stunde stehen gelassen; nach dem Erkalten müssen alsdann zur Bindung des ausgeschiedenen Jods 17—18 Ccm. der Zehntelnormal-Natriumthiosulfatlösung verbraucht werden.

**Ferrum hydroxydatum dialysatum**, dialysirtes flüssiges Eisenhydroxyd. **I.** Die durch Dialyse aus basischem Eisenchlorid bereitete Flüssigkeit sei klar, tiefroth, neutral, von schwach zusammenziehendem Geschmacke und werde durch 1 Tropfen verdünnter Schwefelsäure sofort in eine aus Eisenhydroxyd bestehende Gallerte verwandelt. Werden 20 Grm. zur Trockne verdampft, und wird hierauf der Rückstand bis zum constanten Gewicht erhitzt, so soll 1 Grm. fast reines Eisenoxyd zurückbleiben. 5 Ccm. des Präparates mit eben soviel verdünnter Salpetersäure erwärmt, bis die Flüssigkeit klar wird, sollen nach Zusatz von 3·5 Ccm. der volumetrischen Silberlösung ein Filtrat liefern, das durch Silberlösung nicht getrübt wird. Bei der Prüfung im Marsh'schen Apparate soll keine Spur von Arsen auftreten.

**II. Liquor ferri oxychlorati**, flüssiges Eisenoxychlorid. Braunrothe, klare, geruchlose, wenig zusammenziehend schmeckende Flüssigkeit, die nahezu 3·5% Eisen enthält. 1 Ccm. mit 19 Ccm. Wasser verdünnt, hierauf mit 1 Tropfen Salpetersäure und 1 Tropfen Silbernitratlösung versetzt, muss bei durchfallendem Lichte klar erscheinen.

**Ferrum lacticum**, milchsaures Eisen. **I. 1.** Grünlichweisse, krystallinische Krusten oder krystallinisches Pulver (**II.** von eigenthümlichem, nicht scharf ausgeprägtem Geruche); in heissem Wasser leicht (**II.** in 12 Th.), minder leicht in kaltem Wasser (**II.** bei fortgesetztem Schütteln in 40 Th.), kaum in Weingeist löslich. Die sauer reagirende, wässrige Lösung wird durch Ferricyankalium tiefblau, durch Ferrocyankalium hellblau gefärbt. Beim Erhitzen verkohlt es unter Verbreitung eines caramelartigen Geruches. Die wässrige Lösung (**II.** 2%) darf durch essigsaures Blei und nach dem Ansäuern mit Salzsäure durch Schwefelwasserstoff nicht verändert (**II.** nur weisslich opalisirend getrübt) und durch salpetersaures Baryum nur sehr leicht getrübt werden (**II.** die mit Salpetersäure angesäuerte 2%ige Lösung verhalte sich ebenso gegen Baryumnitrat und Silbernitrat). Beim Zerreiben des Salzes mit Schwefelsäure darf sich weder ein Gas entwickeln, noch darf sich die Flüssigkeit auch bei längerem Stehen braun färben. 1 Grm. (**II.** 100 Th.) milchsaures Eisen mit Salpetersäure befeuchtet und nach dem Verdampfen der Säure vorsichtig geglüht, soll mindestens 0·27 (**II.** 27 Th.) Eisenoxyd zurücklassen, das an heisses Wasser nichts abgeben darf (**II.** befeuchtetes rothes Lakmuspapier nicht bläuen darf). **2.** Bei der Prüfung im Marsh'schen Apparate soll keine Spur eines Arsenspiegels auftreten.

**II.** ausser **I. 1.** noch: 30 Ccm. der 2%igen Lösung, nach Zusatz von 3 Ccm. verdünnter Schwefelsäure einige Minuten gekocht, dann mit überschüssiger Natronlauge gekocht, geben ein Filtrat, welches mit alkalischer Lösung von weinsaurem Kupfer einen rothen Niederschlag nicht abscheiden darf.

**Ferrum oxydatum saccharatum**, Eisenzucker. **II.** Rothbraunes, süsses Pulver, schwach nach Eisen schmeckend, in 100 Th. mindestens 2·8 Th. Eisen enthaltend. 1 Th. Eisenzucker gebe mit 20 Th. heissem Wasser eine völlig klare rothbraune, kaum alkalisch reagirende Lösung, welche durch Kaliumferrocyanid allein nicht verändert, auf Zusatz von Salzsäure aber zuerst schmutzig grün, dann rein blau gefärbt wird. Die mit überschüssiger verdünnter Salpetersäure erhitzte, dann wieder erkaltete, wässrige Lösung (1 = 20) darf durch Silbernitrat nur opalisirend getrübt werden. 1 Grm. werde mit 5 Ccm. Salzsäure übergossen, nach beendeter Lösung mit 20 Ccm. Wasser verdünnt und nach Zusatz von 0·5 Grm. Kaliumjodid bei einer 40° nicht übersteigenden Wärme im geschlossenen Gefässe eine halbe Stunde stehen gelassen; nach dem Erkalten müssen zur Bindung des ausgeschiedenen Jods 5—5·3 Ccm. der Zehntelnormal-Natriumthiosulfatlösung verbraucht werden.

**Ferrum et natrium pyrophosphoricum**, pyrophosphorsaures Eisennatrium. **I.** Weisses, krystallinisches, salzig, nicht zusammenziehend schmeckendes, in kaltem Wasser langsam, aber vollständig lösliches, in heissem Wasser leicht lösliches Pulver; die Lösung ist gelblich gefärbt, Weingeist fällt aus derselben das unveränderte Salz in weissen Flocken. Wird das Salz in den Saum einer wenig leuchtenden Flamme gebracht, so färbt es dieselbe stark gelb. Die wässrige Lösung darf sich beim Kochen, das einige Zeit dauert, nicht trüben, auf Zusatz von Säuren, auch von Salpetersäure, entsteht ein Niederschlag, der beim Kochen nicht verschwindet und nur in viel Säure löslich ist; die so entstandene Lösung ist gelbroth. Die wässrige Lösung wird durch kohlensaures Natrium nicht gefällt, sie färbt sich, wenn sie nicht zu concentrirt, durch Ammoniak rothbraun; durch Kalilauge entsteht ein rothbrauner Niederschlag. Salpetersaures Silber erzeugt in der wässrigen Lösung einen weissen Niederschlag, der sich bis auf eine geringe Trübung von Chlorsilber in Salpetersäure lösen muss.

**Ferrum pulveratum, gepulvertes Eisen. I. 1.** Feines, schweres, graues metallglänzendes Pulver; wird vom Magnete angezogen, löst sich in verdünnter Schwefelsäure oder Salzsäure unter Entwicklung von Wasserstoffgas, welches mit essigsaurer Bleilösung befeuchtetes Filtrirpapier weder braun, noch schwarz färben darf. (**II.** Wird 1 Grm. Eisen mit 15 Ccm. Wasser und 15 Ccm. Salzsäure übergossen, so darf das entweichende, aus einem engen Glasrohr ausströmende Gas einen mit Bleiacetatlösung benetzten, dicht an die Mündung gehaltenen Papierstreifen innerhalb 5 Secunden nicht mehr als bräunlich färben; zündet man das Gas an, so dürfen sich auf einer Porcellanschale, mit der man das Flämmchen niederdrückt, keine Flecke zeigen.) Die salzsaure Lösung darf durch Schwefelwasserstoff nicht geschwärzt werden; nach Oxydation des Eisens mit Salpetersäure und Fällen mit überschüssigem Ammoniak muss ein Filtrat resultiren, das durch Schwefelwasserstoff nicht verändert wird. Der in Salzsäure unlösliche Rückstand, mit Salpetersäure gelöst, darf nach dem Verdünnen mit Wasser weder durch Schwefelwasserstoff, noch durch überschüssiges Ammoniak eine blaue Färbung annehmen. **2.** Im Marsh'schen Apparate geprüft, muss es sich arsenfrei zeigen.

**II.** ausser **I. 1.** noch: Das Präparat muss mindestens 98% Eisen enthalten. Die salzsaure Lösung gibt auch bei grosser Verdünnung mit Ferricyankalium einen tiefblauen Niederschlag. 1 Grm. gepulvertes Eisen werde in etwa 25 Ccm. verdünnter Schwefelsäure gelöst, diese Lösung auf 100 Ccm. verdünnt, 10 Ccm. davon werden mit Kaliumpermanganatlösung bis zur schwachen, bleibenden Röthung versetzt, nach eingetretener Entfärbung, die nöthigenfalls durch einige Tropfen Weingeist erzielt wird, mit 1 Grm. Jodkalium versetzt und ½ Stunde bei einer 40° nicht übersteigenden Temperatur im geschlossenen Gefässe stehen gelassen. Nach dem Erkalten müssen zur Bindung des ausgeschiedenen Jods mindestens 17·5 Ccm. Zehntelnormal-Thiosulfatlösung verbraucht werden.

**Ferrum reductum, reducirtes Eisen. I.** Grauschwarzes, glanzloses, unter Druck Metallglanz annehmendes Pulver, das vom Magnete angezogen wird; in verdünnter Salzsäure oder Schwefelsäure vollständig löslich, der dabei entwickelte Wasserstoff darf essigsaures Blei nicht färben. Im Uebrigen muss sich die salzsaure Lösung gegen Reagentien wie jene des gepulverten Eisens verhalten. Die aus 0·2 Grm. reducirtem Eisen in einem mit Kohlensäure gefüllten Kölbchen unter Erwärmen mit verdünnter Schwefelsäure dargestellte Lösung soll mindestens 35·3 Ccm. der volumetrischen Kaliumpermanganatlösung brauchen bis zur bleibenden Rothfärbung. Im Marsh'schen Apparate geprüft, muss sich das reducirte Eisen arsenfrei zeigen.

**II.** Graues, glanzloses, mindestens 90% metallisches Eisen enthaltendes Pulver, welches vom Magnete angezogen wird und beim Erhitzen unter Verglimmen in schwarzes Eisenoxyduloxyd übergeht. 1 Grm. reducirtes Eisen werde mit 30 Ccm. Wasser und 15 Ccm. Salzsäure übergossen. Das hierbei entweichende Gas darf beim Ausströmen aus einem engen Glasrohre einen mit Bleiacetatlösung benetzten, dicht an die Mündung gehaltenen Papierstreifen innerhalb 5 Secunden nicht verändern. Zündet man das Gas an, so dürfen sich auf einer Porcellanschale, mit welcher man das Flämmchen niederdrückt, keine Flecke zeigen. Der in Salzsäure unlösliche Rückstand von 1 Grm. reducirtem Eisen darf nicht mehr als 0·01 Grm. betragen. 10 Ccm. Wasser, mit 2 Grm. des Präparates geschüttelt, dürfen Lakmuspapier nicht verändern. 1 Grm. werde mit 50 Ccm. Quecksilberchloridlösung während einer Stunde im Wasserbade unter häufigem Umschwenken erwärmt, die Flüssigkeit nach dem Erkalten mit Wasser bis zu 100 Ccm. aufgefüllt und filtrirt. 10 Ccm. des Filtrates werden zunächst mit 10 Ccm. verdünnter Schwefelsäure, hierauf mit Kaliumpermanganatlösung bis zur bleibenden Röthung versetzt, und nach eingetretener Entfärbung, welche auch durch Zusatz von einigen Tropfen Weingeist veranlasst werden kann, 1 Grm. Jodkalium zugegeben. Diese Mischung werde bei einer 40° nicht übersteigenden Wärme im geschlossenen Gefässe ½ Stunde stehen gelassen. Nach dem Erkalten müssen zur

Bindung des ausgeschiedenen Jods mindestens 16 Ccm. Zehntelnormal-Thiosulfatlösung verbraucht werden.

**Ferrum sesquichloratum crystallisatum**, **krystallisirtes Eisenchlorid. I.** Krystallinische, gelbe, an der Luft zerfliessende, in Wasser, Weingeist und Aether vollständig lösliche Stücke, die kaum nach Salzsäure riechen sollen. Die wässrige Lösung gibt mit Ferrocyankalium einen blauen, mit salpetersaurem Silber einen weissen, käsigen, mit überschüssigem Ammoniak einen rothbraunen Niederschlag; die von dem letzteren abfiltrirte Flüssigkeit soll farblos sein und nach dem Verdampfen und Glühen des Abdampfrückstandes nichts hinterlassen. Die Lösung des Eisenchlorid soll bei der Prüfung mit Eisenvitriol und Schwefelsäure keine braune Färbung zeigen. Werden 10 Grm. Eisenchlorid in wenig Wasser gelöst, mit 2 Grm. chlorsaurem Kalium und 20 Ccm. concentrirter Schwefelsäure bis zum Entweichen von Schwefelsäuredämpfen erhitzt, so soll ein Rückstand bleiben, welcher, nach dem Erkalten in Wasser gelöst, im Marsh'schen Apparate geprüft, keine Spur von Arsen zeigt.

**II.** Gelbe, krystallinische, trockene, an feuchter Luft bald zerfliessende, in gelinder Wärme schmelzende Masse, welche in Wasser, Weingeist und Aetherweingeist löslich ist. Die Lösung von 1 Th. Eisenchlorid und 1 Th. Wasser entspreche den Anforderungen an die Reinheit des

**Liquor ferri sesquichlorati**, **Eisenchloridlösung**: Klare, tief gelbbraune Flüssigkeit von 1·280—1·282 spec. Gew., 10% Eisen enthaltend, welche nach Verdünnung mit Wasser durch Silbernitratlösung weiss und durch Kaliumferrocyanidlösung tief blau gefällt wird. Bei Annäherung eines mit Ammoniakflüssigkeit benetzten Glasstabes oder eines mit Jodzinkstärkelösung getränkten Papierstreifens dürfen weder Nebel entstehen, noch darf der Papierstreifen blau gefärbt werden. Wird 1 Ccm. Eisenchloridlösung mit 3 Ccm. Zinnchlorürlösung versetzt, so darf innerhalb einer Stunde eine Färbung nicht eintreten. 3 Tropfen, mit 10 Ccm. Zehntelnormal-Natriumthiosulfatlösung langsam zum Sieden erhitzt, müssen beim Erkalten einige Flöckchen Eisenhydroxyd abscheiden. In dem mit 10 Th. Wasser verdünnten und mit Salzsäure angesäuerten Präparate darf Kaliumferricyanidlösung eine blaue Färbung nicht hervorrufen. 5 Ccm. des Präparates, mit 20 Ccm. Wasser verdünnt und mit überschüssiger Ammoniakflüssigkeit gemischt, müssen ein farbloses Filtrat geben, welches beim Verdampfen und gelinden Glühen einen wägbaren Rückstand nicht hinterlässt. 2 Ccm. dieses Filtrates, mit 2 Ccm. Schwefelsäure gemischt und mit 1 Ccm. Ferrosulfatlösung überschichtet, dürfen eine braune Zone nicht geben. Ein anderer Theil des Filtrates darf nach Uebersättigung mit Essigsäure weder durch Baryumnitratlösung, noch durch Kaliumferrocyanidlösung verändert werden.

**Ferrum sulfuricum**, **schwefelsaures Eisen (II. Ferrosulfat). I.** Bläulichgrüne, an der Luft verwitternde, in Wasser leicht lösliche Krystalle. Die wässrige, schwach sauer reagirende Lösung gibt mit Ferricyankalium einen sattblauen, mit Baryumnitrat einen in Säuren unlöslichen weissen und nach Oxydation mit Salpetersäure auf Zusatz von überschüssigem Ammoniak einen braunrothen Niederschlag; das Filtrat von dem letzteren sei farblos, werde durch Schwefelammonium nicht verändert und hinterlasse nach dem Abdampfen und Glühen keinen Rückstand. Die wässrige Lösung darf durch 1—2 Tropfen Sulfocyankaliumlösung höchstens röthlichgelb, keineswegs roth gefärbt, durch Schwefelwasserstoff nicht getrübt werden; bei der Prüfung im Marsh'schen Apparate darf keine Spur eines Arsenspiegels auftreten.

**II.** Ein krystallinisches, an trockener Luft verwitterndes Pulver, in 1·8 Th. Wasser mit grünlichblauer Farbe löslich. Selbst eine sehr verdünnte Lösung gibt mit Kaliumferricyanid einen tiefblauen und mit Baryumnitrat einen weissen, in Salzsäure unlöslichen Niederschlag. Die mit ausgekochtem und abgekühltem Wasser frisch bereitete Lösung (1 = 20) sei klar, von grünlichblauer Farbe und fast ohne Wirkung auf blaues Lakmuspapier. Werden 2 Grm. des Salzes in wässriger Lösung mit Salpetersäure oder Bromwasser oxydirt, dann mit einem Ueberschusse von Ammoniakflüssigkeit versetzt, so darf das farblose Filtrat durch Schwefelwasserstoffwasser nicht verändert werden, auch beim Abdampfen und Glühen einen wägbaren Rückstand nicht geben.

**Glycerinum, Glycerin. I.** Klare, farb- und geruchlose, syrupdicke, neutrale, süss schmeckende Flüssigkeit, in Wasser und Weingeist (**II.** und Aetherweingeist), aber nicht in Aether (**II.** Chloroform und fetten Oelen) löslich. Spec. Gew. 1·25 (**II.** 1·225—1·235). Beim Erhitzen ohne Rückstand verbrennend. Die wässrige Lösung (**II.** in 5 Th. Wasser) werde weder durch Schwefelwasserstoff, noch Schwefelammonium, noch Baryumnitrat, noch Silbernitrat, noch Ammoniumoxalat (**II.** noch Chlorcalcium) verändert (**II.** durch Silbernitrat höchstens opalisirend getrübt). Glycerin (**II.** 1 Ccm.) mit Natronlauge (**II.** 1 Ccm.) erwärmt, darf sich weder färben, noch Ammoniak entwickeln und mit verdünnter Schwefelsäure erwärmt, keinen ranzigen Geruch verbreiten.

**II.** ausser **I.** noch: 1 Ccm. Glycerin mit 1 Ccm. Ammoniak gekocht, darf auf Zusatz von 3 Tropfen Silbernitratlösung in 5 Minuten weder eine Färbung, noch eine Ausscheidung geben.

**Homatropinum hydrobromicum, Homatropinhydrobromid. II.** Weisses, geruchloses, krystallinisches Pulver, welches in Wasser leicht löslich ist. Die wässrige Lösung (1 = 20) verändere Lakmuspapier nicht; sie wird nach dem Ansäuern mit Salzsäure durch Gerbsäure- und durch Platinchlorid nicht gefällt; Jodlösung bewirkt eine braune, Kalilauge, in geringem Ueberschusse zugesetzt, eine weisse Fällung. Silbernitratlösung ruft in der wässrigen Lösung des Salzes eine gelbliche Fällung hervor. 0·01 Grm. Homatropinhydrobromid, mit 5 Tropfen rauchender Salpetersäure in einem Porcellanschälchen auf dem Wasserbade eingedampft, hinterlasse einen kaum gelblich gefärbten Rückstand, welcher, erkaltet, beim Uebergiessen mit weingeistiger Kalilauge eine bald verschwindende Violettfärbung annimmt.

**Hydrargyrum, Quecksilber. I.** Flüssiges Metall von Silberfarbe, spec. Gew. 13·56. Es soll nicht zähflüssig, nicht mit fremden Metallen verunreinigt sein, daher beim Erhitzen sich vollständig verflüchtigen.

**II.** Flüssiges, beim Erhitzen ohne Rückstand flüchtiges Metall.

**Hydrargyrum bichloratum ammoniatum, Quecksilberammoniumchlorid. I. 1.** Weisses, in Wasser (**II.** fast) unlösliches, in verdünnter Salz- oder Salpetersäure leicht lösliches Pulver; erhitzt, verflüchtigt es unter Zersetzung, ohne vorher zu schmelzen, mit Natronlauge gemischt, färbt es sich unter Ammoniakentwicklung gelb. **2.** Beim Schütteln mit Wasser oder Weingeist soll es nichts Lösliches abgeben, daher die Filtrate weder durch Schwefelwasserstoff, noch durch Silbernitrat erheblich getrübt werden dürfen.

**II. Hydrargyrum praecipitatum album, weisser Quecksilberpräcipitat.** Ausser **I. 1.** noch: Mit 1 Th. Wasser verdünnte Salpetersäure löse ihn beim Erwärmen auf.

**Hydrargyrum bichloratum corrosivum, ätzendes Quecksilberchlorid. I.** Weisse, krystallinische, durchscheinende, schwere Stücke von metallischem Geschmacke, in heissem Wasser (**II.** in 3 Th.), Weingeist (**II.** in 3 Th.) und Aether (**II.** in 4 Th.) leicht, in kaltem Wasser (**II.** in 16 Th.) schwerer löslich. Erhitzt, schmelzend und vollständig sublimirend. Die wässrige, sauer ragirende (**II.** auf Zusatz von Kochsalz neutrale) Lösung gibt mit Natronlauge einen gelben, mit Salpetersäure und salpetersaurem Silber einen weissen Niederschlag, mit überschüssigem Schwefelwasserstoff einen schwarzen Niederschlag. Wird dieser schwarze Niederschlag mit Wasser gewaschen, dann mit verdünntem Ammoniak übergossen, so darf das Filtrat nach Ansäuern mit Salzsäure (**I.** selbst nach Zusatz von Schwefelwasserstoff) weder Gelbfärbung, noch gelben Niederschlag (Schwefelarsen) geben

**II. Hydrargyrum bichloratum, Quecksilberchlorid.** Ausser **I.** noch: Das nach Ausfällen mit Schwefelwasserstoff resultirende farblose Filtrat darf beim Verdampfen keinen Rückstand hinterlassen.

**Hydrargyrum bijodatum rubrum, Rothes Quecksilberjodid. I.** und **II.** Scharlachrothes, in heissem Weingeist (**II.** in 130 Th. kaltem, in 20 Th. siedendem Weingeist, kaum im Wasser) (**I.** auch in Wasser, das Jodkalium oder Quecksilberchlorid gelöst enthält) lösliches Pulver. Beim Erhitzen schmelzend, dann verdampfend (**I.** die Dämpfe condensiren sich zu gelben, später roth werdenden Krystallen). Die weingeistige Lösung sei farblos und reagire neutral (**I.** sie soll sich auf Zusatz einiger Tropfen Ammoniak nur bräunen, keineswegs trüben). Wird Quecksilberjodid mit Wasser geschüttelt, so darf die abfiltrirte Flüssigkeit durch salpetersaures Silber nur schwach opalisirend getrübt, durch Schwefelwasserstoff (**I.** nicht erheblich getrübt, **II.** nur schwach gefärbt werden).

**Hydrargyrum chloratum mite praecipitatione paratum, mildes Quecksilberchlorür (durch Fällung dargestellt). I.** Weisses, krystallinisches, sehr feines Pulver von neutraler Reaction, schwärzt sich mit Natronlauge, verdampft beim Erhitzen vollständig, wobei es rothe Dämpfe nicht abgeben darf. Wird das Präparat mit destillirtem Wasser geschüttelt, so darf die abfiltrirte Flüssigkeit weder durch Schwefelwasserstoff, noch durch Baryumnitrat oder salpetersaures Silber verändert werden.

**Hydrargyrum chloratum mite sublimatione paratum, mildes Quecksilberchlorür (durch Sublimation bereitet). I.** Gelblichweisses, sehr feines, in Wasser, Weingeist und Aether unlösliches Pulver, das beim Erhitzen, ohne zu schmelzen, verdampft. Durch Natronlauge wird es geschwärzt, darf aber, damit erwärmt, kein Ammoniak entwickeln. Wird das Pulver mit Wasser geschüttelt, so darf die abfiltrirte Flüssigkeit durch Schwefelwasserstoff selbst nach längerer Zeit nicht geschwärzt werden und, beim Verdampfen auf dem Wasserbade, keinen Rückstand hinterlassen.

**II. Hydrargyrum chloratum, Quecksilberchlorür.** Gelblichweisses, aus sublimirtem Quecksilberchlorür hergestelltes, bei 100facher Vergrösserung deutlich krystallinisches, feinst geschlämmtes Pulver; in Wasser und Weingeist unlöslich, beim Erhitzen, ohne zu schmelzen, flüchtig. Mit Natronlauge erwärmt, soll es sich ohne Ammoniakentwicklung schwärzen. 1 Grm. Quecksilberchlorür, mit 10 Ccm. Wasser geschüttelt, liefere ein Filtrat, das weder durch Silbernitrat, noch durch Schwefelwasserstoff verändert wird.

**Hydrargyrum chloratum vapore paratum, durch Dampf bereitetes Quecksilberchlorür. II.** Durch schnelles Erkalten des Quecksilberchlorürdampfes gewonnenes, weisses, nach starkem Reiben gelbliches Pulver, welches bei 100facher Vergrösserung nur vereinzelte Kryställchen zeigt. Das Präparat verhalte sich gegen Reagentien wie Hydrargyrum chloratum **II.**

**Hydrargyrum cyanatum, Quecksilbercyanid. II.** Farblose, durchscheinende, säulenförmige Krystalle, welche sich in 12·8 Th. kaltem, 3 Th. siedendem Wasser und 14·5 Th. Weingeist lösen, in Aether aber schwer löslich sind. 1 Th. Quecksilbercyanid, mit 1 Th. Jod in einem Probirrohre schwach erhitzt, gibt zuerst ein gelbes, später roth werdendes und darüber ein weisses, aus nadelförmigen Krystallen bestehendes Sublimat. Die wässrige, neutrale Lösung (1=20) darf, mit einigen Tropfen Silbernitratlösung versetzt, einen Niederschlag nicht geben. Auf Platinblech vorsichtig erhitzt, sei es ohne Rückstand flüchtig.

**Hydrargyrum jodatum flavum, gelbes Quecksilberjodür. I.** Grünlichgelbes, in Wasser sehr wenig, in Weingeist und Aether nicht lösliches Pulver, das sich am Lichte zersetzt, beim Erhitzen vollständig verflüchtigt. Mit Mangansuperoxyd und Schwefelsäure erhitzt, entwickelt es rothe Dämpfe. Wird es mit Weingeist geschüttelt, so soll die abfiltrirte Flüssigkeit durch Schwefelwasserstoff kaum getrübt werden.

**Hydrargyrum oxydatum, Quecksilberoxyd. II.** Gelblichrothes, krystallinisches, feinst geschlämmtes Pulver. In Wasser ist es fast ganz unlöslich, in verdünnter Salzsäure oder Salpetersäure leicht löslich, beim Erhitzen im Probirrohre unter Abscheidung von Quecksilber flüchtig. Mit Oxalsäurelösung (1 = 10) längere Zeit geschüttelt, gebe es kein weisses Oxalat. 1 Grm. Quecksilberoxyd, mit 2 Ccm. Wasser geschüttelt, dann mit 2 Ccm. Schwefelsäure versetzt und hierauf mit 1 Ccm. Ferrosulfatlösung überschichtet, zeige auch nach längerem Stehen keine gefärbte Zone. Die mit Hilfe von Salpetersäure dargestellte wässrige 1%ige Lösung sei klar und werde durch Silbernitrat nur opalisirend getrübt.

**Hydrargyrum oxydatum flavum, gelbes Quecksilberoxyd. I.** Amorphes, gelbes, in Wasser fast unlösliches, in verdünnter Salz- und Schwefelsäure leicht lösliches Pulver, das beim Erhitzen in Sauerstoff und Quecksilber zerfällt und sich ohne Rückstand verflüchtigt (**I.** keine salpetrigen Dämpfe entwickelt). Mit Oxalsäurelösung (**II.** 10%) geschüttelt, muss es sich allmälig in weisses oxalsaures Quecksilber verwandeln. Die mit Salpetersäure bereitete wässrige

Lösung (**II.** 1%) sei klar und werde durch Silbernitrat kaum (**II.** nur opalisirend) getrübt.

**II. Hydrargyrum oxydatum via humida paratum, gelbes Quecksilberoxyd.** Verhalten, wie unter **I.** angegeben.

**Hydrargyrum praecipitatum album, II.** Siehe Hydrargyrum bichloratum ammoniatum.

**Hydrargyrum tannicum oxydulatum, gerbsaures Quecksilberoxydul. I.** Feines, grünbraunes, in Wasser unlösliches Pulver, das mit Natronlauge geschüttelt, unter Quecksilberabscheidung eine braune Flüssigkeit gibt. Wird es mit destillirtem Wasser geschüttelt, so darf die abfiltrirte farblose Flüssigkeit weder durch Schwefelwasserstoff verändert werden, noch mit Eisenvitriol und Schwefelsäure die Reaction auf Salpetersäure zeigen. Es enthält ungefähr 42% Quecksilber.

**Hyoscinum hydrobromicum, Hyoscinhydrobromid. II.** Ansehnliche, farblose, rhombische Krystalle, sie verlieren bei 100° etwa 12·3% an Gewicht. In Wasser und in Weingeist löst sich das Salz leicht zu einer farblosen, blaues Lakmuspapier schwach röthenden Flüssigkeit von bitterem und zugleich kratzendem Geschmacke auf. In Aether und in Chloroform ist es nur wenig löslich. Die wässrige Lösung (1 = 60) wird durch Silbernitratlösung gelblich gefällt, durch Natronlauge weisslich getrübt, durch Ammoniakflüssigkeit dagegen nicht verändert. 0·01 Grm. Hyoscinhydrobromid, mit 5 Tropfen rauchender Salpetersäure in einem Porcellanschälchen auf dem Wasserbade eingedampft, hinterlässt einen kaum gelblich gefärbten Rückstand, welcher, nach dem Erkalten mit weingeistiger Kalilauge übergossen, eine violette Färbung annimmt. Erhitzt, verbrenne Hyoscinhydrobromid, ohne einen Rückstand zu hinterlassen.

**Jodoformium, Jodoform. I.** Kleinkrystallinisches, fettglänzendes, citronengelbes, safranartig riechendes, widrig nach Jod schmeckendes, in Wasser fast unlösliches, in Weingeist, noch leichter in Aether lösliches Pulver. Erhitzt, schmilzt es und zersetzt sich unter Entwicklung violetter Dämpfe, es darf dabei einen alkalischen Rückstand nicht zurücklassen. Wird es mit Wasser geschüttelt, so soll die abfiltrirte Flüssigkeit weder durch Silbernitrat, noch Baryumnitrat verändert werden.

**II.** Kleine, glänzende, hexagonale, fettig anzufühlende Blättchen oder Tafeln, oder auch ein mehr oder minder feines, krystallinisches Pulver von citronengelber Farbe, von durchdringendem, etwas safranartigem Geruche. Jodoform schmilzt bei nahezu 120°, ist mit den Dämpfen des siedenden Wassers flüchtig, fast unlöslich in Wasser, löslich in 50 Th. kaltem, ungefähr 10 Th. siedendem Weingeist und in 5·2 Th. Aether. 1 Grm. Jodoform soll beim Erhitzen einen wägbaren Rückstand nicht hinterlassen. 1 Th. Jodoform mit 10 Th. Wasser 1 Minute geschüttelt, gebe ein farbloses Filtrat, das durch Silbernitrat sofort nur opalisirend getrübt und durch Baryumnitrat nicht verändert werden darf.

**Jodum, Jod. I. 1.** Schwarzgraue, metallisch glänzende, trockene, rhombische, meist blättchenförmige Krystalle von eigenthümlichem Geruch, in Wasser wenig (**II.** in etwa 5000 Th.), in Weingeist (**II.** in 10 Th.) und Aether mit brauner Farbe (**II.** auch in Jodkaliumlösung), in Chloroform mit violetter Farbe löslich. Beim Erhitzen schmelzen sie, entwickeln violette Dämpfe und verflüchtigen sich vollständig (**II.** Stärkelösung wird blau gefärbt). **2.** Wird wässrige Jodlösung mit Natronlauge und einigen Tropfen Eisenvitriollösung und Eisenchloridlösung zum Sieden erhitzt, dann mit Salzsäure angesäuert, so darf die Flüssigkeit nicht blau werden. Die wässrige Jodlösung muss, mit Ammoniak versetzt und mit überschüssigem salpetersaurem Silber gefällt, ein Filtrat liefern, das nach dem Ansäuern mit Salpetersäure sich nur trübt, nicht aber einen käsigen Niederschlag abscheidet.

**II.** Ausser **I. 1.** noch: Jod muss sich in der Wärme vollständig verflüchtigen. Werden 0·5 Grm. zerriebenes Jod mit 20 Ccm. Wasser geschüttelt und filtrirt, ein Theil des Filtrates mit Zehntelnormal-Natriumthiosulfatlösung bis zur Entfärbung, dann mit 1 Körnchen Ferrosulfat, 1 Tropfen Eisenchloridlösung und etwas Natronlauge versetzt und gelinde erwärmt, so darf sich die Flüssigkeit, auf Zusatz von überschüssiger Salzsäure, nicht blau färben. Der andere Theil des Filtrates liefere, mit überschüssiger Ammoniakflüssigkeit versetzt und mit überschüssiger Silbernitratlösung ausgefällt, ein Filtrat, das nach dem Uebersättigen mit Salpetersäure nur eine Trübung, aber keinen Niederschlag gebe. Eine Lösung von 0·2 Grm. Jod, mit Hilfe von 1 Grm. Kaliumjodid und 20 Ccm. Wasser hergestellt, muss zur Bindung des gelösten Jods mindestens 15·6 Ccm. der Zehntelnormal-Natriumthiosulfatlösung verbrauchen.

**Kali causticum fusum. II.** Siehe Kalium hydroxydatum.

**Kalium aceticum, Kaliumacetat. II.** Weisses, etwas glänzendes, an der Luft zerfliessendes, in 0·36 Th. Wasser und 1·4 Th. Weingeist lösliches Salz. Die rothes Lakmuspapier langsam bläuende, Phenolphthaleinlösung jedoch nicht röthende wässrige Lösung wird auf Zusatz von Eisenchlorid dunkelroth, und gibt mit Weinsäure einen weissen krystallinischen Niederschlag. Die wässrige Lösung (1 = 20) darf durch Schwefelwasserstoff nicht verändert werden, nach Zusatz von Salpetersäure darf sie weder durch Baryumnitrat verändert, noch durch Silbernitrat mehr, als opalisirend getrübt werden. 20 Ccm. derselben wässrigen Lösung dürfen durch 0·5 Ccm. Ferrocyankaliumlösung nicht verändert werden.

**Kalium aceticum solutum, Lösung von essigsaurem Kalium. I.** Klare, farblose, fast neutrale Flüssigkeit vom spec. Gew. 1·20, die durch Eisenchlorid tiefroth gefärbt wird, mit überschüssiger Weinsäure einen krystallinischen Niederschlag gibt. Die verdünnte Lösung darf weder durch Schwefelwasserstoff, noch durch Schwefelammonium, noch nach dem Ansäuern mit Salpetersäure durch Baryumnitrat verändert werden, durch salpetersaures Silber höchstens schwach getrübt werden.

**II. Liquor kalii acetici, Kaliumacetatlösung.** Klare farblose Flüssigkeit vom spec. Gew. 1·176—1·180; in 3 Th. 1 Th. Kaliumacetat enthaltend. Mit gleichen Theilen Wasser verdünnt, darf sie weder durch Schwefelwasserstoff, noch durch Baryumnitrat verändert, durch Silbernitrat und Salpetersäure höchstens opalisirend getrübt werden. Die Lösung soll frei von brenzlichem Geruche sein.

**Kalium bicarbonicum, Kaliumbicarbonat. II.** Farblose, durchscheinende, völlig trockene, in 4 Th. Wasser langsam lösliche, in Weingeist unlösliche Krystalle, welche mit Säuren aufbrausen, und deren wässrige, rothes Lakmuspapier bläuende Lösung mit überschüssiger Weinsäurelösung einen weissen, krystallinischen Niederschlag gibt. Die wässrige Lösung (1 = 20), mit Essigsäure übersättigt, darf weder durch Baryumnitratlösung, noch durch Schwefelwasserstoffwasser verändert und, nach Zusatz von Salpetersäure, durch Silbernitratlösung nicht mehr als opalisirend getrübt werden. 20 Ccm. der vorgenannten wässrigen Lösung, mit Salzsäure übersättigt, dürfen durch 0·5 Ccm. Kaliumferrocyanidlösung nicht verändert werden.

**Kalium bromatum, Bromkalium. I. 1.** Weisse, würfelförmige, glänzende, luftbeständige, geruchlose, stechend salzig schmeckende Krystalle, die leicht in Wasser (**II.** in 2 Th.), schwerer in Weingeist (**II.** in etwa 200 Th.) löslich sind. Die wässrige Lösung von neutraler Reaction wird auf Zusatz einiger Tropfen Chlorwasser braungelb, beim darauffolgenden Schütteln mit Chloroform (**II.** oder Aether) wandert das die Färbung bedingende Brom in dieses. Am Platindrahte erhitzt, färbe das Salz die Flamme vom Beginne an violett. Zerriebenes Bromkalium auf einer Porcellanplatte mit einigen Tropfen verdünnter Schwefelsäure befeuchtet, darf nicht sofort gelb werden (**II.** auf befeuchtetes rothes Lakmuspapier gestreut, dieses nicht sofort violettblau färben). Die wässrige Lösung darf nicht alkalisch reagiren, und darf weder durch Schwefelwasserstoff (**I.** noch Schwefelammonium), noch durch Baryumnitrat und Salpetersäure (**II.** noch durch verdünnte Schwefelsäure) verändert, respective getrübt werden. **2.** Wird die wässrige Lösung mit einigen Tropfen Eisenchloridlösung und etwas Chloroform geschüttelt, so darf dieses letztere sich nicht violett färben. 0·2 Grm. trockenes Bromkalium in Wasser gelöst und mit wenig chromsaurem Kalium versetzt, sollen nicht weniger als 16·5 und nicht mehr als 17 Ccm. der volumetrischen Silberlösung bis zur bleibenden Röthung des Niederschlages verbrauchen.

**II.** ausser **I. 1.** noch: 5 Ccm. der wässrigen Lösung mit 1 Tropfen Eisenchloridlösung und mit Stärkelösung vermischt, dürfen diese nicht färben; 20 Ccm. der wässrigen Lösung dürfen durch 0·5 Ccm. Ferrocyankaliumlösung nicht verändert werden. 10 Ccm. einer wässrigen 3%igen Lösung des bei 100° getrockneten Bromkaliums dürfen nach Zusatz einiger Tropfen Kaliumchromatlösung nicht mehr als 25·4 Ccm. Zehntelnormal-Silberlösung bis zur bleibenden Röthung verbrauchen.

**Kalium carbonicum crudum, rohes kohlensaures Kalium (II. Pottasche). I.** Soll mindestens 80% kohlensaures Kalium enthalten, daher müssen 0·2 Grm. des getrockneten Handelspräparates mindestens 23·2 Ccm. der alkalimetrischen Lösung zur Sättigung erfordern.

**II.** Weisses, trockenes, in 1 Th. Wasser fast völlig lösliches, alkalisch reagirendes Salz, mindestens 90% Kaliumcarbonat enthaltend. Die wässrige Lösung braust, mit Weinsäure übersättigt, auf und gibt einen weissen, krystallinischen Niederschlag. 1 Grm. Pottasche soll zur Sättigung mindestens 13 Ccm. Normalsalzsäure erfordern.

**Kalium carbonicum purum, reines kohlensaures Kalium. I.** Weisses, alkalisch reagirendes, an feuchter Luft zerfliessendes, im gleichen Gewichte Wasser klar lösliches, mit Säuren aufbrausendes Pulver, das die nicht leuchtende Flamme violett färbt. Wird die wässrige Lösung in eine Lösung von Silbernitrat getröpfelt, so soll ein rein weisser Niederschlag entstehen, der sich beim Erwärmen nicht schwärzt und in Salpetersäure bis auf einen sehr geringen Rückstand sich lösen soll. Die wässrige Lösung soll durch Schwefelammonium nicht verändert werden, ferner, wenn sie mit einigen Tropfen der Lösungen von Eisenvitriol und Eisenchlorid zum Sieden erhitzt und dann mit Salzsäure angesäuert wird, keine blaue Färbung annehmen. Die mit verdünnter Schwefelsäure übersättigte Lösung soll bei der Probe mit Eisenvitriol und Schwefelsäure keine Salpetersäurereaction (Braunfärbung) zeigen. Kohlensaures Kalium mit überschüssiger Salzsäure zur Trockne verdampft, muss einen nach dem Befeuchten mit Salzsäure in Wasser vollständig löslichen Rückstand geben; die erhaltene Lösung darf weder durch Schwefelwasserstoff, noch durch Ammoniak und Schwefelammonium, noch durch Baryumnitrat verändert werden. Das Präparat soll mindestens 99·5% kohlensaures Kalium enthalten, daher sollen 0·2 Grm. des trockenen Salzes mindestens 28·8 Ccm. der alkalimetrischen Zehntelnormallösung zur Neutralisation brauchen.

**II. Kalium carbonicum, Kaliumcarbonat.** Weisses, in 1 Th. Wasser klar lösliches, alkalisch reagirendes Salz, mindestens 95% Kaliumcarbonat enthaltend. Die wässrige Lösung braust, mit Weinsäurelösung übersättigt, auf und lässt einen weissen, krystallinischen Niederschlag fallen. Das Salz soll, am Platindrahte erhitzt, der Flamme eine violette, dagegen nicht eine andauernd gelbe Färbung geben. Die wässrige Lösung (1 = 20) darf durch Schwefelwasserstoffwasser nicht verändert werden. 1 Raumth. dieser Lösung, in 10 Raumth. Zehntelnormal-Silbernitratlösung gegossen, muss einen gelblichweissen Niederschlag geben, welcher bei gelindem Erwärmen nicht dunkler werden darf; mit wenig Ferrosulfat- und Eisenchloridlösung gemischt und gelinde erwärmt, darf die Lösung sich, nach Uebersättigung mit Salzsäure, nicht blau färben. 2 Ccm. einer mit verdünnter Schwefelsäure hergestellten Lösung des Salzes dürfen, nach Zusatz von 2 Ccm. Schwefelsäure und Ueberschichtung mit 1 Ccm. Ferrosulfatlösung, eine gefärbte Zone nicht geben. Die gleiche wässrige Lösung (1 = 20), mit Essigsäure übersättigt, darf weder durch Schwefelwasserstoffwasser, noch durch Baryumnitratlösung verändert, noch, nach Zusatz von verdünnter Salpetersäure, durch Silbernitratlösung nach 2 Minuten mehr als opalisirend getrübt werden. 20 Ccm. einer wässrigen, mit Salzsäure übersättigten Lösung (1 = 20) dürfen durch 0·5 Ccm. Kaliumferrocyanidlösung nicht verändert werden. 1 Grm. Kaliumcarbonat soll zur Sättigung mindestens 13·7 Ccm. Normalsalzsäure erfordern.

**Kalium chloricum, chlorsaures Kalium. I. 1.** Farblose, blättchen- oder tafelförmige Krystalle (**II.** oder Krystallmehl), leichter in heissem Wasser (**II.** in 3 Th. siedendem, in 16 Th. kaltem Wasser) als in kaltem, in Weingeist wenig (**II.** in 130 Th.) löslich. Mit Salzsäure erwärmt, entwickeln sie Chlor. (**I.** die nicht leuchtende Flamme färben sie violett.) (**II.** mit Weinsäure geben sie allmälig einen weissen krystallinischen Niederschlag.) Die wässrige neutrale Lösung darf, weder durch Schwefelwasserstoff, noch durch oxalsaures Ammon, noch durch salpetersaures Baryum (**I.** noch durch salpetersaures Silber) verändert werden.

**II.** ausser **I. 1.** noch: 20 Ccm. der wässrigen 5%igen Lösung dürfen durch 0·5 Ccm. Ferrocyankaliumlösung nicht verändert werden. Erwärmt man 1 Grm. des

Salzes mit 5 Ccm. Natronlauge, sowie mit je 0·5 Grm. Zinkfeile und Eisenpulver, so darf kein Geruch nach Ammoniak auftreten.

**Kalium dichromicum, Kaliumdichromat. II.** Dunkelgelbrothe Krystalle, in 10 Th. Wasser löslich, beim Erhitzen zu einer braunrothen Flüssigkeit schmelzend. Die wässrige Lösung (1 = 20) röthet blaues Lakmuspapier, sie färbt sich beim Erhitzen mit 1 Raumth. Salzsäure unter allmäligem Zusatz von Weingeist grün. Die mit Salpetersäure stark angesäuerte wässrige Lösung (1 = 20) darf weder durch Baryumnitrat-, noch durch Silbernitratlösung verändert werden; die mit Ammoniakflüssigkeit versetzte wässerige Lösung darf sich, auf Zusatz von Ammoniumoxalatlösung, nicht trüben.

**Kalium hydroxydatum, Kaliumhydroxyd. I. 1.** Trockene, weisse, harte (**I.** oder schwach gelbliche, stark ätzende) Stäbchen, die an der Luft feucht werden, in kaltem Wasser sehr leicht löslich sind. Die wässrige Lösung, mit Weinsäure übersättigt, gibt einen weissen, krystallinischen Niederschlag. **2.** Kaliumhydroxyd soll sich in verdünntem Weingeist fast vollständig lösen, in verdünnter Schwefelsäure gelöst, soll es bei der Prüfung auf Salpetersäure mit Eisenvitriol und Schwefelsäure keine Braunfärbung geben. Die wässrige Lösung soll beim Eingiessen in verdünnte Salpetersäure nur wenig aufbrausen und dann durch Baryumnitrat, sowie Silbernitrat kaum getrübt werden.

**II. Kali causticum fusum, Kaliumhydroxyd.** Ausser **I. 1.** noch: Wird 1 Grm. Aetzkali in 2 Ccm. Wasser gelöst, mit 10 Ccm. Weingeist gemischt, so darf nach einiger Zeit nur ein sehr geringer Bodensatz entstehen; diese Lösung, mit 50 Ccm. Kalkwasser gekocht, soll ein Filtrat geben, das, in überschüssige Salpetersäure gegossen, nicht aufbrausen darf. Werden 2 Ccm. der mit verdünnter Schwefelsäure bereiteten 5%igen Lösung mit 2 Ccm. Schwefelsäure gemischt, mit 1 Ccm. Eisenvitriollösung überschichtet, so darf keine gefärbte Zone entstehen. Die mit Salpetersäure übersättigte 2%ige Lösung darf weder durch Baryumnitrat verändert, noch durch Silbernitrat mehr als opalisirend getrübt werden. 10 Ccm. einer Lösung von 5·6 Grm. des Präparates zu 100 Ccm. sollen zur Sättigung mindestens 9 Ccm. Normalsalzsäure brauchen.

**Kalium hydrotartaricum, saures weinsaures Kalium. I.** Weisse, krystallinische Krusten, oder weisses, krystallinisches Pulver von herb säuerlichem Geschmacke, in kaltem Wasser schwer, in 20 Th. siedendem Wasser löslich. Beim Erhitzen verkohlt es unter Verbreitung eines Geruches nach gebranntem Zucker, die zurückbleibende alkalische Asche färbt die Flamme violett. Das Präparat löst sich unter Aufbrausen in einer Lösung von kohlensaurem Kalium. Wird das Präparat mit Wasser geschüttelt, so soll ein Filtrat resultiren, das weder durch Schwefelwasserstoff, noch durch Schwefelammonium, noch durch Salpetersäure und Baryumnitrat verändert wird, mit salpetersaurem Silber nur schwach opalisirt. Mit Kalilauge erwärmt, darf es nicht Ammoniak entwickeln.

**II. Tartarus depuratus, Weinstein.** Weisses, krystallinisches, zwischen den Zähnen knirschendes und säuerlich schmeckendes Pulver, in 192 Th. kaltem, in 20 Th. siedendem Wasser, nicht in Weingeist, wohl aber unter Aufbrausen in Kaliumcarbonatlösung, auch in Natronlauge löslich. Weinstein verkohlt beim Erhitzen unter Verbreitung des Caramelgeruches zu einer grauschwarzen Masse, die beim Behandeln mit Wasser eine alkalische Flüssigkeit liefert; die letztere gibt nach der Filtration, auf Zusatz von überschüssiger Weinsäure, unter Aufbrausen einen krystallinischen, in Natronlauge leicht löslichen Niederschlag. 5 Grm. des Salzes, mit 100 Ccm. Wasser geschüttelt, geben ein Filtrat, welches, nach Zusatz von Salpetersäure, durch Baryumnitratlösung nicht verändert, durch Silbernitratlösung höchstens schwach opalisirend getrübt werde. Die Lösung in Ammoniakflüssigkeit werde durch Schwefelwasserstoffwasser nicht verändert. Wird 1 Grm. Weinstein mit 5 Ccm. verdünnter Essigsäure unter wiederholtem Umschütteln eine halbe Stunde hingestellt, dann mit 25 Ccm. Wasser gemischt, und nach dem Absetzen die Flüssigkeit klar abgegossen, so darf dieselbe, auf Zusatz von 8 Tropfen Ammoniumoxalatlösung, innerhalb einer Minute eine Veränderung nicht zeigen. Beim Erwärmen mit Natronlauge darf Weinstein Ammoniak nicht entwickeln.

**Kalium hypermanganicum, übermangansaures Kalium. I. 1.** Dunkelviolette, prismatische, metallglänzende Krystalle, welche zusammenziehend schmecken und in ungefähr 16 Th. (**II.** 20·5 Th.) Wasser löslich sind. Die wässrige

Lösung ist blauroth und wird durch reducirende organische und unorganische Körper entfärbt, so durch Eisenvitriol bei Gegenwart von Schwefelsäure (**II.** schweflige Säure, Oxalsäure, Weingeist). 0·5 Grm. übermangansaures Kalium mit 2 Grm. (**II.** 2 Ccm.) Weingeist und 25 Ccm. Wasser gekocht, sollen ein farbloses Filtrat geben, das nach dem Ansäuern mit Salpetersäure weder durch Baryumnitrat, noch durch Silbernitrat mehr als opalisirend getrübt wird. **2.** Die wässrige Lösung des Kaliumpermanganates, mit Kalilauge gekocht, ändert ihre Farbe in grün. Das Filtrat von der Reduction mit Alkohol soll bei der Prüfung auf Salpetersäure mit Eisenvitriol und Schwefelsäure keine Braunfärbung geben.

**II. Kalium permanganicum.** Ausser **I. 1.**: Die wässrige $1^0/_{00}$ige Lösung ändert Lakmuspapier nicht. Viele leicht verbrennliche Substanzen entzünden sich beim Zusammenreiben mit dem trockenen Präparate unter Explosion. Wird einer Lösung von 0·5 Grm. des Salzes in 5 Ccm. heissem Wasser allmälig Oxalsäure bis zur Entfärbung zugesetzt, so darf eine Mischung von 2 Ccm. des klaren Filtrates mit 2 Ccm. Schwefelsäure beim Ueberschichten mit 1 Ccm. Eisenvitriollösung keine gefärbte Zone zeigen.

**Kalium jodatum, Jodkalium. I. 1.** Farblose, würfelförmige, luftbeständige, in Wasser sehr leicht (**II.** in 0·75 Th.), auch in Weingeist leicht (**II.** in 12 Th.) lösliche Krystalle (**II.** von scharf salzigem, hinterher bitterem Geschmacke). Die wässrige Lösung von fast neutraler Reaction wird auf Zusatz von Chlorwasser gelb, Chloroform, damit geschüttelt, färbt sich violett. Weinsäure gibt allmälig einen weissen, krystallinischen Niederschlag. Die wässrige (**II.** $5^0/_0$) Lösung darf weder durch Schwefelwasserstoff (**I.** noch durch Schwefelammonium), noch durch Baryumnitrat verändert werden, noch darf sie blau werden, wenn sie mit ein wenig Eisenvitriol und Eisenchlorid, ferner mit Natronlauge versetzt, erwärmt und nachher mit Salzsäure übersättigt wird. **2.** Wird das Krystallpulver mit verdünnter Schwefelsäure benetzt, so soll weder Aufbrausen, noch Gelbfärbung eintreten. Der mit salpetersaurem Silber in der wässrigen Lösung erzeugte blassgelbe Niederschlag soll beim Schütteln mit Ammoniak und darauffolgendes Filtriren ein Filtrat geben, das nach dem Ansäuern mit Salpetersäure nur trübe wird, nicht aber einen Niederschlag abscheidet.

**II.** ausser **I. 1.** noch: Am Platindrahte erhitzt, muss das Salz die Flamme sofort violett färben. Zerrieben, auf befeuchtetes, violettes Lakmuspapier gebracht, darf es dieses nicht sofort blau färben. Die mit ausgekochtem, erkaltetem Wasser frisch bereitete $5^0/_0$ige Lösung darf bei alsbaldigem Zusatze von Stärkelösung und verdünnter Schwefelsäure sich nicht sofort färben. 20 Ccm. der $5^0/_0$igen wässrigen Lösung dürfen durch 0·5 Ccm. Ferrocyankaliumlösung nicht verändert werden. Erwärmt man 1 Grm. des Salzes mit 5 Ccm. Natronlauge, sowie mit je 0·5 Grm. Zinkfeile und Eisenpulver, so darf sich kein Ammoniakgeruch entwickeln. Werden 0·2 Grm. Jodkalium in 2 Ccm. Ammoniak gelöst und mit 13 Ccm. Zehntelnormal-Silberlösung unter Umschütteln vermischt, so darf das Filtrat nach Uebersättigen mit Salpetersäure innerhalb 10 Minuten weder bis zur Undurchsichtigkeit getrübt, noch dunkel gefärbt erscheinen.

**Kalium Natrio tartaricum, weinsaures Natrium-Kalium. II. Tartarus natronatus, Kaliumnatriumtartrat. I.** und **II.** Farblose, prismatische, durchsichtige (**II.** mild salzig schmeckende) Krystalle, die sich in kaltem Wasser leicht (**II.** in 1·4 Th.) lösen. Sie schmelzen beim Erwärmen, verlieren ihr Krystallwasser und verkohlen bei stärkerem Erhitzen unter Verbreitung von Caramelgeruch; die Kohle reagirt alkalisch und färbt die Flamme gelb (**II.** ihre Lösung hinterlässt beim Verdampfen einen weissen Rückstand). Die wässrige Lösung des Präparates gibt mit Essigsäure einen weissen, krystallinischen, in Natronlauge (**I.** sowie in Salzsäure) löslichen Niederschlag. Die wässrige (**II.** $5^0/_0$ige) Lösung darf weder durch Schwefelwasserstoff (**I.** noch durch Schwefelammon), noch durch oxalsaures Ammon verändert werden. Dieselbe Lösung darf (**I.** nach Zusatz von Salzsäure) (**II.** nach Zusatz von Salpetersäure und Entfernung des ausgeschiedenen Krystallmehles) durch Baryumnitrat nicht verändert und (**I.** mit Salpetersäure und) mit salpetersaurem Silber höchstens opalisirend getrübt werden. Beim Erwärmen mit Natron- oder Kalilauge darf kein Ammoniak entwickelt werden.

**Kalium nitricum, salpetersaures Kalium. I. 1.** Farblose, durchsichtige, luftbeständige, prismatische Krystalle, oder krystallinisches Pulver, in siedendem

Wasser sehr leicht (**II.** in 4 Th. kaltem, in weniger als 0·5 Th. siedendem Wasser) löslich (**II.** in Weingeist fast unlöslich). Die wässrige Lösung gibt mit Weinsäure einen weissen krystallinischen Niederschlag, sie werde weder durch Schwefelwasserstoff, noch durch Baryumnitrat, noch durch Silbernitrat getrübt (**I.** kaum getrübt). **2.** Die wässrige Lösung entwickelt, mit gepulvertem Eisen und concentrirter Schwefelsäure versetzt, salpetrigsaure Dämpfe, während die Flüssigkeit dunkelbraun wird.

**II.** ausser **I. 1.** noch: Die wässrige Lösung darf Lakmuspapier nicht verändern, sie färbt sich, mit Eisenvitriol und Schwefelsäure gemischt, braunschwarz. 20 Ccm. der 5%igen Lösung dürfen durch 0·5 Ccm. Ferrocyankalium nicht verändert werden. Gibt man in ein mit Schwefelsäure gereinigtes Probirrohr 1 Ccm. Schwefelsäure und streut 0·1 Grm. Kaliumnitrat darauf, so darf die Säure nicht gefärbt werden.

**Kalium permanganicum. II.** Siehe Kalium hypermanganicum.

**Kalium sulfuratum, Schwefelkalium. I.** Braungelbe, nach Schwefelwasserstoff riechende, in Wasser und Weingeist leicht lösliche Stücke. Die wässrige, mit verdünnter Essigsäure angesäuerte Lösung entwickelt Schwefelwasserstoff, scheidet Schwefel ab und gibt nach dem Filtriren mit Weinsäure einen weissen krystallinischen Niederschlag.

**Kalium sulfuratum pro balneo, Schwefelkalium zu Bädern. I.** Es sei grösstentheils in Wasser löslich und gebe eine opalisirende alkalische Flüssigkeit von gelbgrüner Farbe, die nach Schwefelwasserstoff riecht.

**II. Kalium sulfuratum, Schwefelleber.** Leberbraune, später gelbgrüne Bruchstücke, schwach nach Schwefelwasserstoff riechend, an feuchter Luft zerfliessend, in 2 Th. Wasser bis auf einen geringen Rückstand zu einer alkalischen gelbgrünen, etwas trüben Flüssigkeit löslich. Die 5%ige wässrige Lösung soll mit überschüssiger Essigsäure erhitzt, unter Abscheidung von Schwefel reichlich Schwefelwasserstoff entwickeln und ein Filtrat geben, das nach dem Erkalten mit Weinsäure einen weissen krystallinischen Niederschlag liefert.

**Kalium sulfuricum, Kaliumsulfat. II.** Weisse, harte Krystalle oder Krystallkrusten, in 10 Th. kaltem und 4 Th. siedendem Wasser löslich, in Weingeist unlöslich. Die wässrige Lösung gibt mit Weinsäure nach einiger Zeit einen weissen, krystallinischen, mit Baryumnitrat einen weissen, in Säuren unlöslichen Niederschlag. Am Platindrahte erhitzt, darf Kaliumsulfat die Flamme höchstens vorübergehend gelb färben. Die wässrige Lösung (1 = 20) soll neutral sein und darf weder durch Schwefelwasserstoff, noch durch Ammoniumoxalat, noch durch Silbernitrat verändert werden. 20 Ccm. der vorgenannten wässrigen Lösung dürfen durch Zusatz von 0·5 Ccm. Kaliumferrocyanidlösung nicht verändert werden.

**Kalium tartaricum, Kaliumtartrat. II.** Farblose, durchscheinende, luftbeständige Krystalle, die in 0·7 Th. Wasser, in Weingeist nur wenig löslich sind, beim Erhitzen unter Entwicklung von Caramelgeruch verkohlen und dann einen alkalisch reagirenden, die Flamme violett färbenden Rückstand hinterlassen. Die concentrirte, wässrige Lösung des Salzes gibt mit verdünnter Essigsäure einen in Natronlauge löslichen, weissen, krystallinischen Niederschlag. Wenn 1 Grm. des Salzes in 10 Ccm. Wasser gelöst und die Lösung mit 5 Ccm. verdünnter Essigsäure geschüttelt wird, so darf die von dem ausgeschiedenen Krystallmehle durch Abgiessen getrennte Flüssigkeit, mit gleich viel Wasser verdünnt, durch 8 Tropfen Ammoniumoxalatlösung innerhalb einer Minute nicht verändert werden. Die wässrige Lösung (1 = 20) verändere Lakmuspapier nicht und werde durch Schwefelwasserstoff nicht verändert. Dieselbe Lösung, mit Salpetersäure angesäuert, darf durch Silbernitrat nicht mehr als opalisirend getrübt werden. 20 Ccm. der vorgenannten wässrigen Lösung dürfen durch 0·5 Ccm. Kaliumferrocyanidlösung nicht verändert werden. Beim Erwärmen mit Natronlauge darf Kaliumtartrat nicht Ammoniak entwickeln.

**Kreosotum, Kreosot. I. 1.** Klare (**I.** farblose oder) schwach gelbliche (**II.** im Sonnenlichte sich nicht bräunende, neutrale), ölige, stark lichtbrechende, durchdringend rauchartig riechende (**II.** brennend schmeckende) Flüssigkeit. Spec. Gew. 1·03—1·08 (**II.** nicht unter 1·07, geht beim Erhitzen grösstentheils zwischen 205 und 220° C. über). Erstarrt selbst bei —20° noch nicht; mit Aether, Weingeist (**II.** und Schwefelkohlenstoff) klar mischbar, in etwa 120 Th.

26*

heissem Wasser klar löslich, die abgekühlte Lösung trübt sich anfangs und klärt sich allmälig unter Abscheidung von Oeltropfen, auf Zusatz von wenig Eisenchlorid trübt sich die Flüssigkeit neuerdings und färbt sich vorübergehend graugrün oder blau und setzt schliesslich (**I.** gelbliche). (**II.** schmutzigbraune) Flocken ab. (**II.** Bromwasser erzeugt in der wässrigen Lösung eine rothbraune Fällung.) **2.** In Ammoniak gelöst, mit salpetersaurem Silber versetzt und gekocht, färbt sich die Flüssigkeit lebhaft grün unter Abscheidung von metallischem Silber. Wird Kreosot mit dem 10fachen Volumen Ammoniak geschüttelt, soll es um nicht mehr, als den vierten Theil seines Volumens abnehmen.

**II.** ausser **I. 1.** noch: Die weingeistige Lösung färbt sich mit einer geringen Menge Eisenchloridlösung tiefblau, mit einer grösseren dunkelgrün. 1 Tröpfchen Kreosot, auf blaues Lakmuspapier gebracht, darf letzteres nicht röthen, auch wenn das Papier demnächst mit Wasser angefeuchtet wird. 1 Ccm. Kreosot und 2·5 Ccm. Natronlauge müssen geschüttelt eine klare, hellgelbe Lösung geben, welche sich auch beim Verdünnen mit 50 Ccm. Wasser nicht trübt. 1 Raumth. Kreosot mit 10 Raumth. einer mit absolutem Alkohol dargestellten Kaliumhydroxydlösung (1 = 5) gemischt, erstarre nach einiger Zeit zu einer festen, krystallinischen Masse. Wird 1 Raumth. Kreosot in einem trockenen Glase mit 1 Raumth. Kollodium geschüttelt, so darf Gallertbildung nicht eintreten. In 3 Raumth. einer Mischung aus 1 Th. Wasser und 3 Th. Glycerin sei Kreosot fast unlöslich. Wird 1 Ccm. Kreosot mit 2 Ccm. Petroleumbenzin und 2 Ccm. Barytwasser geschüttelt, so darf die Benzinlösung keine blaue oder schmutzige, die wässrige Flüssigkeit keine rothe Färbung annehmen.

**Lanolinum, Lanolin. I.** Salbenartige, weisse, fast geruchlose Substanz von neutraler Reaction, die im Wasserbade schmilzt und sich dabei in eine wässrige und eine Fett-Schicht scheidet. Das wasserfreie Lanolin löst sich in Aether, Benzol, Chloroform vollständig, in concentrirtem Weingeist schwer und nur zum Theile auf, in Wasser ist es unlöslich. Die Lösung in Chloroform, in einem Proberohr auf concentrirte Schwefelsäure geschichtet, erzeugt lebhaft braunrothe Zwischenschichte, die untere Schichte fluorescirt grün. Mit Natronlauge erwärmt, darf das Lanolin keine alkalischen Dämpfe entwickeln. 10 Grm. Lanolin im Wasserbade vollständig getrocknet, dürfen nur 3 Grm. an Gewicht verlieren. 2 Grm. in reinem Benzol gelöstes Lanolin soll nach Zusatz von 5 Tropfen Phenolphtaleinlösung nicht mehr als 0·2 Ccm. der acidimetrischen Lösung zur bleibenden Röthung brauchen. 10 Grm. Lanolin sollen, mit 50 Grm. Wasser im Wasserbade erwärmt, eine klare, ölige, wasserfreie Lanolinschichte abscheiden, die filtrirte wässrige Flüssigkeit soll höchstens 0·01 Grm. Abdampfrückstand geben. Beim Verbrennen darf Lanolin nicht mehr als 0·1% Asche hinterlassen.

**Liquor Aluminii acetici, Aluminiumacetatlösung. II.** Siehe Aluminium aceticum solutum.

**Liquor Ammonii acetici, Ammoniumacetatlösung. II.** Siehe Ammonium aceticum solutum.

**Liquor Ammonii caustici, Ammoniakflüssigkeit. II.** Siehe Ammonia.

**Liquor ferri acetici, Eisenacetatlösung. II.** Flüssigkeit von rothbrauner Farbe, schwach nach Essigsäure riechend, in 100 Th. 4·8—5 Th. Eisen enthaltend. Dieselbe gibt in der Siedehitze einen rothbraunen Niederschlag und, mit Wasser bis zur gelblichen Farbe verdünnt, nach Zumischung einer kleinen Menge Salzsäure, auf Zusatz von Kaliumferrocyanidlösung einen blauen Niederschlag. 1 Th. Eisenacetatlösung, mit 5 Th. Wasser verdünnt, darf, nach Zusatz von etwas Salzsäure, durch Kaliumferricyanidlösung nicht gebläut werden. Das nach dem Ausfällen durch Ammoniakflüssigkeit erhaltene, farblose, alkalische Filtrat werde durch Schwefelwasserstoffwasser nicht, nach dem Ansäuern mit Salpetersäure durch Silbernitratlösung höchstens opalisirend getrübt, und hinterlasse nach dem Verdampfen und Glühen keinen Rückstand. 5 Ccm. geben nach dem Vermischen mit 10 Ccm. Normal-Kalilauge ein Filtrat, welches durch Schwefelwasserstoffwasser nicht verändert wird. 2 Ccm. werden, mit 1 Ccm Salzsäure versetzt, mit 20 Ccm. Wasser verdünnt und hierauf, nach Zusatz von 1 Grm. Kaliumjodid, bei einer 40° nicht übersteigenden Wärme im verschlossenen Gefässe eine halbe Stunde stehen gelassen. Diese Mischung soll nach dem Erkalten zur Bindung des ausgeschiedenen Jods 18·5—19·5 Ccm. Zehntelnormal-Natriumthiosulfatlösung verbrauchen.

**Liquor ferri albuminati, Eisenalbuminatlösung. II.** Eine im durchscheinenden Lichte klare, im zurückgeworfenen Lichte wenig trübe, rothbraune Flüssigkeit von kaum alkalischer Reaction, von schwachem Zimmtgeschmacke, aber fast ohne Eisengeschmack, in 1000 Th. fast 4 Th. Eisen enthaltend. Mit Weingeist vermischt, bleibt sie klar, durch Zusatz von Zehntelnormal-Natriumchloridlösung oder Salzsäure entstehen Niederschläge. Werden 5 Ccm. Eisenalbuminatlösung mit 5 Ccm. Karbolsäurelösung vermischt, dann mit 5 Tropfen Salpetersäure versetzt, so entsteht ein bräunlicher Niederschlag, während das Filtrat, mit Silbernitratlösung gemischt, nur schwach opalisiren darf. 40 Ccm. Eisenalbuminatlösung, mit 0·5 Ccm. Normal-Salzsäure gemischt, müssen ein farbloses Filtrat geben.

**Liquor ferri oxychlorati, flüssiges Eisenchlorid. II.** Siehe Ferrum hydroxydatum dialysatum.

**Liquor ferri sesquichlorati. II.** Siehe Ferrum sesquichloratum.

**Liquor kali caustici, Kalilauge. II.** Klare, farblose oder schwach gelbliche Flüssigkeit, von 1·126—1·130 spec. Gew., in 100 Th. nahezu 15 Th. Kaliumhydroxyd enthaltend. 1 Th. derselben, mit 1 Raumth. Wasser verdünnt, gibt mit überschüssiger Weinsäurelösung einen weissen, krystallinischen Niederschlag. Kalilauge muss, mit 4 Th. Kalkwasser gekocht, ein Filtrat geben, welches, in überschüssige Salpetersäure gegossen, nicht aufbraust. Mit 5 Th. Wasser verdünnte Kalilauge darf, mit Salpetersäure übersättigt, weder durch Baryumnitrat-, noch durch Silbernitratlösung mehr als opalisirend getrübt werden. 2 Ccm. der mit verdünnter Schwefelsäure gesättigten Kalilauge dürfen, mit 2 Ccm. Schwefelsäure gemischt, dann mit 1 Ccm. Ferrosulfatlösung überschichtet, eine gefärbte Zone nicht zeigen. Kalilauge darf, mit Salzsäure übersättigt, durch überschüssige Ammoniakflüssigkeit nicht mehr als opalisirend getrübt werden.

**Liquor kalii acetici, Kaliumacetatlösung. II.** Siehe Kalium aceticum solutum.

**Liquor Natri caustici,** Natronlauge. **II.** Klare, farblose oder schwach gelbliche Flüssigkeit von 1·168—1·172 spec. Gew., in 100 Th. nahezu 15 Th. Natriumhydroxyd enthaltend. Am Platindrahte verdampft, färbt sie die Flamme gelb. Natronlauge muss, mit 4 Th. Kalkwasser gekocht, ein Filtrat geben, welches, in überschüssige Salpetersäure gegossen, nicht aufbraust. Mit 5 Th. Wasser verdünnte Natronlauge darf, mit Salpetersäure übersättigt, weder durch Baryumnitrat-, noch durch Silbernitratlösung mehr als opalisirend getrübt werden; auch dürfen 2 Ccm. Natronlauge, mit verdünnter Schwefelsäure übersättigt, mit 2 Ccm. Schwefelsäure gemischt und mit 1 Ccm. Ferrosulfatlösung überschichtet, eine gefärbte Zone nicht zeigen. Mit Salzsäure übersättigt, darf die Natronlauge durch überschüssige Ammoniakflüssigkeit nicht mehr als opalisirend getrübt werden.

**Liquor natrii silicici. II.** Siehe Natrium silicicum.

**Liquor plumbi subacetici. II.** Siehe Plumbum aceticum basicum solutum.

**Lithargyrum. II.** Siehe Plumbum oxydatum.

**Lithium carbonicum, kohlensaures Lithium. I. 1.** Weisses, in der Hitze schmelzbares (**II.** beim Erkalten krystallinisch erstarrendes) in 150 Th. Wasser (**II.** in 80 Th. kalten und 140 Th. siedenden Wassers) zu einer alkalischen Flüssigkeit löslich (**II.** in Weingeist unlöslich). Löst sich unter Aufbrausen in verdünnter Salzsäure (**II.** Salpetersäure); die Lösung färbt die Flamme purpurroth (**II.** carminroth). Die wässrige mit Salpetersäure angesäuerte (**II.** 2%) Lösung darf weder durch Baryumnitrat, noch Silbernitrat, noch durch Ammoniak und oxalsaures Ammon, noch durch Ammoniak und Schwefelammon verändert werden. **2.** Der Abdampfrückstand der salzsauren Lösung ist in Weingeist und Aether leicht löslich.

**II.** ausser **I. 1.** noch: 0·2 Grm. Lithiumcarbonat in 1 Ccm. Salzsäure gelöst und zur Trockne verdampft, müssen einen in 3 Ccm. Weingeist klar löslichen Rückstand geben. 0·5 Grm. des bei 100° getrockenen Präparates dürfen nicht weniger als 13·4 Ccm. Normalsalzsäure zur Sättigung erfordern.

**Magnesia usta, gebrannte Magnesia. II.** Siehe Magnesium oxydatum.

**Magnesium carbonicum, kohlensaures Magnesium. I. 1.** Weisse, sehr leichte, zerreibliche oder pulverförmige, in Wasser fast unlösliche (**II.** demselben aber schwach alkalische Reaction ertheilende) Substanz, welche in verdünnter Schwefelsäure unter Kohlensäureentwicklung löslich ist; die farblose Lösung gibt auf Zusatz von Chlorammonium, Ammoniak und phosphorsaurem Natrium einen weissen, krystallinischen Niederschlag. Mit Wasser gekocht, soll kohlensaures Magnesium ein Filtrat geben, das beim Verdampfen nur einen sehr geringen Rückstand hinterlässt. Die mit Essigsäure bereitete (**II.** 5%ige) wässrige Lösung darf durch Schwefelwasserstoff (**I.** sowie durch Chlorammonium, Ammoniak und Schwefelammonium) nicht verändert werden, sie darf durch Baryumnitrat, sowie Silbernitrat und Salpetersäure nicht sofort getrübt werden (**II.** nach 2 Minuten nicht mehr, als opalisirend). **2.** Die essigsaure Lösung darf mit oxalsaurem Ammon bei Gegenwart von Chlorammonium keinen oder doch nur einen sehr geringen Niederschlag erzeugen.

**II.** Ausser **I. 1.** noch: 20 Ccm. einer mit Salzsäure bereiteten 5%igen wässrigen Lösung dürfen durch 0·5 Ccm. Ferrocyankaliumlösung nicht sofort gebläut werden. 1 Grm. kohlensaures Magnesium hinterlasse nicht weniger als 0·4 Grm. Glührückstand, dieser liefere, mit 20 Ccm. Wasser geschüttelt, ein Filtrat, das durch oxalsaures Ammon innerhalb 5 Minuten nicht mehr, als opalisirend getrübt werden darf.

**Magnesium citricum, citronensaures Magnesium. I.** Es sei weiss, fast geschmacklos, von saurer Reaction, in kochendem Wasser leicht löslich.

**Magnesium oxydatum, Magnesiumoxyd. I.** Weisses, leichtes, in Wasser fast unlösliches Pulver von alkalischer Reaction, das an der Luft Wasser und Kohlensäure anzieht, mit heissem Wasser zu dünnem Brei verrieben, bald in eine Gallerte übergeht, in verdünnter Salzsäure ohne Aufbrausen löslich; die farblose Lösung gibt auf Zusatz von Chlorammonium, Ammoniak und phosphorsaurem Natrium einen weissen krystallinischen Niederschlag. Im Uebrigen verhalte es sich gegen Reagentien wie kohlensaures Magnesium.

**II.** Ein leichtes, weisses, feines, in Wasser fast unlösliches Pulver, in verdünnter Schwefelsäure zu einer Flüssigkeit löslich, welche, nach Zusatz von Ammoniumchlorid und überschüssigem Ammoniak, mit Natriumphosphat einen weissen, krystallinischen Niederschlag gibt. 0·2 Grm. gebrannte Magnesia werden mit 10 Ccm. Wasser zum Sieden erhitzt, und nach dem Erkalten 5 Ccm. von der überstehenden Flüssigkeit abfiltrirt. Das Filtrat darf nur schwach alkalisch reagiren und beim Verdampfen nur einen sehr geringen Rückstand hinterlassen. Die rückständige, mit Wasser gemischte Magnesia, in 5 Ccm. verdünnte Essigsäure gegossen, muss eine Flüssigkeit geben, in welcher sich bei der Auflösung nur vereinzelte Gasbläschen zeigen. 1 Grm., mit 20 Ccm. Wasser geschüttelt, soll ein Filtrat liefern, welches durch Ammoniumoxalat innerhalb 5 Minuten nicht mehr als opalisirend getrübt werden darf. 0·4 Grm. gebrannte Magnesia müssen sich in 10 Ccm. verdünnter Salzsäure farblos lösen; diese Lösung darf durch Schwefelwasserstoff nicht verändert werden. 20 Ccm. einer mit Hilfe von Salzsäure bereiteten wässrigen Lösung (1 = 20) dürfen durch 0·5 Ccm. Kaliumferrocyanidlösung nicht sofort gebläut werden.

**Magnesium sulfuricum crystallisatum, krystallisirtes schwefelsaures Magnesium. I. 1.** Farblose, an der Luft wenig verwitternde, prismatische Krystalle (**II.** von bitter-salzigem Geschmacke), in kaltem Wasser sehr leicht löslich (**II.** in 1 Th. kaltem, in 0·3 Th. siedendem Wasser, nicht in Weingeist löslich). Die wässrige Lösung reagirt neutral und gibt auf Zusatz von Chlorammonium, Ammoniak und Natriumphosphat einen weissen krystallinischen, mit Baryumnitrat einen weissen, in Säuren unlöslichen Niederschlag. **2.** Die wässrige Lösung soll weder durch Schwefelwasserstoff, noch nach Zusatz von Chlorammonium und Ammoniak durch Schwefelammonium verändert, durch salpetersaures Silber kaum getrübt werden. Wird schwefelsaures Magnesium mit Wasser und überschüssigem kohlensaurem Baryum gekocht, so soll das Filtrat zur Trockene verdampft, keinen wasserlöslichen alkalischen Rückstand hinterlassen.

**II.** ausser **I. 1.** noch: Das Salz darf, am Platindrahte erhitzt, die Flamme nicht andauernd gelb färben. Wird 1 Grm. zerriebenes Magnesiumsulfat mit 3 Ccm. Zinnchlorürlösung geschüttelt, so darf im Laufe einer Stunde eine Färbung nicht eintreten. Die wässrige Lösung (1 = 20) darf Lakmuspapier nicht verändern und darf weder durch Schwefelwasserstoffwasser, noch durch Silbernitratlösung verändert werden. 20 Ccm. der wässrigen Lösung (1 = 20) dürfen, auf Zusatz von 0·5 Ccm. Kaliumferrocyanidlösung, nicht verändert werden.

**Mentholum, Menthol. I.** Prismatische oder nadelförmige (**II.** spitze, spröde), farblose Krystalle von pfefferminzartigem Geruch und Geschmack, bei 42° (**II.** 43°) schmelzend (**II.** bei 212° siedend), in der Wärme des Wasserbades vollständig verdampfend (**I.** ohne sich zu färben). In Wasser wenig löslich, in Weingeist, Aether (**II.** Chloroform) sehr leicht löslich. Bringt man Menthol in eine Mischung von 1 Ccm. concentrirter Essigsäure, 3 Tropfen concentrirter Schwefelsäure und 1 Tropfen Salpetersäure, so darf sich die Mischung nicht färben.

**II.** ausser **I.** noch: Menthol gibt mit 40 Th. Schwefelsäure eine braunrothe trübe Flüssigkeit, welche sich im Laufe eines Tages klärt und an ihrer Oberfläche eine farblose, nicht nach Menthol riechende Schichte zeigt.

**Minium. II.** Siehe: Plumbum hyperoxydatum rubrum.

**Morphinum hydrochloricum, salzsaures Morphinum. I.** Zarte, nadelförmige, seidenglänzende, sehr bitter schmeckende Krystalle, die Reagenspapier nicht ändern, in ungefähr 20 Th. kalten, in nahezu gleichen Theilen siedenden Wassers, schwieriger in Weingeist löslich. Mit Eisenchloridlösung färben sie sich blau, mit Salpetersäure roth. Die wässrige Lösung gibt mit Ammoniak oder Natronlauge einen weissen Niederschlag, der im Ueberschusse von Ammoniak nicht erheblich, dagegen leicht in Natronlauge löslich ist, im Aether kaum löslich ist. Salzsaures Morphin soll sich in concentrirter Schwefelsäure farblos lösen, beim Glühen soll es vollständig verbrennen.

**II.** Weisse, seidenglänzende, oft büschelförmig vereinigte Krystallnadeln oder weisse würfelförmige Stücke von mikrokrystallinischer Beschaffenheit. Das Salz löst sich in 25 Th. Wasser, sowie in 50 Th. Weingeist zu einer farblosen, neutralen, bitter schmeckenden Flüssigkeit. Bei 100° verlieren 100 Th. Morphinhydrochlorid 14·5 Th. an Gewicht. Beim Befeuchten mit Salpetersäure nimmt das Salz eine rothe Färbung an. Bei Luftzutritt erhitzt, verbrenne es, ohne einen Rückstand zu hinterlassen. Von Schwefelsäure soll Morphinhydrochlorid beim Verreiben ohne Färbung gelöst werden; eingestreutes basisches Wismutnitrat rufe in dieser Lösung eine dunkelbraune Färbung hervor. Die wässrige Lösung des Morphinhydrochlorids (1 = 30) soll, auf Zusatz von Kaliumcarbonatlösung, sofort rein weisse, feine Krystalle von Morphin ausscheiden, die auch bei Berührung mit der Luft keine Färbung erleiden, auch alsdann damit geschütteltes Chloroform nicht röthlich färben. Beim Zutropfen von Ammoniakflüssigkeit soll in der wässrigen Lösung des Morphinhydrochlorids (1 = 30) ein Niederschlag entstehen, der sich leicht in Natronlauge, schwieriger in überschüssiger Ammoniakflüssigkeit und in Kalkwasser löse.

**Naphtalinum, Naphtalin. I. 1.** Glänzende, farblose Krystallblätter (**I.** oder Prismen) von durchdringendem Geruche (**II.** und brennend aromatischem Geschmacke), bei 79° schmelzend (**II.** schon bei 15° langsam verdampfend, bei 80° schmelzend, bei 218° siedend). Die angezündeten Dämpfe verbrennen mit leuchtender und russender Flamme ohne Rückstand. **2.** Naphtalin verflüchtigt rasch mit Wasserdämpfen, löst sich in circa 20 Th. kaltem. in jeder Menge in heissem concentrirten Weingeist, auch in Aether, Benzol, fetten und ätherischen Oelen.

**II.** ausser **I. 1.** noch: Naphtalin wird sehr reichlich aufgenommen von Aether, Weingeist, Chloroform, Schwefelkohlenstoff, auch von flüssigem Paraffin, von Wasser wird es nicht gelöst, doch nimmt dieses beim Kochen mit Naphtalin einen äusserst schwachen gewürzhaften Geschmack, nicht aber saure Reaction an. Naphtalin mit Schwefelsäure geschüttelt, darf diese auch bei Wasserbadwärme höchstens blassröthlich färben.

**β-Naphtolum, β-Naphtol. I.** Weisse, krystallinische, seidenglänzende, fast geruchlose, brennend schmeckende Blättchen, die bei 123° schmelzen, in kaltem Wasser kaum, in heissem schwer, dagegen in Weingeist, Aether, Chloroform, Benzol, in fetten Oelen und in alkalischen Flüssigkeiten leicht löslich sind. Die wässrige Lösung wird auf Zusatz von Eisenchlorid zuerst grünlich gefärbt und scheidet dann weisse Flocken aus; mit Ammoniak versetzt, fluorescirt sie blauviolett. Die Lösung in Natronlauge färbt sich auf Zusatz von Chloroform blau. Die heiss gesättigte wässrige Lösung darf durch Eisenchlorid nicht violett werden.

Mit den Wasserdämpfen verflüchtigt sich β-Naphtol sehr schwer; beim Erhitzen soll es ohne Rückstand verbrennen.

**II.** Farblose, glänzende Krystallblättchen oder weisses krystallinisches Pulver von schwach phenolartigem Geruche und brennend scharfem, jedoch nicht lange anhaltendem Geschmacke, Schmelzpunkt 122°, Siedep. 286°. Es gibt mit etwa 1000 Th. kaltem und mit etwa 75 Th. siedendem Wasser Lösungen, welche Lakmuspapier nicht verändern. In Weingeist, Aether, Chloroform, Kali- und Natronlauge ist es leicht löslich. Eine wässrige Lösung zeigt auf Zusatz von Ammoniak eine violette Fluorescenz, auf Zusatz von Chlorwasser eine weisse Trübung, welche durch überschüssiges Ammoniak verschwindet. Im letzteren Falle nimmt die Lösung eine grüne, später eine braune Färbung an. Eisenchlorid färbt die wässrige Lösung des β-Naphtol grünlich; nach einiger Zeit erfolgt Abscheidung weisser Flocken. β-Naphtol löse sich in 50 Th. Ammoniakflüssigkeit ohne Rückstand zu einer nur blassgelb gefärbten Flüssigkeit. Eisenchlorid färbe die heiss gesättigte wässrige Lösung nicht violett. Erhitzt, verflüchtige es sich, ohne einen Rückstand zu hinterlassen.

**Natrium aceticum, Natriumacetat. II.** Farblose, durchsichtige, in warmer Luft verwitternde Krystalle, welche mit 1 Th. Wasser eine rothes Lakmuspapier bläuende, Phenolphtaleinlösung nicht röthende Lösung geben, in 23 Th. kaltem, 1 Th. siedendem Weingeist löslich sind. Beim Erhitzen schmelzen sie zunächst unter Verlust des Krystallwassers, werden dann fest und schmelzen bei stärkerm Erhitzen neuerdings. Beim Glühen tritt Acetongeruch auf und es bleibt ein alkalisch reagirender, die Flamme gelb färbender Rückstand. Die wässrige Lösung wird auf Zusatz von Eisenchlorid dunkelroth. Eine 5%ige Lösung darf weder durch Schwefelwasserstoff, noch durch salpetersaures Baryum, noch durch oxalsaures Ammon, noch nach Verdünnen mit der gleichen Wassermenge und Ansäuern mit Salpetersäure durch salpetersaures Silber verändert werden. 20 Ccm. der wässrigen Lösung dürfen durch 0·5 Ccm. Ferrocyankaliumlösung nicht verändert werden.

**Natrium bicarbonicum. II.** Siehe Natrium hydrocarbonicum.

**Natrium boracicum, borsaures Natrium. I.** Prismatische, farblose, an der Luft verwitternde Krystalle, die in der Wärme schmelzen, stärker erhitzt, in eine schwammige Masse (gebrannten Borax) übergehen; sie lösen sich in 17 Th. kaltem Wasser, leichter in heissem Wasser und Glycerin. Borax am Platindraht in die nicht leuchtende Flamme gebracht, färbt sie gelb, nach dem Befeuchten mit Schwefelsäure aber grün. Die wässrige, alkalisch reagirende Lösung darf weder durch Schwefelwasserstoff, noch durch kohlensaures Ammon verändert werden, auf Zusatz von Salpetersäure nicht aufbrausen und dann von salpetersaurem Silber oder salpetersaurem Baryum kaum getrübt werden.

**II. Borax.** Harte, weisse Krystalle oder krystallinische Stücke, welche sich in 17 Th. kaltem, 0·5 Th. siedendem Wasser und reichlich in Glycerin lösen, in Weingeist aber unlöslich sind. Die alkalisch reagirende, wässrige Lösung färbt nach dem Ansäuern mit Salzsäure Kurkumapapier braun, welche Färbung besonders beim Trocknen hervortritt und nach Besprengen mit wenig Ammoniakflüssigkeit in blauschwarz übergeht. Die wässrige Lösung (1 = 50) darf weder durch Schwefelwasserstoffwasser, noch durch Ammoniumoxalatlösung verändert werden und, nach dem Ansäuern mit Salpetersäure, welche kein Aufbrausen veranlassen darf, weder durch Baryumnitrat-, noch durch Silbernitratlösung mehr als opalisirend getrübt werden. — 50 Ccm. der gleichen wässrigen Lösung dürfen durch 0·5 Ccm. Kaliumferrocyanidlösung nicht sofort gebläut werden.

**Natrium bromatum, Bromnatrium. I. 1.** Weisses, krystallinisches, an trockener Luft beständiges, in Wasser und Weingeist leicht lösliches Pulver (**II.** in 1·2 Th. Wasser, in 5 Th. Weingeist löslich), das die Flamme gelb färbt. Wird die wässrige neutral reagirende Lösung mit etwas Chlorwasser versetzt und mit Chloroform geschüttelt, färbt sich letzteres gelbbraun. Das zerriebene, auf einer Porcellanplatte ausgebreitete Bromnatrium darf beim Befeuchten mit verdünnter Schwefelsäure nicht sogleich gelb werden. Die mit einigen Tropfen Eisenchloridlösung vermischte wässrige Lösung (5 Ccm. 5%ige Lösung, 1 Tropfen Eisenchloridlösung) darf (**I.** beim Schütteln von Chloroform dieses nicht violett färben) (**II.** mit Stärkelösung versetzt, diese nicht färben). **2.** Die wässrige Lösung darf weder durch Schwefelwasserstoff, noch Schwefelammonium verändert, durch Baryumnitrat kaum getrübt werden. 0·2 Grm. getrocknetes Bromnatrium in Wasser gelöst sollen nach Zusatz einer kleinen Menge von chromsaurem Kalium nicht weniger als 19 und nicht mehr als 19·7 Ccm. der volumetrischen Silberlösung bis zur bleibenden Rothfärbung brauchen.

**II.** ausser **I. 1.** noch: Mindestens 95% wasserfreies Bromnatrium enthaltend. Durch blaues Kobaltglas betrachtet, darf die durch Bromnatrium gelb gefärbte Flamme gar nicht oder nur vorübergehend roth gefärbt erscheinen. Die wässrige Lösung (1 = 20) darf weder durch Schwefelwasserstoff, noch durch Baryumnitrat, noch durch verdünnte Schwefelsäure verändert werden. 20 Ccm. derselben Lösung dürfen durch 0·5 Ccm. Kaliumferrocyanidlösung nicht verändert werden. 10 Ccm. einer wässrigen Lösung (3 Grm. = 100 Ccm.) des bei 100° getrockneten Natriumbromids dürfen, nach Zusatz einiger Tropfen Kaliumchromatlösung, nicht mehr als 29·3 Ccm. Zehntelnormal-Silbernitratlösung bis zur bleibenden Röthung verbrauchen.

**Natrium carbonicum, kohlensaures Natrium. I.** Farblose, rhomboidale, rasch verwitternde, in Wasser leicht lösliche Krystalle von alkalischer Reaction, die, mit verdünnter Schwefelsäure übergossen, aufbrausen und die Flamme gelb färben. Die mit Salzsäure übersättigte Lösung darf weder nach Schwefelwasserstoff, noch nach schwefliger Säure riechen, noch sich durch abgeschiedenen Schwefel trüben, ferner durch Schwefelwasserstoff, durch Ammoniak und Schwefelammonium nicht verändert werden; die mit Salpetersäure angesäuerte Lösung darf durch salpetersaures Baryum, sowie durch salpetersaures Silber nicht zu sehr getrübt werden. Das Präparat soll mindestens 36·7% trockenes kohlensaures Natrium enthalten, daher soll 0·5 Grm. des Präparates in etwa 20 Ccm. Wasser gelöst, mindestens 34·6 Ccm. der alkalischen Zehntelnormal-Lösung zur Neutralisation verbrauchen.

**II.** Farblose, durchscheinende, an der Luft verwitternde Krystalle von alkalischem Geschmacke, welche mit 1·6 Th. kaltem und 0·2 Th. siedendem Wasser eine stark alkalische Lösung geben. In Weingeist ist Natriumcarbonat unlöslich. Mit Säuren braust es auf und färbt, am Platindrahte erhitzt, die Flamme gelb. Es enthält 37% wasserfreies Natriumcarbonat. Die wässrige Lösung (1 = 50) darf durch Schwefelwasserstoff nicht verändert werden. Mit Essigsäure übersättigt, soll sie weder durch Schwefelwasserstoff, noch durch Baryumnitrat verändert, durch Silbernitrat nach 10 Minuten höchstens nur weisslich opalisirend getrübt werden. Mit Natronlauge erwärmt, darf das Salz Ammoniakgeruch nicht entwickeln. 1 Grm. kohlensaures Natrium soll zur Sättigung nicht weniger, als 7 Ccm. Normalsalzsäure erfordern.

**Natrium chloratum, Chlornatrium. II.** Weisse, würfelförmige Krystalle oder ein weisses, krystallinisches Pulver, welches sich in 2·7 Th. Wasser zu einer farblosen, Lakmuspapier nicht verändernden Flüssigkeit löst. Am Platindrahte erhitzt, färbt es die Flamme gelb. Die wässrige Lösung gibt mit Silbernitrat einen weissen, käsigen, in Ammoniak löslichen Niederschlag. Durch ein Kobaltglas betrachtet, darf die durch das Salz gelb gefärbte Flamme gar nicht oder doch nur vorübergehend roth erscheinen. Die wässrige Lösung (1 = 20) darf durch Schwefelwasserstoff, Baryumnitrat und verdünnte Schwefelsäure, sowie nach Zusatz von Ammoniak, durch Ammoniumoxalat und durch Natriumphosphat nicht verändert werden. 20 Ccm. der wässrigen Lösung (1 = 20), mit 1 Tropfen Eisenchloridlösung und hierauf mit Stärkelösung versetzt, dürfen letztere nicht färben. 20 Ccm. der wässrigen Lösung (1 = 20) dürfen, nach Zusatz von 0·5 Ccm. Kaliumferrocyanidlösung, sich nicht verändern.

**Natrium hydrocarbonicum, saures kohlensaures Natrium. I.** Undurchsichtige, luftbeständige krystallinische Krusten von schwach alkalischem Geschmacke, in ungefähr 13 Th. kalten Wassers löslich, sie verlieren beim Erhitzen Kohlensäure und Wasser, der Rückstand reagirt stark alkalisch und färbt die Flamme gelb. Die Lösung von 1 Grm. des Präparates in 20 Grm. Wasser soll sich durch 3 Tropfen Phenolphtaleinlösung nicht sofort röthen und die etwa langsam sich einstellende Röthung soll durch 1 Tropfen verdünnter Salzsäure verschwinden. Mit Natronlauge erwärmt, soll die wässrige Lösung kein Ammoniak entwickeln. Die mit Salzsäure angesäuerte Lösung soll weder durch Schwefelwasserstoff, noch durch Ammoniak und Schwefelammonium, noch durch Barymnitrat verändert werden, die mit Salpetersäure angesäuerte Lösung darf durch salpetersaures Silber nur wenig milchig getrübt werden. 4 Grm. des Präparates sollen beim Glühen nicht über 2·5 Grm. Rückstand geben, 0·2 Grm. dieses Rückstandes sollen nicht weniger, als 37·5 Ccm. der alkalimetrischen Zehntelnormal-Lösung zur Neutralisation verbrauchen.

**II. Natrium bicarbonicum, Natriumbicarbonat.** Weisse, luftbeständige Krystallkrusten oder weisses, krystallinisches Pulver von schwach alkalischem Geschmacke, in 12 Th. Wasser löslich, in Weingeist dagegen unlöslich. Beim Erhitzen gibt Natriumbicarbonat Kohlensäure ab und hinterlässt einen stark alkalischen Rückstand. Durch ein Kobaltglas betrachtet, darf die durch das Salz gelb gefärbte Flamme gar nicht oder doch nur vorübergehend roth gefärbt erscheinen. 1 Grm. Natriumcarbonat, im Probirrohr erhitzt, darf Ammoniakgeruch nicht entwickeln. 100 Th. des zuvor über Schwefelsäure getrockneten Salzes dürfen nach dem Glühen nicht mehr als 63·8 Th. Rückstand hinterlassen. Die wässrige, mit Essigsäure übersättigte Lösung des Natriumbicarbonats (1 = 50) darf durch Schwefelwasserstoff nicht verändert und durch Barymnitrat höchstens erst nach 2 Minuten schwach opalisirend getrübt werden. Die mit überschüssiger Salpetersäure hergestellte Lösung (1=50) soll klar sein und, auf Zusatz von Silbernitrat, nach 10 Minuten nicht mehr als eine weissliche Opalescenz zeigen; durch Eisenchlorid darf sie nicht roth gefärbt werden. Die bei einer 15° nicht übersteigenden Wärme ohne Umschütteln erhaltene Lösung von 1 Grm. Natriumbicarbonat in 20 Ccm. Wasser darf, auf Zusatz von 3 Tropfen Phenolphthaleinlösung, nicht sofort geröthet werden; jedenfalls soll eine etwa entstehende schwache Röthung, auf Zusatz von 0·2 Ccm. Normalsalzsäure, verschwinden.

**Natrium jodatum, Jodnatrium. I. 1.** Weisses, krystallinisches, an der Luft feucht werdendes, leicht in Wasser und Weingeist lösliches Pulver (**II.** in 0·6 Th. Wasser, in 3 Th. Weingeist löslich), welches die Flamme gelb färbt. Wird die wässrige Lösung mit wenig Chlorwasser versetzt, dann mit Chloroform geschüttelt, so färbt sich letzteres violett. Die wässrige Lösung (**II.** 5%) soll weder durch Schwefelwasserstoff (**I.** noch Schwefelammonium), noch durch Barymnitrat (**I.** nach Ansäuern mit Salpetersäure) getrübt werden, noch mit Natronlauge und ein wenig Eisenvitriol und Eisenchlorid gelinde erwärmt, nach dem Ansäuern mit Salzsäure blau werden. **2.** Die neutrale wässrige Lösung soll mit verdünnter Schwefelsäure weder aufbrausen, noch sofort sich gelb färben. Der in der wässrigen Lösung durch salpetersaures Silber entstandene Niederschlag soll nach dem Schütteln mit Ammoniak ein Filtrat geben, das mit verdünnter Salpetersäure angesäuert, nur schwach milchig getrübt werden darf.

**II.** ausser **I. 1.** noch: Das Präparat soll 95% wasserfreies Salz enthalten. Die durch Jodnatrium gelb gefärbte Flamme soll, durch Kobaltglas betrachtet, höchstens vorübergehend roth erscheinen. Die mit ausgekochtem, abgekühltem Wasser frisch bereitete 5%ige Lösung darf mit Stärkelösung und verdünnter Schwefelsäure sich nicht sofort färben. 20 Ccm. der 5%igen wässrigen Lösung dürfen durch 0·5 Ccm. Ferrocyankaliumlösung nicht verändert werden. 1 Grm. des Salzes mit 5 Ccm. Natronlauge, sowie mit je 0·5 Grm. Zinkfeile und Eisenpulver erwärmt, darf keinen Ammoniakgeruch entwickeln. Werden 0·2 Grm. getrocknetes Jodnatrium in 2 Ccm. Ammoniak gelöst und mit 14 Ccm. Zehntelnormal-Silberlösung versetzt, dann filtrirt, so darf das Filtrat nach dem Ansäuern mit Salpetersäure binnen 10 Minuten weder bis zur Undurchsichtigkeit getrübt, noch dunkel gefärbt erscheinen.

**Natrium nitricum, Natriumnitrat. II.** Farblose, durchsichtige, rhomboedrische, an trockener Luft unveränderliche Krystalle von kühlend salzigem, bitterlichem Geschmacke, in 1·2 Th. Wasser, auch in 50 Th. Weingeist löslich. Beide Lösungen sind neutral. Am Platindrahte erhitzt, färbt das Salz die Flamme gelb; die wässrige Lösung, mit Schwefelsäure und überschüssiger Ferrosulfatlösung gemischt, färbt sich braunschwarz. Durch ein Kobaltglas betrachtet, darf die durch das Salz gelb gefärbte Flamme gar nicht oder doch nur vorübergehend roth gefärbt erscheinen. Die wässrige Lösung (1 = 20) darf weder durch Schwefelwasserstoff, noch, nach Zusatz von Ammoniak, durch Ammoniumoxalat oder Natriumphosphat verändert werden. Silbernitrat und Baryumnitrat dürfen die genannte wässrige Lösung innerhalb 5 Minuten nicht verändern. 5 Ccm. derselben Lösung, mit verdünnter Schwefelsäure und Jodzinkstärkelösung versetzt, dürfen nicht sofort blau gefärbt werden. 20 Ccm. der gleichen Lösung dürfen durch 0·5 Ccm. Kaliumferrocyanidlösung nicht verändert werden.

**Natrium phosphoricum, phosphorsaures Natrium. I.** Tetragonale, durchsichtige, rasch verwitternde Prismen, alkalisch reagirend, in kaltem Wasser, leichter in heissem Wasser löslich, die Flamme gelb färbend. Die wässrige Lösung gibt mit Chlorbaryum einen weissen, in Salzsäure ohne Aufbrausen löslichen Niederschlag; salpetersaures Silber erzeugt in der wässrigen Lösung einen gelben, in Salpetersäure löslichen Niederschlag. Die mit Salpetersäure angesäuerte Lösung darf durch Schwefelwasserstoff nicht verändert werden, mit Ammoniak und Schwefelammonium, sowie oxalsaurem Ammonium höchstens Spuren eines Niederschlages geben. Bei der Prüfung im Marsh'schen Apparate muss sich das Präparat arsenfrei erweisen.

**II.** Farblose, durchscheinende, verwitternde Krystalle von schwach salzigem Geschmacke und alkalischer Reaction, bei 40° schmelzend, in 5·8 Th. Wasser löslich. Am Platindraht erhitzt, gelbe Flammenfärbung, welche durch Kobaltglas betrachtet, höchstens vorübergehend roth erscheint. Die wässrige Lösung gibt mit Silbernitrat einen gelben, beim Erwärmen sich nicht bräunenden, in Salpetersäure, wie in Ammoniak löslichen Niederschlag. 1 Grm. Natriumphosphat mit 3 Ccm. Zinnchlorürlösung darf während 1 Stunde sich nicht färben. Die 5%ige wässrige Lösung darf durch Schwefelwasserstoff nicht verändert werden, mit Salpetersäure angesäuert, nicht aufbrausen und dann durch Baryumnitrat oder Silbernitrat nach 3 Minuten nicht mehr, als opalisirend getrübt werden.

**Natrium salicylicum, salicylsaures Natrium. I. 1.** Weisses, geruchloses, krystallinisches Pulver, süss-salzig schmeckend, sehr leicht in Wasser (**II.** in 0·9 Th.), sowie in Weingeist (**II.** in 6 Th.) löslich. Erhitzt gibt das Salz (**I.** phenolartig riechende Dämpfe und) einen kohligen Rückstand, der mit Säuren aufbraust und die Flamme gelb färbt. Die wässrige Lösung wird durch Eisenchlorid (**I.** wenn sie concentrirt ist, rothbraun), selbst bei starker Verdünnung violett gefärbt. Die nicht zu verdünnte wässrige Lösung gibt auf Zusatz von Salzsäure weisse, in Aether (**I.** und in Weingeist) lösliche Krystalle. Die concentrirte wässrige Lösung sei farblos, nach längerem Stehen höchstens schwach röthlich und reagire schwach sauer. Concentrirte Schwefelsäure löse das Salz ohne Aufbrausen und ohne Färbung auf. **2.** Die wässrige Lösung soll durch salpetersaures Baryum nicht verändert werden und nach Zusatz von Salpetersäure und Filtration von der abgeschiedenen Salicylsäure eine Flüssigkeit geben, die durch Silbernitrat nicht getrübt wird.

**II.** ausser **I. 1.** Die 5%ige wässrige Lösung darf durch Schwefelwasserstoff und durch Baryumnitrat nicht verändert werden; 2 Vol. dieser Lösung mit 3 Vol. Weingeist versetzt und mit Salpetersäure angesäuert, dürfen durch Silbernitrat nicht verändert werden.

**Natrium silicicum, kieselsaures Natrium. I.** Klare, farblose oder schwach gelbliche Flüssigkeit von alkalischer Reaction, 1·4 spec. Gew., durch Zusatz von Säuren eine Gallerte bildend. Sie soll, mit ein Viertel ihres Gewichts concentrirten Weingeistes gemischt, einen Niederschlag geben.

**II. Liquor Natrii silicici, Natronwasserglaslösung.** Klare, farblose oder schwach gelblich gefärbte, alkalisch reagirende Flüssigkeit von 1·30—1·40 spec. Gew., welche durch Säuren gallertartig gefällt wird. Mit Salzsäure übersättigt und zur staubigen Trockne verdampft, hinterlässt sie einen Rückstand, welcher, mit Wasser ausgezogen, ein Filtrat gibt, von dem ein Tropfen, am Platindrahte verdampft, die Flamme intensiv gelb färbt. 1 Ccm. Wasserglaslösung, mit 10 Ccm. Wasser gemischt und mit Salzsäure angesäuert, darf nicht aufbrausen und durch Schwefelwasserstoff nicht verändert werden. Gleiche Theile Wasserglaslösung und Weingeist mit einander verrieben, müssen ein körniges, nicht ein breiiges oder schmieriges Salz reichlich ausscheiden, die abfiltrirte Flüssigkeit darf rothes Lakmuspapier nicht blau färben.

**Natrium sulfuricum crystallisatum, krystallisirtes schwefelsaures Natrium. I.** Farblose, verwitternde (**II.** leicht schmelzende, in 3 Th. kaltem, in 0·4 Th. siedendem Wasser), in 0·3 Th. Wasser von 33° lösliche Krystalle. Die wässrige, neutrale Lösung gibt mit Baryumnitrat einen in Säuren unlöslichen Niederschlag und färbt die Flamme gelb. Die wässrige (**II.** 5%ige) Lösung darf weder durch Schwefelwasserstoff, noch durch Ammoniak und phosphorsaures Natrium (**I.** noch durch Schwefelammonium und oxalsaures Ammon) verändert, durch salpetersaures Silber nur schwach (**II.** erst nach 5 Minuten) getrübt werden.

**II.** ausser **I.** noch: In Weingeist unlöslich. 1 Grm. Natriumsulfat mit 3 Ccm. Zinnchlorürlösung geschüttelt, darf im Laufe einer Stunde sich nicht färben. 20 Ccm. der 5%igen wässrigen Lösung dürfen durch 0·5 Ccm. Ferrocyankaliumlösung nicht verändert werden.

**Natrium thiosulfuricum, Natriumthiosulfat. II.** Farblose Krystalle ohne Geruch und von salzigem, bitterlichem Geschmacke, bei gewöhnlicher Wärme luftbeständig, bei 50° in ihrem Krystallwasser schmelzend, in weniger als 1 Th. kaltem Wasser zu einer, rothes Lakmuspapier schwach bläuenden Flüssigkeit löslich, welche, auf Zusatz von Salzsäure, sich nach einiger Zeit unter Entwicklung des Geruches von schwefliger Säure trübt.

**Paraffinum liquidum, flüssiges Paraffin. II.** Eine aus dem Petroleum gewonnene, farblose, klare, nicht fluorescirende, ölartige Flüssigkeit ohne Geruch und Geschmack, von mindestens 0·880 spec. Gew., welche bei 360° noch nicht siedet. Werden 3 Ccm. flüssiges Paraffin in einem zuvor mit warmer Schwefelsäure ausgespülten Glase mit 3 Ccm. Schwefelsäure unter öfterem Durchschütteln 10 Minuten lang im Wasserbade erhitzt, so darf das Paraffin nicht verändert und die Säure nur wenig gebräunt werden. 1 Raumth. Weingeist mit 1 Raumth. flüssigem Paraffin gekocht, darf blaues Lakmuspapier nicht röthen.

**Paraffinum solidum, festes Paraffin. II.** Eine aus brennbaren Mineralien gewonnene feste, weisse, mikrokrystallinische, geruchlose Masse, welche bei 74—80° schmilzt. Werden 3 Grm. festes Paraffin in einem zuvor mit warmer Schwefelsäure ausgespülten Glase mit 3 Ccm. Schwefelsäure unter öfterem Durchschütteln 10 Minuten lang im Wasserbade erhitzt, so darf das Paraffin nicht verändert und die Säure nur wenig gebräunt werden. 1 Th. Weingeist mit 1 Th. festem Paraffin gekocht, darf blaues Lakmuspapier nicht röthen.

**Paraldehydum, Paraldehyd. II.** Klare, farblose, neutrale oder nur sehr schwach sauer reagirende Flüssigkeit von eigenthümlich ätherischem, nicht stechendem Geruche und brennend kühlendem Geschmacke. Paraldehyd zeigt ein spec. Gew. von 0·998. Bei starker Abkühlung erstarrt er zu einer krystallinischen, bei + 10·5° schmelzenden Masse. Er siedet bei 123—125°, löst sich in 8·5 Th. Wasser zu einer Flüssigkeit, die sich beim Erwärmen trübt. Mit Weingeist und Aether mischt er sich in jedem Verhältnisse. Durch starke Abkühlung fest geworden, schmelze Paraldehyd nicht unter + 10°. 1 Th. desselben löse sich in 10 Th. kaltem Wasser zu einer klaren, auch beim Stehen keine Oeltröpfchen abscheidenden Flüssigkeit, die, nach dem Ansäuern mit Salpetersäure, weder durch Silbernitrat, noch durch Baryumnitrat verändert wird. Im Wasserbade erhitzt, sei er flüchtig, ohne Hinterlassung eines unangenehmen Geruches. Eine Mischung aus 1 Ccm. Paraldehyd und 1 Ccm. Weingeist darf, nach Zusatz 1 Tropfens Normalkalilauge, eine saure Reaction nicht zeigen.

**Pepsinum, Pepsin. I.** Zartes, weisses oder schwach gelbliches, fast geruch- und geschmackloses Pulver, in Wasser nicht klar löslich, durch Zusatz einiger Tropfen Salzsäure wird die Lösung klarer. 0·1 Grm. Pepsin in 150 Grm. Wasser und 2·5 Grm. verdünnter Salzsäure gelöst, muss 10 Grm. fein zerriebenes, gekochtes Hühnereiweiss innerhalb 4—6 Stunden bei 40° in eine wenig opalisirende Flüssigkeit verwandeln.

**II.** Feines, fast weisses, wenig hygroskopisches Pulver, von eigenthümlichem, brotartigem Geruche und süsslichem, hinterher etwas bitterlichem Geschmacke. 1 Th. gibt mit 100 Th. Wasser eine kaum sauer reagirende, schwach trübe Lösung. Von einem Ei, welches 10 Minuten in kochendem Wasser gelegen hat, wird das erkaltete Eiweiss durch ein zur Bereitung von grobem Pulver bestimmtes Sieb gerieben. 10 Grm. dieses zertheilten Eiweisses werden mit 100 Ccm. warmem Wasser von 50° und 10 Tropfen Salzsäure gemischt und dann

0·1 Grm. Pepsin hinzugefügt. Wird dann das Gemisch unter wiederholtem Durchschütteln 1 Stunde bei 45° stehen gelassen, so muss das Eiweiss bis auf wenige weissgelbliche Häutchen verschwunden sein.

**Phenacetinum, Phenacetin. II.** Farblose, glänzende Krystallblättchen, ohne Geruch und ohne Geschmack, bei 135° schmelzend. Sie geben mit 1400 Th. kaltem und mit etwa 70 Th. siedendem Wasser, sowie mit etwa 16 Th. Weingeist Lösungen, welche Lakmuspapier nicht verändern. Kocht man 0·1 Grm. Phenacetin mit 1 Ccm. Salzsäure eine Minute lang, verdünnt hierauf die Lösung mit 10 Ccm. Wasser und filtrirt nach dem Erkalten, so nimmt die Flüssigkeit, auf Zusatz von 3 Tropfen Chromsäurelösung, allmälig eine rubinrothe Färbung an. 0·1 Grm. Phenacetin in 10 Ccm. heissem Wasser gelöst, gebe nach dem Erkalten ein Filtrat, welches durch Bromwasser, bis zur Gelbfärbung zugesetzt, nicht getrübt werden darf. Erhitzt, darf Phenacetin keinen Rückstand hinterlassen, in Schwefelsäure soll es sich farblos lösen.

**Phosphorus, Phosphor. II.** Weisse oder gelbliche, wachsglänzende, durchscheinende Stücke. Phosphor schmilzt unter Wasser bei 44°, raucht an der Luft unter Verbreitung eines eigenthümlichen Geruches, entzündet sich leicht und leuchtet im Dunkeln. Bei längerer Aufbewahrung wird er roth, bisweilen auch schwarz. Er ist unlöslich in Wasser, leicht löslich in Schwefelkohlenstoff, schwerer in fetten und ätherischen Oelen, wenig in Weingeist und Aether.

**Physostigminum salicylicum, salicylsaures Physostigmin. I.** Farblose oder schwachgelbliche, glänzende Krystalle, welche in Wasser schwer (**II.** in 150 Th.), in Weingeist leichter (**II.** in 12 Th.) löslich sind (**II.** die Lösungen verändern Lakmuspapier nicht). Das trockene Salz hält sich längere Zeit, auch im Lichte, unverändert, wogegen sich die wässrige und die weingeistige Lösung, selbst im zerstreuten Lichte, binnen wenigen Stunden röthlich färben. Die wässrige Lösung des Physostigminsalicylats gibt mit Eisenchloridlösung eine violette Färbung (**II.** und wird durch Jodlösung getrübt). Die Lösung in Schwefelsäure ist zunächst farblos, allmälig färbt sie sich jedoch gelb.

**II.** ausser **I.** noch: In erwärmter Ammoniakflüssigkeit löst sich das kleinste Kryställchen des Salzes zu einer gelbroth gefärbten Flüssigkeit, welche beim Eindampfen im Wasserbade einen blauen oder blaugrauen, in Weingeist mit blauer Farbe löslichen Rückstand hinterlässt. Beim Uebersättigen mit Essigsäure wird diese weingeistige Lösung roth gefärbt und zeigt starke Fluorescenz. Obiger Verdampfungsrückstand löst sich in 1 Tröpfchen Schwefelsäure mit grüner Farbe, welche bei allmäliger Verdünnung mit Weingeist in roth übergeht, jedoch von Neuem grün wird, wenn der Weingeist verdunstet. Bei Luftzutritt erhitzt, darf Physostigminsalicylat einen Rückstand nicht hinterlassen.

**Physostigminum sulfuricum, Physostigminsulfat. II.** Weisses, krystallinisches, an feuchter Luft zerfliessendes Pulver, welches sich sehr leicht in Wasser und Weingeist auflöst. Die Lösungen verändern Lakmuspapier nicht. Die wässrige Lösung gibt mit Baryumnitrat eine Fällung, durch Eisenchloridlösung wird dieselbe nicht violett gefärbt. In seinem sonstigen Verhalten entspreche das Physostigminsulfat dem Physostigminsalicylat.

**Pilocarpinum hydrochloricum, salzsaures Pilocarpin. I.** Weisse, an der Luft Feuchtigkeit anziehende (**I.** neutrale) Krystalle von schwach bitterem Geschmacke, welche sich leicht im Wasser und Weingeist, wenig in Aether und Chloroform lösen. Das Salz wird durch Schwefelsäure ohne Färbung, durch rauchende Salpetersäure mit schwach grünlicher Farbe aufgelöst. Natronlauge fällt nur die concentrirte Lösung, die verdünnte Lösung wird durch Ammoniak nicht gefällt.

**II.** ausser **I.** noch: Die 1%ige wässrige Lösung zeigt schwach saure Reaction; sie wird durch Jodlösung, Bromwasser, Quecksilberchlorid und Silbernitrat reichlich gefällt, dagegen durch Kaliumdichromat nicht getrübt. Bei Luftzutritt erhitzt, darf Pilocarpinhydrochlorid einen Rückstand nicht hinterlassen.

**Plumbum aceticum, essigsaures Blei. I.** und **II.** Farblose, durchscheinende, schwach verwitternde, nach Essigsäure riechende, in Wasser leicht (**II.** in 2·3 Th. und in 29 Th. Weingeist) lösliche Krystalle. Die wässrige Lösung schmeckt süsslich zusammenziehend, gibt mit Schwefelwasserstoff einen schwarzen, mit Schwefelsäure einen weissen, mit Jodkalium einen gelben Niederschlag. Ferrocyankalium soll die klare (**II.** 10%) Lösung rein weiss fällen (Eisenchlorid färbt roth).

**Plumbum aceticum basicum solutum, Lösung von basisch essigsaurem Blei. I.** Klare, farblose, alkalisch reagirende Flüssigkeit vom spec. Gew. 1·23—1·24. Die nach Zusatz von überschüssigem Ammoniak abfiltrirte Flüssigkeit muss farblos sein.

**II. Liquor plumbi subacetici, Bleiessig.** Klare, farblose Flüssigkeit von süssem, zusammenziehendem Geschmacke, welche rothes Lakmuspapier bläut, aber Phenolphthaleinlösung nicht röthet. Spec. Gew. 1·235—1·240. Eisenchlorid gibt mit der Flüssigkeit eine röthliche Mischung, aus der sich beim Stehen ein weisser Niederschlag abscheidet, während die Flüssigkeit dunkelroth wird. Durch Zusatz von 50 Th. Wasser wird der Niederschlag wieder gelöst. Nach Zusatz von Essigsäure werde der Bleiessig durch Kaliumferrocyanidlösung rein weiss gefällt.

**Plumbum carbonicum, kohlensaures Blei. I. 1.** Schweres, weisses, in Wasser unlösliches Pulver, in verdünnter Essigsäure und Salpetersäure unter Aufbrausen löslich; die Lösung wird durch Schwefelwasserstoff schwarz, durch verdünnte Schwefelsäure weiss gefällt, durch Natronlauge auch weiss gefällt, der Niederschlag ist in überschüssiger Lauge löslich. Beim Glühen muss das Bleiweiss mindestens 85% Bleioxyd zurücklassen. **2.** Die mit Schwefelwasserstoff ausgefällte salpetersaure Lösung muss ein Filtrat geben, das durch kohlensaures Ammon nicht getrübt wird.

**II. Cerussa, Bleiweiss.** Ausser **I. 1.** noch: Wird 1 Grm. in 2 Ccm. Salpetersäure und 4 Ccm. Wasser gelöst, so darf höchstens 0·01 Grm. Rückstand bleiben. Wird zu der mit überschüssiger Natronlauge versetzten klaren Lösung 1 Tropfen verdünnte Schwefelsäure hinzugefügt, so entsteht an der Einfallstelle eine Trübung, die beim Umschütteln verschwinden muss. Wird die alkalische Lösung mit Schwefelsäure gefällt, so darf die abfiltrirte Flüssigkeit durch Ferrocyankalium nicht verändert werden.

**Plumbum hyperoxydatum rubrum, rothes Bleisuperoxyd. I. 1.** Rothes, in Wasser unlösliches Pulver, das mit Salzsäure Chlor entwickelt und weisses krystallinisches Chlorblei liefert. **2.** Es soll sich in verdünnter Salpetersäure beim Zufügen von heissem Wasser und Oxalsäure fast vollständig lösen.

**II. Minium, Mennige.** Ausser **I. 1.** noch: Werden 5 Grm. Mennige in 10 Ccm. Salpetersäure und 10 Ccm. Wasser mit Hilfe von 1 Grm. Zucker gelöst, und die Lösung mit gleichviel Wasser verdünnt, so darf nur ein geringer, nicht über 0·075 Grm. betragender Rückstand bleiben.

**Plumbum oxydatum, Bleioxyd. I. 1.** Gelbliches oder röthlichgelbes Pulver (**I.** oder ebenso gefärbte schuppige Masse), unlöslich in Wasser, löslich in verdünnter Salpetersäure zu einer farblosen Flüssigkeit, die mit Schwefelwasserstoff einen schwarzen, mit verdünnter Schwefelsäure einen weissen, in Natronlauge löslichen Niederschlag gibt. **2.** Wird Bleioxyd mit verdünnter Schwefelsäure geschüttelt und die Flüssigkeit abfiltrirt, so soll dieselbe auf Zusatz von Ammoniak farblos bleiben oder höchstens schwach blau werden und keinen erheblichen rothbraunen Niederschlag geben. Mit verdünnter Essigsäure erwärmt, soll sich das Bleioxyd unter geringem Aufbrausen grösstentheils lösen.

**II. Lithargyrum, Bleiglätte.** Ausser **I. 1.** noch: 100 Th. dürfen durch Glühen höchstens 2 Th. verlieren. Die Lösung in Salpetersäure muss nach Ausfällung des Bleies vermittelst Schwefelsäure ein Filtrat geben, welches, nach Uebersättigung mit Ammoniak, höchstens bläulich gefärbt wird und höchstens Spuren eines rothgelben Niederschlages liefert. Werden 5 Grm. Bleiglätte mit 5 Ccm. Wasser geschüttelt, dann mit 20 Ccm. verdünnter Essigsäure einige Minuten hindurch gekocht und nach dem Erkalten filtrirt, so darf der ausgewaschene und getrocknete Rückstand nicht mehr, als 0·075 Grm. betragen.

**Pyrogallolum, Pyrogallol. II.** Siehe Acidum pyrogallicum.

**Resorcinum, Resorcin. II.** Farblose oder schwach gefärbte Krystalle von kaum merklichem, eigenartigem Geruche und süsslich kratzendem Geschmacke, in etwa 1 Th. Wasser, 0·5 Th. Weingeist, ebenso in Aether, sowie in Glycerin leicht löslich, in Chloroform und Schwefelkohlenstoff schwer löslich, beim Erwärmen sich vollkommen verflüchtigend. Schmelzp. 110—111°. Die wässrige

Lösung (1 = 20) wird durch Bleiessig weiss gefällt. Erwärmt man vorsichtig 0·05 Grm. Resorcin mit 0·1 Grm. Weinsäure und 10 Tropfen Schwefelsäure, so erhält man eine dunkelkarminrothe Flüssigkeit. Die wässrige Lösung soll ungefärbt sein, sie soll Lakmuspapier nicht verändern und darf beim Erwärmen Phenolgeruch nicht verbreiten.

**Salolum, Salol. II.** Weisses, krystallinisches Pulver von schwach aromatischem Geruche und Geschmacke, bei etwa 42° schmelzend, fast unlöslich in Wasser, löslich in 10 Th. Weingeist und 0·3 Th. Aether, sowie in Chloroform; beim Erhitzen verbrennt es vollständig ohne Rückstand unter Entflammen. Die weingeistige Lösung gibt mit verdünnter Eisenchloridlösung (1 Raumth. Eisenchloridlösung zu 20 Raumth. Wasser) eine violette Färbung. Werden 0·2—0·3 Grm. Salol mit wenig Natronlauge unter Erwärmen in Lösung gebracht, hierauf mit Salzsäure übersättigt, so scheidet sich Salicylsäure bei gleichzeitig auftretendem Phenolgeruche aus. Salol darf feuchtes, blaues Lakmuspapier nicht röthen und muss, mit 50 Th. Wasser geschüttelt, ein Filtrat liefern, welches weder durch obiges Eisenchlorid, noch durch Baryumnitrat oder Silbernitrat verändert werden darf.

**Santoninum, Santonin. I.** Tafelförmige Krystalle oder schuppenförmige, farblose, bitterschmeckende Blättchen, die am Lichte gelb werden, bei 170° schmelzen, bei stärkerem Erhitzen sich theils zersetzen, theils unzersetzt verflüchtigen. Santonin ist in kaltem Wasser wenig, in heissem schwer, in 43 Th. kaltem, in 3 Th. siedendem Weingeist, in 72 Th. Aether, in 4 Th. Chloroform löslich. Die weingeistige Lösung färbt sich auf Zusatz von Kalilauge purpurroth, die Farbe verblasst bald. Mit Alkalien und Kalk gibt das Santonin in Wasser leicht lösliche Verbindungen. Wird Santonin mit 100 Th. Wasser und 5 Th. verdünnter Schwefelsäure gekocht, so verliert es nach dem Erkalten den bitteren Geschmack; die filtrirte Flüssigkeit darf mit chromsaurem Kalium keinen Niederschlag geben.

**II.** Farblose, glänzende, bitter schmeckende, bei 170° schmelzende Krystallblättchen, welche am Lichte eine gelbe Farbe annehmen. Santonin gibt mit etwa 5000 Th. Wasser, mit 44 Th. Weingeist, sowie mit 4 Th. Chloroform neutrale Lösungen. Schüttelt man 0·01 Grm. Santonin mit 1 Ccm. Schwefelsäure und 1 Ccm. Wasser, so darf eine Färbung nicht entstehen, aber beim Zusatz von 1 Tropfen Eisenchloridlösung soll die Flüssigkeit schön violett werden. Mit Schwefelsäure oder mit Salpetersäure durchfeuchtet, erleidet es zunächst keine Färbung. Mit 100 Th. Wasser und 5 Th. verdünnter Schwefelsäure gekocht, liefert es nach dem Abkühlen und Filtriren eine nicht bitter schmeckende Flüssigkeit, die durch einige Tropfen Kaliumdichromatlösung nicht gefällt wird. Santonin muss ohne Rückstand verbrennen.

**Spiritus vini concentratus, concentrirter Weingeist. I.** Farblose, klare, flüchtige, geistig riechende und schmeckende, neutrale, leicht entzündliche Flüssigkeit vom spec. Gew. 0·830—0·834, entspr. 87·2—85·6 Gewichtsprocenten, 91·2—90 Volumprocenten Alkohol. Weingeist muss sich mit Wasser in jedem Verhältniss ohne Trübung mischen. Wird Weingeist mit einigen Tropfen Kalilauge auf $^1/_{10}$ des Volumens verdunstet (**II.** 50 Ccm. Weingeist, 1 Ccm. Kalilauge auf 5 Ccm.), dann mit Schwefelsäure angesäuert, so darf kein Fuselöl-Geruch auftreten. Wird Weingeist vorsichtig über concentrirte Schwefelsäure geschichtet, so darf auch nach längerem Stehen eine rosenrothe oder braune Zone nicht auftreten. Der Weingeist darf weder durch Schwefelwasserstoff, noch durch Ammoniak gefärbt, noch durch salpetersaures Silber (**II.** 10 Ccm. mit 5 Tropfen Silbernitratlösung selbst beim Erwärmen) weder gefärbt, noch getrübt werden und beim Verdampfen keinen Rückstand hinterlassen.

**II. Spiritus, Weingeist.** Muss von fremdartigem Geruche frei sein. Wenn 10 Ccm. Weingeist mit 1 Ccm. Kaliumpermanganatlösung vermischt werden, so darf die rothe Flüssigkeit innerhalb 20 Minuten nicht gelb werden.

**Stibium kalio tartaricum, weinsaures Antimonkalium. I. 1.** Weisse, tetraëdrische, verwitternde Krystalle oder krystallinisches Pulver von süssem, widerlich metallischem Geschmacke, in heissem Wasser leicht löslich (**II.** in 17 Th. kaltem, 3 Th. siedendem Wasser löslich, nicht in Weingeist löslich). Die wässrige, schwach sauer reagirende Lösung gibt mit Kalkwasser einen weissen, in Essigsäure leicht löslichen Niederschlag, mit Schwefelwasserstoff nach Ansäuern mit Salzsäure einen orangerothen (**I.** in kohlensaurem Ammon unlöslichen Niederschlag). **2.** $^1/_2$ Grm. des Präparates in 10 Grm. concentrirter Salzsäure gelöst, darf nach Zusatz einiger Tropfen frischen Schwefelwasserstoffwassers, im bedeckten Gefässe an einen warmen Ort gestellt, weder eine gelbe Flüssigkeit, noch einen solchen Niederschlag (Schwefelarsen) geben.

**II. Tartarus stibiatus, Brechweinstein.** Ausser **I. 1.** noch: Beim Erhitzen verkohlend. Wird 1 Grm. Brechweinstein mit 3 Ccm. Zinnchlorürlösung geschüttelt, so darf im Laufe einer Stunde eine Färbung nicht eintreten.

**Stibium sulfuratum aurantiacum, orangerothes Schwefelantimon. I.** Feines, orangerothes, abfärbendes, geruch- und geschmackloses Pulver, in Natronlauge vollständig, in Salzsäure unter Zurücklassung von Schwefel löslich. Mit verdünnter Weinsäurelösung geschüttelt, soll eine Flüssigkeit erhalten werden, die, filtrirt, mit Schwefelwasserstoff keinen oder nur einen sehr geringen orangerothen Niederschlag gibt. Das in Schwefelammonium gelöste und durch Salzsäure wieder gefällte Schwefelantimon muss nach dem Auswaschen mit Wasser und Schütteln mit der 10fachen Menge einer Lösung von kohlensaurem Ammon ein Filtrat geben, das beim Ansäuern mit Salzsäure weder gelb wird, noch einen gelben Niederschlag (Schwefelarsen) liefert, auch wenn man Schwefelwasserstoffwasser zusetzt.

**II. Goldschwefel.** Feines, orangegelbes, geruchloses Pulver. Beim Erhitzen in einem engen Probirrohre sublimirt Schwefel, während schwarzes Schwefelantimon zurückbleibt. 100 Ccm. Wasser werden mit 1 Grm. Goldschwefel auf 10 Ccm. eingekocht, nach dem Erkalten filtrirt und das Filtrat auf 1 Ccm. eingedampft. Wird diese Flüssigkeit mit 3 Ccm. Zinnchlorürlösung vermischt, so darf im Laufe einer Stunde eine Färbung nicht eintreten. 1 Grm. Goldschwefel, mit 20 Ccm. Wasser geschüttelt, gebe ein Filtrat, welches durch Silbernitratlösung schwach opalisirend getrübt, aber nicht gebräunt werden darf; Baryumnitratlösung darf das Filtrat nicht sofort trüben.

**Strychninum nitricum, salpetersaures Strychnin. I. 1.** Zarte, weisse, seideglänzende, sehr bitter schmeckende Krystalle, wenig in kaltem, leichter in siedendem Wasser oder Weingeist (**I.** auch in Glycerin). (**II.** in 90 Th. kaltem, 3 Th. siedendem Wasser, 70 Th. kaltem, 3 Th. siedendem Weingeist, nicht in Aether und Schwefelkohlenstoff) zu neutraler Flüssigkeit löslich. Beim Kochen eines Körnchens des Präparates mit Salzsäure tritt Rothfärbung ein, mit Salpetersäure verrieben, soll es sich gelb, aber nicht roth färben. Die concentrirte wässrige Lösung gibt mit Kaliumbichromat einen rothgelben krystallinischen Niederschlag, der beim Befeuchten mit concentrirter Schwefelsäure eine blaue bis violette Färbung annimmt. **2.** Die wässrige Lösung gibt mit Kalilauge einen weissen, im Ueberschuss der Lauge nicht löslichen Niederschlag. Concentrirte Schwefelsäure löst das Präparat farblos auf.

**II.** Wie in **I. 1.**

**Sulfonalum, Sulfonal. II.** Farblose, geruchlose, geschmacklose, prismatische Krystalle, in der Wärme vollkommen flüchtig, mit 500 Th. kaltem, 15 Th. siedendem Wasser, mit 65 Th. kaltem, 2 Th. siedendem Weingeiste, ebenso mit 135 Th. Aether neutrale Lösungen gebend. Schmelzp. bei 125—126°. Wird 0·1 Grm. Sulfonal mit gepulverter Holzkohle im Probirrohre erhitzt, so tritt der charakteristische Merkaptangeruch auf. Beim Lösen in siedendem Wasser (1 = 50) darf sich keinerlei Geruch entwickeln. Diese wässrige Lösung darf, nach dem Erkalten filtrirt, weder durch Baryumnitrat, noch durch Silbernitrat verändert werden. 1 Tropfen Kaliumpermanganatlösung darf durch 10 Ccm. obiger Lösung nicht sofort entfärbt werden.

**Sulfur depuratum, gereinigter Schwefel. I.** Zartes, citronengelbes, trockenes Pulver, welches, mit Ammoniak geschüttelt, ein farbloses Filtrat liefere, das ohne Rückstand verdampft. Mit Wasser befeuchtet, darf das Schwefelpulver blaues Lakmuspapier nicht röthen.

**II.** Gelbes, trockenes Pulver, ohne Geruch und Geschmack, soll beim Verbrennen höchstens 1% Rückstand hinterlassen. Gereinigter Schwefel löse sich in Natronlauge beim Kochen vollständig auf; mit Wasser befeuchtet, darf er blaues Lakmuspapier nicht röthen. Derselbe muss, mit 20 Th. Ammoniak bei 35—40°

unter bisweiligem Umschütteln stehen gelassen, ein Filtrat geben, welches nach dem Ansäuern mit Salzsäure, auch nach Zusatz von Schwefelwasserstoff, nicht gelb gefärbt wird.

**Sulfur praecipitatum**, **Schwefelmilch. I.** und **II.** Feines, amorphes, gelblichweisses, neutral reagirendes, vollständig verbrennbares Pulver. Mit der 20fachen Menge Ammoniak geschüttelt (**II.** bei 35—40°), muss ein Filtrat resultiren, welches, mit Salzsäure angesäuert, auch nach Zusatz von Schwefelwasserstoff nicht gelb wird.

**Tartarus depuratus**, **Weinstein. II.** Siehe Kalium hydrotartaricum.

**Tartarus natronatus. II.** Siehe Kalium natrio tartaricum.

**Tartarus stibiatus, Brechweinstein. II.** Siehe Stibium Kalio tartaricum.

**Terpinum hydratum**, **Terpinhydrat. II.** Glänzende, farblose, beinahe geruchlose, rhombische Krystalle von schwach gewürzigem und etwas bitterlichem Geschmacke, beim Erhitzen in feinen Nadeln sublimirend, bei 116° schmelzend und Wasser verlierend, worauf der Schmelzpunkt auf 102° zurückgeht; auf Platinblech erhitzt, mit hellleuchtender Flamme ohne Rückstand verbrennend. Terpinhydrat bedarf zur Lösung etwa 250 Th. kaltes und 32 Th. siedendes Wasser, über 10 Th. kalten und 2 Th. siedenden Weingeist, über 100 Th. Aether, ungefähr 200 Th. Chloroform und 1 Th. siedende Essigsäure. Von Schwefelsäure wird es mit orangegelber Färbung aufgenommen. Die wässrige, heisse Lösung entwickelt, auf Zusatz von Schwefelsäure, unter Trübung einen stark aromatischen Geruch. Terpinhydrat darf nicht terpentinartig riechen und selbst in heisser, wässriger Lösung Lakmuspapier nicht verändern.

**Thallinum sulfuricum**, **Thallinsulfat. II.** Weisses oder gelblichweisses, krystallinisches Pulver von cumarinartigem Geruche und säuerlich-salzigem, zugleich bitterlich-gewürzigem Geschmacke; beim Erhitzen über 100° schmelzend und auf Platinblech eine zwar schwer, aber vollständig verbrennbare Kohle gebend, in 7 Th. kaltem, 0·5 Th. siedendem Wasser, in etwas mehr als 100 Th. Weingeist, noch schwieriger in Chloroform, kaum in Aether löslich. Die wässrige Lösung reagirt sauer, bräunt sich allmälig am Lichte, wird durch Jodlösung braun, durch Gerbsäure weiss gefällt; Baryumnitrat erzeugt darin einen weissen, in Salzsäure unlöslichen Niederschlag, Kalilauge eine weisse, beim Schütteln mit Aether wieder verschwindende Fällung. Die verdünnte wässrige Lösung (1 = 100) wird durch Eisenchlorid tief grün, nach einigen Stunden tief roth gefärbt.

**Thymolum**, **Thymol. I.** Farblose, nach Thymian riechende, brennend würzig schmeckende, bei 50—51° schmelzende (**II.** bei 228—230° siedende) Krystalle, in Wasser untersinkend, geschmolzen auf demselben schwimmend. In Wasser kaum (**II.** in etwa 1100 Th.), in Weingeist, Aether, Chloroform (**II.** in weniger als 1 Th.), auch in Natronlauge (**II.** in 2 Th.) löslich. Mit 4 Th. Schwefelsäure löst sich Thymol mit gelblicher, beim Erwärmen mit rosenrother Farbe; wird diese Lösung in die 10fache Menge Wasser gegossen und mit kohlensaurem Blei (**II.** bei 35-40°) übersättigt, so färbt sich das Filtrat auf Zusatz von wenig Eisenchlorid violett Thymol verflüchtigt sich bei Wasserbadwärme in offenen Gefässen vollständig. Die wässrige Lösung reagire neutral und werde durch Eisenchlorid nicht violett.

**II.** ausser **I.** noch: Mit Wasserdämpfen ist Thymol leicht flüchtig. Die Lösung eines Kryställchens Thymol in 1 Ccm. Essigsäure wird auf Zusatz von 6 Tropfen Schwefelsäure und 1 Tropfen Salpetersäure schön blaugrün gefärbt. Die wässrige Thymollösung wird durch Bromwasser milchig getrübt, jedoch nicht krystallinisch gefällt.

**Vaselinum**, **Vaselin. I.** Salbenartige, gelbe, durchscheinende, geruchlose, neutrale Masse, die bei ungefähr 35° schmilzt; in Wasser unlöslich, in Weingeist sehr schwer, in Aether und Chloroform leicht löslich ist. Mit Aetznatron behandelt, darf es keine Veränderung erleiden. Beim Erhitzen soll es verbrennen und nur Spuren von Asche hinterlassen.

**Veratrinum**, **Veratrin. I. 1.** Weisses, scharf schmeckendes, geruchloses, zum Niesen reizendes, alkalisch reagirendes Pulver, löst sich leicht in Weingeist und Chloroform (**II.** in 4 Th. Weingeist, 2 Th. Chloroform), schwer in Aether, kaum im Wasser. In verdünnter Salzsäure (**II.** und Schwefelsäure) löst es sich zu scharf und bitter schmeckenden Flüssigkeiten. Mit Salzsäure gekocht, erzeugt es eine rothe Lösung. Beim Glühen soll es fast ohne (**II.** ohne) Rückstand verbrennen. **2.** Mit concentrirter Schwefelsäure befeuchtet, nimmt es eine gelbe, dann blutrothe, zuletzt violette Färbung an.

**II.** ausser **I. 1.** noch: Mit 100 Th. Schwefelsäure verrieben, ertheilt es derselben zunächst eine grünlichgelbe Fluorescenz, allmälig tritt starke Rothfärbung ein. Die weingeistige Lösung des Veratrins werde durch Platinchlorid nicht gefällt.

**Zincum aceticum, Zinkacetat. II.** Weisse, glänzende Blättchen, löslich in 3 Th. kaltem, in 2 Th. heissem Wasser, auch in 36 Th. Weingeist. Die schwach saure, wässrige Lösung wird durch Eisenchlorid dunkelroth gefärbt und gibt mit Kalilauge einen weissen Niederschlag, der im Ueberschusse des Fällungsmittels löslich ist. Die wässrige Lösung (1 = 10) werde durch überschüssigen Schwefelwasserstoff rein weiss gefällt. Das hieraus gewonnene Filtrat darf beim Verdampfen einen Rückstand nicht hinterlassen und bei gelindem Erwärmen mit Schwefelsäure eine Schwärzung nicht erleiden.

**Zincum chloratum, Chlorzink. I.** Weisse, krystallinische, an der Luft zerfliessende Substanz (**II.** Stangen oder Pulver), in Wasser und Weingeist leicht löslich. Die wässrige Lösung reagirt sauer und gibt mit Silbernitrat, sowie mit Ammoniak weisse, im Ueberschusse des Ammoniaks lösliche Niederschläge (**I.** mit Schwefelammonium auch weissen Niederschlag). Die wässrige Lösung (**II.** 10%) darf nach Zusatz von Salzsäure weder durch Baryumnitrat getrübt, noch durch Schwefelwasserstoff (**I.** noch durch Ferrocyankalium) gefärbt werden; dieselbe, mit überschüssigem Ammoniak versetzt (**II.** 1 Grm. Chlorzink, 10 Ccm. Wasser, 10 Ccm. Ammoniak), muss eine klare Flüssigkeit geben, welche mit Schwefelwasserstoff ausgefällt, einen rein weissen Niederschlag und ein Filtrat gibt, das beim Abdampfen und Glühen keinen Rückstand hinterlässt.

**II.** ausser **I.** noch: Chlorzink schmilzt beim Erhitzen, stösst weisse Dämpfe aus und hinterlässt einen in der Hitze gelben Rückstand. Die Lösung von 1 Th. Zinkchlorid in 1 Th. Wasser sei klar oder höchstens schwach getrübt; der bei Zusatz von 3 Th. Weingeist entstehende flockige Niederschlag verschwinde durch 1 Tropfen Salzsäure.

**Zincum oxydatum, Zinkoxyd. I. 1.** Weisses, zartes, in der Hitze gelbes, in Säuren ohne Aufbrausen lösliches Pulver (**II.** in Wasser unlöslich). **2.** Die mit Essigsäure bereitete Lösung soll nach Ausfällung mit Schwefelwasserstoff, wobei ein rein weisser Niederschlag entstehen muss, ein Filtrat geben, das mit überschüssigem Ammoniak klar bleibt und auch weder durch oxalsaures Ammon, noch durch phosphorsaures Natrium getrübt wird. Wird Zinkoxyd mit Wasser geschüttelt, so soll die abfiltrirte Flüssigkeit beim Verdampfen fast keinen Rückstand hinterlassen.

**II.** ausser **I. 1.** noch: Im Wasser unlöslich. 1 Grm. Zinkoxyd mit 3 Ccm. Zinnchlorürlösung geschüttelt, darf sich im Laufe 1 Stunde nicht färben. 2 Grm. Zinkoxyd mit 20 Ccm. Wasser geschüttelt, sollen ein Filtrat geben, das durch Baryumnitrat und Silbernitrat nur opalisirend getrübt wird. Die 10%ige, mit Essigsäure bereitete Lösung gebe mit überschüssigem Ammoniak eine farblose, klare Flüssigkeit, die weder durch oxalsaures Ammon, noch durch phosphorsaures Natrium getrübt wird, beim Ueberschichten mit Schwefelwasserstoffwasser eine rein weisse Zone entstehen lässt.

**Zincum sulfuricum, Schwefelsaures Zink. I. 1.** Prismatische, farblose, langsam verwitternde, in Wasser sehr leicht lösliche Krystalle (**II.** in 0,6 Th. Wasser, nicht in Weingeist löslich). Die wässrige, sauer reagirende Lösung (**II.** schmeckt scharf) gibt mit salpetersaurem Baryum einen weissen, in Salzsäure unlöslichen Niederschlag, mit Natronlauge einen in deren Ueberschuss löslichen Niederschlag; aus dieser Lösung fällt Schwefelwasserstoff weisses Schwefelzink. **2.** Die wässrige, mit Schwefelsäure angesäuerte Lösung darf durch Schwefelwasserstoff nicht getrübt werden, durch Gerbsäure nicht geschwärzt werden, durch überschüssiges Ammoniak keinen Niederschlag geben. Nach Zusatz von überschüssigem Schwefelammonium muss ein Filtrat resultiren, das nach dem

Eindampfen und Glühen keinen Rückstand hinterlässt. Bei der Prüfung im Marsh'schen Apparate muss sich das Präparat arsenfrei erweisen.

**II.** ausser **I. 1.** noch: Eine Lösung von 0·5 Grm. des Salzes in 10 Ccm. Wasser und 5 Ccm. Ammoniakflüssigkeit soll klar sein und mit überschüssigem Schwefelwasserstoffwasser eine weisse Fällung geben. Mit Natronlauge darf das Salz kein Ammoniak entwickeln. 2 Ccm. der wässrigen Zinksulfatlösung (1 = 10), mit 2 Ccm. Schwefelsäure versetzt und mit 1 Ccm. Ferrosulfatlösung überschichtet, dürfen auch bei längerem Stehen eine gefärbte Zone nicht geben. Die wässrige Lösung (1 = 20) darf durch Silbernitratlösung nicht getrübt werden. Werden 2 Grm. Zinksulfat mit 10 Ccm. Weingeist geschüttelt und nach 10 Minuten filtrirt, so muss sich ein Filtrat ergeben, welches, mit 10 Ccm. Wasser verdünnt, Lakmuspapier nicht verändern darf.

---

Die Bedeutung der Reagentien, welche bei den wichtigsten Prüfungen der Präparate auf ihre Reinheit nach den Forderungen der beiden Pharmakopöen anzuwenden sind, ist aus der folgenden kurzen Zusammenstellung ersichtlich.

**Ammoniak** wird zum Nachweis gewisser Metalloxyde, wie Eisenoxyd, Aluminiumoxyd, Magnesiumoxyd u. dgl., ferner als Lösungsmittel für Chlorsilber bei der Prüfung des Jods, sowie der Jodide, endlich zum Fällen und Wiederlösen des Chinins bei der Prüfung der Chininsalze verwendet.

**Ammoniumcarbonat** dient bei der Prüfung von Stibium sulfur. aurant. zum Auflösen etwa vorhandenen Schwefelarsens.

**Ammoniumoxalat** dient zum Nachweis des Calciums.

**Baryumnitrat** dient zum Nachweis der Schwefelsäure.

**Bleiacetat** ist ein Reagens auf Schwefelwasserstoff (z. B. beim Auflösen von Eisen in Salzsäure).

**Bromwasser** wird als Reagens auf freies Phenol verwendet.

**Calciumchlorid** und Ammoniak dienen zum Nachweis der Oxalsäure.

**Calciumsulfat** (Gypswasser) dient ebenfalls zum Nachweis der Oxalsäure.

**Chloroform** dient zum Nachweis von Jod und Brom, nachdem dieselben aus ihren Verbindungen frei gemacht sind.

**Chlorwasser** dient zum Freimachen von Jod und Brom aus ihren Verbindungen.

**Eisen** in Verbindung mit Zink wird in alkalischer Lösung verwendet, um Salpetersäure zu Ammoniak zu reduciren, welches an dem Geruche erkannt werden kann.

**Eisenchlorid** dient 1. zum Abscheiden des Jods aus Metalljodiden, 2. zum Nachweis von Rhodanverbindungen.

**Eisensulfat** (Eisenvitriol) dient 1. mit concentrirter Schwefelsäure verwendet, zum Nachweis der Salpetersäure, 2. mit Kalilauge und Eisenchlorid angewendet, zum Nachweis des Cyans (Berlinerblauprobe).

**Gerbsäure** zum Nachweis des Eisens.

**Jodlösung** wird verwendet, um schweflige Säure zu Schwefelsäure zu oxydiren, welche letztere mit Baryumnitrat nachgewiesen wird.

**Jodzinkstärke** dient zum Nachweis von freiem Chlor.

**Kalilauge** wird zur Abscheidung des Ammoniaks aus seinen Verbindungen angewendet.

**Kaliumferricyanid** und Eisenchlorid dienen zum Nachweise von Morphin.

**Kaliumferrocyanid** zum Nachweis von Eisenoxydverbindungen.

**Kaliumjodid** wird zusammen mit Chloroform zum Nachweis von freiem Chlor, sowie von Wasserstoffhyperoxyd verwendet.

**Kaliumpermanganat** zur Prüfung auf reducirende Substanzen (schweflige Säure, salpetrige Säure, verschiedene organische Substanzen), ferner zur Prüfung der Benzoësäure auf Zimmtsäure.

**Kaliumrhodanid** zur Prüfung auf Eisenchlorid.

**Kalkwasser** zur Prüfung auf Kohlensäure und Weinsäure.

**Lakmustinctur** und Papier zur Prüfung auf saure Reaction.

**Natriumphosphat** und Ammoniak dienen zur Prüfung auf Magnesium.

**Natriumsulfit** zur Prüfung auf Selen.

**Natriumthiosulfat** zur Prüfung auf freie Säure, sowie auf schwere Metalle.

**Natronlauge** wird so wie Kalilauge angewendet.

**Phenolphtaleïn** dient zum Nachweis von Aetzalkalien und normalen Alkalicarbonaten.

**Schwefelsäure** a) concentrirte zur Prüfung auf verkohlende organische Substanzen, mit Eisenvitriol zusammen, zur Prüfung auf Salpetersäure, b) verdünnte 1. mit Chloroform zur Prüfung der Bromide auf Bromsäure und der Jodide auf Jodsäure, 2. mit Jodzinkstärke zur Prüfung auf salpetrige Säure, 3. zum Nachweis von Blei und Baryum.

**Schwefelwasserstoff.** Nachweis der Metalle der I. und II. Gruppe.

**Schwefelammonium** (oder Schwefelwasserstoff und Ammoniak). Nachweis der Metalle der III. Gruppe.

**Silbernitrat** 1. mit Salpetersäure zum Nachweis von Chloriden, 2. mit Ammoniak zum Nachweis reducirender Körper, wie phosphorige Säure, Aldehyd, 3. zur Titration der Bromide und Jodide.

**Stärke** zur Probe auf Jod.

**Weinsäure** zum Ausziehen von Antimonoxyd aus Goldschwefel.

**Zink** zur Reduction der Salpetersäure und der Jodsäure, ferner zur Prüfung auf Arsen im Marsh'schen Apparate.

**Zinn** zur Reduction der Jodsäure.

**Zinnchlorürlösung** zum Nachweis des Arsens.

# Alphabetisches Sachregister.

(Die Ziffern bedeuten die Seitenzahlen.)

## A.

**B.**

## G.



## H.



## I.



## J.



## K.

## O.



## P.



## Q.



## R.

## S.



## T.



## U.

Druck von Gottlieb Gistel & Comp. in Wien.

Zeitfracht Medien GmbH
Ferdinand-Jühlke-Straße 7
99095 Erfurt, Deutschland
produktsicherheit@kolibri360.de